科学出版社"十四五"普通高等教育本科规划教材
卓越工程师教育培养计划食品科学与工程类系列教材

食品原料学

（第二版）

石彦国　主编

科学出版社
北　京

内 容 简 介

食品原材料是食品加工的重要基础。本书在第一版基础上，根据当今食品产业发展的现状与趋势，就谷物、油料、蔬菜、水果、畜禽肉、乳及水产食品七类具有代表性原料，围绕其生产、形态特征、组织结构、主要成分及其特性等进行了更为全面系统的介绍。全书分为7篇33章，各部分内容既相对一致，又各具特色，文字简明，图文并茂，深入浅出，同时采用案例、二维码扫描查看视频、彩图等形式帮助读者理解和学习。作为科学出版社"十四五"普通高等教育本科规划教材之一，通过本书的学习，可以对食品原材料的相关知识有较全面的了解，可以在实践中更科学地对食品原材料进行贮藏和加工，实现最大限度地利用食物资源，满足人们的饮食需求。

本书可作为高等院校食品科学与工程及相关专业的教材，也可作为食品生产、开发及流通等领域技术人员的重要参考书。

图书在版编目（CIP）数据

食品原料学 / 石彦国主编. —2 版. —北京：科学出版社，2023.5
科学出版社"十四五"普通高等教育本科规划教材　卓越工程师教育培养计划食品科学与工程类系列教材
ISBN 978-7-03-074533-0

Ⅰ．①食…　Ⅱ．①石…　Ⅲ．①食品－原料－高等学校－教材
Ⅳ．①TS202.1

中国国家版本馆CIP数据核字（2023）第001874号

责任编辑：席　慧 / 责任校对：严　娜
责任印制：张　伟 / 封面设计：蓝正设计

科学出版社 出版
北京东黄城根北街16号
邮政编码：100717
http://www.sciencep.com

北京华宇信诺印刷有限公司印刷
科学出版社发行　各地新华书店经销
*

2016年3月第　一　版　　开本：889×1194　1/16
2023年5月第　二　版　　印张：20 3/4
2024年11月第十六次印刷　字数：740 000
定价：79.80元
（如有印装质量问题，我社负责调换）

编委员会名单

第二版
前言

　　食品原料学是食品科学与工程专业的主干专业课程，是食品工艺学的前置课程。它对食品加工原料的生产、形态特征、组织结构、主要成分及其特性等进行了全面系统的介绍。该门课程的学习是从原理上理解食品工艺过程、控制食品质量与安全的前提，也是新产品开发的基础。根据当今食品产业发展的现状与趋势，本书就谷物、油料、水果、蔬菜、畜禽肉、乳及水产食品7类产品中的代表性原料，围绕其形态特征、组织结构、主要成分及其特性等进行了全面系统的介绍。

　　本书在第一版的基础上，结合科技进步与生产的发展，针对部分内容进行了扩展与修改。编者参考了国内外相关领域最新资料，内容力求对相关专业有较宽的适应面。同时，采用图文并茂的形式，文字简明。各部分内容既相对一致，又各具特色，贴近实用。新版《食品原料学》不仅更新了内容，还增加了二维码延伸阅读内容，配套推荐了教学参考课件，更好地满足了不同兴趣的学习和教学需求。

　　本书由哈尔滨商业大学、中国海洋大学、东北农业大学、齐齐哈尔大学、大连工业大学及沈阳师范大学等多所高校共同编写。全书分为7篇33章。其中，绪论由哈尔滨商业大学石彦国编写，第一篇由哈尔滨商业大学陈凤莲编写，第二篇由哈尔滨商业大学孙冰玉编写，第三篇由沈阳师范大学路飞（第8~10章）、李哲（第11、12章）编写，第四篇由齐齐哈尔大学王存堂（第16章）、丛珊滋（第13~15、17~18章）编写，第五篇由东北农业大学夏秀芳编写，第六篇由中国海洋大学易华西（第24、25章）、公丕民（第26、27章）编写，第七篇由大连工业大学董秀萍编写。全书由石彦国主要统稿，孙冰玉和易华西辅助统稿。

　　本书能够顺利出版，是全体编写人员共同努力的结果，同时也得益于科学出版社编辑们的指导与把关，在此一并表示感谢。限于编者的水平与经验，书中不足和不当之处在所难免，诚挚希望读者斧正。

编　者

2023 年 2 月 1 日

第一版 前言

食品原料学是食品科学与工程专业的主干专业课程，是食品工艺学的前置课程，它对食品加工原料的生产、形态特征、组织结构、主要成分及其特性等进行了全面系统的介绍。该门课程的学习是从原理上理解食品工艺过程、控制食品质量与安全的前提，也是新产品开发的基础。

根据当今食品产业发展的现状与趋势，本书就谷物、油料、畜禽、乳、水果、蔬菜及水产品7类产品中的代表性原料，围绕其形态特征、组织结构、主要成分及其特性等进行了全面系统的介绍。

本书为"卓越工程师教育培养计划食品科学与工程系列教材"之一。内容力求对相关专业有较宽的适应面。采用图文并茂的形式，文字简明。各部分内容既相对一致，又各具特色，贴近实用。

本书由哈尔滨商业大学、东北农业大学、哈尔滨工业大学、齐齐哈尔大学、大连工业大学及沈阳师范大学等多所高校共同编写。全书分为7篇32章。其中绪论由哈尔滨商业大学石彦国编写，第一篇由哈尔滨商业大学孙冰玉编写，第二篇由哈尔滨商业大学石彦国编写，第三篇由哈尔滨工业大学易华西编写，第四篇由东北农业大学夏秀芳编写，第五篇由沈阳师范大学路飞编写，第六篇由齐齐哈尔大学王存堂编写，第七篇由大连工业大学董秀萍编写。全书由石彦国主要统稿，孙冰玉和易华西辅助统稿。

本书能够顺利出版，是全体参编人员共同努力的结果，同时也得益于科学出版社相关编辑的指导与把关，在此一并表示感谢。

限于编者的水平与经验，书中不足和不当之处在所难免，诚挚希望读者斧正。

编　者

2015 年 10 月

目录

第五篇　畜禽肉

第六篇　乳

第七篇　水产食品

《食品原料学》（第二版）教学课件索取单

　　凡使用本书作为教材的主讲教师，可获赠教学课件一份。欢迎通过以下两种方式之一与我们联系。本活动解释权在科学出版社。

1. 关注微信公众号"科学 EDU"索取教学课件

关注→"教学服务"→"课件申请"

科学 EDU

2. 填写索取单拍照发送至联系人邮箱

姓名：		职称：		职务：
学校：		院系：		
电话：		QQ：		
电子邮箱（重要）：				
所授课程 1：			学生数：	
课程对象：□研究生 □本科（＿＿年级）□其他＿＿＿＿			授课专业：	
所授课程 2：			学生数：	
课程对象：□研究生 □本科（＿＿年级）□其他＿＿＿＿			授课专业：	
使用教材的名称 / 作者 / 出版社：				

扫码获取食品专业
教材最新目录

联系人：席慧　　　咨询电话：010-64000815　　　回执邮箱：xihui@mail.sciencep.com

第一章 绪 论

一、食品原料学概述

"民以食为天",食品消费是人类生存发展的第一需要。食品科学与工程是关系到人类生存与发展的最重要学科。

狭义的食品概念是指以天然动植物组织为原料,经加工制成的,可为人体提供营养,且不危害人体健康、可直接经口摄入的制品。而广义的食品概念则是指可直接经口摄入,为人体提供营养且不危害人体健康的所有物质。包括天然的可为人体提供营养的生鲜动植物组织(食物)及其经加工制成的可食性制品。原始人类的食品基本上都是大自然提供的、不经任何加工的生鲜动植物组织(食物),直到大约公元前4000年,才从食用颗粒谷物发展到食用粉碎谷物制品、从"茹毛饮血"的食用动物性食物发展到火烹器盛的熟食方式,人类才算步入到加工食品的文明时代。正是由于食品加工业的出现和发展,才出现了食品原料的概念,食品原料就是指用来加工制成食品、用量较大,并构成食品主要成分的物质。

最早的人类只是凭感观来判断食物的好坏,后来由于有了语言和文字信息的交流,人类开始把食物与身体健康联系起来。我国古代名著《黄帝内经》记载:"五谷为养,五果为助,五畜为益,五菜为充,气味合而服之,以补精益气。"古代关于食物的认识只是人类数千年经验的总结。直到17世纪,以科学实验为基础的化学发展起来后,人们才对食物的成分及其特性开始有了真正科学意义上的认识。

19世纪初化学揭示了有机物与无机物两大形态物质的特征,其后有机化学得到飞速发展,伴随其发展的分析化学为分析食品成分提供了手段。由此,人们逐渐了解了构成食物的碳水化合物、蛋白质、脂质等主要成分。进而生物学的飞速发展,尤其是达尔文的进化论使人们对动植物的种群分类有了明确认识,由此对食物化学成分的研究有了新的飞跃。

20世纪以来,全世界的食品加工由家庭作坊式生产向工业化生产迈出了很重要的步伐。为此,成立了联合国粮食及农业组织(Food and Agriculture Organization of the United Nations,FAO)、世界卫生组织(World Health Organization,WHO)等机构,负责制定食品国际标准(international standard of food)。而这些标准的确立就需要食品分析方法的确立和对食品成分的深入研究。1906年美国国会制定了《卫生食品药品法》,并制定了与之有关的《食品成分分析法》,从而确立了食品分析方法。随之,利用生物化学对动植物代谢的研究取得了较大的进展,进一步推动了食品化学的发展。

从某种意义上讲,食物化学主要关注的是食物的化学组成。而食品化学除了关注食物的化学组成外,将更多的关注点转移到了食物在加工过程中或贮藏过程中化学组分的变化及其与食品品质——营养性、安全性、嗜好性之间的关系。也正是这种转变催生了食品原料学的诞生,并使其成为食品科学与工程领域最核心的研究内容之一。因此,可以认为食品原料学就是用化学、生物化学及生物学的方法,研究食品原料的组织形态、结构、化学组成及其特性,并揭示食品原料的加工性质及其在食品加工过程可能发生的化学、生物化学、营养学等变化的一门学问。

工业是人类社会进步的重要标志,工业就是指对各种原材料进行规模化加工的社会物质生产部门。而食品工业就是泛指用农产品、畜产品和水产品等各种可食性原料,加工制成食品的工业。有了工业就有了原料的概念,即把尚待加工的物料称为原料。随着食品加工技术的进步,食品工业规模及产品市场覆盖面的不断扩大,以及对食品品质管理要求的提高,食品原料学的研究范围也拓展到食品原材料的生产、流通领域。人类已经认识到,对于食物的选择不仅要考虑到营养、风味,还要考虑生产这种食物的效率和对资源、环境、生态可持续发展的影响。全世界近年关于食物安全、环境保护的国际学术交流活动和国际会议,也使人们认识到食品原材料作为食品加工的基础材料,对人类生存与发展,对地球的环境和各国之间

的合作有着十分重要的意义。

对食品原料性质的认识不仅是养生之道，更是食品加工工艺的设计、调控食品的质量及开发新食品的科学依据。所以说食品原料学是食品工艺学的基础内容之一。对绝大多数由生物得到的食品原材料，决定其性状和品质的是它的品种、生育环境和培育方法。原材料是食品加工的重要基础，如番茄、胡萝卜等果蔬的加工，首先就离不开对适合加工品种的选择。作为食品原料的农产品，品质不仅与品种有关，还受栽培管理，如施肥、灌溉等条件影响。许多食品原材料的营养、风味、贮藏性、加工性也还与其采摘时间、成熟度和采后处理方法有关。例如，"肯德基""麦当劳"等工业化食品使用的马铃薯原料，不仅要求一定的品种，还要求在规定的条件下栽培和管理，才能保证产品的规格化。

总的来说，食品原料学是通过对食品原材料的基本类型、生产特性及理化、营养特征（包括品质、规格等）的阐述，达到对食品原材料知识的正确理解的目的，使食品原材料的保藏、加工等操作更加科学合理，实现最大限度地利用食物资源，满足人们对饮食生活的需求。

二、食品原料的分类

人类学研究表明，无论从人的牙齿形状，还是肠胃构造来判断，人类在几百万年的进化过程中，基本上属于以粮谷果菜为主食的杂食性动物。正是基于人类的这一属性，使食品的种类、食品原料的种类十分丰富，比起其他产品的原材料，食品原材料可以说复杂得多，包罗万象，有植物性的，也有动物性的，有天然野生的，也有人工培育的。不仅包括采获后的生鲜食物（有些还是活的生物），还包括供加工或烹饪用的初级产品、半成品。在食品加工与流通中，为了对复杂、繁多的食品原料进行有效利用和评价，一般要对这些原料按一定方式进行分类。

（一）按来源分类

这种分类主要是按食品原材料的来源或生产方式区分。按来源分，食品原材料可分为植物性食品原料和动物性食品原料。一般农产品原料、林产品原料、园艺产品原料都可归类为植物性食品原料，而水产品原料、畜产品原料（包括禽、蜂产品原料等）都可归类为动物性食品原料。按这种方法分类，食品原料除动物性食品原料、植物性食品原料外，还有各种合成原料，或从自然物中萃取的添加剂类辅助原料等。

1. 植物性食品原料　植物性食品原料主要包括粮食类原料、油食兼用原料、果蔬原料、坚果类原料、植物源调料和药食同源的植物性原料等。

1）粮食类原料　粮食类原料主要包括谷类（稻、小麦、玉米、大麦、燕麦、粟、高粱和荞麦等）、豆类（蚕豆、豌豆、赤豆和绿豆等）、薯类（甘薯、马铃薯、豆薯、木薯等）。粮食类原料的主要营养成分是以淀粉为主的碳水化合物，此外还含有蛋白质、脂肪、矿物质、维生素等，是向人体提供热量的主要食品原料。粮食类原料是制作各种主食品、糕点及休闲食品的主要原料。随着对粮食原料研究的深入，发现其亦含有一些功能性活性物质。

2）油食兼用原料　油食兼用原料主要有大豆、花生、棉籽、油菜籽、葵花籽、干椰子肉、棕榈核、红花籽、芝麻、亚麻籽等。植物油料除含有丰富的脂肪外，一般也是植物蛋白质的重要来源，同时还有矿物质、维生素及多种生物活性物质等。我国是世界上主要油食兼用原料生产国之一，主要生产的品类有油菜籽、大豆、棉籽、花生、葵花籽、芝麻和亚麻籽等大宗原料。其中油菜籽产量约占世界总产量的 20%（美国农业部 2022 年数据），花生产量约占世界总产量的 38.03%（美国农业部 2022 年数据），芝麻产量约占世界总产量的 7.45%（FAO 2019 年数据），亚麻籽产量约占世界总产量的 11.08%（FAO 2022 年数据），大豆产量占世界总产量的 4.48%（2022 年中国大豆产业数据报告）。

3）蔬菜类原料　蔬菜类原料产量主要包括可食用的草本植物（白菜、黄瓜等）、少数木本植物嫩芽（竹笋、香椿芽等）及食用菌（木耳、香菇等）。蔬菜有人工栽培的，也有野生的。目前，蔬菜主要以人工栽培为主，栽培种类已达 200 多个，大量种植的也有 60 多个品类。蔬菜是多种维生素，如维生素 C、维生素 A 原及维生素 B_2 等的重要来源。维生素 C 和维生素 B_2 在各种绿叶蔬菜中含量丰富，其次是根茎类；维生素 A 原即 β-胡萝卜素，在各种绿色、黄色及红色蔬菜中含量较多。蔬菜中还含有多种无机质，如钙、铁、钾等，不但含量高，而且容易被机体利用。蔬菜中所含的纤维素、果胶质等，是膳食纤维的主要来源。蔬菜中的酶和有机酸可促进消化吸收。蔬菜分为高等植物和低等植物。高等植物体大多有根、茎、叶之分。因此、高等植物蔬菜可根据主要食用部位分为根类蔬菜、茎类蔬菜、叶类蔬菜、花类蔬菜和果类蔬菜5大类。低等植物无茎、叶划分，主要有食用菌、藻类。

4）水果类原料　　水果是指木本果树和部分草本植物所产的可以直接食用的新鲜果实。水果的种类繁多，仅我国现有果树就有700余种。根据果实自身特点可将水果分为梨果（苹果、梨、山楂等）、核果（桃、李子、杏、樱桃等）、浆果（葡萄、蓝莓等）、瓠果（甜瓜、白兰瓜、西瓜等）、柑果（橘子、柑子、橙子等）、复果（菠萝、草莓等）等。水果色泽鲜艳，风味独特，含有丰富的维生素、有机酸、糖、矿物质及生物活性物质。

5）坚果类原料　　坚果类食物多数是植物的果实和种子，如核桃、杏仁、松子、榛子、白果和莲子等。坚果蛋白质含量较高，多数在15%～30%，远高于粮食类；坚果中的脂肪含量也比较高，多数在40%以上，而核桃中的脂肪含量在60%以上，更重要的是其中所含的脂肪绝大部分属于多不饱和脂肪酸。此外，坚果类食品中还含有丰富的维生素E、矿物质等，维生素E具有抗氧化、抗自由基的作用。

6）植物源调料　　植物源调料通常指天然植物香辛剂（又称香辛料），是八角、花椒、桂皮、陈皮等植物香辛料的统称。香辛料是指具有增强刺激性香味、少量加入就能赋予食物以风味的植物种子、花蕾、叶茎、根块等。香辛料含有挥发油（精油）、辣味成分及有机酸、纤维、淀粉粒、树脂、黏液物质和胶质等成分，其大部分香气来自蒸馏后的精油。香辛料不仅有较强的呈味、呈香作用，而且还能促进食欲，改善食品风味，抑菌防腐。辛香料可细分成5类：①有热感和辛辣感的香料，如辣椒、姜、胡椒、花椒和番椒等；②有辛辣作用的香料，如大蒜、葱、洋葱和辣根等；③有芳香性的香料，如月桂、肉桂、丁香、众香子、香荚兰豆和肉豆蔻等；④香草类香料，如茴香、葛缕子（姬茴香）、甘草、百里香和枯茗等；⑤带有上色作用的香料，如姜黄、红椒、藏红花等。

2. 动物性食品原料　　动物性食品原料主要包括畜肉类、禽肉类、蛋类、乳类和鱼贝类。

1）肉类　　肉类主要是指畜肉类（猪肉、牛肉和羊肉等）和禽肉类（鸡肉、鸭肉和鹅肉等）。肉类含有人体所需的多种营养物质，蛋白质、脂肪、维生素和矿物质含量丰富，是人类优质蛋白质和B族维生素的主要来源。肉类中的铁不仅本身易被人体吸收，而且有助于其他铁源的吸收。肉类的化学成分中水分占75%左右，其次是蛋白质，占20%以上，然后是脂质占4%～5%，剩下的是灰分，占1%左右。

2）乳类　　乳类主要包括牛乳、羊乳、马乳和骆驼乳等。乳中主要成分是水，占87%～89%。乳脂肪、乳蛋白都是乳的重要化学成分，乳脂肪中还含有磷脂类（为0.072%～0.086%，主要是卵磷脂、脑磷脂和神经磷脂）和固醇。乳中的蛋白质主要有酪蛋白、乳清蛋白、脂肪球膜蛋白。乳品中的糖类主要是乳糖，占总糖类的99.88%。乳中含有丰富的维生素，主要有维生素B_2、维生素A、维生素E、维生素C等。

3）蛋类　　蛋类主要指鸡蛋、鸭蛋和鹅蛋，蛋的可食部分主要由蛋清和蛋黄两部分组成。蛋类是人类食物优质蛋白的重要来源，其中蛋清的蛋白质含量为11%，蛋黄中蛋白质含量约为17%；蛋中的脂质含量约为12%，包括脂肪、磷脂、固醇和糖脂，其中90%的脂质分布于蛋黄中；蛋中还含有约1.2%的糖类物质，主要是葡萄糖、甘露糖和半乳聚糖，它们大部分形成糖蛋白，游离的糖几乎都是葡萄糖；蛋中几乎含人体所需的所有元素，其中维生素A、维生素B_1、维生素B_2、维生素D和维生素E的含量均较高。

4）鱼贝类　　鱼贝类是人类食物的优质蛋白源，也是重要无机盐和维生素的重要来源之一，它们易于消化，且含所有必需氨基酸，营养价值很高。鱼贝类的化学组成因种类、年龄、季节等不同而有较大差异，一般而言，蛋白质含量差异不大，而水分和脂质含量变化较大，且往往水分和脂质含量之和大致相同，约为80%，鱼脂肪的构成中不饱和脂肪酸多，饱和脂肪酸少，前者占到70%～80%，而后者为20%～30%。鱼贝类的矿质元素含量在1%～2%，其中以钠、钾、镁、磷较多，并含有一定量的钙、铁、铝、锰、铜、钴、碘和硫等，特别是碘的含量常高于畜禽肉。鱼中维生素A和维生素D含量特别丰富，主要集中于肝，另外还存在维生素B_1、维生素B_2、维生素B_6和维生素C等。

（二）按生产方式分类

按生产方式区分食品原料则可分为农产品、畜产品、水产品、林产食品等食品原料。

1. 农产品食品原料　　农产品食品原料是指在土地上对农作物进行栽培、收获得到的食物原料，也包括近年发展起来的无土栽培方式得到的产品，包括谷类、豆类、薯类、蔬菜类、水果类等。

2. 畜产品食品原料　　畜产品食品原料指人类在陆地上饲养、养殖、放养的各种动物所得到的食品原料，它包括畜禽肉类、乳类、蛋类和蜂蜜类产品等。

3. 水产品食品原料　　水产品食品原料指在江、河、湖、海等水域中捕捞或人工养殖而得到的食品原料，它包括鱼、蟹、贝、藻类等。

4. 林产食品原料　　林产食品原料主要指取自林地的原料，一般是指坚果类、食用菌、山野菜、野生水果类等。但由于许多野生林木产品都开始有了人工栽培，其产品也可归入园艺产品或农产品原料。

除上述常用分类方法外，也有按食品营养特点进行分类的，如日本的三群分类法、六群分类法和七群分类法，以及美国的四群分类法等。

【思考题】

1. 食品原料按来源如何分类?
2. 食品原料对食品加工有怎样的意义?

第一篇

谷　物

第二章 小麦与小麦粉

第一节 小麦的起源、分类和等级标准

小麦属于禾本科（Poaceae）、小麦族（Triticeae）、小麦属（*Triticum*），是世界粮食作物中分布范围和栽培面积最广、总产量最高、贸易额最大的粮食作物。小麦的总产量约占世界粮食总产量的1/4。全世界以小麦制品为主食的人口占世界总人口的1/3以上。小麦也是我国的主要粮食作物之一，全国各地都有种植，种植面积仅次于水稻。我国小麦常年总产量在1.25亿吨至1.35亿吨之间，约占世界小麦总产量的20%，居世界第一位。

一、小麦起源与生产现状

小麦起源于亚洲西部，是新石器时代人类对其祖先植物进行驯化的产物，栽培历史已有万年以上。小麦迄今仍是世界上大多数国家的基本粮食作物，是保证全球"粮食安全"的基础。它在地球上分布很广，遍及世界各大洲，几乎自北极圈到非洲和美洲的南端，总面积约2亿公顷。世界栽培小麦主要是冬小麦，与春小麦的面积比例约为3 : 1（赵秀兰和张蕾，2021）。

由于自然条件和国土面积等原因，各国小麦种植面积及单产差异较大。世界上种植小麦面积最大的国家有3个，种植面积均达3亿亩①以上，其中印度3.9亿亩、中国3.244亿～3.419亿亩、美国3.035亿亩。其次是澳大利亚1.8亿亩、加拿大1.5亿亩，土耳其、巴基斯坦也在1.2亿亩以上（曹瑶瑶，2016）。美国是世界小麦主产国之一，是世界小麦贸易强国。根据最终用途，美国将小麦分为5大类：红硬春麦、红硬冬麦、红软冬麦、白麦和杜伦硬麦。加拿大虽然不是小麦生产大国，却是一个重要的小麦出口国，由于加拿大人口少，可将小麦产量的60%以上用于出口贸易，在全球约1亿吨小麦贸易中，加拿大占20%左右（曹瑶瑶，2016）。澳大利亚也是世界上最大的小麦出口国之一，地处南半球，小麦收获季节正是大多数产粮国的淡季，在国际市场的竞争中具有季节性优势。小麦是法国第一大类农作物，其种植面积占粮食作物种植面积的50%，是欧盟最大的小麦生产国，也是世界小麦出口国和最大的面粉出口国。印度小麦总产量仅次于中国，是世界第二大的小麦生产国。印度小麦出口的国际竞争力不断增强。印度小麦出口以饲用为主，主要出口国家包括韩国、菲律宾、印度尼西亚和马来西亚等及中东地区。

中国是世界较早种植小麦的国家之一。我国小麦90%左右为冬小麦，主要分布在黄淮海平原、华北平原、关中平原和河西走廊，春小麦仅占10%左右，主要分布在东北地区和内蒙古自治区。河南、山东、河北3个省是我国小麦的生产大省，三省的小麦总产量约占全国小麦总产量的一半。其次是江苏和安徽（黄登鑫等，2018）。我国在相当长的一段时间以增加小麦产量为目标，小麦质量达不到制作面包、饼干所需专用面粉的质量要求，所以专用小麦粉的生产长期依靠进口小麦。为扭转我国小麦生产的现状，在保证产量的同时，提高小麦的质量，我国加大了对优质小麦品种的选育和栽培工作的力度，并颁布了优质专用小麦的质量标准，出台了相应的收购政策，实行优质优价，促进优质小麦的种植和推广。一些优质商品小麦已在国内大量流通，其中高筋小麦品种主要有豫麦34、烟农15、济南17、8901、高优503、93501、辽春10号、稳千1号、野猫、格莱尼、小冰33、4083和烟农15等；低筋优质小麦品种较少，主要有3039、皖麦19等。

---

① 1亩＝666.7m²。

二、小麦的分类

小麦的栽培历史悠久，据说有 8000 余年，在漫长的栽培、传播、进化及改良过程中，形成了繁多的品种。但按大的种群分，小麦只有两大类，即普通小麦和硬粒小麦（杜伦小麦）。其中最重要的是普通小麦，约占小麦总产量的 92% 以上。普通小麦又可按播种季节、皮色、粒质进行分类。

1. 按播种季节分类　　小麦按播种季节分为冬小麦和春小麦两种。冬小麦在秋季播种，夏初成熟。春小麦是春季播种，夏末收获。一般来说，北方冬小麦蛋白质含量高，质量好；其次是北方春小麦；南方冬小麦蛋白质和面筋质含量低。

2. 按小麦皮色分类　　小麦按皮色分为白皮小麦和红皮小麦两种。白皮小麦一般粉色较白，皮薄，出粉率高。红皮小麦粉色较深，皮较厚，出粉率较低。

3. 按小麦粒质分类　　小麦按粒质分为硬质小麦和软质小麦两种。小麦籽粒断面呈透明状（玻璃质）的为硬质粒，硬质率达到 50% 以上的称为硬质小麦，其面筋含量高，筋力较强。小麦籽粒断面呈粉状的为软质粒，软质率达到 50% 以上的称为软质小麦，其面筋含量低，筋力较差。硬质小麦磨制的面粉适合于生产面包，而软质小麦磨制的面粉适合于生产糕点和饼干。

4. 按小麦的皮色、粒质和播种季节分类　　综合小麦的皮色、粒质和播种季节，将商品小麦分为以下 9 类。

1）白色硬质冬小麦　　种皮为白色或黄白色的麦粒不低于 90%，角质率不低于 70% 的冬小麦。
2）白色硬质春小麦　　种皮为白色或黄白色的麦粒不低于 90%，角质率不低于 70% 的春小麦。
3）白色软质冬小麦　　种皮为白色或黄白色的麦粒不低于 90%，粉质率不低于 70% 的冬小麦。
4）白色软质春小麦　　种皮为白色或黄白色的麦粒不低于 90%，粉质率不低于 70% 的春小麦。
5）红色硬质冬小麦　　种皮为深红色或红褐色的麦粒不低于 90%，角质率不低于 70% 的冬小麦。
6）红色硬质春小麦　　种皮为深红色或红褐色的麦粒不低于 90%，角质率不低于 70% 的春小麦。
7）红色软质冬小麦　　种皮为深红色或红褐色的麦粒不低于 90%，粉质率不低于 70% 的冬小麦。
8）红色软质春小麦　　种皮为深红色或红褐色的麦粒不低于 90%，粉质率不低于 70% 的春小麦。
9）混合小麦　　不符合上述各条规定的小麦。

三、中国小麦的等级标准

我国小麦国家标准 GB 1351—2008 规定，普通小麦一般按容重分为 5 个等级。等级指标及其他质量指标见表 2-1。

表 2-1　我国普通小麦等级标准

等级	容重 /(g/L)	不完善粒 /%	杂质 /%		水分 /%	色泽、气味
			总量	其中：矿物质		
1	≥790	≤6.0				
2	≥770	≤6.0				
3	≥750	≤8.0	≤1.0	≤0.5	≤12.5	正常
4	≥730	≤8.0				
5	≥710	≤10.0				

资料来源：田建珍和温纪平，2011。

1999 年我国针对专用小麦粉生产的需求，制定颁布了国家专用小麦等级标准，分为强筋小麦（GB/T 17892—1999）和弱筋小麦（GB/T 17893—1999）两个标准。强筋小麦是指角质率不低于 70%，其小麦粉筋力强，适于制作面包等食品的小麦。弱筋小麦指粉质率不低于 70%，其小麦粉筋力弱，适于制作蛋糕和酥性饼干等食品的小麦。强筋小麦和弱筋小麦的品质指标见表 2-2。

表 2-2 我国专用小麦等级标准

项目			强筋小麦		弱筋小麦
			一等	二等	
籽粒	容重 /（g/L）		≥770		≥750
	水分 /%		≤12.5		≤12.5
	不完善粒 /%		≤6.0		≤6.0
	杂质	总量 /%	≤1.0		≤1.0
		矿物质 /%	≤0.5		≤0.5
	降落数值 /S		≥300		≥300
	色泽、气味		正常		正常
小麦粉	粗蛋白质（%，干基）		≥15.0	≥14.0	≤11.5
	湿面筋 /%（14% 水分）		≥35.0	≥32.0	≤22.0
	面团稳定时间 /min		≥10.0	≥7.0	≤2.5
	烘焙品质评分值		≥80		

资料来源：刘英，2005。

第二节 小麦的籽粒结构、物理特性及出粉率

一、小麦籽粒的结构

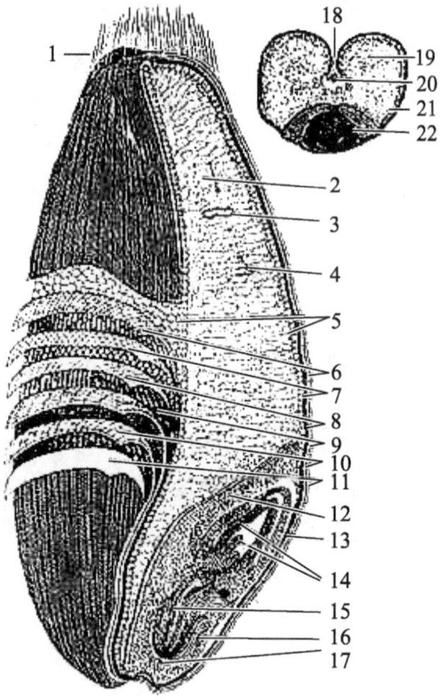

图 2-1 小麦籽粒的纵切面及横切面
（卜科和郑学玲，2017）
1. 茸毛；2. 胚乳；3. 淀粉细胞（淀粉粒充填于蛋白质间质之中）；4. 细胞的纤维壁；5. 糊粉细胞层（属胚乳的一部分，与糠层分离）；6. 珠心层；7. 种皮；8. 管状细胞；9. 横细胞；10. 皮下细胞；11. 表皮层；12. 盾片；13. 胚芽鞘；14. 胚芽；15. 初生根；16. 胚根鞘；17. 根冠；18. 腹沟；19. 胚乳；20. 色素束；21. 皮层；22. 胚

小麦属于禾本科小麦族小麦属草本植物，其果实被称为"颖果"，又称为"籽粒"。小麦籽粒形状从背部看，可分为长圆形、卵圆形、椭圆形和短圆形。长圆形籽粒中部宽，两端小而尖；卵圆形籽粒上部小，下部宽；椭圆形籽粒中部宽，两端小而圆；圆形籽粒上下长宽相近。小麦籽粒平均长约 8mm。小麦籽粒大小随品种及其在麦穗上的位置不同而异，其平均重约 35mg。小麦籽粒顶端生长有短而坚硬的茸毛（俗称麦毛），基部长有麦胚。有胚的一面通常称为背面，麦粒背面呈圆形；相对的另一面称为腹面；腹面上有一条纵向沟槽，称为腹沟，腹沟几乎有整个麦粒那么长，深度接近麦粒中心。腹沟的两侧称为颊，两颊呈中圆形隆起状或扁平状，靠得很近，因而腹沟凹陷在籽粒内部，其深度和宽度随品种及籽粒的饱满程度不同而异。腹沟不仅给制粉时从胚乳中分离麸皮且得到高的出粉率造成了困难，也为微生物和灰尘提供了潜藏的场所。小麦籽粒横切面呈心脏形。

麦粒外层是果皮，果皮包住种子并紧紧与种皮粘连。种子由一个胚芽和一个胚乳组成，胚乳包裹在珠心层和种皮内。小麦籽粒结构如图 2-1 所示。

1. 果皮 果皮包住整个种子，可分为外果皮和内果皮。外果皮由表皮层（又称长细胞层）、皮下组织和薄壁细胞残余层构成，由于薄壁细胞残余层缺乏连续的细胞结构，从而形成一个分割的自然面。当它们破裂的时候，外果皮即可脱掉。除去这几层，则有利于水分进入果皮之内。

内果皮由中间细胞、横细胞和管状细胞组成。中间细胞和管状细胞都不完全覆盖整个籽粒。横细胞呈长圆柱形，其长轴垂直于麦粒的长轴。管状细胞的大小和形状与横细胞相同，但它们的长轴平

行于麦粒的长轴。管状细胞之间不是板结相连，因此有许多胞间隙。据研究，整个果皮大约占籽粒的5%，约含蛋白质6%、灰分2%、纤维素20%、脂肪0.5%，其余大概都是戊聚糖。

小麦果皮包围在胚乳和麦胚的外围，保护着胚及胚乳免遭病菌和害虫的侵袭。

2. 种皮和珠心层　　种皮的外侧与管状细胞紧连，而内侧则与珠心层紧连。种皮由三层组成：较厚的外表皮、色素层、较薄的内表皮。种皮由两层斜向交叉排列的长细胞组成，外层为角质化细胞，无色透明，表面有较厚的角质层，扁平，内层细胞含有色素。色素细胞层的厚薄及色素含量的多少决定了麦粒色泽的深浅。白色小麦色素细胞层较薄，含色素物质少，呈淡黄色；红色小麦则相对细胞层较厚，含色素较多，呈棕黄色或棕红色。种皮的厚度为5～8μm。

种皮具有半渗透性，可以防止病菌、害虫侵袭及自然损伤。而皮层含有色素的多少，还会造成种子休眠特性上的差异。通常色素少的白色小麦，种皮薄、透气性强、呼吸强度大、休眠期短。

珠心层（或称透明层）厚约7μm，紧夹在种皮和糊粉层之间。

3. 糊粉层　　糊粉层一般只有一层细胞厚，包围着整个麦粒，既覆盖着淀粉质胚乳，又覆盖着胚芽。从植物学的观点看，糊粉层是胚乳的外层。然而，制粉时糊粉层随同珠心层、种皮和果皮一同被除去，它们被称为麸皮。糊粉层由排列整齐且紧密的厚壁细胞组成，细胞壁厚3～4μm。厚壁细胞基本上呈立方形，内部含有大量糊粉粒，无淀粉，糊粉粒的结构和成分是复杂的，细胞的平均厚度约为50μm。细胞壁中含有大量的纤维素质成分。糊粉层含有相当高的灰分、蛋白质、总磷、植酸磷、脂肪和烟酸。此外，糊粉层中的硫胺素和核黄素含量也高于皮层的其他部分，酶活性也高。包住胚部的糊粉细胞有所不同，是薄壁细胞，可能不含糊粉粒。胚部糊粉层的厚度平均约为13μm，或小于其他部位糊粉层厚度的2/3。

4. 胚芽　　小麦胚芽长约2.54mm，宽约1mm。小麦胚芽通过上皮细胞层与胚乳连接，外侧被皮层所包围，珠心层和糊粉层细胞在邻近麦胚处厚度开始缩减。小麦胚芽与胚乳结合的紧密程度不一，有些品种的胚芽松弛地连接在胚乳的凹穴处，受到打击很易脱落。

小麦胚芽占籽粒的2.5%～3.5%。胚芽由两个主要部分组成：胚轴（不育根和茎）和盾片。盾片的功能是作为贮备器官。胚芽含有相当高的蛋白质（25%）、糖（18%）、油脂（胚轴含油16%，盾片含油32%）和灰分（5%）。胚芽不含淀粉，但含有较高的B族维生素和多种酶类。胚芽中含维生素E很高，其值可达500mg/kg。糖类主要是蔗糖和棉籽糖。

5. 胚乳　　胚乳一般占小麦籽粒重的80%以上，其主要成分是淀粉，占胚乳的70%～80%，还有13%的蛋白质。胚乳由胚乳细胞构成，胚乳细胞可分为三类，即边缘细胞、棱柱形细胞和中心细胞。由于形成的时间顺序不同，其细胞大小从边缘到中心部位呈梯度分布。边缘细胞是糊粉层下面的第一层细胞，体积较小，各方向的直径相近，或者朝向籽粒中心方向稍长；在边缘细胞下面有几层伸长的棱柱形细胞，它们主要位于籽粒的背部，垂直于籽粒表面，向内延伸几乎接近籽粒中心。在籽粒两颊中间部分的是中心细胞，它们的大小和形状都较其他细胞不规则得多，以多角形的为主。

胚乳细胞为薄壁细胞，细胞壁无色，主要由戊聚糖、半纤维素和β-葡聚糖组成，细胞壁的厚度因在籽粒中的位置不同而异，靠近糊粉层细胞壁较厚。品种不同细胞壁的厚度也有差异，硬麦胚乳细胞壁略厚，吸水能力较强；软麦胚乳细胞壁较薄，吸水能力较弱。

胚乳细胞内充填着大小不等的淀粉粒。小麦成熟时，在蛋白质体中合成贮藏蛋白——面筋，随着麦粒的成熟，蛋白质体淀粉粒被挤压在一起而成为泥浆状或黏土状的间质，蛋白质体不再辨别得出。按粒度大小淀粉粒一般分为两类（图2-2）：一类颗粒较大，其合成时间较早，呈扁豆状并有一条沟槽，直径一般为20～40μm；另一类颗粒较小，是在籽粒发育后期合成的，多呈球状，直径一般为2～10μm。介于大小粒之间的淀粉颗粒相对较少。成熟的籽粒中，从胚乳边缘到中心部位小粒淀粉的相对数量逐渐减少，大粒淀粉的数量逐渐增加。大粒淀粉约占籽粒淀粉总量的90%。

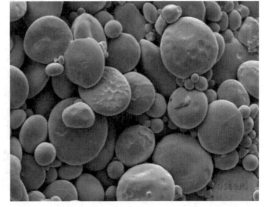

图2-2　小麦淀粉粒的电镜扫描图（陈凤莲和曲敏，2020）

胚乳细胞内大小淀粉粒的缝隙间充填着蛋白质基质，

这些蛋白质基质将淀粉粒包裹起来，并与淀粉粒连在一起。一些蛋白质黏结在淀粉粒表面上，用机械方法难以将其分离。一般情况下，胚乳中心部位蛋白质含量较低，而外围含量较高。

二、小麦的物理特性

小麦的物理特性包括小麦籽粒形态与整齐度、饱满度与千粒重、色泽、容重等。

（一）小麦籽粒形态与整齐度

小麦籽粒形状可分为长圆形、卵圆形、椭圆形和短圆形。籽粒形状一般根据目测区分，也可借助螺旋器进行分类。籽粒形状越接近圆形，制粉越容易，出粉率也较高，但一般圆形粒籽粒较小。

籽粒整齐度是指籽粒形状和大小的均匀一致性，可用一定大小筛孔的分级筛（电动谷物选筛）进行评定。小麦籽粒整齐度一般分为 3 级：同样形状和大小籽粒占总粒数 90% 以上的为整齐（1 级）；低于 70% 的为不整齐（3 级）；介于二者之间的为中等整齐（2 级）。籽粒整齐的品种，制粉时去皮损失少，出粉率高；籽粒不整齐的品种加工前需要先分级，能耗多，浪费时间，而且出粉率低。

（二）籽粒饱满度与千粒重

籽粒饱满度是衡量小麦籽粒形态品质的一个重要指标。一般用目测法将成熟干燥的小麦分为 4 级。一级籽粒饱满，胚乳充实，种皮光滑，腹沟浅；二级籽粒胚乳较充实，种皮略有皱褶；三级籽粒胚乳明显不充实，种皮皱褶明显；四级籽粒胚乳极不充实，且粒瘦、皮粗，明显变形。籽粒饱满度好的出粉率高，面粉品质好。

籽粒饱满度的另一种衡量方法是用千粒重表示。千粒重是指 1000 粒小麦的质量，以克（g）为单位，实际表明的是麦粒的平均重量。按计算方法不同，千粒重可分为自然水分千粒重、标准水分千粒重和干态千粒重几种。为避免歧义，标明小麦千粒重的同时，应注明小麦的水分或用干物质表示。自然水分千粒重是指测定小麦实际水分下的重量，不需进行换算，方法简单，被广泛采用。千粒重的大小取决于小麦籽粒的饱满程度、颗粒大小、成熟度和胚乳的结构。一般情况下，籽粒饱满、颗粒大、成熟且结构紧密的小麦千粒重较大。换言之，在水分相同的条件下，千粒重越大，则表明小麦籽粒越饱满、颗粒越大、胚乳含量越高、种皮所占比例越小、出粉率越高、麸皮量越少。但千粒重和出粉率并不一定是正相关的，有时籽粒较大的品种制粉品质不一定比籽粒较小的品种优越。国内小麦千粒重一般为 34～45g/ 千粒，有的品种和地区达到 60g/ 千粒以上，尤其以青海、西藏、新疆和宁夏等地区小麦千粒重较高。

同一品种小麦籽粒千粒重高的饱满度和整齐度好，腹沟浅，籽粒去皮时损失少，出粉率高，同时可免去把大小籽粒分开的工序，提高制粉效率，降低能耗。

综上所述，千粒重影响出粉率，同一品种千粒重对出粉率的影响较大，不同品种间千粒重与出粉率的相关性并不明显。通过增加饱满度来增加千粒重，可以增加出粉率；反之，仅仅增大籽粒而饱满度较低，则不会增加出粉率。

测定千粒重的方法可扫码查阅。

（三）色泽

小麦籽粒颜色主要分为白色、红色和琥珀色，麦粒的颜色主要由种皮色素层中沉淀的色素来决定。小麦制粉时，随着胚乳被研磨成粉，麦皮会或多或少地随之粉碎而混入面粉中，这些混入面粉中的呈色麦皮被称为麸星。面粉的加工精度越高，面粉中的麸星含量就越少，而加工精度越低，相应混入面粉中的麸星就越多。红皮小麦麦皮与胚乳色差较大，混入面粉中的麸星斑点非常明显，因此，面粉加工精度越低，对面粉的色泽影响就越大；白皮小麦皮色较浅，对粉色影响相对较小。传统的小麦制粉技术，制得的为通用小麦粉，小麦粉的质量主要以粉色，以及麸星含量、面筋质含量、灰分、水分等指标来评价，而对消费者来讲更直观的评价标准是看粉色白不白。因此，在相同粉色标准的条件下，白皮小麦较红皮小麦有较高的出粉率。

小麦粉的食用品质主要与小麦胚乳的内在品质有关，故在选择加工专用小麦粉的小麦时，应首先满足其品质要求，其次才考虑色泽等因素。小麦粉的粉色完全可以通过先进的制粉技术来控制。小麦籽粒颜色与品质并无必然联系，但一般红皮小麦出粉率要比白皮小麦低，而蛋白质含量、沉降值及面筋含量等指标均高于白皮小麦。对红、白皮姊妹系的比较研究表明，红皮小麦比白皮小麦蛋白质含量高 0.1%，干面筋高 0.2%~0.5%，湿面筋高 0.42%~2.4%，沉降值高 3.1mL。另外，由于红皮小麦的休眠期较长，抗穗发芽能力较强，所以其分布远比白皮小麦广泛。美国、加拿大等主要产麦国种植的绝大多数优质小麦品种都是红皮小麦。墨西哥国际玉米小麦改良中心（CIMMYT）1950~1987 年培育的 21 个矮秆小麦品种也都是红皮小麦。我国小麦品种中，红皮小麦也比白皮小麦品种多。

（四）容重

容重是指单位容积内小麦籽粒的重量，我国以克/升（g/L）为容重单位，国外常用英制单位为磅/蒲式耳（lb/bu），公制单位为千克/百升（kg/100L）。

容重是小麦收购、储运、加工和贸易中分级的重要依据，也是鉴定制粉品质的一个综合指标。容重是小麦籽粒形状、整齐度、饱满度和胚乳质地的综合反映。容重与小麦的籽粒大小、形状、表面状态、整齐度、水分、含杂种类及含杂量等因素有关。表面粗糙、有皱褶的小麦容重较低，水分增高小麦容重减小，含轻杂越多，相应容重越小。容重大的小麦品种，籽粒整齐饱满，胚乳组织较致密。容重与籽粒大小的关系不大，但受籽粒间空隙大小的影响。容重与出粉率和小麦粉灰分含量直接相关，在一定范围内，随着容重增加，小麦出粉率提高，灰分含量降低。容重与出粉率密切相关，相关系数大于硬度与出粉率的相关系数。等外级小麦的容重对出粉率的影响明显较等内级小麦大，随着容重的减小，出粉率急剧下降。

同一地区生产的相同品种和相同类型的小麦，其容重大小与出粉率存在线性相关。一般情况下，小麦容重越高，表示籽粒越饱满，胚乳含量越高，出粉率亦越高。

目前世界各国普遍将容重作为确定小麦等级的一项重要指标。我国小麦的容重一般为 680~830g/L，容重是我国现行商品小麦收购的质量标准和定价依据。

测定容重的方法可扫码查阅。

（五）角质与粉质

根据胚乳细胞内淀粉粒和蛋白质基质充填的紧密程度不同，胚乳分为角质胚乳和粉质胚乳。

角质亦称玻璃质，通常是根据透明结构部分的多少来判断麦粒的角质与粉质。角质率是指具有角质胚乳的麦粒在小麦籽粒中所占的比例，即从小麦堆中随机取出 100 粒，角质麦粒占所取样品粒数的百分比。

粉质率则是指具有粉质胚乳的麦粒在小麦籽粒中所占的百分比（方法同上）。

当小麦籽粒胚乳中有空隙时，由于光线的衍射和漫射，使得籽粒透光性变差，呈不透明状；当籽粒充填紧密时，光线在空气和麦粒接口衍射并穿过麦粒呈现半透明的玻璃状。小麦籽粒胚乳中的空隙是由于在田间干燥过程中蛋白质皱缩、破裂而造成的。麦粒干燥失水时，玻璃质胚乳蛋白质皱缩时仍能保持其完整，密实程度较高，故较透明。一般角质胚乳结构紧密，透光性较好，籽粒硬度较高，蛋白质含量亦较高，一般将具有角质胚乳的小麦称为硬质小麦；粉质胚乳则胚乳结构相对疏松，淀粉颗粒之间、淀粉与蛋白质之间结合不很紧密，存有空隙，透光性差，胚乳硬度较低，蛋白质含量一般也较低，故将具有粉质胚乳的小麦称为软质小麦。图 2-3 是硬质小麦的电子显微图，可看出蛋白质和淀粉的紧密黏附情况。蛋白质好像湿外套很好地黏附在淀粉表面，蛋白质不仅使淀粉良好地湿润，而且使两者结合紧密。图 2-4 是软质小麦的电子显微图，表现出很大的不同，淀粉和蛋白质在外表上是相似的，但是，蛋白质不湿润淀粉表面，蛋白质和淀粉之间的结合很容易破裂，它们之间的结合是不牢固的。

一般来讲，高蛋白的硬质小麦往往是玻璃质的，低蛋白的软质小麦往往是不透明的。但也有例外，存在角质率低的硬质小麦和角质率高的软质小麦。因此，角质率与蛋白质含量虽有一定关系，但角质率高并不一定就意味着面筋含量高、质量好，同时角质率高也并不意味着麦粒硬度一定大。

由于多数情况下，麦粒的角质与粉质能够间接地反映籽粒的硬度和蛋白质含量的高低，因此，可以用角质率来间接判断小麦籽粒胚乳的质地，虽不很准确、不能完全与小麦的品质画等号，但检验方法便捷、实用。所以许多国家仍将角质率作为划分小麦软硬的一个指标。

美国、加拿大、日本等国把硬质粒含量（角质率）在 70% 以上的小麦定为硬质小麦。我国也曾在小麦收购标准中规定：硬质小麦的角质率应达 70% 及以上。

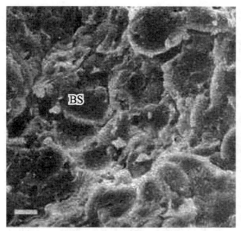
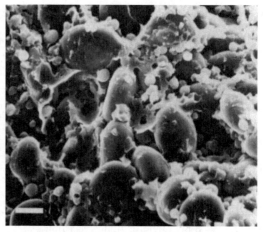

图 2-3　硬质冬小麦示出内含物的胚乳细胞扫
描电子显微图（每单位长为 10μm）
（R. 卡尔·霍斯尼，1989）
破损淀粉粒（BS）

图 2-4　软质冬小麦示出内含物的胚乳细胞
扫描电子显微图（每单位长为 10μm）
（R. 卡尔·霍斯尼，1989）

（六）小麦硬度

如前所述，根据角质率的高低来划分小麦的软硬很不确切，另外判断标准也不统一，因而差异较大。小麦进行加工时，是通过外力（机械力）将其破碎，逐渐粉碎成细小的粉状颗粒。软质小麦和硬质小麦由于胚乳结构的紧密程度不同，破碎时所需的功耗、所呈现的特性及粉碎颗粒的粒度分布等都存在较大差异，人们试图通过仪器测定方法来度量小麦籽粒软硬的程度（具体内容可扫码查阅）。

三、小麦出粉率

制粉过程通过碾磨过筛，使胚和麸皮（果皮、种皮及部分糊粉层，约占籽粒质量的 15%）与胚乳分离，由胚乳制成小麦粉。优良的制粉品质要求制粉时设备耗能较少、易碾磨、胚乳与麸皮易分开、易过筛、易清理、出粉率高、灰分低、粉色好。

小麦出粉率是衡量小麦制粉品质的一项重要指标。出粉率的高低与小麦的容重、角质率、籽粒硬度、降落数值、籽粒饱满程度、种皮厚度等品质因素有关，同时还与小麦制粉工艺、制粉设备的性能、工艺操作、生产管理等因素有关，也就是说小麦的实际生产出粉率与小麦的制粉品质并非完全都呈现正相关。因此，要通过小麦出粉率评价小麦的制粉品质，应在小麦粉的加工精度、制粉工艺、制粉设备及操作等因素相同的条件下进行制粉，方可减少其他因素的干扰。为了正确评价小麦的制粉品质，常需要在实验室利用专门设备进行制粉实验。

目前世界上普遍使用的实验制粉设备有**瑞士布勒实验磨**和**德国布拉班德实验磨**（具体内容可扫码查阅）。

第三节　小麦籽粒与小麦粉的化学组成

小麦籽粒与小麦粉的化学成分主要有蛋白质、糖类、脂类、维生素、矿物质等。这些成分是人体所需要的各种营养成分，它们的含量高低和平衡程度决定了其营养品质的优劣。小麦是我国的重要粮食作物，将其加工成小麦粉可以制作成许多不同品质的食品，如面包、糕点、饼干、馒头、面条、饺子等。

一、小麦籽粒中各种化学成分的分布

麦粒各部分中各种化学成分的含量相差很大，分布不均衡；即使是同一结构部分，成分分布及性质也是不完全相同的。例如，胚乳中的蛋白质，从麦粒中心往外，含量逐渐增加，但质量慢慢变差。表 2-3 为小麦籽粒各组成部分的化学成分（干物质）。研究小麦中各种化学成分的分布特性，有助于小麦及小麦粉的加工。表 2-4 为部分国产小麦整粒麦的化学成分，表 2-5 为美国产部分小麦整粒麦的化学成分。

表 2-3　小麦籽粒各组成部分的化学成分（干物质）

结构部分	质量比例 /%	成分含量 /%						
		蛋白质	脂肪	水分	灰分	粗纤维	戊聚糖	淀粉等糖类
整粒	100	14.4	1.8	15	1.7	2.2	5.0	74.9
表皮层	4.1	3.6	0.4	—	1.4	32.0	35.0	27.6
果皮层、种皮	0.9	10.6	0.2	15	13.0	23.0	30.0	23.8
珠心层	0.6	13.7	0.1	15	18.0	11.0	17.0	50.2
糊粉层	9.3	32.0	7.0	15	8.8	6.0	30.0	16.2
胚芽	2.7	25.4	12.3	15	4.5	2.5	5.3	50.0
胚乳	82.0	12.8	1.0	15	0.4	0.3	3.5	82.0

注："—"代表无数据。
资料来源：李里特，2011。

表 2-4　部分国产小麦整粒麦的化学成分　　　　（单位：%）

小麦品种	水分	蛋白质	脂肪	碳水化合物	灰分
华北白小麦	12.35	10.04	2.11	73.54	1.60
华北花小麦	13.14	10.99	1.84	72.48	1.61
西北白小麦	12.02	10.73	2.05	73.37	1.83
西南红小麦	12.98	11.62	2.39	71.96	1.08
华东红小麦	13.06	10.89	2.19	71.95	1.91
华东白小麦	12.95	10.62	2.03	72.92	1.48
中南红小麦	12.96	12.19	2.22	71.93	1.60
中南白小麦	12.56	13.04	1.97	70.62	1.45

资料来源：张守文，1996。

表 2-5　美国产部分小麦整粒麦的化学成分　　　　（单位：%）

小麦品种	水分	蛋白质	脂肪	碳水化合物	灰分
红硬春麦	13.0	14.0	2.2	69.1	1.7
红硬冬麦	12.5	12.3	1.8	71.7	1.7
红软冬麦	14.0	10.2	2.0	72.1	1.7
白麦	11.5	9.4	2.0	75.4	1.7
杜伦硬麦	13.0	12.7	2.5	70.1	1.7

资料来源：张守文，1996。

小麦粉的成分因制粉工艺、原料小麦的种类及产地而异，表 2-6 是我国小麦粉的主要化学成分。

表 2-6　我国小麦粉的主要化学成分　　　　（单位：%）

面粉种类	水分	蛋白质	脂肪	糖类	粗纤维	灰分
标准粉	12.0～14.0	9.9～12.2	1.5～1.8	73.0～75.6	0.6	0.8～1.4
特制粉	13.0～14.0	7.2～10.5	0.9～1.3	75.0～78.2	0.2	0.5～0.9

二、水分

水分是衡量小麦及小麦粉干物质含量的重要指标，水分含量的多少还直接影响小麦及小麦粉的贮藏性能。一般情况下，小麦的安全贮藏水分为13.5%以下。小麦粉中的含水量一般为12.0%~14.5%。

小麦中水分存在的状态，可分为游离水和胶体结合水。游离水也称为"自由水"，是存在于细胞间隙中的水分，具有普通水的性质。检验小麦水分时，其测定对象就为游离水。胶体结合水也称为"束缚水"，与细胞中的蛋白质、糖类亲水物质结合，形成比较牢固的胶体水分，它不具有普通水的性质。

小麦具有吸潮和散湿性能，通过着水，经吸收可增加游离水的含量，水分较高时，皮层与胚乳的强度差别增加，有利于制粉，但小麦及其中间产品的散落性将变差。

未进行水分调节时，水分在麦粒各部分中的分布是不均匀的，一般小麦皮层的水分低于胚乳，通过调节可使皮层的水分较高。

三、淀粉

淀粉是小麦籽粒中含量最多的成分，占小麦籽粒的57%~67%，占胚乳质量的70%~80%。小麦粉中淀粉含量在67%以上。小麦粉烘焙与蒸煮品质除与面筋数量和质量有关外，在很大程度上取决于淀粉的性质。

淀粉在小麦中是以白色固体颗粒形式存在的。小麦淀粉粒可分为扁透镜状的大粒淀粉和球形的小粒淀粉两种（图2-2）。小麦淀粉的粒度分布在很大程度上受遗传基因的控制，但环境因素也会引起粒度变化。各类型小麦的淀粉粒度按下列顺序逐步降低：软麦淀粉粒>硬麦淀粉粒>杜仑麦淀粉粒。小粒淀粉比大粒淀粉多含有1/3的单酰基脂类，但少含2%~3%的直链淀粉；其在大于90℃时的溶胀力比大淀粉粒低，但超过95℃后，情况相反。即便如此，小粒淀粉的热糊化物黏度低于大粒淀粉的。

淀粉粒是淀粉分子的集聚体，由直链淀粉分子和支链淀粉分子有序集合而成，直链分子和支链分子的侧链都是直链，趋向于平行排列，相邻羟基间经氢键结合成散射状结晶"束"。淀粉颗粒呈现一定的X射线衍射图样，偏光十字便是由于这种结晶"束"结构产生的。颗粒中水分子也参与氢键结合。氢键力很弱，但数量众多，使结晶"束"具有一定的强度，也使淀粉具有较强的颗粒结构。结晶束与结晶束之间的区域内，分子排列较杂乱，相互间不平行，为无定形区（非结晶区）。支链淀粉分子庞大，穿过多个结晶区和无定形区，为淀粉的颗粒结构起到了骨架作用。淀粉颗粒中的结晶区为颗粒体积的25%~50%，其余为无定形区。结晶区和无定形区并没有明确的分界线。

淀粉粒的表面有一层薄膜，具有抵抗酸、酶作用的能力。而在小麦制粉过程中，由于磨辊表面的碾压、摩擦作用，会造成少量淀粉粒薄膜的损伤。因天然屏障受损，故破损淀粉（即不完全的淀粉颗粒）易受酸或酶的作用，而分解成为糊精、麦芽糖和葡萄糖。因此，破损淀粉对面粉的烘焙和蒸煮品质有一定的影响，能提供酵母赖以生长的糖分，这对于面包制作来讲是非常有利的。同时它们对于面团在发酵、烘焙期间的吸水量有着重要的影响，破损淀粉的吸水率可达到200%，是完整淀粉粒的4倍。但破损淀粉过多将使面包气室壁的组分中糊化淀粉含量增加、持气能力减弱，从而导致面包体积减小。面粉中最佳的破损淀粉程度应在4.5%~8%。一般来讲，硬麦比软麦、春麦比冬麦磨制的面粉其破损淀粉含量高。硬麦加工的面粉破损淀粉值为15~23UCD，而软麦加工的面粉破损淀粉值为8~12UCD（UCD为Chopin碘吸收法单位）。

小麦淀粉的相对密度为1.486~1.507。干淀粉比热容为0.27，发热量为17.3kJ/g。小麦淀粉不溶于冷水，但淀粉悬浮液遇热膨胀、糊化，发生凝胶作用，形成胶体。淀粉的分解温度为260℃。

淀粉是葡萄糖的自然聚合体，根据葡萄糖分子之间连接方式的不同而分为直链淀粉和支链淀粉两种。在小麦淀粉中，直链淀粉约占1/4，支链淀粉占3/4。

直链淀粉由300~1000个葡萄糖单位组成，分子量较小，在1万~20万。在水溶液中，直链淀粉为螺旋状。直链淀粉与碘反应形成络合结构，可呈现颜色。呈颜色反应与其分子大小有关，聚合度为4~6的直链淀粉，遇碘不变色；聚合度为8~12的直链淀粉，遇碘变红色；聚合度在30~35时，才与碘反应呈蓝色。支链淀粉的链比直链淀粉长100~1000倍，由许多通过以α-1,6键连接的直链淀粉链构成，由600~6000个葡萄糖单位组成，其分子量很大，一般在100万以上，有的可高达600万。支链淀粉呈树枝状，与碘反应呈红紫色。

　　淀粉置于冷水中搅拌成淀粉乳（悬浮液），若停止搅拌，经一定时间后，则淀粉粒会因密度相对较大而沉淀。淀粉粒不溶于冷水，是由于羟基间直接连成氢键或通过水间接形成氢键的原因。氢键力很弱，但淀粉粒内的氢键足以阻止淀粉在冷水中溶解。淀粉在冷水中有轻微的润胀（直径增加10%～15%）。但这种润胀是可逆的，干燥后淀粉粒又恢复原状。直链淀粉易溶于热水中，生成的胶体黏性不大，也不易凝固。支链淀粉需要在加热并加压下才溶于水中。

　　若将淀粉乳浆加热到一定温度，这时候水分子进入淀粉粒的非结晶区域，与一部分淀粉分子相结合，破坏氢键并水化它们。随着温度的再增加，淀粉粒内结晶区的氢键被破坏，淀粉不可逆地迅速吸收大量的水分，体积突然膨胀，原来的悬浮液迅速变成黏性很强的淀粉糊，透明度也增高。冷却后观察，发现淀粉粒的外形已发生了变化，大部分都已失去了原有的结构，小部分的直链淀粉分子则溶出，以至于颗粒破裂，最后乳液全部变成黏性很大的糊状物。虽停止搅拌，淀粉再也不会沉淀。这种黏稠的糊状物称为淀粉糊，这种现象称为糊化作用，发生糊化现象所需温度为糊化温度。

　　糊化作用的本质是淀粉中有序（晶体）态和无序（非晶体）态的淀粉分子间的氢键断裂，淀粉分子分散在水中形成亲水性胶体溶液。继续增高温度有更多的淀粉分子溶解于水中，淀粉全部失去原形，微晶束也相应解体，最后只剩下最外面的一个不成形的空囊。如果温度再继续升高，则淀粉粒全部溶解，溶液黏度大幅度下降。一般情况下，淀粉糊中不仅含有高度膨胀的淀粉粒，而且还有被溶解的直链分子、分散的支链分子及部分微晶束。

　　淀粉糊化后，晶体结构解体，双折射现象消失，小麦大颗粒淀粉溶胀后扭曲成马鞍形（图2-5）。采用偏光显微镜和Kofler电加热台测得的小麦淀粉双折射偏光十字消失分别为5%、50%和95%时的糊化温度为58℃、61℃和64℃。

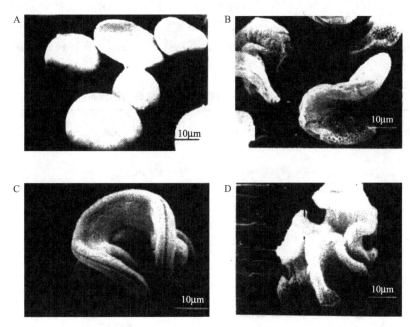

图2-5　不同温度水中糊化后淀粉粒扫描电镜图（田建珍，2004）
水温：A. 20℃；B. 60℃；C. 80℃；D. 97℃

　　小麦淀粉的糊化性能受含水量、温度、压力及淀粉粒度的影响较大。在小麦面制食品的加工及熟制过程中，由于配料成分、含水量、制作工艺等方面的差异，淀粉的糊化程度及在食品结构中所起的作用均不相同。

　　不同种类食品中淀粉糊化状态可扫码查阅。
　　面包中淀粉的糊化与老化案例可扫码查阅。

四、可溶性糖类

　　小麦籽粒中除淀粉和纤维素外，还含有4%左右的可溶性糖。这些糖类有属于单糖类的葡萄糖、果糖和半乳糖，有属于二糖类的蔗糖、蜜二糖和麦芽糖；有属于三糖类的棉籽糖；还有属于多糖类的葡果聚糖和戊聚糖等。用现代色谱仪研究分析表明，小麦籽粒含蔗糖0.84%，棉籽糖0.33%，葡果聚糖1.45%，戊聚糖0.45%～0.60%，葡萄糖 - 二果糖0.20%～0.33%，蜜二糖0.18%，麦芽糖0.05%～0.07%，葡萄糖0.01%～0.04%，果糖0.02%。

糖在籽粒各部分的分布不均匀。小麦胚的含糖量达24%，主要为蔗糖和棉籽糖，蔗糖占的比例较大（60%）。麸皮的含糖量约为5%，也主要是蔗糖和棉籽糖。葡果聚糖集中在胚乳中，胚和麸皮中很少。小麦粉出粉率越高，小麦粉含糖量越高。

面粉中还含有少量的糊精，它的分子质量大小介于糖和淀粉之间。面粉的糊精含量为0.1%～0.2%。含麦芽的面粉，其糊精含量会明显增加，因为麦芽的α-淀粉酶活性较高，会把淀粉水解成糊精。

在小麦粉中的戊聚糖是戊糖、D-木糖和L-阿拉伯糖组成的多糖。水溶性戊聚糖的水溶液黏度很高，在同某些面团改良剂起作用后形成不可逆的凝胶体，胶凝作用给予面团一定程度的刚性。这说明戊聚糖对面团性能具有重要影响。非水溶性戊聚糖主要位于细胞壁部分并大多数集中在尾粉中。尾粉可使面粉的吸水能力增加，所生产的面包水分较高，并减少干硬的趋势。但当添加的尾粉超过5%时，面包的体积变小，组织变差。

五、蛋白质

小麦籽粒含蛋白质为8.0%～17.0%，其含量随品种与生长条件等因素而异。一般小麦蛋白质含量以硬麦为高，粉质的软麦为低。加拿大硬质春麦和美国红硬春麦的蛋白质含量为13.0%～17.0%，普通软麦则为8.0%～12.0%。我国小麦蛋白质含量最低为9.9%，最高为17.0%，大部分为12%～14%。我国北方冬小麦蛋白质含量平均为14.1%，南方冬小麦蛋白质含量平均为12.5%，我国春小麦蛋白质含量平均为13.7%。小麦籽粒各组成部分中蛋白质的分布也是不均衡的，英国小麦籽粒各组成部分蛋白质分布情况如表2-7所示。

表 2-7　英国小麦籽粒各组成部分蛋白质的分布

组成部分	占籽粒重量 /%	蛋白质占籽粒组成部分 /%	蛋白质占其总量 /%
果皮	5.8	2.8	1.7
种皮	2.3	9.7	2.3
糊粉层	7.0	18.0	16.0
胚乳外层	12.5	12.5	19.0
胚乳中层	12.5	8.0	12.0
胚乳内层	57.5	5.7	41.0
胚	0.9	30.4	3.5

资料来源：田建珍，2004。

从表2-7中数据可以看出：蛋白质占小麦籽粒各组成部分的百分比，以胚部含量最高，其次是糊粉层，胚乳部分含量较低，且从外向内逐渐减少，果皮中含量最低。由于胚乳占小麦籽粒82.5%，故在籽粒蛋白质总量上胚乳所占比例最高，合计达72%，其次是糊粉层为16%。

小麦籽粒中蛋白质分为麦清蛋白（albumin）、麦球蛋白（globulin）、麦醇溶蛋白（gliadin）和麦谷蛋白（glutenin）4种。不同品种或同一品种不同环境条件下生产的小麦，4种蛋白质的比例是可以变化的，一般随着籽粒蛋白质含量的增加，麦清蛋白、麦球蛋白相对比例下降，麦醇溶蛋白比例增加，麦谷蛋白保持恒定。小麦蛋白质的分类与性质见表2-8。

小麦籽粒各组成部分的蛋白质不仅含量分布不均，其种类分布也不相同。

麦清蛋白和麦球蛋白大多是生理活性蛋白质（酶），含较多的赖氨酸、色氨酸和甲硫氨酸，营养平衡

表 2-8　小麦蛋白质的分类与性质

蛋白质种类	含量 /%	溶解性	吸水性	等电点	分子结构特点
麦谷蛋白	30.0～40.0	溶于稀碱或稀酸	有限膨胀	6.0～8.0	分子量较大，10 万～300 万，富含谷氨酰胺和脯氨酸，有链内和链间的二硫键
麦醇溶蛋白	40.0～50.0	溶于 60%～70% 的乙醇	有限膨胀	6.4～7.1	分子量较小，3 万～10 万，含谷氨酰胺和脯氨酸，以链内二硫键为主
麦球蛋白	5.0～8.0	溶于水或稀盐	无限膨胀	5.5	含多种组分，精氨酸含量高
麦清蛋白	2.5～4.0	溶于水或稀盐	无限膨胀	4.5～4.6	含多种组分，色氨酸含量高

资料来源：田建珍，2004。

较好，决定着小麦的营养品质，主要分布在麦胚和糊粉层中，少量存在于胚乳中。麦谷蛋白和麦醇溶蛋白集中存在于小麦胚乳中，是贮藏蛋白，赖氨酸、色氨酸和甲硫氨酸含量都较低，是决定小麦加工品质的主要因素。小麦与其他禾谷类作物最大区别就在于小麦的麦谷蛋白和麦醇溶蛋白可以形成面筋。

　　小麦粉加水搅拌，其中的麦谷蛋白和麦醇溶蛋白微粒体吸水溶胀，体积增大，蛋白质微粒之间相互黏结，成为一个连续的膜状网，并随着搅拌逐渐形成结实而富有弹性的面筋网络结构。小麦粉中的淀粉、脂肪、纤维素、矿物质、非面筋蛋白质等充填在面筋网络之中，可形成具有弹性、黏性和延伸性的面团。将面团中的淀粉、纤维素及可溶性蛋白质等用水洗去，剩下的软胶状物质即为湿面筋。面筋的主要成分为胚乳蛋白中的麦醇溶蛋白和麦谷蛋白。湿面筋中含有大量的水分，一般水分约占湿面筋的 2/3，干物质仅占 1/3，即湿面筋量约为干面筋量的 3 倍。干面筋中麦醇溶蛋白和麦谷蛋白的质量约占总质量的 80%，其余为淀粉、脂肪、纤维素及矿物质等。一般以湿面筋质量占试样小麦粉质量的百分比为湿面筋的含量。

　　麦谷蛋白是一种非均质的大分子聚合体，其聚合体分子量高达数百万。每个麦谷蛋白分子由 17～20 个不同的多肽链组成，靠分子内和分子间的二硫键连接呈纤维状，它赋予面筋以弹性。麦醇溶蛋白为单链蛋白，分子量较小，分子无亚基结构，无肽链间二硫键，单肽链间依靠氢键、疏水键及分子内二硫键连接，形成较紧密的三维结构，呈球形。它多由非极性氨基酸组成，故富有黏性和膨胀性，主要为面筋提供延展性。小麦粉中麦谷蛋白含量多，面团弹性、韧性强，面团发酵时膨胀阻力大，导致产品体积小，或因面团韧性和持气性太强，面团内气压大而造成产品表面开裂现象。麦醇溶蛋白含量多，面团筋性弱，面筋网络结构不牢固，发酵时易导致产品出现顶部塌陷、变形等不良结果。由此可见，小麦粉中的麦醇溶蛋白和麦谷蛋白不仅影响面筋数量的多少，而且影响到面筋品质的优劣，只有二者共同存在，且按一定的比例和方式相互组合，才能使面筋既具有黏弹性，又具有延伸性、可塑性等特有性能。面筋质的含量及其品质对面制食品的质量影响极大。

　　面筋质仅存在于小麦胚乳中，且在胚乳中分布不均匀，在胚乳中心部分的面筋量少质高，胚乳外缘部分的面筋量多而质差。软麦面筋主要集中在胚乳外层，硬质麦的面筋分布相对均匀。

　　小麦中面筋含量取决于小麦的品种，一般硬质麦面筋质含量高而且品质好。小麦发芽、发热、冻伤、虫蚀、霉变后，其面筋质的数量与质量都要大大降低。

　　用于生产专用小麦粉的小麦，主要根据其蛋白质的数量和质量来选择。一般来说，高蛋白质、筋力强的小麦适合制作面包粉，低蛋白质、筋力弱的小麦适合制作饼干和糕点粉。

　　面筋质量是通过弹性、韧性、延伸性、可塑性和比延伸性进行综合评定的。优良面筋：弹性好，延伸性大或适中；中等面筋：弹性好，延伸性小，或弹性中等；劣质面筋：弹性小，韧性差，由于本身重力而自然延伸和断裂，完全没有弹性或冲洗面筋时不黏结而流散。

　　不同面食品对面筋的工艺性能的要求也不同。例如，制作面包要求弹性和延伸性都好的面粉；而制作糕点、饼干则要求弹性、韧性、延伸性都不高，但可塑性良好的面粉。

　　我国北方麦区湿面筋含量一般较高，平均为 31.4%，近几年大面积种植的高产优质品种，湿面筋普遍在 32% 以上，有的甚至高达 40% 以上。美国小麦湿面筋平均值为 33.2%。我国新制定的强筋小麦粉的湿面筋含量要求不低于 32.0%，低筋小麦粉的湿面筋含量不高于 22.0%。

六、脂质

与碳水化合物和蛋白质含量相比，小麦籽粒中脂质含量很低，一般为 2.0%～4.0%。面粉中一般为 1.0%～2.0%。脂质包括油脂、脂肪及磷脂、糖脂、类固醇、胡萝卜素和蜡质等物质。油脂是小麦籽粒中脂质的主要成分，它们在脂肪酶或酸的作用下水解成甘油和脂肪酸。小麦含有较多的不饱和脂肪酸成分，亚油酸比例高达 58% 左右。

小麦胚的油脂含量为 12.0%～18.0%，糊粉层的油脂含量为 8.0%～10.0%，麸皮的油脂含量为 4.0%～6.0%，胚乳中油脂含量仅 0.8%～1.5%，种皮的油脂含量最低，在 1.0% 以下。

小麦胚所含脂质多为磷脂。小麦籽粒含磷脂为 0.3%～0.6%，而胚中含量可达 1.6%。小麦磷脂所含脂肪酸主要是亚油酸（42.2%）、软脂酸（28.5%）、油酸（13.6%）。麦麸所含的极性脂中，磷脂高于糖脂，相反，胚乳中糖脂高于磷脂。小麦中还含有脂溶性的维生素 E，每 100g 全麦粉约含 3.9mg，每 100g 油脂中约含 200mg。

小麦的脂质主要由不饱和脂肪酸组成，易氧化分解而酸败变苦。因此，小麦粉如在高温高湿季节储存，不饱和脂肪酸易氧化酸败变质，使小麦粉烘焙品质变差，面团延伸性降低，持气性减退，面包体积小，易裂开，风味不佳。所以，制粉时要尽可能除去脂质含量高的胚芽和麸皮，减少小麦粉的脂肪酸含量，使小麦粉安全储藏期延长。新的小麦粉质量标准中规定小麦粉的脂肪酸值（湿基）不得超过 60mg KOH/100g，并以脂肪酸值来鉴别小麦粉的新鲜度。

七、纤维素

与淀粉相似，纤维素也是由许多葡萄糖分子结合而成的多糖类化合物，纤维素常与半纤维素等伴生，半纤维素是多缩戊糖和多缩己糖的混合物。半纤维素根据在水中的溶解度不同，可分为水溶性半纤维素和非水溶性半纤维素两种。

纤维素和半纤维素是小麦籽粒细胞壁的主要成分，为籽粒干物质总重的 2.3%～3.7%。小麦籽粒的纤维素主要集中在麦皮里，小麦籽粒中纤维素、半纤维素含量占总碳水化合物的百分含量因部位不同而异，在胚乳、胚芽和麦麸中，纤维素分别为 0.3%、16.8% 和 35.2%，半纤维素分别为 2.4%、15.3% 和 43.1%。纤维素和半纤维素对人体无直接营养价值，但它们有利于胃肠的蠕动，能促进对其他营养成分的消化吸收。

纤维素含量可作为小麦粉精度指标，小麦制粉的出粉率越高，纤维素含量越高。在我国，标准粉的纤维素含量在 0.8% 左右，特一粉为 0.2% 左右。

八、矿物质

小麦籽粒中含有多种矿物质。小麦和小麦粉中的矿物质用灰分来表示，小麦籽粒的灰分含量（干基）为 1.5%～2.2%。但灰分在籽粒各部分分布不均匀，皮层和胚部的灰分含量远高于胚乳，皮层灰分含量高达 5.5%～8.0%，胚乳仅为 0.28%～0.39%。皮层中糊粉层的灰分最高，据分析，糊粉层的灰分占整个麦粒灰分总量的 56%～60%，胚的灰分占 5%～7%。

由于矿物质在籽粒不同部位含量有明显差异，而且外层和胚部含量较高，导致不同等级的小麦粉灰分含量不同，所以小麦粉中矿物质含量多少常作为评价小麦粉精度等级的重要指标，测定灰分含量是一种检查制粉效率和小麦粉质量的简便方法。小麦的灰分越高，说明皮层含量越高，小麦粉的加工精度越低。

在我国新小麦粉标准中，以灰分作为定级指标，将中筋小麦粉和普通小麦粉分成 4 个等级，灰分（干基）分别为 ≤0.05%、≤0.75%、≤0.85%、≤1.10%。强筋小麦粉分成 3 个等级，灰分（干基）分别为 ≤0.55%、≤0.75%、≤0.85%。弱筋小麦粉分成 3 个等级，灰分（干基）分别为 ≤0.50%、≤0.60%、≤0.70%。

九、维生素

小麦籽粒和小麦粉中主要的维生素是复合维生素 B 及维生素 E，维生素 A 的含量很少，几乎不含维生素 C 和维生素 D。小麦及面粉中的维生素含量见表 2-9。

表 2-9 小麦及面粉中的维生素含量　　　　　　[单位：mg/100g（干重）]

维生素	小麦	面粉	维生素	小麦	面粉
维生素 B$_1$	0.40	0.104	泛酸	1.73	0.59
维生素 B$_2$	0.16	0.035	维生素 B$_6$	0.049	0.011
烟酸	6.95	1.38	肌醇	340.0	47.0
维生素 H	0.016	0.0021	对氨基苯甲酸	0.51	0.050
胆碱	216.0	280.0			

小麦籽粒中富含 B 族维生素，是脂溶性维生素的很好来源。各种维生素在小麦籽粒中的分布很不均匀，硫胺素，即维生素 B$_1$ 集中在盾片中；烟酸（尼克酸）在糊粉层最多（占烟酸含量的 62%）；核黄素（维生素 B$_2$）和泛酸分布比较均匀；而吡哆素（维生素 B$_6$）在胚乳中含量非常少，主要集中在糊粉层（占维生素 B$_6$ 的 61%）。小麦籽粒除含有上述维生素外，每克籽粒还含有维生素 H 0.1μg、叶酸 0.5μg、维生素 B$_{12}$ 0.001μg。水溶性 B 族维生素主要集中在胚和糊粉层中，而脂溶性维生素 E 主要集中在胚内，小麦粉中含量很低，因此麦胚是提取维生素 E 的宝贵资源。

维生素主要集中在糊粉层和胚芽部分，因此，在制粉过程中维生素显著减少，出粉率高、精度低的小麦粉维生素含量高；相反，出粉率低、精度高的小麦粉维生素含量低。

十、酶及其特性

小麦籽粒是有生命的有机体，含有多种酶，但完全成熟的小麦籽粒酶含量很少。小麦中的酶可分为淀粉酶、蛋白酶、脂肪酶、脂肪氧化酶及植酸酶等。其中，淀粉酶和蛋白酶对小麦粉的食用品质影响最大，因而对这两种酶的研究较多，近年来其他的酶也开始得到人们的关注。

1. 淀粉酶　　淀粉酶按习惯命名法也称之为淀粉水解酶，根据作用机制不同分为 α-淀粉酶、β-淀粉酶、葡萄糖淀粉酶和脱支酶。

小麦籽粒中的淀粉酶包括 α-淀粉酶和 β-淀粉酶。

1）α-淀粉酶　　α-淀粉酶能从淀粉分子内部随机内切 α-1,4 糖苷键，生成一系列相对分子较小的糊精、低聚糖、麦芽糖和葡萄糖，一般不水解支链淀粉分子中 α-1,6 糖苷键和紧靠 α-1,6 键外的 α-1,4 糖苷键，但是可以跨过 α-1,6 糖苷键和淀粉的磷酸酯键。α-淀粉酶可使淀粉液的黏度急剧下降，因此又被称为液化酶。

正常小麦的 α-淀粉酶含量很少，且随着贮存时间的延长，其活性会降低。小麦发芽时则会产生大量 α-淀粉酶。依据小麦发芽程度不同，α-淀粉酶的活性分布由高到低依次为：麦胚、糊粉层、外层胚乳和内层胚乳。

α-淀粉酶的最适 pH 为 4.5～7.0。活性随温度升高而增强，一般在 40℃时达到最大。α-淀粉酶的耐热性较好，在加热到 70℃时仍能对淀粉起水解作用，而且在一定温度范围内，温度越高，作用越快，在面团发酵过程中，温度每升高 1℃，其活性约增长 1%，当温度超过 95℃时，α-淀粉酶才钝化。α-淀粉酶较强的热稳定性，使其不仅在面团发酵阶段起作用，而且在面包入炉烘焙后，仍在继续进行水解作用。淀粉的糊化温度一般为 56～60℃，面包烘焙至淀粉糊化后，α-淀粉酶的水解作用仍在进行，这对提高面包的质量起很大作用。

2）β-淀粉酶　　β-淀粉酶与 α-淀粉酶一样，也只能水解淀粉分子的 α-1,4 糖苷键，所不同的是 β-淀粉酶不能从淀粉分子内部进行水解，而是从淀粉分子的非还原末端开始，所以 β-淀粉酶又叫端切酶。当 β-淀粉酶水解淀粉时，会迅速形成麦芽糖，还原能力不断增加，故又称它为"糖化酶"。小麦籽粒中含有少量 β-淀粉酶，发芽时其含量可增加 2～3 倍。

β-淀粉酶的最适 pH 为 5.0～6.0。其热稳定性不如 α-淀粉酶，当加热到 70℃时，活性减少 50%，几分钟后即钝化。由于 β-淀粉酶的热稳定性较差，它只能在面团发酵阶段起水解作用。

在实验室中，淀粉酶对生淀粉粒的作用很慢（其中 α-淀粉酶比 β-淀粉酶稍快），只有淀粉粒糊化或者遭到机械损伤后，作用速度才加快。

正常的面粉含有足够的β-淀粉酶，而α-淀粉酶则不足。为了利用α-淀粉酶以改善面包的质量、皮色、风味、结构，增大面包体积，可在面团中加入一定数量的α-淀粉酶制剂或加入占面粉重量0.2%～0.4%的麦芽粉。

小麦粉中适当的α-淀粉酶活性，不仅可增强面团的发酵能力，而且由于可溶性糖类增加，使面包皮在烘焙时易着色，并改善面包风味，增大体积，优化心部质地，易于消化。α-淀粉酶活性可用α-淀粉酶测定仪（Amylograph）和降落数值仪（Amylab）测定。

2. 蛋白酶　小麦籽粒中有蛋白酶和肽酶。蛋白酶可将蛋白质水解成为低分子的多肽和少量游离氨基酸，而肽酶则可将肽类进一步完全水解成为游离氨基酸。根据酶作用的方式不同，蛋白酶又可分为内肽酶和外肽酶两类。内肽酶能水解蛋白质多肽链内部的肽键，使蛋白质成为分子质量较小的多肽碎片。外肽酶可以分别将蛋白质或多肽链的游离氨基端或游离羧基端的氨基酸残基逐一地水解生成游离氨基酸。

正常小麦籽粒中蛋白酶的含量很少，而籽粒发芽时蛋白酶活性迅速增加，在发芽的第7天增加9倍或更多，这主要是由于麦胚中含有大量还原型谷胱甘肽（一般可达到干物质的0.45%）将蛋白酶激活所致，因为谷胱甘肽等含疏基的化合物是蛋白酶的激活剂。小麦籽粒中蛋白酶的相对活性以胚为最强，糊粉层次之，麦皮与胚乳细胞中的蛋白酶的活性很低。

小麦或面粉中的蛋白酶在通常情况下是处于不活跃状态的。但如果有疏氢基化合物，如有还原型谷胱甘肽和半胱氨酸等的存在，其活性会大大增强。

蛋白酶对小麦面筋有弱化作用，少量的蛋白酶就能对面筋的物理性质造成很大影响。发芽、虫蚀或发霉的小麦制成的面粉，尤其是加工精度较低的面粉，因蛋白酶活性较高，将导致面筋蛋白质弱化。

当然，蛋白酶也可适量地添加在面粉中，以便缩短面团的和面时间和改变面团黏稠性。应用蛋白酶可调节面粉的面筋强度，以及解决生产饼干和薄酥饼的专用小麦粉的焙烤品质。蛋白酶也可用来保证面包面团的均匀性，帮助控制面包的质地并改良风味。美国早在1975年就已广泛应用米曲霉蛋白酶生产白面包。

3. 酯酶　酯酶是指能够水解酯键的酶类，对小麦品质有影响的是脂肪酶、脂肪氧化酶和植酸酶。

1）脂肪酶　脂肪酶也称脂肪水解酶，一般存在于小麦籽粒的糊粉层中。正常情况下，脂肪酶与其作用的底物在籽粒细胞中有各自相对固定的位置，彼此不发生反应。而当小麦籽粒破损后，尤其是研磨成为面粉后，就使得脂肪酶与脂肪有了相互接触的机会。因此，加工精度不高的面粉，由于含有较多细小的糊粉层和麦胚粉粒（糊粉层和麦胚中脂肪含量相对较高），在贮藏期间容易受到脂肪酶的作用，从而导致面粉食用品质的下降，并对面筋蛋白质和烘焙品质也产生一定影响。而加工精度高的面粉，则脂肪酶含量很少。实验证明，小麦脂肪酶的活性与小麦籽粒水分含量呈正相关。若贮藏温度较高，而小麦水分也高，则脂肪酶的活性会大大提高。

脂肪酶的最适pH为7.5。最适温度为30～40℃。

脂肪酶对面粉的品质也具有一定的改良作用，能增加面团过度发酵时的稳定性，虽然在粉质曲线和拉伸曲线上所表现的变化不大，但添加脂肪酶后，面团烘焙膨胀性增加，面包体积增大。脂肪酶也能改善面粉的蒸煮品质，有改善制品组织结构和改进制品色泽的作用。

2）脂肪氧化酶　小麦籽粒中还含有少量脂肪氧化酶。1991年施巴（Shiba）等从小麦胚芽中纯化了三种脂肪氧化酶同工酶。小麦面团中脂肪氧化酶的确切机制十分复杂。脂肪氧化酶催化反应的中间产物——脂肪氢过氧化物对面粉中的类胡萝卜素有漂白作用，因而可使面粉和面包瓤增白。同时，这种脂肪氢过氧化物还可将面筋蛋白质的疏基（—SH），氧化形成二硫键（—S—S—），进而强化面筋蛋白质的三维结构，导致面团强度的增加，改善面团的工艺性能和产品质量。

在焙烤食品生产中，于面粉中加入1%（按面粉重量计）含脂肪氧化酶活性的大豆粉，能改进面粉的颜色和质量。但脂肪氧化酶也能引起芳香成分的损失及导致异味物质的形成，从而导致食品质量的下降。

3）植酸酶　小麦糊粉层中含有植酸，植酸与钙可以形成难以溶解的植酸钙。若从食物中摄入较多的植酸，会降低钙的生物利用率。小麦籽粒中同时还含有少量植酸酶，植酸酶则可使植酸水解，不仅不影响钙的吸收，而且还可以生成人体所需的营养物质——肌醇。

硬质小麦的植酸酶的活性一般高于软质小麦，植酸酶在小麦籽粒的分布，糊粉层为39.5%、胚乳为34.1%、盾片为15.3%。

第四节 小麦粉的分类与质量标准

一、小麦粉的分类

商品用小麦粉的种类很多，其分类和等级与国民生活水平、饮食消费习惯，以及食品工业的要求密切相关。目前生产的小麦粉可分为通用小麦粉、专用小麦粉和特制小麦粉三类。

（一）通用小麦粉

最初小麦粉的生产没有特定的产品用途，其产品可用于制作各种面食品。因而小麦粉不分类，仅有加工精度的区别。小麦粉加工精度越高，等级就越高，含麦皮量越少，灰分越低，色泽越白，面筋含量越高，相应的小麦出粉率也越低。我国国家标准《小麦粉》（GB/T 1355—2021）中包含了特制一等、特制二等粉、标准粉和普通粉四种。有些面粉加工企业还生产精度高于特制一等的特精粉、精制粉等。目前，人们习惯上把此类面粉称作通用小麦粉或多用途小麦粉。此类小麦粉是按加工精度——灰分和色泽等的不同来划分的，对面筋质仅有含量要求，没有质量要求，因而相同精度的小麦粉，由于其内在品质不同，其食用品质就可能存在较大的差异。

标准粉是出粉率比较高（80%～85%）、加工精度比较低的面粉。标准粉中允许有部分麸屑混入，面粉的色泽较深、灰分较高，制粉工艺比较简单。我国从20世纪60年代后期到80年代末一直以生产标准粉为主。目前，标准粉仍在小麦粉总产量中占有一定的比例。特制一等粉和特制二等粉加工精度高于标准粉，又统称为等级粉，等级粉不允许有麸屑混入，其灰分低、色泽浅，制粉工艺也比较复杂，粉路较长。

食品工业的发展，将最终面制食品质量与小麦粉的内在品质更加紧密地联系在一起。不同的面食品对小麦粉有不同的品质需求，而在众多的品质指标中，影响力最大的是小麦粉的蛋白质或面筋质的含量和质量，其中质量比数量更为重要。面制食品的种类虽然繁多，对小麦粉的面筋质的含量和质量的要求也各不相同，但研究归类后发现，主要面食品对蛋白质或面筋质的含量要求从高到低依次为：面包、饺子、面条、馒头、饼干、糕点等，即面包类需要面筋含量高、筋力强的小麦粉；面条、馒头类用中等筋力的小麦粉即可满足；而饼干、蛋糕类则必须用面筋含量低、筋力弱的小麦粉来制作。因此，人们开始依据蛋白质或面筋质含量和质量的不同将小麦粉分类。一般分为三类：高筋粉、中筋粉和低筋粉；也可分为四类：强筋粉、准强筋粉、中筋粉和弱筋粉。此类小麦粉主要作为食品工业的基础面粉，食品制作过程中，根据不同食品的加工要求和食品特点，选取其中的某一种或两种。例如，面包采用二次发酵时，种子面团采用强筋粉，主面团可采用中筋粉；或将两种面粉重新组合，如生产油炸面包圈时，可将强筋粉与弱筋粉按比例混合组成准强筋粉等。食品工业就是通过这几种基础面粉的重组和配制来满足各类食品的特有要求。

（二）专用小麦粉

不同筋力小麦粉的生产满足了食品工业的基本需求，也为食品工业的机械化和自动化奠定了基础。然而对不同面食品来讲，除了小麦粉的蛋白质或面筋质的含量和质量这一关键因素之外，还有诸多其他因素。因此，人们将小麦粉进一步细分，指标细化，相应缩小每一类或每一种小麦粉的适用范围，使其使用更为便捷。目前，人们习惯上将这种针对小麦粉的不同用途及不同面食品的加工性能和品质要求而专门组织生产的小麦粉称为专用小麦粉。

"专用"有多重含义，既涵盖有广义上的"专用"，泛指用于加工某一类食品的小麦粉，如面包专用小麦粉；又包括狭义上的"专用"，特指用于加工某一种食品的小麦粉，如汉堡专用小麦粉。从严格意义上讲，前者既然是面包专用小麦粉就应该能够适用于各类面包的制作，其实不然，面包的种类多种多样，不同的面包有不同的风味特点，即使同一种面包采用不同的发酵方法、不同的制作工艺对面粉的质量要求也不相同，一种面粉不可能完全适应于各种面包的品质需求。因此，面包粉一般是按照质量要求最高的面包标准组织生产的，制作其他面包时需进行相应调整。

小麦粉中最为"专用"的是各种专用预混合粉。用途较广的专用小麦粉主要有以下几类。

1. 面包类专用小麦粉　面包粉一般采用筋力强的小麦加工，制成的面团有弹性，可经受成形和模制，能生产出体积大、结构细密而均匀的面包。面包质量与面包体积和面粉的蛋白质含量成正比，并与蛋白质的质量有关。为此，制作面包用的面粉，必须具有数量多而质量好的蛋白质。

2. 面条类专用小麦粉　面条粉包括各类湿面、干面、挂面和方便面用小麦粉。一般应选择中等偏上的蛋白质含量和筋力。小麦粉色泽要白，灰分含量低，淀粉酶活性较小，降落数值大于300s，面团的吸水率大于60%，稳定时间大于5min，抗拉伸阻力大于300BU，延展性较好，面粉峰值黏度较高，大于600BU。这样煮出的面条白亮、弹性好、不粘连，耐煮，不宜糊汤，煮熟过程中干物质损失少。

3. 馒头类专用小麦粉　馒头粉的吸水率在60%左右较好，湿面筋含量在30%～33%，面筋强度中等，形成时间3min，稳定时间3～5min，最大抗拉伸阻力300～400BU较为适宜，且延伸性一般应小于15cm。馒头粉对白度要求较高，在82左右，灰分低于0.6%。

4. 饺子类小麦粉　饺子、馄饨类水煮食品，一般和面时加水量较多，要求面团光滑有弹性，延伸性好易擀制，不回缩，制成的饺子表皮光滑有光泽，晶莹透亮，耐煮，口感筋道，咬劲足。因此，饺子粉应具有较高的吸水率，面筋质含量在32%以上，稳定时间大于6min，抗拉伸阻力大于500BU，延伸性一般应为17～20cm。

5. 饼干、糕点类小麦粉

1）饼干粉　制作酥脆和香甜的饼干，必须采用面筋含量低的面粉。筋力低的面粉制成饼干后，干而不硬，而面粉的蛋白质含量应在10%以下。粒度很细的面粉可生产出光滑明亮、薄而脆的薄酥饼干。

2）糕点粉　糕点种类很多，大多数糕点要求小麦粉具有较低的蛋白质含量、灰分和筋力。因此，糕点粉一般采用低筋小麦加工。蛋白质含量为9%～11%的中力粉，适用于制作水果蛋糕、派和肉馅饼等；而蛋白质含量为7%～%的弱筋粉，则适于制作蛋糕、甜酥点心和大多数中式糕点。

3）糕点馒头粉　我国南方的"小馒头"不同于通常的主食馒头，一般作为一种点心食用，具有一定甜味、口感松软、组织细腻。要求小麦粉的蛋白质含量在9%左右，吸水率为50%～55%，面团形成时间1.5min，稳定时间不超过5min，拉伸系数在2.5左右。

6. 煎炸类食品小麦粉　煎炸食品种类很多，有油条、春卷、油饼等。为满足油炸食品松脆的特点，一般使用筋力较强的小麦粉。

7. 自发小麦粉　自发小麦粉以小麦粉为原料，添加食用膨松剂，不需要发酵便可以制作馒头（包子、花卷）及蛋糕等膨松食品。自发小麦粉中的膨松剂在一定的水和温度条件下，发生反应生成CO_2气体，通过加热后面团中的CO_2气体膨胀，形成疏松的多孔结构。自发小麦粉在贮存过程中，碳酸盐与酸性盐类可能产生微弱的中和反应，为减缓其反应，小麦粉的水分控制在13.5%以下为宜。不同类别的自发粉其小麦粉的其他指标需满足相应食品的品质要求。

8. 冷冻食品用小麦粉　冷冻食品用小麦粉除了要满足所制作面食品的基本要求以外，还要考虑冷冻时各种因素对食品品质的影响，故蛋白质含量和质量要求比同类非冷冻食品的小麦粉严格。冷冻面团经过长时间冷冻之后，容易增加其延展性而降低弹性。因此，冷冻面团专用小麦粉面筋的弹性和耐搅拌性要比较强，以保证发酵面团具有充足的韧性和强度，提高面团在醒发期间的保气性。小麦粉的粒度大小和破损淀粉含量会影响到其吸水率，而吸水率对冷冻面团的稳定性有相当重要的影响。面团中的自由水在冻结和解冻期间对面团和酵母具有十分不利的影响，在冷冻期间若形成大冰晶还会对面筋网络结构产生破坏作用。故冷冻面团专用小麦粉应具有较低的吸水率，从而限制面团中自由水的数量。

（三）特制小麦粉

1. 营养强化小麦粉　高精度面粉的外观和食用品质比较好，但随着小麦粉加工精度的提高，小麦中的部分营养素损失严重。因此，在小麦粉中添加不同的营养成分（氨基酸、维生素、微量元素等），可促进营养平衡，提升其营养价值。

2. 全麦粉　全麦粉顾名思义是将整粒小麦磨碎而成，因而保留了小麦的所有营养成分，同时纤维含量也较高。全麦粉做出的成品颜色较深，有特殊的香味，营养成分高，成品体积略低于同类精制面粉制品。

全麦粉中麸皮会影响面团中面筋的形成，制作面包时一般要添加一些活性面筋来改善品质。全麦粉中麸皮的粗细度对全麦粉的烘焙品质也有一定影响，磨制时可根据产品需求调整麸皮的粒度大小。

另外一种全麦粉是由小麦除去5%左右的粗麸皮后磨制而成，因而粗纤维含量相对低些。市场上还有一种是将不同粒度大小的麸皮与小麦粉按比例混合而成的"全麦粉"，此类粉由于不含或含有很少量的麦胚，确切地讲不能称之为全麦粉。

3. 预混合粉 预混合粉是将小麦粉与制作某种面食品所需的辅料：脂肪、糖、香料、改良剂、疏松剂、营养强化剂等（个别辅料除外）预先混合的面粉，消费者制作食品时，只需加入水或牛奶就能较有把握地制作出质量较好的食品，操作很简单，不需要熟练的技巧，还可以节省时间，使用非常方便。预混合粉特别适合现做、现烤、现炸的面包、蛋糕等烘焙食品，主要消费对象是小型食品厂、食品作坊和家庭。

预混合粉一般分为通用预混粉、基本预混粉和浓缩预混粉，其区别在于：通用预混粉包含除酵母和水以外的全部主、辅料；基本预混粉浓度稍高，除酵母和水外，仅含有配方中的1/3或1/2的面粉和辅料，使用时需另添加面粉；浓缩预混粉则是将基本辅料与少量面粉（配方中的1/10左右）混合而成。因有的辅料数量很少，食品制作时不便称量，还有一些添加剂与其他原料混合贮存时会发生化学反应，降低原有效果，所以将部分辅料先与少量面粉混合成浓缩预混粉，使用时再加入面粉和其余辅料。

生产预混合面粉的关键是要根据各种面制食品对面粉的品质要求和消费者对其制作食品的质量期望，以及这种食品的制作工艺，设计出预混合面粉的配方及生产工艺，提出产品的质量标准。

4. 颗粒粉 颗粒粉有粗、中、细之分，每一种规格的颗粒粉粒度都相对比较均匀。采用杜伦麦加工成的颗粒粉是制作通心粉的最好原料。而一般硬麦生产的颗粒粉可制作饺子粉，和面时采用温水，加入约45%的水，开始面团较散，揉和变软，静置1～2h后，做出的饺子皮薄，筋道，久煮不烂，口感好。也可用颗粒粉煮汤，煮出的汤稠滑可口。

二、小麦粉的质量标准

（一）通用小麦粉的国家标准

1988年以前，我国只有通用小麦粉的国家标准《小麦粉》（GB/T 1355—1986），该标准将面粉分为4个等级，即特制一等粉、特制二等粉、标准粉和普通粉。等级指标有9项：加工精度、灰分、粗细度、面筋质含量、含砂量、磁性金属物含量、水分、脂肪酸值、气味和口味。不同等级小麦粉的区别主要在于加工精度、灰分、粗细度、面筋质含量及水分的差异。其质量指标如表2-10所示。

表2-10 通用小麦粉质量指标

指标	等级			
	特制一等粉	特制二等粉	标准粉	普通粉
加工精度	按实物标准样品对照检验粉色麸星			
粗细度	全部通过CB36号筛，留在CB42号筛的不超过10.0%	全部通过CB30号筛，留在CB36号筛的不超过10.0%	全部通过CQ20号筛，留在CB30号筛的不超过10.0%	全部通过CQ20号筛
面筋质含量/（%，以湿重计）	≥26.0	≥25.0	≥24.0	≥22.0
灰分/%	≤0.70	≤0.85	≤0.10	≤1.40
含砂量/%	≤0.02			
磁性金属物含量/%	≤0.003			
水分/%	13.5±0.5			
脂肪酸值（C，以湿基计）	≤80			
气味、口味	正常			

（二）高筋小麦粉和低筋小麦粉的国家标准

1988年我国颁布了高筋小麦粉和低筋小麦粉的国家标准GB/T 8607—1988和GB/T 8608—1988，其质量指标如表 2-11 所示。

表 2-11　高筋小麦粉和低筋小麦粉质量指标

指标	等级			
	高筋小麦粉		低筋小麦粉	
	一等	二等	一等	二等
粉色、麸星	按实物标准样品对照检验			
粗细度	全部通过 CB36 号筛，留在 CB42 号筛的不超过 10.0%	全部通过 CB30 号筛，留在 CB36 号筛的不超过 10.0%	全部通过 CB36 号筛，留在 CB42 号筛的不超过 10.0%	全部通过 CB30 号筛，留在 CB36 号筛的不超过 10.0%
面筋质含量 /（%，以湿重计）	>30.0		≤24.0	
蛋白质 /%	>12.2		≤10.2	
灰分 /%	<0.7	<0.85	<0.60	<0.80
含砂量 /%	<0.02			
磁性金属物含量 /（g/kg）	<0.003			
水分 /%	<14.5			
脂肪酸值（C，以湿基计）	<80			
气味、口味	正常			

由表 2-11 可以看出，高筋与低筋小麦粉共有 10 项质量指标，其显著差异在于蛋白质和面筋质的不同，其他指标分别类同于 GB/T 1355—1986 中的特制一等粉和特制二等粉。这是我国首次将蛋白质含量列为小麦粉的一项质量指标。

高筋小麦粉湿面筋含量要求≥30%，蛋白质含量要求≥12%，适用于制作面包、饺子等高面筋食品。高筋小麦粉需采用硬质小麦加工。低筋小麦粉湿面筋含量要求≤24%，蛋白质含量要求≤10%，适用于饼干、糕点等低面筋食品。低筋小麦粉一般采用软质小麦加工。

（三）专用小麦粉的国家标准

随着食品工业的发展，特别是烘焙业和传统主食工业的迅速壮大。我国原有的小麦粉品种与品质无法满足不同面食品的制作需求，因而促进了我国专用小麦粉的研究和开发。1993 年商业部颁发了 8 种专用小麦粉的行业标准，包括面包专用小麦粉标准、发酵饼干专用小麦粉标准、酥性饼干专用小麦粉标准、蛋糕专用小麦粉标准、糕点专用小麦粉标准、面条专用小麦粉标准、馒头专用小麦粉标准和饺子专用小麦粉标准，每种专用小麦粉均分为精制级和普通级两个等级。其质量指标见表 2-12 至表 2-19。

表 2-12　面包专用小麦粉质量指标

指标	等级	
	精制级	普通级
水分 /%	≤14.5	
粗细度	全部通过 CB30 号筛，留存 CB36 号筛的不超过 15.0%	
湿面筋含量 /%	≥33.0	≥30.0
粉质曲线稳定时间 /min	≥10	≥7
降落数值 /s	250～350	
灰分 /%	≤0.60	≤0.75
含砂量 /%	≤0.02	
磁性金属物含量 /（g/kg）	≤0.003	
气味、口味	正常	

表 2-13　发酵饼干专用小麦粉质量指标

指标	等级	
	精制级	普通级
水分 /%	≤14.0	
粗细度	全部通过 CB36 号筛，留存 CB42 号筛的不超过 10.0%	
湿面筋含量 /%	24～30	
粉质曲线稳定时间 /min	≤3.5	
降落数值 /s	250～350	
灰分 /%	≤0.55	≤0.70
含砂量 /%	≤0.02	
磁性金属物含量 /（g/kg）	≤0.003	
气味、口味	正常	

表 2-14　酥性饼干专用小麦粉质量指标

指标	等级	
	精制级	普通级
水分 /%	≤14.0	
粗细度	全部通过 CB36 号筛，留存 CB42 号筛的不超过 10.0%	
湿面筋含量 /%	22～26	
粉质曲线稳定时间 /min	≤2.5	≤3.5
降落数值 /s	≥150	
灰分 /%	≤0.55	≤0.70
含砂量 /%	≤0.02	
磁性金属物含量 /（g/kg）	≤0.003	
气味、口味	正常	

表 2-15　蛋糕专用小麦粉质量指标

指标	等级	
	精制级	普通级
水分 /%	≤14.0	
粗细度	全部通过 CB42 号筛	
湿面筋含量 /%	≤22	≤24
粉质曲线稳定时间 /min	≤1.5	≤2.0
降落数值 /s	≥150	
灰分 /%	≤0.53	≤0.65
含砂量 /%	≤0.02	
磁性金属物含量 /（g/kg）	≤0.003	
气味、口味	正常	

表 2-16　糕点专用小麦粉质量指标

指标	等级	
	精制级	普通级
水分 /%	≤14.0	
粗细度	全部通过 CB36 号筛，留存 CB42 号筛的不超过 10.0%	
湿面筋含量 /%	≤22	≤24
粉质曲线稳定时间 /min	≤1.5	≤2.0
降落数值 /s	≥160	
灰分 /%	≤0.55	≤0.70
含砂量 /%	≤0.02	
磁性金属物含量 /（g/kg）	≤0.003	
气味、口味	正常	

表 2-17　面条专用小麦粉质量指标

指标	等级	
	精制级	普通级
水分 /%	≤14.5	
粗细度	全部通过 CB36 号筛，留存 CB42 号筛的不超过 10.0%	
湿面筋含量 /%	≤28	≤26
粉质曲线稳定时间 /min	≤4.0	≤3.0
降落数值 /s	≥200	
灰分 /%	≤0.55	≤0.70
含砂量 /%	≤0.02	
磁性金属物含量 /（g/kg）	≤0.003	
气味、口味	正常	

表 2-18　馒头专用小麦粉质量指标

指标	等级	
	精制级	普通级
水分 /%	≤14.0	
粗细度	全部通过 CB36 号筛	
湿面筋含量 /%	25～30	
粉质曲线稳定时间 /min	≤3.0	
降落数值 /s	≥250	
灰分 /%	≤0.55	≤0.70
含砂量 /%	≤0.02	
磁性金属物含量 /（g/kg）	≤0.003	
气味、口味	正常	

表 2-19 饺子专用小麦粉质量指标

指标	等级	
	精制级	普通级
水分 /%	≤14.5	
粗细度	全部通过 CB36 号筛，留存 CB42 号筛的不超过 10.0%	
湿面筋含量 /%	28～32	
粉质曲线稳定时间 /min	≤3.5	
降落数值 /s	≥200	
灰分 /%	≤0.55	≤0.70
含砂量 /%	≤0.02	
磁性金属物含量 /（g/kg）	≤0.003	
气味、口味	正常	

　　从上述各表中指标可以看出，专用小麦粉质量指标较通用粉增加了反映小麦粉工艺性能的粉质曲线稳定时间和降落数值两项技术指标，并且细化了湿面筋含量这项指标，使小麦粉的应用更突出了专用性。

【思考题】

1. 评价小麦粉工艺性能的指标有哪些？
2. 面筋的主要成分是什么？简述面筋形成的机制。
3. 粉质仪主要用于测定面粉的什么指标？
4. 混合试验仪标准协议法检测指标包括哪些内容？
5. 简述降落数值测定的原理。

第三章 稻谷与大米

第一节 稻谷的分类与籽粒结构

稻谷是世界上重要的粮食作物之一。世界人口食物热量的20%来自稻米。稻谷种植区域分布很广，中国、日本、朝鲜半岛、东南亚、南亚、欧洲南部地中海沿岸、美国东南部、中美洲和非洲均可种植。但世界三大产稻国均集中在亚洲，它们分别是中国、印度和印度尼西亚。

我国是世界稻谷的原产地之一，也是世界上100多个稻谷生产国中的"稻谷王国"之一。目前我国稻谷播种面积和总产量均居世界第一位，其中总产量占世界总产量的1/3。产区遍及全国各地，长江流域和东北三江平原是最主要的产区。

一、稻米的分类

稻谷属禾本科、稻属，多为半水生的一年生草本植物，其种植历史悠久、品种繁多，仅我国稻谷品种就达4万～5万个。根据生长条件，可将稻谷分为普通水稻（*Oryza sativa* L.）和陆稻两种类型。陆稻也称为旱稻，与水稻相比，其米粒强度低，淀粉颗粒大，蛋白质含量高，食味差，因而种植面积很小。目前，我国种植的基本都是灌溉水稻。我国2009年发布的国家标准（GB 1350—2009），根据稻谷的生长期、粒形和粒质将其分为籼稻谷、粳稻谷和糯稻谷。

籼稻籽粒细而长，呈长椭圆形或细长形，米粒强度小，耐压性能差。加工时容易产生碎米，出米率较低。米饭胀性较大，黏性较小。

粳稻籽粒短而阔，较厚，呈椭圆形或卵圆形，米粒强度大，耐压性能好。加工时不易产生碎米，出米率较高。米饭胀性较小，黏性较大。

根据粒质和收获季节的不同，籼稻和粳稻又可分为早稻谷和晚稻谷两类。就同一类型稻谷而言，一般情况下，早稻谷米粒腹白大，角质粒少，品质比晚稻谷差。早稻谷米质疏松，耐压性差，加工时易产生碎米，出米率较低。而晚稻谷米质坚实，耐压性好，加工时碎米较少，出米率较高。就米饭的食味而言，早稻谷比晚稻谷差。如果是比较早、晚稻谷的品质，晚籼稻谷的品质仍然优于早粳稻谷。

糯稻谷米粒呈乳白色，不透明或半透明，黏性大，按其粒形可分为籼糯稻谷（稻粒一般呈长椭圆形或细长形）和粳糯稻谷（稻粒一般呈椭圆形）。

二、稻谷的籽粒形态结构

稻谷是一种假果，外形如图3-1所示，一般为细长形或椭圆形，其色泽呈稻黄色、金黄色、黄褐色或棕红色等。联合国粮食及农业组织根据稻粒长度，将稻谷籽粒分为4类：特长粒7mm以上，长粒6～7mm，中间型5～5.9mm，短粒5mm以下。稻谷籽粒由外层起保护作用的谷壳（又称为颖）和果实或

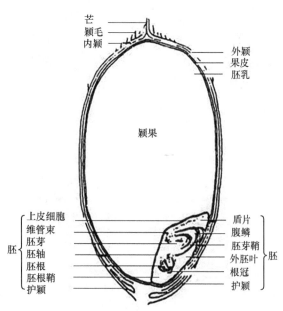

图3-1 稻谷的形态结构（卞科和郑学玲，2017）

颖果两部分组成。

（一）稻壳的结构

稻壳由内颖、外颖、护颖和颖尖（颖尖伸长为芒）4部分组成，起保护颖果的作用。颖的厚薄和质量与稻谷的类型、品种、栽培及生长条件、成熟及饱满程度等因素有关。颖的厚度为25～30μm，质量占稻谷粒的16%～22%。粳稻颖的质量占谷粒18%左右，籼稻颖的质量占谷粒的20%左右。一般来说，成熟、饱满的谷粒，颖薄而轻；粳稻的颖比籼稻的颖薄，而且结构疏松，易脱除；早稻的颖比晚稻的颖薄而轻；未成熟的稻粒，其颖富于弹性和韧性，不易脱除。

（二）糙米的籽粒结构

稻谷脱去颖壳后的果实（颖果）即称为糙米。糙米占稻谷质量的80%～82%。糙米由外层的果皮、种皮、珠心及胚和胚乳组成。糙米各组成部分的质量比大致是：果皮占1%～2%，种皮占1%～2%，种胚占1%～2%，胚乳占90%～91%。

糙米形态与稻谷粒相似（图3-2），一般为长椭圆形。糙米有胚的一面叫腹面，无胚的一面叫背面。糙米两侧各有两条沟纹，其中较明显的一条在内稃、外稃沟纹的相应部位，另一条与外稃脉迹相对应；背脊上也有一条沟纹，称为背沟，糙米共有5条纵向沟纹。沟纹的深浅因品种不同而异，对碾米工艺影响较大。沟纹深的糙米，加工时不易精白，对出米率有一定的影响。

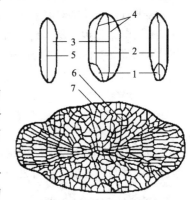

图3-2　糙米形态结构示意图
（周显青，2006）
1. 胚；2. 腹部；3. 背部；4. 纵沟；
5. 背沟；6. 胚乳；7. 皮层

1. 果皮与种皮　果皮是由原来子房壁老化干缩而成的一个薄层，其厚度约为10μm，包括外果皮、中果皮、横细胞和管状细胞。籽粒未成熟时果皮中尚有叶绿素，致使米粒呈绿色，籽粒成熟后叶绿素消化、黄化或淡化成玻璃色。果皮中含有较多的纤维素。

种皮由一层横向排列的长形薄壁细胞组成，厚度约为2μm。有些种皮内含色素，使糙米呈现各种不同的颜色，如红米的种皮很厚，细胞中有红色素累积。种皮有半渗透性，较易吸收水分。

2. 珠心层　珠心层又名外胚乳，位于种皮和糊粉层之间，为一单细胞层薄膜，厚度为1～2μm。

3. 胚乳　胚乳由糊粉层和内胚乳组成，内胚乳由次糊粉层和含淀粉的胚乳组成。

胚乳占颖果质量的90%左右，包括糊粉层和淀粉细胞。糊粉层为胚乳组织的最外层，由排列整齐的近乎方形的厚壁细胞组成，有1～5层细胞，与胚乳结合紧密，是由胚乳分化而成的，其细胞中富含蛋白质、脂肪、维生素。另外，糊粉层中磷、镁、钾的含量也较高。糊粉层的多少与糊粉层在籽粒的部位、稻谷的品种及环境因素等均有关，籽粒侧面为单层，腹面1或2层，背面特别是与输导组织连接的部分有5或6层，但是与胚连接的部分没有糊粉层。糊粉层细胞比较大，胞腔中充满着微小的粒状物质叫作糊粉粒，紧靠着糊粉细胞内侧的一层细胞，叫作亚糊粉层，性质介于糊粉细胞与内部淀粉细胞之间，形状略似糊粉细胞，其中含有较多的蛋白质、脂肪等，也储藏少量淀粉粒。

胚乳细胞为薄壁细胞，内含淀粉体，淀粉体内含复合淀粉粒，故又称为淀粉细胞。其细胞比糊粉层细胞更大，而且越进入组织内部，细胞越大。纵向长度几乎相等，只是横向膨大伸长。胞腔中充满着一定形状的淀粉粒和一些蛋白体。其淀粉粒是多角形的复合体，大小范围在2～10μm，越是深入胚乳组织内部的细胞，其淀粉粒越大。淀粉粒的间隙中填充着蛋白质类的"框质"。如果框质多，将淀粉粒挤得很紧密，则胚乳组织透明而坚实，为角质胚乳；如果框质较少，淀粉粒之间有空隙，则胚乳组织疏松而呈粉状，为粉质胚乳。

非糯米（含直链淀粉和支链淀粉）的胚呈半透明状，而糯米的胚乳由于淀粉粒之间和之内存在细孔而呈不透明状。因此糯米谷粒的质量为非糯米的95%～98%。

4. 胚　稻米的胚很小，位于糙米腹面基部，占整个谷粒的1%～1.5%，胚中含有较多的脂肪、蛋白质及维生素等。它是由内子叶（又名盾片）、胚芽、胚轴、胚根4个部分组成。内子叶与胚乳邻接的一面，有一层显著的长方形的上皮细胞，称为吸收层。种子发芽时，此层细胞分泌酶类到胚乳中去，将胚乳中储存的养分降解，再通过维管束输送到胚的生长部位，供发育之用。

从糙米粒的上述结构来看，糙米皮层的各层组织的细胞除管状细胞呈纵向排列以外，其他都是横向排列，因此皮层结构比较疏松，容易剥皮。糙米碾白时，其果皮、种皮、外胚乳和糊粉层等部分都被剥离而成为米糠，故又将这4个部分总称为"米糠层"。果皮和种皮称为外糠层，外胚乳和糊粉层称为内糠层。在稻谷成熟过程中，米糠层随着米粒的成熟而变薄，特别是外糠层由厚变薄，而内糠层反而加厚，主要是糊粉层的厚度增加。糠层的厚薄，除受成熟度的影响外，也因稻谷的类型、品种的不同而有较大的差异，一般稻谷的糠层较薄，糯稻的糠层较厚，有色糙米的糠层又较白色米粒的厚。

碾米时，除糠层被碾去外，大部分的胚也被碾下，加工高精度的白米时，胚几乎全部脱落，碾下来的胚和糠层即为米糠。从理论上讲，白米应当只是纯胚乳，但实际上，糠层和胚都不会完全被碾去。因此，根据米粒留皮的程度和留胚的多少可以判断大米的精度。

第二节　稻谷的物理特性

稻谷的物理特性包括稻米的气味、色泽、粒形、粒度、均匀度、千粒重、容重、散落性和自动分级等，这些都与稻谷加工有着密切的关系，因此，全面了解稻米的物理特性非常重要。

一、稻谷的气味与色泽

1. 气味　　新收获的稻谷具有特有的香味，无异气味。如果略带有霉味、酸味甚至苦味，则可能是稻谷在贮藏或流通过程中发热霉变或吸附了异味所致。陈稻谷的气味远比新稻谷差，这是由于稻谷陈化的原因。

2. 色泽　　稻谷颜色多为土黄色，糙米颜色多为蜡白色或灰白色，无论是稻谷还是糙米均富光泽。一般陈稻谷的色泽较为暗淡。虫蚀或霉变等原因，常引起稻谷固有颜色的改变，失去原有的正常光泽，色泽变得灰暗。

二、稻谷的粒形、粒度与均匀度

1. 粒形及粒度　　稻谷粒形因品种和生长条件的不同而有很大差异。稻谷的粒形常用长度、宽度和厚度三个尺寸来表示。谷粒基部到顶端的距离为粒长，腹背之间的距离为粒宽，两侧之间的距离为粒厚。粒度常用粒长、粒宽、粒厚的变化范围或平均值来表示。测量稻谷籽粒粒度有两种不同的方法，一种是逐粒测量法，另一种是筛分法。筛分法测定的结果没有逐粒测量法精确，但操作十分简便，比较适用于实际测定工作。

稻谷粒形按粒长与粒宽的比例分为三类：长宽比大于3的为细长粒形，长宽比小于3而大于2的为长粒形，长宽比小于2的为短粒形。我国稻谷一般粒长5.0～8.0mm、宽3.0～3.5mm、厚2.0～2.5mm。

2. 均匀度　　均匀度是指籽粒的粒形和粒度等一致的程度。稻谷的粒度可用粒度曲线表示，均匀度则可根据粒度曲线进行判断。粒度分布曲线中粒数最多而又相邻的两组谷粒的百分数之和在80%以上的为高度整齐，70%～80%的为中等整齐，低于70%的为不整齐。

稻谷的粒度，不仅与稻谷的品种有关，而且与生长环境及种植技术等有关。

三、稻谷的千粒重与容重

1. 千粒重　　千粒重是指1000粒稻谷的质量，以克（g）为单位。稻谷千粒重的大小，除受水分的影响以外，还取决于谷粒的大小、饱满程度及籽粒结构等。一般来说，籽粒饱满、结构紧密、粒大而整齐的稻谷，胚乳所占比例较大，稻壳、皮层及胚所占的比例较小，其千粒重较大。反之，千粒重较小。

稻谷千粒重的变化范围为15～43g。通常，粳稻的千粒重比籼稻的略大。千粒重在28g以上的为大粒，26～28g的为中粒，26g以下的为小粒。

2. 容重　　单位容积内稻谷的质量称为容重，单位为g/cm³或kg/m³。容重是评定稻谷品质的重要指标。稻谷容重与稻谷品种、成熟程度、水分及含杂质量等有关。一般来说，籽粒饱满、均匀度高、表面光滑无芒、粒形短圆的稻谷，容重较大；反之，则较小。一般稻谷的容重为 $450\sim600kg/m^3$。

四、稻谷的散落性与自动分级

1. 散落性　稻谷自然下落至平面时，有向四面流散，并形成一圆锥体的性质，称为稻谷的散落性。稻谷的散落性大小，通常用静止角（自然坡角、内摩擦角）来表示。静止角是稻谷自然流散形成圆锥体的斜边与水平面的夹角。谷堆静止角大，表示散落性小；静止角小，表示散落性大。散落性大小与粒形、粒度、表面状态、水分和杂质等有关，稻谷粒越接近于球形、粒度越小、表面越光滑、水分越低，其散落性越大，静止角越小。一般稻谷的静止角为 $35°\sim55°$。

2. 自动分级　自动分级不是单一谷粒所具有的特性，而是谷粒群体的性质。在移动或振动过程中，谷粒和杂质混合的散粒群体出现的分级现象称为自动分级。

由于谷粒群体中各组分在粒形、粒度、表面状态、相对密度等物理特性上的差异，在运动过程中，其各自所受摩擦力、气流浮力等的影响也不同，因此在这些因素的综合作用下，谷堆各组分按其物理性质重新排列，形成谷堆的自动分级。产生自动分级后，谷堆的上层为相对密度小、颗粒大、表面粗糙的物料，下层为相对密度大、颗粒小、表面光滑的物料。

第三节　稻谷的化学组成

稻谷中各种化学成分，不仅是稻谷籽粒本身生命活动所需的基本物质，而且也是人类生存的物质基础。各种化学成分的性质及其在籽粒中的分布状况，直接影响稻谷的生理特性、耐储藏性和加工品质。因此，了解稻谷的化学成分及其分布，不仅可以指导合理利用稻谷资源，而且还能帮助我们深入了解稻谷的生理机能，以进行安全、合理地储藏和加工。稻谷的化学成分主要有碳水化合物、蛋白质、脂肪、矿物质、维生素等。各种成分的含量因稻谷品种及生长条件的不同而有差异。

一、稻米籽粒的化学成分及分布

稻米的化学成分及其分布，随品种及生长条件不同而异。稻谷籽粒各组成部分的化学成分的分布和含量如表 3-1 所示。

表 3-1　稻谷及籽粒各部分的化学组成　（单位：g/100g）

名称	水分	粗蛋白质	粗脂肪	碳水化合物		灰分
				粗纤维	总量	
稻谷	11.68	8.09	1.80	8.89	73.41	5.02
糙米	12.16	9.13	2.00	1.08	75.61	1.10
胚乳	12.40	7.60	0.30	0.40	79.20	0.50
胚	12.40	21.60	20.70	7.50	36.60	8.70
皮层（果皮、种皮）	13.50	14.80	18.20	9.00	44.10	9.40
稻壳	8.49	3.56	0.93	39.05	68.43	18.59

资料来源：周裔彬，2015。

稻壳作为稻谷籽粒的最外层，是糙米的保护组织，含有大量的粗纤维和灰分。灰分中 90% 以上是二氧化硅，因而稻壳质地粗糙而坚硬。壳中完全不含淀粉，粗纤维不能消化，人不能食用，因此加工时首先要除去。

果皮、种皮是胚的保护组织，含纤维素和戊聚糖较多，其次是脂肪、蛋白质和矿物质。

糊粉层介于皮层和胚乳淀粉细胞之间，含有丰富的脂肪、蛋白质、维生素等，营养价值比果皮、种皮、珠心层高，但糊粉层的细胞壁较厚，不易消化。留在米粒上又因其含有较多的脂肪和酶类，使大米不耐储藏，因此加工时也应尽可能除去。

胚乳作为储藏养分的组织，含有大量的淀粉，整个籽粒细胞内充满着淀粉粒，其次是蛋白质，而脂肪、灰分和纤维素的含量较少，加工时应尽量把胚乳全部保留下来。

胚作为稻米的初生组织和分生组织，是稻米生理活性最强的部分。含有较多的脂肪、蛋白质、可溶性糖及维生素等，其营养价值很高。但胚中含有大量易酸败的脂肪，且酶的活性很强，使得大米不耐储藏。但如果大米需作长期储藏，不可将胚保留下来。

稻谷籽粒及各部分所含的水分各不相同，皮层含水量较高，故韧性较大；胚乳含水量较低，籽粒强度大；稻壳含水量较低，有利于稻谷脱壳。

二、稻谷中的碳水化合物

（一）稻谷中碳水化合物的种类

碳水化合物是元素组成符合 $C_n(H_2O)_m$ 通式的一类有机化合物。碳水化合物分为单糖、低聚糖和多糖三类。稻谷中的单糖主要有葡萄糖和果糖；低聚糖有蔗糖、少量的棉籽糖和极少量的麦芽糖；多聚糖主要有淀粉、纤维素和多缩戊糖。

另据资料报道，稻谷中还原糖几乎全是葡萄糖和很少量的果糖；非还原糖主要是少量的蔗糖和极少量的棉籽糖。糙米中全糖含量（还原糖和非还原糖的总量）为 0.83%～1.36%，其中 0.9%～1.3% 为还原糖；大米中全糖含量为 0.37%～0.53%，其中 0.05%～0.08% 为还原糖。资料报道，胚部含有 11.6% 的还原糖和 9.1% 的非还原糖。

（二）稻谷中碳水化合物的分布

淀粉主要存在于胚乳中，胚和胚乳中主要的糖类是蔗糖和少量的棉籽糖、葡萄糖和果糖。游离的可溶性糖类集中在糊粉层中，而且糯性稻谷中可溶性糖类含量（0.52%）高于非糯性稻谷（0.25%），但麦芽糖一般测不出。

纤维素是一种结构性多糖，是构成细胞壁的主要成分。稻谷中纤维素分布约为：皮层中 62%、米粞中 7%、胚中 4%、胚乳中 27%。稻壳中纤维素含量最高，其次是皮层。

通常糙米中半纤维素以多缩戊糖含量来表示。糙米中多缩戊糖的分布为：糠层占 43%、胚占 8%、米粞占 7%、胚乳占 42%。米糠和白米中的水溶性半纤维素含有一定量的阿拉伯糖和木糖及一部分半乳糖。米糠中的碱溶性半纤维素含有 41% 的阿拉伯糖、37% 的木糖、12% 的半乳糖和 10% 的糖醛酸；白米中的碱溶性半纤维素则含有 29% 的阿拉伯糖、27% 的木糖、9% 的半乳糖、27% 的葡萄糖和 8% 的糖醛酸。

（三）稻谷中的淀粉

1. 稻谷淀粉的含量与组成 淀粉是稻谷中重要的化学成分，而且是含量最高的碳水化合物之一。稻谷中的淀粉含量范围一般在 50%～70%。不同品种的稻谷其淀粉含量的差异很大，一般籼稻淀粉含量较低，而粳稻淀粉含量较高。但同一品种不同产地稻谷淀粉含量的差异不显著。

稻谷籽粒中的淀粉包含直链淀粉和支链淀粉。粳稻中支链淀粉含量较高，因而粳米饭黏性大，出饭率低；籼稻中直链淀粉含量高，籼米饭的黏性小，米饭干松，同时蒸煮膨胀值高，出饭率也高。而糯性稻谷几乎全部为支链淀粉，它所含有的直链淀粉仅 0.8%～1.3%，并且位于淀粉粒的中心部分，所以大米中以糯米黏性最大。总之，稻谷中淀粉的组成是决定米饭品质的一个重要因素，两种淀粉的比例与大米的蒸煮特性密切相关。因此，可以用直链淀粉与支链淀粉的含量区分糯米和非糯米。

2. 稻谷淀粉的存在形态 淀粉在稻谷胚乳细胞中以颗粒状存在，故称为淀粉粒。淀粉粒是淀粉分子的集聚体。稻谷淀粉粒是已知粮种淀粉颗粒中最小的一种，其大小为 3～8μm。而且稻谷品种不同，其淀粉颗粒的大小也有明显的差异。稻谷淀粉颗粒呈现不规则的多棱体。稻谷淀粉粒内包含 20～60 个小淀粉颗粒，在电子显微镜下观察，可以看见表面有许多小洞。

通过对稻谷淀粉做 X 射线衍射光谱研究，发现稻米淀粉属于高结晶性淀粉。稻谷淀粉在细胞质体中形成，其淀粉粒由支链淀粉分子以疏密相间的结晶区与无定形非结晶区组合而成，中间掺入以螺旋结构形式的直链淀粉分子（图 3-3）。直链淀粉分子和支链淀粉分子的侧链直链趋向平行排列，相邻羟基间经氢键结合成为放射状结晶性微晶束结构，水分子参与氢键结合。淀粉分子之间，有的也是由水分子通过氢键彼此

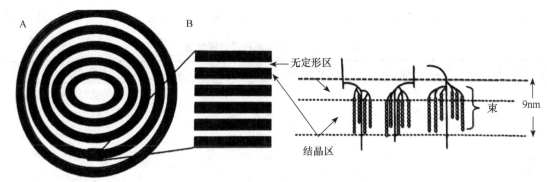

图 3-3 稻谷淀粉粒晶体示意图（卞科和郑学玲，2017）

连接，水分子介于中间，犹如架桥。氢键的强度不高，但数量很多，因而微晶束具有一定强度，使淀粉具有较强颗粒结构。

3. 稻谷淀粉的理化性能

1）稻谷淀粉的渗透性　淀粉粒具有渗透性，水和溶液能自由渗入淀粉颗粒内部。淀粉与稀碘液接触，很快会使淀粉变蓝色，表明碘溶液能很快渗入颗粒内部，与其中直链淀粉起反应呈现蓝色。蓝色的淀粉颗粒再与硫代硫酸钠溶液相遇时，蓝色又同样很快消失，说明硫代硫酸钠溶液也渗入了淀粉颗粒内部，因而引起化学反应。淀粉颗粒内部有结晶区域和无定形区域，相比之下后者具有更高的渗透性，化学反应主要发生在此区域。

2）稻谷淀粉的溶解特性与水结合力　稻谷淀粉的水吸收率及溶解度呈现一定的规律。例如，水吸收率及溶解度在 60～85℃缓缓上升，在 90～95℃则急剧上升。稻谷淀粉水结合力的强弱也与淀粉颗粒结构的致密程度有关。一般籼米和粳米水结合力为 107%～120%，而糯米则较高，为 128%～129%。

3）稻谷淀粉糊化　将淀粉于水中搅拌，形成淀粉悬浮液，即为淀粉乳。将淀粉乳加热到 58℃时，淀粉粒会迅速膨胀，膨胀后的体积可达原体积的数百倍并大量吸水，使悬浮液变成为黏稠的胶体溶液，这一现象称为淀粉的糊化。淀粉粒突然膨胀的温度，称为糊化温度或糊化开始温度，一般记录淀粉开始糊化到全部糊化的温度范围。

糊化后的淀粉糊化液，如果继续升高温度或高速机械搅拌，胶体质点减少、分子聚集体变小，淀粉糊相对黏度降低。对于不同品种、不同储藏条件下的稻谷，它们的这种糊化特性及糊化后的黏度变化是不一样的，而且与储藏品质密切相关。机械搅拌时，淀粉糊产生剪切力，引起膨胀淀粉粒破裂，使黏度降低。黏度降低越大，抗剪力稳定性越低。

糊化后的淀粉糊，当温度逐渐降低，静置冷却时，淀粉分子链趋于平行排列，重新以氢键结合，形成大于胶体的质点而析出沉淀，这种现象称为淀粉凝沉或淀粉的老化。淀粉的凝沉现象，在固体状态下也可能发生。直链淀粉和支链淀粉凝沉后性质有很大的差异，直链淀粉凝沉后，在热水中不再溶解；支链淀粉凝沉后，在冷水中亦容易溶胀并分散成胶体溶液。

三、稻谷籽粒中的蛋白质

稻谷中的蛋白质是仅次于碳水化合物的第二大成分。在植物蛋白中，稻谷蛋白质被公认为是营养品质最佳的蛋白质。

（一）稻谷籽粒中的蛋白质含量

1965 年辛普森（Simpson）分析了 156 个长粒型稻谷，测得其蛋白质的含量为 6.4%～10.0%，平均 8.3%；147 个中长粒型稻谷样品，蛋白质含量为 6.2%～10.2%，平均 7.8%；129 个短粒型稻谷样品，蛋白质含量为 5.6%～9.4%，平均为 7.3%。广东省农业科学院（1977）对我国 869 个晚籼稻糙米蛋白质测定结果表明：其蛋白质的含量为 6.60%～13.33%，蛋白质含量 7% 以下的样品占总样品数的 3.34%；蛋白质含量 10% 以上的样品占总样品数的 8.79%；蛋白质含量 7%～10% 的样品最多，占被测样品总数的 87.69%。有研究人员对我国 24 个省市不同产区 9 种类型的共 157 个稻谷样品做了蛋白质分析，其结果如表 3-2 所示。朱文适测定了贵州生产的 17 个黑糯米和 5 个白糯米的蛋白质，其平均含量分别为 11.48% 和 9.52%。

表 3-2　我国 9 种类型稻谷蛋白质含量

类型	样品数	蛋白质含量平均值 /（%，干基）	蛋白质含量范围 /（%，干基）
早籼稻	23	9.50	7.88～11.46
中籼稻	17	8.72	7.30～11.41
晚籼稻	26	8.68	7.40～10.95
南粳稻	24	8.15	6.38～9.71
北粳稻	40	8.21	6.42～10.47
粳糯稻	14	8.63	7.13～11.31
籼糯稻	6	10.87	7.84～14.18
杂糯稻	3	9.06	7.27～10.44
杂籼稻	4	10.05	7.82～12.39

资料来源：周显青，2006。

高蛋白质水稻品种也有不少报道，如日本矮秆小粒品种黄稻蛋白质含量为 21.49%，我国青海晚籼稻的蛋白质含量也达到了 13.30% 以上。

（二）稻谷籽粒中蛋白质的分布

稻谷蛋白质在稻谷籽粒的胚乳和胚内沿着淀粉粒的细胞壁积聚而呈颗粒状，被称为蛋白体（RPB）。稻谷蛋白质在籽粒组织中，是以蛋白体的形式存在的。1979 年，卡赛（Kasai）发现稻谷蛋白体有两种主要形状，一种为大多数，圆形，有明显的边界，直径为 1～4μm，内部呈层状结构；另一种为少数，呈变异了的圆形，无明显的边界，内部也呈层状结构。这两种蛋白体分别称为蛋白体 I（PB-1）和蛋白体 II（PB-2），两者形状、结构、特性、对蛋白酶抵抗力及其所含蛋白质种类和多肽链都有明显差异。PB-2 含蛋白质多，易吸收，且赖氨酸含量高，故 PB-2 比 PB-1 的营养价值高。

稻谷蛋白体在籽粒内的分布不均匀，一般胚内多于胚乳，糊粉层与亚糊粉层多于胚乳内部。1960 年，雷驰欧（Little）和道物桑（Dawson）公布的研究结果表明：稻谷的蛋白体集中分布在稻谷籽粒外围，并且腹部多于背部。对于蛋白质含量较高的稻谷，胚乳内蛋白体的分布密度有所提高，但它们的蛋白体总分布趋势和蛋白体的内部结构仍相同。胚乳中的蛋白体都是圆形，直径为 1.5～4μm，有边界，这种蛋白体内含有蛋白质的质量约占总质量的 60%，碱溶性蛋白为其主要成分，其他为 10%～28% 的酯类和 12%～29% 的碳水化合物，还有少量的灰分、核糖核酸（RNA）、磷脂、烟酸和植酸等。

糊粉层中的稻谷蛋白体，有些往往没有明显的边界，直径为 1～3μm，呈拟球形，它的蛋白质含量约为 11.7%。在糊粉层中的蛋白质约 70% 为水溶性清蛋白，糊粉层蛋白体中的植酸含量占稻谷全部植酸含量的 70%～77%；此外还有少量的灰分、RNA、磷脂等。胚是稻谷中含蛋白质量最多的部分，其蛋白质含量在 17.3%～26.4%。在胚中所含的蛋白质有球蛋白、核蛋白和蛋白多糖等成分。胚中蛋白质的氨基酸构成比例比较平衡，其赖氨酸含量高于稻谷其他部分的蛋白质。由种皮、果皮、糊粉层和亚糊粉层构成的米糠层含蛋白质 13.3%～17.4%。

（三）稻谷蛋白质的分类

稻谷中的蛋白质按其溶解特性可分为清蛋白、球蛋白、醇溶蛋白和谷蛋白 4 类。清蛋白：溶于水。球蛋白：溶于 0.5mol/L 氯化钠。醇溶蛋白：溶于 70%～80% 的乙醇。谷蛋白：溶于稀酸、稀碱溶液及 1% 十二烷基硫酸钠溶液。

分析表明，我国稻谷蛋白质中清蛋白占 4.2%～15.9%，平均值为 12%；球蛋白占 9.4%～17.8%，平均值为 13.2%；谷蛋白占 64.7%～84.7%，平均值为 71.7%；稻谷含醇溶蛋白很少，一般在 5% 以下。这几类蛋白质在糙米中的分布是不均匀的。清蛋白和球蛋白集中于糊粉层和胚，即糙米中的分布以外层含量最高，越向米粒中心越低；谷蛋白是糙米或大米的主要蛋白质，它在米中的分布则是米粒中心部分含量最高，越向外层越低。在糙米各个部分中，清蛋白 : 球蛋白 : 醇溶蛋白 : 谷蛋白的平均比率为：米糠 37 : 36 : 5 : 22；白米 5 : 9 : 3 : 83；胚 24 : 14 : 8 : 54。

对稻谷各类蛋白质的赖氨酸含量分析结果表明，清蛋白中赖氨酸含量最高，其次为谷蛋白，最低为球蛋白和醇溶蛋白。

四、稻谷籽粒中的脂质

（一）稻谷籽粒中的脂质成分

稻谷的脂质含量取决于品种、生长条件、成熟期等因素，稻谷的脂质含量范围为 0.6%～3.9%。其中，游离脂质为 2.14%～3.61%，平均为 2.3%；结合脂质为 0.21%～0.27%，平均为 0.23%；牢固结合脂质为 0.24%～0.32%，平均为 0.26%。

稻谷和其他谷物一样，胚和糊粉层油脂最多，并以油滴和油脂球的形式存在，后者的直径为 0.5μm 左右。

稻米中的脂质可分为淀粉脂质和非淀粉脂质。淀粉脂质主要是单酰基脂质（脂肪酸和溶血磷脂）与直链淀粉复合体。淀粉脂质的主要脂肪酸有棕榈酸和亚油酸。直链淀粉复合体是指处在直链淀粉的螺旋结构之中，以内含复合物形式存在的那一部分脂，这种脂质需要用水使淀粉粒膨胀或用冷冻干燥方法，使淀粉粒发生破裂，才能将脂质提取出，淀粉脂质在糯米淀粉粒中含量最低（0.2%），高直链淀粉米中含量较低，中度直链淀粉米中含量最高（1.0%）。糯精米中非淀粉脂质含量比非糯米中高，淀粉脂质十分稳定，不易氧化酸败。

非淀粉脂质包括淀粉粒以外籽粒各部分的脂质，用一般极性溶剂在室温下可以提取出来。因此，一般所指的脂质，实际上就是指非淀粉脂质。而淀粉脂质有的文献称为淀粉粒脂质。

稻谷中的类脂物质主要是蜡和磷脂。蜡主要存于糠层脂肪中，其含量为 3%～9%，研究表明米蜡主要是二十四酸化合的酯。米蜡也含有二十四酸以外的酸和一些不饱和酸，以及或多或少含有一些醇类。磷脂部分占大米全脂的 3%～12%，卵磷脂在大米胚乳中与直链淀粉相结合，是非糯性大米胚乳中的自然成分，但在糯性大米胚乳中没有。卵磷脂的脂肪残基是棕榈酸，所以这一部分的棕榈酸含量较高。

（二）稻谷籽粒中脂质成分的分布

脂质在稻谷籽粒中的分布是不均匀的，胚芽中含量最高，其次是种皮和糊粉层，内胚乳中含量极少。米糠主要由糊粉层和胚芽组成，含丰富的脂质。大米中的脂质含量则随碾米精度的提高而减少。卡布德布瑞（Cboudbury）研究表明，TR42 稻壳中含 0.5% 的脂质，其中 64% 为非极性脂质，25% 为糖脂，11% 为磷脂。Cboudbury 和朱利亚诺（Juliano）进一步研究得出，稻壳中的脂质占总的非淀粉脂质的 0.4%，非极性脂质的 0.5%，糖脂的 17%，磷脂 7%。稻壳中不含淀粉，因而不含淀粉脂。Cboudbury 和 Juliano 用己烷提取稻壳中的脂类，测得其脂肪酸组成为：软脂酸 18%、油酸 42%、亚油酸 28%，另外还有少量其他脂肪酸。

糙米中的脂质物质主要分布在米粒外层和胚部。糙米中 80% 的脂质是在米糠和米粞中，其余的 20% 分布在胚乳中。胚乳脂质与糠层脂质相比，复合脂质含量更多些。20 世纪 70 年代初，日本学者对糙米中的复合脂质进行了研究，明确复合脂质中糖脂由固醇糖脂和甘油糖脂组成，磷脂主要由磷脂酰乙醇胺和卵磷脂组成。糠层的复合脂质以糖脂质为主要成分。而胚乳中糖脂和磷脂含量相等。

Cboudbury 和 Juliano 对糙米中的非淀粉脂类进行了研究，糙米中非淀粉脂质含量为 2.9%～3.4%，主要为非极性脂。非淀粉脂质在糙米中的分布是不均匀的，皮层中占 39%～41%，胚中占 14%～18%。精米中含 15%～21%，外胚乳或糊粉层中含 12%～14%，内胚乳中含 12%～19%。淀粉脂质主要存在于成熟籽粒的淀粉性胚乳中。

稻谷的极性脂质中，糖脂含量较少，在稻谷各部分分布也不相同。据测定，稻谷和米糠的粗糖脂中含有神经酰胺、神经酰胺单己糖苷、神经酰胺己二糖苷和神经酰胺己三糖苷。除米糠的神经酰胺含 28% 正脂肪酸、70% 的 2-羟基酸和 2% 的 2,3-二羟基酸外，均含有 89%～94% 的 2-羟基酸。糙米的神经酰胺单己糖苷中的糖是葡萄糖，与小麦中的一样，而米糠神经酰胺己糖苷中的糖只有 95.8% 为葡萄糖、3.7% 的甘露糖和 0.5% 的半乳糖。糙米中酯化的固醇糖苷和固醇糖苷中的糖有 89% 为葡萄糖、11% 为甘露糖，而米糠中两种固醇糖苷中均只有葡萄糖。

稻谷中各部分组织磷脂组成不同，不同种类磷脂在不同组织中的分布不同。稻谷胚乳中 5 种蛋白体组分的磷脂组成差异很大。研究者对糙米、白米中的磷脂进行分析，测定结果表明，其中所含的磷脂酰乙醇胺较其他谷物多。某些磷脂以可抽提的脂蛋白复合物形式存在于米糠中。

稻谷脂质含量是影响米饭可口性的主要因素，而且油脂含量越高，米饭光泽越好。2022 年李勇强等报道，米饭香味与米粒所含不饱和脂肪酸有关。稻谷脂质物质的脂肪酸构成，与稻谷在储藏过程中发生的品质变化有着很大关系。油脂的水解和氧化所产生的酸败是引起稻米陈化与劣变的重要因素。

五、稻谷籽粒中的维生素和矿物质

（一）维生素

稻谷所含维生素多属于水溶性的 B 族维生素，如硫胺素、核黄素、烟酸、吡哆醇、泛酸、叶酸、肌醇、胆碱、生物素等，也含有少量的维生素 A。糙米中很少或不含有维生素 C 和维生素 D。维生素主要分布于糊粉层和胚中，糙米所含的维生素比白米高。糙米、白米、米糠、米胚中维生素的分布见表 3-3。

表 3-3　稻谷中维生素的分布 （单位：μg/g）

维生素	糙米	米糠	米胚	白米
维生素 A	0.13	4.2	1.3	痕量
硫胺素	2.4～4.5	18～24	65	0.40～1.26
核黄素	0.75～0.86	2.0～3.4	5	0.11～0.37
烟酸	48～62	214～236	33	10～22
吡哆醇	9.4～11.2	25	16	0.37～6.2
泛酸	14.6～18.6	27.7	3.0	6.3～7.7
生物素	0.11	0.60	0.58	0.034～0.06
维生素 B_{12}	0.30	0.005	0.0105	0.0016
维生素 E	0.0005	149.2	87.3	痕量

资料来源：周显青，2006。

从表 3-3 中的数据可以看出，稻谷中的维生素主要分布于糊粉层和胚中。籽粒外层维生素含量高，越靠近米粒中心就越少。

（二）矿物质

稻谷的矿物质元素主要存在于稻壳、胚和皮层中，而胚乳中含量极少。稻壳中的矿物质元素主要是 Si；P、K、Mg、Na、I、Zn 集中于糊粉层；Ca 主要集中在稻谷的胚乳，即大米中。表 3-4 为稻谷中矿物质元素的分布。

表 3-4　稻谷中矿物质元素的分布 （单位：μg/g）

元素	糙米	大米	米糠	米胚
铝（Al）	未检出	0.73～7.23	53.3～368	未检出
钙（Ca）	400	80 270	1 310	2 750
氯（Cl）	203～275	163～239	510～970	1 520
碘（I）	26～46	1.8～13.6	190	130

续表

元素	糙米	大米	米糠	米胚
镁（Mg）	379～1 170	239～374	9 770～12 300	15 270
磷（P）	2 520～3 830	1 110～1 850	14800	2 100
钾（K）	2 40～2 470	577～1 170	1 770～2 270	3 850
硅（Si）	280～1 900	140～370	0	560～1 900
钠（Na）	31～68	22～51	1 700～4 400	240
锌（Zn）	15～22	12～21	230	100

资料来源：周显青，2006。

第四节　大米的分类与质量标准

一、大米的分类

稻谷进行不同程度的加工，即可获得加工精度不同、营养组成不同及食用品质与加工品质不同的稻米。稻谷只经清理砻谷脱去稻谷颖壳后的果实（颖果）即为糙米。糙米包含了稻谷的外层果皮、种皮、糊粉层、胚和胚乳。以糙米为原料经碾白等工序加工所得的稻米即为大米。以稻谷、糙米或大米为原料，经特殊加工所得的成品大米被称为特种米，其主要包括蒸谷米（半煮米）、留胚米（胚芽米）、免（不）淘洗米、营养强化米、着色米等。蒸谷米是以稻谷为原料，经清理、浸泡、蒸煮、干燥等处理后，按常规稻谷加工方法生产的大米制品。免（不）淘洗米又称为清洁米，是一种不经淘洗就可以蒸煮食用的大米，它是以稻谷为原料，在传统稻米加工工艺的基础上，强化了清选、精选及精碾抛光等工序制得的精制大米。留胚米（胚芽米）是以稻谷为原料，采用特殊的加工方法，使稻谷胚芽保留在大米上而不脱落的大米制品，留胚米的营养比普通大米更丰富。根据稻谷的分类方法，大米又分为籼米、粳米和糯米三类。各类大米按其加工精度又分为特等大米、标准一等米、标准二等米、标准三等米，共4个等级。大米的加工精度是指大米籽粒背沟和粒面留皮的程度。

二、大米的质量标准

我国2018年颁布的国家标准《大米》（GB/T 1354—2018），将大米按早籼米和籼糯米、晚籼米、早粳米和粳糯米及晚粳米4类，规定了其质量标准。其具体指标如表3-5至表3-8所示。

表 3-5　早籼米和籼糯米的质量指标

等级	不完善粒 /%	最大限度杂质					碎米		水分 /%
		总量 /%	糠粉 /%	矿物质 /%	带壳颗粒 /（粒/kg）	稻谷粒 /（粒/kg）	总量 /%	小碎米 /%	
特等	3	0.25	0.15	0.02	20	8			
标准一等	4	0.30	0.20	0.02	50	12	35	2.5	14.0
标准二等	6	0.40	0.20	0.02	70	16			
标准三等	8	0.45	0.20	0.02	90	20			

注：不完善粒包括未熟粒、虫蚀粒、病斑粒等；糠粉指通过直径1mm圆孔筛的筛下物及黏附在筛面上的粉状物；矿物质系指砂石、煤渣、砖瓦及土块等；碎米指颗粒不足本批正常米粒2/3的米粒；小碎米指通过直径2mm圆孔筛但存留在直径1mm圆孔筛上的碎米。

除了表3-5至表3-8中规定的指标外，还规定了加工精度分别按各等级的实物标准样品对照检验；各类大米色泽、气味、口味正常。

表 3-6　晚籼米的质量指标

等级	不完善粒/%	最大限度杂质					碎米		水分/%
		总量/%	糠粉/%	矿物质/%	带壳颗粒/（粒/kg）	稻谷粒/（粒/kg）	总量/%	小碎米/%	
特等	3	0.25	0.15	0.02	20	8	30	2.0	14.5
标准一等	4	0.30	0.20	0.02	50	12			
标准二等	6	0.40	0.20	0.02	70	16			
标准三等	8	0.45	0.20	0.02	80	20			

表 3-7　早粳米和粳糯米的质量指标

等级	不完善粒/%	最大限度杂质					碎米		水分/%
		总量/%	糠粉/%	矿物质/%	带壳颗粒/（粒/kg）	稻谷粒/（粒/kg）	总量/%	小碎米/%	
特等	3	0.25	0.15	0.02	20	4	早粳 30 粳糯 35	2.0	14.5
标准一等	4	0.30	0.20	0.02	50	6			
标准二等	6	0.40	0.20	0.02	70	8			
标准三等	8	0.45	0.20	0.02	90	8			

表 3-8　晚粳米的质量指标

等级	不完善粒/%	最大限度杂质					碎米		水分/%
		总量/%	糠粉/%	矿物质/%	带壳颗粒/（粒/kg）	稻谷粒/（粒/kg）	总量/%	小碎米/%	
特等	3	0.20	0.15	0.02	10	4	15	1.5	15.5
标准一等	4	0.25	0.20	0.02	20	6			
标准二等	6	0.30	0.20	0.02	30	8			
标准三等	8	0.35	0.20	0.02	40	10			

可以看出这个标准仅仅规定的是大米的一些常规物理性指标，其不能对大米的真正食用品质和加工品质进行区分。2018 年国家修订颁布了新的大米质量标准——《大米》（GB/T 1354—2018），其规定的质量指标如表 3-9 所示。

表 3-9　国家标准 GB/T 1354—2018 规定的大米质量指标

类别	等级	出糙率/%≥	整精米率/%≥	垩白粒率/%≤	垩白度/%≤	直链淀粉（干基）/%	食味品质分≥	胶稠度/mm≥	粒型（长宽比）≥	不完善粒/%≤	异品种粒/%≤	黄粒米/%≤	杂质/%≤	水分/%≤	色泽气味
籼米	1	79.0	56.0	10	1.0	17.0～22.0	9	70	2.8	2.0	1.0	0.5	1.0	13.5	正常
	2	77.0	54.0	20	3.0	16.0～23.0	8	60		3.0	2.0				
	3	75.0	52.0	30	5.0	15.0～24.0	7	50		5.0	3.0				
粳米	1	81.0	66.0	10	1.0	15.0～18.0	9	80	—	2.0	1.0			14.5	
	2	79.0	64.0	20	3.0	15.0～19.0	8	70		3.0	2.0				
	3	77.0	62.0	30	5.0	15.0～20.0	7	60		5.0	3.0				
籼糯米	—	77.0	54.0	—	—	≤2.0	7	100		5.0	3.0			13.5	
粳糯米	—	80.0	60.0	—	—	≤2.0	7	100		5.0	3.0			14.5	

注："—"代表无数据。

　　新的标准增加了胶稠度、直链淀粉、食味品质分及垩白度这些更能反映大米食用品质和工艺品质的指标。

【思 考 题】

1. 简述稻米的分类。
2. 简述稻米淀粉的存在形态与组成特征。
3. 简述稻米蛋白的组成特征与分类。

第四章 玉 米

第一节 玉米的分类与籽粒结构

一、玉米的分类

玉米（*Zea mays* L.）是分布最广的粮食作物之一，种植面积仅次于小麦和水稻，种植范围从北纬58°（加拿大和俄罗斯）至南纬40°（南美）。世界上每个月都有玉米成熟。美国是世界上最大的玉米生产国，玉米产量约占世界总产量的一半。中国玉米产量居世界第二位。我国玉米生产范围很广，全国各地均有种植，尤以东北、华北和西南各省种植为多。

玉米是禾本科玉米属小草本植物，别名苞谷、玉蜀黍、棒子、苞米、玉麦等。玉米的分类有多种方法，通常是根据玉米的颜色、玉米籽粒形态与胚乳结构、玉米生育期、玉米成分和玉米用途等分类。

（一）根据玉米颜色分类

根据玉米的颜色可将玉米分为5类，即黄玉米（yellow corn），玉米皮层的颜色为黄色；白玉米（white corn），玉米皮层的颜色为白色；黑玉米（black corn），玉米皮层是乌色、蓝色和黑色；紫红玉米（purplish red corn），玉米种皮为紫红色；杂色玉米（sundry corn），有两种以上皮色的玉米混合生长在同一玉米穗上。

（二）根据玉米籽粒形态和胚乳结构分类

根据玉米籽粒形态和胚乳结构，即玉米籽粒有无稃壳、籽粒形状及胚乳性质，可将玉米分为以下8类。

1）马齿型玉米（dent corn）　俗称马牙玉米，籽粒较大，呈扁平的长方形，胚乳的两侧是角质胚乳，中央和顶部是粉质胚乳，成熟时顶部粉质淀粉干燥失水很快，干燥后籽粒顶部凹陷呈马齿形，因此而得名。马齿型玉米籽粒顶端凹陷程度取决于淀粉含量的高低，淀粉含量高，籽粒顶端凹陷得深；淀粉含量低，籽粒顶端凹陷得浅。籽粒表皮皱纹粗糙不透明，多为黄、白色，少数呈紫色或红色。这类玉米适应性强，产量较高，是世界，也是我国种植最多的，但适口性和味觉较差，食用品质较低。多用于制作淀粉和酒精或饲料。

2）硬粒型玉米（flint corn）　又称燧石型玉米，也称为燧石型，籽粒较小，多为方圆形，顶部和四周胚乳都是角质，仅中心近胚部分是粉质，籽粒外表半透明且有光泽，籽粒坚硬饱满，粒色多为黄色，间或有红、紫、白等颜色。这类玉米适应性也较强，但产量较低，是我国种植较多的品种。食用品质较高，主要用作粮食。

3）半马齿型玉米（half dent corn）　这类玉米介于马齿型玉米和硬粒型玉米之间，是马齿型玉米和硬粒型玉米的杂交品种，因此也称为中间型。籽粒顶端凹陷深度比马齿型玉米浅，有的不凹陷仅呈白色斑点状。顶部的粉质胚乳较马齿型少但比硬粒型多，种皮较厚，品质较马齿型好，在我国栽培较多。

4）粉质型玉米（flour corn）　又称软粒型玉米，这类玉米的果穗和籽粒形状与硬粒型玉米相似，胚乳全部是粉质，质地较软，乳白色，外表无光泽，形状像硬粒型玉米。这类玉米只能作为淀粉原料，在我国栽培较少。

5）糯质型玉米（waxy corn）　又称糯玉米，由于糯玉米的干籽粒切口呈不透明的蜡状，又称蜡质型玉米、黏玉米，这类玉米果穗较小，籽粒表面无光泽，角质和粉质层次不分，胚乳淀粉全部由支链淀粉组成，淀粉黏软细柔，胚乳黏性，较适口。糯玉米最早是在中国发现的，糯玉米中的淀粉含量略低于普通玉米，糯玉米淀粉比普通玉米淀粉易于消化，糯玉米酶水解消化率85%。糯质型玉米在我国西南各省均有种植，以广西、云南为最多，其他省区零星种植。糯质型玉米有特殊的香味，宜于鲜食或做糕点，也可作黏结剂及纺织业印染上浆用。

6）甜质型玉米（sweet flour corn） 又称甜玉米，这类玉米胚乳中含有较多的水溶性多糖、脂肪和蛋白质，淀粉含量较低，淀粉多是角质淀粉，在乳熟期粒很甜。成熟期籽粒皱缩，坚硬呈半透明状，籽粒几乎全部为角质透明胚乳。甜玉米根据其含糖量又可分为普通甜玉米、超甜玉米和加强甜玉米。普通甜玉米乳熟期含糖量10%左右，蔗糖和还原糖各占一半，籽粒中含有约24%的水溶性多糖，淀粉含量35%；超甜玉米乳熟期含糖量比普通甜玉米高1倍，在授粉后20～25天籽粒含糖量可达20%～24%，糖分主要是蔗糖和还原糖，水溶性多糖含量很少，籽粒淀粉含量18%～20%；加强甜玉米乳熟期含糖量最高，又有高比例的水溶性多糖。甜玉米产量比一般玉米低，粒重只有普通玉米的1/3。

7）爆裂型玉米（popcorn） 又称玉米麦，这类玉米籽粒较小，籽粒圆形，顶端突出，导热系数是普通玉米的1.9倍，种皮厚0.03～0.08mm，胚乳较大，玉米的胚乳几乎全为角质胚乳。在角质胚乳中，淀粉粒小，呈多角形，排列紧密，且淀粉粒间蛋白质基质和大量蛋白质粒相连，几乎无孔隙。遇热时籽粒中的水分形成蒸汽而使籽粒爆裂。爆裂型玉米是爆玉米花的专用品种，在常压下遇高温可以迅速膨胀成玉米花。爆裂型玉米品种繁多，籽粒分为米粒型和珍珠型，粒色有黄、白、紫、红等。爆裂型玉米品质要求主要是爆花率、膨胀系数、花形、适口性等。爆裂型玉米产量较低，一般只有普通玉米的30%～50%，我国仅有零星种植。

8）有稃型玉米（shell corn） 这类玉米籽粒被较长的稃壳包裹，故而得名，稃壳顶端有芒，有较强的白花不孕性，雄性花序发达，籽粒坚硬，籽粒与穗轴连接结实，是一种原始的类型。

各种类型玉米穗如图4-1所示，各种类型玉米籽粒正面和剖面如图4-2所示。

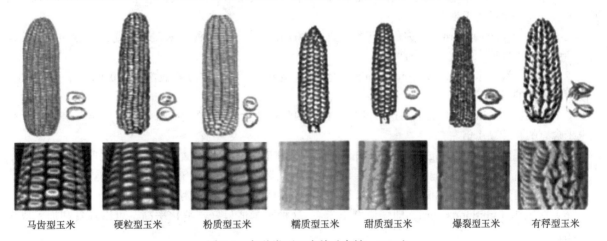

| 马齿型玉米 | 硬粒型玉米 | 粉质型玉米 | 糯质型玉米 | 甜质型玉米 | 爆裂型玉米 | 有稃型玉米 |

图4-1 各种类型玉米穗（白坤，2012）

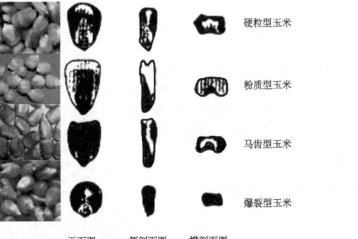

硬粒型玉米

粉质型玉米

马齿型玉米

爆裂型玉米

正面图　　　　侧剖面图　　　横剖面图

彩图

彩图

图4-2 各种类型玉米籽粒正面和剖面（白坤，2012）

（三）根据玉米生育期分类

玉米生育期主要是由于遗传特性决定的，不同的玉米类型从播种到成熟的时间，即生育期是不一样的，根据生育期的长短可将玉米分为早熟、中熟、晚熟品种。

1）早熟玉米　　春播 $80\sim100$ 天，$\sum t\geqslant10℃$ 积温 $2000\sim2200℃$。夏播 $70\sim85$ 天，$\sum t\geqslant10℃$ 积温 $1800\sim2100℃$。由于生育期的限制，产量较小。

2）中熟玉米　　春播 $100\sim120$ 天，$\sum t\geqslant10℃$ 积温 $2300\sim2500℃$。夏播 $85\sim95$ 天，$\sum t\geqslant10℃$ 积温 $2100\sim2200℃$。

3）晚熟玉米　　春播 $120\sim150$ 天，$\sum t\geqslant10℃$ 积温 $2500\sim2800℃$。夏播 96 天以上，$\sum t\geqslant10℃$ 积温 $2300℃$ 以上。由于生育期长，产量较大。

由于温度高低和光照时数的差异，玉米品种在南北互相引种时，生育期会发生变化。一般规律是：北方品种向南方引种，常因日照短、温度高而缩短生育期。反之，向北方引种生育期会有所延长。生育期变化的大小取决于品种本身对光温的敏感程度，对光温越敏感，生育期变化越大。

（四）根据玉米成分和用途分类

根据玉米成分和用途可以将玉米分为特种玉米和普通玉米两大类。

特种玉米是指具有不同于普通玉米籽粒形态、化学组成、食用品质及加工特性的玉米，是相对于普通玉米而言的。特种玉米与普通玉米相比一般都具有较高的经济价值和营养价值。特种玉米主要包含：甜玉米、糯玉米、笋玉米和爆裂玉米，以及高油玉米、高微量元素玉米、优质蛋白玉米（高赖氨酸玉米）、高蛋白玉米、高直链淀粉玉米等。

（1）甜玉米（sweet corn，又称蔬菜玉米，即"甜质型玉米"）：这种玉米在乳熟期煮熟后即可直接食用，又可以加工成玉米罐头、冷冻食品等。

（2）高赖氨酸玉米（quality protein maize，QPM）：这种玉米籽粒中赖氨酸含量在 0.4%（干基）以上，是高营养价值的玉米品种。

（3）高油玉米（high oil corn）：这种玉米籽粒中的脂肪含量为 7.0%～9.0%（干基），胚芽较大，比普通玉米含有的脂肪高 1 倍左右。

（4）高微量元素玉米（high trace element corn）：这种玉米籽粒中的微量元素含量比普通玉米高出很多，是高营养价值的玉米品种。

（5）爆裂玉米（popcorn，即爆裂型玉米）：这种玉米籽粒主要作为休闲食品食用。

（6）糯玉米（glutinous corn，即糯质型玉米）：这种玉米适口好，消化率高，可以鲜食和加工成罐头食用。

（7）笋玉米（baby corn）：是玉米幼嫩果穗，营养丰富，清脆可口，风味清新，是一种高档蔬菜，可制作罐头。

（五）根据玉米播种期分类

根据玉米播种期可将玉米分为：春玉米、夏玉米和秋玉米三类。

1）春玉米　　春天 3 月至 5 月上旬播种，秋天收获的玉米。

2）夏玉米　　夏天 5 月中旬至 6 月底播种，秋天收获的玉米。

3）秋玉米　　立秋前后播种，初冬时收获的玉米。

二、玉米籽粒的结构

玉米籽粒的基本结构分为：种皮（pericarp）、胚乳（endosperm）、胚芽（germ）、梢帽（tip cap）4 个组成部分。玉米籽粒的外形为圆形或马齿形，稍扁。玉米粒最下端尖凸的部分为梢帽，梢帽上端的弹性组织即是胚芽，胚芽上端冠状的较硬部分即为胚乳，整个籽粒被透明的种皮所包裹。玉米各个部分的组成比例，因其品种不同而异。一般种皮占籽粒质量的 5%～8%，胚乳占籽粒质量的 80%～85%，胚芽占籽粒质量的 10%～15%，梢帽占籽粒质量的 0.8%～1.5%。

玉米籽粒的基本结构如图 4-3 所示。

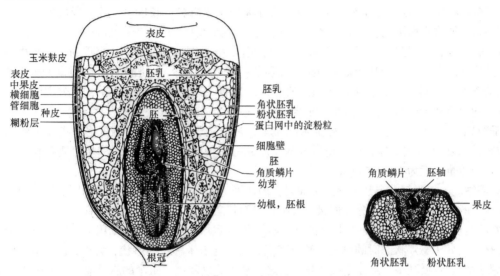

图 4-3　玉米和玉米胚的结构图（周瑞宝，2010）

1. 种皮　玉米籽粒（grain）的外部是由种皮包裹着的。种皮由果皮、糊粉层组成，种皮的主要成分是纤维素，含有少量的淀粉、糖、蛋白质、维生素、矿物质和色素等物质，种皮中的色素决定了玉米籽粒的颜色。种皮的作用是保护玉米籽粒不受外界的侵害，保证玉米籽粒成形和胚乳不散，种皮内是胚乳和胚芽。种皮的根部连接梢帽和胚芽，是玉米籽粒与穗轴的连接部。种皮是在胚乳积累之前生成的，是玉米籽粒积累物质（胚乳）的场所，随着籽粒的生长而生长并且逐渐变色和坚硬。

2. 胚乳　胚乳是种皮内主要的结构部分，胚乳的主要化学成分是淀粉和蛋白质，还有少量纤维素、色素、脂肪、矿物质、糖、维生素等。

玉米胚乳可分为粉质胚乳和角质胚乳两部分。含淀粉较多、蛋白质较少、白色不透明、松散的部分，称粉质胚乳（floury endosperm），其中的淀粉称为粉质淀粉（floury starch）。淀粉较少、蛋白质较多、黄色半透明、坚硬的部分，称为角质胚乳（也称为硬质胚乳，horny endosperm），其中的淀粉称为角质淀粉（horny starch）。胚乳是积累在种皮内的产物。胚乳的作用是积累和储存淀粉、蛋白质、灰分、色素等各种营养物质，在玉米生长阶段为玉米生长提供能源。

3. 胚芽　胚芽是位于玉米籽粒的根基部分，位于玉米籽粒基部一侧，向着玉米穗轴尖的方向，富有弹性和韧性，不容易破碎。胚芽整体呈三棱尖形，下圆、中间宽、上尖，靠种皮的一侧是平面，在胚乳内的是菱形两面。胚芽是从胚根部生长出来的，在胚根向籽粒顶部伸长，胚芽的根部连接种皮和梢帽。胚芽的主要成分是脂肪、纤维素、矿物质和少量的糖、维生素、氨基酸、核酸等物质。胚芽的作用是提供脂肪、灰分和各种营养物质，在玉米发芽阶段还为生长提供核酸。

4. 梢帽　梢帽又称为根帽、基胚、根冠，是玉米籽粒连接玉米穗轴（芯）的部分，颜色为白色，主要由呈海绵状结构的纤维素组成，没有食用价值。梢帽的一端连接穗轴，另一端连接种皮和胚芽。梢帽的作用是连接玉米籽粒和玉米穗轴（芯），为玉米籽粒的成分积累提供运输的通道。

玉米籽粒主要部分的构成比例及主要化学组成如表 4-1 所示。

表 4-1　玉米籽粒主要部分的主要化学组成　　　　　　　　　　（单位：%）

玉米籽粒组成部分	质量比	蛋白质	脂肪	淀粉	糖	灰分
皮层	5.5	2.0	1.5	0.5	1.5	2.0
胚乳	82.0	75.0	15.0	98.0	26.5	17.0
胚	11.5	22.0	83.5	1.5	72.0	80.0
胚基	1.0	1.0				1.0

资料来源：陈凤莲和曲敏，2020。

三、玉米的物理性质

1. 粒形与大小   粒形指玉米粒的形状，大小是指玉米籽粒的长度、宽度和厚度的尺寸。玉米形状和大小因品种不同也有所不同。一般玉米长、宽、厚分别为 8～12mm、7～10mm、3～7mm。

2. 容重   容重是指单位体积内玉米的质量，用 kg/m³（或 g/L）表示。容重的大小是由籽粒的饱满程度即成熟度决定的。容重的高低是衡量玉米品质的一项重要指标，一般来说，容重高的玉米成熟好、皮层薄、角质率高、破碎率低；容重低的玉米则相反。容重大小与水分也有关系，水分大的玉米，籽粒膨胀，所以它的容重要低于水分少的玉米。玉米的容重一般为 705～770kg/m³。

3. 千粒重   千粒重是指 1000 粒玉米的质量，常以克表示。一般千粒重都是指风干状态的玉米籽粒，千粒重的大小和容重一样，也是衡量玉米品质的一项指标。千粒重大的玉米表明颗粒大，角质胚乳多。玉米的千粒重一般为 180～500g。

4. 散落性   玉米籽粒自然下落至平面时，向四面流散并逐渐形成圆锥体形状的性质，称为散落性。玉米的散落性的大小与玉米的水分、形状、大小、表面状态及杂质的特性和含量有关。

5. 悬浮速度   悬浮速度是指玉米自由下落时在相反方向流动的空气作用下，既不被气流带走，又不向下降落，其处于悬浮状态时的风速。悬浮速度的大小与玉米籽粒的形状、大小、质量有直接关系。籽粒大、成熟度好、角质乳多，悬浮速度就高；反之，悬浮速度就小。玉米的悬浮速度一般为 11～14m/s。

6. 空隙度   空隙度表示自然堆放时，粮堆空隙体积占粮堆总体积的百分率。在粮堆占据一定的容积里，粮粒并非充满整个容积的全部，因为粮粒间的排列并非十分紧密，而是存在着大小不等的空隙，因此粮堆的体积实际上是由粮粒本身的体积和粮粒间空隙的体积所构成。玉米的空隙度一般为 40% 左右。

第二节   玉米的化学组成

玉米籽粒中主要化学成分有淀粉、蛋白质、脂肪、纤维、矿物质、氨基酸、维生素、色素等。

一、玉米淀粉

淀粉在玉米中占有绝对的优势，是决定玉米加工利用特性的成分。

玉米淀粉是以颗粒形态存在的。玉米淀粉颗粒大小为 5～25μm，平均 16μm，含有少量 3μm 的小颗粒，相对密度 1.6。玉米淀粉颗粒形状有圆形和多角形两种，生长在玉米籽粒中上部粉质内胚层部位的淀粉颗粒在生长期间受到的压力小，大多数为圆形。生长在胚芽两侧角质内胚层部位的淀粉颗粒在生长期间受到的压力大，而且被周围蛋白质网包围，形成多角形。粉质胚乳中蛋白质含量低、水分多、淀粉颗粒大，而角质胚乳中蛋白质含量高、水分少、淀粉颗粒小。不同种玉米的淀粉颗粒形态也会有所不同。1kg 玉米淀粉含有 $1×10^{12}$ 个淀粉颗粒，1 个淀粉颗粒质量为 $1×10^{-12}$kg，玉米淀粉比表面积为 300m²/kg。

玉米淀粉颗粒形态如图 4-4 所示。

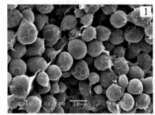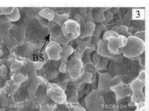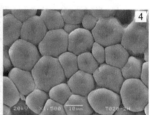

图 4-4   玉米淀粉颗粒形态图（陈凤莲和曲敏，2020）

1. 破损籽粒，可见胚乳质地；2. 多角形淀粉颗粒；3. 籽粒不透明部分，球形淀粉粒、破损淀粉（BS）、蛋白质及大量的空气间隙；4. 淀粉核

在显微镜下观察的淀粉颗粒是透明的，没有轮纹，偏振光下观察有黑色偏光十字，具有结晶结构，呈现一定的 X 射线衍射光谱特征。各种不同原料的淀粉颗粒有不同位置的黑色十字，将颗粒分成白色的四部分，十字交叉点位于颗粒脐点处。有许多淀粉颗粒具有轮纹，轮纹是淀粉颗粒形成时由于昼夜光照差别引

起的，轮纹结构由轮层和粒心两部分构成，玉米淀粉是中心轮纹。

玉米淀粉颗粒偏光十字如图 4-5 所示，玉米淀粉轮纹如图 4-6 所示。

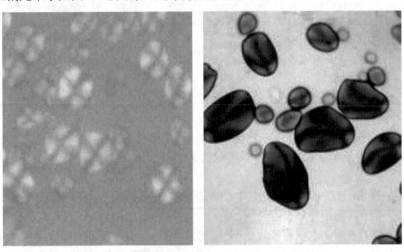

图 4-5 玉米淀粉颗粒偏光十字（赵永青等，2008）

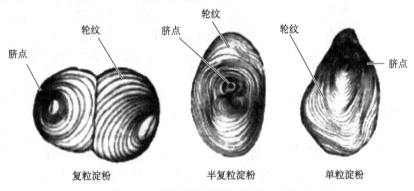

图 4-6 玉米淀粉轮纹图（白坤，2012）

在颗粒的中心，X 射线证明淀粉粒具有一定形态的晶体结构，即淀粉粒是由许多排列成放射状的微晶束构成的，但并不是整个分子全部参与到同一微晶束里。在偏光显微镜下观察，还可以观察到淀粉颗粒呈弯曲的球形晶体，产生双折射。淀粉颗粒在磨碎和剧烈干燥变形后很快失去双折射和结晶体，其性质不变。

玉米淀粉由直链淀粉（amylose）和支链淀粉（amylopection）两部分构成。玉米直链淀粉聚合度（DP）为 300～1200，平均 DP 是 800。玉米支链淀粉 DP 是 0.1 万～200 万，平均 DP 在 100 万以上。

玉米淀粉的抗剪切稳定性比较高，黏度中等，黏韧性短，不透明，凝沉性强。

淀粉颗粒随着环境湿度的变化，可以表现为吸收或释放水分，环境干燥时会散出水分，环境潮湿时会吸收水分。水分达到一定值时达到平衡，淀粉此时的水分称为平衡水分，玉米淀粉平衡水分是 12%。玉米淀粉吸水后颗粒会膨胀，其膨胀率见表 4-2。

表 4-2 玉米淀粉吸水后颗粒膨胀率 （单位：%）

相对湿度	玉米淀粉		蜡质玉米淀粉	
	吸收	解析	吸收	解析
8	—	1.5	1.5	1.8
20	1.9	1.9	5.2	4.5
31	2.6	2.5	7.0	6.4
43	3.3	3.3	9.1	8.9
58	4.1	4.1	10.7	10.6

续表

相对湿度	玉米淀粉		蜡质玉米淀粉	
	吸收	解析	吸收	解析
75	5.4	5.5	13.5	13.3
85	—	6.6	15.9	15.3
93	7.3	—	18.5	18.8
100	9.1	—	22.7	—

注："—"代表无数据。

资料来源：白坤，2012。

玉米淀粉干燥后不容易糊化。加热到130℃成为无水物，继续加热到150～160℃成为黄色水溶性物质，再加热则焦化。

玉米淀粉不溶于冷水。在60～80℃热水中，直链淀粉成胶体溶液，支链淀粉不溶。玉米淀粉浆液黏度不大，透明度低，存放时稳定性差，容易沉淀。

原淀粉（天然淀粉）不溶于水，可吸收25%～30%的水。当温度升高时吸水量大大增加，60℃时吸水300%，70℃时吸水1000%，干物质含量不到4%。这种吸水使淀粉体积增大的现象称为膨胀。

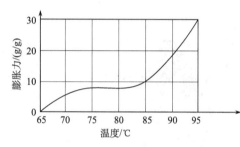

图4-7　玉米淀粉膨胀力曲线（白坤，2012）

淀粉的膨胀用膨胀力来衡量，1kg原淀粉在热水浴中加热30min，经过离心除去上清液后的质量与原淀粉质量的比为膨胀力。玉米淀粉在95℃时的膨胀力是24g/g，临界浓度4.4%（95℃）。用酸处理后的淀粉颗粒不能膨胀。

玉米淀粉膨胀力曲线如图4-7所示。

淀粉颗粒在水中被加热，水分迅速渗透到淀粉颗粒内部，使淀粉颗粒膨胀、晶体结构消失的现象称为糊化。糊化的本质是淀粉中晶体与非晶体态的淀粉分子间氢键断开。微晶束分离，形成一种间隙较大的立体网状结构，淀粉颗粒中原有的微晶结构被破坏。糊化也称熟化、α化，生成的淀粉称α-淀粉。淀粉发生糊化的温度称为糊化温度。玉米淀粉膨胀开始温度50℃，糊化开始温度62℃，糊化完成温度72℃。

在糊化过程中已经溶解膨胀的淀粉分子，在一定条件下淀粉分子运动逐渐减弱，分子链相互靠拢、凝聚，趋向平行排列，彼此间以氢键结合形成新的晶体，最后形成不溶解的凝结沉淀，这个过程称为老化。老化也称陈化，俗称返生。玉米淀粉因玉米品种不同其直链淀粉和支链淀粉的构成比例也不同。含直链淀粉多的玉米淀粉易老化，不易糊化，分子量中等的直链淀粉最易老化；含支链淀粉多的玉米淀粉易糊化不易老化。淀粉最适老化温度为2～10℃，大于60℃或小于-20℃不易老化。缓慢冷却能促进老化，快速冷却可防止老化。淀粉含水30%～60%时易老化，含水量小于10%时不易老化。

几种玉米淀粉糊化特性见表4-3。

表4-3　几种玉米淀粉糊化特性

特性	玉米淀粉	蜡质玉米淀粉	直链玉米淀粉
糊化温度/℃	62～67～72	63～68～72	67～80～92
布拉班德糊化温度（8%）/℃	75～80	65～70	90～95
布拉班德峰黏度（8%）/BU	700	1100	—
膨胀力（95℃）/（g/g）	24	64	6
临界浓度（95℃）/%	4.4	1.6	20.0

注："—"代表无数据。

资料来源：白坤，2012。

二、玉米蛋白质

玉米籽粒中蛋白质含量为8%～14%，这些蛋白质75%分布在胚乳中，20%分布在胚芽中。玉米籽粒中的蛋白质可分为：球蛋白（globulin）、醇溶蛋白（prolamin）、谷蛋白（glutelin）、不溶性蛋白（insoluble protein，硬蛋白）。球蛋白不溶于水，溶于中性盐稀溶液，加热凝固，为有机溶剂所沉淀，添加硫酸铵至半饱和状态时则沉淀析出。醇溶蛋白不溶于水及中性盐溶液，可溶于70%～90%的乙醇溶液，也可溶于稀酸及稀碱溶液，加热凝固，该类蛋白质仅存在丁谷物中。谷蛋白不溶于水、中性盐溶液及乙醇溶液，但溶于稀酸及稀碱溶液，加热凝固，该蛋白质也仅存在于谷类籽粒中，常常与醇溶蛋白分布在一起。不溶性蛋白（也称硬蛋白）不溶于水、盐、稀酸和稀碱溶液。这些蛋白质在玉米籽粒各个结构部分中的分布是不均匀的。玉米籽粒中蛋白质的组成和分布见表4-4。

表4-4　玉米籽粒中蛋白质的组成与分布　　　　　［单位：%（干基）］

结构部分	总蛋白质	球蛋白	醇溶蛋白	谷蛋白	不溶性蛋白
整粒	11.4	25.0	48.0	25.0	2.0
胚芽	18.4	37.0	5.0	51.0	7.0
胚乳	12.0	20.0	52.0	17.0	11.0
种皮	4.2	—	—	—	—

注："—"代表无数据。
资料来源：白坤，2012。

玉米籽粒中的蛋白质以醇溶蛋白和谷蛋白为主，分别占40%左右，而球蛋白只占8%～9%。因此，从营养学角度看，玉米蛋白质不是人类理想的蛋白质资源。唯有玉米胚芽部分的蛋白质，是以球蛋白为主的，其生物效价较高。玉米中的醇溶蛋白不易被人体消化吸收，是不完全蛋白质，这是由于缺乏必需氨基酸中的赖氨酸、色素酸和苏氨酸所致。玉米蛋白质生物价60%，利用率57%，消化率（85±6）%。玉米蛋白质有高水平的谷氨酸，谷氨酸以酸而不是以酰胺的形式存在。

三、玉米脂肪

玉米籽粒含有4%～5%的脂肪（以干基计）。玉米籽粒中脂肪分布是不均匀的，一般胚芽占83%，胚乳占15%，种皮占1.3%，梢帽占0.7%。胚芽中脂肪含量达35%～40%。玉米脂肪的脂肪酸中饱和脂肪酸仅占10%～17%，不饱和脂肪酸含量高达83%～90%。在不饱和脂肪酸中单不饱和脂肪酸含量为29%左右，多不饱和脂肪酸含量为57%左右。不饱和脂肪酸中的油酸含量为30%～48%，亚油酸含量为34%～56%，α-亚麻酸含量是0.6%。玉米油不含胆固醇，籽粒中的磷脂含量为0.2%～0.3%。

玉米油含有维生素E（生育酚），维生素E具有很好的抗氧化作用。不皂化物含量不足2%。碘值为111～131g I_2/100g，皂化值为188～193mg KOH/g。玉米油凝固点为-12～-10℃，在常温下为液体。玉米油发烟点为230℃，加热不超过此温度则不会分解和发烟，被氧化速度慢，毛油中含有的少量游离脂肪酸和磷脂，易受热分解。

四、玉米纤维

玉米籽粒中含有5%～7%的纤维，玉米纤维同样可以分为纤维素、半纤维素和木质素。玉米纤维在玉米籽粒各结构部分中的分布是不均匀的。梢帽中纤维含量最高，其次是种皮，再次是胚芽。纤维可分为可溶性纤维和不溶性纤维。玉米纤维主要为不溶纤维。玉米纤维吸水率约为150%（干基）。

玉米籽粒结构部分的纤维含量与组成见表4-5。

表4-5　玉米籽粒各种纤维的分布　　　　　（单位：%）

纤维类型	玉米籽粒结构部位					
	整粒	粉质胚乳	角质胚乳	胚芽	种皮	梢帽
总纤维（干基）	9.5	1.5	75.0	14.0	90.7	95.0
纤维素（干基）	3.0	—	—	7，0	23.0	—
木质素（干基）	0.23	—	—	1.0	0.1	2.0
半纤维素（干基）	6.7	—	—	18.0	67.0	70.0

续表

纤维类型	玉米籽粒结构部位					
	整粒	粉质胚乳	角质胚乳	胚芽	种皮	梢帽
可溶性纤维（干基）	0.1	0.5	25.0	3.0	0.2	95.0
不溶性纤维（干基）	9.5	1.0	50.0	11.0	90.0	0.7
比率	100	36.8	46.1	11.1	5.3	—

注："—"代表无数据。
资料来源：白坤，2012。

五、玉米中的微量成分

玉米中的维生素有脂溶性维生素 A（视黄醇、抗干眼病维生素）、维生素 E（生育酚、抗不育维生素）和水溶性维生素 B 族。玉米籽粒中几乎不含维生素 D、维生素 K、维生素 C，也就是说，玉米的维生素是不全面的。玉米中的维生素主要存在于胚芽中。

黄玉米含有大量的脂溶性维生素 A 和维生素 E，水溶性维生素中以维生素 B_1 居多，维生素 B_2 和维生素 B_5 较少。玉米中的烟酸 64%～73% 是结合型的。玉米中维生素 E 以 β 型为主，其含量约占总量的 80%，其次是 α 型，γ 型含量很少。

玉米籽粒中含有 0.7%～1.3% 的矿物质。主要分布于玉米胚芽和种皮中，约 80% 的矿物质在胚芽中。在玉米的矿物质中，含量最多的是磷，其次是钾。

黄色玉米中含有少量的色素，其主要成分是 β-胡萝卜素（β-carotene）、叶黄素（lutein）、玉米黄素（zeaxanthin）。

玉米籽粒中的微量元素和维生素含量如表 4-6 所示。

表 4-6　玉米籽粒微量元素与维生素含量（干基）

微量元素	含量	维生素	含量
总磷 /%	0.29	维生素 A/（mg/kg）	2.5
钾 /%	0.37	维生素 E/（mg/kg）	30
镁 /%	0.14	维生素 B_1/（mg/kg）	3.8
硫 /%	0.12	维生素 B_2/（mg/kg）	1.4
氯 /%	0.05	维生素 B_3/（mg/kg）	6.6
钙 /%	0.03	维生素 B_5/（mg/kg）	28
钠 /%	0.03	维生素 B_6/（mg/kg）	5.3
碘 /（mg/kg）	385	维生素 B_7/（mg/kg）	0.08
铁 /（mg/kg）	30	维生素 B_{11}/（mg/kg）	0.3
锌 /（mg/kg）	14	胆碱 /（mg/kg）	567
锰 /（mg/kg）	5	烟酸 /（mg/kg）	0.02
铜 /（mg/kg）	4	β-胡萝卜素 /（mg/kg）	2
铅 /（mg/kg）	0.27	叶黄素 /（mg/kg）	19
镉 /（mg/kg）	0.07		
铬 /（mg/kg）	0.07		
硒 /（mg/kg）	0.08		
钴 /（mg/kg）	0.05		
钼 /（mg/kg）	0.49		
镍 /（mg/kg）	1.81		
汞 /（mg/kg）	0.003		

资料来源：白坤，2012。

第三节　特种玉米

一、甜玉米

（一）甜玉米的类型

甜玉米的英文名为 sweet corn，是甜质型玉米（*Zea mays* L. Seccharata Sturt）的简称。因其籽粒在乳熟期含糖量高而得名。甜玉米具有很高的营养价值和经济价值。它的用途和食用方法类似于蔬菜和水果，可蒸煮后直接食用，因此又被称为"蔬菜玉米"和"水果玉米"。它还可以加工成各种风味的罐头和其他食品、冷冻食品，故也有人称之为罐头玉米。

甜玉米根据其含糖量不同，一般可分为普通甜玉米、超甜玉米和加强甜玉米三种类型。

1. 普通甜玉米　普通甜玉米，又叫标准甜玉米。这种类型的甜玉米在籽粒乳熟期其含糖量为 $8\%\sim16\%$，是普通玉米的 $2\sim2.5$ 倍，其中蔗糖含量约占 2/3，还原糖约占 1/3。另外，普通甜玉米中还含有约 25% 的水溶性多糖，它的主要成分是一种称为植物糖原的物质，是由带有许多分支的葡萄糖长链构成的，主链长度是 $10\sim14$ 个葡萄糖分子，α-1,4 糖苷键结合；支链长度是 $6\sim30$ 个葡萄糖分子，α-1,6 糖苷键结合，而普通玉米中几乎不含这种物质。由于籽粒含糖量和水溶性多糖含量的提高，普通甜玉米不仅具有一定的甜度，而且具有一种独特的糯性。普通甜玉米的适宜采收期很短，一般只有 $1\sim2$ 天。通常采摘后，糖分迅速转化成淀粉，果皮变厚，含糖量下降。所以，应掌握好适宜的采收期，当天采摘当天加工、上市。在成熟的籽粒中，淀粉含量显著少于普通玉米，籽粒皱缩干瘪，一般呈半透明状。

2. 超甜玉米　超甜玉米，又叫特甜玉米。这类甜玉米的含糖量比普通甜玉米高 1 倍，可达 20% 以上，以蔗糖为主，水溶性多糖仅占 5% 左右，因而不具备糯性，香味不浓，一般以鲜穗供应市场销售。种子成熟后，淀粉的含量为 $18\%\sim20\%$，表现为凹陷干瘪状态，不透明，无光泽。超甜玉米的显著特点是甜度显著增加，糖分转化成淀粉的速度比普通甜玉米慢。所以，田间适收期相对延长，青穗在植株上可以多停留几天，但同样需要及时采收和加工。超甜玉米虽然不具备普通甜玉米的糯性，但具有比普通甜玉米更甜、更脆的特点，更适宜用来加工速冻玉米。超甜玉米的主要缺点是缺少水溶性多糖，果皮比较厚，内容物少，风味及糯性欠佳，不宜做罐头。

3. 加强甜玉米　加强甜玉米兼具普通甜玉米和超甜玉米的优点。因而用途广泛，既可加工成各类甜玉米罐头，又可作为青穗玉米食用或速冻加工。加强甜玉米含糖量比普通甜玉米提高了 50% 左右，同时保持了普通甜玉米的大部分水溶性多糖。

（二）甜玉米的营养价值

甜玉米的营养价值高于普通玉米。它除含糖量较高外，赖氨酸含量是普通玉米的 2 倍。籽粒中蛋白质、多种氨基酸和脂肪等均高于普通玉米。甜玉米籽粒中含有多种维生素（维生素 B_1、维生素 B_2、维生素 B_6、维生素 C、烟酸）和多种矿物质。甜玉米所含的蔗糖、葡萄糖、麦芽糖、果糖和植物蜜糖，都是人体容易吸收的营养物质。甜玉米胚乳中碳水化合物积累较少，蛋白质比例较高，一般蛋白质含量占干物质的 13% 以上。甜玉米胚乳中，含有与普通玉米不同的水溶性多糖。水溶性多糖的特点是易溶于水，适口性好。普通玉米的鲜嫩青穗，在水煮或火烤时，趁热食用鲜嫩可口，但冷却后变得生硬，即使重新加热也不能恢复到原来的状态。这是由于普通玉米胚乳中所含的 α-淀粉，在冷却后转化为 β-淀粉所致，而且这种变化是不可逆的。而乳熟期的甜玉米淀粉含量较少，冷却后不会产生回生变硬现象，无论即煮即食还是经过常温、冷藏后，都能鲜嫩如初，因此适于加工罐头和速冻。

（三）甜玉米的适期采收

成熟适度的甜玉米清香、甘甜、柔糯适口，即可鲜食又可速冻或制成甜玉米罐头、甜玉米果脯、饮料和冰淇淋等食品。但采收期对甜玉米的商品品质和营养价值影响较大。收获太早，籽粒内容物少、色泽浅、风味差、产量低、含糖量也少；收获太晚，则果皮变厚，籽粒内糖分向淀粉转化，甜度下降，风味也差，失去了甜玉米特有的风味。只有在适宜的采收期采摘，甜玉米才具有甜、香、糯等特点，且营养丰富，加工品质也好。

在田间确定采收时期，主要靠经验，如看花丝的变化、手指掐嫩籽粒、品尝甜味等。也可用测试的方法，即测定嫩籽粒的水分含量，来确定采收期。例如，超甜玉米上市时的水分应在 73%～75%，做罐头的普通甜玉米的水分在 68%～72%。也可通过计算有效积温来确定。例如，超甜玉米在授粉后的有效积温为 270℃左右，普通甜玉米在 290～350℃时采收。不同类型甜玉米的适宜采收期长短不一。一般来说，适宜的采收期为：普通甜玉米在吐须后 17～23 天，超甜玉米在吐须后 20～28 天，加强甜玉米在吐须后 18～30 天。适宜采收期与很多因素有关，如品种类型、生育期长短、当年的气候特点，特别是采收季节的光照和气温等，对采收期的早晚有较大的影响。

二、糯玉米

（一）糯玉米的营养价值

糯玉米（*Zea mays* L. *ceratina* Kulesh）是玉米的一个亚种（类型），英文名为 waxy corn。糯玉米的籽粒呈硬粒型或半马齿状。成熟籽粒干燥后角质不透明，呈无光泽的蜡质状，因此又被称为蜡质玉米或黏玉米。

糯玉米籽粒中的淀粉完全是支链淀粉，而普通玉米（不论硬粒型还是马齿型玉米）籽粒中的淀粉，则是由大约 72% 的支链淀粉和 28% 直链淀粉所构成。糯玉米淀粉在淀粉酶的作用下，消化率可达 85%，而普通玉米的消化率仅为 69%。直链淀粉是由葡萄糖单位通过 α-1,4 糖苷键连接成的直链状大分子，聚合的葡萄糖单位在 100～6000 个，一般为 300～800 个；支链淀粉除了由葡萄糖单位通过 α-1,4 糖苷键连接成直链外，支权部分是以 α-1,6 糖苷键连接的大分子化合物，聚合的葡萄糖单位为 1000～3 000 000 个，是天然高分子中最大的一种。支链淀粉遇碘呈紫红色，而且吸碘量大大低于直链淀粉。这个性质可用来鉴别糯玉米与非糯玉米。

糯玉米的蛋白质含量达 10% 以上。与普通玉米相比，籽粒中的水溶性蛋白和盐溶性蛋白的含量都较高，而醇溶性蛋白含量比较低，赖氨酸含量要比普通玉米高 16%～74%。因而糯玉米籽粒的蛋白质质量比普通玉米高得多，大大改善了玉米的食用品质，提高了营养价值。糯玉米的鲜嫩果穗特别适合于直接煮熟食用，鲜食糯玉米的籽粒黏软清香，皮薄无渣，内容物多。它一般总糖含量为 7%～9%，干物质含量达 33%～58%，并含有大量的维生素 E、维生素 B_1、维生素 B_2、维生素 C、肌醇、胆碱、烟碱和矿物质，比甜玉米含有更丰富的营养物质，适口性更好，而且易于消化吸收。常食糯玉米还有利于预防血管硬化，降低血液中的胆固醇含量，防止肠道疾病和癌症的发生（Sun et al.，2022）。

（二）糯玉米的经济价值

糯玉米既可鲜食或速冻，又可作为现代食品工业的重要原料。糯玉米是加工玉米罐头和八宝粥的优质原料，也可以制作黏性小食品。利用糯玉米，可酿造风味独特的优质黄酒。用它加工淀粉，可生产近 100% 的纯天然支链淀粉，并可省去普通玉米加工支链淀粉过程中淀粉分离或变性加工等工艺。支链淀粉，可广泛地应用于食品、纺织、造纸、黏合剂、铸造、建筑和石油钻井等工业领域，现已发展成为重要的高分子原料。在国际市场上，支链淀粉是一般淀粉价格的 1.4～7.4 倍。在食品工业中，支链淀粉可用于食品的增稠和保型，能稳定冷冻食品的内部结构，在天然果汁中可悬浮果肉。在造纸工业中，支链淀粉可作为纸张的增强剂和新型产品涂覆纸的涂覆料。在黏合剂中，支链淀粉可代替泡化碱，可用于制造瓦楞纸，降低成本，提高质量，是贴标、壁纸、封箱带的涂胶。在纺织工业中，支链淀粉是各种纤维的上浆剂。在制药工业中，支链淀粉是打片的赋型剂。在铸造工业中，支链淀粉是铸造砂型的黏合剂。在石油钻井中，支链淀粉用于防止泥浆中水分散失，携带起地壳中的石屑，使停钻时石屑悬浮不下沉，从而保护井壁免遭塌陷。

（三）糯玉米的成熟度和采收

糯玉米的适宜采收期，主要由"食味"来决定。其最佳食味期，就是最适宜的采收期。最佳食味期对于上市供应青嫩果穗，或向加工厂提供加工原料，都是保证品质和产量的关键。

食用青嫩果穗，以授粉后22～28天采收最为适宜。采收过早不糯，过迟则风味差。用于制作罐头，不宜过分成熟，否则籽粒会变得僵硬，但也不宜太嫩，太嫩则产量降低。制作整粒玉米罐头，应在乳熟期采收。制作玉米羹罐头，则应在蜡熟期采收。

采收青嫩果穗上市，特别是向工厂提供制罐原料，应充分考虑气温对果穗质量的影响。食用青嫩果穗或作加工原料，应在清晨低温时采收。

三、爆裂玉米

（一）爆裂玉米的籽粒结构与形态特性

爆裂玉米（*Zea mays* L. var. *everta* Sturt.），是一种专门用来制作爆玉米花食品的特种玉米。爆裂玉米籽粒一般可分为米粒形和珍珠形两种。米粒形的籽粒卵长形，顶部较尖，似大米粒；珍珠形籽粒顶部为圆形，而且光滑。珍珠形的籽粒商品性状较好。籽粒大小通常用每10g籽粒所包含的籽粒数来表示（即10K），10g籽粒中含52～67粒的为大粒型，含68～75粒的为中粒型，含76～105粒的为小粒型。其中，小粒型的籽粒因其爆裂后体积较大而较受欢迎。

爆裂玉米果皮（俗称种皮）由纤维素有序紧密排列而构成，厚度为0.03～0.08mm，坚硬半透明，有很好的密闭性。据测定，爆裂玉米粒果皮承受高压的机械强度是普通玉米的4倍，而且传热性快，导热系数为普通玉米的1.9倍，受热时可使粒内迅速升温。

爆裂玉米籽粒的胚乳较大，约占全粒质量的80%，其中约90%为淀粉。淀粉中有75%为角质淀粉，分布在籽粒的外围，遇高温时变成坚硬而有弹性的胶状物质，能抵抗强大的水蒸气压力；另外25%为粉质淀粉，被角质淀粉包埋在籽粒的中央。淀粉粒和水分都紧密地镶嵌在以蛋白质为骨架交织成的网中间，很少有间隙。普通玉米籽粒胚乳中也有这两种淀粉，但其角质淀粉占的比例没有爆裂玉米那样多，结构紧密程度也较逊色，分布的位置没有爆裂玉米那样适于爆裂。

当爆裂玉米籽粒受热达170℃以上时，热量通过果皮传至胚乳，粒内的液态水将被汽化。水蒸气受致密结构的限制，回旋运动余地很小，极易使粒内形成高压。粒内膨胀力越积越大，达到一定程度的临界点时，大于果皮承受极限时便会突然释放，将角质淀粉层和中心的粉质淀粉团一起胀裂，冲破果皮，整个胚乳中的淀粉喷爆，形成蘑菇状或蝶形的玉米花。角质胚乳占的比例越多，爆裂形成的米花越大。

（二）爆裂玉米的营养价值

爆裂玉米的特点是具有特别的爆裂性能，在常压下加热、烘烤，即可爆制成玉米花，膨爆系数达25～45倍。用一般的加热容器（如炒锅）和普通热源（如电热），即可得到理想的爆裂效果，加工、食用非常方便。

爆裂玉米籽粒，富含蛋白质、淀粉、纤维素、矿物质和维生素B_1、维生素B_2等多种维生素。美国对爆裂玉米营养价值的研究表明：1.5盎司（42.5g）爆裂玉米，相当于两个鸡蛋的能量；与同等重量的牛肉相比，爆裂玉米所含蛋白质是牛肉的67%，而铁、钙的含量是牛肉的110%。在制作爆裂玉米花过程中，营养成分破坏少，尤其是维生素的损失更少。爆裂玉米花中的淀粉，不会发生回生老化现象，蛋白质的消化率可达85%。在爆制玉米花过程中，加入糖、油、香料等调味品，可得到多种口味的玉米花，以满足消费者的不同需求。由此可见，爆裂玉米花是一种色、香、味、形俱佳，营养丰富，容易消化和老幼皆宜的方便食品。

（三）爆裂玉米的收获和贮藏

爆裂玉米的收获，要求籽粒达到完全成熟，籽粒含水量在30%以下，果穗苞叶已枯松，籽粒乳线消失。如果人工收获，可选择晴天，先摘果穗再割茎秆。果穗摘回后，要及时晾晒风干，使果穗上的籽粒含水量降至14%～18%，以防止霉变、发芽或受冻害而影响品质。当果穗上的籽粒含水量在14%～18%时，脱粒籽粒损伤最少；当籽粒含水量超过18%时，采用机械脱粒，籽粒物理损伤多，破损率高；当籽粒含水量低于14%时，籽粒对碰撞损伤最为敏感，籽粒破损率也高，影响籽粒的膨爆品质。研究表明：籽粒含水量在30%以上，轻度霜冻即可显著降低籽粒的爆花系数；籽粒含水量在20%～29%时，严重霜冻可显著降低籽粒的爆花系数；而籽粒含水量低于20%时，冻害则不能对籽粒的爆花系数产生大的影响。因此，在接近霜冻期的深秋季节收获时，不能让含水量高的籽粒或果穗受到冻害，以免降低爆花系数和品质。

爆裂玉米的收获期一般应晚于普通玉米，与同生育期的其他玉米品种相比，爆裂玉米要比普通玉米晚收7天左右。在外观上，苞叶达到完全干枯，茎秆变黄才能收获。

爆裂玉米脱粒后，必须清除破粒、伤粒、虫蛀粒和发霉粒，去除灰尘等杂质，进一步翻晒干燥，使籽粒含水量达到适宜的范围后再进行贮藏。但爆裂玉米不应在阳光下长时间照射，否则会导致籽粒色泽变劣，失去光泽，特别是极易造成胚乳裂纹，使膨胀系数下降，玉米花形破碎。研究表明，当籽粒含水量在13%～15%时，可获得较大的爆花系数，含水量在13.5%～14%时爆花系数为最大。从较高的籽粒含水量干燥至13.5%时贮藏，贮藏过程中因吸湿时含水量增加至15%，其爆花时不会显著降低爆花系数；如果在贮藏前籽粒过于干燥，其含水量降至11%或更低，即使再加湿至13%～15%的含水量时爆花，也不能得到由开始干燥至13%～15%含水量爆花的大爆花系数。所以，严格掌握爆裂玉米贮藏时的含水量非常重要。一般贮藏期由冬季到春季，其籽粒干燥至14.5%的含水量，即可安全贮藏；对于长期贮藏的籽粒，含水量应控制在12.5%～13.5%。贮藏前，仓箱应进行清洁和干燥消毒处理。贮藏中，应保持通风干燥，防止虫、鼠危害和霉变，以确保籽粒的高品质。

（四）爆裂玉米的品质评价

1. 爆花率　　爆花率是指一批玉米中爆裂粒的个数百分比，其计算公式如下：

$$爆花率 = \frac{爆花粒数}{试爆粒数} \times 100\%$$

不同品种爆裂玉米的爆花率不同，爆花率越高，爆裂品质越好。

2. 膨胀倍数　　膨胀倍数是爆裂玉米爆花前后容积比的倒数，即

$$膨胀倍数 = \frac{爆花后容积}{爆花前容积}$$

膨胀倍数是反映爆裂品质的重要指标。膨胀倍数越大，爆裂品质越好。

3. 单花体积　　单花体积是指一批玉米爆裂后，其体积与爆裂粒数的比。它反映的是爆裂玉米单花的大小。

4. 爆花时间　　爆裂玉米的爆花时间，是指爆花试验时，一定数量的供试籽粒从爆花开始至结束这段时间的长度。爆裂玉米的爆花时间越短，说明爆花的一致性越强，其爆裂品质也就越好。

5. 爆花花形　　爆裂玉米爆裂后的花形因爆裂玉米品种的不同而多种多样。爆裂玉米爆裂后的花形，有蘑菇形和蝴蝶形两种。其中以蝴蝶形的较好，因为蝴蝶形的爆裂体积大，且口感好，无硬核。

6. 色泽和香味　　爆裂后的玉米花的色泽、香味和口感是其商品价值的直接体现。好的玉米花应色泽粉白或奶白，无稻壳，柔嫩酥脆和具有可口性。

【思考题】

1. 简述玉米的分类与籽粒结构。
2. 简述玉米蛋白的氨基酸组成特征。
3. 简述典型特种玉米的组成特征。

第五章 其 他 谷 物

第一节 燕 麦

燕麦（*Avena sativa* L.），又名莜麦，俗称油麦、玉麦、雀麦、野麦等，耐寒，抗旱，是禾谷类作物中一种低糖、高能、营养价值较高作物之一。燕麦一般分为带稃型和裸粒型两大类，世界各国栽培的燕麦以带稃型的为主，常称为皮燕麦。燕麦喜冷凉湿润气候，生长期长，相对产量较低，是世界性栽培作物，分布在五大洲 42 个国家，但集中产区是北半球的温带地区。我国华北、西北和西南地区有种植。

一、燕麦的籽粒结构

燕麦（oats）的果实为颖果，颖果与内、外颖分离，瘦长有腹沟，籽粒表面有绒毛（基刺），尤其顶部最多。燕麦的果实由皮层、胚乳和胚组成。

燕麦粒形分筒形、卵圆形和纺锤形。粒色分为白、黄、浅黄。籽粒大小因品种和环境条件不同有较大差异，一般千粒重在 14～25g，高于 30g 以上为大粒。籽粒一般长 0.8～1.1cm，宽 0.16～0.32cm。

二、燕麦的化学组成

燕麦是谷类中最好的全价营养食品之一，除富含维生素 B 族，如烟酸、叶酸、维生素 H、泛酸等外，矿物质含量也很丰富，特别是蛋白质含量较高，如表 5-1 所示。

表 5-1　燕麦籽粒的化学组分

| 化学组分 | 淀粉 | 蛋白质 | 脂肪 | 粗纤维 | 维生素（部分） | | | | | 矿物质 |
					维生素 B_1	维生素 B_2	泛酸	维生素 B_4	烟酸	
含量占籽粒质量的百分数 /%	70～80	12～15	6～8	1～2	0.763	0.139	1.349	0.119	0.961	2～3

资料来源：卞科和郑学玲，2017。

第二节 荞 麦

荞麦（*Fagopyrum esculentum* Moench）又称三角麦，隶属蓼科荞麦属，约有 15 种，为一年生或多年生草本或半灌木。主要栽培品种有两种，即苦荞（*Fagopyrum tataricum*）和甜荞（*Fagopyrum esculentum*）。荞麦具有丰富的营养成分，已成为备受关注的食品原料。

一、荞麦的组成成分与营养价值

据测定荞麦粉含水分 13.5%、蛋白质 10.2%、脂肪 2.5%、碳水化合物 72.2%、纤维素 1.2%。荞麦的蛋白质组成不同于一般的粮食作物，其由 19 种氨基酸组成，其中谷氨酸、精氨酸、天冬氨酸和亮氨酸含量较高，每 100g 蛋白质的含量分别为 18.18g、9.09g、9.92g 和 6.53g，且人体必需的 8 种氨基酸组成比较合理，接近鸡蛋蛋白质的组成比例。国外食品营养专家研究证实，荞麦蛋白质的营养效价指数高达80%～90%（大米为 70%、小麦为 59%），是粮食作物中氨基酸种类最全面、营养最丰富的粮种。此外，荞麦具有较高的药用与保健价值，其利用形式多种多样。近年来，随着人们生活水平的不断提高，天然无污染的保健食品越来越受人们的关注，苦荞因其所具有的独特风味，良好的适口性，以及降血脂、降血糖、降尿糖、促进消化、抑制癌细胞增长等作用，受到许多消费者的青睐（陈慧等，2016）。

二、荞麦的籽粒结构

我国荞麦（buckwheat）果实长度为4.21～7.23mm。甜荞长度大于5.0mm，宽度为3.0～7.1mm；甜荞千粒重为15.0～38.8g，平均千粒重为（26.5±7.4）g，其中以千粒重为25.1～30g的中粒品种为主，占41.4%。苦荞籽粒比甜荞的小，千粒重范围为12～24g，平均千粒重（18.8±4.7）g，其中以千粒重为15.1～20.0g的中粒品种为主，占57.7%。

荞麦果实又称瘦果，三棱形。甜荞果实为三角状卵形，棱角较锐，果皮光滑，常呈棕褐色或棕黑色；苦荞果实呈锥形卵状，果上有三棱三沟，棱沟相同，棱圆钝，仅在果实的上部较锐利，棱上有波状突起，果皮较粗糙，常呈绿褐色和黑色。

荞麦籽粒纵切面结构如图5-1所示。荞麦果实的果皮较厚，包括外果皮、中果皮和内果皮。外果皮是果实的最外一层，细胞壁厚，外壁角化成为角质壁；中果皮为纵向延伸的厚壁组织，壁厚，由几层细胞组成；内果皮为一层管细胞，细胞分离，具有细胞间隙或相距较远，在横切面上呈环形果实。在完全成熟后，整个果皮的细胞壁都加厚，且发生木质化以加强果皮的硬度，成为荞麦的"壳"。种皮可分为内、外两层，外层外面的细胞为角质化细胞，表面有较厚的角质层；内层紧贴于糊粉层上，果实成熟后变得很薄，形成一层完整或不完整的细胞壁。种皮内含色素，使种皮的色泽呈黄绿色、淡黄绿色、红褐色、淡褐色等。种子包于果皮之内，由种皮、胚乳和胚组成。胚由胚芽、胚轴、胚根和子叶组成。胚最发达的部位是子叶，有两片，片状的子叶宽大而折叠；胚乳是制粉的基本部分，荞麦胚乳组织结构疏松，呈白色、灰色或黄绿色，且无光泽；胚乳有明显的糊粉层，为品质良好的软质淀粉，无筋质，制作面食制品较困难。

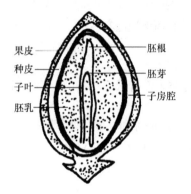

果皮　　　　胚根
种皮　　　　胚芽
子叶　　　　子房腔
胚乳

图5-1　荞麦籽粒纵切面结构示意图
（周裔彬，2015）

第三节　粟

粟［*Setaria italica* var. *germanica* (Mill.)］，我国北方称为谷子，南方称为小米、粟米、黍、御谷等，加入小麦粉中可加工成面条、面包等。未脱壳籽粒则为饲用。中国最早的酒也是用粟酿造的。粟的品种繁多，颜色各异，俗称"粟有五彩"，有黄、白、杏黄、黄褐、青灰、红和黑色等。按照籽粒的颜色分为六类：黄谷、红谷、白谷、黑谷、青谷和金谷。其中，黄谷和白谷数量最多，约占我国粟产量的90%。

一、粟的籽粒结构

粟的粒度小，随品种和成熟度的不同而有差异，其范围是长1.5～2.5mm、宽1.4～2.0mm、厚0.9～1.5mm。对粟的品质、大小、饱满程度的评价，常用千粒重表示，千粒重在3g以上为大粒，2.2～2.9g为中粒，在1.9g以下为小粒。粟的外层是壳，壳内为粟米，粟米的外层是皮层，皮层碾去后，剩下主要由淀粉和蛋白质等成分组成的胚乳，其结构如图5-2所示。

二、粟的化学成分

粟的蛋白质含量较高，特别是色氨酸、甲硫氨酸、谷氨酸、亮氨酸、苏氨酸的含量为其他粮食所不及，此外，还含有维生素 B_1、维生素 B_{12} 等，并富含矿质元素钙、磷、铁、镁及硒等。不同粟的品种间的籽粒的营养品质差异显著。粗蛋白含量为7.25%～17.50%，赖氨酸含量占蛋白质总量的1.16%～3.65%；粗脂肪的含量为2.45%～5.84%，脂肪酸中85%为不饱和脂肪酸。粟还富含微量元素硒，平均为0.071mg/kg。

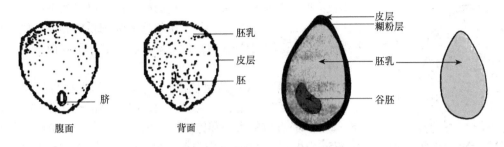

皮层
糊粉层

胚乳

谷胚

胚乳

皮层

胚

脐

腹面　　　　　　　　　　背面

图 5-2　粟腹面和背面的结构示意图（卞科和郑学玲，2017）

第四节　薏　米

薏苡（*Coix lacryma-jobi* L.），又名苡米、苡仁、药玉米、六谷子、川谷、裕米、菩提子、菩提珠等。

由于薏苡的营养价值很高，被誉为"世界禾本科植物之王"；在欧洲，它被称为"生命健康之禾"；在日本，最近又被列为防癌食品，因此身价倍增。薏米为禾本科植物薏苡的种仁。薏米具有容易被消化吸收的特点，不论用于滋补还是用于医疗，作用都很缓和。现代营养化学及药理学研究表明，薏米不但营养成分含量高，且不含有重金属等物质，具有健康、美容功效，并对某些疾病有良好的预防作用，是一种十分有开发前景的功能性谷类作物。目前，我国已经开发出多种薏米食品。

一、薏米的籽粒结构

薏米外包果壳为雄性小穗基部鞘叶变态而来。果壳有两种，一种是厚壳坚硬，似珐琅质，外表光滑无脉纹，内含米仁（颖果）不饱满，出米率仅为 30% 左右，野生类型多属此种。另一种是薄壳易碎，多数壳表面有脉纹，内含米仁饱满，出米率为 60%～70%。果壳内的种仁多数为宽卵圆形或长椭圆形，长 4～8mm，宽 3～6mm，一端钝圆，另一端微凹，种仁背面圆凸，腹部有一条宽而深的纵沟（腹股沟）；种仁表面乳白色，腹沟内常留有残存的浅棕色种皮痕迹。米仁表面有薄皮层，紧连是糊粉层，内部是胚乳，含量占米仁的 80% 以上。

二、薏米的化学成分

据测定，薏米的蛋白质、脂肪、维生素 B_1 及主要微量元素含量（磷、钙、铁、铜、锌）均比大米高，如其蛋白质含量为 18.8%，是大米的 2.0 倍；脂肪含量为 6.90%，是大米的 5.80 倍；5 种微量元素含量平均是大米的 1.5 倍；8 种人体必需氨基酸含量是大米的 2.3 倍。

第五节　高　粱

高粱［*Sorghum bicolor*（L.）Moench］，禾本科高粱族高粱属，又称红粮、蜀黍，是世界上最古老的禾谷类作物之一。在世界粮食作物种植面积中占第五位。高粱产品用途广泛，经济价值高。在我国，高粱生产以粒用为主，是酿酒、制醋、提取淀粉、加工饴糖的重要原料，兼做饲用或茎秆制糖、糖浆。高粱米是高粱碾去皮层后的颗粒状成品粮。

一、高粱的籽粒结构

成熟的高粱种子即籽粒。如图 5-3 所示，籽粒外层由果皮和种皮两部分组成，连接紧密，不易分离，一般占种子重量的 12% 左右。由于种皮的细胞层含有不同种类和数量的色素，如花青素、类胡萝卜素及叶绿素等，而使种子呈现出红、橙、黄、白等不同的颜色。种皮里含有多酚化合物——单宁。单宁有涩味，食用后会妨碍人体对食物的消化吸收，易引起便秘；加工粗糙的高粱米中含有较多的单宁，加工精

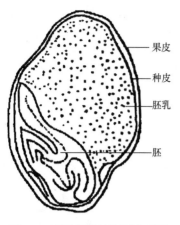

图 5-3　高粱籽粒结构图示意图
（陈凤莲和曲敏，2020）

度比较高时，可以消除单宁的不良影响，还可以提高蛋白质的消化吸收率。籽粒内部为胚乳部分，与皮层相连的为糊粉层和珠心层，是食用的主要部分。胚部位于籽粒腹部的下端，稍隆起，呈青白半透明状，一般为淡黄色。

成熟的高粱籽粒一般呈椭圆形，其籽粒的大小与品种、产地等因素有关。高粱粒度范围一般为：长 3.7～5.8mm，宽 2.5～4.0mm，厚 1.8～2.8mm。籽粒的大小和饱满度常用千粒重表示，20g 以下为极小粒，20～25g 为小粒，25～30g 为中粒，30～35g 为大粒，35g 以上为极大粒。

二、高粱的化学成分

不同的高粱品种，其化学成分略有差别，但赖氨酸含量均不足，主要成分是淀粉、蛋白质、脂肪、糖分、纤维素、矿物质、水分等。各种化学成分的含量如表 5-2 所示。

表 5-2　各种高粱的化学成分的含量

品种	水分 /%	蛋白质 /%	脂肪 /%	纤维素 /%	淀粉、糖分 /%	矿物质 /%
白高粱	11.7	10.43	4.37	1.53	69.99	1.92
黄高粱	13.15	9.88	4.02	1.74	69.29	1.92
红高粱	14.3	9.75	3.45	1.34	69.21	1.85
赤褐高粱	13.07	9.87	4.20	1.67	69.35	2.03
一般高粱	10.90	10.20	3.00	3.40	70.80	1.70

资料来源：周裔彬，2015。

三、高粱的分类

1. 按性状及用途分类　高粱分为食用高粱、糖用高粱、帚用高粱。高粱是酿酒、制醋、提取淀粉、加工饴糖的原料。食用高粱谷粒供食用、酿酒。糖用高粱的茎秆可制糖浆，生产酒精；高粱壳可提取天然色素。

高粱籽粒作为酿造原料，可以生产白酒、酒精、醋、饮料等，其酿制的白酒没有其他干扰味道。中国白酒中质量最高的品牌主要都是用高粱酿造的。泸州地区种植的糯红高粱，糯质胚乳型，皮薄红润、颗粒饱满、耐煮蒸，糯性好，蛋白质含量适中，籽粒胚乳的角质率小，淀粉含量为 62.8%，特别是支链淀粉含量高（支链淀粉含量≥92%），富含的单宁、花青素等成分，其生物酚元化合物可赋予白酒特有的芳香，且支链淀粉易糊化，糊化后黏性好、不轻易老化，是优良的酿酒原料。其生产的泸酒出酒率高、品质好。同时因糯红高粱的生命力甚强，耐旱耐涝，凡种即收，川南丘陵地带种植的糯红高粱，基本不使用化学合成肥料，是纯天然绿色粮食。

2. 按颜色分类　高粱籽粒呈白色或灰白色、黄色、红色、淡褐色、黑色等颜色，以红色和白色为主。红高粱又称为酒高粱，含单宁多，粗糙，适口性不好，主要用于酿酒；白高粱含单宁少，角质多，粉质较好，食用品质好，可做米饭、磨粉，制作各种面食和淀粉。

此外，按其性质分，高粱还可分为粳性和糯性两种，粒质分为硬质和软质。

？【思 考 题】

1. 简述荞麦的组成成分与其营养价值。
2. 根据用途和颜色高粱包括哪些种类？

第二篇

油食兼用原料

第六章 大　豆

第一节　大豆的分类与籽粒结构

一、大豆的分类

大豆原产于中国，已有五千年的栽培历史，是一种其种子富含植物蛋白质的作物。大豆是中国重要的粮食作物之一，我国古代称其为"菽"。

大约在公元前200年的秦朝，中国大豆自华北传至朝鲜，而后自朝鲜又传至日本。华北和华中地区的大豆还向南传至印度尼西亚、印度、越南等。1712年，德国植物学家首次将大豆自日本引入欧洲。清代乾隆五年（公元1740年）法国传教士曾将中国大豆引至巴黎试种。1790年在英国皇家植物园首次试种大豆。1840年又转入意大利。清咸丰五年（公元1855年），法国一位领事又从中国引进大豆种子，经巴黎远方植物学会推荐，开始在欧洲大陆作为大田作物试种。1874年俄国才有开始种植大豆的报道。1804年，有人因感兴趣而在美国种植大豆。1882年，美国开始进行生产性种植，当时只是作为饲料作物。1915年，美国大豆首次进入食用领域。1929年，美国已有25万公顷多大豆。1941年，第二次世界大战爆发后，美国由于国内食用油缺乏，开始大规模种植大豆。1908年，巴西也引进了大豆，并很快转入了生产性种植。

从20世纪60年代以来，世界上大豆的生产发展很快，大豆成了世界上产量增长最快的粮食作物。目前，世界上已有50多个国家和地区种植大豆。美国、巴西、阿根廷大豆生产发展尤为迅速，其年产量已远远超过中国。除此之外，日本、苏联、印度尼西亚、朝鲜、泰国、罗马尼亚、加拿大、墨西哥、哥伦比亚、澳大利亚、菲律宾、越南、斯里兰卡、尼日利亚、巴基斯坦、尼泊尔、赞比亚、埃塞俄比亚、以色列、危地马拉、坦桑尼亚等国也都开始重视发展大豆生产。

几十年的时间，大豆生产发展极为迅速。特别是进入21世纪以来，世界大豆生产发展更加迅速。2020年世界大豆总产量达到了36 205万吨，其中美国大豆总产量为1.036亿吨，巴西大豆总产量为1.215亿吨，阿根廷大豆总产量为4548万吨，中国大豆总产量为1960万吨。

根据研究目的不同大豆有不同的分类方法。

（一）按播种的季节分类

1. 春大豆　春大豆是指春天播种秋天收获，一年一熟的大豆。春大豆一般适合于在温带地区种植，在我国主要分布于华北、西北及东北地区；在美国主要分布于密西西比河流域、密执安湖及伊利湖附近。

2. 夏大豆　夏大豆是指夏天播种的大豆。夏大豆一般适合于在暖温带地区种植，在我国主要分布于黄淮流域、长江流域及偏南地区，在美国、巴西及阿根廷主要分布于高山气候地带。

3. 秋大豆　秋大豆是指秋天播种的大豆。多于7月底8月初播种，11月上旬成熟。一般在暖温地带与亚热带交界地区种植，主要分布于我国浙江、江西、湖南三省的南部及福建、广东的北部，美国华盛顿与大西洋附近，以及巴西的亚马孙平原。

4. 冬大豆　冬大豆是指冬天播种的大豆。多于11月份播种，次年3～4月份成熟。一般在亚热带地区种植，主要分布于我国广东、广西的南半部，美国南部的密西西比河流域与密苏里州，巴西的南部一般在暖温地带与亚热带交界地区种植。

（二）按生育成熟期分类

生育期指大豆从出苗至成熟的天数。按这种方法可将大豆分为极早熟大豆、早熟大豆、中熟大豆和晚熟大豆。

1）极早熟大豆　　生育期为110天以内。

2）早熟大豆　　生育期为111～120天。

3）中熟大豆　　生育期为121～130天。

4）晚熟大豆　　生育期为131～140天。

（三）按种子形态分类

按种子形状可将大豆分为球形、椭圆形、长椭圆形和扁圆形等。鉴别种粒的形状可根据大豆的长（以脐面为标准）、宽（子叶的宽）、厚（两个子叶的厚）三度测定，指用（长/宽）×（长/厚）的粒形指数来描述种粒形状。粒形指数越大，说明长、宽、厚的差值越大。粒形不同，粒形指数也不一样，种粒越圆，粒形指数越小。

1）球形种　　种子的长与宽相差1mm以内（宽厚相当），粒形指数近乎1，如合交6号和绥农3号等品种。

2）椭圆种　　种子的长与宽相差1.1～1.9mm（宽厚相当），如丰收4号、黑河3号、满仓金等品种。

3）长椭圆种　　种子的长与宽相差2mm以上（宽厚相当），如南京早青豆等品种，粒形指数大于1。

（四）按种子的皮色分类

按大豆种皮的色泽可分为：黄、青、黑、褐、双色5种。

1）黄大豆　　黄大豆又可细分为白、黄、淡黄、深黄、暗黄5种。例如，黑龙江产的小粒黄和大金鞭；吉林、辽宁产的大粒黄等。我国生产的大豆绝大部分为黄色。

2）青大豆　　青大豆包括青皮青仁大豆和青皮黄仁大豆。青大豆还可以细分为绿色、淡绿色、暗绿色三种。例如，福建、广东、四川、江西、浙江、上海、安徽、山东、内蒙古产的大青豆，广西产的小青豆等。

3）黑大豆　　黑大豆包括黑皮青仁大豆、黑皮黄仁大豆。黑大豆还可细分为黑、乌黑两种。例如，广西产的柳江黑豆、灵川黑豆，山西产的太谷小黑豆、五寨小黑豆、石楼黑豆等。

4）褐大豆　　褐大豆可细分为茶豆、淡褐色豆、褐色豆、深褐色豆、紫红色豆5种。例如，广西、四川产的泥豆（小粒褐色）；云南产的酱色豆、马科豆；湖南产的褐泥豆等。

5）双色豆　　常见的双色豆有鞍垫和虎斑两种。例如，吉林鞍垫豆、虎斑状猫眼豆；云南产的虎皮豆等。

（五）按种粒大小分类

大豆种粒的大小在品种之间变化较大。衡量种粒大小有重量法、种粒大小指数法和圆孔筛区分法三种。

1）重量法　　通常用百粒重（即100种子的克数）表示。可将大豆分为大粒、中粒和小粒三种。百粒重在20g以上者为大粒种，百粒重在14～20g者为中粒种，百粒重在14g以下者为小粒种。

2）种粒大小指数法　　以种子的长×宽×厚的乘积来表示。大粒种的指数在301以上，中粒种在151～300，小粒种在150以下。

3）圆孔筛区分法　　这种方法多在流通领域中使用。这种方法将大豆分为5种，即特大粒、大粒、中粒、小粒和极小粒。该法是用圆孔筛对试样过筛，留在筛上的样重应占全部样重的70%以上。筛孔的直径分别为7.9mm、7.3mm、5.5mm和4.9mm。例如，样品重的70%以上若在7.9mm圆孔筛之上即为特大粒；以下以此类推，若样品在4.9mm圆孔筛上的重量达不到70%，则为极小粒。

（六）按大豆的组成分类

蛋白质和脂肪是大豆的两大组成成分，是人类开发利用大豆的主要着眼点。因此，近年来一种以脂肪或蛋白质含量为依据的分类方法随之产生。一般将脂肪含量高（在20%以上）的大豆叫作脂肪型大豆或高油型大豆；将蛋白质含量高的大豆（在 45% 以上）叫作蛋白型大豆或高蛋白型大豆。这种分类方法若能落实到生产、贮藏、运输及加工过程中，将是非常有意义的。

二、大豆籽粒结构

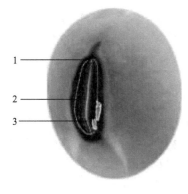

图 6-1　种粒的外形与种皮
1. 种孔；2. 种脐；3. 合点

大豆种子是典型的双子叶无胚乳种子。成熟的大豆种子中只有种皮和胚两部分。

（一）种皮

大豆种皮位于种子的表面，对种子具有保护作用。大多数品种种皮表面光滑，有的有蜡粉或泥膜。种皮呈不同颜色，其上还附有种脐、种孔和合点等结构（图 6-1）。不同品种种脐的形态、颜色、大小略有差别。在种脐下部有一凹陷的小点称为合点，是珠柄维管束与种胚连接处的痕迹。脐上端可明显地透视出胚芽和胚根的部位，二者之间有一个小孔眼，种子发芽时，幼小的胚根由此小孔伸出，故称此小孔为种孔或珠孔、发芽孔。

大豆种子的种皮从外向内由四层形状不同的细胞组织构成，如图 6-2 所示。种皮约占整个大豆粒重量的 8%。

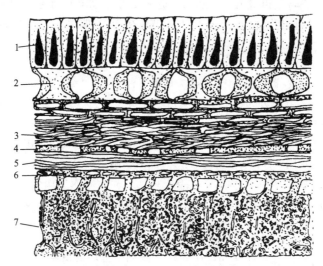

图 6-2　大豆剖面结构图（石彦国，2005）
1. 栅状细胞；2. 圆柱状细胞组织；3. 海绵状组织；4. 糊粉层；5. 压缩胚乳细胞；6. 子叶表面；7. 子叶栅状细胞

（二）胚

大豆种子的胚由胚根、胚轴（茎）、胚芽和两枚子叶 4 部分组成。胚根、胚轴和胚芽三部分约占整个大豆籽粒重量的 2%。大豆子叶是主要的可食部分，约占整个大豆籽粒重量的 90%。子叶的超显微结构如图 6-3 所示。白色带状的为细胞壁（CW）；细胞内白色的细小颗粒称为圆球体（spherosome），其直径为 0.2～0.5μm，内部蓄积有中性脂肪；散在细胞内的黑色团块，称为蛋白体（PB），直径为 2～20μm，其中储存有丰富的蛋白质。

大豆籽粒各个组成部分由于细胞组织形态不同，其构成物质也有很大差异。大豆种皮除糊粉层含有一定量的蛋白质和脂肪外，其他部分几乎都是由纤维素、半纤维素、果胶质等所组成，而胚——胚根、胚轴、胚芽、子叶则主

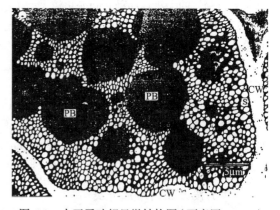

图 6-3　大豆子叶超显微结构图（石彦国，2005）
（仿 Saio 和 Watanaabe 电子显微照片）
CW. 细胞壁；PB. 蛋白体；S. 圆球体

要以蛋白质、脂肪、糖为主。整粒大豆及各部分的成分含量如表 6-1 所示。

表 6-1　大豆及各部分的化学组成　（单位：%）

成分	部位			
	整粒	子叶	种皮	胚根、胚轴、胚芽
水分	11.0	11.4	13.5	12.0
粗蛋白（N×6.25）	38.8	41.5	8.4	39.3
碳水化合物	27.3	23.0	74.3	35.2
脂质	18.5	20.2	0.9	10.0
灰分	4.3	4.4	3.7	3.9

注：N 代表蛋白质中氮含量。

第二节　大豆的化学成分

一、大豆油脂

油脂是大豆的主要成分之一，一般大豆中油脂含量在 18% 左右。近年培育推广的制油专用高油大豆油脂含量高达 22% 以上。广义的大豆油脂指的是用油溶性溶剂（如乙醚、苯、氯仿等）从大豆中萃取物质的总称，其化学组成中除主要的甘油三酯外，还含有不皂化物（如固醇类、类胡萝卜素、叶绿素、维生素 E 等）及磷脂等。例如，用正己烷浸出的大豆毛油中含有 95%～98% 的甘油三酯、1.5%～2.5% 的磷脂、0.5%～1.6% 的不皂化物。

（一）大豆油脂的脂肪酸组成

大豆油脂的主要成分是脂肪酸与甘油所形成的甘油三酯类，构成大豆甘油三酯的脂肪酸种类很多，达 10 种以上，如表 6-2 所示。

表 6-2　大豆油脂的脂肪酸组成　（单位：%）

脂肪酸的种类		比例范围	平均值
饱和脂肪酸	月桂酸（C12）	—	0.1
	豆蔻酸（C14）	<0.5	0.2
	棕榈酸［即软脂酸（C16）］	7～12	10.7
	硬脂酸（C18）	2～5.5	3.9
	花生酸（C20）	<1.0	0.2
	山芋酸（C22）	<0.5	—
	总计	10～19	15.0
不饱和脂肪酸	棕榈油酸（C16）	<0.5	0.3
	油酸（C18）	20～50	22.8
	亚油酸（C18）	35～60	50.8
	亚麻油酸（C18）	2～13	6.8
	二十碳四烯酸［即花生四烯酸（C20）］	<1.0	—
	总计	—	80.7

注："—"代表没有数据。
资料来源：石彦国，2005。

从表 6-2 中的数据不难看出，大豆油脂中的不饱和脂肪酸的含量很高，达 80% 以上，而饱和脂肪酸的含量则较低。这种特定的脂肪酸组成，决定了大豆油脂在常温下是液态的，属于半干性油脂（在植物油中，在常温下放置会干固的称为干性油，不会干固的称为不干性油，具有中间性质的称为半干性油）。大豆油脂暴露在空气中会发生自动氧化作用，使油脂产生令人不愉快的嗅感和味感，这种现象即称为酸败。大豆油脂是各种甘油酯的混合物，具有多晶现象，所以无确切的熔点，其熔点范围为 −18～−8℃，而凝固点一般比熔点略低，大豆油脂的沸点很高（200℃以上），故一般加热未达到沸点时便会发生分解。

大豆油脂在人体内的消化率高达97.5%，是一种优质的植物油。

大豆油脂不但有较高的营养价值，而且对大豆食品的风味、口感等方面也有很大的影响。

（二）大豆磷脂

除脂肪酸甘油酯外，大豆油脂中还含有1.1%～3.2%的磷脂。大豆磷脂主要由磷脂酰胆碱（PC）（又称卵磷脂）、磷脂酰乙醇胺（PE）、磷脂酰肌醇（PI）、磷脂酰丝氨酸（PS）、N-酰基磷脂酰乙醇胺（NAPE）、磷脂酸（PA）、磷脂酰甘油（PG）、双磷脂酰甘油（DPG，又称心磷脂）、缩醛磷脂、溶血磷脂等组成。大豆磷脂的种类和比例如表6-3所示。从表6-3中可以看出，卵磷脂、脑磷脂及肌醇磷脂是其主要成分。

表6-3 大豆磷脂的种类和比例

磷脂的种类	比例/%	磷脂的种类	比例/%
磷脂酰胆碱	27.3	磷脂酸	9.9
磷脂酰乙醇胺	27.3	磷脂酰甘油与双磷脂酰甘油	3.5
磷脂酰肌醇	22.9	其他磷脂	9.2

资料来源：石彦国，2005。

磷脂是构成所有生物膜的基本成分，以其规律的结构和性质保证细胞的正常结构和功能，如生物的生长、发育，细胞的识别，细胞的信息传递，能量转换和防御功能等。大量研究表明，大豆磷脂在保护细胞膜、延缓衰老、降血脂、防治脂肪肝等方面有良好的效果（刘定梅，2016）。

大豆磷脂在大豆制油过程中的水化脱胶工序中，作为副产物被分离出来，可通过不同的工艺将其制成不同纯度、不同形态的磷脂制品。大豆磷脂作为乳化剂、扩散剂、润湿剂等，在食品、医药及化工等领域得到了广泛应用。

（三）不皂化物

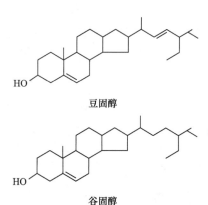

HO—
豆固醇

HO—
谷固醇

图6-4 大豆油脂固醇的分子结构式

脂质与碱同时加热时，中性脂肪（甘油三酯）皂化，未皂化的残留成分称为不皂化物。

大豆油脂中的不皂化物主要为固醇类、类胡萝卜素、植物色素及生育酚类物质，总含量为0.5%～1.6%。

固醇是含有羟基的固体化合物。大豆油脂中固醇含量为0.15%～0.70%，占大豆油脂中不皂化物的25%～80%，其主要构成为豆固醇（13.0%～21.7%）与谷固醇（58.4%～72.0%），其结构式如图6-4所示。此外还有一定量的菜油固醇（15.0%～19.9%）。

在油脂中固醇的性质稳定，与油脂的重要性质密切相关。在油脂碱炼过程中，固醇大部分转移到皂脚之中，因此固醇可从皂脚中提取，固醇是合成各种性激素的基质，也是制得维生素D的原料，它为难溶性的结晶，易于分离精制。

生育酚类由α、β、γ、δ 4种构成，大豆油中生育酚类的含量为0.09%～0.28%，其中δ型生育酚占24.2%～36.2%，γ型占57.8%～65.7%，α型占6.0%～13.5%、β型含量极少。生育酚具有维生素E的效果，其中α型经动物试验发现其对防止不孕症有最强的效果，β型的效力约为α型的1/2，γ型与δ型的效力则非常弱。生育酚同时还能使维生素A或油脂具有抗氧化性，在这方面的效果恰与预防不孕症的效果相反，δ型最强，α型最弱。生育酚在大豆油精制过程中或是被除去或是被氧化。在大豆油精制加工过程中的脱臭处理工序中，生育酚被浓缩，因此可以在脱臭工艺时回收生育酚。生育酚的主要用途体现在维生素E的作用用途上，用于医药和食用油脂的抗氧化。

大豆油中含有的胡萝卜素与叶绿素是其呈色的主要因素。叶绿素的分子非常复杂，分子式为$C_{55}H_{72}O_5N_4Mg$（α-叶绿素）。叶绿素是一种蜡状物质，不溶于水，但溶于醇和醚，使油呈绿色。胡萝卜素是一种高度不饱和化合物，它易被氧化变为无色。油脂中的胡萝卜素主要是 β-胡萝卜素（$C_{40}H_{56}$），呈橙色，但它经醇化生成的叶黄素 $[C_{40}H_{54}(OH)_2]$ 则呈黄色，这种色素易被漂白土或活性炭所吸附。

二、大豆中的碳水化合物

大豆中的碳水化合物含量为 17%~30%，我国产大豆的碳水化合物含量一般在 25% 左右。大豆中的碳水化合物组成比较复杂，主要成分为蔗糖、棉籽糖、水苏糖、毛蕊草糖等低聚糖类和阿拉伯半乳聚糖等多糖类。成熟的大豆中淀粉含量甚微，为 0.4%~0.9%，青豆（毛豆）比成熟大豆的淀粉含量多。另外，在成熟的大豆中也没有发现葡萄糖等还原性糖。大豆中各部分的碳水化合物组成如表 6-4 所示。

表 6-4 大豆各部分碳水化合物组成　　　　　　　　　　　　　　（单位：%）

大豆的各部分	总碳水化合物	各部分碳水化合物				
		纤维素	半乳聚糖	蔗糖	棉籽糖	水苏糖
子叶	29.4	—	—	6.6	1.4	5.3
种皮	85.6	64.2	16.4	0.6	0.1	0.4
胚轴	43.4	—	—	7.0	1.9	7.7
整粒	25.7	3.3	1.6	5.2	1.0	3.8

注："—"代表无数据。

资料来源：石彦国，2005。

大豆中的碳水化合物可分为可溶性与不溶性两大类。大豆中的可溶性碳水化合物即指大豆低聚糖，主要成分为水苏糖、棉籽糖和蔗糖。在所有碳水化合物中，除蔗糖外，都难以被人体所消化，其中有些在人体肠道内还会被菌类利用，并产生气体，使人有胀气感。所以，大豆用于食品时，往往要设法除去这些不消化的碳水化合物。

大豆中的低聚糖含量因品种、栽培条件的不同而异，其大致范围是水苏糖为 4% 左右，棉籽糖为 1% 左右，蔗糖为 5% 左右。大豆中的水苏糖、棉籽糖在未成熟期几乎没有，到成熟期含量增加，且随着发芽而减少。另外，收获后的大豆即使贮存于低于 15℃的温度，60% 相对湿度以下的条件下，水苏糖、棉籽糖仍会减少。

大豆低聚糖属于非还原性糖，在酸性条件下对热稳定，pH 为 5 的情况下加热到 120℃几乎没有分解（图 6-5、图 6-6）。大豆低聚糖的甜度约为蔗糖的 70%，其中水苏糖和棉籽糖的甜度仅为蔗糖的 22%。人体内的消化酶不能分解水苏糖和棉籽糖，因此不能形成能量。但人体肠道内的双歧杆菌属中的几乎所有菌种都能利用水苏糖和棉籽糖，而肠道内的有害细菌则几乎都不能利用。

大豆低聚糖能有效地促进人体内双歧杆菌的增殖。有研究表明，成年健康人每日仅需摄入 2~3g 的大豆低聚糖（水苏糖、棉籽糖），就能使肠道内的双歧杆菌充分增长。而产气夹膜杆菌和其他梭状芽孢杆菌

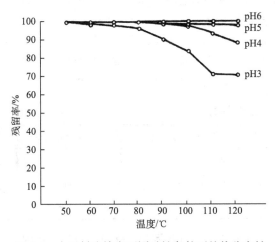

图 6-5 大豆低聚糖在不同酸性条件下的热稳定性
（$10°B_X$ 糖浆，15min）

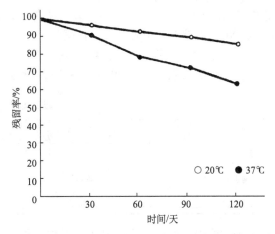

图 6-6 大豆低聚糖在酸性条件下的贮藏稳定性
（$10°B_X$ 糖浆，pH3）

等有害细菌则有所下降（郑建仙，2019）。从这方面看，大豆低聚糖的开发意义极大，它可以作为一种新型的保健糖广泛地应用于饮料、糖果、冷饮及其他使用蔗糖的食品中，制成保健食品。

表 6-5 大豆中的不溶性碳水化合物组成

种皮	子叶	胚轴
外种皮： 果胶质 半纤维素 （半乳甘露聚糖） 内种皮： 纤维素	细胞间物质： 果胶质 半纤维素 细胞壁： 纤维素	半纤维素 （阿拉伯半乳聚糖）

大豆中不溶性碳水化合物的组成如表 6-5 所示。大豆子叶中以纤维素为主。如表 6-6 所示，种皮中多含有较多果胶质。这些碳水化合物的一个共性就是都不能被人体所消化吸收。根据卓沃尔（H.C.Trowell）1976 年对"食物纤维"所下的定义："食物纤维是不能被人体消化酶消化的，以食品中的多糖类为主体的高分子成分的总称。"大豆中的不溶性碳水化合物就是食物纤维。

表 6-6 大豆种皮中的不溶性碳水化合物的提取方法及含量

种类	提取方法	含量
半乳甘露聚糖 I	室温水提取	9%～10%
半乳甘露聚糖 II	60℃水提取	9%～10%
果胶质	50% 草酸铵提取	10%～12%
木聚糖	10% 氢氧化钾提取	9%～10%
甘露聚糖	10% 氢氧化钠＋4% 硼酸提取	—
纤维素	同上并提取残渣	40%

注："—"代表无数据。

大豆膳食纤维是植物中的结构多糖，有多糖的一般性质，也有一些特有的性质。大豆膳食纤维没有还原性和变旋现象，也没有甜味，而且大多数难溶于水，有的能和水形成胶体溶液。其也不溶于有机溶剂，只能溶于铜氨溶液，加酸时膳食纤维中的纤维素又沉淀出来。大豆膳食纤维是具有不同形态的固体纤维状物质，不能熔化，加热到200℃以上则分解。大豆膳食纤维是以葡糖苷键形成的高分子化合物，糖苷键对酸不太稳定，它能溶于浓硫酸及浓盐酸中，并同时发生水解；对碱则比较稳定。加压下，大豆膳食纤维中的纤维素可被稀酸完全水解成 D-葡萄糖；若控制使它不完全水解则可得到纤维二糖，这说明纤维二糖是大豆膳食纤维中纤维素的结构单位。

三、大豆异黄酮

（一）大豆中异黄酮的含量与分布

大豆中的异黄酮含量受大豆品种、产地、生产年份、气候等因素影响差异较大。中国农业科学院孙军明等分析了国内 50 个大豆品种，结果表明：南方大豆异黄酮含量在 84.55～322.22mg/100g，平均含量为 189.90mg/100g；东北及北方春大豆异黄酮的含量在 120.01～615.50mg/100g，平均含量为 332.91mg/100g。孙军明还指出大豆异黄酮含量与品种、地区、温度等因素存在一定的相关性。通常，光照和水分对大豆异黄酮的积累有促进作用，而高温可以显著降低异黄酮的含量。我国部分大豆的异黄酮含量列于表 6-7。

表 6-7 我国部分大豆的异黄酮含量 （单位：μg/g）

品种	异黄酮含量	品种	异黄酮含量
楚秀	455.7	吉林 3 号	6155.1
南汇早黑豆	845.5	淮豆 1 号	6676.7
荷包豆	927.7	张家口黑豆	7854.9

大豆异黄酮主要分布于大豆胚轴和子叶中，种皮中含量极少。1990 年罗忠仁等分析报告了我国东北大豆中异黄酮的分布情况（表 6-8）。

表 6-8 我国东北大豆中异黄酮的分布情况（$A \times 10^5$）

大豆异黄酮	子叶	胚轴	种皮
大豆苷	119.8	256.2	11.3
染料木苷	187.2	198.2	8.6
大豆苷元	5.9	32.4	1.1
染料木黄酮	6.1	8.8	1.3

注：$A \times 10^5$ 为高效液相色谱法测定的峰面积，即峰与峰底之间的面积。

由表 6-8 的数据经回归方程计算可知，大豆胚轴内异黄酮含量最高，为 1%～2%，为全粒大豆含量的 5 倍左右，但由于胚只占大豆质量的 2%，因此，胚所含异黄酮的量也只有大豆的 10%～20%。

（二）大豆异黄酮的组成与结构

研究发现大豆异黄酮共有 12 种，分为游离型的苷元（aglycon）和结合型的葡糖苷（glucoside）两类。苷元占总量的 2%～3%，包括金雀异黄素［染料木黄酮（genistein）］、大豆苷元（daidzein）和大豆黄素（glycitein）；葡糖苷占总量的 97%～98%，主要以金雀异黄苷［染料木苷（genistin）］和大豆苷（daidzin）及丙二酰基染料木苷（6″-O-malonylgenistin）和丙二酰基大豆苷（6″-O-malonyldaidzin）的形式存在。大豆异黄酮中的葡糖苷在酸、碱、β-葡糖苷酶的作用下均可水解为大豆异黄酮苷元。大豆异黄酮的结构式见图 6-7、图 6-8 和表 6-9。

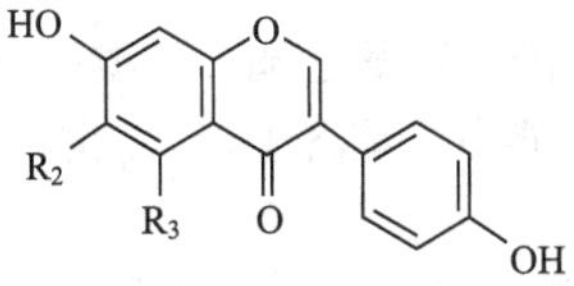

图 6-7 大豆异黄酮苷元的结构式 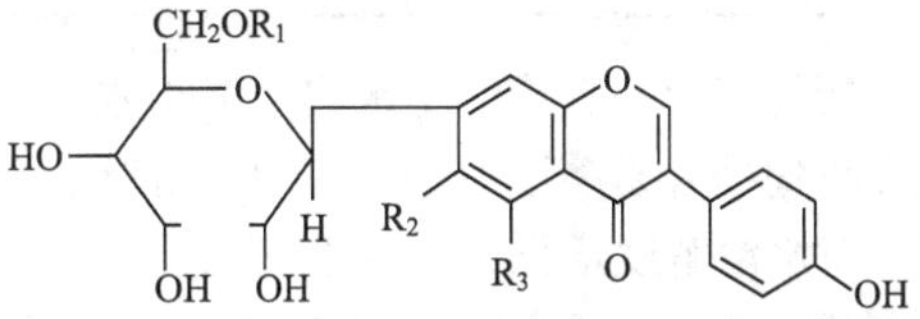   图 6-8 大豆异黄酮葡糖苷的结构式

表 6-9 大豆异黄酮化合物的结构式

	中文名	英文名	R_1	R_2	R_3
葡糖苷	7,4′-二羟基异黄酮-7-糖苷（大豆苷）	daidzin	H	H	H
	5,7,4′-三羟基异黄酮-7-糖苷（染料木苷）	genistin	H	OCH₃	H
	7,4′-二羟基-6-甲氧基异黄酮-7-糖苷（6-甲氧大豆苷）	glycitin	H	H	OH
	6″-O-乙酰基-7,4′-二羟基异黄酮-7-糖苷（丙二酰基大豆苷）	6″-O-malonyldaidzin	COCH₂COOH	H	H
	6″-O-乙酰基-5,7,4′-三羟基异黄酮-7-糖苷（丙二酰基染料木苷）	6″-O-malonylgenistin	COCH₂COOH	OCH₃	H
	6″-O-乙酰基-7,4′-二羟基-6-甲氧基异黄酮-7-糖苷	6″-O-malonylglycitin	COCH₂COOH	H	OH
	6″-O-丙酰基-7,4′-二羟基异黄酮-7-糖苷	6″-O-acetyldaidzin	COCH₃	H	H
	6″-O-丙酰基-5,7,4′-三羟基异黄酮-7-糖苷	6″-O-acetylgenistin	COCH₃	OCH₃	H
	6″-O-丙酰基-7,4′-二羟基-6-甲氧基异黄酮-7-糖苷	6″-O-acetylglycitin	COCH₃	H	OH
苷元	7,4′-二羟基异黄酮（大豆苷元）	daidzein		H	H
	5,7,4′-三羟基异黄酮（染料木黄酮）	genistein		OCH₃	H
	7,4′-二羟基-6-甲氧基异黄酮（大豆黄素）	glycitein		H	OH

（三）大豆异黄酮的物化性质

异黄酮类化合物呈微黄色、灰白色或无色，紫外线下多显紫色。大豆异黄酮中的金雀异黄素呈灰白色结晶，紫外灯下无荧光；大豆苷元呈微白色结晶，紫外灯下无荧光。异黄酮的苷元不具有旋光性，但对于大豆苷及金雀异黄苷而言，由于结构中引入了糖基，因而具有旋光性。

大豆异黄酮具有苦味、收敛性和干涩感觉。大豆异黄酮苷元比糖苷具有更强的不愉快风味，尤其是染料木黄酮和大豆苷元。豆制品的风味与大豆异黄酮的味道相关，也受加工条件的影响。例如，在 50℃和 pH6 的条件下，大豆异黄酮在 β-糖苷酶的作用下，有大量的染料木黄酮和大豆苷元产生，使得味感增强；而在低温和加入葡萄糖酸-δ-内酯时，可明显抑制 β-糖苷酶作用产生染料木黄酮和大豆苷元。大豆异黄酮

的风味阈值见表6-10。

表6-10 大豆异黄酮的风味阈值

大豆异黄酮	阈值/（mmol/L）					
	10^{-1}	10^{-2}	10^{-3}	10^{-4}	10^{-5}	10^{-6}
大豆苷元			●			
大豆苷		●				
6″-O-丙酰基-7,4′-二羟基异黄酮-7-糖苷			●			
6″-O-乙酰基-7,4′-二羟基异黄酮-7-糖苷				●		
染料木黄酮				●		
染料木苷			●			
6″-O-丙酰基-5,7,4′-三羟基异黄酮-7-糖苷					●	
6″-O-乙酰基-5,7,4′-三羟基异黄酮-7-糖苷					●	
大豆黄素		●				
6-甲氧大豆苷	●					
6″-O-丙酰基-7,4′-二羟基-6-甲氧基异黄酮-7-糖苷		●				
6″-O-乙酰基-7,4′-二羟基-6-甲氧基异黄酮-7-糖苷		●				

　　大豆异黄酮的苷元一般难溶于水或不溶于水，可溶于甲醇、乙醇、乙酸乙酯、乙醚等有机溶剂及稀碱中，大豆异黄酮葡糖苷易溶于甲醇、乙醇、吡啶、乙酸乙酯及稀碱液中，难溶于苯、乙醚、氯仿、石油醚等有机溶剂，对水溶解度增强，可溶于热水。

　　由于异黄酮分子中有酚羟基，故其显酸性，可溶于碱性水溶液及吡啶中，金雀异黄素的酸性比大豆苷元的酸性强。大豆异黄酮对湿热稳定。大豆或其制品的乙醇溶液加1%醋酸镁甲醇溶液，通过纸斑反应后，异黄酮类化合物呈褐色。

　　大豆异黄酮的生理活性与保健功能可扫码查阅。

四、大豆中的其他微量成分

（一）矿物质

　　大豆中的矿物质含量因大豆的品种及种植条件有一定的差异，一般在4.0%～4.5%的范围，其主要元素组成如表6-11所示。

表6-11 大豆中的矿物质组成　　　　　　　　　　　　　　　　（单位：mg/100g）

元素	中国产黄大豆[1]	中国产黑大豆[2]	美国产大豆[3]	日本产大豆[4]
钾（K）	1503	1377	1800	1900
钠（Na）	2.2	3.2	1	1
镁（Mg）	199	240	—	220
钙（Ca）	191	219	230	240
磷（P）	465	507	480	580
铁（Fe）	8.2	7.0	8.6	9.4
锌（Zn）	3.34	4.2	—	3.20
铜（Cu）	1.35	1.5	—	0.98
锰（Mn）	2.26	2.6		
硒（Se）	6.16	—		

　　注："—"代表无数据。

　　资料来源：1、2中国预防医学科学院和营养与食品卫生研究所，1991；3、4科学技术厅资源调查会，1993。

大豆的无机元素中，钙的含量差异最大，目前测得的最低值为163mg/100g大豆，最高值为470mg/100g大豆，有人认为，大豆的含钙量与蒸煮大豆（整粒）的硬度有关，即钙的含量越高，蒸煮大豆越硬。

在大豆的无机盐含量中，除钾之外，磷的含量最高。但应该注意的是磷在大豆中的存在形式有4种，据恩利（Earle）及米尔（Milner）于1938年测定结果，植酸钙镁中含磷量占75%，磷脂中含磷量占12%，无机磷占4.5%，残留磷占6%。植酸钙镁是由植酸（肌醇六磷酸）与钙、镁络合成的盐，它严重影响着人体对钙、镁的吸收。实验表明，大豆在发芽过程中，使大豆中的植酸酶激活，植酸被分解成无机磷酸和肌醇，被螯合的金属游离出来，使其生物利用率明显升高。

（二）维生素

大豆中的维生素含量较少，而且种类也不全，以脂溶性维生素为主，水溶性维生素则更少（表6-12）。

表6-12 大豆中的维生素含量

维生素	中国产黄大豆	美国产大豆	日本产大豆
β-胡萝卜素/（μg/100g）	257	8	12
维生素E/（mg/100g）	18.9	1.8	1.8
维生素B_1/（mg/100g）	0.41	0.88	0.83
维生素B_2/（mg/100g）	0.20	0.30	0.30
烟酰胺/（mg/100g）	2.1	2.1	2.2

资料来源：中国预防医学科学院和营养与食品卫生研究所，1991。

大豆中的维生素E，在大豆制油精炼过程中富集到脱臭馏出物中，其回收利用已引起广泛关注。

（三）皂苷

大豆中皂苷的含量随大豆品种、生长期及环境因素的不同而不同，也与所采用的分析方法有关。

世界上许多学者利用高效液相色谱技术和薄层层析技术分析了不同大豆中的皂苷含量。施姆月玛达（Shimoyomada）研究发现，大豆皂苷在大豆中的分布主要集中于胚轴中，子叶中较少，胚轴中皂苷的含量是子叶中皂苷含量的8～15倍。研究发现大豆皂苷在种子中的含量达0.1%～0.5%，子叶中达0.2%～0.3%，胚轴中高达6.12%。

卡尼利（Cainelli）等用化学法研究大豆皂苷，确认大豆皂苷元（soyasa-pogenol）有5个种类，即大豆皂苷元A、B、C、D、E，如图6-9所示。

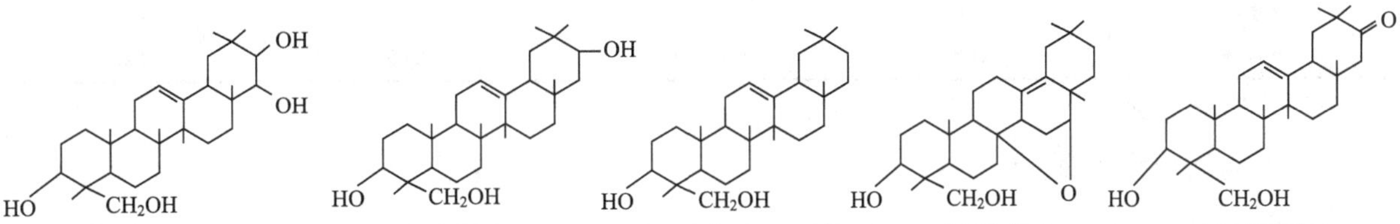

图6-9 大豆皂苷的5种皂苷元的结构式

近年来，科学家们经过提取、分离、纯化和应用现代光谱仪器对大豆皂苷的组成及结构进行了研究，对多种豆类中的大豆皂苷进行了分析，认为天然存在的大豆皂苷只有3类，即大豆皂苷元A、B和E，其他的大豆皂苷元是在水解状态下的人工产物。大豆皂苷元E很不稳定，是大豆皂苷元B的前体。

塔尼亚玛（Taniyama）等对来自美国、中国、日本北海道等18个大豆品种进行分析，结果表明，在大豆胚轴中，A组皂苷的含量是1.25%～1.46%，B组皂苷的含量为0.42%～0.52%；而在子叶中，B组皂苷含量较高，为0.14%～0.18%，A组皂苷含量较低，为0.07%～0.09%。可见大豆皂苷B在大豆种子中分布很广，而大豆皂苷A只存在于胚轴中。

大豆皂苷具有皂苷类的一般性质。纯的大豆皂苷是一种白色粉末，具有辛辣味和苦味，大豆皂苷粉末对人体各部位的黏膜均有刺激性。大豆皂苷是大豆制品苦涩味的主要来源，克缇果瓦（Kitogawa）等指出乙酰化的大豆皂苷比未乙酰化的大豆皂苷更苦，大豆皂苷 B 的苦涩味最小。大豆皂苷是一种表面活性剂，是两亲性化合物，具有亲水和亲油两种性质。大豆皂苷中的三萜或固醇是疏水的，糖链部分是亲水的。大豆皂苷可溶于水，易溶于热水、含水烯醇、热甲醇和热乙醇中，而且在含水醇或戊醇中溶解度较好。大豆皂苷 A 组在含水甲醇中的溶解性优于大豆皂苷 B 组。大豆皂苷难溶于极性小的有机溶剂，如乙醚、苯等。在食品工业上，由于大豆皂苷中的皂苷元是亲油性的，糖链是亲水性的，所以大豆皂苷常以一种表面活性剂应用，具有极强的起泡性和乳化性。大豆皂苷具有口干之感，降低了大豆食品的质量。大豆皂苷的糖部分越多，口干之感就越强。皂苷糖部分与皂苷生物活性密切相关，如乙醇提取的人参皂苷中，含 5 个糖部分的皂苷活性低，而含 1 个糖部分的皂苷有非常强的抗癌活性，通常皂苷的糖部分越少，其活性越强，大豆皂苷也是如此。当去除大豆皂苷中的一些糖部分时，大豆皂苷可出现一些与抗氧化和抗血栓密切相关的特殊性能，并且口干之感也减弱了。

大豆皂苷显酸性，对热稳定性，但在酸性条件下遇热易分解，因此提取时要注意操作条件。大豆皂苷水溶液加入硫酸铵、硫酸铝、醋酸铝等中性盐类可产生沉淀物。大豆皂苷与浓硫酸-醋酐试剂反应呈颜色变化，由黄色转化成红、紫、蓝色。大豆皂苷在盐酸中加热与苔黑酚反应呈蓝绿色。应用这些性质可以检测食物中的大豆皂苷含量。

大豆皂苷具有较强的生物学活性。在早期的研究中，大豆皂苷曾经因为在体外有溶血作用被视为抗营养因子，所以在以往的豆制品加工中要求尽可能将其除去。近些年来的研究表明，大豆皂苷不仅对人体生理无阻碍作用，而且有许多有益于人体健康的生理活性，如降脂减肥作用、抗凝血抗血栓及抗糖尿病作用、抗氧化作用、抗病毒作用、免疫调节作用、抗突变、抗癌作用等（郑建仙，2019）。

（四）有机酸

大豆中含有多种有机酸（表 6-13），其中柠檬酸含量最高，其次是焦谷氨酸（在分析试样调制中生成的）、苹果酸和醋酸等。

表 6-13　大豆和脱脂大豆中的有机酸含量（mg/100g 大豆）

酸的种类	大豆（WOOD₁）	大豆（大阪产）	脱脂大豆（WOOD₁）	脱脂大豆（No2）
醋酸	65.5	37.8	127.8	107.8
延胡索酸	32.7	27.8	85.3	39.6
酮戊二酸	6.8	7.5	14.1	10.1
琥珀酸	26.8	12.0	23.8	34.5
焦谷氨酸	176.4	240.3	275.9	284.3
乙醇酸	41.6	11.6	58.6	50.2
苹果酸	68.1	38.8	145.9	181.9
柠檬酸	841.8	1031.6	1707.5	1482.2

注：WOOD₁ 和 No2 为品名。

（五）大豆的味成分

大豆具有特殊的气味，被称为豆腥味或豆臭味，是不受人们欢迎的。除去这些豆臭成分，已成为大豆新产品开发利用的一大难题。大豆腥味成分十分复杂，到目前为止对其化学组成及形成机理还没有完全搞清楚，但可以肯定大豆的腥味并不是起因于某一特定的物质，而是几种甚至几十种呈味成分对人嗅觉产生的综合效应。大豆中有很多有机化合物与大豆腥味有关（表 6-14）。

表 6-14　大豆中的主要呈味物质

	呈味物质	阈值	呈味形式
醛	(E)-2-己烯醛	0.082	草味
	(E)-2-庚醛	0.013	皂味、油脂味
	(E)-2-辛烯醛	0.003	青草味、黄瓜味
	(Z)-3-己烯醛	0.000 12	青草味

续表

呈味物质		阈值	呈味形式
醛	戊醛	0.008	刺激臭
	乙醛	0.0045	割草味，青草味
	庚醛	0.003	干鱼味
	壬醛	0.001	青草味、油脂味
	辛醛	0.0007	油脂味、刺激味
	(E)-2-壬烯醛	0.0004	大豆腥味、青草味
	苯甲醛	0.003	杏仁味
	(E,E)-2,4-壬二烯醛	0.0001	油脂味
	(E,E)-2,4-七烯醛	0.002 56	油脂味、鱼味
	(E,E)-2,4-癸二烯醛	0.000 027	香料味
吡嗪	2-异丙基-3-甲氧基吡嗪	0.0008	豌豆味、泥土味
酸	醋酸	180	酸味
酮	2-庚酮	3	芳香味
	1-戊烯-3-酮	0.0009	辛辣味、洋葱味
	1-辛烯-3-酮	0.000 003	绿豆味
	甲基己基甲酮	0.05	皂味、花香味
呋喃	2-乙酰呋喃	0.0058	豆腥味
	2-乙基呋喃	0.0023	豆腥味、泥土味、麦芽味、甜味
醇	3-甲基-1-丁醇	0.004	香料香
	己醇	0.5	大豆腥味、青草味
	1-戊烯-3-醇	0.3581	大豆腥味、青草味
	1-戊醇	0.1502	青草味、蜡味
	1-辛烯-3-醇	0.007	蘑菇味

资料来源：Wang et al., 2021。

第三节 大豆蛋白质

一、大豆蛋白质的分类与氨基酸组成

（一）大豆蛋白质的分类

大豆蛋白质是存在于大豆种子中诸多蛋白质的总称。根据蛋白质的溶解特性，大豆蛋白质可分为两类，即清蛋白和球蛋白，二者的比例因品种及栽培条件不同而略有差异。清蛋白一般占大豆蛋白质的5%（以粗蛋白计）左右；球蛋白约占90%。大豆球蛋白是由奥斯本（Osborn）和丹皮鲍尔（Dampball）首先用食盐溶液萃取，经反复透析沉淀而得到的一种蛋白质。由于该蛋白质的长轴和短轴之比小于10：1，因而命名为大豆球蛋白。这种蛋白质也溶于水或碱溶液，加酸调pH至等电点4.5或加硫酸铵（55%）至饱和，则沉淀析出，故又称为酸沉蛋白。而清蛋白因无此特性，故又称为非酸沉蛋白。从免疫学的角度出发大豆球蛋白又可分为大豆球蛋白（占40.0%）、α-伴大豆球蛋白（占13.8%）、β-伴大豆球蛋白（占27.9%）、γ-伴大豆球蛋白（占3.0%）。

根据构成蛋白质的最基本单位来分类，大豆蛋白质基本上都属于结合蛋白，即水解后所得产物不只是氨基酸，还含有一些配体，如糖等。可以说大豆蛋白质绝大部分都是糖蛋白，只是含糖多少不同。

根据生理功能分类法，大豆蛋白质可分为贮藏蛋白和生物活性蛋白两类。贮藏蛋白是主体，约占总蛋白的 70%（如 11S 球蛋白、7S 球蛋白等），它与大豆的加工性关系密切；生物活性蛋白包括胰蛋白酶抑制剂、β-淀粉酶、血细胞凝集素、脂肪氧化酶等，它们在总蛋白中所占比例虽不多，但对大豆制品的质量却非常重要。

（二）大豆蛋白质的氨基酸组成

组成大豆蛋白质的氨基酸有 18 种之多，大豆不同部位的蛋白质及同一部位或不同部位的不同种蛋白质的氨基酸组成比例均有差异。不过，无论哪一部分或哪一种蛋白质，均含有人体自身不能合成的、必须从食物中摄取的 8 种必需氨基酸，且比例比较合理。只是赖氨酸含量相对稍高，而甲硫氨酸、半胱氨酸含量略低。

此外还应该指出，不同地区、不同品种的大豆，其蛋白质的氨基酸组成也会有差异。就是同一地区、同一品种的大豆，由于生育期长短（出苗到开花、鼓粒及成熟日数）不同，栽培环境（出苗到开花、鼓粒及成熟的季温、总日照时数和总降雨量）的不同，其蛋白质的氨基酸组成也不同。甘氨酸、丙氨酸、缬氨酸、亮氨酸、色氨酸、胱氨酸（属 A 组）的含量与生育期及栽培环境呈正相关性；而天冬氨酸、谷氨酸、苯丙氨酸、酪氨酸、甲硫氨酸（属 B 组）与生育期及栽培环境成负相关性；异亮氨酸、赖氨酸、精氨酸、组氨酸、胱氨酸、丝氨酸、苏氨酸（属 C 组）与生育期及栽培环境不存在相关性。

二、大豆蛋白质的分子质量与分级组分

（一）大豆蛋白质的分子质量

如前所述，大豆蛋白质是一系列高分子化合物的总称，其组成极为复杂，分子质量很难测定。

将低温脱溶的脱脂豆粕的水溶蛋白液，以超速离心机进行沉淀测试，其特性曲线如图 6-10 所示。

按照溶液在离心机中的沉降速度来分，大豆蛋白质可分为 4 个组分，即 2S、7S、11S 和 15S（S 为沉降系数，$1S=10^{-13}s=1$ Svedberg 单位）。每一组分是一些质量接近的分子混合物，如果将每个组分的蛋白质进一步分离，可以获得蛋白质单体或相类似的蛋白质。大豆蛋白质的组成如表 6-15 所示。

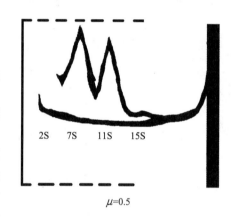

$\mu=0.5$

图 6-10　水溶性大豆蛋白超速离心分离图

表 6-15　大豆蛋白质的组成

组分	所占比例 /%	成分	分子量	
			沉淀分析法	渗透压法
2S	22	胰蛋白酶抑制剂	8 000~21 500	15 000~30 000
		细胞色素 c	12 000	—
7S	37	血细胞凝集素	110 000	100 000~200 000
		脂肪氧化酶	102 000	—
		β-淀粉酶	61 700	—
		7S 球蛋白	180 000~210 000	—
11S	31	11S 球蛋白	350 000	350 000
15S	10	—	600 000	600 000

注："—"代表无数值。

资料来源：John, 1979。

从表 6-15 中不难看出，大豆蛋白质的分子量分布非常广，从 8000 到 600 000，而且是非均匀分布的。这个分子量分布用凝胶电泳分析法也得到了证实。

大豆蛋白质的分级组分中，7S 和 11S 是主要的，约占大豆球蛋白总量的 70%，约有 80% 的蛋白质的分子量在 10 万以上。

（二）大豆蛋白质的分级组分

1. 2S 组分　　2S 组分研究得比较少，但现已弄清其主要成分是胰蛋白酶抑制剂和细胞色素 c，此外，还含有脲酶和两种未完全鉴定出结构的球蛋白。

Kunitz 型胰蛋白酶抑制剂由一条多肽链构成，有 2 个二硫键架桥。其固有黏度、旋光等物理性质测定结果显示，该抑制剂具有对称的致密而坚实的结构。由圆偏光二色性测定结果可见，当该蛋白质处于未变性状态时，均未见到 α 螺旋或 β 片层结构。但是，使二硫键断开后，圆偏光二色性的光谱发生较大变化。如果将 2 个二硫键还原，则胰蛋白酶抑制剂的活性消失。再氧化后，活性又恢复。但是，如果将一个二硫键选择性还原，则活性并不消失。如果将 2 个二硫键均还原，则分子被打开，并且在缓冲溶液中其固有黏度增加。在二硫键还原后，使已还原的巯基烷基化，再用 8mol/L 的尿素溶液处理，则分子进一步被打开。

2. 7S 组分　　现已查明，7S 组分至少由 4 种不同种类的蛋白质组成，即血细胞凝集素、脂肪氧化酶、β-淀粉酶及 7S 球蛋白。其中 7S 球蛋白所占比例最大，约占 7S 组分的 1/3，占大豆蛋白质总量的 1/4。

血细胞凝集素是一种糖蛋白，其分子结构尚不清楚。如果从血细胞凝集素分子中不存在胱氨酸架桥这一点来看，其高级结构并不致密坚实。它有 2 个 N 端残基，表明它有 2 个多肽链，即有 2 个次级单位。

脂肪氧化酶可能是由 2 个分子量为 58 000 的次级单位构成的。用盐酸胍或十二烷基硫酸钠可使其向次级单位解离。

7S 球蛋白是一种糖蛋白，含糖量约为 5.0%，其中甘露糖为 3.8%、氨基葡萄糖为 1.2%。与 11S 球蛋白相比，7S 球蛋白中色氨酸、甲硫氨酸、胱氨酸含量略低，而赖氨酸含量则较高。因此可以说 7S 球蛋白更能代表大豆蛋白质的氨基酸组成。

7S 多肽是紧密折叠着的，其中 α 螺旋结构、β 折叠结构和不规则结构分别占 5%、35% 和 60%。在三级结构中，1 个分子只有 3 个色氨酸残基侧链，全部处于分子的表面，35 个酪氨酸残基侧链几乎全部处于分子内部的疏水区，4 个胱氨酸残基侧链中每 2 个结合在一起，形成—S—S—结合。

N 端氨基酸的分析结果表明，在一个 7S 球蛋白分子中有 9 个末端氨基酸残基，有丝氨酸、谷氨酸、亮氨酸或异亮氨酸。通过解离可得到 9 个亚单位，说明 7S 球蛋白至少由 9 条多肽链组成。如果分子量为 180 000，则 9 条多肽链平均分子量为 20 000，并由 9 个多肽链形成 7S 球蛋白分子的四级结构。在科施雅玛（Koshiyama）（1968）所分离的 7S 球蛋白中，1mol 7S 球蛋白质具有 4 个半胱氨酸，只能形成 2 个二硫键，因此可以肯定 7S 球蛋白中二硫键架桥是极少的。

7S 组分与大豆蛋白的加工性能密切相关，如 7S 组分含量高的大豆制得的豆腐组织就比较细腻。

3. 11S 组分　　11S 组分比较单一，到目前为止仅发现一种 11S 球蛋白，它是大豆种子中的巨形球蛋白。

11S 球蛋白也是一种糖蛋白，只不过糖的含量要比 7S 组分少得多，只有 0.8%。11S 球蛋白含有较多的谷氨酸、天冬酰胺的残基，以及少量的组氨酸、色氨酸和胱氨酸。旋光色散和红外吸收光谱测定表明，11S 球蛋白的二级结构、三级结构与 7S 球蛋白相类似。11S 球蛋白分子中，α 螺旋结构为数很少，主要是逆平行 β 片层结构和不规则结构。紫外光谱研究表明，在 11S 球蛋白三级结构中，有 86 个酪氨酸残基侧链和 23 个色氨酸残基侧链，其中有 34~37 个酪氨酸、10 个色氨酸处于分子立体结构的表面，其余的则处于分子内部的疏水区域。另外，在 1 个分子中，大约有 44 个胱氨酸残基侧链，其中一部分以—SH 基形式存在，另一部分以二硫键形式存在。由于疏水键和二硫键的作用，使其具有稳定坚实的结构。

11S 球蛋白的一个分子中共有 12 个末端氨基酸残基，其中有 8 个甘氨酸、2 个苯丙氨酸、2 个异亮氨酸。由此可以推测，每一个 11S 球蛋白至少有 12 条多肽链。但一个 11S 大豆球蛋白分子究竟有几个亚单位？目前有两种观点，第一种观点认为，一个 11S 大豆球蛋白分子有 6 个亚单位，每个亚单位是各由 2 个完全相同的单体（肽链）形成的二聚体。其根据是在尿素、巯基乙醇体系中做等电聚焦电泳时，最多只能分离出 6 种亚基。第二种观点认为，每一个 11S 大豆球蛋白具有 12 个亚单位，而 12 个亚单位又分别属于两个相同的"单一体"，每一个"单一体"则含 6 个亚单位。11S 球蛋白的等电点是 pH 为 5，但在其"单一体"中有三个亚单位是酸性的，等电点分别为 4.75、5.15 和 5.40，另外三个亚单位则是碱性的，其等电点分别为 8.00、8.25 和 8.50，酸性亚单位和碱性亚单位的分子量分别为 37 200 和 22 300，11S 分子的稳定性则取决于酸、碱两性亚单位之间的相互作用。

11S组分有一个特性，即冷沉性。脱脂大豆的水浸出蛋白液在0～2℃水中放置后，约有86%的11S组分沉淀出来。利用这一特征，可以分离浓缩11S组分（纯度可达80%～85%）。

11S组分与7S组分在食品加工性方面有很大的不同。在豆制品加工中，7S和11S组分加热后（≥80℃）均能形成冻胶或钙质诱导冻胶，但由11S组分形成的冻胶呈乳酪状，有较高的拉应力和剪切力，以及较大的保水性，而由7S组分形成的均较低。所以，用11S组分相对较高的大豆制得的豆腐，结构坚实，有韧性。另外，从11S组分制得的碱性亚基在酸性饮料的pH范围内非常容易溶解。

当水从大豆乳表面挥发时就形成表面膜。从表面上重复除去已形成的膜，进行干燥制成腐竹。11S球蛋白膜比7S球蛋白膜有较高的张力强度。11S膜有弹性，7S膜硬而脆。但是，在pH 2和pH 10之间，11S比7S有较低的乳化能力、乳化稳定性和溶解度。

4. 15S组分 15S组分目前研究得还很不透彻，沃尔夫博士于1962、1967年观察到15S的分提物为11S聚合物类似蛋白质。但尚未能单独提取并测定其特性。

5. 解离‑缔合反应 7S和11S球蛋白是两个能够被提纯和识别的主要大豆蛋白质。虽然它们都具有相对稳定的四级结构，但当它们所处的环境发生变化时，仍然可以发生解离（解聚）或缔合（聚合）反应，这些反应有的是可逆的，有的是不可逆的。能够引起解离或缔合反应的因素有很多，如环境的酸度、碱度（即pH）、离子强度（μ）、温度、加热时间、共存物及超声波处理等。

无论是7S球蛋白还是11S球蛋白，它们对pH及离子强度的变化都非常敏感。当pH为7.6，离子强度从0.5mol/L降到0.1mol/L时，7S组分中的60%发生缔合反应，以二聚物形式存在，分子量由180 000～210 000增大到370 000，离心沉降分析为9S组分。当pH为2，离子强度由0.1mol/L下降至0.01mol/L时（即低盐浓度的酸性溶液中），7S能解离为两个慢沉降物，即2S和5S组分。以上两个转变过程都是可逆的，用一个反应式表示，即

$$2S+5S \underset{pH\ 2 \quad \mu \geqslant 0.1}{\overset{pH\ 2 \quad \mu=0.01}{\rightleftharpoons}} 7S \underset{pH\ 7.6,\ \mu=0.5}{\overset{pH\ 7.6,\ \mu=0.1}{\rightleftharpoons}} 9S$$

有人在用超声波进行浸提搅拌时发现，7S组分含量有所降低，而形成了40S～50S组分，其含量竟达蛋白质总量的25%～40%。不同处理情况下蛋白质组分分布情况如表6-16所示。

表6-16 利用超声波做搅拌对浸提液蛋白质组分的影响

试样	处理情况	蛋白质组分分布情况 /%				
		2S	7S	11S	15S	>15S
A	水浸提机械搅拌	20	42	23	5	10
B	同A＋超声波搅拌8min	18	13	26	5	38
C	同B＋超声波搅拌后渗滤	21	18	21	6	34
D	超声波搅拌浸提	20	6	20	5	49

由表6-16可以看出7S组分经处理后其含量由42%下降到6%，而大于15S组分则由10%上升到49%。超声波对蛋白质组分的缔合促进作用与浸提液的离子强度有关（表6-17）。

11S组分的解离‑缔合反应与7S组分有许多相似之处。11S球蛋白在pH 7.6、离子强度为0.5mol/L时，分子量为35万，当离子强度下降至0.1mol/L时，其仍然是一种能较快沉淀的蛋白质，但结合的强度较低，当离子强度进一步下降到0.01mol/L时，11S球蛋白就会解离成7S组分和2S～3S组分，这个过程是可逆的，即

$$11S \underset{pH\ 7.6,\ \mu=0.5}{\overset{pH\ 7.6,\ \mu=0.01}{\rightleftharpoons}} 7S+2S（3S）$$

但与7S相比其可逆变化要弱得多。

表 6-17 不同溶剂在超声作用下的蛋白质组分变化

溶剂	超声波	蛋白质组分分布情况 /%					
		2S	7S	9S	11S	15S	>15S
水	—	22	20	10	22	11	15
水	+	23	10	10	27	9	21
水+2ME	—	22	14	23	27	6	8
水+2ME	+	22	9	7	31	14	17
0.1mol/L 缓冲液+2ME	—	23	13	21	30	4	9
0.1mol/L 缓冲液+2ME	+	25	9	9	31	4	22
0.5mol/L 缓冲液+2ME	—	22	42		30	3	3
0.5mol/L 缓冲液+2ME	+	19	12		31	3	35

注：ME 代表巯基乙醇。

　　11S 组分在尿素、盐酸胍、碱等作用下也可解离成为分子量为 2 万～3 万的亚单位，这一点与 7S 极为相似。前面也讨论过，过高或过低的 pH，能破坏 7S 组分的四级结构，即使把 pH 调到中性，这种过程也不会逆转。11S 球蛋白具有极相似的解离过程，如在 0.5mol/L 氯化钠中调 pH 至 12，用超离心分离只得到一个 3S 组分。而在 pH 2.2、离子强度为 0.01mol/L 的情况下 11S 组分可以完全转化为 2S。这些 11S 的解离作用，用中和蛋白质溶液的方式并不能使它们逆转。

　　针对加热对 11S 缔合 - 解离作用的影响，有人做过很详细的研究。稀蛋白溶液（pH 7.6、离子强度 0.5mol/L）在 100℃下加热，迅速变混浊，进一步加热会发生沉淀，用超速离心机分离测定其变化，11S 组分在 5min 内完全消失，而出现了可溶性聚集物（80S～100S）。再加热，聚集物又连续不断地增加，直到沉淀。当 11S 消失时，也能形成缓慢沉降的组分，它具有 3S～4S 的一些特性。不稳定的 7S 也被检查出来，4S 组分在加热 7min 后，达到最大浓度，加热 30min 以上保持不变。当溶液中存在 0.1～0.5mol/L 巯基乙醇时，发生沉淀作用要相应快些，而且没有出现 80S～100S 的可溶性聚集物。当 11S 蛋白在 0.01mol/L 正乙基 - 顺丁基二酰胺存在下加热时，能形成稳定的可溶性聚集物，而不沉淀。上述解离 - 缔合反应可用右式表示：

　　在右式中，A-次单体代表可溶性蛋白质（3S～4S 组分），B-次单体代表部分 11S 分子，它们在第一次加热的作用下转变为可溶性聚集物。B-次单体并没有被检查出来。可以推测，在第二次加热反应过程中，二硫键裂解，暴露出疏水基团，因而形成沉淀物。

$$11S \xrightarrow{\text{尿素、盐酸胍、碱}} A\text{-次单体}+B\text{-次单体}$$
$$\downarrow \text{加热}$$
$$\text{可溶性聚集蛋白}$$
$$\downarrow \text{加热}$$
$$\text{不溶性聚集蛋白}$$

三、大豆蛋白质的溶解特性

（一）大豆蛋白质溶解特性的含义及其表达方式

　　一般情况下我们提到某一物质的溶解度，就应该理解为该物质在某一特定溶剂中的最大可溶百分比。也就是说，在一定的条件下，该物质能溶于百克溶剂（或百毫升溶剂）的最大克数（或毫升数）。而我们在生产实践中经常提到的大豆蛋白质的溶解度则完全不是这个意思，它是指处于特定环境下的大豆蛋白质中可溶性大豆蛋白质所占的百分比，即可以理解为处于特定环境下的百克大豆蛋白质，能够溶于特定溶剂中的最大克数。

　　大豆蛋白质的溶解度不仅有其特殊的含义，而且也有其特殊的表达方式，在实践中，主要采用的是氮溶解指数（nitrogen soluble index，NSI）和蛋白质分散指数（protein disperse index，PDI）。其表达式如下：

$$氮溶解指数（NSI）\% = \frac{水溶氮}{样品中总氮} \times 100\%$$

$$蛋白质分散指数（PDI）\% = \frac{水分散蛋白质}{样品中总蛋白质} \times 100\%$$

NSI 是指样品中能溶于特定溶剂中的氮占总氮的百分比，PDI 是指样品中能够分散于特定溶剂中的蛋白质占总蛋白质的百分比。简单地从表达式看二者似乎没有什么区别，但实际上，尽管二者测定原理相同，由于测定方法不同，就对同一样品来讲，所测得的 NSI 值和 PDI 值也是略有差异的，由于分散的蛋白质不一定溶解，一般 PDI 值要略大于 NSI 值，它们之间的关系如图 6-11 所示。

（二）大豆蛋白质的溶解度与溶液 pH 的关系

将大豆或低温脱脂大豆粉碎后，用足量的溶剂溶出可溶性物质，并将不溶物滤掉，定量滤液中的含氮量，就能知道它的溶出程度。根据上述方法所得数据，以横坐标为溶出液的 pH，纵坐标为氮溶解指数可绘出一条大豆蛋白质溶解度与 pH 的关系曲线（图 6-12），这条曲线即为大豆蛋白质的溶解特性曲线。

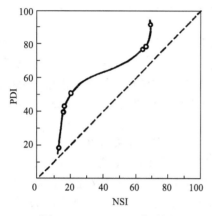

图 6-11　PDI、NSI 关系图

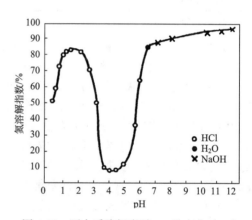

图 6-12　蛋白质溶解度随 pH 的变化（一）

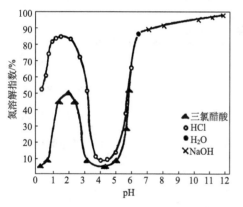

图 6-13　蛋白质溶解度随 pH 的变化（二）

特性曲线表明，当溶液 pH 为 0.5 时，50% 左右的蛋白质被溶解，pH 为 2.0 时，约有 85% 的蛋白质溶解，其后随 pH 的增高，蛋白质的溶解度降低，当 pH 达 4.2～4.3 时，蛋白质的溶解度趋于最小，约为 10%，这时大豆球蛋白基本不溶解。随着溶液 pH 的继续增加，蛋白质的溶解度再度回升。在 pH 为 6.5（水）时，蛋白质的溶解度可回升到 85% 左右，当 pH 达到 12 时，蛋白质的溶解度趋于最大，约为 90%。上述情况是以盐酸和氢氧化钠为酸碱剂调节溶液的 pH 而得到的。若以其他酸、碱来调节溶液的 pH，所得曲线也是极为相似的。但若以三氯醋酸代替盐酸，当 pH 小于 4.3 时，大豆蛋白质的溶解度则要低得多（图 6-13）。在测定非蛋白态氮时，可利用这一特性先除去蛋白态氮。而以硫酸、磷酸或草酸代替盐酸，则蛋白质的溶解差异性不大。

大豆蛋白质的这种溶解特性，主要是由其内在因素所决定的。前面我们讲过，大豆蛋白质是由一系列氨基酸通过肽键所组成的。尽管在蛋白质内部氨基酸残基的 α-羧基与 α-氨基的电离性在形成肽键时消除，但天门冬氨酸与谷氨酸残基的支链羧基、赖氨酸与精氨酸残基的氨基仍可电离，使得蛋白质分子所带净电荷可随环境的 pH 而变化。pH 对大豆蛋白质溶解度影响最大。在较低 pH 时，碱性氨基酸的支链功能基及酸性氨基酸的羧基质子化，因而使蛋白质带正电荷，蛋白质溶解度的提高是由于静电斥力的作用。在较高 pH 时，质子从碱性与酸性功能基被移除，因而使蛋白质带负电荷。在某一特定 pH 时，蛋白质为电中性，此时它具有相等数目的正电荷与负电荷，此特定电荷时的 pH 即称为等电点。大豆蛋白质的等电点为 4.3 左右。蛋白质所带电荷的多少及性质不同，其在溶液中的三维结构也不同，因而溶解程度及稳定性也就不同。

（三）其他共存物对大豆蛋白质溶解度的影响

前面提到在水中（pH 6.5～7.0），大豆粉中的蛋白质溶出率可达 85% 左右，若在水中加入一定浓度的中性盐（如 NaCl、CaCl₂、硫酸钠等）做溶出实验可以发现，氮的溶解情况随盐的种类和浓度的不同而有差异，即大豆蛋白的溶解度受电离强度影响，所得结果如图 6-14 所示。一般情况是：不论哪种盐类，当浓度增加时，蛋白质溶解度逐渐下降。溶解度的最低点：CaCl₂ 为 0.075mol/L，NaCl 为 0.10mol/L。溶解度的数值，CaCl₂ 为最低，但与酸比较则稍高。当有盐类共存时，大豆蛋白质的溶解度曲线形状亦将发生变化，如图 6-15 所示。当 NaCl 的浓度为 0.01mol/L 左右时，蛋白质的溶解度变化趋势与无盐时相近，受到的影响最小；当 NaCl 的浓度增加到 0.1mol/L 及 0.5mol/L 时，在 pH4～5 的范围内，溶解度明显增高。这说明 NaCl 的存在可以促进蛋白质的溶解。但氯化钙的存在则有所不同，如图 6-16 所示。当 CaCl₂ 的浓度为 0.005mol/L 时，蛋白质的溶解度变化趋势与无盐时相近，几乎没受到盐的影响；当 CaCl₂ 浓度为 0.009mol/L 时，即使 pH 由 6 变化到 9，溶解度几乎不变；相反，当 CaCl₂ 的浓度提高至 0.25mol/L 时，大豆蛋白质

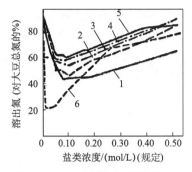

图 6-14 用中性盐从大豆粉中溶出的氮量
1. 氟化钠；2. 氯化钠；3. 溴化钠；
4. 碘化钠；5. 硫酸钠；6. 氯化钙

的溶解几乎不再受 pH 的影响。目前，对于蛋白质溶解性受离子强度影响机制尚无定论，推断可能是由于静电、盐溶、盐析和溶解的共同作用的结果。一方面，盐与蛋白质争夺水分子，破坏蛋白质胶体颗粒表面的水膜；另一方面，盐可以中和蛋白质颗粒上的大量电荷，从而使水中蛋白质颗粒积聚而沉淀。

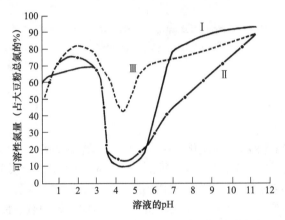

图 6-15 在 NaCl 存在下，pH 对大豆粉溶出的氮的影响

Ⅰ. 0.01mol/L NaCl 与 HCl 或 NaOH；Ⅱ. 0.1mol/L NaCl 与 HCl 或 NaOH；Ⅲ. 0.5mol/L NaCl 与 HCl 或 NaOH

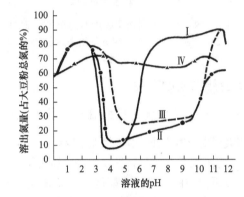

图 6-16 在 CaCl₂ 存在的条件下，pH 对大豆蛋白质溶解度的影响

Ⅰ. 0.005mol/L CaCl₂ 与 HCl 或 NaOH；Ⅱ. 0.009mol/L CaCl₂ 与 HCl 或 NaOH；Ⅲ. 0.05mol/L CaCl₂ 与 HCl 或 NaOH；Ⅳ. 0.25mol/L CaCl₂ 与 HCl 或 NaOH

大豆蛋白质的溶解，同时也受到植酸盐的影响。若预先将大豆中的植酸盐（植酸钙镁）除去，全部溶解曲线稍微向碱性方向移动，而且在 pH 4 时，不溶解的大部分也能溶解。另外，溶解度最低的 pH 约向碱性方向移动 0.8 个 pH 单位，如图 6-17 所示。也可以利用蛋白质和植酸盐的溶解差异性，将植酸盐有效地分离出去。

（四）大豆蛋白质不同分级组分的溶解差异性

上一节曾提到，将脱脂大豆的水萃取液放置在 0～2℃的冰水中，大约有 86% 由 11S 组分形成的蛋白质沉淀出来。事实上，若在这样冷的条件下调节 pH 和离子强度，可以得到纯度更高的 11S 组分，其根据就是：在 0～2℃的条件下，pH 为 4.6 时，各蛋白质成分的溶解度随离子强度的变化有相当大的差距，如图 6-18 所示。图 6-18 中的曲线表明，11S 成分随着离子强度的增加而成可溶性；而 7S 成分当离子强度达到 0.8mol/L 前几乎不溶。

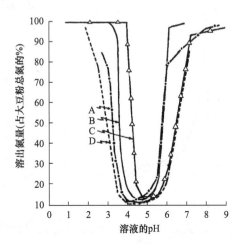

图 6-17 植酸钙镁对大豆蛋白质溶解度的影响

A. 未处理；B. 经 24h 透析；C. Dowex-1×10 处理后，经 24h 透析；D. C 中添加植酸钠

钙离子有专门沉析 11S 蛋白质的趋向，利用高浓度氯化钙溶液，可将 7S 蛋白质有选择地萃取出来。

另外，在低离子强度下，7S、11S 组分的溶解差异性也较大（图 6-19）。根据这个原理同样可以将 7S 和 11S 分开。例如，对大豆粉进行水浸时，用三羟甲基氨基甲烷缓冲溶液 0.03mol/L，低电离强度 0.07，pH6.4 以上时，进行选择性沉析 11S，然后将上清液 pH 调至 4.8 以下沉淀 7S 蛋白质。

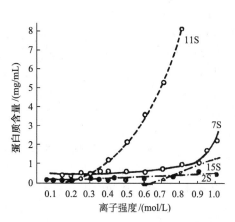

图 6-18　0～2℃时离子强度对冷沉蛋白质中 2S、7S、11S、15S 成分的溶解度的影响

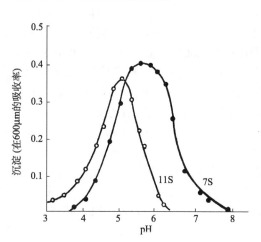

图 6-19　在低电离强度（0.03mol/L）下大豆蛋白 7S、11S 的沉淀变化

四、大豆蛋白质的变性

（一）大豆蛋白质变性的概念及其表现

当大豆蛋白质所处的微环境发生变化，其分子原有的特殊构象发生变化，并导致蛋白质的物理特性、化学特性、功能特性及生物学特性发生变化的现象，即为大豆蛋白质的变性，变化所得的蛋白质称为变性蛋白质。

大豆蛋白质的许多特性都是由它特殊的空间构象决定的，因此发生变性作用后，蛋白质的许多性质发生了改变，包括溶解度降低、发生凝结、形成不可逆凝胶、—SH 基等反应基团暴露、对酶水解的敏感性提高、失去生理活性等。

能引起大豆蛋白质变性的因素是多方面的，其中有物理因素，如加热、冷冻、高压、辐射、搅拌、微波、超声波等；化学因素，如稀酸、稀碱、尿素、乙醇、丙酮等；蛋白酶，如风味蛋白酶、中性蛋白酶、木瓜蛋白酶、转谷氨酰胺酶；还有表面活性剂、重金属盐等都可以引起蛋白质变性。在大豆蛋白食品的加工过程中，很多工序都涉及大豆蛋白质的变性问题，所以，只有掌握了大豆蛋白质的变性机制及影响因素，才能更好地控制加工工艺，提高产品质量。

（二）大豆蛋白质的热变性

热变性是大豆和大豆制品加工中最常见的一种变性形式。这种变性的机制目前仍在继续研究之中，还没有确切、完整的理论解释。有人提出，大豆蛋白质的热变性主要是在较高的温度下，肽链受过分的热振荡，保持蛋白质空间结构的次级键（主要是氢键）受到破坏，蛋白质分子内部的有序排列被解除，原来在分子内部的一些非极性基团暴露于分子的表面，因而改变了大豆蛋白质的一些物化特性及生物活性。

前文提到，大豆或低温脱脂大豆粉的蛋白质在水或碱性溶液中的溶出量可达 80%～90%。但若将脱脂大豆粉利用蒸汽进行加热，则可以发现大豆蛋白质的溶出率会随着加热时间的延长而迅速降低（图 6-20），仅仅 10min 时间，可溶性氮从原来的 80% 以上下降到 20%～25%。

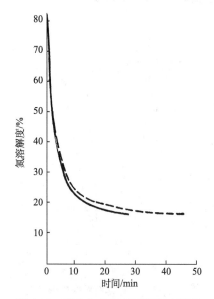

图 6-20　蒸汽加热豆粕时间与水溶性蛋白质溶解度关系的变化曲线

变性温度是热变性的关键，据日本学者 1975 年的试验结果，在 80℃时，原本被掩覆着的—SH 基就完全暴露出来了，在 50～70℃的范围内反应也很剧烈。利用一定波长的强光观察分子吸光系数较大的酪氨酸残基和色氨酸残基时，发现在 50℃时，几乎没有变化，而在 70～80℃时，才显示出有较大的变化，就是说在 70～80℃时，大豆蛋白质的分子结构有较大的变化。一般认为，大豆蛋白质的开始变性温度在 55～60℃，在此基础上，温度每提高 10℃时，变性作用的速度约提高 600 倍。

对大豆粉进行热处理时，由于大豆粉含水量相当低，因此经过干热处理，蛋白质也会发生较大程度的变性。对于整粒大豆（含水 13%），水分的影响也是类似的（表 6-18 和表 6-19）。从表中数据可以看出，大豆籽粒经 121℃蒸汽处理 5min，NSI 降低的效应与在 130℃干热处理 60min 相当，在时间上相差 10 倍以上。若处理时间均为 60min，则 121℃蒸汽处理使大豆蛋白的 NSI 下降至 7.5，而 130℃干热处理仅使 NSI 降为 49.0，两者相差 6 倍以上。至此，我们可以说水是大豆蛋白质热变性的"催化剂"，没有水，热变性即使能发生，也是相当缓慢的。

表 6-18　超沸点干热处理大豆籽粒的 NSI 值随温度的变化

温度 /℃	对照	100	110	120	130	150
NSI 值	76.24	60.23	55.13	51.66	49.00	35.38

注：处理时间均为 60min。

表 6-19　超沸点干热处理大豆籽粒的 NSI 值随时间的变化

时间 /min	对照	5	10	30	60	120
NSI 值	75.6	49.6	8.8	6.4	7.5	8.6

注：处理温度均为 121℃。

大豆粉加热时，只有少量水存在，蛋白质的水溶性也会显著降低。但是，水量增多时，蛋白质可在水中溶出一部分。当水量充足时，则大部分蛋白质溶出，看不到不溶现象。不过，这种蛋白质也发生了热变性，这可由蛋白质溶液因加热而出现的黏度变化而得到证明。图 6-21 是将含干物质 8.9%、5.9%、4.5% 的萃取液分别进行加热，所看到的黏度上升的情况。浓度越高，黏度上升越显著，将浓度为 8.9% 的萃取液加热后稀释到 5.9%、4.5%，其黏度远比浓度在 5.9%、4.5% 加热的萃取液高。前面曾提到的，大豆分级组分的溶液在加热时的解离－缔合反应实质上也就是大豆蛋白质溶液热变性的一个反证。

上面所说的大豆加热都是指在粉末状态的情况下，整粒大豆即使与水混合加热，蛋白质也不溶出。水量对于压扁或粗碎大豆的影响是中等程度的，这些情况如图 6-22 所示。

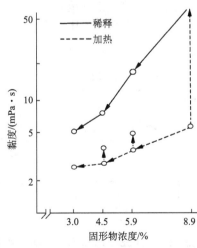

图 6-21　加热对大豆水萃取液黏度的影响（石彦国，2005）

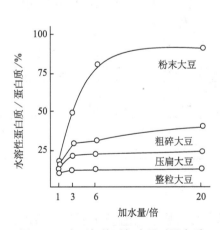

图 6-22　大豆加热时加水量对蛋白质水溶性的影响（石彦国，2005）

（三）化学因素与蛋白质变性

许多化学因素能引起大豆蛋白质变性。在大豆食品的加工中最常见的是酸碱变性和有机溶剂变性。

在常温下，大豆球蛋白在一定的 pH 范围内保持天然状态，超出这一范围，蛋白质将发生变性。由于其他因素的影响，大豆球蛋白"稳定 pH 范围"是不确定的。酸碱变性或为可逆，或为不可逆，在强酸强碱条件下发生不可逆变性；在较温和的条件下则可引起可逆的变性作用。酸碱引起蛋白质变性的机制可能是因为蛋白质溶液 pH 的改变导致多肽链中某些基团的解离程度发生变化，因而破坏了维持蛋白质分子空间构象所必需的某些带电基团之间的静电作用。在很高或很低的 pH 下，大豆蛋白质的变性通常是大分子蛋白质分裂为较低分子质量的蛋白质。在这两种极端的情况下，即使加热也不会使大豆蛋白质的溶解度有明显降低。如本节第二部分中介绍的：7S、11S 球蛋白在 pH12（0.5mol/L NaCl）的条件下解离，11S 球蛋白在 pH 2.2（离子强度 0.01mol/L）的条件下解离都属于这种变性。在碱性条件下，大豆蛋白质黏度会增加，而且会随着溶液中蛋白质浓度增高黏度增大，甚至大豆蛋白质的溶液会逐渐形成凝胶。加酸、加碱可以加快热变性速度。

将大豆或未变性的大豆蛋白质产品用各种溶液进行处理，观察蛋白质的水溶性，结果发现：用乙醇等亲水性溶剂进行处理，加热条件下，则蛋白质变性显著，水溶性降低明显；而用疏水性溶剂（如正己烷、苯、甲苯、三氯甲烷、三氯乙烯等）进行处理，即使在高温下，水溶性氮含量变化也不大，说明疏水性溶剂对蛋白质的变性影响很小（表 6-20）。

表 6-20　不同溶剂处理后大豆中水溶性氮的变化

溶剂	处理温度 /℃	处理时间 /min	水溶性氮：总氮 /%	溶剂	处理温度 /℃	处理时间 /min	水溶性氮：总氮 /%
汽油	13～23	30	84.2	甲醇	13～23	30	76.1
	60	5	75.9		60	5	15.1
苯	13～23	30	79.9	三氯乙烯	13～23	30	81.2
	60	5	60.3		60	5	76.0
乙醇	13～23	30	75.8	四氯化碳	13～23	30	81.1
	60	5	49.9		60	5	75.0

就亲水性溶液而言往往又各有其最佳变性浓度。从表 6-21 中的数据可以看出，水溶性氮含量在乙醇浓度 40%～80% 范围内小于 12，说明蛋白质已经大量变性。因此，乙醇的最佳变性浓度（质量百分比）为 40%～80%。又知甲醇为 70%～90%，异丙醇为 30%～60%。日本学者认为，在大豆蛋白质内部，存在由疏水性氨基酸残基紧密聚集的疏水性区域，其周围被亲水性的氨基酸残基包围；亲水性溶剂分子内部，既有亲水基又有疏水基，因此，不仅能侵入蛋白质分子外侧，也能侵入到内部的疏水性区域，从而破坏其结构，引起蛋白质变性；对于疏水性溶剂，由于蛋白质分子表面亲水基的屏蔽作用，使其无法侵入蛋白质分子内部，故不能使其变性。

表 6-21　不同浓度乙醇处理后豆粕中水溶性氮的变化情况

抽提液 pH	乙醇浓度 /%										
	0	5	20	30	40	50	60	70	80	90	100
6.5（H₂O）	39.3	26.6	14.1	13.6	11.9	10.2	9.0	8.9	11.6	47.4	63.4
9.3（NaOH）	51.8	35.2		23.5	21.7	19.6	19.9	23.3	48.4	74.7	79.1

（四）冷冻变性

冻豆腐的生产是大豆蛋白质冷冻变性的典型实例。将豆腐冻结，并在 -1～3℃ 下冷藏，解冻后，观察其脱水性（离心）和对氢氧化钠的溶解度（图 6-23），可以发现，随着冷藏时间的延长，脱水性变好，但对氢氧化钠的溶解性下降，这表明蛋白质继续发生变性。

将大豆蛋白质的浸出液在−5～−1℃的条件下冻结，解冻后同样可以观察到蛋白质的冷冻变性现象。而且可以发现，大豆蛋白质的冷冻变性程度，不仅与冷冻条件有关，还与冷冻前的预处理条件及其共存物有关。加热处理可以增进冷冻变性，巯基乙醇等解离剂则有缓解冷冻变性的作用（图6-24）。

冷冻条件主要是指冷冻温度、时间及蛋白质浓度。冷冻温度以−5～−1℃最容易变性，深冷速冻反而蛋白质不易变性；冷冻时间越长，蛋白质变性越显著；蛋白质浓度越高，冷冻后越易变性。

关于冷冻变性的机制，有人提出如下见解：冷冻变性主要是二硫键的结合，而且这种结合不是靠—SH基的氧化形成的，主要是通过交换反应来完成的，在不太低的温度下，水缓慢地结成冰，蛋白质随着冰晶的成长，慢慢被

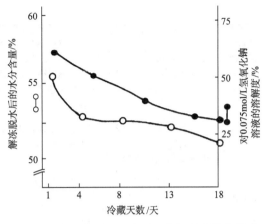

图6-23　氯化钙凝固蛋白（豆腐）的冻结冷藏对脱水性与溶解度的影响

浓缩，这种高度浓缩的蛋白质分子有更多的机会将分子内的二硫键转换为分子间的二硫键，从而发生结聚，解冻后，增加了不溶性。但有巯基乙醇等存在时，二硫键被破坏，故解冻后，未显示不溶性，亦可认为没有发生冷冻变性。

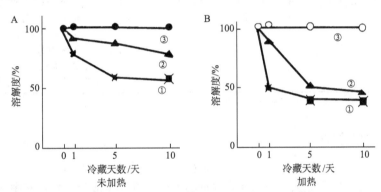

图6-24　巯基乙醇及尿素对冻结冷藏的酸沉淀蛋白溶液溶解度的影响
①标准缓冲剂（pH7.6，离子强度为0.5mol/L）；②标准缓冲剂＋1.5mol/L尿素；
③标准缓冲剂＋1.5mol/L尿素＋0.1mol/L巯基乙醇

（五）大豆蛋白质的酶变性

酶变性的方法具有很多优点，如反应条件温和、特异性高、可以有效控制反应程度。酶变性是利用酶蛋白的反应特异性，选择性地断裂蛋白质的位点，将蛋白质水解成小分子多肽，使蛋白质分子结构发生一些变化，从而暴露疏水基团，并可以通过调节酶与大豆蛋白的比例、反应温度、反应时间，来控制酶变性的程度，从而提高蛋白质的某些功能特性。因此，酶变性已经成为蛋白质改性的研究热点。目前常用于酶法变性的蛋白酶（表6-22）可以单一使用，也可以复合使用。

表6-22　大豆蛋白质酶解过程中常用酶的种类及特征

名称	活性中心	作用方式	最佳反应pH	最佳反应温度/℃	主要作用
碱性蛋白酶	水解芳香族氨基酸残基或疏水性氨基酸残基的羧基端肽键	除水解肽键外，还具有水解酯键、酰胺键、转酯和转肽的能力	6.5～8.5	60	是一种内蛋白酶，由不同蛋白酶的混合物组成，每种蛋白酶具有不同的特异性，其对蛋白质肽键具有广泛的水解能力
风味蛋白酶	主要为外切酶类，可催化水解肽链末端的疏水性氨基酸	含有氨肽酶、羧肽酶，通过末端水解多肽，提高水解度	5.0	50	可被用于制备短链肽和游离氨基酸，还可降低蛋白质水解物的苦味

续表

名称	活性中心	作用方式	最佳反应pH	最佳反应温度/℃	主要作用
胰蛋白酶	水解赖氨酸残基和精氨酸残基的羧基端肽键	切断赖氨酸和精氨酸残基中的羧基端，特异性很强	8.0	37	只催化由赖氨酸或精氨酸羧基形成的键；只能破坏少数蛋白质分子间的交联
中性蛋白酶	水解色氨酸、酪氨酸、苯丙氨酸等芳香族氨基酸残基的羧基端肽键	对肽键的亲核进攻而造成蛋白质的水解	7.0	40~50	倾向于催化疏水性氨基酸形成的键；可以打破大部分蛋白质分子间的交联
菠萝蛋白酶	与半胱氨酸的巯基有关	有广泛的催化特性	6.0~8.0	55	优先水解碱性氨基酸（如精氨酸）或芳香族氨基酸（如苯丙氨酸、酪氨酸）羧基侧上的肽链，选择性水解纤维蛋白，可水解肌纤维，而对纤维蛋白原作用微弱
木瓜蛋白酶			6.0~7.0	55~65	具有良好的稳定性和强大的蛋白质水解能力，主要用于豆类的改性和凝胶化。可以有效降低大豆分离蛋白（SPI）的分子质量，改变蛋白质的空间结构，已被证明是用于改善SPI功能和感官特性最合适的蛋白酶
转谷氨酰胺酶	与半胱氨酸的巯基有关	催化转酰基反应，从而导致蛋白质（或多肽）之间发生共价交联	5.0~8.0	40~70	通过交联聚合蛋白质分子侧链中赖氨酸上的ε-氨基（酰基受体）与谷氨酰胺残基（酰基供体）形成共价键；当伯胺或赖氨酸不存在于体系中时，水将取代伯胺成为酰基的受体。通过脱酰胺反应产生谷氨酸和氨，以改变蛋白质的等电点或溶解度

资料来源：王佳蓉等，2021；Gaspar 和 de Góes-Favoni，2015。

五、大豆蛋白质的功能特性

所谓功能特性，是指大豆蛋白质在食品加工和储藏过程中所起的特殊作用，如乳化性、吸油性、吸水性与保水性、胶凝性等，它们是大豆蛋白质本身固有的物化性质（成分、氨基酸序列、形态结构）的反应，它们的发挥受与其共存的某些食物组分（水、盐、蛋白质、糖、脂肪等）的影响，同时还受所接触环境（如pH、温度等加工条件）的影响，因此，蛋白质的功能特性是由多方因素所决定的。

（一）乳化特性

大豆蛋白质用于食品加工时，聚集于油-水界面，使其表面张力降低，促进形成油-水乳化液。形成乳化液后，乳化的油滴被聚集在其表面的蛋白质所稳定，形成一种保护层。这个保护层可以防止油滴聚积和乳化状态破坏。这就是通常所说的大豆蛋白质的乳化性（图6-25）。就大豆蛋白质本身而言，变性与否其乳化性相差很大，变性蛋白质乳化特性往往明显下降；不同的蛋白质组分，乳化特性也不一样，7S比

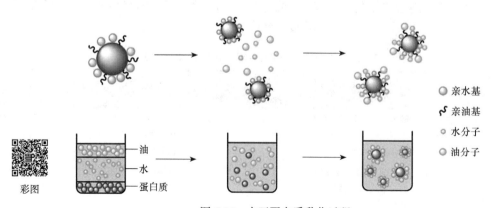

图6-25 大豆蛋白质乳化过程

11S 的乳化稳定性稍好，而乳化活性则明显地高，总的来说 7S 比 11S 的乳化特性好。还可以通过糖基化反应，改变蛋白质表面上的电荷密度，增加静电排斥，从而改善蛋白质的亲水亲脂性，提高乳化性。用酶或酸使蛋白质水解时，在某些条件下乳化特性上升。部分酶水解的大豆蛋白质乳化活性容易增加，但稳定性降低。

（二）持水特性

大豆蛋白质沿着它的肽链骨架，含有许多极性基团，由于这些极性基团同水分子之间的吸引力，致使蛋白质分子在与水分子接触时很容易发生水化作用。所谓水化作用就是指蛋白质分子通过直接吸附及松散结合，被水分子层层包围起来。蛋白质分子的形态并不规则，极性基团在表面的分布也很难均一，因此蛋白质分子表面的水化膜也不是均一的，在极性基团较集中的表面吸附着较多的水分子，反之吸附水分子就少。蛋白质水化作用的直接表现就是蛋白质的吸水性、保水性及分散性。所谓吸水性就是指干燥蛋白质在一定湿度的环境中达到水分平衡时的水分含量。大豆蛋白质的吸水性，除与自身的结构特征有关外，还与pH 及离子强度有关。保水性是指离心分离后，蛋白质中残留的水分含量。影响大豆蛋白质保水性的因素很多，除大豆蛋白质自身的结构基础外，温度、pH、离子强度等都是非常重要的因素。

（三）凝胶特性

大豆蛋白质分散于水中形成溶胶体，这种溶胶在一定条件下可以转变为凝胶，最初的食品产品是奶酪和豆腐。大豆蛋白质凝胶的形成受许多因素影响，如蛋白质溶胶的浓度、加热温度与时间、制冷情况、pH、有无盐类及巯基化合物等。大豆蛋白质的浓度及其组成是凝胶能否形成的决定性因素。浓度为 8.0%～16.0% 的大豆蛋白质溶胶，经一定的加热过程，蛋白质分子中的疏水性氨基酸暴露出来，游离巯基变性，蛋白质分子中侧链聚集，冷却后即可形成稳定的三维凝胶网络结构，浓度越高凝胶强度越大。大豆蛋白质溶胶的浓度低于 8.0% 时，仅仅用加热的方法是不能形成凝胶的，只有在加热后及时调节 pH 或离子强度，才能形成凝胶，而且这种情况下形成的凝胶强度也要比前一种情况低得多。在浓度相同的情况下，大豆蛋白质的组成不同，其胶凝性也不同。在大豆蛋白质中，只有 7S 和 11S 组分才有胶凝性，而且 11S 组分凝胶的硬度、组织性均高于 7S 组分凝胶，这可能是由于两种组分所含的巯基和双硫键，以及胶凝过程中的变化不同所致。

（四）起泡特性

大豆蛋白质分子由于具有典型的两亲结构，因而在分散液中表现出较强的界面活性，具有一定程度的降低界面张力的作用。大豆蛋白质溶胶受到急速的机械搅拌时，会有大量的气体混入，形成相当量的水 -空气界面，溶液中的大豆蛋白质分子吸附到这些界面上来，降低界面张力，促进界面形成，同时由于大豆蛋白质的部分肽链在界面上伸展开来，并通过肽链间（包括分子内和分子间）的相互作用，形成了一个二维保护网络，使界面膜得以加强，这样就促进了泡沫的形成与稳定。所谓"稳定"，就是指泡沫形成以后能保持一定的时间，并具有一定的抗破坏能力，这是实际应用的先决条件。蛋白质的稳定性增强也意味着蛋白质分子间的相互作用减小，使形成的界面膜很容易发生破裂，减少了稳定的泡沫数量，从而导致泡沫的膨胀率下降。天然未变性的大豆蛋白质只有一定的起泡性和泡沫稳定性，但若将大豆蛋白质进行适当的水解，其起泡性和泡沫稳定性会大大提高。

六、大豆中的酶与抗营养因子

大豆中含有大量酶，到目前为止，研究比较多，同时引起食品加工领域广泛关注的主要有脂肪氧化酶、脲酶、磷脂酶 D。胰蛋白酶抑制剂和血细胞凝集素是引人注目的抗营养因子。

（一）脂肪氧化酶

脂肪氧化酶可以催化氧分子氧化含顺，顺-1,4-戊二烯的不饱和脂肪酸及其脂肪酸酯，生成氢过氧化物。大豆脂肪氧化酶最初是由色瑞昂（Theorell）（1947）分离精制为晶体的。结晶或精制的脂肪氧化酶分子量为 1.02×10^5，等电点为 5.4，最适 pH 为 7.4。

据王志海、李玉振等（1986）报道，我国东北大豆中发现有三种同工酶，其中两种（L-2、L-3）最适

pH 接近 6.0,且都在 pH9.0 时没有活性;另一种（L-1）同工酶的最适 pH 为 9.0,最适温度为 25℃,K_m 为 7.7×10^{-4}mol/L。L-2 和 L-3 两种同工酶蛋白的含量较低,并且温度稍高即表现明显失活。而 L-1 的酶蛋白含量和酶活力都较高,对温度的敏感性远小于 L-2 和 L-3,即使在 0℃以下,仍保持最适温度时 35% 的酶活力;在 40℃时,酶活力仍然较高,约为最适温度下酶活力的 80%。

用近代的分析手段,已鉴定出近百种脂肪氧化酶催化多不饱和脂肪酸氧化降解产物,其中许多成分与大豆的腥味有关。正己醛是最具有代表性的挥发性化合物。研究表明,当己醛水溶液浓度达到 1mg/kg 时,就能察觉到明显的青草味。因此,可利用己醛含量定量评定大豆制品的风味。

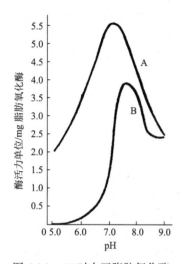

图 6-26　pH 对大豆脂肪氧化酶活力的影响

以亚油酸作为底物,分光光度法测定酶的活力。在 234nm 波长下反应体系的吸光度每分钟增加 1 被定义为一个酶活力单位。曲线 A 代表在反应体系中加入吐温 20,曲线 B 代表没有加入吐温 20

脂肪氧化酶活力与 pH 的关系,虽然通过实验已经得到证明（图 6-26）。但如何解释这种关系却还是一个有待于进一步研究的问题。从曲线上看,pH 为 7~8 时,脂肪氧化酶的活性最高。

脂肪氧化酶的作用对食品质量的影响比较复杂,它既有助于提高一些质量指标,又能损害另一些质量指标。

在焙烤食品生产中,在面粉中加入 1%（按面粉重量计）含脂肪氧化酶活力的大豆粉,能改进面粉的颜色和质量。由于脂肪氧化酶催化反应的中间产物——脂肪氢过氧化物对胡萝卜素有漂白作用,因而可使面包瓤增白。其实这种作用不仅仅限于面包和面粉,对许多食品加工都可发生,如通过漂白胡萝卜素使面条增白;参与冷冻和其他加工蔬菜中叶绿素的破坏等。大豆粉脂肪氧化酶漂白面粉的同时,还能氧化面筋蛋白质,从而改善面团的工艺性能和产品质量。

在面粉中加入脂肪和大豆粉后,脂肪经脂肪氧化酶的作用所生成的氢过氧化物,将面筋蛋白质的—SH 基氧化成—S—S—,这对于强化面筋蛋白质的三维结构是必要的。对于改进面团的流动性、改进面包的体积和软度也是很重要的。

上述作用对于食品加工都是有利的。但在另一些场合,由于脂肪氧化酶的作用,产生一些不良风味,其结果就是导致食品的质量下降。因此,破坏食品材料中的脂肪氧化酶在很多情况下又显得十分必要。使脂肪氧化酶失活的方法主要有加热、调节 pH 及使用化学抑制剂等。

加热灭酶是食品加工中最简单可行的方法。图 6-27 表示了热处理条件对脂肪氧化酶活力的影响。从图 6-27 中的曲线可以明显地看出,热处理温度和时间与大豆脂肪氧化酶活力的关系,温度大于 84℃时,脂肪氧化酶很快失活,而且很彻底;但温度低于 80℃时,经加热后,脂肪氧化酶虽有一定的活性降低,但仍能保持一定的活性。加热灭酶的原理就是通过热变性使脂肪氧化酶失活。

在大豆食品加工中,当大豆破碎溶于水时,脂肪酸会因为水中溶解的氧迅速地发生酶促反应,采用上述抑制方法是不行的。前面提过,脂肪氧化酶在 pH 低于 4.0 时活性极低,因此可将含有抑制剂的浸泡液的 pH 调至 3.5 左右,用浸泡液浸泡大豆或大豆粉,使抑制剂浸入大豆内部与酶长时间接触,导致酶失活,而在这期间没有酶促反应发生,腥味强度不会增加,此后再将 pH 调到所需要值,这样操作可使腥味显著减弱。实际上,应用半胱氨酸和柠檬酸的组合,由于它们都是有机酸,加入后能使体系的 pH 降低到 3.5 以下,因此在浸泡过程中可

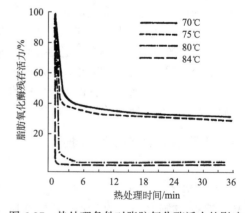

图 6-27　热处理条件对脂肪氧化酶活力的影响

使酶处于钝化状态,没有新的氢过氧化物生成,进而不会有新的挥发性致腥物质生成。半胱氨酸不仅可以抑制脂肪氧化酶的活性,而且还可以与已经生成的挥发性物质,如醛等羰基化合物或环氧化物反应,以减弱已形成物质的致腥程度。半胱氨酸也可以与生成的脂肪酸氢过氧化物相互作用,阻断其进一步分解成致腥物质。另外,半胱氨酸的加入还可以补充大豆蛋白质中含硫氨基酸的不足,提高蛋白质效价。总之,半胱氨酸–柠檬酸可以说是较为理想的大豆脂肪氧化酶抑制剂。

（二）脲酶

脲酶属于酰胺酶类，是分解酰胺和尿素产生二氧化碳和氨的酶，也是大豆抗营养因子之一，在大豆中的含量较高，以 0.1mol/L HCl 滴定计算，其活性一般为 44.0～45.93U/mg。由于脲酶易受热而失活（图6-28），且易准确测定，常作为确认大豆制品湿热处理程度的指标。前面我们曾提到过，利用测定 NSI 值的方法也可以确认大豆制品的湿热处理程度。脲酶的活性与 NSI 值的关系如图 6-29 所示。当然这种关系可能会由于湿热处理的条件不同而略有变化。

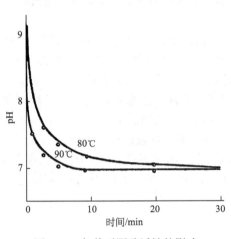

图 6-28　加热对脲酶活性的影响

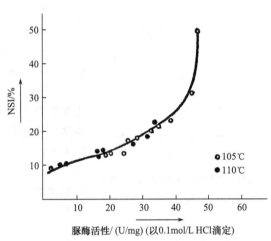

图 6-29　脲酶活性与 NSI 值的关系

（三）淀粉酶和蛋白酶

具有活性的 α-淀粉酶和 β-淀粉酶，已从大豆脱脂豆粕中提取出来。大豆 α-淀粉酶对于多支链的碳水化合物的分解作用超过其他原料提取的 α-淀粉酶。大豆 α-淀粉酶的分子量约为 5000，而每 1 分子酶中含有 1g 原子的 Ca^{2+}。

大豆 β-淀粉酶的活性比其他豆类中的酶高，对磷酸化酶有钝化作用。大豆 β-淀粉酶在 pH 为 5.5 时，60℃下加热 30min，将会有 50% 的活性损失掉；而在 70℃下加热 30min，则全部丧失活性。

韦尔（Weil）等 1966 年从脱脂豆粕粉的乳清中提纯了 6 种蛋白酶。奥福特（Ofelt）与韦尔（Weil）报道了大豆蛋白酶是一种类木瓜蛋白酶，1969 年皮斯各（Pinsky）指出一种组分具有类胰蛋白酶的活性。

（四）胰蛋白酶抑制剂

大豆中的胰蛋白酶抑制剂有 7～10 种，但迄今为止，只有两种胰蛋白酶抑制剂被提纯出来，并得到较为详细的研究。1947 年国外有人首次成功分离出了一种胰蛋白酶抑制剂。1961 年又有人成功分离出另一种胰蛋白酶抑制剂。后人分别用他们的名字命名了这两种大豆胰蛋白酶抑制剂，即库尼茨（Kunitz）胰蛋白酶抑制剂和鲍曼－贝尔克（Bowman-Birk）胰蛋白酶抑制剂。在大豆中约含 1.4% 的库尼茨胰蛋白酶抑制剂和 0.6% 的鲍曼－贝尔克胰蛋白酶抑制剂，它们的性能见表 6-23。

表 6-23　库尼茨胰蛋白酶抑制剂和鲍曼－贝尔克胰蛋白酶抑制剂的特性

特 性	库尼茨胰蛋白酶抑制剂	鲍曼－贝尔克胰蛋白酶抑制剂
等电点	4.5	4.2
分子量	21 500	7 975
氨基酸残基数	197	72
胱氨酸残基数 /（个 /mol）	2	7
对热、酸、胃蛋白酶的稳定性	不稳定	稳定
对胰凝乳蛋白酶的抑制作用	低	高
胰脏肿大	+	+

资料来源：石彦国，2005。

从表 6-23 中可以看出，两种抑制剂的等电点都处在偏酸性范围，库尼茨胰蛋白酶抑制剂的分子质量约为鲍曼－贝尔克胰蛋白酶抑制剂的 3 倍。鲍曼－贝尔克胰蛋白酶抑制剂对热、酸、胃蛋白酶的稳定性及对胰凝乳蛋白酶的抑制作用均强于库尼茨胰蛋白酶抑制剂，这可能是因为前者每克分子具有 7 个胱氨酸残基，而后者只有 2 个。

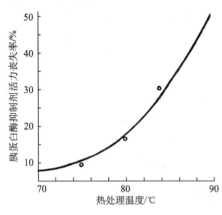

图 6-30 热处理温度与胰蛋白酶抑制剂活
性丧失率之间的关系

据报道，胰蛋白酶抑制剂虽能使老鼠的胰脏肿大，但对猪和小牛则无太大影响。而迄今为止，尚未明确其是否有导致人体胰脏肿大的作用。相反，有报道，大豆中微量的胰蛋白酶抑制剂对治疗急性胰腺炎、糖尿病及调节胰岛素失调有一定效果（Messina and Ende，1995）。

胰蛋酶抑制剂的热稳定性比较高。在 80℃ 时，脂肪氧化酶已基本丧失活性，而胰蛋白酶抑制剂的残存活性仍在 80% 以上，而且增加热处理时间并不能显著降低它的活性。如果要进一步降低胰蛋白酶抑制剂的活性，就必须提高温度。热处理温度与胰蛋白酶抑制剂活性丧失率之间的关系如图 6-30 所示。但若采用 100℃ 以上的温度处理时，胰蛋白酶抑制剂的活性则降低很快（图 6-31）。从图 6-31 中的曲线不难看出，100℃ 处理 20min，抑制剂活性丧失达 90% 以上；120℃ 处理 3min 也可以达到同样的效果。

（五）血细胞凝集素

大豆血细胞凝集素最初是由里内尔（Liener）和帕拉施（Pallansch）（1952）分离得到的，后来卡特思姆普拉斯（Catismpoolas）和梅杰（Meyer）等（1969）用等电聚焦法明确。用玻璃试管进行试验，发现大豆中至少有 4 种蛋白质能够使家兔和小白鼠的红色血液细胞（红细胞）凝集。这些蛋白质即被称为血细胞凝集素。4 种血细胞凝集素都是糖蛋白，包含甘露糖和葡糖胺，主要的血细胞凝集素含有 4.5% 甘露糖和 1.0% 葡糖胺。4 种血细胞凝集素所含氨基酸基本相同，其不同部分主要是碳水化合物的含量和等电点不同。以不同等电点法可以有效地提取这几种蛋白体，这些血细胞凝集素一般都是浓缩于乳清中。

脱脂后的大豆粕粉约含 3% 的血细胞凝集素。在试管中，血细胞凝集素能引起红细胞凝集，但是没有证据说明，当血细胞凝集素随食物摄入后，是否会发生血细胞凝集作用。血细胞凝集素容易被胃蛋白酶钝化，因此它们通过胃很难被保存下

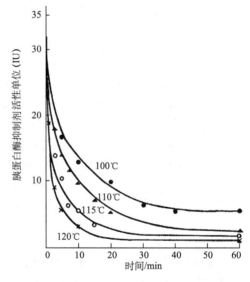

图 6-31 加热对胰蛋白酶抑制剂活性的影响

来，即使未消化的血细胞凝集素，由于它的分子质量很高，不可能在大肠中被吸收并与红细胞接触。不过曾有报道，在大白鼠内腹膜上注射血细胞集素，能把大白鼠杀死，但毒性机制还不清楚。

大豆血细胞凝集素受热很快失活，甚至活性完全消失。因此，若大豆食品在生产过程中进行加热，血细胞凝集素就不会对人体造成不良影响。

【思 考 题】

1. 简述大豆的分类。

2. 简述大豆蛋白质的分子质量与分级组成。

3. 简述大豆蛋白质的溶解性与 pH 的关系。

4. 简述大豆中的抗营养因子与稳定性。

第七章 其他主要油食原料

第一节 花 生

落花生（peanut）亦称"长生果""地果"，为一年生豆科草本植物。落花生原产于南美洲，目前世界上大多数国家和地区都有种植。中国、印度、美国是花生的主产国。我国多地都有落花生种植，我国的主产地有山东、河南、河北、江苏、广东、广西等。我国花生年产约1500万吨，居世界首位，约占世界总产量的40%。花生仁富含脂肪和蛋白质，是食用植物油工业的重要原料；其亦可经简单加工食用，还可经深加工制成营养丰富，色、香、味俱佳的多种食品。

一、花生的结构与组成

花生是豆科植物落花生的种子。经萌芽、发芽、开花授粉，子房基部的子房柄不断伸长。几天后，子房柄下垂于地面，子房开始肥大、变白，形成了我们所见的果实（图7-1），所以又称"落花生"。花生果由花生壳、花生种皮和花生仁三部分组成，如图7-2所示。花生种皮又称"花生红衣"。花生仁由胚芽、胚茎、胚根及两片子叶组成。

| 萌芽 | 发芽 | 播种 | 植株 |

| 开花 | 结果 |

图 7-1 落花生生长过程图

在花生果中，果壳占28%～32%，花生仁占68%～72%。在花生籽仁内，种皮占3.0%～3.6%，子叶占62.1%～64.5%，胚芽占2.9%～3.9%。花生子叶占花生仁总重的90%以上。花生子叶中的油脂和蛋白质等营养成分主要集中在长约70μm、宽约50μm的细胞中。油脂和蛋白质又分别以亚细胞形式，存在于直径0.1～0.2μm的油体和2～10μm的蛋白体中。

花生壳　花生仁　花生种皮

图 7-2 花生果的剖面图

花生果各个结构部分的主要化学组成见表 7-1。

表 7-1　花生果各个结构部分的主要化学组成　　　（单位：%）

成　分	花生壳	花生红衣	花生胚芽
水分	5～8	9.01	—
蛋白质	4.8～7.2	11.0～13.4	26.5～27.8
脂肪	1.2～2.8	0.5～1.9	39.4～43.0
还原糖	1.0～1.2	1.0～1.2	7.9
蔗糖	1.7～2.5	—	12.0
戊糖	16.1～17.8	—	—
淀粉	0.7	—	—
半纤维素	10.1	—	—
粗纤维	65.7～79.3	21.4～34.9	1.6～1.8
灰分	1.9～4.6	2.1	2.9～3.2

注："—"代表无数据。

资料来源：郑竟成，2019。

二、花生仁的化学成分

（一）油脂

油脂是花生籽仁中最大的组分。随品种和栽培条件不同，其油脂含量也会有所不同。一般花生籽仁含油脂 40%～55%。花生油脂中甘油三酯占 97.25%，1,3-二酰甘油酯占 0.27%，1,2-二酰甘油酯占 0.31%，磷脂占 1.62%，固醇酯占 0.22%，其他占 0.16%。花生油脂脂肪酸组成及含量如表 7-2 所示。

表 7-2　花生油脂脂肪酸组成及含量　　　（单位：%）

脂肪酸	普通油酸花生油	高油酸花生油
棕榈酸（C16：0）	9.98	6.01
硬脂酸（C18：0）	4.40	3.13
油酸（C18：1）	53.81	81.84
亚油酸（C18：2）	25.01	4.10
花生酸（C20：0）	2.04	1.00
花生四烯酸（C20：4）	1.14	1.39
山蓇酸（C22：0）	3.61	2.54
木蜡酸（二十四烷酸）（C24：0）	1.90	2.70
油酸/亚油酸	2.15	19.96
饱和脂肪酸/不饱和脂肪酸	0.25	0.15

资料来源：郑竟成，2019。

花生油脂脂肪酸组分中含量超过总量的 1% 的脂肪酸有 8 种，即棕榈酸（C16：0）、硬脂酸（C18：0）、油酸（C18：1）、亚油酸（C18：2）、花生酸（C20：0）、花生四烯酸（C20：4）、山蓇酸（C22：0）、木蜡酸（C24：0），共占总量的 99% 以上。其中油酸和亚油酸共占 80%，虽然各自的变幅很大，不过二者总量变幅较小。据测定分析，国内花生品种间脂肪酸的变幅，油酸为 34%～68%，亚油酸为 19%～43%，油酸和亚油酸比（O/L）的变幅为 0.78～3.5。曾发现有个别品系油酸含量高达 80%，亚油酸含量仅有 2%，O/L 值为 40。油酸、亚油酸及 O/L 值除品种间差异很大外，亦受种植地区、温度、年份、气候条件、成熟度等因素影响，如在收获前的 4 周温度越高，油酸和 O/L 值越高。亚油酸是食品营养品质的重要指标。人体内不能合成亚油酸，必须从食物中获得，以满足生理的需要。亚油酸对调节人体生理机能、促进生长发育、预防疾病有不可取代的作用，特别是对降低血浆中胆固醇含量、预防高血压和动脉粥样硬化有显著的功效（郑建仙，2019）。按联合国粮食及农业组织（FAO）的标准，成人每天进食的亚油酸应为摄入食物总热量的 1%～2%，也就是每人每天食用 10g 花生油即可满足。但是，亚油酸含两个不饱和键，化学性质不稳定，容易酸败变质，致使花生及其制品不耐储藏，使货架寿命短，因此不受食品制造商和消费者欢迎，似乎与其营养品质有不可调和的矛盾。许多研究认为 O/L 值能描述油脂的稳定性，国际贸易中把 O/L 值作为花生及其制品耐储藏性的指标。最近也有营养学研究指出，含单不饱和键的油酸在降低血浆中胆固醇等方面与亚油酸同样有效。花生油脂肪酸组分中其他脂肪酸组分含量为：棕榈酸 6.0%～12.9%，硬脂酸 1.7%～4.9%，花生酸 1.0%～2.0%，花生四烯酸 0.3%～1.9%，山嵛酸 2.3%～4.8%，木蜡酸 1.0%～2.5%。高含量的长链饱和脂肪酸，如山嵛酸、花生酸等被认为是有害的，兔子饲喂试验表明它们能促进动脉粥样硬化。不同品种的花生，其油脂脂肪酸含量相差较大。加工不同的花生食品应注意选择相适应的花生品种。

花生油脂是在室温下为略有黏度的淡黄色液体。花生油脂置于低温下（0℃）可凝固，其一般理化特性如表 7-3 所示。

表 7-3　花生油脂的理化特性

特性	范围	特性	范围
熔点 /℃	0～3	折射率（n_D^{20}）	1.4697～1.4719
碘价 /（mg I₂/100g）	82～106	相对密度（25℃）	0.910～0.915
皂化值 /（mg KOH/g）	188～195	黏度（20℃）/cP	71.07～86.15
游离脂肪酸 /%	0.02～0.60	色泽	淡黄色
脂肪酸冻点 /℃	26～32	气味	类坚果味
不皂化物 /%	0.3～0.7		

资料来源：周瑞宝，2010。

碘值是指每 100g 油脂所能吸收碘的质量（单位：mg）。碘值可以描述油脂不饱和程度和它在空气中的干燥性。碘值越高，油的干燥性越好。油脂的碘值和折射率有一定的关系，随着碘值的升高；油脂的折射率增大，而油的干燥性能也越好。花生油的碘值为 82～106。皂化值为 1g 油脂皂化时所需要消耗的氢氧化钾的质量（单位：mg），皂化值可以表示油脂分子质量的大小。皂化值大，说明油脂平均分子质量小，也就是含低级脂肪酸较多；皂化值小，则油脂的平均分子质量大，含高级脂肪酸多。花生油的皂化值为 188～195。

花生油脂中的磷脂含量占花生油脂含量的 1.2%～1.6%。花生中的主要磷脂是磷脂酰乙醇胺、磷脂酰胆碱、磷脂酰肌醇，其中磷脂酰乙醇胺、磷脂酰胆碱和磷脂酰肌醇分别占花生总磷脂的 18.9%、58.1% 和 20.6%，其他类型的磷脂，如磷脂酸等仅占 2.4%。

花生油中不皂化物的主要成分是固醇类化合物，固醇类化合物具有药用价值。花生油折射率（n_D^{20}）为 1.4697～1.4719，20℃时花生油的平均黏度为 71.07～86.15cP[①]。花生油的相对密度为 $d_{4℃.H_2O}^{15℃}=0.917～0.921$ 或 $d_{4℃.H_2O}^{25℃}=0.910～0.915$。花生油中的脂肪酸冻点为 26～32℃。

花生油的特点是气味清香，滋味纯正，发烟点高（226.7℃），容易澄清和反复利用，是炸制食品的优良油脂。花生油可以用于烹饪，还可用于制作人造奶油、起酥油和色拉油等。

（二）花生蛋白质

花生籽仁含有 24%～36% 的蛋白质。花生蛋白质中约有 10% 是水溶性的，称作清蛋白，其余 90% 为球蛋白，由花生球蛋白和伴花生球蛋白两部分组成，二者的比例因分离方法的不同为 2∶1～4∶1。花生蛋白质的等电点在 pH4.5 左右。

花生蛋白质可溶于水或 10% 氯化钠或氯化钾溶液，在 pH7.5 的稀氢氧化钠溶液中溶解度也很大。利用不同饱和度的硫酸铵溶液，可使花生球蛋白和伴花生球蛋白分开。用 10% 氯化钠溶液抽提花生蛋白质，再在提取液中加入硫酸铵至 20% 饱和，花生球蛋白即沉淀，过滤后便可得到花生球蛋白。在滤液中继续

① 1cP＝1×10⁻³ Pa·s。

加入硫酸铵至80%饱和，伴花生球蛋白即可沉淀。此外，采用低温沉淀法也能够分离花生球蛋白和伴花生球蛋白。

采用选择性抽提及在琼脂或聚丙烯酰胺凝胶中进行电泳分析，可以把花生球蛋白或伴花生球蛋白纯化成α-花生球蛋白和β-伴花生球蛋白。十二烷基硫酸钠电泳凝胶法测定结果表明α-花生球蛋白是具有1个较少的和4个较多的电泳谱带，它们的分子质量为$(2\sim8)\times10^4$Da，其等电点为pH4.2～5.2。伴花生球蛋白有2个较多的和3个较少的电泳谱带，它们的分子质量为$(2.3\sim8.4)\times10^4$Da，其等电点为pH3.9～4.0。花生球蛋白可离解成分子质量为15×10^4Da左右的2个小分子，花生球蛋白在不同的条件下可以解离或缔合。一种花生球蛋白在0.01mol/L的磷酸钠缓冲液中（pH7.9）为一个单体，分子质量为18×10^4Da；但在0.3mol/L的磷酸钠缓冲液中（pH7.9），它则缔合成二聚体，分子质量为35×10^4Da。另一种花生球蛋白在以上两种磷酸钠缓冲液的不同浓度下都以二聚体存在，其分子质量为35×10^4Da。用10%氯化钠、0.01mol/L磷酸钠缓冲液，在pH7.9时抽提花生球蛋白和伴花生球蛋白，然后用蔗糖密度梯度离心分离，这两种球蛋白都形成了一个二聚体（分子质量为35×10^4Da）和一个单体（分子质量为18×10^4Da）。最近，用高效液相色谱将花生蛋白解析成4个较多的和6个较少的电泳谱带，它们的分子质量为$(8\sim48)\times10^4$Da。

花生蛋白的氨基酸成分较完全，但甲硫氨酸和色氨酸等含量较少。花生蛋白的氨基酸成分如表7-4所示，花生蛋白的营养价值如表7-5所示。

表7-4 不同类型花生蛋白的氨基酸组成 （单位：%）

氨基酸	多粒型	珍珠豆型	龙生型	中间型	普通型
天冬氨酸	3.16	2.30	3.25	3.04	3.34
苏氨酸	0.27	0.70	0.73	0.68	0.76
丝氨酸	1.30	1.23	1.36	1.21	1.38
谷氨酸	5.74	5.46	6.00	6.55	6.21
甘氨酸	1.50	1.46	1.60	1.50	1.65
丙氨酸	1.06	1.01	1.10	1.04	1.14
胱氨酸	0.45	0.44	0.51	0.50	0.49
缬氨酸	1.28	1.37	1.36	1.30	1.32
甲硫氨酸	0.41	0.45	0.24	0.37	0.42
异亮氨酸	0.97	0.94	0.97	1.01	1.05
亮氨酸	2.84	2.43	2.01	1.95	2.51
酪氨酸	0.98	0.99	0.83	1.01	1.11
苯丙氨酸	1.71	1.61	1.63	1.88	1.90
赖氨酸	1.06	1.00	1.06	1.01	1.10
组氨酸	0.61	0.60	0.64	0.61	0.67
精氨酸	3.26	2.97	3.16	3.45	3.62
脯氨酸	0.86	0.97	1.21	0.88	1.50

资料来源：林茂，2019。

表7-5 花生蛋白的营养价值

指标	花生蛋白	FAO推荐模式	指标	花生蛋白	FAO推荐模式
消化率（TD）/%	87	97	净蛋白质利用率（NPU）/%	42.7	93.5
生物值（BV）	58	93.7	必需氨基酸指数（EAAI）	69	100
化学评分	65	100	蛋白质功率比值（PER）	1.7	3.9
FAO评分	43	100			

资料来源：周瑞宝，2010。

花生蛋白的营养价值与动物蛋白相近，其营养价值在植物蛋白质中仅次于大豆蛋白质。花生蛋白中含有大量人体必需氨基酸，谷氨酸和天冬氨酸含量较高，赖氨酸含量比大米、小麦粉和玉米的高，赖氨酸有效利用率达 98.8%，而大豆蛋白中赖氨酸的有效利用率仅为 78%。应该指出，从必需氨基酸组成模式看，花生蛋白的营养价值不如大豆蛋白，大豆蛋白中只有甲硫氨酸含量较低，而花生蛋白中必需氨基酸的组成不平衡。赖氨酸、苏氨酸和含硫氨基酸都是限制性氨基酸，这是花生蛋白营养的一个弱点，在开发利用花生蛋白时应予以注意。花生蛋白含有的谷氨酸和天冬氨酸对促进脑细胞发育和增强记忆力都有良好的作用（郑建仙，2019）。

花生蛋白质的生物值（BV）为 58，蛋白质功效比值（PER）为 1.7，消化率（TD）为 87%，易被人体消化和吸收。通过对不同地区生产的 8 种不同的花生研究结果表明，花生球蛋白的氨基酸分数是31%～38%，伴花生球蛋白的氨基酸分数为 68%～82%。

（三）碳水化合物

花生仁含有 10%～23% 的碳水化合物，但因品种、成熟度和栽培条件的不同其含量有较大差异。碳水化合物中淀粉约占 4%，其余是游离糖，游离糖又可分为可溶性和不溶性两种。可溶性糖主要是蔗糖、果糖、葡萄糖，还有少量水苏糖、棉籽糖和毛蕊花糖等。不溶性糖有半乳糖、木糖、阿拉伯糖和葡糖胺等。其中还原性糖的含量与烤花生的香气和味道有密切关系。脱脂花生粉中的碳水化合物成分如表 7-6 所示。

表 7-6 脱脂花生粉中的碳水化合物组成成分 （单位：%）

成分	含量	成分	含量
总碳水化合物	38.0	蔗糖	14.2
淀粉	12.5	棉籽糖	0.9
半纤维素	4.0	苏水糖	1.6
单糖	1.2	毛蕊花糖	0.4
低聚糖	18.0		

资料来源：周瑞宝，2010。

（四）维生素

花生仁中含有丰富的维生素，其中以维生素 E 为最多，其次为维生素 B_2、维生素 B_1 和维生素 B_6 等，但几乎不含维生素 A 和维生素 D。脱脂花生粉中的维生素含量如表 7-7 所示。

表 7-7 脱脂花生粉中的维生素含量 （单位：mg/100g）

维生素	含量	维生素	含量
维生素 A（IU）	26	烟酸（尼克酸）	12.8～16.7
维生素 E（总量）	26.3～59.4	胆碱	165～174
α-生育酚	11.9～25.3	叶酸	0.28
β-生育酚	10.4～34.2	肌醇	180
γ-生育酚	0.58～2.50	维生素 H	0.03
维生素 B_1（硫胺素）	0.99	泛酸	2.71
维生素 B_2（核黄素）	0.13	维生素 C	5.8
维生素 B_6（吡哆醇）	0.30		

（五）矿物质

花生仁约含 3% 的矿物质。花生生长在不同的土壤中，其矿物质含量差别较大。据分析，花生仁的无机成分中有近 30 种元素，其中以钾、磷含量最高，其次为镁、硫等（表 7-8）。

表7-8　花生中的矿质元素含量　　　　　　　　　　（单位：mg/100g）

矿质元素	含量	矿质元素	含量
磷	250	锌	3.4～5.0
钾	500～890	锰	1.3～3.2
钙	20～90	铜	0.6～1.9
镁	90～340	铁	2.1～7.0
硫	190～410	硼	1.2～1.8

资料来源：林茂，2019。

（六）花生的挥发性风味成分

花生制品的风味品质直接影响其产品质量。现已从花生中鉴定出100多种有机化学成分，其中绝大部分属挥发性物质，它们与花生的风味有着直接或间接的关系。这些挥发性成分包括戊烷、辛烷、甲基甲酸、乙醛、丙酮、甲醇、乙醇、2,3-丁醇酮、戊醛、己醛、辛醛、壬醛、癸醛、甲基吡嗪、2,3,5-三甲基吡嗪和2-乙基-3-甲基吡嗪等，其中己醛是香味的主要成分，并辅之以戊醛和其他化合物。

花生经过烘烤也可以产生挥发性风味成分，已鉴别出这类挥发性风味成分有17类220多种，其中包括36种吡嗪类化合物，19种链烷类化合物，13种2-链烯类化合物，以及酮类、吡啶类、呋喃类、苯酚类、萜烯类化合物等。其中，吡嗪类化合物浓度最高，对产生烘烤花生香味起主要作用。烘烤花生或其制品特有的香气和口味与某些氨基酸也有密切关系，天冬氨酸、谷氨酸、谷氨酰胺、精氨酸、组氨酸和苯丙氨酸等与产生香味有关。

（七）其他成分

花生中含有少量胰蛋白酶抑制剂因子，约为大豆的20%，并含有甲状腺肿素、凝血素、植酸和草酸等抗营养物质。但是这些抗营养物质经过热加工处理后容易被破坏而失去活性，一般不会影响花生及其制品的营养价值。

第二节　芝　麻

芝麻（*Sesamum indicum* L.）又称为胡麻。曾相传其原产于非洲或印度，但新的科学考证，芝麻原产于我国的云贵高原。我国自古就有食用芝麻和芝麻油（俗称香油）的习惯。

芝麻（sesame seed）生产主要集中在赤道南北纬45°的热带与亚热带地区，亚洲的中国、印度、缅甸，非洲的苏丹、乌干达、索马里和尼日利亚，以及中南美地区的墨西哥、危地马拉等国都有芝麻生产。中国芝麻总产量在75万吨左右，占世界总产量的约25%。我国芝麻种植历史悠久，分布地域广泛，几乎遍及全国各地，南自海南岛，北至黑龙江，东起台湾，西到西藏。主要产区集中在河南、安徽、湖北三省，其种植面积占全国芝麻总面积的70%以上。西起湖北襄阳，经河南南阳、驻马店、周口至安徽阜阳、宿州等地形成一条中国芝麻集中种植带，并以此为核心向南北辐射，形成了包括黄淮、江淮、江汉平原的芝麻主产区。该区是中国芝麻生产的中心，种植面积大，在很大程度上影响着中国芝麻生产的形势。白芝麻生产主要集中在黄淮、江汉平原，黑芝麻分布在江西、广西二省（自治区），河南南阳地区有少量金芝麻种植。

芝麻加工产品主要包括芝麻油、芝麻酱、脱皮芝麻、芝麻粉等初加工产品及深加工产品芝麻素等。

一、芝麻籽的结构和化学组成

芝麻籽的大小、外形不一，为双子叶植物（图7-3），种子由种皮、子叶和胚组成。胚由幼根和胚芽组成。芝麻种皮约占籽粒总重的17%。种皮主要由粗纤维和草酸钙所组成，用芝麻生产食品时需要将其脱除。芝麻籽的细胞超微结构如图7-4所示。

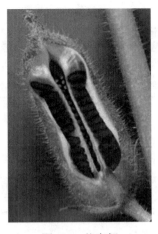

图 7-3 芝麻籽

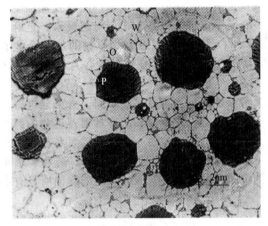

图 7-4 芝麻籽的细胞超微结构图（周瑞宝，2010）
P. 蛋白体；O. 油体；W. 细胞壁

在芝麻籽仁中，油脂和蛋白质分别以油体和蛋白体亚细胞的形式存在细胞内。油体的直径为 0.2～2μm，并以互相挤压的形式充满整个细胞。油体被一层类似细胞膜构造的单分子磷脂膜所包围，磷脂膜表面几乎完全镶嵌着油体膜蛋白（oleosin），以及微量的油体钙蛋白（caleosin）、油体固醇蛋白（steroleosin）。油体膜蛋白属于结构性蛋白质，是高度疏水的碱性小分子蛋白质，特有的二级结构使其稳固地镶嵌在油体表面单分子磷脂膜上，对维持油体的稳定极为重要。油体主要由 94%～98%（质量分数）的中性脂肪、0.6%～2% 磷脂和 0.6%～3.5% 的蛋白质所组成，油体膜蛋白、油体钙蛋白、油体固醇蛋白分别占总油体蛋白质的 80%～90%、5%～10% 和 1%～2%。蛋白体直径为 2～10μm，蛋白体的外层由单分子的脂蛋白膜构成，芝麻种子中的植酸主要存在于种皮和蛋白体中的植酸盐球体中。

芝麻含有丰富的油脂和蛋白质，籽粒中含有 45%～63% 的油，平均值为 50%；19%～31% 的蛋白质，平均值为 23%；5%～15% 的碳水化合物。表 7-9 列出了芝麻籽的主要化学组成。

表 7-9 芝麻籽的化学组成 ［单位：%（干基计）］

粗脂肪	蛋白质	碳水化合物	粗纤维	灰分
50.54	22.79	8.23	2.98	4.95

资料来源：李晨曦，2020。

二、芝麻籽的化学成分

（一）芝麻油脂

芝麻籽的油脂主要由天然甘油三酯组成，并含有 0.03%～0.13% 的磷脂，其中卵磷脂和脑磷脂约各占 52% 和 46%。芝麻油脂中不皂化物含量相对较多，约为 1.2%。

甘油酯是混合型的，主要是油酸－双亚油酸、亚油酸－双油酸型甘由三酯，以及由一个饱和脂肪酸根和油酸与亚油酸中的一个酸根相结合的甘油三酯。因此，芝麻油甘油酯大部分是三不饱和型（摩尔分数 58%）和双不饱和型（摩尔分数 36%），含少量单不饱和脂肪酸甘油酯（摩尔分数 6%），芝麻油中不含三饱和脂肪酸甘油酯。

芝麻油中的不皂化物包括固醇（主要是 β-谷固醇、菜油固醇和豆固醇）；三萜烯和三萜烯醇，其中三萜烯醇至少包括 6 种化合物，3 种（环阿屯醇、24-亚甲基环阿屯醇和 α-香树素）已鉴定，另外还有生育酚、芝麻素和芝麻林素，这些都是在任何其他食用植物油中没有发现过的。在用光谱法鉴定的色素中，脱镁叶绿素 a（λ_{max}665～670nm）大大多于脱镁叶绿素 b（λ_{max}655nm）。芝麻油独具的沁人的芳香和滋味是因为含有 C_5～C_9 直链醛类和乙酰吡嗪的缘故。

芝麻油属于多不饱和脂肪酸、半干性油类。约含 80% 的不饱和脂肪酸。油酸和亚油酸是主要的脂肪酸，两者的含量大致相等（表 7-10）。饱和脂肪酸主要由棕榈酸和硬脂酸组成，含量低于总脂肪酸的 20%。花生酸和亚麻酸的量很少。有报道称某些芝麻油中存在十七烷酸（0.2%～0.3%）和十六碳烯酸（0～0.5%）。

表 7-10　芝麻油的脂肪酸组成

脂肪酸	含量 /%	脂肪酸	含量 /%
油酸	34.84～58.38	棕榈酸	7.75～10.65
亚油酸	39.36～53.26	硬脂酸	3.50～5.72

资料来源：周璐等，2021。

芝麻油的特性如表 7-11 所示。

表 7-11　芝麻油的特性

项目	指标	项目	指标
相对密度（25℃/25℃）	0.918～0.924	游离脂肪酸（以油酸计）/%	1.0～3.0
折射率（n_D^{50}）（25℃）	1.463～1.474	不皂化物 /%	0.9～2.3
烟点 /℃	165～166	碘价 /（g I/100g）	103～130
闪点 /℃	319～375	皂化价 /（mg KOH/g）	186～199
凝固点 /℃	−3～−4	羟基值 /（mmol/kg）	1.0～10.0
脂肪酸凝固点 /℃	20～25	硫氰基 /（mol/kg）	74～76

资料来源：周瑞宝，2010。

在通常使用的植物油中，芝麻油是最不易氧化酸败的，这种非同寻常的氧化稳定性，远远超出了其所含生育酚（维生素 E）应具有的抗自动氧化作用，这是由于芝麻油中比其他植物油含有更多的不皂化物（接近 1.0%～1.2%），它们是芝麻中的天然抗氧化剂，如芝麻酚等。

未精炼芝麻油显著的稳定性在很大程度上归因于天然苯酚类抗氧化剂，即芝麻素、芝麻林素和芝麻酚的存在。不同品种芝麻中芝麻素和芝麻林素的含量如表 7-12 所示。

表 7-12　不同品种芝麻油中芝麻素和芝麻林素的含量　　　　　　（单位：%）

芝麻籽型	油脂	芝麻素	芝麻林素
混合芝麻籽	52.7（43.4～58.8）	0.36（0.07～0.61）	0.27（0.02～0.48）
白芝麻籽	55.0（51.8～58.8）	0.44（0.12～0.61）	0.25（0.02～0.48）
棕芝麻籽	54.2（50.5～56.5）	0.36（0.11～0.61）	0.30（0.13～0.24）
黑芝麻籽	47.8（43.4～51.1）	0.24（0.07～0.40）	0.27（0.13～0.40）

资料来源：周瑞宝，2010。

研究发现，芝麻素含量最高的是含油高达 55% 的白芝麻籽样品，最低的为含油仅为 47.8% 的黑芝麻籽样品。与此相对应的样品中芝麻林素含量最高（0.48%）和最低（0.02%）的均是白芝麻籽品种。

（二）芝麻蛋白质

1. 芝麻蛋白质的组成　芝麻籽含 19%～31% 的蛋白质，平均为 25%。芝麻籽中的蛋白质大部分位于籽粒的蛋白体中。芝麻蛋白质按其溶解性可分为清蛋白（8.6%）、球蛋白（67.3%）、醇溶蛋白（1.3%）、谷蛋白（6.9%）。球蛋白是芝麻中的主要蛋白质，芝麻籽球蛋白中 α-球蛋白占总量的 60%～70%，β-球蛋白占 25%。α-球蛋白是一种高分子质量的蛋白质（250～360kDa），沉降系数为 11S～13S，由 6 组分子质量为 50～60kDa 的二聚体组成。二聚体由 A-B 型通过二硫键相连。β-球蛋白是芝麻籽球蛋白中的少量成分，分子质量为 15kDa，富含酸性和疏水性的氨基酸。另外，芝麻籽亚细胞的油体膜上还含有三种膜蛋白，即芝麻油体膜蛋白、芝麻固醇膜蛋白和芝麻油体钙蛋白，其分子质量分别为 15～21kDa、39～41kDa、27kDa。

2. 芝麻蛋白质的特性　芝麻球蛋白是盐溶性蛋白，等电点在 pH 6～7，此时溶解度最小，当 pH 增大或减少时，其溶解度逐渐增加。芝麻 α-球蛋白的溶解度受离子强度影响很大，在 pH 7 时离子强度从 0 递增到 1mol/L，溶解度逐渐增加，可达 90% 左右。

芝麻 α-球蛋白在不同的盐离子浓度作用下，亚基会发生缔合解离作用。使蛋白质解离的阴离子依次为：$SO_4^{2-} < Cl^- < Br^- < ClO_4^- < SCN < COO^- < I^- < ClCOO^-$。相比而言，最前面的两个是引起缔合的离子，而 CCl_3COONa 是最有效的解离作用试剂。Li^+、Na^+、K^+ 和 Cs^+ 能使其缔合，作用大小顺序为 $Cs^+ > Li^+ > K^+ > Na^+$。

3. 芝麻蛋白质的氨基酸组成 与 FAO/WHO 的参照值相比，在芝麻蛋白质的 8 种必需氨基酸中，富含含硫氨基酸和色氨酸，而赖氨酸、苏氨酸、异亮氨酸和缬氨酸的含量不足。芝麻粕中氨基酸的含量列于表 7-13。

表 7-13 芝麻粕中氨基酸的含量

氨基酸	含量 /%	氨基酸	含量 /%
天冬氨酸	4.50±0.04	异亮氨酸	1.95±0.02
苏氨酸	1.70±0.02	亮氨酸	3.56±0.02
丝氨酸	2.25±0.02	酪氨酸	2.09±0.02
谷氨酸	12.39±0.11	苯丙氨酸	2.46±0.03
甘氨酸	2.58±0.03	赖氨酸	1.66±0.02
丙氨酸	2.44±0.02	组氨酸	1.34±0.01
半胱氨酸	0.47±0.00	精氨酸	7.08±0.06
缬氨酸	2.14±0.02	脯氨酸	2.24±0.02
甲硫氨酸	1.21±0.01		

资料来源：李晨曦，2020。

芝麻籽蛋白质中含量高的含硫氨基酸是独特的，表明芝麻蛋白质可以更广泛地用作甲硫氨酸和色氨酸的补充物，可作为婴儿和断奶幼儿食品的优良蛋白源。

（三）碳水化合物

芝麻籽含有 14%~18% 的碳水化合物，包括葡萄糖（3.2%）、果糖（2.6%）、蔗糖（0.2%）、棉籽糖（0.2%）、水苏糖（0.2%）、车前糖（0.6%）及少量的其他几种低聚糖。另外，也含有 3%~6% 的主要存在于壳和种皮中的粗纤维。脱脂粉中含有 0.58%~2.34% 和 0.71%~2.59% 的半纤维素 A 和 B。半纤维素 A 含有半乳糖醛酸和葡萄糖，以 1：12.9 比例存在；而半纤维素 B 中所含的半乳糖醛酸、葡萄糖、阿拉伯糖和木糖的比例为 1：3.8：3.8：3.1。

（四）矿物质和维生素

芝麻籽是一种很好的矿物质源，特别是钙、磷、钾和铁（表 7-14）。籽粒含 4%~6% 的矿物质。芝麻籽粒中含有 1% 的钙和 0.7% 的磷。钙主要在种皮中，在脱皮时被去除。此外，由于籽中含有高浓度的草酸盐和植酸盐，因此降低了芝麻籽中钙的生物利用率。

表 7-14 芝麻籽和芝麻皮的矿物成分表（干基）

成分	芝麻籽	成分	芝麻籽
灰分 /%	4.68±0.20	钠 /（mg/100g）	15.28±1.63
钙 /%	1.03±0.04	铁 /（mg/100g）	11.39±0.27
钾 /（mg/100g）	525.9±17.90	铜 /（mg/100g）	2.15±0.06
镁 /（mg/100g）	349.9±39.32	锌 /（mg/100g）	8.87±0.26
磷 /（mg/100g）	516±26.89	锰 /（mg/100g）	3.46±0.43

资料来源：周瑞宝，2010。

芝麻对铅的积累有不同寻常的能力。整籽和芝麻仁中含铅量为 0.13~0.22mg/100g，因此过多食用芝麻（>200g/ 天）对人体有害。

芝麻籽是某些维生素的重要来源，特别是烟酸、叶酸和维生素 E（表 7-15）。然而芝麻籽中维生素 A 含量很低。芝麻油富含生育酚，但 γ-生育酚和 δ-生育酚比例大大高于 α-生育酚，后者的维生素 E 活性最高，因此芝麻油的维生素 E 活性低于其他植物油。

表 7-15　芝麻籽中维生素的含量　　　　　　　　　　　　　　（单位：mg/100g）

成分	含量	成分	含量
维生素 A	微量至 60IU/100g	叶酸	51～134μg/100g
维生素 B$_1$	0.14～1.0	维生素 E 总量（α-生育酚等价物）	29.4～52.8
维生素 B$_2$	0.02～0.34	α-生育酚	1.0～1.2
烟酸	4.40～8.70	β-生育酚	0.005～0.6
泛酸	0.6	γ-生育酚	24.4～51.7
维生素 C	0.5	δ-生育酚	0.05～3.2

资料来源：周瑞宝，2010。

（五）抗营养因子

芝麻籽含有较多的草酸盐和植酸盐，其对矿物质的生物利用率有不利的影响。草酸主要存于皮壳中，由于钙的螯合作用使整籽或粕有轻微的苦味。脱皮可降低芝麻籽中草酸的含量。用过氧化氢在 pH 9.5 时处理可去除芝麻粕中的草酸。

芝麻籽含有相当多的磷，大部分与植酸相结合或以菲丁（一种肌醇六磷酸钙镁盐）的形式存在。芝麻籽中植酸的含量高达 5%。芝麻粕中的植酸盐不溶于水。

三、芝麻香味的形成

1958 年我国制油前辈董学奉工程师发表文章认为，小磨油为什么有这样的特殊的香味，而其他油料所不能及者，概因芝麻中含有 Sesamolin（芝麻酚林，$C_{20}H_{18}O_7$），当加水分解之后而变为 Sesamol（芝麻酚，$C_7H_6O_3$）和 Samin（萨名，$C_{13}H_{14}O_5$）。因芝麻酚含有—OH、3,4-亚甲二氧基两个香基，可能在芝麻未炒之前，成为 Sesamolin 状态，除有些涩之外，并感觉不到有什么香味，经过炒之后，受外界影响，芝麻酚游离而出，即感其香味也。

1964 年财经出版社出版的《油脂制备工艺与设备》中叙述小磨油工艺，将芝麻酚是芝麻油特征香气的"概因"假说，去掉"概"字成"因"，而肯定说其是芝麻香油的香气成分，并把它作为理论编入小磨香油生产工艺书籍中。之后许多国内与小磨香油有关的书籍、文章、词典中频繁加以引用，误把芝麻香油的"香气"成因说成是芝麻酚。但将单体芝麻酚添加到非芝麻油中进行实验，却无法调制出芝麻香油的特征风味。

大量的文献资料和实验表明，芝麻或芝麻油特征香味成分并不是芝麻酚，而是芝麻中的蛋白质、含氮化合物，与自身的糖等加热发生美拉德反应的产物。用气相色谱－质谱对商品芝麻香油风味分析，主要香气成分是吡嗪、呋喃、噻唑、吡咯等化合物。

近年的研究亦显示蛋白质和肽对香气的形成有影响。张尧和霍春艳将半胱氨酸、谷氨酸－半胱氨酸－甘氨酸三肽分别与葡萄糖在 pH7.5 水溶液中，于 180℃下反应 1h。二者呈味均为芝麻风味，前者主要产物为硫酚，且味较刺激；后者产物为呋喃，呈味则较和缓。霍春艳等研究甘氨酸及其双肽、三肽和四肽与葡萄糖在 180℃反应 2h 的热反应香气，发现含奇数个甘氨酸肽形成的吡嗪量，远高于含偶数个甘氨酸肽形成的吡嗪量，此与肽的热裂解断裂类型有关。这表明，具不同氨基酸残基的肽，其形成香味物质的能力差异亦极大。

施巴莫（Shibamoto）和拜汉德（Bernhand）将葡萄糖、甘露糖、半乳糖和果糖等六碳糖，与鼠李糖、木糖、阿拉伯糖等五碳糖，分别与氢氧化铵进行反应试验，发现各糖类的吡嗪产物种类均略有不同，且在产量上，五碳糖较六碳糖多，醛、酮产物种类则相似。结果表明，不同的糖类会影响吡嗪的产量及产物种类的分布。

耶欧（Yeo）和施巴莫托（Shibamoto）以微波加热法试验葡萄糖与半胱氨酸模式反应，于 pH2.0、

pH5.0 和 pH7.0 时，主要产物均为呋喃、吡咯、硫酚，呈含硫刺激味；而 pH9.0 时，主产物为噁唑、吡嗪、噻唑、吡喃酮、呋喃酮，呈核果味及烧烤味。pH 对吡嗪的形成影响很大，相同的反应于 pH9.0 下要较在 pH5.0 下的产量高出 500 倍之多。

由于形成吡嗪需要较高的生成能，此类物质常在高温加工时才产生。温度升高 10℃，反应速率增加 1 倍。在反应系统中金属离子、氧气、抗氧化剂及氢氧化钠对吡嗪形成都有影响。铜及锌离子会抑制吡嗪的形成，但加速褐变色素的形成。以微波加热葡萄糖和半胱氨酸反应，pH 的影响程度要比热传导方式时大。

许建军等以芝麻分离蛋白为底物，用蛋白酶 Flavourzyme 进行水解，得到酶水解物。水解物在封闭条件下 160℃ 热反应衍生风味。研究结果表明，热反应温度升高，使产物褐变增加，所得香气有浓郁芝麻特征香味；pH 的提高有利于吡嗪类风味物的生成。将提取物浓缩用气相色谱－质谱联用仪（GC-MS）分析，与芝麻油香气提取物的香气和组成成分相似，都是一类呋喃、吡嗪、吡咯和相关的含氮杂环化合物成分。

纳卡努拉（Nakamura）等以蒸馏、萃取法自芝麻油中萃取挥发性物质，并分析香气成分，共得 211 种化合物。其中以呈现焙烤味、花生味的吡嗪含量最高，38 种吡嗪约占总量的 40%，其中 2-甲基吡嗪、2,5-二甲基吡嗪、2,6-二甲基吡嗪各含 17.20%、4.77%、3.52%，为芝麻油香气中含量最高的化合物。25 种酮、17 种呋喃及 2 种吲哚似对甜味有较大的贡献，该类化合物中含量较高者为 3 甲基-2 丁酮（2.09%）和糠基乙醇（5.89%）。此外，4 种噻唑具青草和核果味，14 种硫酚具含硫味及核果味。上述化合物大都是由氨基酸和糖之间的褐变或焦糖化反应产物。香味成分中亦发现具长碳链的吡嗪和吡啶，显示油脂自氧化中间物也对香气有贡献。

季（Ji）和本纳汉德（Bernhard）以减压法抽取焙烤芝麻的挥发性化合物，并将之区分为中－酸性与碱性两部分，以分析其组成，发现酸性部分含量最高者为辛醛、2,4-十一碳二醛和 3-甲基丁醛，碱性部分主要为吡嗪，以 2,3-二甲基吡嗪、2,6-二甲基吡嗪、2-乙基吡嗪及 2,5-二乙基吡嗪含量最高。Ji 和 Bernhard 指出，2-糠基乙醇具令人愉快的焙烤味，为重要的特性风味化合物，但发现与焙烤的白、黑芝麻的香气有差别。

第三节 葵 花 籽

葵花籽是菊科向日葵属草本植物向日葵的种子，可供食用和油用。向日葵又名向阳花、丈菊、葵花，对环境适应性极强，耐盐、耐涝、抗旱，因此全球都有种植。油用葵花籽主要分布于俄罗斯、土耳其、阿根廷等国家。我国种植向日葵已有百余年历史。目前，我国已成为向日葵种植大国，食用葵花籽的种植主要集中在内蒙古、黑龙江、新疆、吉林和山西等省（自治区），其中内蒙古自治区的种植面积最大。

一、葵花籽仁的结构和组成

葵花籽的果实为瘦果，由果皮（壳）和种子组成。种子由种皮、两片子叶和胚组成（图 7-5），果实颜色有白色、浅灰色、黑色、褐色、紫色，并有宽条纹、窄条纹、无条纹。种皮分三层，其中外种皮为膜质，上有短毛；中果皮为革质，硬而厚；内果皮为绒毛状。种皮内有两片肥大的子叶，以及胚根、胚茎、胚芽，没有胚乳。胚根、胚茎、胚芽位于种子的尖端。

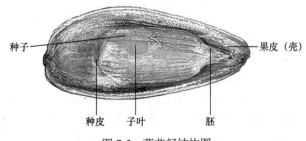

图 7-5 葵花籽结构图

葵花籽分为食用型和油用型。食用型葵花籽籽粒大，皮壳厚，出仁率低，约占 50%，一般籽仁含油量 40%～50%。果皮多为黑底白纹，宜于炒食或作饲料。油用型葵花籽籽粒小，籽仁饱满充实，皮壳薄，出仁率高，占 65%～75%，一般籽仁含油量为 45%～60%，果皮多为黑色或灰条纹，宜于榨油。

葵花籽是世界五大油料作物之一，年产量可达 5000 多万吨。葵花籽仁营养丰富（表 7-16），含有丰富的油脂、蛋白质和碳水化合物。除此之外，葵花籽仁还含有维生素、食用纤维、铁、锌、钾等人体需要的营养成分。

表 7-16　葵花籽仁的营养成分表

营养成分	含量 /100g	营养成分	含量 /100g
热量	606kcal	铜	2.51mg
水分	6.20g	镁	264mg
脂肪	40～67.8g	锌	6.03mg
蛋白质	21～30.4g	硒	1.21μg
碳水化合物	2～6.5g	维生素 A	5μg
膳食纤维	2.03～6g	维生素 B_1	0.36mg
钙	72mg	维生素 B_2	0.2mg
铁	5.7mg	维生素 E	34.53mg
磷	238mg	胡萝卜素	0.03mg
钾	562mg	叶酸	280μg
钠	5.5mg	烟酸	4.8mg

资料来源：郑竟成，2021。

二、葵花籽的化学成分

1. 葵花籽油脂　　葵花籽油以不饱和脂肪酸为主（表 7-17），有亚油酸，磷脂，β-谷固醇等固醇。

表 7-17　葵花籽油脂肪酸组成

脂肪酸	脂肪酸占比 /%	脂肪酸	脂肪酸占比 /%
14 碳以下烷酸	<0.1	亚油酸（C18：2）	48.3～74
豆蔻酸	0.2	亚麻酸（C18：3）	<0.7
棕榈酸	5.0～7.6	花生酸（C20：0）	0.1～0.5
棕榈油酸	<0.3	花生一烯酸（C20：1）	<0.3
硬脂酸	2.7～6.5	山萮酸（C22：0）	0.3～1.5
油酸	14.0～39.4	芥酸（C22：1）	<0.3

2. 葵花籽蛋白质　　葵花籽仁含有大量的蛋白质，蛋白质中 1%～13% 来源于多肽、氨基酸或者其他的含氮物质。葵花籽蛋白的消化率为 90%，远高于消化率为 60% 的玉米和 74% 的马铃薯。葵花籽蛋白的生物价高达 65，葵花籽蛋白中含有丰富的人体必需氨基酸，必需氨基酸含量高于 FAO/WHO 的推荐模式，其中谷氨酸和天冬氨酸含量最高。与其他植物蛋白相比，葵花籽蛋白含有较少的抗营养成分和有毒物质。而且，葵花籽蛋白中还含有大量含硫氨基酸，而大多数植物源性蛋白质通常缺乏含硫氨基酸，因此，葵花籽蛋白非常适合作为人类的优质蛋白来源。

葵花籽蛋白质不仅具有与大豆蛋白一样的功能性质，还可通过酶解制备具有活性的多肽。王殿友等利用发酵技术对葵花籽粕进行酶解制得活性较高的抗氧化肽。冯文君通过 M 蛋白酶酶解葵花籽蛋白，制得促进机体钙吸收的肽钙复合物。杨越等利用碱性蛋白酶酶解葵花籽蛋白制备具有降血压作用的活性肽。王海凤以葵花籽分离蛋白为原料，通过酸性蛋白酶与超声波协同得到的酶解产物可以强烈抑制亚硝化反应，并且大量清除亚硝酸钠。克拉格瓦·艾瑞克（Karangwa Eric）等利用碱性蛋白酶和风味蛋白酶水解葵花籽蛋白，并结合美拉德反应制备风味增强剂。由此可知，葵花籽蛋白不仅可以制备出具有高活性的多肽还可以为食品调味剂提供调味基料。

3. 碳水化合物　　葵花籽仁的另一个重要组成部分为碳水化合物，其中醇溶性糖占总碳水化合物含量的 4.4%～6.3%，葡萄糖占 46%，阿拉伯糖占 16%，糖醛酸占 14%，半乳糖占 11%。

4. 酚类物质 葵花籽仁中还含有酚类物质，以绿原酸（chlorogenic acid）为主，葵花籽榨油后剩余的葵花籽粕中，绿原酸含量为 0.5%～2.4%。绿原酸具有较好的抗菌和抗氧化作用，被广泛应用在食品、医药保健等多个领域。但在中性或碱性条件下，绿原酸容易被氧化成绿色物质，再继续氧化生成醌类物质。绿原酸与蛋白质中的极性基团化合后，生成绿色的绿原醌类物质，不但影响蛋白质的色泽，由于绿原醌类物质不能被人体消化吸收，还降低了蛋白质的营养价值。因此，在大多数人们的认知中绿原酸是一种抗营养因子，同时也是限制葵花籽粕在食品和饲料业中被广泛应用的一个重要原因。

为了得到品质优异的葵花籽蛋白质，很多研究者对葵花籽加工后的副产物进行脱酚处理。比较常见的方法有 6 种：①有机溶剂水溶液萃取；②含酸、盐或者其他还原剂溶液的提取；③膜分离；④通过非蛋白质或者色素的沉淀而分离；⑤与其他物质结合后再解离分离；⑥超声波微波辅助提取。但最常用的还是第一种方法。里奥纳·迪斯（Leonardis）等进行了葵花籽粕的脱酚酸研究，比较了不同 pH 条件下，甲醇、乙醇及丙酮水溶液提取多酚的效果，其结果表明，利用 pH 5.0 的 60%（V/V）乙醇溶液进行提取后，多酚的去除率为 60%。皮卡德（Pickardt）等为了从葵花籽粕中提取低多酚含量的葵花籽蛋白质，采用酸性盐溶液进行提取，得到的蛋白质色泽较好，此方法虽然没有使用有机溶剂，但是盐溶液的浓度较高（2mol/L NaCl 溶液），这将对后续的蛋白质纯化带来阻碍。艾卡（Aka）等以完整葵花籽仁为原料直接进行脱酚处理，既可以避免因葵花籽仁细胞结构被破坏而导致内源多酚氧化酶催化的酚类氧化，又能有效地保护和分离出绿原酸等物质，同时可以大大降低或避免后续蛋白质提取分离过程中多酚类物质的干扰，从而提高葵花籽蛋白的品质。赵涛等用乙醇作为溶剂提取葵花籽中的绿原酸，结果显示利用 75%（V/V）的乙醇水溶液进行提取效果最佳，此时绿原酸的提取率可以达到 64.73%。然而，使用高浓度的乙醇不但很容易引起蛋白质变性，而且乙醇的回收也会增加工业成本，乙醇是易燃的有机试剂，在生产时还存在一定的安全隐患，可见在所得提取率的条件下仍存在很大限制。索斯科（Sosulski）等首次提出采用酸化的水溶液对未粉碎的葵花籽仁进行直接浸提去酚酸，绿原酸脱除率达 2.10g/100g（干基），这与采用乙醇水溶液回流提取绿原酸的结果 2.01g/100g（干基）相接近。虽然在酸提条件下蛋白质和油脂的溶出及绿原酸的变化均未清楚揭示，但却也为脱酚方法提供了新的思路。此后王志华在研制开发葵花籽饮料时，为了减少酚酸类物质对饮料色泽及品质的影响，在磨浆前采用热水浸泡葵花籽进行脱酚处理。绿原酸的脱除率达到 74%，但未对绿原酸的变化和浸提时油脂、蛋白质等物质的溶出关系进行监测。徐丹丹以完整的葵花籽仁作为酚酸类物质的提取原料，发现浸提溶剂和浸提温度对所得的酚酸提取率及组成影响较大。在最佳浸提条件下，绿原酸类的酚酸物质提取率达 85.80%，其中，固形物、蛋白质和油脂的溶出率分别为 7.78%、3.71% 和 1.80%。

？【思考题】

1. 简述花生果的结构与组成。
2. 简述花生蛋白质的组成。
3. 简述芝麻香气形成机制。
4. 简述葵花籽如何脱色。

第三篇

水　果

第八章 柑 橘

第一节 柑橘的分类与形态结构

一、概述

柑橘类（citrus）属芸香科，均原产于我国，少部分原产印度，我国柑橘栽培已有 3000 余年历史。目前，柑橘主要种植国家有美国、巴西、埃及、南非、墨西哥、土耳其等。截至 2019 年 7 月，全球橙子当年总产量 5430 万吨，宽皮橘产量 3200 万吨，柚子 690 万吨，柠檬 840 万吨。我国柑橘产量总体呈上升趋势，2020 年我国柑橘总体种植面积达到了 3800 万亩以上，产量为 3560 万吨，位居世界第一。其中橙子预计达到 750 万吨，宽皮橘达 2310 万吨，柚子达 495 万吨。柑橘是我国南方各省的主要果树，多为常绿乔木。其果实色、香、味俱佳，营养丰富，是国内外公认的优良果品。因品种繁多，成熟早晚各异，鲜果供应期长，又较耐储藏运输，基本可做到常年供应。国内柑橘 90% 用于鲜食（其中 30% 储藏保鲜），10%用于加工。在美国、巴西等国 80% 柑橘用于加工制汁，并对外输出，柑橘果实加工利用途径广阔。

二、柑橘的分类

柑橘类主栽品种有 3 个属，即枳属、金柑属和柑橘属，枳属常作砧木。金柑属有山金柑、牛奶金柑、圆金柑、金弹、长寿金柑、华南四季橘等，主产于浙江、江西、福建，结果早，可鲜食，少量用于制蜜饯和观赏栽培。柑橘属根据形态特征分为六大类，其中广泛栽培的有 4 类：枸橼类中的柠檬，柚类中的柚和葡萄柚，橙类中的甜橙，宽皮柑橘类中的柑类和橘类。

柑橘的种类如图 8-1 所示。

| 蜜柑 | 脐橙 | 芦柑 |

彩图　　蜜橘　　柚　　柠檬

图 8-1　柑橘的种类

1. 甜橙（sweet orange）　甜橙为世界各国主栽品种，依季节可分为冬橙和夏橙，依果实性状可分为普通甜橙、糖橙（无酸甜橙）、脐橙和血橙4个类型。在我国主产于四川、湖北、广东、湖南、台湾等地，果实大多圆形、椭圆形、扁圆形。果皮深橙色，肉质细嫩，多汁化渣，味浓芳香，酸甜适口，大部分品种耐储藏，适宜鲜食或加工制汁，主要品种有先锋橙、锦橙、雪柑、香水橙、红江橙、大红甜橙、哈姆林橙、新会橙、柳橙、冰糖橙、桃叶橙、伏令夏橙、红玉血橙、靖州血橙。

脐橙中有华盛顿脐橙、罗伯逊脐橙、朋娜、新贺尔、清家等品种，果实阔倒卵形，果皮橙黄至橙红色，果基皮厚，果顶皮薄，有脐，肉质细嫩多汁，味浓甜，富有香气，适宜鲜食。

2. 宽皮柑橘　果皮宽松，易剥。

1）温州蜜柑　主产浙江、江西、湖北等省，是我国柑类的主要品种，国外以日本最多。果实扁圆形，中等大，橙黄或橙红色，果肉柔软多汁，味甜微酸，无核，间或有种2或3粒，按成熟度分为特早熟，如桥木、市丸、隆月早、国庆1号等，9月底10月初上市；早熟品种10月中下旬上市，如宫川、龟井、兴津等；普通温州蜜柑有尾张、南柑20等，在11月中旬后成熟。早熟和普通温州蜜柑，除鲜食外，亦可用于制作罐头。

2）蕉柑　也称桶柑、招柑；椪柑（Chinese honey）别名有柑、芦柑、蜜桶柑。均主产于广东、福建、台湾一带，果实近圆形或高蒂扁圆形，果皮橙黄至橙红色，果皮稍厚，果肉柔嫩多汁，化渣，味甜，耐贮运，以鲜食为主。

3）橘（orange squash）　主要品种有南丰蜜橘，产于江西南丰、临川，果实小而扁圆皮薄，肉质柔嫩，风味浓甜，有香气。本地早橘，产于浙江黄岩、临海等地，果实中等、品质与南丰蜜橘相似。红橘，主产于四川、福建一带，为古老品种，果大、鲜红、酸甜适度，不耐贮。橘类适宜鲜食或加工糖水罐头。

3. 柚类

1）柚（shaddock）　果实大，单果重1000～2000g，多呈长颈倒卵圆形，果皮多为黄色，光滑、果肉透明黄白或粉红色、柔软多汁、化渣，酸甜味浓（或酸甜适度或纯甜），多耐储藏，适宜鲜食。主要种类有：沙田柚，主产广西、广东、湖南；楚门文旦柚，产于浙江玉环；坪山柚，主产于福建；垫江白柚，主产于重庆龙江、江津；江安白柚，主产于湖南洪江市；五布红心柚，主产于重庆巴南区；晚白柚，主产于台湾、四川、福建；官溪蜜柚，主产于福建等。

2）葡萄柚（grapefruit）　主产美国、巴西等国。果实扁圆或圆形，常呈穗状，且有些品种有类似葡萄的风味，因此得名。果实大，果皮颜色嫩黄，按果肉色泽品种分为白色果肉品种，如邓肯、马叙；粉红色果肉品种，如福斯特粉红、马叙粉红；红色果肉品种，如路比红、红晕；深红色果肉品种，如路比明星、布尔冈迪等。果实含维生素C高，具有苦而带酸的独特风味，耐贮运，是国外消费者喜欢的鲜果和制汁原料，为国际果品市场上的重要产品。

4. 柠檬（lemon）　四川、重庆、台湾、广东等省（直辖市）栽培较多，果实长圆形或卵圆形，表面粗糙，果顶端呈乳头状，淡黄色，果肉极酸，皮厚具有浓郁芳香，被称为多用途水果，在烹调、饮料和医药化妆工业上用途较广。主要品种有尤力克、里斯本、比尔斯等，也是国际果品市场上的重要水果。

三、柑橘的结构与组成

柑橘果实由果肉部分和果皮组成，见图8-2。果皮又分为外果皮、中果皮和内果皮，内果皮为白皮层，是海绵状的组织。成熟的果肉部分由围绕中心柱排列的橘瓣组成，每片橘瓣外被一层薄膜——囊皮组织所包裹。成熟果实的砂囊紧密排列，充满整个囊瓣，砂囊突起连向表层囊皮。这些非常薄的多重细胞除含有果汁外，还含有黄色载色体。另外，大多数柑橘品种，在橘瓣靠近中心柱处含有种子。橘皮由呈色部分的外皮层和贴近橘瓣的白色内皮层组成，橘皮的表皮细胞含有大量的油胞和色素载体。葡萄柚和橙类的理化组成为外果皮8%～10%、内果皮15%～30%、囊皮及果肉等60%～75%、种子0～4%。

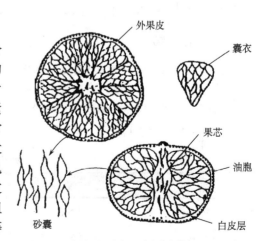

图8-2　柑橘的果实示意图（单杨，2004）

甜橙可食部分约为74%,每100g橙肉大概含有水分87.4g、蛋白质0.8g、脂肪0.2g、碳水化合物11.1g、灰分0.5g、膳食纤维0.6g、维生素E 0.56mg、抗坏血酸33mg、硫胺素0.05mg、核黄素0.04mg、烟酸0.3mg、胡萝卜素160μg、钾159mg、铁0.4mg、钠1.2mg、硒0.7μg、钙20mg、锌0.14mg、锰0.05mg、镁14mg、铜0.03mg、磷22mg等。

柑橘中相应的一些苦味物质主要存在于果心皮、维管束、中心柱及内皮层组织中。种子中也含有柠檬苦素。果胶物质及果胶酶在内果皮中很丰富,氧化酶及过氧化氢酶也大量存在于果皮的维管束中。

柑橘果实的大小不同所含的成分也有区别,因此原料果实大小不仅与出汁率有关,也影响果汁的品质。着色不良果的果汁糖度低、酸度高,不适合作为果汁加工的原料。另外,果皮厚的果实和果梗部突出的椭圆果的果肉含量低,出汁率也低,果汁中的糖度和维生素C含量也低,酸度高。从出汁率和果汁质量看,果形不良的果实作为柑橘汁的原料比正常和受伤果实差,但比着色不良果好。

受干旱的柑橘果实小,皮薄,果皮和果实中水分少,果肉中的糖、酸、总氮异常高。维生素C少而类黄酮化合物异常高。而受冻害的柑橘表皮微陷,有褐色斑点,果实有异臭,易腐败,严重者砂囊开裂,果汁少,出汁率很低。同时果汁中橘皮苷多,苦味强。这类果实可以和正常果实搭配使用。

第二节　柑橘的化学组成及其特性

柑橘汁在加工中的技术条件在很大程度上取决于柑橘原料的化学组成。柑橘的化学组分可以分为水溶性成分和非水溶性成分两部分。

水溶性成分:单糖和双糖、果胶、有机酸、单宁物质等。非水溶性成分:淀粉、纤维素和半纤维素、原果胶、脂类等。

不同品种柑橘的化学成分不同,构成了其各自的风味。为了能够保证产品质量,对影响柑橘化学成分的因素及化学成分的特性应该有所了解,以便有针对性控制生产过程,得到质量优良的加工品。

一、水分

柑橘含水量在80%以上,是柑橘中含量最多的成分。水分是影响柑橘鲜度和味道重要的成分,同时又是导致其贮存性差,容易变质和腐烂的原因。

柑橘中水分以结合水和游离水两种形式存在。结合水是和蛋白质、多糖类等胶体微粒结合在一起,并包围在胶体微粒周围的一层水膜。它的性质和游离水不同,如有较低的蒸汽压,冰点降至−40℃以下,不能作为溶剂,不能流动,不能供微生物利用等。澄清果汁生产中,这部分水分不能分离出来。游离水主要存在于柑橘组织的液泡中,占水分比例很大,溶解有相当多的水溶性成分,具有稀溶液的一般性质,可以自由流动,很容易被蒸发掉。

在游离水总量中,还有一部分水是与结合水相毗邻,以氢键结合的水,这部分水不能完全自由运动,但加热时较易于除去。有的文献中将这部分水称为准结合水。

二、碳水化合物

柑橘干物质中最主要的成分是碳水化合物。碳水化合物在加工中会发生种种变化,对制品品质产生好的或坏的影响。主要碳水化合物有单糖和双糖、纤维素、果胶类物质等。

柑橘中主要的单糖是葡萄糖和果糖,主要的双糖是蔗糖。其他单糖和双糖的含量较少。部分柑橘类果实的糖分含量见表8-1。

表8-1　柑橘类果实的糖分　　　　　　　　　　　　　　　　(单位:g/100g)

种类或品种	总糖	蔗糖	葡萄糖	果糖
温州蜜柑	8.67	5.37	1.43	1.59
柚	6.97	4.27	0.82	1.63

续表

种类或品种	总糖	蔗糖	葡萄糖	果糖
福原橙（橘）	7.50	4.18	1.21	1.89
椪柑	8.86	5.15	1.56	1.88
桶柑	10.03	6.00	1.77	1.94

资料来源：单杨，2004。

三、果胶类物质

柑橘中的果胶类物质一般有三种形态：原果胶、果胶和果胶酸。

1. 原果胶 存在于未成熟柑橘的细胞壁间的中胶层中，不溶于水，常和纤维素结合使细胞黏结，所以未成熟的果实显得脆硬。随着柑橘的成熟，原果胶水解成为纤维素和果胶。此水解反应在有机酸的参与下发生，也有人认为存在着原果胶酶一类的物质促进此反应发生。

2. 果胶 基本结构是 D-吡喃半乳糖醛酸以 α-1,4 糖苷键结合的长链，以部分甲酯化的状态存在。甲酯化的程度变化幅度较大，根据甲酯化程度，可将果胶区分为高甲氧基果胶（HM）和低甲氧基果胶（LM）两类，含甲氧基在 7%（以分子质量计）以上者为高甲氧基果胶，也称普通果胶，含甲氧基在 7% 以下者为低甲氧基果胶。果胶溶于水，使细胞间结合力松弛，且具有一定黏性，因而柑橘质地随果实成熟变软。

3. 果胶酸 成熟的柑橘向成熟转化时，果胶在果胶酶的作用下，转变成为果胶酸，果胶酸无黏性，对水溶解度很低，因而过熟的柑橘呈软状态。

果胶在果汁及果酱、果冻类制品加工中具有重要意义。由于果胶系高分子物质，水果榨汁时若存在着大量的果胶，就会因汁液的黏稠而造成出汁困难，影响生产效率，在生产澄清果汁时，需要破坏果胶对悬浮物的保护作用，在生产浑浊果汁时，需要果胶作为稳定剂防止悬浮微粒沉淀。这些不同方面的要求，就需要采取不同的方法进行处理。在果汁生产中还要防止因果胶存在而产生的凝冻或凝块问题，而在果酱、果冻生产中，果胶却是形成凝胶结构所必不可少的重要成分。

柑橘类果皮中果胶含量丰富，是用来生产果胶商品的优质原材料。利用果胶在乙醇中不溶的性质，将果胶萃取液以乙醇沉淀出来，再经一系列加工则成为商品果胶粉。

果胶在人体内不能分解利用，属于食物纤维的范畴，有降低血胆固醇的作用（王承福等，2021）。

四、类黄酮类

1. 黄烷酮型

1）橘皮素或橙皮素（hesperitin） 橙皮素中第 7 位如与芸香糖成苷则为橙皮苷（hesperidin），如与新橙皮糖成苷则为新橙皮苷（neohesperidin）。芸香糖是 α-L-鼠李糖（1→6）β-D-葡萄糖，新橙皮糖是 α-L-鼠李糖（1→2）β-D-葡萄糖。新橙皮糖所形成的苷具有苦味。

2）柚皮素（naringenin） 柚皮素在第 7 位碳原子处与新橙皮糖成苷为柚皮苷。和新橙皮苷一样，因新橙皮糖的存在，柚皮苷也具有苦味。

2. 黄酮醇型 在这一类型中，主要是槲皮素（quercetin）存在于柑橘中，在柑橘中以第 3 位碳原子处与芸香糖成苷，称为芸香糖苷或芦丁。

3. 黄酮型 黄酮型中主要的花黄素是圣草素（eriodictyol）。在第 7 位上与鼠李糖成苷为圣草苷（eriodictin），存在于柠檬等柑橘类水果中，是维生素 P 的组成之一。

类黄酮在果蔬中分布并不是引起果蔬呈现黄色的直接原因，但在碱性条件下，类黄酮生成查耳酮类物质，呈现出黄褐色。

类黄酮中大部分具有维生素 P 的功能，即具有软化血管，维持毛细血管的正常通透性的功能。在柑橘和柠檬皮中的含有量远高于在果肉中的含量。柠檬皮所分离出的主要成分是橙皮苷，以及查耳酮、芸香苷、圣草苷等。

橙皮苷是柑橘类果实中含量较多的一种苷，在酸性环境中溶解度较小，在碱性环境中生成橙皮素查耳酮。在柑橘类罐头及果汁中，要注意因橙皮苷所引起的白色混浊或沉淀。橙皮苷含量除随柑橘成熟而下降之外，与加工条件也有很大关系，其溶解度随 pH 增加而加大，温度升高时也有同样效果。

新橙皮苷和柚皮苷是柑橘类果汁味苦的原因之一，形成柑橘果汁味苦的另一种成分是柠碱（limonin）。柚和葡萄柚的苦味，主要是柚皮苷形成的，但如果柚皮苷的含量适当，可使果汁有清凉的感觉。据报道，柚皮苷在 0.5 ℃时溶解度为 0.02%，而 75 ℃时则为 10.8%。另据报道，果汁中柚皮苷的含量为 0.02%~0.07%，但果皮中含量可达 1%。还有人发现，柚皮苷的溶解度受含糖量的影响，随含糖量的增加，溶解度提高。例如，糖酸比为 6∶1，其糖度为 32°Bx 时，柚皮苷溶解度为 0.2%；糖度为 56°Bx 时为 0.55%。但又随 pH 的升高而溶解度降低，在 pH 为 1.5 时其溶解度为 0.25%，在 pH 5.75 时，则为 0.026%。柠碱苦味很强，它在纯水中的阈值为 1mg/kg，在 10% 的糖液中为 2mg/kg，但主要存在于悬浮颗粒中，从悬浮颗粒扩散到周围果汁中的速度相当慢，且溶解度亦低，故某些柑橘类果汁，如脐橙汁和未成熟的佛兰西夏橙汁虽含柠碱，但苦味的发展缓慢。

苦味的产生还与栽培方式密切相关。使用柠檬砧木的脐橙和晚生橙，榨出的汁会迅速变苦，但使用枳壳砧的脐橙和晚生橙则无苦味。此外，宽皮橘使用的枳壳砧也能减少橙汁苦味。

五、色素

柑橘类果实的红色色素有两种来源：脂溶性类胡萝卜素和水溶性花青素。柑橘果实发育成熟过程中，果皮因类胡萝卜素和花青素及叶绿素分配比例的差异，表现出不同的色泽，从绿色、黄色、橙色到橙红色各不相同。类胡萝卜素是一类镶嵌于叶绿体和有色体内的天然色素，包括胡萝卜素（完全不含有极性基的烃类）和叶黄素（xanthophyll，具有极性且含有氧，可以认为是胡萝卜素变成的）。几乎所有类胡萝卜素都呈 8 个异戊二烯聚合形态，而且在两端往往形成一种异戊二烯类的紫罗酮环。由于大多具有共轭双键，所以呈现漂亮的黄橙色至红橙色。

六、维生素

柑橘中含有的主要维生素为维生素 C，其含量因果实的品种、成熟度和其他因素的不同而不同。

维生素 C 有还原型和氧化型，即抗坏血酸和脱氢抗血酸，脱氢抗血酸是抗坏血酸的生理效应的一半。柑橘中的抗坏血酸大部分是还原型的，在柑橘贮藏期间，特别到贮藏末期，氧化型急剧增加，因此可利用柑橘氧化型抗坏血酸的增加比例，作为贮存期限的一个指标。

由于抗坏血酸易于氧化破坏，因此，对果汁中抗坏血酸的稳定性问题必须予以注意。研究结果表明，天然果汁中的抗坏血酸是比较稳定的，这与天然果汁中共存有一些抗氧化作用的物质，如糖类、脂类、类黄酮化合物、其他维生素等有关。

七、芳香物质

柑橘的香味由其本身含有的各种不同的芳香物质所决定，其香味成分是果皮表层油胞分泌的精油和果肉细胞果汁中的风味构成的。多数芳香物质系油状的挥发物质，故又称挥发油。

果肉果汁风味因种类而不同，即使同一品种也会因气候、土壤、施肥等条件而各异，而且随开花结果到成熟，以及贮藏时间的长短而变化。在果实榨汁时，由于榨汁方法不同果汁风味亦会产生明显差异。带果皮的全果榨汁时，在表皮层和白色内皮层里所含的精油、色素及其他一些成分混入果汁。即使相同的榨汁方法，由于控制的压力不同，从组织流出的成分也不同。

在柑橘类果实的表皮、白色内皮、瓤中皮及种子中，含有的成分有柚皮苷、橙皮苷类的糖苷，以及类胡萝卜素带有的碱、醛、多羟酚、氨基酸、盐类和果胶类物质、悬浊的纤维物质等。这些成分中的任何一种都会给果汁的风味带来影响。

果皮中含有的精油，90% 以上是不饱和萜烯类，大部分是 α-苧烯，但该成分并非是关系到柑橘类香气的重要成分。具有柑橘香气特征的是只占百分之几的含氧化合物（醇、醛、酮、酯、酸等）。

八、类脂化合物

有研究报道在加利福尼亚伏令夏橙的果肉和心室中发现了油酸（oleic acid）、亚油酸（linoleic acid）、亚麻酸（linolenic acid）、棕榈酸（palmitic acid）、硬脂酸（stearic acid）、甘油酸（glyceric acid）、植物固醇（phytosterol）等。

九、矿物质

柑橘中的矿物质是调节生理机能的重要物质之一。人类摄取的食物，按其燃烧后灰分的反应可分为酸性和碱性。柑橘属于碱性食物，中和100g食品的灰分所需酸的毫升数为5～10mL(0.1mol/L)。

柑橘的种类不同，元素组成比例也不同。其中，铁和铜等金属元素往往和氧化、混浊、褐变及抗坏血酸的损失有一定关系。柑橘类的无机成分含量见表8-2。

表 8-2　柑橘类的无机成分　　　　（单位：mg/100g）

种类	Na	K	Ca	Mg	Fe	Cu	P	S	Cl
葡萄柚	1.4	234	17.1	10.4	0.26	0.06	15.6	5.1	0.8
柠檬	6.0	163	10.7	11.6	0.35	0.26	20.7	12.3	5.1
柠檬果汁	1.5	142	8.4	6.6	0.14	0.13	10.3	2.0	2.6
橙	2.9	197	41.3	12.9	0.33	0.07	23.7	9.0	3.2
橙果汁	1.7	179	11.5	11.5	0.30	0.05	21.7	4.6	1.2
橘	2.2	155	41.5	11.2	0.27	0.09	16.7	10.3	2.4
莱姆酸橙	2	102	33	—	0.6	—	18	—	—
莱姆酸橙汁	1	104	9	—	0.2	—	11	—	—

注："—"代表无数据。

资料来源：单杨，2004。

十、酶

柑橘在加工过程中的变化与柑橘中存在的酶有着密切的关系。根据加工中的需要，有时要利用酶的作用，有时要避免酶的作用。柑橘中主要的酶有果胶酯酶（PE）、多聚半乳糖醛酸酶（PG）、多酚氧化酶（PPO）、抗坏血酸氧化酶（AAO）、脂氧合酶（LOX）等。

柑橘中含有大量的PE，可分为热稳定性果胶酯酶（TS-PE）和热不稳定性果胶酯酶（TL-PE），是由几种同工酶组成的。PE会引起果胶的分解，使新鲜果汁特有的浑浊状态丧失，影响柑橘果汁的色泽、美味。可以通过加热处理、高压技术、脉冲电场、PE抑制剂等来钝化柑橘汁中的PE活性。

PG是一种可以降解果胶的酶，其底物是细胞壁上及高等植物中间层的结构多糖等果胶类物质。PG可以催化非甲基果胶或多聚半乳糖醛酸的水解，内源性的PG是催化介于两个非甲基半乳糖醛酸之间的连接链水解，外源性的PG主要是除去末端残基。

PPO是一种含铜的酶，主要在有氧的情况下催化酚类底物反应形成黑色素类物质。在水果加工中常常因此而产生不受欢迎的褐色或黑色，严重影响水果的感官质量。

在柑橘加工中，AAO对抗坏血酸的氧化影响很大。在完整柑橘中氧化酶与还原酶可能处于平衡状态，但是在提取果汁时，还原酶很不稳定，受到很大破坏，此时抗坏血酸氧化酶的活性显露出来。若在加工过程中采用在低温下进行工作，快速榨汁、抽气以减少氧气，最后巴氏消毒使酶失活，就可以减少对维生素C的破坏。

第三节　柑橘的贮藏

一、柑橘贮藏的基本条件

1. 生态条件　宜选择红壤土、黄壤土、紫色土的坡地柑橘园作为储藏用果基地。基地果园要增施饼肥、人畜粪和磷、钾肥，避免过量施用氮肥。储藏用果不得有植物检疫对象，不得有明显病虫害症状和严重的日灼斑。

2. 果实成熟度   甜橙果面着色 2/3，宽皮柑橘果面着色 1/2 时，为贮藏用果的开始采收期。手感硬实，皮肉紧贴。甜橙果实可溶性固形物＞10%，酸（以柠檬酸计）＞0.7%；宽皮柑橘可溶性固形物＞9%，酸≥0.5%。

3. 果实大小   甜橙类果实横径为 60～85mm，温州蜜柑果实横径为 55～75mm。

4. 采摘条件   采摘前一周停止灌水，雨天果面水未干前不得采摘。必须用采果剪采果，采用两剪法。注意剪平果蒂，做到轻拿轻放，尽量避免机械伤。防止果实日晒雨淋。

二、柑橘贮藏过程中的品质变化

柑橘的成熟衰老是一个复杂的生理生化过程，其间果实经历了一系列的生理生化变化，包括果实色泽、质地、风味等的转变。柑橘是非跃变型果实，采摘后没有发生促进果实完熟的呼吸峰，但柑橘果实食用品质发生重大变化的两个时期是在新摘到完熟和初枯到全枯时期，呼吸作用都比较强烈。所以果实的采后贮藏过程就是一个自我消耗的衰老过程，亦是一个平缓渐进的过程，在此过程中果实发育退化，品质呈逐渐降低趋势。生产中一般采用各种贮藏措施来延缓果实衰老过程，尽可能使产品自身品质的劣变得以推迟，延长寿命，保持果实品质。

柑橘果实采后贮藏过程伴随着化学物质的系列变化，包括水分蒸发、可溶性糖转化、维生素 C 含量下降、有机酸变化、多糖水解、涩味消失和色泽变化等，这一系列变化易引发果实组织崩溃、硬度降低、风味变淡、口感变差、粒化、浮皮等的生理失调，导致果实抵抗逆境能力下降、病害侵染，从而影响果实的外观、品质和耐贮性，甚至丧失商品价值，因此造成经济损失。

1. 外观品质   柑橘外观品质主要包括果实颜色、大小、形状、光泽度等，是衡量果品价值的重要指标。大多数柑橘品种的果皮颜色为橙色、黄色，少数为橙红色、红色、绿色，主要是由果皮叶绿素、类胡萝卜素这两类色素的含量及其相对比例决定的，柑橘采收贮藏后，类胡萝卜素成为主导因素，果皮颜色随之变化。柑橘果实大小因种类不同而标准不同，宽皮柑橘大小差别很大。果形上常用果形指数来描述，果形指数 1 为圆形，小于 1 为扁圆形，大于 1 为长圆形。表面光泽度大小取决于果皮蜡质层的厚薄，蜡质层厚，光泽度好，随着贮藏时间的延长，柑橘果实水分蒸发，呼吸消耗加快，果皮光泽度降低，由光滑明亮变皱缩干枯，直至失去商品价值。

2. 内在品质   柑橘果实采后内在品质变化的主要指标为糖、酸、维生素、氨基酸、矿物质及香味物质等，其浓度的高低直接影响了果实的风味，其中糖、酸含量及糖酸比例对品质起决定性作用。柑橘成熟果实的总糖含量为 2.2～12.0g/100mL，以积累可溶性糖为主，主要是蔗糖、葡萄糖和果糖，占可溶性固形物（TSS）含量的 70%～85%，在果实发育过程中这 3 种可溶性糖呈现动态变化。大多数柑橘品种属于蔗糖积累型，蔗糖在柑橘果实糖分中所占比例最大（约 1/2），是柑橘果实的主要糖分，如温州蜜柑、本地早、脐橙等就以积累蔗糖为主，其他柑橘品种中，甜来檬、香柠檬以积累己糖为主，椪柑介于温州蜜柑与香柠檬之间，葡萄柚中己糖和蔗糖含量相当。有机酸是影响柑橘果实内在品质的主要因素之一，大多数柑橘成熟果实的含量为 0.1～4.0g/100mL。果实酸度与有机酸中的柠檬酸和苹果酸显著相关，成熟的柑橘果实中主要是柠檬酸，是影响其酸味和风味的主要有机酸，占整个柑橘果实有机酸含量的 1/2 以上，其中宽皮柑橘、橙类中柠檬酸占总酸的 75%～88%，此外还有少量的苹果酸、酒石酸等。一般来说，果实糖酸比为 8～14 的果实的口感较好，在正常果实采后的贮藏过程中，有机酸含量逐渐降低，糖酸比逐渐升高，酸味下降，进而影响果实的风味和口感。常温贮藏下，随着贮藏时间延长，温州蜜柑、椪柑果实中主要风味物质总糖、有机酸含量总体呈逐渐下降趋势，后期枯水果实总糖、酸含量下降更为剧烈，表现为果实甜味下降、酸度匮乏、风味寡淡，在锦橙、脐橙中也得到了相似的结果。柑橘果实 TSS 一般为 10%～13%，采收时 TSS 与含糖量极显著相关，贮藏中糖酸比则一直增加。但在贮藏中，糖变化趋势研究结果较不一致，如有表明椪柑贮藏前期（50 天左右）总糖呈一直上升趋势，也有认为贮藏前期总糖呈先下降后上升趋势，有 TSS 贮藏前期降低而后一直增加和贮藏中先升后降等，结果不一致，原因可能与采收成熟度、贮藏环境等有关。

三、柑橘贮藏的管理

1. 果实入库前的预处理   洗果所用药剂的类型、剂量必须符合 GB 2762—2022、GB 2763—2021

的有关规定。目前用于柑橘防腐的药剂有多菌灵、抑霉唑、双胍盐等。果实预储时间的长短应根据种类、品种及采摘时的天气而定，一般为 3～5 天。预储结束后的包果，按要求选除过大、过小果和病虫危害果，以及机械损伤果、浮皮果、沾泥果。用 0.01mm 聚乙烯薄膜袋或薄白纸包果后装箱，也可不包果装箱。

2. 果实入库　储藏库的类型包括地面通风库和地下通风库。地面通风库指普通储藏库（包括民房）和农家储藏库，适用于宽皮柑橘类储藏。甜橙类如采用塑料薄膜单果包装，也可储藏于地面库。地下通风库指全地下式通风储藏库和半地下式通风储藏库，适用于甜橙类储藏。宽皮柑橘类若不包果，亦可储藏于地下通风库。

果实入库前一周，库房需采取防止和消灭鼠害的措施，并做好用具、库房的消毒工作。果实应尽量在气温较低时入库。

果实装箱需注意：果实不宜散堆入库，宜用容器分装入库。盛果容器为瓦楞纸箱、木箱、竹篓等。采用聚乙烯薄膜包装的果实，可装入瓦楞纸箱、木箱、竹篓中，裸体果最好装入瓦楞纸箱中。容器不宜盛满。

库内堆码要根据库型条件，每堆宽 3～4m，长不限，堆间留 50cm 宽的通道，每件之间保留 10cm 左右的空隙，四周与墙壁保留 20cm 的距离。堆码高度依容器的耐压强度而定，但距离库顶棚必须留 60cm 的空间，一般每平方米存放 250～400kg。

3. 库房管理　库房基本条件包括以下几方面。温度范围：4～20℃。相对湿度：甜橙类 90%～95%，宽皮柑橘类 80%～85%。库内风速（通道）：裸体果储藏时风速为 0.2～0.5m/s。库内气体成分：氧气不低于 18%；二氧化碳，甜橙类不高于 3%，宽皮柑橘类不高于 1%。

由于果实代谢旺盛，易出现高温高湿，入库的初期应在外温低于库温时，敞开所有通风口，并开动排风机械，加速库内外气体交换。在入库中期，当气温低至 4℃以下时，加强库内防寒保暖，必要时所有通风口加挂棉帘或革帘，实行午间通风换气。在储藏后期，当外界气温上升至 20℃时，白天应紧闭通风口，实行早晚换气。损耗不超过 10%。

柑橘臭氧保鲜实例可扫码查阅。

【思考题】

1. 柑橘的形态结构有什么特点？
2. 柑橘的分类有哪些？
3. 柑橘的化学组成及其特性有哪些？
4. 柑橘贮藏的基本条件是什么？

第九章　葡　　萄

第一节　葡萄的分类与形态结构

葡萄（grape）属于葡萄科葡萄属，原产于黑海、地中海沿岸，是多年生藤本攀缘植物，多产于温带，是经济价值极高的一种水果，在世界的果品生产中，栽培面积与产量一直处于前列。葡萄又是一种繁殖迅速简便，适应性广，可经济利用土地，有利于美化环境，改造自然的藤本果树。葡萄美味可口，营养价值高，含糖为易被人体吸收的葡萄糖而因此得名。葡萄除鲜食之外，也是酿制果酒的优质原料。

典型的葡萄品种见图 9-1。

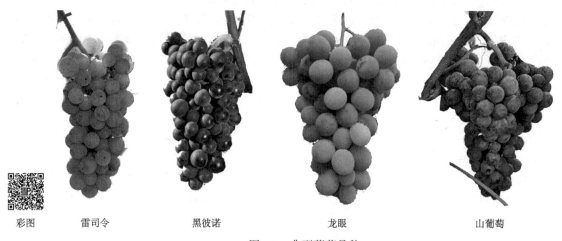

| 彩图 | 雷司令 | 黑彼诺 | 龙眼 | 山葡萄 |

图 9-1　典型葡萄品种

一、葡萄的分类

世界上葡萄品种有万余种，我国有 700 余种，用于规模生产仅数十种。葡萄按地理和生态特点可分成以下三大种群。

1. 欧亚种群　　原产于西亚、东欧和北非，变种达数千个。世界著名的鲜食和加工品种多属于此种。占世界葡萄产量的 90% 以上，又可细分为 3 个生态地理种群。

（1）东方种群：分布在中亚、东亚各国。我国许多著名品种属于东方种群，如龙眼、牛奶、无核白、黑鸡心、白鸡心等。

（2）西欧种群：分布于西欧各国，品种有雷司令、黑彼诺和品丽珠等。

（3）黑海种群：分布于黑海沿岸各国，品种有白羽、保尔加尔和白玉等。

2. 东亚种群　　原产于我国，有 10 余种，野生有山葡萄、毛葡萄等，耐 −40℃ 低温，以山葡萄作杂交亲本，培育出北醇和公酿等抗寒品种。

3. 北美种群　　约有 28 个种，分布于美洲东部，经济价值高的有美洲葡萄，原产于北美潮湿地区，果实品质低劣。其与欧洲种葡萄杂交后得出较好品种，如巨峰、白香蕉、康拜尔、玫瑰露和康克等。

二、形态结构

葡萄果实由内果皮、中果皮、外果皮3层组织构成（图9-2）。外果皮由覆盖着角质层的最外层细胞和由14~18层沿切线方向延长的长圆形厚壁细胞组成；中果皮最为发达，由16~18层大型细胞组成；在其内侧是由1或2层细胞构成的内果皮，内果皮与种子相连接。饶景萍等观察到葡萄伴随着果实生长，果皮外层细胞沿切线方向延伸。与此同时，果肉细胞则向放射线方向扩大，细胞变成球状。最初果皮由1层细胞组成，果实生长初期，表皮细胞反复进行垂周分裂，花后又不断进行平周分裂。在紧接表皮组织内侧是由6或7层细胞组成的亚表皮层，这部分组织在果实发育初期主要进行平周分裂，伴随果实肥大又做垂周分裂。在葡萄果实生长初期，中果皮细胞向放射线方向急剧分裂，其细胞层数呈直线上升。这期间，中果皮中央部断面平均细胞层数由6层增加到14层，最终细胞层数达到16层。

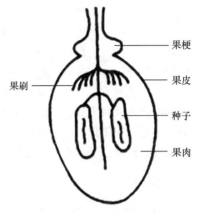

图9-2 葡萄浆果结构示意图
（李华和王华，2022）

第二节 葡萄各部分的化学组成及其特性

一、果梗

果梗占葡萄果实重量的1.0%~8.5%。

果梗的化学成分依品种和生态条件而异，主要有单宁、树脂等。

单宁具有强烈的粗糙感，对酒的质量影响较大；树脂呈现苦味，故葡萄酒加工中一般要求除梗。此外，红葡萄酒酿造时会由于果梗吸附色泽而导致色泽损失。同时，果梗含水量较高，而含糖较少，发酵时酒精渗入内部，而水分渗出影响酒度。

从欧洲品种的穗梗中提取的白花素酚，已证明是"缩合单宁"的主要组成单位，其经多次聚合而成为分子质量不等的单宁，聚合度的大小与其加工产品葡萄酒的涩味密切相关，而这种缩合单宁绝大多数为劣质单宁，具有非常明显的涩味与粗糙感。

酿酒过程中，如果使果梗进入发酵醪中，将会使酒带有青梗味与野草味，酒度降低0.2%~0.4%（V/V），但对白葡萄酒与桃红葡萄酒而言，带梗破碎与压榨，可提高出汁率。

二、果皮

果皮占葡萄果实重量的0.9%~24.1%。葡萄果皮中的水分为75%~80%、单宁1%~2%，酸类物质1%~1.5%、矿物质1.5%~2%、含氮物质1.5%~2%。

果皮中的多酚类要比穗梗中的多酚类少一半，红葡萄品种的果皮比白葡萄品种的果皮中含有较多的多酚类。红葡萄果皮中最典型的物质是黄酮、花色苷及芳香物质，其他色素在葡萄幼果的果皮中虽然大量存在，但到了成熟以后含量减少。对于中国的山葡萄、欧洲的染色葡萄品种、某些美洲种及若干"直接生产者"杂种，不但在果皮中含有花色素，在果肉中也含有，因此流出的葡萄汁也都具有颜色。

葡萄黄酮类的主要组分为"异槲皮苷"，其次是"栎醇或环己戊醇"的葡糖苷。对美洲与欧洲葡萄果皮的葡糖苷比较发现，前者既含有单葡糖苷，又含有双葡糖苷，而后者只含有单糖苷。

不同种葡萄果皮的花色苷在氯化铁的乙醇溶液中，色调差别是相当明显的，从红紫色到深蓝色，所以在酿酒过程中要避免接触铁器。另外，酸类的存在能加深葡萄酒的颜色。

关于葡萄果皮色素，一般认为其来源于果皮所含有的单宁物质。当将葡萄酒单宁溶液放置在空气中或放置在潮湿环境中，经过若干小时，该溶液会变成桃红色至红棕色的物质，这两种颜色的物质具有与红葡萄酒中花色苷相同或相似的性质。

色素极易溶于乙醇溶液中，酸的存在会促进这种作用，当pH为3.2~3.5时，酒色呈鲜艳的红色；pH

为 3.8~4.0 时，酒色则较为暗淡。

凡改变酸度的因素均可提高酒中色素的溶出，酸类数量越多，性能越强，红葡萄酒色彩也就越强，色调越鲜艳。例如，用 SO_2 处理，一方面因能破坏细胞而促进物质的溶出；另一方面，尤其是后期，由于其能增加酸度，故可改变初期对酒的漂白作用，使酒色变得更深。

葡萄的芳香成分，以果皮中含量最多，芳香物质是构成葡萄及酒品质的重要因素。芳香成分通常以游离和结合态两种形式存在，游离态的芳香成分可保持其原来的芳香性能，从葡萄传入酒中。这一类芳香成分一般是以热带地区收获的成熟葡萄及富含糖分的果实中为最多，另一类芳香成分需要在发酵及陈酿以后才出现，即通过酶的作用，分解与转化之后才能产生，这是某些高级葡萄酒特有的芳香物质。

三、果肉

成熟的葡萄，果肉占果粒全部重量的 75%~85%，果肉的细胞较大，其组成成分中几乎全部为空胞汁，即葡萄汁，余下的固体部分则由极薄的细胞膜和极细的纤维素导管所组成，含量极小，只有果肉重量的 0.5%。

葡萄汁中所含的糖分主要为葡萄糖及果糖（左旋糖）。成熟浆果中，二者的比例接近 1，而蔗糖的含量很少，为 1~3g/L，这是因为蔗糖从叶片输送到果实的过程中，绝大部分已被水解，转化成了还原糖。五碳糖或戊糖是非发酵糖，葡萄汁中只有微量存在（0.3~18.0g/L），其中以阿拉伯糖占主要成分，另外也有痕量木糖存在。

酸类可区分为无机酸和有机酸两类：无机酸包括硫酸、盐酸及磷酸，均由葡萄的根系从土壤中吸收而来；有机酸有酒石酸、苹果酸及柠檬酸，是葡萄汁中最重要的有机酸，是由葡萄叶片通过光合作用制造而来的，根据含酸量的多少，排列依次为酒石酸、苹果酸、柠檬酸，其他有机酸含量占总数的 3%~4%，含量极微的有苯乙醇酸（$C_6H_5 \cdot CHOH \cdot COOH$），另也有奎尼酸、甘油酸等，无机酸通常含量很少。

葡萄汁中的含氮物质总量为 0.3~1g/L，一般为 0.35~0.8g/L，是由葡萄根系从土壤中吸取了硝酸盐类，先在叶片中制造成含氮化合物以后，再运到果实中去。其可分为以氨态氮为代表的无机氮和以拟蛋白质、氨基酸类、酰胺类、天冬酰胺、亮氨酸等为代表的有机氮。无机氨的氨态氮占总氮量的 10%~20%，即 0.06~0.15g/L。

果胶的存在与酒的柔和性、滋润口味及天鹅绒般的感觉有极密切的关系，但如果酒中含有的果胶、树胶及多缩葡萄糖等超过一定的量，则会使酒出现永久性浑浊的现象。

葡萄汁中的单宁一般含量为 0.1~0.3g/L，但若采用带皮发酵，则可使酒中的单宁达到 1~3g/L。单宁由黄烷类的聚合物所组成，主要为黄烷 3,4- 二醇，在单体状态下，黄烷类在红葡萄酒中的含量很少。

单宁遇蛋白质和其他聚合物（如多醇），可聚合成沉淀，利用此性质可对葡萄酒进行下胶处理以达到澄清的目的。单宁可与花色苷形成聚合物，而表现老酒的颜色——砖红色。根据聚合度不同，单宁可以多种状态存在，并决定葡萄酒的感官特性（口味、涩敛性、粗糙性）及抗氧能力。

四、葡萄籽

葡萄籽占葡萄果实的 0.1%~0.8%，葡萄籽的化学成分主要包括下面几种。

1. 多酚类成分　葡萄籽中含有多酚类物质（GPS），主要有儿茶素类和原花青素类。儿茶素类化合物包括儿茶素、表儿茶素及其没食子酸酯，是葡萄籽中主要的单聚体，也是原花青素寡聚体和多聚体的构成单位。葡萄籽中的原花青素（GSPE）是由不同数目的黄烷醇通过不同键合方式聚合而成。这类物质可以有效清除有害氧自由基，抑制红细胞膜和低密度脂蛋白的脂质过氧化，促进内皮细胞松弛因子 NO 的形成，防止血小板凝聚，预防心脑血管病，其对氧自由基的清除能力要远远高于维生素 E。此外，多酚类成分可降低代谢综合征患者的血压。

2. 油脂类成分　葡萄籽中含有丰富的油脂，占其重量的 12%~15%，油中含有大量的不饱和脂肪酸，其中亚油酸的含量为 58%~78%，亚油酸是人体的必需脂肪酸，可预防动脉粥状硬化、高血压和高胆固醇等疾病。同时，亚油酸又是人体合成花生四烯酸的主要原料之一。

3. 挥发性成分　葡萄籽中还含有少量的挥发性成分，主要是 2,6-二叔丁基对甲酚、2-乙基-1-乙醇、壬醛、α-蒎烯、3-蒈烯、d-苎烯等化合物。这些物质大多属于醇、酚、萜类物质，都具有较高的生物活性。

4. 其他成分　葡萄籽中除了含有上述多种物质外，还含有粗蛋白、氨基酸和维生素 A、维生素 E、维生素 D、维生素 K、维生素 P 及多种矿物质元素，如钙、锌、铁、镁、铜、钾、钠、锰、钴等。

第三节　葡萄的贮藏

一、葡萄的贮藏特性

葡萄为浆果类水果，属非呼吸跃变型果实，没有呼吸跃变，无后熟作用，要在树上完全成熟才能采摘。由于其果实含水量高，且富有营养，因此，采后失水加快，抗病能力减弱。贮藏期间失水、感病腐烂加重、落粒增多是损耗的主要原因。葡萄贮藏保鲜在于防止腐烂、掉粒和变色。

葡萄与其他水果一样，不同种群及品种间的耐储性差异很大。就葡萄种群来说，欧亚种较美洲种耐贮藏，欧亚种里东方种群尤其耐贮藏，如我国原产的龙眼、玫瑰香等都较耐贮藏。其次还有欧美杂交种白香蕉、巨峰等。这些品种果皮厚韧，果面及果轴覆蜡质果粉，含糖量较高，故较耐贮藏。就成熟期来说，晚熟品种较耐贮藏，中熟品种次之，早熟品种不耐贮藏。

二、葡萄贮藏过程中的品质变化

1. 葡萄采后的呼吸作用　葡萄是非呼吸跃变型果实，它在成熟的过程中不发生呼吸跃变。葡萄从被采摘下来的那一刻开始，代谢就被破坏了，没有办法从外部获取能量，所以只能通过自身贮藏的物质分解来进行代谢。因此它会出现营养物质不断减少，水分逐步降低，品质变差等状况。通过研究发现，单就葡萄果粒而言，处于常温或低温的环境中时，它的呼吸是平稳非跃型的，但是葡萄的穗轴与果梗的呼吸却是跃变型的，不仅呼吸强度比果粒高，而且存在呼吸高峰。虽然葡萄果粒与其果梗及穗轴的呼吸方式是相反的，但是整串葡萄的呼吸强度却主要取决于果穗与果梗，所以通过控制果梗和穗轴的呼吸速率来延缓呼吸高峰的出现是葡萄保鲜的关键。

2. 葡萄采后水分生理　新鲜的葡萄含有很高的水分（85%~95%），细胞汁液充足，果实饱满坚挺，表面富有光泽和弹性。采收后的葡萄，失去母体和土壤供给的水分和营养，在蒸腾作用下会导致失水，逐渐失去新鲜度。一般情况下，葡萄的失水率达到 5% 左右，其品质就会受到很大的影响，葡萄组织萎蔫、果皮皱缩、表面光泽消失、处于失鲜状态。所以葡萄采后水分生理的关键在于降低果实的蒸腾作用，在贮藏保鲜过程中，控制好贮藏环境的相对湿度、环境温度、空气流速等。

3. 葡萄采后生理生化特性　葡萄被采摘之后依旧是具有生命活力的，采摘后的葡萄可以借助于自身贮藏的营养物质的持续分解来得到其正常代谢所需要的能量。这是导致其在贮藏过程中自身的营养物质会不断下降的原因。而在贮藏的过程中，葡萄中可溶性固形物与糖的含量变化走势是一个抛物线，它们的含量是先增加后变少，当贮藏时间达到 80 天的时候，它们的含量到达顶峰，总含量持续下降，糖酸比不断上升。葡萄贮藏效果是否优质的主要影响因素之一就是贮藏期间营养物质的保存率，与此同时，所保存的营养成分在某种程度了决定了果实的耐贮性。

4. 葡萄采后脱粒　葡萄脱粒是指葡萄在采后贮藏过程中果实脱离果梗的不良现象，这极大地影响了葡萄的商品价值。果实脱落的因素有很多：果梗脆会导致果实脱落、微生物作用使得果梗腐烂造成脱粒、果梗与果粒之间出现断层导致掉粒、贮藏不当果梗脱水变干导致掉粒；葡萄果实掉粒与葡萄成熟期时果梗和果粒间形成的离层有直接关系，但是这仅仅是导致葡萄脱粒的因素之一；也有研究发现，葡萄采后脱粒与激素的作用有关，是脱落酸导致的葡萄果实脱落，葡萄成熟后期，脱落酸的活性很高，导致果柄的生理功能减弱，果实脱落。

5. 葡萄采后褐变　葡萄采后发生褐变是普遍存在的现象，主要是由环境胁迫产生的反应。果实的褐变究其根本就是果实中酚类底物被多酚氧化酶氧化造成的。多酚氧化酶的活性越强果实褐变越严重；果实中的酚类物质越多，褐变程度越强。葡萄果实中的维生素 C 和有机酸对多酚氧化酶有一定的抑制作用，所以，有机酸和维生素 C 的存在对保持果实品质是有贡献的。

三、葡萄贮藏的管理

（一）采前管理

1. 修剪果穗　主要去软尖、疏病粒和伤粒。去软尖主要剪去果穗最下端 1/4～1/3 部分的果粒。因为这部分果粒其糖度低、味酸、果粒柔软多汁，易失水皱缩，贮藏过程中最易腐烂。

2. 巧用肥料　提高葡萄果粒中的糖度是增强葡萄耐储性的关键。实验证明，以有机肥为基肥，并进行追肥，果实着色早，含糖量高，耐贮藏。灌水过多或排水不畅，追施无机氮肥的果实，着色晚，含糖量低，不耐贮藏。采前 1 个月，主要以磷肥、钾肥为主。

3. 防治病害　葡萄贮藏期病害大部是由田间带入贮藏场所的。因此，必须尽可能地将葡萄上的病虫害消灭于田间。在果实着色时，每隔 10～15 天喷施 1 次 600～800 倍多菌灵液。喷施农药时，重点喷布结果枝及果穗，注意防治病害。采前 1 周内要喷布 1 次杀菌剂（如多菌灵等），消灭真菌病源。

4. 严格控水　采前 15 天内停止浇水，及时排除果园中的积水。

（二）采收及包装

1. 采收成熟度　在气候和生产条件允许的条件下，葡萄的采收期应尽量延迟，以求获得质量好、耐贮藏的果实。但要注意防止晚霜危害。

2. 采收方法　葡萄的采收时间应选择晴朗的天气，以气温较低的早晨和傍晚采收为宜。在露水未干的清晨、雾天、雨后或烈日暴晒下不宜采收。采收时，尽量选择生长在上、中部向阳的穗重适中、疏密适当、果粒均匀、成熟一致的果穗。

3. 包装　目前贮藏多为双层包装。外层用纸箱、木箱、塑料箱、竹筐、聚苯乙烯容器等，包装箱以 5kg 以下的小包装为最佳。内包装为塑料薄膜，聚乙烯（PE）和聚氯乙烯（PVC）保鲜膜是葡萄保鲜包装的常用材料，塑料薄膜加上面积为 90cm^2 的硅窗，贮藏效果更佳。

（三）采后处理

1. 预冷　葡萄从田间采收后，本身带有大量田间热，果实的温度较高，呼吸作用较强，内部成分变化加剧，随之而来是整个果穗的萎蔫、褐变和生霉，葡萄鲜度和品质迅速降低。因此，必须迅速预冷降温除去田间热，降低葡萄的呼吸强度，才能入库或入窖贮藏。

2. 防腐保鲜处理　葡萄含糖量高，环境湿度大，病原菌田间潜伏侵染严重，且抗性强、耐低温，因此药剂防腐是葡萄保鲜的必然环节。葡萄的采后防腐保鲜处理主要使用二氧化硫、仲丁胺等。

（四）贮藏适宜条件

1. 温度　贮藏温度是影响葡萄贮藏效果最重要的环境因素。葡萄贮藏最佳温度以穗轴不受冻害为前提。一般来说，葡萄贮藏的适宜温度为 −1～3℃（库温，下同），而以 −0.5～1.5℃ 为最佳。但不同品种稍有区别，早、中熟品种及南方或温室的葡萄，果梗脆嫩、皮薄、含糖量偏低的品种，耐低温能力稍弱，宜在 0～0.5℃ 下贮藏。

2. 湿度　葡萄贮藏最适宜的湿度为 90%～95%，若采用塑料保鲜袋以袋内不出现结露为度。为防止袋内湿度过大，水珠与葡萄接触，可在袋内放吸水纸。

3. 气体成分　巨峰采用 PVC 袋贮藏，袋内 CO_2 浓度为 8%～12%，O_2 小于 12% 时，能起到明显自发气调作用；玫瑰香较耐 CO_2，不适合低氧贮藏，当 CO_2 浓度为 8%～12% 时可明显抑制葡萄腐烂和脱粒，好果率高，最佳气体指标为 10% O_2＋8% CO_2；红地球以 20%～5% O_2，0～5% CO_2 贮藏效果最好。

常用的贮藏方法及实例可扫码查阅。

【思考题】

1. 葡萄的形态结构有什么特点？
2. 葡萄的分类有哪些？
3. 葡萄的化学组成及其特性有哪些？
4. 葡萄的贮藏方法有哪些？

第十章 苹 果

第一节 苹果的分类与形态结构

苹果是世界果树栽培面积和产量较大的果品之一。在我国栽培苹果已有 2000 多年历史，产量一直是水果中的首位，现苹果产量居世界第一。苹果是我国北方的主要水果，主产区为辽宁、山东、河南、陕西、山西、甘肃等省，黑龙江、吉林、内蒙古已成为我国寒地小苹果的生产基地。由于苹果营养较为丰富，又耐长期贮存，亦可加工，所以是人们最喜爱的水果之一。

一、苹果的分类

苹果的种类很多，根据其果实的成熟期，可将苹果分为三大类，即早熟种、中熟种、晚熟种。常见品种如下（图 10-1）。

嘎拉	秦冠	秦阳	黄元帅	彩图

图 10-1　苹果常见品种

（一）早熟系列品种

在我国较多种植生产的主要早熟种有以下几种。

1. 早红霞　　早红霞是陕西省果树研究所从皇家嘎拉实生苗中选出的早熟苹果新品种。

果实经济性状：7 月初开始着色，条纹红，底色黄绿，果面光洁，色泽艳丽，陕西关中 7 月 10 日前后成熟。果实圆锥形，较整齐，平均单果重 157g，最大果重 195g，果形指数为 0.85。果肉黄白色，质细脆，汁多，味酸甜，口感好。含酸量 0.67%，可溶性固形物含量 12.9%，硬度 8.2kg/cm^2。常温下可贮放 7~10 天，5℃冷藏条件下可贮放 15~20 天，是替代藤牧 1 号的理想品种。

2. 安娜　　此品种原产以色列。1984 年引入我国，早果丰产性表现十分突出，在我国黄河古道地区，如河南、江苏等省有批量生产。

果实经济性状：果实长圆锥形，高桩，果个大小均匀，果形整齐，单果重约 160g，最大果重 253g。果实底色黄绿，大部分里面有红霞和条纹，果面光洁，果点小、稀、不明显，果皮较薄；外观美。果肉乳白色，肉质较酥脆，汁较多，风味酸甜，有香气。7 月下旬成熟，果实不耐贮藏。果实生育期 100 天左右。

3. 秦阳　　此品种是西北农林科技大学园艺学院果树所由皇家嘎拉实生苗中选出的早熟苹果新品种。2005 年 4 月通过陕西省果树品种审定委员会审定。

果实经济性状：果实扁圆或近圆形，平均单果重 198g，最大果重 245g，果形端正，无棱，果形指数 0.86。底色黄绿，条纹红，果面光洁无锈，有光泽，外观艳丽。果肉黄白色，肉质细，松脆，汁液多，风味甜，有香气，品质佳。果肉硬度 8.32kg/cm^2，可溶性固形物含量 12.18%，可滴定酸含量 0.38%，总糖

11.22%，维生素 C 7.26mg/100g。

4. 早红嘎拉 此品种是陕西省果树研究所由引进的嘎拉杂交优系中选出。

果实经济性状：7月下旬成熟。果实圆锥形，果形指数0.84，平均单果重220g，最大300g。片红，色泽艳丽，有光泽，着色70%～90%。肉质脆，汁多，甜酸，果肉硬度7.8kg/cm²，可溶性固形物含量14.6%，有香味，风味佳。

5. 皇家嘎拉 别名红嘎拉、新嘎拉。新西兰品种。陕西省果树研究所1991年由美国引入该品种，通过区试和系统观察，发现该品种综合性状表现优良，1998年1月通过陕西省品种审定。

果实经济性状：果实圆锥形，稍带五棱，平均单果重170g，着色指数65%～85%，具浓红条纹。果肉黄白色，肉质细脆，汁液多，酸甜适度，香味浓，含可溶性固形物14.58%，总糖11.16%，总酸0.22%，果肉硬度7.0～8.3kg/cm²，较耐贮藏，常温下可贮藏1个月。

（二）中熟系列品种

在我国较多种植生产的主要中熟品种有以下几种。

1. 秦艳 秦艳是陕西省果树研究所以天王红为母本，秦冠为父本杂交育成的中熟苹果新品种，2000年通过省级审定。

果实经济性状：果实圆锥形，平均单果重242g，最大果重305g，果面全红，有光泽，果肉黄白色，果肉脆，多汁，风味酸甜，香味较浓。在室温条件下可贮藏2个月以上。

2. 短枝华冠 华冠是中国农业科学院郑州果树研究所育成，亲本为金冠×富士。短枝华冠是1996年从华冠中选出的短枝型芽变优系。

果实经济性状：果实圆锥形或近圆形，果个大，平均单果重237g，最大420g。果实较整齐，果形指数0.87，底色绿黄，着条纹鲜红色，果顶稍显五棱，果面光洁无锈。果肉黄白色，肉质细，致密，脆而多汁，酸甜适宜。可溶性固形物含量为13.4%，总酸0.13%，果肉硬度7.6kg/cm²。

3. 秋红蜜 陕西省果树研究所由引进的嘎拉杂交优系中选出。

果实经济性状：阔圆锥形，平均单果重181g，最大210g。该品种果实高桩，果形整齐，果形指数0.91。底色淡黄，颜色鲜红，果面平滑，有光泽，外观好，果皮厚，果点中多。果肉淡黄色，肉质细脆，汁多，甜，风味浓，可溶性固形物含量为13.5%，总酸0.2%，维生素C含量9.5mg/100g。果肉硬度8.9kg/cm²，商品率高，耐贮运。

（三）晚熟系列品种

我国主栽品种是秦冠，由陕西省果树研究所育成，亲本为金冠×鸡冠。1957年杂交，1966年入选，1970年命名。曾参加大苹果区域试验，1988年获国家发明奖二等奖。在我国分布较广泛，西北地区栽培较多。

果实经济性状：果实圆锥形，单果重200～250g，底色黄绿，暗红色，在海拔低的平原地区着色较差；果面光滑、蜡质较多，果点明显，果皮较厚韧；果肉乳白色，肉质脆、稍致密，汁液较多，风味酸甜，含可溶性固形物11%～16%，初采时鲜食品质佳。10月中旬成熟。果实很耐贮藏，一般半地下式土窖中可贮至次年5月。

二、形态结构

苹果由花托与子房发育而成，其中花托发育为果实肉质可食部分，子房发育为果实中央部分。单层的果实表皮层覆盖有蜡质及角质膜，表皮层下面为几层厚角组织细胞组成。表皮层稍内的部位，薄壁组织细胞的胞间隙极为明显。在更深的地方，薄壁组织细胞近椭圆形，呈辐射状排列。子房壁分化为外、中、内果皮，位于果实中央部分（图10-2）。

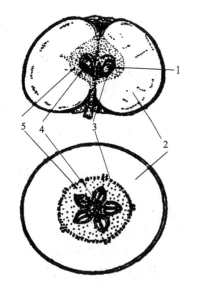

图10-2 成熟苹果的纵切面与横切面
（李里特，2011）

1. 种子；2. 花托管；3. 心皮线；4. 内果皮；
5. 中果皮

第二节　苹果的化学组成及其特性

苹果为世界各国食用量最多的水果之一。它具有止泻作用，能促进肾上腺素的分泌，还可中和过剩的胃酸。苹果中所含的溶解性磷和铁，易于消化吸收，可促进婴儿的生长和发育。主要的化学组成包括以下几种。

1. 水　　新鲜苹果中含量最多的是水，一般占89%～90%，随品种不同而有差异。它不但使果实显得格外新鲜丰满，而且更重要的是许多营养成分溶解于水中，易被人体吸收利用。生长期间的苹果，随着果实的增大，总含水量急速增加，但其含量百分比，即含水量则变化不大，直到成熟之前还稍有下降。

2. 糖　　糖是苹果果实中可溶性物质的大部分，在成熟的果实中，其含量仅次于水分。糖的含量多少与果实的风味、品质、营养价值有很大关系。苹果果实中糖的种类有蔗糖、果糖及葡萄糖。果糖和葡萄糖是单糖，可被人体直接吸收。蔗糖为双糖，在酶的作用下和酸共同加热时会发生分解，形成葡萄糖和果糖的混合物，这种混合物叫作转化糖。溶液的pH越低，蔗糖的水解作用越强。

3. 有机酸　　酸味在很大程度上决定着苹果果实的风味。苹果中的有机酸主要为苹果酸，占70%，柠檬酸占20%，琥珀酸占7%。苹果随贮藏时间增长，其pH向碱性发展。

有机酸在苹果果实中的含量仅次于糖。因此，也是果实的重要组成部分之一。苹果果实在生长发育过程中，有机酸的变化一般是随果实的生长含量逐渐增加，这种情况越是早熟品种越明显。

4. 淀粉　　苹果果实中的淀粉含量，从幼果开始直至未成熟前的青果中，是逐渐增高的。在果实成熟之前，淀粉含量可达12%～16%，其后淀粉在水解酶的作用下转化为糖，含量逐渐减少。采收时，一般淀粉含量只占1%～2%，经过贮藏后，才能转化为糖，口味往往变得更甜。

5. 纤维素　　苹果果实的纤维素含量一般在1.28%。人体消化器官中，因为缺乏纤维素分解酶，所以纤维素不能被消化吸收。不过食物中含有适量的纤维素，可以刺激肠壁的蠕动及消化液的分泌，有助于食物的消化吸收。果实的表皮细胞均含有角质纤维素，角质具有耐酸、耐氧化和不易透水的特性，并且对微生物的侵染有高度的抵抗能力。因此在苹果的采收、分级、包装、运输和贮藏等的操作中，千万不要使表皮受到机械伤。

6. 果胶　　苹果果实中的果胶类物质以三种不同的形态存在，即原果胶、果胶和果胶酸，各种形式的果胶类物质具有不同的特性。所以在苹果中果胶类物质的存在形态不同。

苹果果实中果胶含量较多，为1.0%～1.3%，而且细胞间隙又大，贮藏一段时间，果胶类物质分解到一定程度后就出现所谓返沙、发绵、糠心现象，特别是倭锦、红香蕉品种尤为突出。可见果胶类物质的变化和苹果果实的硬度关系极为密切。

7. 单宁物质　　单宁物质是几种多元酚类的总称。单宁物质极易氧化。苹果去皮或碰伤之后，在空气中变成褐色，就是酚在酶的作用下变成了醌，醌是一种黑色聚合物。单宁物质溶于水，还具有收敛性的涩味。但苹果或其他果实中，因其含量低，反而使人有清凉之感。

苹果果实中单宁物质的含量与果实的成熟度有密切关系。未成熟果中，单宁含量远高于成熟果。把苹果的幼果切开之后，果肉很快变成黑色，吃起来涩味重，而成熟果切开后，变黑缓慢，吃起来感觉不到涩味就是这个道理。苹果中单宁物质含量一般在0.1%左右。

8. 芳香物质　　苹果的香味来源于果实本身所含的不同的芳香物质。苹果果实中的芳香物质主要是苹果油，苹果油的主要成分是酯类。这些芳香物质不仅使果实具有香味，而且能刺激食欲，有助于人体对营养物质的吸收。

9. 维生素　　苹果果实中主要含维生素B、维生素C、维生素P。特别是维生素C，对人体的新陈代谢有重要作用。维生素C在苹果的果皮组织中含量最多，近皮部含量也较多，其次是果肉，果心最少。因此提倡苹果带皮食用。

维生素A在苹果中是不存在的。但植物体中的β-胡萝卜素进入人体后被人体所吸收，可以在肝脏中水解而生成维生素A。1分子β-胡萝卜素水解后生成2分子的维生素A。因此，苹果间接提供了维生素A。

10. 酶　　苹果果实中不断发生化学变化，引起变化的原因是果实中存在各种各样的酶。苹果果实中的酶类主要是水解酶、氧化酶和还原酶。

第三节　苹果的贮藏

一、苹果的贮藏特性

苹果属于典型的呼吸跃变型果品，采后具有明显的后熟过程，果实内的淀粉会逐渐转化成糖，酸度降低，果实退绿转黄，硬度降低，充分显现出本品种特有的色泽、风味和香气，达到本品种最佳食用品质。继续贮藏会因为果实内营养物质的大量消耗而变得质地绵软、失脆、少汁，进而衰败、变质、腐烂。

苹果耐低温贮藏，冰点一般在$-3.4\sim-2℃$，多数品种贮藏适温为$0\sim1℃$；不同品种的贮藏适温不同，同一品种，不同产区对低温的敏感性也不同。例如，红玉苹果$0℃$贮温适宜，国光可在$-2℃$下贮藏，红元帅苹果贮温$-1\sim2℃$。气调贮藏适温应比普通冷藏高$0.5\sim1℃$。苹果贮藏要求$92\%\sim95\%$的相对湿度。多数冷库需人工洒水、撒雪来加湿，以减少贮藏期的自然损耗（干耗），保持果实的鲜度。苹果适宜低氧、低二氧化碳气调贮藏，一般苹果气调贮藏适宜的气体条件是O_2 $2\%\sim3\%$，CO_2 $0\sim5\%$，但不同品种具体要求的O_2和CO_2气体指标有不同，黄元帅苹果要求O_2是$1\%\sim5\%$，CO_2是$1\%\sim6\%$；国光苹果要求O_2是$2\%\sim6\%$，CO_2是$1\%\sim4\%$；红富士苹果O_2是$2\%\sim7\%$，CO_2是$0\sim2\%$。

苹果的中、晚熟品种比早熟品种耐储藏；早熟品种，如黄魁、祝光、丹顶等，这类苹果质地松、味多酸、果皮薄、蜡质少，由于在7、8月高温季节成熟，呼吸强度大，果实内积累不多的养分很快被消耗掉，所以不耐远运和贮藏。中熟品种，如红玉、鸡冠、黄元帅、红星、红冠、倭锦等，多在9月份成熟，这类苹果多甜中带酸，肉质较早熟种硬实些，因而较早熟种耐贮运。其中红玉、黄元帅易失水皱皮，红星、红冠、倭锦果肉易发绵，鸡冠果皮、果肉、果心易褐变，这类苹果冷藏会延长贮期，气调贮藏效果会更明显。晚熟品种，如国光、青香蕉、印度、红富士等在10月份成熟，这类苹果肉质紧实、脆甜微酸；由于晚熟积累养分较多，最耐长期贮运，冷藏或气调贮藏可达$7\sim8$个月。

苹果成熟度分为：可采成熟度、食用成熟度和生理成熟度。可采成熟度是指果实达到初熟阶段，果实大小已趋固定，初步转色，但果肉较硬、风味差，内部物质尚未转化，此时采收，适于远运和长贮，在贮运中风味可逐渐变好。食用成熟度是指果实达到固有风味和色泽，适于食用，但不耐远运和长贮。生理成熟是指果实已成熟，果肉变软，种子变色，食用风味较差。

二、苹果贮藏过程中的品质变化

由于成熟度、温度、湿度等条件的变化及时间的延长，导致苹果在销售过程中发生一系列的品质变化。呼吸、乙烯上升，基础代谢水平的变化；叶绿素下降，类胡萝卜素或花青素含量上升，果实由绿色变成红色或黄色等成熟特有的颜色；淀粉、有机酸含量下降，可溶性糖含量上升，不同的小分子糖积累速度也各不相同，使得果实由酸或甜味不足转变为香甜适口；果实硬度下降，细胞壁及细胞壁组成物质含量降低、分子质量下降，胞壁酶的作用还使得细胞壁的组织结构变得松散、膨胀，果实由原来较坚硬变得爽脆可口；果实散发出特有的芳香气味；果实中的矿物质和维生素的含量也在变化。这些变化都会直接影响苹果新鲜度、硬度、口味、营养价值及商品价值。

1. 苹果采后外观色泽变化　决定果实色泽的色素主要有花青苷、叶绿素和类胡萝卜素，而花青苷对红色果实的色泽起决定作用，其积累的多少和分布状况决定着果皮红色着色的程度。花青苷属于酚类物质，因此苹果着色与果皮酚类物质代谢有关。低温能促进果实中的花青苷积累并诱导相关酶基因的表达。1-甲基环丙烯（1-MCP）作为乙烯受体抑制剂，能抑制果蔬后熟和衰老进程中乙烯诱导的相关生理生化反应，明显延长贮藏寿命，对采后的富士苹果施用1-MCP明显延迟了花青苷的积累。果品色泽与果实成熟度有很大关系，随着果实的不断成熟，其固有的内在品质也逐渐形成，风味、质地、营养和色泽都表现出果品应有的特色。

2. 苹果采后硬度变化　苹果果肉硬度的大小取决于果肉细胞的大小、细胞之间的结合力、细胞构成物的机械强度和细胞的膨压。细胞间的结合力与果胶有关，硬度也受细胞壁的纤维素含量的影响。苹果果实成熟时，纤维素酶、果胶甲酯酶、多聚半乳糖醛酸酶、D-半乳糖苷酶等的作用使得纤维素和果胶质等细胞壁组分发生降解，果实硬度下降。此外，由于淀粉水解成可溶性糖，也使苹果的硬度下降。因此，果实采后硬度的下降，主要是由于细胞壁酶的作用引起中胶层果胶和细胞壁物质的水解所致。当果实硬度差别大于 $5\sim6N$ 时，果实的口感差异会很明显，从而影响到消费者的购买欲望。

3. 苹果采后糖酸含量变化　一般未成熟的果实具有酸味和涩味，在果实成熟的过程中酸味逐渐下降，淀粉转变为糖，使甜度有所增加。糖及其衍生物糖醇类物质是构成果实甜味的主要物质，蔗糖、果糖和葡萄糖是果实中主要的糖类物质。果实糖组分以果糖为主，葡萄糖次之，蔗糖含量最低，作为呼吸基质的一部分，可溶性固形物含量在果实采后逐渐下降。有机酸通常是指分子结构中含有羧基（—COOH）的具有酸性的有机化合物，是果实中主要的风味物质，其含量的高低与果实的品质密切相关。果实中的有机酸主要包括柠檬酸、苹果酸和酒石酸。大多数果实的有机酸含量在果实采后成熟衰老期间呈下降趋势，这主要与其作为呼吸基质而被消耗有关。

糖酸组分对果实风味的影响可能不仅在味感强度上，它们在果实风味形成中的作用可能更为复杂，一方面糖酸组分具有各自特性，如苹果酸除影响果实酸味以外，还能增强整体味感中类似"自然的"（natural）的感觉。另一方面糖酸组分之间也存在促进或抑制作用，影响其味感的获得。但苹果风味品质主要取决于糖酸含量及其配比关系，高酸低糖的果实口感过酸，低酸高糖的果实口感淡薄，都不符合鲜食要求。苹果果实的酸甜的划分主要取决于含酸量，含糖量对果实酸甜度影响不大，风味较甜的苹果果实中糖含量不一定很高，但是有机酸含量会很低。因此准确测定苹果果实中有机酸的组成及含量对于研究苹果果实的风味特征和改良果实品质具有重要意义。

4. 苹果采后维生素C含量变化　维生素C又叫抗坏血酸，是一种水溶性维生素，也是果实最主要的营养物质，人体所必需的维生素C有90%来自水果和蔬菜。从营养角度分析，贮藏保鲜不得当，会直接影响水果中的维生素分解。研究发现富士苹果采收以后所含维生素C含量伴随着时间的延长而不断下降。低温下保持了更高的维生素C含量。果皮中的维生素C含量高于果肉，因此提倡带皮食用。

5. 苹果水分含量变化　水分是影响果实新鲜度、脆度和口感的重要成分，与果实的风味品质密切相关。新鲜水果组织含有很高的水分，汁液充足，膨压大，组织器官呈现坚挺、饱满的状态，具有光泽和弹性，表现出新鲜健壮的优良品质。但富士苹果采后水分容易蒸发散失，使得果实大量失水，果实的品质也受到影响。苹果在运输销售过程中在温度较高的情况下，若水分得不到及时补充，很容易发生蒸发，引起果实萎蔫、失水，这不仅影响果实硬度，且果实风味及外观也较差。因此为了保持采后富士苹果的新鲜品质，应尽可能减少水分蒸发，如使用塑料薄膜包装，可以降低果实采后水分的损失。

6. 苹果多酚类物质变化　植物中的酚类化合物是指以苯环结构为母体，在其不同位置有多个羟基取代基的化合物的总称。采后由于贮藏条件、成熟度、品种的不同，苹果酚类物质含量也会有不同的上升或下降的变化，有研究发现采后贮藏期间，采收成熟度时采收的富士苹果比提前采收的富士苹果具有更高的酚类物质含量，并且贮藏过程中酚类物质含量先上升后下降。酚类物质含量随着贮藏温度的升高而下降。酚类物质与色泽、风味等感官品质密切相关。

三、苹果的贮藏条件及技术

1. 苹果的贮藏条件

（1）果实温度。$-1\sim0℃$；环境相对湿度：$90\%\sim95\%$。

（2）气体成分。红富士系：$O_2\ 3\%\sim5\%$，$CO_2\ 1\%\sim2\%$；元帅系：$O_2\ 2\%\sim4\%$，$CO_2\ 3\%\sim5\%$；金冠系：$O_2\ 2\%\sim3\%$，$CO_2\ 6\%\sim8\%$。

（3）贮藏场所和方式选择。因苹果品种较多，贮运特性各有差别，贮藏场所和方式可灵活选择。

（4）简易贮藏场所贮藏：在自然冷源比较充沛的地区，对富士、小国光、秦冠等品种，可因地制宜、科学使用简易贮藏场所，如通风贮藏库、土窑洞、山洞等。

（5）机械冷库。机械冷库加简易气调贮藏，即塑料薄膜袋包装冷藏，是我国目前苹果贮藏中应用最普遍的一种方式。

（6）气调库贮藏。我国目前应用还不普遍，主要用于满足国内高档市场和国际市场需要的高档苹果，不作为重点。

2. 苹果的贮藏技术

1）涂膜技术　　壳聚糖具有良好的成膜特性和较强的抑菌抗菌和保鲜防腐能力，能够使果蔬的抗病能力得到提高，能够有效控制果实采后的衰老软化，还具备部分化学药剂所具有的控制果实采后的病害的功能，能够将果品正常生理的时间有效延长。壳聚糖具有十分广阔的应用前景，因为它是天然的涂膜剂，安全无毒、抑菌、可食用、可降解等是壳聚糖所具备的一些特征。在苹果的贮藏保鲜中用 0.75% 的壳聚糖、4% 的氯化钙浸涂 60s，可有效地降低果实的腐烂率和失重率，延缓果实硬度下降，减少果实可溶性固形物、总酸和维生素 C 的损失，使果实外部感官品质和内部生理品质都得到很好地保护，保鲜效果十分明显。

2）冰温气调保藏　　冰温贮藏保鲜技术可以使苹果的本身的风味和新鲜度得到长久的保持，从而使得苹果的商品价值得以提高。一些相关的研究数据表明，冰温气调贮藏有效地降低红富士苹果的呼吸强度。与单纯冰温贮藏比较而言，同在冰温条件下，冰温气调贮藏使用适宜的气体成分，可以更好地降低果实中营养物质的消耗，较好地保持果实的新鲜度和原有的风味。冰温气调贮藏比普通气调更有效地减缓了果肉硬度下降率。

3）天然果蔬保鲜剂助藏　　经何首林等研究发现，27 种植物提取物都对苹果具有一定的采后防腐保鲜效果，其中八角茴香油处理效果最好。经一定浓度的八角茴香提取物溶液浸泡过的苹果，其失重率、坏果率均显著降低，在供试剂量下，其最佳使用浓度为 125μL/L。生姜提取液对鲜切苹果有良好的保鲜效果。经研究表明，经生姜提取液处理的鲜切苹果，其呼吸强度降低，乙烯的释放量总体呈下降趋势。与对照组比，经生姜提取液处理过的果实褐变程度及可滴定酸含量均有所降低。生姜中的酚类物质具有很强的抗氧化作用和很好的抑菌效果，经提取液处理的果实的细菌总数明显较低，减少微生物对鲜切苹果的侵染，较好地保持了鲜切苹果的品质。经感官评价结果表明，0.1g/mL 的生姜提取液效果最佳。

动态气调贮藏在苹果保鲜中应用实例可扫码查阅。

【思考题】

1. 苹果的形态结构有什么特点？
2. 苹果的分类有哪些？
3. 苹果的化学组成及其特性有哪些？
4. 苹果的贮藏新技术有哪些？

第十一章 小浆果（草莓、树莓）

第一节 小浆果的分类及其形态结构

一、概述

"浆果"是一个复合词，除了包括植物学中的浆果，还包括一些聚合果、聚花果和其他一些柔软多汁的果实（郜海燕等，2020）。小浆果主要包括草莓、树莓、穗醋栗及醋栗，主产东北、华北。

1. 草莓（strawberry） 属蔷薇科草莓属，有47个种，主要种为凤梨草莓、智利草莓和深红草莓。我国引进和育成的品种有因都卡、戈雷拉、宝交早生、春香、绿色种子和红衣等。草莓除含蛋白质、糖、酸外，维生素C、钾、磷、钙、镁含量较高，可鲜食，也可制作果酱、果汁等产品。

2. 树莓 属蔷薇科悬钩子属，树莓果深红，香味浓甜，含糖5.58%~10.67%，含酸0.62%~2.17%，主要品种有红树莓、大红树莓和双季树莓，可鲜食，也可制作果酱、果汁等产品。

3. 穗醋栗 属虎耳草科茶藨子属，我国栽培品种为亮叶厚皮黑豆、薄皮黑豆。含糖7%~13%，富含柠檬酸和苹果酸1.8%~3.7%，维生素C（2g/kg）、维生素A、维生素B、维生素P较丰富，风味鲜美。用于制果汁、果酒、果醋和果酱等。

4. 醋栗 属醋栗科醋栗属，我国野生种多，栽培种多来自于欧洲。品种有小醋栗、大醋栗及白葡萄醋栗。果实圆形，成熟后果皮黄绿色，光亮透明，耐贮运。含糖10%以上，富含酒石酸，有的品种可达5%以上。适鲜食，也可作调味品，制果酱、罐头等。

二、草莓的种类及形态结构

（一）草莓的种类

我国草莓资源丰富，南北各地均有野生种生长。据称500年前江苏、安徽省一带即有黄花野生草莓的栽培。近代草莓的栽培品种包括从国外引进和国内栽培选育品种。

世界上栽培的草莓品种不少于2000种，而且更新换代时间短，一个品种种植不到几年就被新一代取代。我国在原有品种基础上从国外引进不少良种，生产栽培面积较大、使用地区较广的品种主要有以下几种（图11-1）。

1. 国内自产品种 国内草莓的品种很多，常见的有鸡心、大鸡冠、京藏香、明晶、明磊、紫晶、狮子头、绿色种子、新明星、四季草莓、长虹2号。

2. 国外引进品种 从日本引进品种有宝交早生、春香、丽红、明宝、盛岗、春宵、静香、丰香、女峰、白宝石、红颜等。从欧美等国引进品种有戈雷拉、因都卡、红衣、索菲亚、金明星、达娜等。

（二）形态结构

草莓果实是由花托膨大形成的浆果。草莓果实皮薄、汁液多、成熟果或将成熟果易被汁液渗透。在凸起的花托上着生许多雌蕊，受精后形成许多种子（瘦果），在植物学上也称为聚合果。当果实成熟时为红色或深红色，果肉为红色、橘红色或白色。果实大小因品种和栽培条件不同而异，果大小依次升高而递减，即一级序果大。一般四级以上序果商品价值不大。果实纵剖面中心部分为花托髓，其大小因品种不同而不同。其外部是花托的皮层，种子嵌在皮层中，维管束和髓相连。由于品种不同，种子嵌在果面的深浅不一，有平于果面、凸于果面和凹于果面三种。种子色泽为红色或黄色。果形因不同品种而异，一般常见

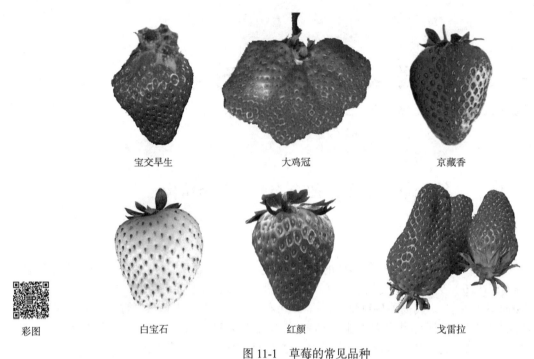

宝交早生　　　　　　　大鸡冠　　　　　　　京藏香

彩图　　　白宝石　　　　　　　红颜　　　　　　　戈雷拉

图 11-1　草莓的常见品种

的有扁圆形、圆形、扁圆锥形、圆锥形、长圆锥形、颈圆锥形、长楔形、短楔形。同一花序不同级序果形也有变化。

三、树莓的种类及形态结构

（一）树莓的种类

我国野生树莓资源十分丰富，大约有 210 种，南北各地均有分布。国外对树莓的经济栽培利用较早，在 19 世纪中叶俄国已有大量树莓品种进行栽培。目前，俄罗斯、波兰、德国、美国、加拿大、英国、匈牙利的年产量均在万吨以上。我国树莓的栽培有 70 多年，由俄侨从远东沿海地区引入我国黑龙江尚志市栽培。

树莓主要栽培种类可分成红莓类群、黑莓类群（图 11-2）、露莓类群及其杂交品种。

彩图　　　　　　　黑莓　　　　　　　　　　　　　红莓

图 11-2　各种树莓

（二）形态结构

树莓果实为聚合果，成熟时可分为红色、黄色、紫色、黑色、白色等，单果重 5～10g，最高 20g。

树莓为直立灌木，高 1～3m；枝具皮刺，幼时被柔毛。单叶，卵形至卵状披针形，长 5～12cm，宽 2.5～5cm，顶端渐尖，基部微心形，有时近截形或近圆形，上面色较浅，沿叶脉有细柔毛，下面色稍深，幼时密被细柔毛，逐渐脱落至老时近无毛，沿中脉疏生小皮刺，边缘不分裂或 3 裂，通常不育枝上的叶 3 裂，有不规则锐锯齿或重锯齿，基部具 3 脉；叶柄长 1～2cm，疏生小皮刺，幼时密生细柔毛；托叶线状披针形，具柔毛；花单生或少数生于短枝上；花梗长 0.6～2cm，具细柔毛；花直径可达 3cm；花萼外密被细柔毛，无刺；萼片卵形或三角状卵形，长 5～8mm，顶端急尖至短渐尖；花瓣长圆形或椭圆形，白色，顶端圆钝，长 9～12mm，宽 6～8mm，长于萼片；雄蕊多数，花丝宽扁；雌蕊多数，子房有柔毛。果实由很多小核果组成，近球形或卵球形，直径 1～1.2cm，红色，密被细柔毛；核具皱纹。花期 2～3 月，果期 4～6 月。

第二节　小浆果的化学组成及其特性

一、草莓的化学组成及其特性

草莓营养丰富，富含多种有效成分，鲜果肉中维生素 C 含量比苹果、葡萄的还高 10 倍以上。果肉中含有大量的糖类、蛋白质、有机酸、果胶等营养物质。此外，草莓还含有丰富的维生素 B_1、维生素 B_2、维生素 C、烟酸及钙、磷、铁、钾、锌、铬等人体必需的矿物质。

草莓的营养成分容易被人体消化、吸收，多吃也不会受凉或上火，是老少皆宜的健康食品。

表 11-1 和表 11-2 分别列出了草莓的主要营养成分和氨基酸含量。

表 11-1　草莓的主要营养成分（每 100g 中含量）

成分名称	含量	成分名称	含量
可食部 /g	97	维生素 C/mg	47
热量 /kJ	126	维生素 E（总量）/mg	0.71
碳水化合物 /g	7.1	α-生育酚	0.54
灰分 /g	0.4	β-生育酚、γ-生育酚	0.17
烟酸 /mg	0.3	磷 /mg	27
钙 /mg	18	镁 /mg	12
钠 /mg	4.2	脂肪 /g	0.2
锌 /mg	0.14	胡萝卜素 /mg	30
水分 /g	91.3	维生素 B_2/mg	0.03
蛋白质 /g	1	钾 /mg	131
膳食纤维 /g	1.1	铁 /mg	1.8
维生素 A/mg	5	铜 /mg	0.04
维生素 B_1/μg	0.02		

资料来源：胡爱军等，2012。

表 11-2　草莓的氨基酸含量　（单位：mg/100g）

成分名称	含量	成分名称	含量
异亮氨酸	24	色氨酸	9
含硫氨基酸	17	组氨酸	15
芳香族氨基酸	39	丝氨酸	50
苏氨酸	27	赖氨酸	31
精氨酸	43	胱氨酸	9
天冬氨酸	176	酪氨酸	17
脯氨酸	30	缬氨酸	29
亮氨酸	45	丙氨酸	51
甲硫氨酸	8	甘氨酸	31
苯丙氨酸	22		

资料来源：胡爱军等，2012。

二、树莓的化学组成及其特性

树莓的营养成分丰富，表 11-3 列出了红树莓（鲜）的主要营养成分。

表 11-3　红树莓（鲜）的主要营养成分（每 100g 中含量）

成分名称	含量	成分名称	含量
水分 /g	84.2	维生素 B_9/mg	0.25
蛋白质 /g	0.2	维生素 P/mg	240
碳水化合物 /g	13.6	钾 /mg	168
膳食纤维 /g	0.3	钠 /mg	1
烟酸 /mg	0.9	脂肪 /g	0.5
维生素 A/mg	130	镁 /mg	20
维生素 B_1/mg	0.03	磷 /mg	22
维生素 C/mg	25	钙 /mg	22
维生素 B_2/mg	0.09	灰分 /g	0.5

资料来源：胡爱军等，2012。

树莓中所含的各种营养成分均易被人体吸收，具有改善新陈代谢、增强抗病能力的作用，是老少皆宜的果中佳品。其中部分物质的含量如下。

鞣花酸：含量 1.5～2mg/100g。红树莓是当今发现的天然鞣花酸含量最高的食物。

花青素：含量 30～60mg/100g。花青素是一种抗衰老物质。

超氧化物歧化酶（SOD）：含量 159.7～215.1mg/100g。SOD 是一种抗衰老物质，能催化超氧自由基歧化为分子氧和过氧化氢。

黄酮：含量 4.4～5.9mg/100g。

纤维素：含量 2～4g/100g。

树莓也是重要的药用植物，根、茎、叶均可入药，具有止渴、除痰、发汗、活血等功效。据俄罗斯研究人员报道，树莓浆果含有水杨酸，可作为发汗剂，是治疗感冒、流感、咽喉炎的良好解热药。此外，树莓果实富含鞣花酸、超氧化物等，已引起了国内外专家的密切关注。

第三节　小浆果的贮藏

一、草莓的贮藏

（一）草莓的贮藏特性

草莓属非呼吸跃变型的浆果，果实生长发育在植株上成熟。成熟后的果实呈鲜红、橘红或暗红色，饱含果汁，果皮极薄，十分娇嫩，极易受损伤而腐败。草莓在贮藏中易受灰霉、根霉、皮腐病菌危害，采用化学处理或热处理可以减少发病和腐烂。草莓贮藏难度很大，必须采取综合技术措施，并配备一定的设备条件，才能达到较好的保鲜效果。

与其他水果一样，草莓贮藏亦应选耐藏性较好的品种。如选用坚硬果肉品种则能减少贮藏中的腐烂。一般早熟种、早中熟种耐藏性较差，而中熟的品种耐藏性稍好。

水分蒸发引起失水干缩，草莓失水 5% 即失去商品性。室温下草莓失水快，每天可失水 2.17%～2.65%，3～4 天即失去商品价值。还有氧化作用引起果实变色等，均是影响草莓保鲜效果的主要原因。

据研究，在一定的范围内，温度越低，草莓的贮藏时间越长。草莓适宜的贮温为 0～0.5℃，相对湿度以 90% 左右为宜，即使在此条件下也不宜贮藏过久，其贮期不应超过 9 天，否则会丧失新鲜度。

（二）草莓采后生理及品质的变化

1. 草莓采后生理变化　尽管采收后的草莓已基本完成了生长和物质积累过程，但仍进行着旺盛的生理代谢活动，如呼吸作用、蒸腾作用等。同时，还存在微生物的侵染。因此，草莓采后经历着生理生化、色泽和品质等方面的变化。草莓属非呼吸跃变型果实，草莓果实在过熟衰老时呼吸速率加速上升，属于末期上升型。草莓采收后，后熟激素乙烯释放量明显上升，改变了细胞膜的透性，从而改变原生质内部的隔离状态，增加了酶与底物的接触，导致呼吸反应的加强。呼吸作用的增加是草莓后熟衰老的一种反应，是草莓不耐贮藏的主要原因之一。

1）酶活性的变化　草莓果实采后的生理代谢及衰老与果实中许多酶的活性有关。研究认为草莓果实的软化主要是纤维素酶的作用，随着草莓成熟，纤维素酶的活性提高。除纤维素酶外，糖苷酶也与草莓的软化有着重要的关系。研究表明，在草莓果实进入成熟期后，果实中的盐释放 α-和 β-半乳糖苷酶活性逐渐升高，表明盐释放 α-和 β-半乳糖苷酶活性的变化对草莓成熟起着重要作用。同时果实中的盐释放 α-甘露糖苷酶活性不断升高，表明 α-甘露糖苷酶对草莓果实成熟的软化起着重要作用。而葡萄糖苷酶虽然是一种细胞壁水解酶，但它在草莓果实成熟软化中没有显著的作用。尽管半乳糖醛酸酶在细胞壁结构的改变中起重要作用，通常认为它可以催化果胶分子中 α-(1,4)-聚半乳糖醛酸的裂解，从而参与果胶的降解，促进果实软化，但在草莓上很少或没有发现多聚半乳糖醛酸内切酶或外切酶的活性。

2）硬度的变化　草莓果实采后随着贮藏时间的延长，逐渐衰老软化，硬度呈下降趋势，而纤维素酶活性呈上升趋势。草莓果实的后熟软化主要是皮层的薄层细胞壁的中间薄层降解的结果，其他影响果实硬度的因素有细胞壁的强度、细胞间的结合力及细胞的膨压。果实软化常伴随着可溶性果胶和果胶酸的增加。果胶酸是分子质量相对较小的多聚半乳糖醛酸，胞壁物质的降解和果胶－纤维素－半纤维素（PCH）总体结构的破坏是细胞分离和果实软化的开端。同时原果胶分解生成了可溶性果胶和果胶酸。

3）细胞膜透性的变化　随采后贮藏时间的延长，草莓果肉细胞膜完整性逐渐被破坏，致使组织间的渗透率增加，从而不利于草莓的贮藏。草莓后熟衰老过程中膜脂过氧化，丙二醛（MDA）是组织膜脂过氧化的产物，MDA 含量的高低直接代表组织的衰老水平。有研究表明，丰香草莓果实在贮藏期间 MDA 含量呈上升趋势。自由基是组织膜脂过氧化的启动者，组织呼吸作用能够产生自由基。通过降低果实呼吸，减少自由基发生，减弱活性氧伤害，从而产生抑制组织的膜脂过氧化作用，延缓果实后熟衰老，延长草莓的货架期。

2. 草莓采后成分变化　草莓采收后水分含量不断下降，糖分不断发生转化，维生素 C 含量与酸度也不断下降，花青素逐渐累积。伴随着乙烯释放量增加，病原菌的侵入，果实迅速衰老、腐烂。

1）水分含量的变化　草莓采收后仍进行呼吸作用，而呼吸作用又伴随着蒸腾作用，且制约着草莓的生理生化过程，影响其生理机能和新陈代谢，从而影响草莓在贮藏过程中的品质变化。随着贮藏时间的延长，草莓果实的重量一般都会表现出程度不一的下降。室温下草莓失水速度快，平均每天失水2.17%～2.65%。一般认为草莓失水 5% 时即失去商品价值。

2）糖分含量的变化　草莓贮藏期间由于呼吸作用和代谢的转化，糖分都有不同程度的下降。草莓体内还原糖含量的多少影响着果实的品质和口感。在贮藏初期，还原糖含量上升，随着贮藏时间的延长，还原糖含量逐渐下降。

3）花青素含量的变化　花青素是果实后熟衰老过程的次生产物，花青素含量的多少间接地反映了果实的成熟度。草莓的红色主要由花青素形成。草莓贮藏过程中，花青素含量逐渐升高，同时伴随着颜色的加深。

维生素 C 含量的变化：草莓在贮藏期间维生素 C 含量逐渐下降。低温能在一定程度上减少维生素 C 的损失率。通过保鲜剂处理，维生素 C 的损失会更慢，同时草莓存放和保鲜的时间也更长。

4）可滴定酸含量的变化　草莓中含有大量的有机酸，在贮藏过程中，一部分用作呼吸底物被消耗，另一部分在体内被转化为糖分。因此，在贮藏过程中，草莓中的酸含量明显减少。保鲜越好的草莓，酸度变化越小。

（三）草莓的采收及贮藏技术及方法

1. 草莓的采收　草莓成熟的显著标志是果实色泽的转变，以此可以确定适宜的采收成熟度。一般在果面着色 70% 以后，即可根据不同用途选择最适采收期。就地鲜销果宜于充分成熟时采收；用于制灌果，可于着色 70%～80%，果实色鲜肉硬，即八成熟时采收；用于贮运的草莓也应于八成熟时采收为宜。具体感官表现是果实的阳面鲜红，背阴面泛红，时间也就是成熟前 2～3 天，草莓成熟时应分期分批采收，一般每隔 2 天左右即可采集一次，每次将适果全部采下。

采收时间应选在晴天早晚天气凉爽时，避免高温曝晒或露湿雨淋。采收方法是带柄采下，且摘时手指不要碰及浆果，以免破损伤烂。采收的同时即剔出伤果、病果、劣果，把好的浆果轻轻放在特制的果盘中。果盘的大小以 90cm×60cm×15cm 为好。果实应边采摘边分级，以减少翻动造成的机械损伤。浆果在盘中排放 9～12cm 厚，即可套入聚乙烯薄膜袋中，密封，及时送阴凉通风处预冷散热，防止压伤和腐烂。另外，为延长鲜果的寿命，采前不宜灌水。

2. 草莓贮藏的技术与贮藏方法

1）草莓贮藏的技术

（1）贮藏前的质量控制。贮藏前，所有包装物、运输工具、贮藏场所均应进行消毒处理，减少致病微生物对果实的侵染机会。草莓栽培生产过程中，要用塑料薄膜覆盖栽培，阻止果实与土壤等接触，避免将灰霉病的病原菌从田间带入贮藏场所。用于贮藏时，应选择转红期至全红期成熟度在 70% 果面着色的果实。采收、贮运过程中，避免挤压、榨、碰、震动果实。

（2）预冷处理。预冷处理可降低草莓的呼吸强度，减轻冷冻机负荷，降低电解质渗漏率和膜脂过氧化产物的含量，减轻生理病害的发生。预冷处理可使草莓果实的受伤部位反白显现，产生水渍状斑，有利于剔除伤果。另外，预冷处理可防止气调贮藏过程中的薄膜内侧水分凝结，避免因水滴滴落在果蔬表面而引起的生理失调。

（3）处理、包装、冷藏。草莓果实采摘后，乙烯的释放量呈明显上升趋势，因此除使用保鲜剂和防腐剂外，还应在保鲜袋中放置适量的乙烯吸附剂。草莓果实经处理后，应强制通风，迅速使果面干燥，并及时装入保鲜袋。采用聚乙烯薄膜袋包装，可部分改善包装内的气体成分，减少空气对流，提高草莓周围的相对湿度，使之维持在 85%～95%，从而抑制草莓在贮藏过程中的自然损耗，延长其保质期。在贮藏过程中，应尽量减少冷藏室的开关次数，同时在塑料筐底部铺垫泡沫颗粒，隔离由温差引起的凝结水，然后将聚乙烯薄膜袋套在塑料筐（18cm×27cm，每筐盛装草莓 80 颗）上，扎紧袋口，使之形成一个相对较为稳定的小环境。在此条件下，可明显减轻草莓的腐烂率。在 3～5℃贮藏 14 天后，草莓果实的花萼部位仍呈鲜绿色，果肉颜色鲜艳，且无异味；而对照果实的花萼部位叶片干枯，果肉不同程度变黑，黑斑处有大量菌丝。

2）草莓的贮藏方法　草莓的贮藏方法主要包括低温贮藏、气调贮藏、涂膜保鲜、化学贮藏等。

申江等以草果草莓为实验对象，采取两种不同贮藏条件贮藏草莓，一种条件是存于冰温库内，库内温度为 −0.5℃，湿度为 85%；另一种是存于冰温气调箱内，箱内气体成分为 10% CO_2＋3% O_2，温度为 −0.5℃，湿度为 85%。通过定期取样测试草莓的品质变化，研究草莓的贮藏保鲜效果。通过 42 天贮藏实验研究表明：将冰温保鲜与气调保鲜技术有机结合起来，可明显延长草莓保鲜期，并且能够更好地保持其营养成分和口感。

乙烯抑制剂 1-甲基环丙烯，能够强烈抑制乙烯诱导的成熟作用，明显延长水果的贮藏寿命。迟玉杰等的研究表明，将刚采摘的草莓浸泡在 0.25%～0.05% 的脱水乙酸溶液中 30s，可有效抑制浆果类果实霉变。

光照处理在草莓保鲜中应用实例可扫码查阅。

二、树莓的贮藏

（一）树莓的贮藏特性

树莓果皮极薄，组织娇嫩，结构易碎，呼吸速率高，极易腐败，特别在贮藏运输过程中易受机械损伤和微生物侵染而变质。树莓在常温下贮藏 1 天就失去其商品价值，因此，树莓贮藏保鲜至关重要，同时也是世界性难题。树莓贮藏保鲜方法主要有速冻低温冻藏法、气调贮藏法、化学保鲜法、臭氧保鲜法等，现以速冻低温冻藏法为主。不论什么贮藏方法，采后预冷处理是贮存前必须完成的步骤，采摘后最好在 1h 内处理并冷却。因为冷却速度是延长树莓贮藏期的关键，冷却每延迟 1h，其货架寿命就缩短 1 天。

（二）树莓采后生理及品质的变化

1. 树莓采后生理变化　　浆果类的树莓极不耐贮运，轻微挤压后则易破碎，常温贮藏下的货架期仅有1～2天，品质的劣变速度限制了树莓鲜果的销售和贮藏。已知果实的呼吸类型有两种，一种是呼吸跃变型，另一种是非呼吸跃变型。已有研究表明采后树莓果实的呼吸速率极高，但目前对于树莓果实是哪种呼吸类型尚存在争议。有研究发现树莓在采后贮藏的前期呼吸强度并无明显的变化，在贮藏后期则能够观察到呼吸速率显著的增加，并且没有出现呼吸高峰，推断此树莓为非呼吸跃变型果实。也有研究发现，可能树莓同时具有呼吸跃变型和非呼吸跃变型的两种特点。

乙烯已被证实在呼吸跃变型的果实的生长发育、成熟衰老等过程中发挥着关键作用，调节果实的成熟与软化。但是，关于乙烯对非呼吸跃变型果实的调控机制尚不清楚。树莓果实在采后贮藏过程中，乙烯产生量较低，且在贮藏过程中无明显变化。研究发现，红树莓果实中乙烯的产生量主要来自于花托部位，其花托部位的乙烯生成速率显著高于果实的其他部位，并且乙烯的增加促进了花托与核果的分离，加速了果实成熟，表明乙烯调控红树莓果实成熟衰老的关键部位是果实花托。

2. 树莓采后品质变化　　采后红树莓果实若在常温条件下贮藏，货架期仅1～2天，果实颜色由红色转为深红色，过度成熟时果实颜色暗淡无光泽。同时，果实的风味也会发生一系列变化，采摘时果实香气浓郁，清新且无异味，而常温下贮藏1天后，香气变淡，并伴随浓重的酒精味。树莓采后由于呼吸代谢、贮藏条件等因素的影响，容易发生失水皱缩和机械损伤等情况，果实一旦大量失水，其贮藏品质便会迅速降低，营养物质被代谢分解，从而缩短红树莓果实的货架期。树莓果实中的糖和有机酸含量相较于其他水果高出许多，其中，果实中的糖类以果糖和葡萄糖为主，有机酸以柠檬酸和苹果酸为主，适宜的糖酸比例成就了树莓果实独特的口感和味道。红树莓果实在采后停止光合作用，通过呼吸作用消耗体内的营养物质，果实中的可溶性固形物（TSS）含量、抗坏血酸（AsA）含量、淀粉含量及总酚含量在其贮藏期间均逐渐分解、减少，营养价值也随之降低。

软化是树莓果实采后成熟过程中最显著的特征，对其采后贮藏保鲜的影响最大。研究表明，树莓果实采后常温贮藏期间，呼吸强度大，腐烂变质的速度加快，组织松弛软化，硬度下降迅速。

（三）树莓的采收及贮藏方法

1. 果实的采收

1）确定适宜的采收期　　充分成熟的浆果具有独特的风味、香气和色泽，如采收晚了浆果变色，很容易霉烂变质；如采收过早，果皮发硬，果肉发酸果味差，口感不好。因此，必须适时采收。正确地掌握成熟时间是适时采收的关键。树莓浆果成熟时的特征因种类、品种的不同而有差异，极为显著的特征是着色。红树莓浆果表面由最初的绿色逐渐变白，最后由白色变成红色至深红色，并具有光泽；黄树莓浆果则由白色变成黄色；黑莓浆果初时为绿色转成红色进而再成为红黑色至黑色或蓝黑色，表面光泽比红树莓更发亮。据此，可以正确地掌握适宜的采收期。在充分成熟前采收的浆果货架期，要比充分成熟或过熟的浆果货架期长。所以，在采收上必须严格地区分开来。对于鲜食上市或要长途运输的，必须在充分成熟前的八九分熟时采收，而且要打好包装。如果进行加工和就地上市，可以在充分成熟时采收。

2）采收方式　　树莓的果实成熟期不一致，要分批采收。树莓通常第一次采收后的7～8天浆果大量成熟，以后每隔1～2天采收一次。要尽可能在早晨采收，此时香味最浓，下雨天不宜采收，否则容易霉烂。果实集中成熟时（盛果期）应每天收一次。每次采摘时必须将适度成熟果实全部采净，以免延至下次采收时由于过熟造成腐烂。

3）采收用具　　当前在我国树莓的采收主要是人工手摘。采收红树莓比较容易，因为是空心，果实与花托分开，最好一手提篮，一手采摘。采收盛果的用具可选用有空隙的小篮筐或有气孔的塑料篮筐，其特点是轻便，体积较小，便于运输。黑莓浆果成熟时，其果实不能与花托分离，用手轻轻扭果柄易与果实脱离，即为带花托采收。收获的果还应分装放入小的容器中，最适宜的容器是250g装，不要使用多于4层的浆果容器，因为底部的浆果可能受到压伤。不同类型的容器各有优缺点：果肉色塑料容器便宜，但易于弄脏；木质容器也容易弄脏，而且价格高；坚固而透明的塑料容器不会有污迹，消费者可以从外部看到内装浆果，价格也不贵。当盖上盖子时，以上容器均可以保存湿度，然而在底部仍可积存汁液。

2. 树莓的贮藏方法　　国内外树莓贮藏保鲜的方法主要有速冻低温冻藏法、气调贮藏法、化学保鲜法和臭氧保鲜法等，且以速冻低温冻藏法为主。不论采用哪种方法贮藏保鲜树莓，采后预冷处理均是在贮存前必须尽快完成的措施。

白丽娟等采用不同厚度的 PE 袋包装树莓，贮藏于冰温条件下，研究冰温结合气调贮藏对树莓品质的影响。结果表明，冰温结合气调处理使树莓贮藏期延至 20 天，并有效延缓了果实可滴定酸、可溶性固形物（TSS）含量的下降，对照组 15 天时的可滴定酸、TSS 含量分别降至 1.47%、9.2%，而 0.04mm 气调处理组 20 天时的可滴定酸、TSS 含量降至了 1.58%、9.7%，但抑制呼吸强度、乙烯生成速率的差异不明显。同时，气调处理提高了树莓过氧化物酶（POD）、过氧化氢酶（CAT）的活性，降低了多酚氧化酶（PPO）的活性，延缓了丙二醛（MDA）含量的升高，延缓了树莓的衰老。其中，0.04mm PE 保鲜袋中的树莓的品质最好。这说明适当的气调结合冰温贮藏更有利于树莓的贮藏。

树莓在贮藏期间，容易受到病原微生物的侵染而生霉腐烂，从而影响贮藏效果，使果实失去商品价值。引起树莓致病的菌有青霉、根霉、酵母和红酵母，用化学药剂处理树莓，能有效地抑制霉菌生长，抑制腐烂。迟玉杰等用脱水乙酸处理树莓有效地抑制了树莓腐烂、延长了贮藏保鲜期。格雷罗－普列托（Guerrer-Prieto）研究发现，采后树莓对乙烯处理不敏感。用几种酵母处理树莓，果实呼吸和乙烯产生未发生改变，随着贮藏时间延长，果实 pH 增加，可溶性固形物减少，疾病发生率增加，在高温下疾病发生发展更快。在控制采后菌类疾病方面，大多数酵母处理与化学杀菌剂相比，效率相当或更有效。酵母作为一种生物控制药剂，与低温（4℃）和低密度聚乙烯（LDPE）薄膜包装结合用于树莓的防腐保鲜，具有一定开发潜力。

【思考题】

1. 草莓和树莓的形态结构有什么特点？
2. 草莓和树莓的分类有哪些？
3. 草莓和树莓的化学组成及其特性有哪些？
4. 草莓和树莓的贮藏方法有哪些？

第十二章 其他水果

第一节 核果类（桃、杏、李、梅）

一、品类与分布

核果类常分为桃、杏、李、梅等品类（图 12-1）。

| 黄桃 | 蟠桃 | 李 | 梅 | 彩图 |

图 12-1 核果

（一）桃

桃属蔷薇科桃属。主要有 5 种，即用普通桃和新疆桃及变种的蟠桃、寿星桃、油桃。普通桃的原生种为毛桃，是全国各地普遍栽培的品种。

桃主要经济栽培地区为华北、华东各省。目前在全国主要栽培的品种群有以下几种。

1）北方桃品种群 主产于华北、西北、华中地区，果大、色鲜、味甜、汁多，著名品种有山东肥城桃、河北深州蜜桃、渭南甜桃、六月鲜、青州蜜桃、大甜仁桃和冬桃等。

2）南方桃品种群 主产于长江以南地区，有 3 个品系，即硬肉桃系，肉质硬脆，汁少，品种有广东白饭桃、三华蜜桃、象牙白桃、贵州白花桃和四川泸定香桃等；水蜜桃系，果肉柔软多汁，皮易剥，品种有春蕾、玉露、白凤、大久保和岗山白等；蟠桃系，果实扁圆形，果肉柔软多汁，品质优良，主要品种有陈圃蟠桃、白芒蟠桃和撒花红蟠桃等。

3）黄桃品种群 主产于西北和西南地区，果皮、果肉呈黄色至橙黄色，肉质紧密，为不溶质（即耐煮制），含酸较高，黏核，是制罐头的良好原料。主要品种有云南呈贡黄离核和大黄桃，大连丰黄和连黄，灵武甘黄桃，日本的罐桃 5 号、罐桃 14，欧美的爱尔白太、红港橙丰色、明星等。

（二）杏

杏在中国分布范围很广，除南部沿海及台湾省外，大多数省区皆有，其中以河北、山东、山西、河南、陕西、甘肃、青海、新疆、辽宁、吉林、黑龙江、内蒙古、江苏、安徽等地较多，其集中栽培区为东北南部、华北、西北等黄河流域各省。

杏属蔷薇科杏属，有食用和仁用两大类。

1）鲜食品种 果卵圆形，橙黄至橙红色，肉硬、质优、离核、甜仁或苦仁，主要品种有兰州大接杏、华县大接杏、仰韶黄杏、沙金红杏、红玉杏、大香白杏和阿克西米西杏等。

2）仁用品种 离核、仁大、仁甜、出仁率大于 30%，如大扁、次扁、克孜尔苦买提、迟梆子杏、克啦啦杏等。

（三）李

李属蔷薇科李属。李栽培主要有 4 个种，即中国李、杏李、欧洲李与美洲李，其中以中国李的栽培最普通。李的果实多为圆形或长圆形，皮为绿色、黄色；果皮为红色、紫红色等，果肉为黄色或红色或橙红色，肉质细嫩、汁多、甜酸适宜，主要品种有玉皇李、朱砂红李、黄甘李、大黄李、香蕉李、美丽李和桃叶李。李子产量最多的省（自治区）有广东、广西、福建，主要栽培中国李及其变种木奈李，其中福建省永泰县是全国产李最多的县。四川、湖南、湖北、河南也有大面积种植。我国北方黑龙江、辽宁、吉林三省也是栽培面积较大的区域，主栽品种为中国李。

（四）梅

梅属蔷薇科李属。梅果实近圆形，其果实色泽因种类不同，含酸高，可生食或加工，其分类如下。
1）白梅类　果实成熟味苦、质劣，供制梅干，如大头白、太公种。
2）青梅类　果实成熟仍有青色，味酸，稍有涩味，品质中等，多作蜜饯，如四月梅、五月梅和白梅等。
3）花梅类　也称红梅，果实成熟为红色，甚至紫红色。肉质细而清脆，为梅中上品，鲜食或作陈皮梅等，品种有软条梅、紫蒂梅、歪肩胖、薄皮梅、叶里青、张毛种、大叶猪肝、桃梅和李梅等。

二、核果类的化学成分

核果类的果实维生素 C 的含量在 100mg/kg 以内，钙、磷含量为 50～250mg/kg。总糖、有机酸含量因种类而异：桃总糖含量 10.38%～12.41%，以含蔗糖为主，有少量还原糖，含有机酸 0.2%～1.0%；李总糖为 6.85%～10.70%，以含转化糖为主，含有机酸 0.4%～3.5%；杏总糖为 8.45%～11.90%，蔗糖略高于转化糖，含有机酸 0.2%～2.6%；梅总糖为 2.0%～5.2%，含有机酸 0.5%～3.5%。核果类有机酸种类以苹果酸为主，另含少量草酸、柠檬酸、水杨酸和单宁酸等。

三、核果类的采后生理及贮藏

（一）桃、李、杏采后生理及贮藏特性

桃、李、杏果实发育及采后生理方面有着相似的特点。桃、李、杏果实的呼吸强度大，都有呼吸高峰，所以同属呼吸跃变型果实，这决定了它们有着基本相似的贮藏特性。但随着树种和品种不同，所采用的贮运保鲜技术又有所区别。桃、李一般分早、中、晚熟品种，且早熟与晚熟品种相差很大。早熟的春雷桃在山东 5 月上旬即可成熟，而晚熟的冬桃则在 11 月才成熟。早熟李于山东 6 月初成熟，黑宝石则在 10 月底成熟。但桃和李的其他优良品种的成熟期则相对集中于 7～8 月。杏和樱桃早熟与晚熟相差时间比较少，成熟期相对集中。

桃果采收后果实组织中果胶酶、纤维素酶、淀粉酶活性很强，这是使桃采后在常温下很易变软、败坏的主要原因。特别是水蜜桃，采后呼吸强度迅速提高，比苹果高 1～2 倍，在常温条件下 1～2 天就变软。低温、低氧或高二氧化碳可抑制这些酶的活性，因此采后的果实应立即降温，及时进入气调状态，以保持其硬度和品质。

桃对温度的反应比其他果实都敏感。桃采后在低温条件下呼吸强度被强烈地抑制，但易发生冷害。桃的冰点温度为 −1.5℃，长期 0℃以下易发生冷害。冷害发生的早晚和程度与温度有关。据研究表明，桃在 7℃下有时会发生冷害，3～4℃是冷害发生的高峰期，近 0℃反而小。发生冷害的桃果实细胞皆加厚，果实糠化、风味淡，果肉硬化，果肉或维管束褐变，桃核开裂，有的品种冷害后发苦或有异味产生，但不同的品种其冷害症状不同。

桃果实对 CO_2 很敏感，当 CO_2 浓度高于 5% 时就会发生 CO_2 伤害。CO_2 伤害的症状为果皮褐斑、溃烂，果肉及维管束褐变，果实汁液少，果肉生硬，风味异常，因此在贮藏过程中要注意保持适宜的气体指标。

桃果实表面布满绒毛。绒毛大部分与表皮气孔或皮孔相通，这使桃的蒸发表面增加了十几倍乃至上百倍，因而桃采后在裸露条件下失水十分迅速。一般在相对湿度为 70%、温度为 20℃的条件下，裸放 7～10 天，

果实的失水量会超过50%。失水后的果实皱缩、软化，严重者失去商品价值。

李、杏等核果类果实采后生理特性与桃相似。

（二）采摘与贮藏技术

1. 品种和采摘期　　桃、李、杏、梅不同品种间的耐藏性差异很大。一般早熟品种不耐贮运，中晚熟品种的耐贮运性较好。例如，桃的品种五月鲜、水蜜桃等一般不耐贮藏；而晚熟品种，如肥城桃、深州蜜桃、陕西冬桃等较耐贮运；大久保、白凤、冈山白、燕红等品种也有较好的耐藏性；离核品种、软溶质品种的耐藏性较差。

杏和李这方面的特点与桃类似。

影响桃、李、杏贮藏效果的因素很多，有地域和气候等。

果实采摘期是影响果实贮藏期间质量、品质和贮藏寿命长短的最主要因素之一。若果实采摘过早，会降低后熟后的风味，且易受冷害；采摘过晚，则果实过于柔软，易受机械伤，腐烂严重，难于贮藏。因此，掌握适宜的采摘期，既让果实生长充分，基本体现出其品种的色香味等品质，又能保持果实肉质紧密时适时采摘，是延长贮藏寿命的关键措施。以桃为例，目前就地鲜销宜于8成至9成熟采摘，远地运输可于7成至8成熟采摘。用于加工的桃应在8成至9成熟采摘，用于贮藏的桃以7成至8成熟采摘为宜。

另外，桃、李、杏采摘时要带果柄，若果实在树上成熟不一致时，要分次采摘，并要注意带些树叶（1～3片）和保护果粉（李），尽量减少机械伤。

2. 贮藏条件

1）贮藏温度　　桃、李、杏适宜的贮藏温度为0～1℃，但长期在0℃贮藏易发生冷害。目前控制冷害有几种方法，一种方法是间隙加温法，即将桃先放在−0.5～0℃下贮藏15天，之后升温到18℃贮藏2天，再转入低温贮藏，如此反复。另一种方法是用两种温度处理采后的果实，先在0℃贮藏2周，再在5℃下贮藏（美国为了防止桃产生冷害，在0℃控制气体浓度：O_2为1%、CO_2为5%。气调贮藏期间，每隔3周或6周对气调桃进行一次升温，然后恢复到0℃，在0℃下贮藏9周后出库，并在18～20℃放置熟化，然后出售。这种方法比一般冷藏的寿命延长2～3倍）。间隙加温可降低桃的呼吸强度，使乙烯释放量降低并减轻冷害，同时温度升高也有利于其他有害气体的挥发和代谢。

2）贮藏环境湿度　　桃、李、杏、樱桃贮藏时，相对湿度应控制在90%～95%范围之内。湿度过高，易引起腐烂，加重冷害的症状；湿度过低，会引起过度失水、失重，影响商品性，从而造成不应有的经济损失。

3）气体成分　　桃在O_2浓度1%、CO_2浓度5%的气调条件下可加倍延长贮藏期（温度、湿度等其他条件相同的情况下）。李以O_2浓度3%～5%、CO_2浓度5%为适宜的气调状态。但一般认为李对CO_2极敏感，长期高CO_2会使果顶开裂率增加。杏气调贮藏最适的气体组成是O_2浓度2%～3%，CO_2浓度2%～3%。樱桃适宜气调气体成分是O_2浓度3%～5%，CO_2浓度10%～25%。樱桃耐高浓度CO_2，所以在运输时也采用高浓度CO_2处理，抑制它的呼吸强度，保持鲜度。

3. 贮藏技术　　气调贮藏已被认为是当代果蔬贮藏效果最好、最先进的商业化贮藏方法。气调贮藏之所以能延长桃果实的保鲜期，是因为适宜的高CO_2或低O_2能抑制乙烯的产生。王贵禧等报道，采用聚乙烯保鲜袋复合乙烯吸收剂的自发气调贮藏，可减少大久保桃的褐变，贮藏期达60天以上。吕昌文等采用1%～3% O_2+3%～8% CO_2气调贮藏，使大久保桃贮藏期达到60天以上未发生衰败症状。王友升等研究结果表明，1% O_2对桃果实产生伤害，表现为果实表面色泽非正常变化，桃固有风味丧失并产生严重异味；在5%～10% O_2、5%～10% CO_2气体成分条件下，尤其是在10% O_2+10% CO_2气体成分条件下，能够在60天的贮藏期内保持桃果实品质。

生物保鲜技术在桃果实保鲜中应用实例可扫码查阅。

第二节　香蕉和菠萝

香蕉（banana）和菠萝（pineapple）都属于多年生的草本植物，热带著名的水果，主产于广东、台湾、海南、福建等省，它们具有营养丰富、品质风味好、综合利用广等优点。

一、香蕉

（一）种类

香蕉属芭蕉科芭蕉属，大型草本植物。我国是香蕉原产地之一，也是栽培香蕉最早的国家之一。具有经济价值的香蕉有高把蕉、矮把蕉、油蕉、小米蕉、天宝蕉、龙芽蕉、大蕉、粉蕉、西贡蕉、美蕉、紫蕉和台湾蕉等（图12-2）。香蕉果实由雌花下位子房发育成浆果，成熟时由青色转为黄色、淡绿色等。

台湾蕉　　　　　　小米蕉

图 12-2　香蕉

（二）化学成分

香蕉果实未完全成熟时富含淀粉，熟后全部转化为糖。香蕉是一种营养极为丰富的水果。它几乎包含人体所有必需营养成分（包括矿物质和维生素），且具一定的医疗功效。香蕉果蕴含丰富的能量，可快速补充能量。

香蕉的化学成分如下：水分70.0%，碳水化合物27.0%，粗纤维0.4%，蛋白质1.2%，脂肪0.6%，灰分0.9%，果胶1%～1.2%，磷310.0ppm[①]，钙90.0ppm，铁6.0ppm，β-胡萝卜素0.5ppm，维生素B_2 0.5ppm，烟酸7.0ppm，维生素C 120.0ppm。

（三）香蕉的采收与贮藏

1. 香蕉的贮藏特性

（1）香蕉是一种典型的后熟型果实。据德国研究报道，刚刚采摘的青香蕉，其糖分与淀粉的比例大致为1∶20。经后熟至充分成熟时恰好相反，为20∶1。同时，果实中叶绿素逐渐消失而呈现黄色，果皮逐渐变薄软化，容易剥离，果实中单宁物质发生明显变化，从而使涩味渐渐消失，并分解释放出浓郁的芳香气味。

（2）香蕉的贮藏寿命与品种、栽培条件、成熟度、温度等条件密切相关。栽培在旱地上的香蕉比栽培在水地上的耐贮。香蕉对温度十分敏感，最适贮藏温度为13℃，最适相对湿度为85%～95%。

（3）香蕉对乙烯相当敏感。香蕉是典型的呼吸跃变型果实，后熟期间要经历一个呼吸跃变过程，并出现内源乙烯释放高峰。香蕉对乙烯相当敏感，内源乙烯的大量产生会大大加剧呼吸作用，导致果实迅速成熟，并进一步衰老。据试验1ppm乙烯浓度对香蕉即有催熟作用。因此，在贮藏上控制果实内源乙烯的产生量，消除乙烯对果实成熟的催化作用是十分关键的。

（4）香蕉易发生机械损伤。在青绿状态下发生机械伤对外观影响不太明显，但当香蕉果实成熟后，发生机械伤的地方就会变黑，严重影响外观，这也是我国香蕉商品档次不高的一个重要原因。同时机械伤也为病原微生物的侵入打开了方便之门。

2. 采收与贮藏技术

1）无伤采收　　香蕉的成熟度习惯上多用饱满度来判断。在发育初期，果实棱角明显，果面低陷，随着成熟，棱角逐渐变钝，果身渐圆而饱满。贮运的香蕉要在7～8成饱满度采收，销地远时饱满度低，销地近时饱满度高。饱满度低的果实后熟慢，贮藏寿命长。机械损伤是致病菌侵染的主要途径，伤口还刺激果实产生伤呼吸、伤乙烯，促进果实黄熟，更易腐败。另外，香蕉果实对摩擦十分敏感，即使是轻微的擦伤，也会因受伤组织中鞣质的氧化或其他酚类物质暴露于空气中而产生褐变，从而使果实表面伤痕累累，俗称"大花脸"，严重影响商品外观。因此，香蕉在采收、落梳、去轴、包装等环节上应十分注意，避免损伤。在国际进出口市场，用纸盒包装香蕉，大大减少了贮运期间的机械损伤。

2）适宜的贮藏方式　　根据香蕉本身生理特性，商业贮藏不宜采用常温贮藏方式。对未熟香蕉果实

---

① 1ppm＝×10^{-6}。

采用冷藏方式，可降低其呼吸强度，推迟呼吸高峰的出现，从而可延迟后熟过程而达到延长贮藏寿命的目的。多数情况下，选择的温度范围为 11～16℃。贮藏库中即使只有微量的乙烯，也会使贮藏香蕉在短时间内黄熟，以至败坏。因此，香蕉冷藏作业中另一个关键的措施是适当的通风换气。利用聚乙烯薄膜贮藏亦可延长香蕉的贮藏期，但塑料袋中贮藏时间过长，可能会引起高浓度的 CO_2 伤害，同时乙烯的积累也会产生催熟作用，故一般塑料袋包装都要用乙烯吸收剂和 CO_2 吸收剂，贮藏效果更好。据报道，广东顺德香蕉采用聚乙烯袋包装（0.05mm，10kg/袋），并装入吸收饱和高锰酸钾溶液的碎砖块 200g、消石灰 100g，于 11～13℃下贮藏，贮藏 30 天后，袋内 O_2 为 3.8%，CO_2 为 10.5%，果实贮藏寿命显著延长。

3. 贮藏技术

1）气调贮藏保鲜　香蕉在高 CO_2、高湿度和低氧条件下，呼吸作用受到抑制。因此，变换气体组成和比例，可阻止乙烯诱发果实成熟，取得保鲜的效果。关于香蕉气调贮藏的气体组成，目前尚无详细报道，不同的处理方式，保鲜效果不同。例如，将香蕉贮藏在含氮 93%，CO_2 5% 和 O_2 2% 的环境中，在相对湿度 85%～95% 的条件下，与活性炭的混合物共存，经 7 周仍保持硬绿。

2）减压贮藏保鲜　香蕉在减压环境条件下贮藏，乙烯的生成量甚微，有利于延长贮藏寿命。据试验，在正常的大气压和 15℃下，全绿香蕉 2 周左右黄熟。而在 150mmHg 下，24 天后仍保持硬绿。

二、菠萝

（一）种类

菠萝属凤梨科凤梨属，本属中只有菠萝作为经济作物栽培（图 12-3）。主要品类有三种：一是皇后类，果小，卵圆形，适宜鲜食，品种有巴厘、神湾和金皇后；二是卡因类，果大，圆筒形，适宜制罐，品种有沙捞越（无刺卡因）；三是西班牙类，果球形，品种有红西班牙和有刺土种等。

图 12-3　菠萝

（二）化学组成

菠萝营养丰富，维生素 C 的含量是苹果的 5 倍，又富含朊酶，能帮助人体消化蛋白质，吃肉类及油腻食品后，吃菠萝最为有益。据科学测定，菠萝的鲜果肉中含有丰富的果糖、葡萄糖、氨基酸、有机酸、蛋白质、脂肪、粗纤维、钙、磷、铁、胡萝卜素、维生素等多种营养物质。

据分析每 100g 果肉中含全糖 12～16g、有机酸 0.6g、蛋白质 0.4～0.5g、粗纤维 0.3～0.5g，并含多种维生素，其中维生素 C 含量可高达 42mg。

（三）菠萝的采收与贮藏

1. 菠萝的贮藏特性　菠萝与芒果、香蕉一样，对低温较敏感，但不同的是菠萝属无呼吸高峰型果品，没有明显的成熟变化。菠萝果实的贮藏性与采收成熟度关系很大，成熟度越高，菠萝的耐贮性越差。但未成熟的果实肉质坚硬而脆，缺乏果实固有的风味。一般八成熟左右的菠萝最适于贮藏和远运。菠萝果实的耐藏性与贮藏条件关系也甚为密切。菠萝易受冷害，在 7℃ 以下即有冷害的危险，果实遭受冷害后的症状是：果色变暗，果肉呈水渍状，果心变黑，当果实从贮藏库中移出时特别易受病菌侵染而腐烂。若在常温下用普通棚车装载的可作 4～5 天短途运输，若需远运，则需进行化学药剂杀菌处理，或采用冷藏车进行控温贮运。

2. 采收及贮藏技术

1）适时无伤采收　菠萝的成熟可分青熟、黄熟和过熟三个时期。判断菠萝成熟度的主要依据是果皮的颜色，有时采收人员用手指弹击果皮听其响声。若是罐头厂用果和当地鲜果销售，宜选处于九成熟左右的果实。鲜食者八成半至九成成熟度为好。出口和远距离运销的果实应在七成成熟度左右。果实采收时间以晴天清晨露水干后为宜。切忌阴雨天采收，以免发生腐烂。

2）菠萝采后处理　以手工或机械采下菠萝果实以后，需要经过一系列的采后处理才能达到保鲜保质的要求。这一处理系统的流程如下：手工或机械操作→运输到包装房或加工厂的仓库或堆放处→修剪果柄到 1～3cm →按品质分类→按大小分级→杀菌剂（如苯莱特）浸果或喷洒处理、晾干→手工装入纸板箱盒（用分隔纸板间隔果实）→装入木箱或竹箩（远运需底垫衬垫物或稻草）→降温贮运至当地或附近市场→空运或海运到远销市场。

为避免夏季成熟的菠萝果实得日烧病，在田间用稻草遮阴果实，或将果实下面的菠萝叶理起包扎遮住果实。采后的果实不宜放在烈日下曝晒，以免引起烧伤腐烂。在包装房进行品质分类以淘汰那些有缺陷的果实，大小分级可以用目测判断分为 3～4 级，也可用日益广泛使用的重量分级四级法。

3）杀菌剂处理　　在包装前用苯莱特或特克多等浸果或喷洒，以控制由真菌引起的黑腐病。用苯甲酸或抑霉唑浸渍菠萝果柄可防止由真菌引起的菠萝采后黑腐病。用 1% 水杨酸或苯胺钠处理是在采收割切果柄之后 5h 内在果柄切割表面进行的用于控制腐烂疾病的方法。杀菌剂处理越早效果越好，且必须在采后 6h 内处理完毕，否则处理效果不好。

4）打蜡处理　　处理后放在通风良好的塑料或纸盒内，在室温下可延长 1 周贮藏寿命，在 11～13℃下贮藏寿命可延长 2～3 周。有杀菌剂或无杀菌剂的打蜡，改善了冷藏菠萝的外观品质，减少果实失重并且减少了黑心病的发生。但是打蜡对食用口感有一定影响，因此对于涂料的推广使用仍需继续做进一步研究，认真选择适合的果蜡使用浓度。

3. 贮藏技术　　适合贮藏菠萝的常用气调方法为薄膜袋包装法或石蜡涂封法。主要是利用菠萝自身呼吸形成低氧、高二氧化碳环境，能减少失重，推迟果实转黄，减缓成熟衰变过程。贮藏 1 个月左右尚能保持果皮新鲜、果蒂青绿、果实饱满、肉质不变，具有良好的色、香、味。具体方法是：①在菠萝果皮色泽全青时采收，采收后用 1000mg/kg 2,4-D 钠盐或 0.2% 重亚硫酸钠水溶液浸果，晾干后选好果装入预先衬放在箱（筐）内的薄膜袋中，袋底及袋内四周垫草纸。果实放满后，面上再覆盖一层草纸，然后密封袋口。②待菠萝七八成熟时无伤采收，经预冷散热后浸入已溶化冷凉的蜡液中，待菠萝上层小果没入蜡液后随即取出，使果面均匀地封上一层薄蜡。将经以上两种方法之一处理后的菠萝置于温度 7～10℃，相对湿度 85%～90% 的室内或库内贮藏。

【思考题】

1. 核果类（桃、杏、李、梅）、香蕉和菠萝的分类有哪些？
2. 桃的贮藏特性及贮藏方法有哪些？
3. 香蕉和菠萝的贮藏特性及贮藏方法有哪些？
4. 核果类（桃、杏、李、梅）的加工利用途径有哪些？

第四篇

蔬菜

第十三章 根 菜

第一节 肉质根菜类

肉质根以种子胚根生长成肥大的主根为产品，如萝卜、胡萝卜、根用芥菜、芜菁甘蓝、芜菁、辣根、美洲防风等。下面以胡萝卜为例，介绍肉质根菜类的基本特点。

胡萝卜（*Daucus carota*），别名红萝卜、黄萝卜、丁香萝卜、葫芦菔金等。胡萝卜是伞形科胡萝卜属二年生草本植物，以肉质根作蔬菜食用。原产于亚洲西南部，阿富汗为最早演化中心。约在 13 世纪，胡萝卜由伊朗引入中国。由于其具有栽培方法简单、病虫害少、适应性强、耐贮性好等特点，在我国栽培较为普遍，以山东、河南、浙江、云南等省种植最多。同时在北方高寒地区也有大量栽培，是北方冬季主要的冬贮蔬菜之一。

一、种类

根据肉质根长短不同胡萝卜可分为长根类型（长度大于 20cm）、中根类型（15～20cm）和短根类型（6～15cm）；因其根形不同，又可分为圆锥形（学名为黑田类型，kuroda type）、圆柱形（学名为南特斯类型，Nantes type）和中间类型（介于黑田和南特斯类型中间，kuroda-nantes type）三种类型（图 13-1）。胡萝卜肉质根颜色有白色、黄色、橘色、红色和紫色，我国栽培最多的是红、黄两种。

二、形态与组织结构

胡萝卜的根系发达，根系由肥大的肉质根、侧根、根毛三部分组成，是深根性蔬菜。肉质根是主要的食用部分，它的外层是次生韧皮部，根的中柱是次生木质部（图 13-2）。

圆锥形 圆柱形

图 13-1 胡萝卜肉质根的形状

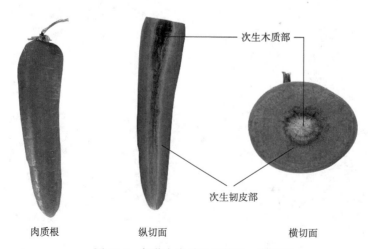

次生木质部

次生韧皮部

肉质根 纵切面 横切面

图 13-2 胡萝卜肉质根及其纵、横切面

三、营养成分

胡萝卜肉质根的营养成分极为丰富，含有大量的蔗糖、淀粉和胡萝卜素，还有维生素 B_1、维生素 B_2、叶酸、多种氨基酸（以赖氨酸含量较多）、甘露醇、木质素、果胶、槲皮素、山柰酚、少量挥发油、咖啡酸、没食子酸及多种矿物质，素有"小人参"之称。胡萝卜的主要营养成分见表 13-1。

表 13-1　胡萝卜的主要营养成分（以每 100g 可食部计，鲜样）

成分	含量	成分	含量
热量 /kJ	106	维生素 B_2/mg	0.03
碳水化合物 /g	9.9	钾 /mg	190
蛋白质 /g	1.0	镁 /mg	14
膳食纤维 /g	1.1	磷 /mg	27
脂肪 /g	0.2	钙 /mg	32
维生素 C/mg	13	铁 /mg	1.0
维生素 A/μg（RE）	344	锌 /mg	0.23
烟酸 /mg	0.6	硒 /μg	0.63
维生素 B_1/mg	0.04	钠 /mg	71.4
胡萝卜素 /μg	4107		

注：RE（retinol equivalent，视黄醇当量）。维生素 A 一般是以视黄醇为当量计算。
资料来源：杨月欣，2019。

不同胡萝卜品种含有的 β-胡萝卜素差异较大，橘红类型含量较高，可达到 5～17mg/100g，而白色、黄色、紫色等类型含量较少。β-胡萝卜素是维生素 A 前体，被人体摄取后可转化为维生素 A，在人体内有一定的营养价值和保健功能。胡萝卜中的类胡萝卜素能促进人体免疫系统 B 细胞产生抗体，从而提高其他免疫组合的活性。类胡萝卜素还能增加自然杀伤（NK）的数目，消除体内被感染的细胞和癌细胞，同时类胡萝卜素能分解食物中致癌物质——亚硝胺，从而也具有防癌、抗癌的功能（陈瑞娟，2013）。胡萝卜中的硼含量是蔬菜中最高的，其中含有的钙被人体的吸收量为 13.4%，仅次于牛奶，是很好的补钙食品。

四、贮藏与加工

1. 贮藏　　胡萝卜没有生理上的休眠期，它的肉质根主要由薄壁细胞组织构成，在贮藏中遇到适宜条件便萌芽抽薹，从而促使薄壁细胞组织中的水分和养分向生长点（顶芽）转移，造成萌芽和糠心。胡萝卜表皮缺乏角质、蜡质等保护层，保水能力差，若贮藏温度过低，则肉质根易受冻害；若贮藏温度高，湿度低，则会促使萌芽和蒸腾脱水导致糠心，所以防止萌芽和糠心是胡萝卜冬季贮藏的首要问题。胡萝卜通常适宜贮藏温度为 0～3℃，相对湿度为 90%～95%。因为胡萝卜肉质根细胞和细胞间隙较大，具有高度的通气性，并能忍受较高浓度的 CO_2，CO_2 浓度达 8%～10% 也无伤害，因此胡萝卜也适宜密闭贮藏。具体的贮藏方法如下。

1）窖藏和通风库贮藏　　此法贮藏量大，管理方便。胡萝卜在窖内或库内散堆或堆垛即可，堆高一般为 0.8～1.0m。堆不能过高，否则会因为堆内温度高而导致腐烂。为了增进通风散热效果，可每隔 1.5～2.0m 设一个通风塔。贮藏期间一般不倒动，立春后视情况检查倒垛，除去病、腐个体。通风库贮藏，经常湿度偏低，故应采取加湿措施。

2）薄膜半封闭贮藏　　先在贮库内将胡萝卜堆成宽 1.0～1.2m、高 1.2～1.5m、长 4～5m 的长方形堆，到初春萌芽前用薄膜帐子扣上，堆底部不铺薄膜，因此又称为半封闭贮藏。适当降低氧气的体积分数、增加 CO_2 的体积分数、保持一定湿度，贮藏期可达 8 个月，胡萝卜仍保持皮色鲜艳、质地清脆，保鲜效果良好。贮藏期间，可定期揭开帐篷通风换气，必要时进行检查、挑选，除去感病个体。

3）气调贮藏　　贮藏的胡萝卜在入帐之前要摊晾 1 天，然后将其装入筐内，码成垛，罩以聚乙烯帐密封，采用自然降氧法进行气调贮藏。一般在温度为 0～3℃、O_2 的体积分数为 2%～5%、CO_2 的体积分数为 5% 以下的环境条件下可贮存 6 个月，基本能保持鲜嫩状态。

2. 加工　　胡萝卜营养丰富，色泽鲜艳，水分多，辛辣味淡，味甜，组织结构有利于盐水渗透与脱出，较为适合应用于食品加工。胡萝卜富含胡萝卜素，在加工过程中胡萝卜素耐高温，即使与锌、铜、铁等金属共存也不易被破坏；在碱性介质中比在酸性介质中稳定；胡萝卜素在有氧条件下，易被脂肪氧化酶、过氧化物酶等氧化脱色，尤其是紫外线也会促进其氧化。

胡萝卜季节性很强而且容易失水糠化，降低食用品质。因此在胡萝卜收获季节，将其加工处理是主要的保存和延长货架期方法。胡萝卜可以加工成多种产品，如胡萝卜罐头、胡萝卜浓缩汁、干制胡萝卜片、胡萝卜腌制产品等。此外，因为富含膳食纤维和胡萝卜素，加工胡萝卜汁的副产物胡萝卜残渣还可以经过粉碎干制后加入蛋糕、饼干及面包等食品，提高这些产品的营养价值。

不同类型的胡萝卜品种均可用于加工，只是需要选择适宜的加工方式，并根据原料特征决定最终的加工产品。从加工品质方面来看，颜色较为鲜艳、肉质紧实、硬脆的胡萝卜适合长时间的泡制，可用于制作泡菜和配菜等；粗纤维含量少，脆、甜的胡萝卜可用于制作干制品和饮料等。

对于鲜食用的胡萝卜，其品质要求如下：质细味甜，脆嫩多汁，表皮光滑，形状整齐，心柱小，肉厚，不糠，无裂口和病虫伤害。对于食品加工用的胡萝卜原料，应选用胡萝卜素含量高、成熟适度而未木质化、表皮及肉质根呈鲜艳的红色或橙红色品种；肉质根应新鲜肥大、皮薄肉厚、纤维少、心柱细小而无明显粗筋、组织紧密而脆嫩；肉质根表皮比较光滑，无明显沟痕、无根须和分支、不萎缩、无糠心和萌芽抽薹、无冻伤和病虫害及机械伤；农药残留不超过国家卫生标准。

第二节　块根菜类

块根菜类是以植物肥大的侧根或营养芽发生的根膨大为产品，如牛蒡、豆薯、甘薯、葛等。下面以甘薯为例，具体介绍块根菜类的基本特点。

甘薯（*Ipomoea batatas* L.）别名番薯、红薯、红苕、地瓜等，因地区不同而有不同的名称。甘薯是旋花科薯蓣属的一个栽培种，在热带、亚热带是四季可栽培的多年生草本块根植物，在温带由于无法越冬，被作为春栽秋收的一年生作物。甘薯原产于美洲热带地区，15世纪初传入欧洲，16世纪传入亚洲、非洲。甘薯在1594年传入我国，最初在福建、广东一带栽培，后来向长江、黄河流域传播。世界甘薯主要产区分布在北纬40°以南。栽培面积以亚洲最多，非洲次之，美洲居第3位。甘薯在中国分布很广，以淮海平原、长江流域和东南沿海各省最多，不同地区由于气候差异的影响，种植和收获时间也不相同。目前中国的甘薯种植面积和总产量均占世界首位。

一、种类

甘薯主要以肥大的块根供食用（图13-3）。按用途分，一是淀粉加工型，主要是淀粉含量高的品种；二是食用型，可溶性糖和维生素C含量高，熟食味甜，香味浓郁；三是兼用型，淀粉含量高，含糖量可达15%，面甜适口，既可加工又可食用；四是菜用型，主要是食用红薯的茎叶；五是加工色素用的，主要是紫薯；六是加工饮料用的，含糖高；七是饲料加工用的，这类甘薯茎蔓生长旺。

二、形态与组织结构

甘薯根可分为须根、柴根和块根3种形态。须根呈纤维状，有根毛；柴根粗约1cm，长可达30～50cm，是须根发育不完全而形成的畸形肉质根，没有利用价值；块根是贮藏

图13-3　甘薯的形状

养分的器官，也是供食用的部分。根的形状、大小、皮肉颜色等因品种、土壤和栽培条件不同而有差异，分为纺锤形、圆筒形、椭圆形、球形和块形等，皮色有白、黄、红、淡红、紫红等色；肉色可分为白、黄、淡黄、橘红或带有紫晕等。

甘薯块根的外层是含有花青素的表皮，通称为薯皮，表皮以下的几层细胞为皮层，其内部是可食用的

中心部分。中心柱内有许多维管束群，以及初生、次生和三生形成层，并不断分化为韧皮部和木质部。同时木质部又分化出次生、三生形成层，再次分化出三生导管、四生导管、筛管和薄壁细胞。由于次生形成层不断分化出大量薄壁细胞并充满淀粉粒，块根能迅速膨大。

三、营养成分

甘薯富含蛋白质、淀粉、果胶、纤维素、氨基酸、维生素及多种矿物质，有"长寿食品"之誉（表 13-2）。甘薯块根水分含量为 60%~80%，碳水化合物为 10%~30%，其中以淀粉为主，一般占鲜重的 15%~20%，另外甘薯还含有 2%~6% 的可溶性糖，因此稍有甜味。

表 13-2 甘薯（红心）的主要营养成分（以每 100g 可食部计）

成分	含量	成分	含量
热量 /kJ	255	维生素 B_2/mg	0.01
碳水化合物 /g	15.3	钾 /mg	88
蛋白质 /g	0.7	钠 /mg	90.9
膳食纤维 /g	1	钙 /mg	18
脂肪 /g	0.2	磷 /mg	26
维生素 C/mg	4	镁 /mg	17
维生素 E/mg	0.28	铁 /mg	0.2
烟酸 /mg	0.2	锌 /mg	0.16
维生素 B_1/mg	0.05	硒 /μg	0.22

资料来源：杨月欣，2019。

甘薯含丰富的维生素 C、维生素 E 和钙、钾等营养成分，并且其维生素 C 的耐加热性明显高于普通蔬菜。在红心甘薯中，含有较高的 β-胡萝卜素，在人体中可转化为维生素 A，对维护人体正常视觉功能具有重要作用。甘薯中蛋白质的氨基酸组成与大米相似，其中必需氨基酸含量高，尤其富含大米和小麦都缺乏的赖氨酸。甘薯淀粉含有 10%~20% 的人体难以消化的以 β-糖苷形成的淀粉，在人体肠道内可起到调节肠内菌群，防止便秘，降低胆固醇的作用。甘薯中的多酚类物质主要是酚酸、花青素和黄酮类物质。多酚类物质有绿原酸、异-绿原酸、4-O-酰奎尼酸等；黄酮类物质主要是槲皮素、4,7-二甲氧基槲皮素、槲皮素-3-O-β-D-葡萄糖苷等，这些物质可清除体内的自由基，具有一定的抗氧化、抗炎、抗癌等功效（张秀南，2022）。甘薯中含有丰富的膳食纤维，具有降低血清胆固醇、抑制血糖升高、防止便秘、预防结肠癌等功效（师一璇，2022；张子依，2020）。在鲜切甘薯时，切口外渗的乳白色汁液含有紫茉莉苷，此成分对治疗习惯性便秘有一定的疗效。

四、贮藏与加工

1. 贮藏 甘薯以块根为收获物，鲜薯体积大，含水量高，组织幼嫩，在贮藏期间仍有旺盛的呼吸，呼吸强度比谷类种子高十几倍到几十倍，甘薯在 O_2 充足时进行有氧呼吸，吸入 O_2 较多，放出的 CO_2 和热量也多，当 O_2 不足时，甘薯进行无氧呼吸，产生乙醇、CO_2 和少量热量。乙醇对薯块有毒害作用，易引起腐烂。甘薯贮藏的最适温度是 10~14℃，在此范围内，呼吸相差不大。当温度上升到 20℃时，呼吸增强，消耗养分多，引起糠心，加速黑斑病和软腐病的发生。低于 9℃ 易受冷害，使薯块内部变褐色发黑，发生硬心、煮不烂，后期易腐烂。甘薯贮藏的最适湿度为 80%~95%。当贮藏环境相对湿度低于 80% 时，引起甘薯失水萎蔫，食用品质下降；当相对湿度大于 95% 时，呼吸虽然降低，但微生物活动旺盛，易受病害。当空气中 O_2 和 CO_2 分别为 15% 和 5% 时，能抑制呼吸，降低有机养分消耗，增加甘薯贮藏时间。当 O_2 不足 5% 时，甘薯进行无氧呼吸而发生腐烂。因此甘薯贮藏适宜的温度为 13~15℃，相对湿度为 85%~90%，环境气体成分 CO_2 不大于 10%，氧气不小于 7%。

新鲜甘薯皮薄而且脆，收获和搬运时非常容易受损伤，这种损伤极易招致病菌侵染而导致腐烂。所以，甘薯贮藏前需要进行愈伤处理。愈伤处理的具体做法是：收获后立即给予 30~35℃、90%~95% 相对湿度条件，并在这种条件下放置 4~6 天，这样可使受破坏的表面保护结构得以修复。愈伤处理应在甘薯收获后立即进行，相隔时间越短效果越好，愈伤期间还要注意保证足够的通风，防止 CO_2 的积累或缺氧，或产生凝结水。愈伤应在贮藏室或窖内进行。愈伤一旦结束，即应改为正常贮藏的温度、湿度条件，以后不再搬动，防止造成新的创伤。

甘薯最为常见的贮藏方式是棚窖贮藏。棚窖贮藏一般挖宽约 2m，长 3~4m，深 2m 左右的地窖。在窖的东南角留一出入口，供通风换气使用。

甘薯入窖前，需将新窖打扫干净，并进行消毒灭菌。随后，将窖底铺上 6~10cm 厚的干净细沙。上面再铺放 5cm 厚的秸秆或柴草。将甘薯由底向上逐块堆积，在甘薯与窖壁之间要围垫约 10cm 厚的细软草，避免甘薯与窖壁直接接触。薯堆高 1~1.3m，上面约留 1m 的空间。贮藏量一般占窖空间的 2/3 为宜。贮藏初期甘薯呼吸旺盛，温度高，湿度大，管理上以通风降温散湿为主，防止薯块糠心、发芽和病害浸染蔓延。薯块入窖后温度保持在 20℃ 左右，促进薯块伤口愈合，7 天之后打开窖门和通风口，通风降温散湿。空气相对湿度保持在 85%~90%，等到窖温下降到 13~15℃ 时，里面再盖上 20~30cm 厚的干豆叶或稻壳，进行封窖。

在贮藏中期，即从封窖到来年气温开始回升。此期间经历时间较长，而且正处在最寒冷的季节，同时薯块呼吸减弱，产生热量少。在此期间薯块最易遭受冷害，管理上以保温防寒为主，将窖温保持在 12~14℃，不低于 10℃。

在贮藏后期，随着外界温度的不断回升，窖内温度开始升高，薯块呼吸逐渐增强。加之经过长期贮存，对不良环境的抵抗能力下降。管理不当容易使薯块遭受冷害、病害浸染造成腐烂。因此在此时期的管理以稳定窖温为主。将窖温维持在 11~13℃，适当通风、散热、散湿。若遇寒流，应做好防寒保温工作，但也要防止窖内温度过高引起烂薯或发芽。

甘薯在贮藏期间要测定并记载窖温、堆温和检查贮藏情况，发现腐烂要及时清除。进窖检查时，先试以灯火，灯火不灭时，才能进窖。

2. 加工 甘薯中含有丰富的膳食纤维、类胡萝卜素等营养元素，具有较高的营养价值和一定的生理功能。甘薯通过不同的加工方式加工后，可以改变甘薯中的淀粉结构，提高食物纤维含量，从而有效地刺激肠道，调节肠道菌群，对人体具有一定的保健功能。目前甘薯除部分作为粮食和饲料外，在食品、化工、医药及新能源利用等多个行业中均有广泛用途。在食品行业中主要的产品有淀粉类制品（粉丝、粉条、食用淀粉和粉皮等）、休闲食品（薯条、薯片和薯干等）和饮料等。

新鲜甘薯通常可以采用烧、烤、蒸、煮的方式熟制之后直接食用。甘薯水分含量较高，在蒸烤过程中无须加水其中淀粉即可糊化，使其甜味增强；同时甘薯中的 α-淀粉酶、β-淀粉酶在蒸煮或烘烤时也可以把部分淀粉转化为麦芽糖、糊精等。因此，烤熟或蒸煮熟的甘薯甜香柔糯。果脯、果干和烘焙制品等一般选择可溶性糖含量较高、颜色鲜艳的红心和紫心甘薯作为原料。得到的产品具有鲜薯特有的色泽及浓郁的薯香味，并且根据生产工艺的不同可形成柔韧有嚼劲的口感。淀粉制品及膨化食品一般选择多酚类物质和可溶性糖含量低且果实质地紧密的白心甘薯作为原料。相比于其他淀粉，甘薯淀粉更适合制作粉丝、粉皮和粉条等，其产品口感鲜爽、软糯，热量较低，营养物质更容易被人体吸收。甘薯种类中一些特定营养元素含量较高，如紫甘薯中的花青素含量在蔬菜中相对较高，常被加工成保健食品。

【思考题】

1. 为什么食用甘薯可以防止便秘？
2. 如何贮藏甘薯？

第十四章 茎 菜

第一节 地 上 茎 类

地上茎类蔬菜有莴苣、芦笋、茭白、竹笋等。下面以竹笋为例，具体介绍地上茎类蔬菜的基本特点。

竹笋（bamboo shoots）又叫竹萌、竹肚、竹芽，属禾本科竹亚科多年生常绿植物，是竹子膨大的可食用嫩芽茎，是传统的森林蔬菜之一。竹笋起源于中国热带及亚热带地区，在我国已有2500多年的栽培历史，至今我国依然是竹笋生产大国，产量稳居世界第一。竹笋主要分布在南方的广西、云南、浙江、江西等省（自治区）的山林中。

一、种类

竹笋的种类很多，通常按采收季节分为冬季采摘的冬笋，春季采收的春笋，以及夏季采收的鞭笋。其中以冬笋的质量最佳，春笋次之，鞭笋最差。

1. 冬笋 指尚未出土的毛竹笋（长于毛竹鞭上，尚未露出土面），一般在阴历十月即有上市。冬笋是公认的"笋中皇后"。其特点是：两头尖，笋体弯曲，笋箨紧裹笋肉，肉色乳白，可以红烧、清炖、制汤，可单独制成菜肴，也可制成罐头，是食用鲜笋时间较长的一种。

2. 春笋 指立春前后破土而出的笋，常食用的有毛笋、早笋、哺鸡笋、刚竹笋。

1）毛笋 此笋的笋箨由黄褐色至褐紫色，密布棕色刺毛和深褐色斑点、斑块，笋体较冬笋大，笋箨松裹笋肉，笋肉淡黄。笋期为3月中旬至4月下旬。

2）早笋 笋箨褐棕色或黑褐色，紧裹笋肉，笋肉洁白，笋期早且长（一般为2月至4月）。

3）哺鸡笋 根据笋箨颜色的不同，主要有红、白、乌、花4种，笋期一般为4月中旬至5月下旬，花哺鸡笋出笋期可延至6月中旬。

4）刚竹笋 笋箨乳黄色或淡黄色，有黑褐色油渍状斑块和斑点，分布于长江流域，出笋期一般为5月中、下旬至6月中旬，零星出笋可延续至9月中旬，笋体粗而壮，略有苦味。

二、形态与组织结构

竹笋是由笋箨包裹着笋肉；笋体肥壮，中间有节，上尖下圆，呈圆筒状宝塔形，但有的弯曲呈马蹄状；笋外壳有黄色的脉线和壳毛；笋肉色白或淡黄，肉质细腻，鲜嫩脆口（图14-1）。

三、营养成分

竹笋富含糖、蛋白质、纤维素、矿物质和维生素等多种营养成分，素有"素食第一品"的美称。其中蛋白质含量较丰富，每100g鲜笋中的蛋白质含量约为2.65g。竹笋中脂肪含量较少，为0.26%～0.94%，高于常见蔬菜。总糖含量低于一般蔬菜，平均为2.5%，但其中可溶性糖类所占比例较高，达60%以上。而粗纤维含量较低，平均仅为0.68%。竹笋是含磷较高的蔬菜种类之一，含量为31～92mg/100g；铁和钙含量较低，平均约为0.8mg/100g和12.8mg/100g。此外，竹笋中含有黄酮类物质，具有保护血管等功能（史辉等，2017）；含有固醇类化合物，具有较强的生理活性，有降胆固醇、降血脂、抗肿瘤、预防心脏病等生理活性功能，是人们公认的健康食品（张彩珍，2008）。表14-1列出了竹笋的主要营养成分。

图 14-1 竹笋的形态及纵截面图

表 14-1 竹笋的主要营养成分（以每 100g 可食部计）

成分	含量	成分	含量
热量 /kJ	96	维生素 B_1/mg	0.08
碳水化合物 /g	3.6	维生素 B_2/mg	0.08
蛋白质 /g	2.6	钾 /mg	389
膳食纤维 /g	1.8	钠 /mg	0.4
脂肪 /g	0.2	钙 /mg	9
维生素 C/mg	5.0	磷 /mg	64
维生素 E/mg	0.05	铁 /mg	0.5
烟酸 /mg	0.60	锌 /mg	0.33

资料来源：杨月欣，2019。

四、贮藏与加工

1. 贮藏 竹笋在采摘季质地较嫩，水分含量较高，由于采挖时常会破坏竹笋的整体结构，并在笋体上形成了"伤口"和"创面"，激发了竹笋的愈伤作用，加速了采后生理变化。采收后的竹笋含水量高，各种代谢活跃，呼吸旺盛，因而营养物质消耗快。在采后的 4～6h，呼吸速率可达到最高峰，代谢旺盛，大量营养物质被自己消耗殆尽。在 20℃下保存一天，就会出现木质纤维化、褐变、失水干枯，并且极容易受环境中微生物侵染，出现霉变腐烂等现象，丧失竹笋食用品质。

竹笋采摘后受呼吸作用的影响较大，呼吸作用也是影响耐贮性的主要因素。采收后的竹笋脱离土壤和母体后，失去了水分和营养的供给，但竹笋依然在正常进行着生命活动。由于其生理环境发生了变化，导致其呼吸作用加强，并加速了纤维木质化进程。影响采后竹笋呼吸作用的主要因素是温度，在避免冷害温度的范围内，贮藏温度越低，竹笋的呼吸作用越弱。刚采收的鲜笋在常温下呼吸强度十分旺盛，当温度降至（1±0.5）℃左右且贮藏环境中氧气含量较低时，其呼吸强度会大幅下降。因此，低温并且控制贮藏环境氧气浓度的贮藏方式，可以有效降低竹笋的呼吸作用，延缓其老化进程。此外，贮藏环境中气体比例结构、果实的机械损伤程度和病虫害等，也会在不同程度上影响竹笋的呼吸作用。

竹笋采摘后失水也是影响其耐贮性的重要因素。采摘后的竹笋为了维持自身生命活动的代谢过程，会不断地蒸腾失水，由于新鲜的竹笋含水量极高，水分散失不但会使竹笋迅速萎蔫，生命代谢紊乱，还会使竹笋果实内的酶活性增强，呼吸作用受到影响，使代谢过程趋向水解，耐贮性和抗病性均有所降低，加速老化进程。由于受自身内在因素和外界环境条件的影响，导致果实蒸腾失水。影响采后蒸腾作用的内因主要有表面组织结构、角质层的结构、细胞的持水力和比表面积；影响采后蒸腾作用的外因主要有相对湿度、环境温度、空气流速和压力等。薄膜包装和低温的贮藏方式可以有效减少采后竹笋的失水。

此外，采摘后笋体内部的一系列生理生化反应也会影响其贮藏品质，如笋体内酶活性的变化、纤维木质化和营养转化等。目前竹笋的保鲜方法有涂膜贮藏、低温贮藏、气调贮藏及热烫处理等。下面介绍几种贮藏方法的具体步骤。

1）沙藏法贮藏　　在室内用砖块砌一个高 50cm 左右、长和宽不限的池子。池底铺 7～10cm 厚的干河沙。然后将完好无损的竹笋尖朝上竖立排列摆入在沙上。笋间的空隙也必须用河沙填满。竹笋的上层盖 7～10cm 厚的河沙，以不显露笋尖为度。此法可储藏保鲜竹笋 40～60 天，保鲜效果比较好。

2）封藏法贮藏　　将水缸、酒坛和陶瓷大罐清洗干净，然后在太阳光下晒干或烤干，将无损伤的竹笋放入。放入时不能乱倒乱放，要一根根竖立摆好，再添放些谷壳或米糠。填满后，用双层塑料薄膜密封并用绳子扎紧捆牢。也可以将无损伤的竹笋放入不漏气的塑料袋内，扎紧袋口。之后，将装竹笋的容器放于阴暗通风处保存。此方法一般可保鲜竹笋 30～40 天。

2. 加工　　竹笋是一种季节性蔬菜，笋期集中，不易贮藏，在采收旺季鲜笋腐烂严重，对鲜竹笋进行高效的产品深加工，可实现竹笋价值最大化。据统计，我国竹笋年产量中 40% 左右用于鲜食，60% 左右用于加工。

目前国内外市场上竹笋（如毛竹笋、麻笋等）的主要加工方式有清水竹笋（产品主要以罐头的形式呈现）、调味竹笋（一般制作成软包即食食品）、腌制竹笋（主要分为发酵和非发酵两种）、干制竹笋及竹笋饮料等。清水竹笋罐头可以提高竹笋的耐贮性并最大程度上保留竹笋原有的风味，但竹笋经过水煮，易导致笋体失水、脆度下降、口感欠佳，产品长期贮藏时会出现褐变和软化等问题。调味竹笋应根据产品定位选择风味，如清香味、油烟味、香辣味、酱香味、麻辣味和蒜蓉味等。在加工过程中需注意去除竹笋原有的苦涩味，避免褐变和成品中酪氨酸结晶的析出。腌制竹笋利用食盐的高渗透压作用、微生物的发酵作用和蛋白质分解作用抑制产品中有害微生物的活动，赋予了产品特有的风味。干制竹笋是竹笋制品中保藏性较好的一种加工方式。目前采用的干燥方法有很多种，如热风干燥法、微波干燥法、真空冷冻干燥法及联合干燥法。在加工过程中需注意产品的褐变和干燥时间，可着重考虑多种干燥方式联用的加工办法。

目前，对于竹笋制品加工中下脚料的加工也是层出不穷。竹笋的下脚料营养价值很高，通过破碎、榨汁等加工，所得的笋汁可加工成饮料。竹笋水煮液成分与鲜竹笋汁相近，可作为笋汁饮料生产原料。竹笋渣可通过不同的加工手段提取其中的膳食纤维。竹笋头、笋壳、笋衣可取其中的黄酮、维生素制作成营养保健品。

第二节　地 下 茎 类

地下茎类蔬菜有马铃薯、洋葱、大蒜、百合等。下面以马铃薯为例，介绍地上茎类蔬菜的具体特点。

马铃薯（*Solanum tuberosum* L.），茄科茄属马铃薯栽培种，一年生草本植物，别称洋芋、土豆、山药蛋等。原产于南美洲，15 世纪中期传入我国。马铃薯产量高，营养丰富，对环境的适应性较强，现已遍布世界各地，热带和亚热带国家甚至在冬季或凉爽季节也可栽培并获得较高产量。马铃薯主要生产国有俄罗斯、波兰、中国、美国。目前，中国马铃薯种植面积居世界第二位。中国马铃薯的主产区是西南、西北、内蒙古和东北地区。得天独厚的地理环境和自然条件，使定西成为中国乃至世界马铃薯最佳适种区之一。目前，定西已成为全国马铃薯三大主产区之一和全国最大的脱毒种薯繁育基地、全国重要的商品薯生产基地和薯制品加工基地，黑龙江省则是全国最大的马铃薯种植基地。

一、种类

马铃薯种类很多，按块茎皮色分有白皮、黄皮、红皮和紫皮等品种；按薯块颜色分有黄肉种和白肉种；按薯块形状分有圆形、椭圆形、长筒形和卵形品种；按薯块茎成熟期分有早熟种、中熟种和晚熟种；按消费用途分主要有鲜食用（一般蒸煮烹调用）、加工用（炸薯条、薯片、薯泥）和加工淀粉用。加工用薯要求块型大而均匀，表面光滑，干物质含量适中，一般为 20%～26%，淀粉含量高，含糖量低。淀粉用马铃薯的淀粉含量要大于 16%。观察蒸煮熟的马铃薯内部，细胞颗粒闪亮有光泽，在口中干面感的称为粉质马铃薯；反之，内部有透明感，食感湿而发黏的称为黏质马铃薯。

二、形态与组织结构

马铃薯块茎的形态结构（图 14-2）主要有卵形、圆形、长椭圆形、梨形和圆柱形，有芽眼；薯皮的颜色为白、黄、粉红、红、紫色和黑色；薯肉为白、淡黄、黄色、黑色、青色、紫色及黑紫色等。芽眼在薯顶部分布较密，块茎表面分布许多皮孔，是与外界交换气体的孔道。块茎横切面由外及内为周皮、皮层、维管束环，外髓及内髓。内髓的细胞主要填充有淀粉。

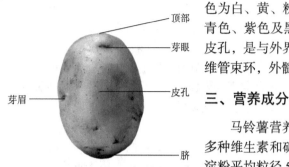

顶部

芽眼

芽眉

皮孔

脐

图 14-2　马铃薯块茎的形态结构

三、营养成分

马铃薯营养丰富，块茎含有丰富的碳水化合物、蛋白质、纤维素、多种维生素和矿物质（表 14-2）。马铃薯的块茎淀粉含量丰富，马铃薯淀粉平均粒径 50μm，比其他粮谷淀粉大许多，呈卵圆形，颗粒表面有斑纹。马铃薯淀粉糊化温度低，在糊化后黏度大、性能稳定、晶莹透明、具有较好的黏弹性，且马铃薯淀粉颗粒有较强的吸水膨胀特点，比禾谷类淀粉更易被人体吸收。马铃薯所含热量很低，每 100g 只有 329kJ，而米、面则有 1465kJ，所以马铃薯有利于减肥。马铃薯富含糖类，含有较多的蛋白质，蛋白质含量一般为 1.6%~2.1%，高蛋白品种可达 2.7%；含有 18 种氨基酸，包括精氨酸、组氨酸等人体不能自身合成的必需氨基酸。马铃薯脂肪含量少，鲜块茎中脂肪含量为 0.2% 左右，相当于粮食作物的 20%~50%。马铃薯还含有丰富的粗纤维、钙、铁、磷，维生素 C、维生素 B_1、维生素 B_2 及胡萝卜素。马铃薯中膳食纤维的含量较高，常吃马铃薯可促进胃肠蠕动，起到预防便秘和癌症等作用（马子晔等，2020）；马铃薯中钾含量很高，能够排除体内多余的钠，有助于降低血压（张宇凤等，2016）。

表 14-2　鲜马铃薯的营养成分（以每 100g 可食部计）

成分	含量	成分	含量
热量 /kJ	329	维生素 B_1/mg	0.1
碳水化合物 /g	18.9	维生素 B_2/mg	0.02
蛋白质 /g	2.6	钾 /mg	347
膳食纤维 /g	1.1	钠 /mg	5.9
脂肪 /g	0.2	钙 /mg	7
胡萝卜素 /μg	6	镁 /mg	24
维生素 C/mg	14	磷 /mg	46
维生素 E/mg	0.34	铁 /mg	0.4
烟酸 /mg	1.1	锌 /mg	0.3

资料来源：杨月欣，2019。

彩色马铃薯除了以上营养价值外，它所含有的花青素能够增强血管弹性，改善循环系统功能和皮肤光滑度，抑制炎症和过敏，增强关节的柔韧性，且对人体肿瘤细胞具有明显的抑制作用，还可抗氧化（肖继坪等，2023）。

新鲜马铃薯中含有较多的多酚氧化酶和酪氨酸酶，在去皮或切块加工时容易使切面发生褐变。加工时用亚硫酸溶液浸渍或水冲洗处理即可防止。在发芽马铃薯的芽眼附近，受光照变绿部分的表皮层中，龙葵素含量急剧增加，在加工时可采用酶或酸水解的方式将其去除。

四、贮藏与加工

1. 贮藏　由于马铃薯产量大，收获周期集中，消费周期长，因此贮藏保鲜有重要意义。马铃薯收获后仍然是一个有生命活动的有机体，在贮藏、运输、销售过程中仍进行着新陈代谢。马铃薯块茎在收获以后会经历三个阶段。第一阶段为薯块成熟期，此时水分蒸发快，呼吸作用强，经过 20~35 天的时间，表皮充分木栓化，随着蒸发强度和呼吸作用逐渐减弱，而转入休眠状态。第二阶段为生理休眠期，一般为 2~4 个月。一般早熟品种休眠期长。薯块大小、成熟度不同，休眠期也有差异。如薯块大小相同，成熟度低的休眠期长。另外，栽培地区不同也影响休眠期的长短。第三阶段为休眠后期，也称萌芽期，此时马铃薯呼吸作用增强，产生热量促使贮藏温度升高，从而使薯块迅速发芽。在此期间如保持一定的低温条件，加强通风，可使块茎处于被迫休眠状态，延迟发芽，延长马铃薯贮藏保鲜的时间。

马铃薯的贮藏与环境温度、湿度、通风及光照等条件密切相关。贮藏过程中，温度是影响休眠期的重要因素，特别是贮藏初期和后期低温对延长休眠期十分有利。鲜食用薯 1~3℃；加工用薯 6~8℃；专供加工煎制薯片或油炸薯条的晚熟马铃薯，应贮藏于 10~13℃ 条件下；种子用薯 0~3℃。贮藏马铃薯适宜的相对湿度为 80%~85%，晚熟品种适宜的相对湿度应为 90%。如果湿度过高，会缩短休眠期，增加腐烂；湿度过低会因失水而增加损耗。贮藏马铃薯应避免阳光照射。光能促使萌芽，同时会使薯块内的茄碱苷含量增加。

马铃薯在收获、运输过程中要尽量减少转运次数，避免机械损伤。

马铃薯贮藏前，薯块要严格筛选，剔除病、烂、虫蛀、机械损伤的薯块和残枝败叶，并放在 10~15℃ 的阴凉地预贮 15~20 天，使其表皮木栓化，以保证马铃薯的质量。下面介绍几种常用的马铃薯贮藏方法。

1）通风库贮藏　　一般散堆在库内，堆高 1.3~2m，每距 2~3m 垂直放一个通风筒。通风筒用木片或竹片制成栅栏状，横断面积 0.3m×0.3m。通风筒下端要接触地面，上端伸出薯堆，以便于通风。完成预贮的马铃薯块茎经过挑选后可以散堆或装箱、装袋贮藏于通风库中，贮藏过程中注意通风散热，贮藏量为通风库容积的 60%~65%，薯堆周围都要留有一定的空隙，以利于通风散热。

2）化学贮藏　　南方夏秋季收获的马铃薯，由于缺乏适宜的贮藏条件，在其休眠期过后就会萌芽。为抑制萌芽，在休眠中期可采用 α-萘乙酸甲酯（又称萘乙酸甲酯）处理，每 10 吨薯块用药 0.4~0.5kg，加入 15~30kg 细土制成粉剂，撒在薯堆中；还可用青鲜素（MH）抑制萌芽，用药浓度为 3%~5%，应在适宜收获期前 3~4 周进行田间喷洒，遇雨时应重喷。

3）利用射线处理　　在马铃薯结束休眠前，用 8~15krad 的 Co^{60} 放射的 γ 射线进行辐照处理，有明显的抑制发芽效果，可使发芽率降低 90% 以上。辐照剂量相同，剂量率越高效果越明显。经照射后在常温下可贮藏几个月不发芽。应该在马铃薯收获后 3 个月左右照射，否则会造成褐变。

2. 加工　　我国马铃薯种植面积和产量均居世界前列，拥有巨大的马铃薯产业资源优势和市场潜力。但当前马铃薯主要用于鲜食、饲料和粗淀粉加工，食品加工产品相对较少，主要有淀粉加工、速冻食品、油炸食品、干制品、膨化休闲食品等，产品质量参差不齐，导致巨大的马铃薯资源潜力得不到充分发挥，严重限制了我国马铃薯生产发展水平。

不同加工形式和用途所需要的马铃薯品种存在差异。优良的马铃薯加工专用品种要求具有高产、抗病、表皮光滑、芽眼浅且少，干物质含量高、蛋白质高，糖分含量低的特点。马铃薯不同的特性决定了其加工方式。还原糖含量影响加工制品的色泽，淀粉和水分影响加工产品的得率，蛋白质是重要的营养指标。还原糖和水分含量较低、淀粉和蛋白质含量较高的马铃薯品种适宜食品加工；糖分和蛋白质含量均较高的马铃薯品种更为适合鲜食或菜用；各项指标含量均适中的可作为兼用品种。

在薯条、薯片类油炸马铃薯食品的加工中，对于原料薯要求干物质含量必须为 21%~25%。蛋白质含量越高的马铃薯品质也越高，更适合精深加工。马铃薯中还原糖含量越高，在加工中越易发生美拉德反应，导致产品颜色发生褐变。马铃薯蒸煮食品、油炸食品、烘烤食品及对马铃薯外观颜色有要求的食品，还原糖含量是选择优质加工品种的重要指标，一般马铃薯加工中要求还原糖含量小于 0.4%，但油炸马铃薯要求薯块还原糖含量低于 0.2%。马铃薯中一般均含有直链淀粉和支链淀粉，其比例约为 1:3。当马铃薯中直链淀粉超过总淀粉含量的 15%，在食品加工中不利于保证产品质量，应以鲜食为主。马铃薯口感软糯差异与其所含的直链淀粉和支链淀粉的比例有关。支链淀粉含量越高，马铃薯口感越软糯；直链淀粉含量越高，马铃薯口感则越爽脆。

【思 考 题】

1. 如何针对不同品种的竹笋进行最大限度保鲜？
2. 马铃薯的功能成分有哪些？

第十五章 叶 菜 类

第一节 普通叶菜类

常见的普通叶菜类有小白菜、叶用芥菜、乌塌菜、薹菜、芥蓝、荠菜、菠菜、苋菜、番杏、叶用甜菜、莴苣、茼蒿等。下面以菠菜为例，介绍普通叶菜类的具体特点。

菠菜（*Spinacia oleracea* L.），又名红根菜、菠棱菜、波斯草、鼠根菜和角菜等，是藜科菠菜属一、二年生草本植物。原产于波斯（现亚洲西部、伊朗一带），唐朝时传入我国，在我国分布很广。菠菜是蔬菜中抗寒性最强的种类之一，是我国北方地区重要的越冬蔬菜，同时由于它的适应性较广，又是我国南、北各地春、秋、冬季的重要蔬菜之一。

一、种类

菠菜一年四季均可栽培收获，品种虽多但一般按叶形分成尖叶形、圆叶形两大类（图 15-1）。按栽培和收获时间不同可分为春菠菜、夏菠菜、秋菠菜、越冬菠菜。

彩图 尖叶菠菜 圆叶菠菜

图 15-1 尖叶菠菜和圆叶菠菜

二、形态与组织结构

菠菜主根发达，肉质根红色，味甜可食。茎直立，中空，脆弱多汁，不分枝或有少数分枝。叶戟形至卵形，鲜绿色，柔嫩多汁，稍有光泽，全缘或有少数牙齿状裂片。

三、营养成分

菠菜茎叶柔软滑嫩、味美色鲜，含有丰富维生素 C、胡萝卜素、蛋白质，以及铁、钙、磷等矿物质。表 15-1 列出了菠菜的主要营养成分。

表 15-1　菠菜的主要营养成分（每 100g 中的含量）

成分	含量	成分	含量
热量 /kJ	117	维生素 B_1/mg	0.04
碳水化合物 /g	4.5	维生素 B_2/mg	0.11
蛋白质 /g	2.6	钾 /mg	311
膳食纤维 /g	1.7	镁 /mg	58
脂肪 /g	0.3	磷 /mg	47
维生素 C/mg	32	钙 /mg	66
胡萝卜素 /μg	2920	铁 /mg	2.9
维生素 A/μg（RE）	243	锌 /mg	0.85
烟酸 /mg	0.6	硒 /μg	0.97

资料来源：杨月欣，2019。

　　菠菜中维生素 C 的含量比一般果菜类含量高，胡萝卜素的含量与胡萝卜不相上下。菠菜中叶酸含量较为丰富，若人体缺乏叶酸，可能导致巨幼红细胞性贫血。

　　菠菜含有较多草酸，它能和食物中的钙质结合形成草酸钙沉淀导致营养成分损失，烹调前用沸水焯一下可以去除大部分草酸，即可保留钙质。

四、贮藏

　　菠菜在绿叶菜中属耐寒性较强的一种蔬菜，在北方栽培区能露地自然越冬。菠菜性喜冷凉，菠菜叶片可短时忍受 -9℃ 低温。菠菜经轻度冻结还可缓慢解冻，仍可恢复鲜态。菠菜食用部分是鲜嫩的叶片和叶柄，是生命代谢最旺盛的营养器官，呼吸作用旺盛，营养消耗较多，且由于叶片表面积大，水分蒸发快，所以菠菜贮藏期间的退绿黄化现象严重，失水萎蔫及腐烂是构成损耗的主要问题。因此菠菜贮藏适温是 -1~1℃，相对湿度是 90%~95%。

　　贮藏用菠菜多是晚秋至初冬采收的耐寒性较强的品种。若是准备冻藏的菠菜，要适当晚播种，并且切忌收获太早，因为太早收获时气温尚高，菠菜不能及时进入冻结状态，会导致黄叶、烂菜。所以应在立冬前后，早晚地面结冻而中午解冻时采收。采收冻藏菠菜应连根铲起，抖掉泥土，摘除黄烂叶，立即捆成 1kg 左右的大把，在阴凉背阴处散热预冷，视天气转冷，再行入贮。

　　下面具体介绍几种菠菜的贮藏方法。

　　1）冻藏法　　利用逐渐降低的冬天气温使贮藏的菠菜逐渐适度冻结，并在冻结的状态下冻藏。具体方法如下：在风障、房屋或院墙北侧遮阴部位做与风障方向相同的菜畦，畦深同菠菜高，在畦中将经扎捆预冷的菠菜在畦中顺向码两排，中间留约 15cm 空隙，菜捆间不要靠得太紧，以利通风散热。然后在菠菜上覆一层细土或细沙，以盖住菠菜为宜，以利冻结。以后随着天气渐冷，逐步覆土保持冻结状态，以既不能化，又不能深冻为度。

　　2）袋装自发气调冷藏　　将收获后经过整理捆成 0.5~1.0kg 一把的菠菜，经过散热预冷后，装入 0.06~0.08mm 厚、110cm×80cm 规格的聚乙烯薄膜袋中，叶片相对，根朝袋两端，每袋 15~20kg，送到冷库菜架上平放，敞口再预冷一昼夜，然后用一直径约 2cm 的圆棒插入袋口扎紧，再拔出圆棒，或松扎袋口，并使袋内留有较大空隙，封袋后在 -1~1℃，90%~95% 相对湿度的冷库中，靠袋内菠菜自发代谢活动吸氧排碳，可逐渐形成一个较低 O_2 含量（约 10% 以上），较高 CO_2 含量（约 5% 以下）的气体环境，同时内部湿度条件好，干耗很小，可保鲜 2~3 个月。

第二节　结球叶菜类

　　结球叶菜类主要有结球甘蓝、大白菜、结球莴苣、包心芥菜等。下面以大白菜为例，介绍结球叶菜类的基本特点。

大白菜（*Brassica pekinensis* Rupr.），是十字花科芸薹属叶用蔬菜，原产于地中海沿岸和我国北方，引种南方，南北各地均有栽培。19世纪传入日本、欧美各国。白菜是人们生活中不可缺少的一种重要蔬菜，味道鲜美可口，营养丰富，素有"菜中之王"的美称，为广大群众所喜爱。在我国白菜栽培面积和消费量居各类蔬菜之首。

一、种类

大白菜品种繁多，基本有散叶型、花心型、结球型和半结球型几类。

根据形态特征、生物学特性及栽培特点，白菜可分为秋冬白菜、春白菜和夏白菜，各包括不同的类型品种。

1）秋冬白菜　秋冬白菜中国南方广泛栽培、品种多。株型直立或束腰，以秋冬栽培为主，依叶柄色泽不同分为白梗类型和青梗类型。

2）春白菜　春白菜植株多开展，少数直立或微束腰。冬性强、耐寒、丰产。按抽薹早晚和供应期又分为早春菜和晚春菜。

3）夏白菜　夏白菜夏秋高温季节栽培，又称"火白菜""伏菜"。

图 15-2　白菜及其纵切面

二、形态与组织结构

大白菜叶呈圆、卵圆、倒卵圆或椭圆形等，全圆、波状或有锯齿，浅绿、绿或深绿色；叶面光滑或有皱缩，少数具茸毛；叶柄肥厚，横切面呈现扁平、半圆或偏圆形，一般无叶翼，白、绿白、浅绿或绿色；叶序为2/5或3/8，单株叶片数一般为十几片（图15-2）。

三、营养成分

白菜含有蛋白质、脂肪、糖类、维生素 B_1、维生素 B_2、维生素 C、胡萝卜素、膳食纤维、钙、磷、铁、铜、锌、锰、钼、硒等。在我国北方的冬季，大白菜更是餐桌上的常客，故有"冬日白菜美如笋"和"百菜不如白菜"之说。表15-2列出了大白菜的主要营养成分。

表 15-2　大白菜（青白口）的主要营养成分（每100g中的含量）

成分	含量	成分	含量
热量 /kJ	71	维生素 B_1/mg	0.03
碳水化合物 /g	3	维生素 B_2/mg	0.04
蛋白质 /g	1.4	钾 /mg	90
膳食纤维 /g	0.9	镁 /mg	9
脂肪 /g	0.1	磷 /mg	28
维生素 C/mg	28	钙 /mg	35
胡萝卜素 /μg	31	铁 /mg	0.6
维生素 A/μg（RE）	7	锌 /mg	0.61
叶酸 /mg	5.3	硒 /μg	0.39

资料来源：杨月欣，2019。

大白菜含有一种叫作吲哚-3-甲醛的化合物，它能促进人体产生一种重要的酶，这种酶能够有效抑制癌细胞的生长和扩散。在防癌食品排行榜中，大白菜仅次于大蒜，名列第二。大白菜含有的微量元素钼，能阻断亚硝胺等致癌物质在人体内的生成，达到预防癌症的目的（纪留杰，2019）。大白菜含有丰富的维生素 C，具有很强的抗氧化性，能够阻止致癌物质的生成和抑制癌细胞的繁殖（赵志永等，2019）。此外，大白菜含有丰富的膳食纤维，在人体内可起到润肠、排毒的功效，还可以促进肠道蠕动、帮助消化、防止便秘，对预防肠癌有良好作用（赵志永等，2019）。

四、贮藏

大白菜在我国南北方都有栽培，特别是在北方各地栽培面积大，贮藏量大，贮藏时间长，是最重要的贮藏蔬菜之一，在蔬菜中是较耐贮藏的。

大白菜收获后仍然是活体，与生长期的基本差别是收获后依靠在生长期积累的营养物质继续其生命活动，但是其新陈代谢强度已明显降低。大白菜的叶球是在冷凉条件下形成的，其保护组织差，叶片在贮藏中易失水萎蔫和脱落。大白菜的贮藏损耗主要有脱帮、腐烂和失重。贮藏温度偏高和晒菜过度，会促进脱帮和失水萎蔫。故贮藏大白菜要求低温条件，温度范围在（0±1）℃为宜，温度太低容易发生冻害，空气相对湿度80%～95%为宜。大白菜贮藏时，要选择耐藏的品种，一般晚熟品种比中、早熟品种耐藏，青帮类型比白帮类型耐藏，但晚熟品种之间贮藏性也有一定差异。贮藏过程中大白菜的抗病性逐渐下降，因此腐烂主要发生在贮藏的中后期。

白菜的贮藏方法很多，主要有窖藏、通风贮藏、埋藏，也有在大型库内采用机械辅助通风或机械制冷贮藏。

用于贮藏的大白菜，应选择晴天，在田地干燥时收获。可适当提前几天收获，收获时留2～4cm长的根。

大白菜收获后就地晾晒4～5天，晾晒时菜棵平放垄上，根朝南，2～3天翻转菜体，继续晾晒2天左右，达到菜棵直立，外叶垂而不折的程度即可。晾晒期间如遇雨雪天或寒流，菜棵就地码成空心小垛，菜根朝里，垛应下宽上窄，最后封顶，垛上盖些菜叶或草苫。

晒过的菜要运到菜窖附近预贮，即把菜露地码窖成空心圆垛，根朝里。中午强光时，盖草苫防晒，夜晚温度低于−1℃时，盖草苫防寒。预贮期间每3～4天倒一次垛。也可根向下、叶向上直立于地面，平摆一层，四周稍加覆盖。预贮期间一旦受冻，必须"窖外冻，窖外化"。

贮藏前整理菜棵，摘去黄叶、烂叶、病叶，不黄不烂的叶片尽量保留以护叶球。下面具体介绍几种白菜的贮藏方法。

1）埋藏　挖一条浅沟，沟的深度与白菜高度大致相同，沟宽1m左右，长度不限，挖好的沟应晾晒2～3天，以降低湿度。将大白菜根部向下置于沟内，上面平齐，以便封土覆盖时厚度均匀一致。埋藏时，应尽可能在阴天或较凉爽的天气进行，以便沟内保持较低温度。白菜码放好后，根据当时的天气情况决定是否覆盖及覆盖厚度。一般贮藏初期气温较高，可以不加覆盖，或稍加覆盖物遮阳。随着天气渐冷，可用干燥的土壤覆盖，尽量不使用潮湿土块。覆土应分次进行，其厚度一般以大白菜不伤热，覆土不被冻透为原则。在冻土层较薄的地区，也可采用倒置的方法贮藏。将选好的大白菜根部向上，竖直立于控好的沟中用土覆盖，在覆土面上浇少量的水，使白菜在贮藏期保持微弱的生长。这种倒埋法适合包心七成左右的大白菜贮藏。倒置埋藏白菜不易受冻，并可增加重量，但应注意沟不要挖得太深、太宽，覆土也不要太厚。采用埋藏法贮藏大白菜，简便易行，水分散失少，重量损失小，但不能通风，不易调节温湿度，贮藏期较短。此法适合东北南部、华北南部和山东、河南两省冬季大白菜贮藏。

2）棚窖贮藏　棚窖的修建方法为：在地面挖一长方形的窖身，窖顶用木料、秸秆和泥土做棚盖。根据入土深浅可分为地下式和半地下式两种类型。华北及东北南部温度较高或地下水位较高的地区，多采用半地下式棚窖，一般窖地下深度为1～1.5m，地上堆土墙高1～1.5m，窖宽3～5m，长以不超过50m为宜。窖顶由支柱撑起，用木材、竹竿等做横梁，上面铺成捆的秸秆，再覆土踩实，窖顶的覆盖总厚度约为0.4m。顶上开天窗用以排气，侧墙上开进气孔。排气和进气窗口的面积应根据当地的气候而定。东北中部、北部及西北大部冬季较为寒冷，多采用地下式棚窖。窖深常以当地冻土层深度为标准，一般窖深超过冻土层0.2m时可达到0℃的窖温。窖顶覆盖总厚度多在0.6m以上。一般在窖顶上每隔4～5m设一通风口，起排气和进气作用。在华北、东北和西北一带主要利用此法贮藏大白菜。

贮藏时，将经过晒晾的大白菜运至窖旁后摘除黄帮烂叶。如果此时气温较高，可将菜在窖外根对根地码成长方形或圆形进行预贮。预贮可以除去菜体的田间热，避免入窖后造成窖温的急剧上升。预贮时要注意适当的倒菜，在温度处于零下时要给菜堆加覆盖物，以避免遭受冻害。在大白菜不受冻的前提下，入窖时间越晚越好，入窖太早，会因窖温过高引起腐烂和脱帮。

大白菜的入窖贮藏方式主要是采用码垛。从窖的一侧离墙约 20cm 处开始，一层菜根向里一层菜根向外互相颠倒着堆码成单列，高度以不超过 1.5m 为宜。最底层的白菜与窖地间用秫秆隔开。第一列码好后，留 30cm 左右的空间，再码第二列，逐列码放，到距窖的另一侧约 1m 处为止，以便于管理和倒菜之用。码菜时应在防止倒滑及加强稳定性上予以注意。

第三节　辛香叶菜类

辛香叶菜类主要有芹菜、大葱、韭菜、分葱、茴香、芫荽等。下面以芹菜为例，具体介绍辛香叶菜类的主要特点。

芹菜（*Apium graveolens* L.），是旱芹、水芹、香芹的总称，是伞形科芹属二年生草本植物，原产于地中海地区沿岸的沼泽地区，在我国栽培历史悠久。芹菜以叶和叶柄供食，含芹菜油，具芳香气味。目前，芹菜栽培几乎遍及全国，是较早实现周年生产、均衡供应的蔬菜种类之一。河北宣化、山东潍坊、河南商丘是芹菜的著名产地。

一、种类

芹菜分为中国芹菜（别名本芹）和西芹（又名洋芹）（图 15-3）。

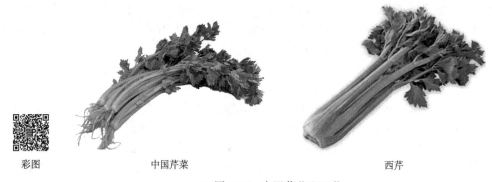

彩图　　　　　　　中国芹菜　　　　　　　　　　　　　西芹

图 15-3　中国芹菜和西芹

中国芹菜特点是叶柄细长，香味较浓。根据叶柄内髓腔的有无可分为空心芹和实心芹，依叶柄颜色分为青芹和白芹。

西芹又称西洋芹菜。主要特点是叶柄实心，肥厚爽脆，味淡，纤维少，可生食。叶柄肥厚而宽扁，耐热性不如本芹。

二、形态与组织结构

芹菜叶柄的复叶柄长而肥大，是主要的食用部位，长可到 30～100cm，有维管束构成的纵棱，各维管束之间充满薄壁细胞，维管束韧皮部外侧是厚壁组织。在叶柄表皮下有发达的厚角组织，优良品种的维管束厚壁组织及厚角组织不发达，纤维少，品质好。茎的横切面呈近圆、半圆或扁圆形。叶柄横切面直径：中国芹菜 1～2cm，西芹 3～4cm。叶柄内侧有腹沟，柄髓腔大小因品种而异。芹菜叶片近圆形或肾形，有"V"形缺口，叶长 2～3cm，宽 1.8～2.5cm，边缘有浅裂，裂片有钝锯齿，浅裂约等于锯齿深度，基部心形，叶面疏生短硬毛叶，柄长 5～15cm，柄上密被柔毛。

三、营养成分

芹菜以其特有的芳香气味及特有的营养价值和药用价值备受人们的喜爱。表 15-3 列出了芹菜的主要营养成分。

表 15-3 芹菜（茎）的主要营养成分（每 100g 中的含量）

成分	含量	成分	含量
热量 /kJ	22	维生素 B_1/mg	0.02
碳水化合物 /g	4.5	维生素 B_2/mg	0.06
蛋白质 /g	1.2	钾 /mg	206
膳食纤维 /g	1.2	镁 /mg	18
脂肪 /g	0.2	磷 /mg	38
维生素 C/mg	8	钙 /mg	80
胡萝卜素 /μg	18	铁 /mg	1.2
维生素 A/μg（RE）	28	锌 /mg	0.24
叶酸 /μg	13.6	硒 /μg	9.57

资料来源：杨月欣，2019。

芹菜营养丰富，其中蛋白质和钙、磷、铁等矿物质含量比一般蔬菜都高，还含有丰富的胡萝卜素和多种维生素。芹菜不但营养丰富，而且具有很好的药用价值。芹菜叶及其茎含有多种药理活性成分，如黄酮类物质、挥发性的甘露醇、不饱和脂肪酸、萜类化合物及香豆素衍生物等。其中黄酮类物质又称为芹菜素，对多种癌细胞的增长具有抑制作用（陈亭亭等，2019）。芹菜中的膳食纤维在预防人体高血压及糖尿病等方面发挥了很重要的作用（单琳等，2019）。

四、贮藏

芹菜喜性温凉、湿润。贮藏适宜温度为 −2～0℃。超过 1℃时，容易引起腐烂；低于 −3℃时，容易引起冻害。萎蔫是芹菜在贮藏过程中的主要问题，所以最好将芹菜贮藏在高湿（98%～100%）的条件下，空气要畅通，保证整个库内各个地方的温度尽可能一致。

芹菜在贮藏过程中还会有一些生长现象，如心叶的叶柄会明显伸长。大部分的芹菜品种在贮藏中叶柄变白。为了使芹菜的贮藏效果更好，采收时应该带一点芹菜根，而且要在叶柄变空之前收获。用于贮藏的芹菜通常选用叶柄粗，实心，耐贮藏的品种。叶柄细，植株小，空心的品种不耐贮藏。

芹菜采收后，带有大量的田间热，若要远距离运输销售或贮藏，须及时预冷，最适合用真空冷却方法预冷，也可用差压通风冷却方法预冷。将芹菜预冷到 3～5℃，运输时最好用机械冷藏车或保温车运输。

芹菜的贮藏方法很多，主要有假植贮藏、冻藏和气调贮藏等。下边具体介绍几种芹菜的贮藏方法。

1）假植贮藏　芹菜的假植贮藏方法各地不尽相同，冬季不太寒冷的地区多用深沟假植法。一般沟宽与深均为 0.7～1.5m，长度不限，将修整好的芹菜假植于沟内。华北、西北大多数地区采用普通阳畦假植。假植贮藏效果好，在寒冷的东北地区可用温室或立壕进行假植贮藏。入藏时一般是将预处理的芹菜成捆假植于沟、棚或温室内，捆与捆之间留有一定空隙，以利通风。此法贮量大。

2）塑料薄膜袋贮藏　将叶根鲜绿、生长健壮、无病虫害的实心或半实心芹菜，带 3cm 左右长的短根，经挑选整理后，捆成 1～1.5kg 的把，在冷库内 −2～2℃下预冷 1～2 天。然后采用"根里叶外"的装法装袋（袋是用 0.08mm 厚的聚乙烯塑料薄膜制成 75cm×100cm 的袋），每袋装 12.5kg，然后扎紧袋口，分层摆在冷库的菜架上，库温在 0～2℃，保持袋内 O_2 含量不低于 2%，CO_2 含量不高于 5%。气体组分不符合要求时可打开袋口，通风换气后再扎紧袋口，贮藏期间可视情况检查 1 或 2 次。此法可贮存 1～2 个月。

【思 考 题】

1. 白菜有哪些品种?

2. 如何贮藏芹菜?

第十六章 花 菜 类

第一节 黄 花 菜

图 16-1 黄花菜

黄花菜（*Hemerocallis citrina* Baroni），又名金针菜、柠檬萱草，属百合目百合科多年生草本植物（图 16-1）。原产于中国南部及日本，其根、叶、茎、花在东亚地区作为食品和传统的药品已有几千年的历史。据《本草纲目》记载，黄花菜具有清热利尿、止血除烦、通乳发奶、解毒消肿、宽胸利膈等功效。黄花菜对环境条件适应性强、栽培技术要求简单，加上其营养价值高、经济效益好，近年来在我国栽培面积不断扩大。黄花菜在我国南北各地均有栽培，多分布于秦岭以南，湖南、江苏、浙江、湖北、四川、甘肃、陕西、吉林、广东和内蒙古等地。湖南邵东市和衡阳市祁东县被国家命名为"黄花菜原产地"。四川渠县也有"中国黄花菜之乡"的美誉。甘肃庆阳生产的黄花菜品质优良，远销海外。日本、欧美各国也有栽培，但常为黄花菜的变种，多供园艺观赏用。

一、种类

按照成熟时间，可将黄花菜分为早熟、中熟、晚熟品种。早熟型，有四月花、五月花、清早花、早茶山条子花等；中熟型，有矮箭中期花、高箭中期花、猛子花、白花、茄子花、杈子花、长把花、黑咀花、茶条子花、炮竹花、才朝花、红筋花、冲里花、棒槌花、金钱花、青叶子花、高垄花；晚熟型，有倒箭花、细叶子花、中秋花、大叶子花等。

二、形态与组织结构

黄花菜根茎较短，根稍肉质，中下部有棍棒状或纺锤状膨大。叶基生，排成二列，宽线型，长 50～100cm，宽 1～2.5cm，花葶圆柱形，高 60～110cm，花序分歧，常为假二歧状圆锥花序，苞片被针形，花多数，可达 30 朵以上，花被淡黄色，芳香，花被管长 3～5cm，裂片长 6～12cm，内裂片宽 1.5～2cm。花盛开时，花被裂片略向外弯，不反卷，在午后开放。蒴果钝三棱状椭圆形，种子黑色，有光泽。

三、营养成分

黄花菜味鲜质嫩，营养丰富，含有糖类、蛋白质、维生素、矿物质及多种人体必需的氨基酸。黄花菜属高蛋白、低热值、富含维生素及矿物质的蔬菜。黄花菜的主要营养成分见表 16-1。

表 16-1　黄花菜的主要营养成分（每 100g 中的含量）

成分	含量	成分	含量
热量 /kJ	896	碳水化合物 /g	34.9
水分 /g	40.3	蛋白质 /g	19.4

续表

成分	含量	成分	含量
脂肪 /g	1.4	镁 /mg	85
膳食纤维 /g	7.7	钠 /mg	59.2
胡萝卜素 /mg	3.44	锌 /mg	3.99
维生素 A/µg（RE）	153	铁 /mg	8.1
维生素 C/mg	10	钙 /mg	301
烟酸 /mg	3.1	磷 /mg	216
维生素 B$_1$/mg	0.05	硒 /µg	4.22
维生素 B$_2$/mg	0.21	锰 /mg	1.21

资料来源：杨月欣，2019。

黄花菜中碳水化合物的含量和所含的热量与大米相似，此外，粗纤维及矿物质的含量也很丰富。黄花菜含有丰富的卵磷脂，这种物质是机体中许多细胞，特别是大脑细胞的组成成分，对增强和改善大脑功能有重要作用，同时还可以清除动脉内的沉积物，对注意力不集中、记忆力减退、脑动脉阻塞等症状有特殊疗效，故人们称之为"健脑菜"（王祖华等，2022）。另据研究表明，黄花菜能显著降低血清胆固醇的含量，有利于高血压患者的康复，可作为高血压患者的保健蔬菜（秦喜悦等，2022）。黄花菜中还含有植物化学成分萜类、蒽醌类、多酚类、多糖、生物碱等成分，能够有效抑制癌细胞的生长，具有抗抑郁、抗氧化、抗炎和保护神经等生理功能。此外，黄花菜中丰富的粗纤维能促进大便的排泄，防治便秘（李明玥等，2022）。

黄花菜鲜花中含有秋水仙碱，人误生食后，秋水仙碱可在人体内转化为毒性很大的二氧秋水仙碱而使人中毒，故应将鲜黄花菜经 60℃以上高温处理，或用凉水浸泡，吃时用沸水焯得时间稍长一些，以免中毒。同时，长时间干制也可破坏秋水仙碱。

四、贮藏

黄花菜采收后成为独立的生命个体，但在贮藏中仍然进行着一系列生理活动。其中，呼吸作用、蒸腾作用、相关酶活性的变化是影响其采摘后内部和外部品质的主要活动。

常温下，黄花菜呼吸作用非常旺盛，故应及时排出呼吸热，因此，可创造低温条件，以及适宜的 O_2 和 CO_2 浓度条件以减弱黄花菜的呼吸强度。新鲜黄花菜中的含水量一般可达到 90% 以上，采收后的黄花菜因蒸腾失水，会造成产品质量迅速下降。一般失水达到 5% 时，黄花菜即表现出疲软、皱缩、萎蔫、光泽消退，甚至变质等品质劣变现象。适度降低贮藏温度和增加贮藏湿度有利于降低蒸腾作用，保持其鲜嫩品质。黄花菜采收后面临各种生理逆境，加速衰老，使产品品质下降、贮藏效果降低而失去贮藏和销售意义。故采取各种措施控制其成熟和衰老，尤其是衰老过程，对保持产品品质和延长贮藏期非常必要。下面介绍几种黄花菜的贮藏方法。

1）冷藏　在 0～5℃，相对湿度 95% 以上的条件下，贮藏花蕾长为 7～8cm 的黄花菜，保鲜期可达到 3～4 天以上，低温冷藏 5～6cm 长花蕾的黄花菜则可保鲜 7 天。

2）气调低温保鲜贮藏　黄花菜在 2℃的贮温，相对湿度 95% 以上的条件下，用还原铁粉作吸氧剂，6-苄基腺嘌呤作保鲜剂处理，可使鲜黄花菜保存 28 天后仍有商品价值。

3）冻藏　用 0.2% $NaHCO_3$ 作护色液，在（95±1）℃下热烫 50s 后进行速冻，冷风温度为 −30℃，风速为 3.0～5.0m/s 的条件下，7min 内可使黄花菜的中心温度降至 −18℃以下，此法能长期贮藏。

第二节　花　椰　菜

花椰菜（*Brassica oleracea* var. *botrytis* L.），又称花菜、菜花或椰菜花，是一种十字花科的蔬菜，为甘蓝的变种。花椰菜的头部为白色花序（图 16-2），与西兰花的头部类似。花椰菜原产于地中海沿岸，19 世纪中期由英国传入我国福建，然后传入浙江、上海、广东等地，在我国东南沿海地区种植较多。目前在我国南北各地均有栽培。

图 16-2 花椰菜

一、种类

花椰菜品种较多，根据生育期长短，即以定植到收获日期命名，如 60 天、80 天、100 天、120 天与 140 天等，大体上可以划分为早熟种、中熟种、晚熟种和四季种 4 种类型。

1. 早熟种　自定植到初收花球在 70 天以内的为早熟种，植株较小，花球扁圆，重 0.25～0.5kg。植株较耐热，但冬性弱，在长江流域及华南地区 6 月底至 7 月中旬播种为宜。主要品种有厦门矮脚 50 天、厦门矮脚 60 天、福州 60 天、澄海和早花等。

2. 中熟种　自定植到初收花球在 70～90 天为中熟种。植株中等大小，花球较大，紧实肥厚，近半圆形，重 0.5～1kg，较耐热，冬性较强，要求一定低温才能发育花球。长江流域 7 月上旬至 7 月中旬播种，华南地区 8～9 月上旬播种，为秋冬蔬菜，品种有厦花 80 天、福农 10 号、洪都 15 号和荷兰雪球等。

3. 晚熟种　生长期长，自定植到收获长达 100 天以上。植株高大，花球大，肥厚，近半圆形，重 1～1.5kg。耐寒，植株需要经过 10℃以下低温才能发育花球。长江流域 7～8 月播种，华南地区于 9～11 月播种。品种有竹叶种、上海早慢种和旺心种等。

4. 四季种　生长期与中熟种相近，90～100 天。生长势中等，花球重 0.5～1kg。耐寒性强，花球发育要求温度为 15～17℃。长江流域可以春秋两季栽培，主要为春季栽培，11 月份冷床育苗，2 月下旬至 3 月上旬定植，5 月收获，因此亦称春花菜。品种有瑞士雪球耶尔福和法国雪球等。

根据花椰菜花球形状分类，一般以花球的横径和纵径为依据，分为扁圆、半圆和近球形三种；根据花球结构的疏密程度，可分为致密型、适度型和松散型 3 种类型；根据花球肉质的口感，又有脆嫩型、坚实型和柔软型之分。

二、形态与组织结构

花椰菜为两年生草本植物，茎直立，粗壮，有分枝。茎中上部叶较小且无柄，长圆形至披针形，抱茎。茎顶端有一个由总花梗、花梗和未发育的花芽密集形成的乳白色肉质头状体；总状花序顶生及腋生；花淡黄色，后变成白色。

三、营养成分

花椰菜质地细嫩，味甘鲜美，食后极易消化吸收，其嫩茎纤维烹炒后柔嫩可口。它含有蛋白质、脂肪、碳水化合物、食物纤维、维生素 A、维生素 B、维生素 C、维生素 E 和钙、磷、铁等矿物质。表 16-2 列出了花椰菜的主要营养成分。

表 16-2　花椰菜的主要营养成分（每 100g 中的含量）

成分	含量	成分	含量
热量 /kJ	83	维生素 B_1/mg	0.04
碳水化合物 /g	4.6	维生素 B_2/mg	0.04
蛋白质 /g	1.7	钾 /mg	206
膳食纤维 /g	2.1	镁 /mg	18
脂肪 /g	0.2	磷 /mg	32
维生素 C/mg	32	钙 /mg	31
胡萝卜素 /μg	30	铁 /mg	0.4
维生素 A/μg（RE）	1	锌 /mg	0.17
烟酸 /mg	0.32	硒 /μg	2.86

资料来源：杨月欣，2019。

花椰菜中含有丰富的多酚、黄酮类物质及芥子油苷等有益健康的化学成分，可以降低很多癌症（如结肠癌、乳腺癌、前列腺癌和胃癌等）的患病风险，同时还可以减少心血管病的发生（傅滨等，2010）。

四、贮藏

花椰菜的生产具有较强的季节性和区域性，加上蔬菜本身的易腐性等，造成了花椰菜贮藏期短。花椰菜的花球是由肥大的花轴、花枝和花蕾短缩聚合而成，它比较耐低温，在高温下花球易失水萎蔫、褐变和腐烂，外叶易变黄脱落。但贮藏中花球也不能受冻，否则煮熟后花球颜色发黑。花椰菜易产生乙烯，导致花球衰老和外叶脱落。此外，花球组织脆嫩、保护组织差，容易失水，在采收、运输和贮藏过程中易受机械损伤和病菌感染，产生褐斑、灰黑色的污点和霉斑，甚至腐烂，失去食用价值。花椰菜贮藏时，选择花球大而充实，七八成熟、品质好、质量高的中晚熟品种进行贮藏。生产上春季多栽培瑞士雪球，秋季则以荷兰雪球为主。采收时宜保留 2～3 轮叶片，以保护花球。

花椰菜适宜的贮藏温度为 0～5℃，温度过高会使花球失水萎蔫、褐变，甚至腐烂；若贮藏温度低于 0℃花球会出现局部透明状，造成冻害，受冻的花椰菜一般不能解冻复原，不能继续贮藏。贮藏适宜的相对湿度为 90%～95%。湿度低于 85% 时，花球易失水萎蔫或散花变色；湿度过大，不仅容易引起微生物生长，导致花球霉烂变质，还会造成结露水过多，浸泡花球，产生褐变。适宜的气体成分为 2%～3% 的 O_2 和 3%～4% 的 CO_2。贮藏过程中，要保持稳定的气体构成，以延长贮藏期，提高花球保鲜质量。一般来说菜花的贮藏期为 1～3 个月。下面介绍几种花椰菜的贮藏方法。

1）假植贮藏　　冬季温暖地区，入冬前后利用棚窖、贮藏沟和阳畦等场所，在土壤保持湿润的情况下，将尚未成熟的幼小花球带根拔起假植其中。用稻草等物捆绑叶片包住花球，适当加以覆盖防寒，适时放风，最好让菜花稍能接受光线。假植贮藏时鸡蛋大小的花球，到春节时可增大到 0.5kg 左右。

2）冷库贮藏　　机械冷藏库是目前贮藏菜花较好的场所，它能调控适宜的贮藏温度，可贮藏 2 个月。生产上常采用以下贮藏方法。

（1）筐贮法。将挑选好的菜花根部朝下码在筐中，最上层菜花低于筐沿，也可将花球朝下码放，以免凝聚水滴落在花球上，引起霉烂。将筐堆码于库中，要求稳定而适宜的温度和湿度，并每隔 20～30 天倒筐一次，将脱落及腐败的叶片摘除，并将不宜久放的花球挑出上市。

（2）单花球套袋贮藏法。用 0.03mm 厚的聚乙烯塑料薄膜制成 30cm×35cm 大小的袋（规格可视花球大小而定），将选好预冷后的花球装入袋内，然后折口（袋内 O_2 和 CO_2 与大气中相近似）。装筐（箱）码垛或直接放菜架上均可。贮藏期可达 2～3 个月。

（3）气调贮藏法。在冷库内，将菜花装筐码垛用塑料薄膜封闭，控制 O_2 含量为 2%～4%，CO_2 为 3%～4%，具有良好的保鲜效果。菜花在贮藏过程中释放乙烯较多，在封闭帐内放置适量乙烯吸收剂，对外叶有较好的保绿作用，花球也比较洁白。要特别注意避免帐壁的凝结水滴落到花球上，否则会造成花球霉烂。

【思 考 题】

1. 为什么误食黄花菜会中毒?

2. 如何贮藏花椰菜?

第十七章 果 菜

第一节 瓠果类蔬菜

瓠果类蔬菜主要有南瓜、黄瓜、甜瓜、冬瓜、丝瓜、苦瓜、蛇瓜、佛手瓜等。下面以黄瓜为例，具体介绍瓠果类蔬菜的基本特点。

黄瓜（*Cucumis sativus* L.），又称胡瓜、刺瓜、青瓜等，属葫芦科一年生攀缘草本植物，以幼果供食。原产于印度北部地区，是由西汉时期张骞出使西域带回中原的。黄瓜分布范围很广，欧洲、北美洲、亚洲均有栽培。我国种植也很普遍，从南到北，从东到西均有大面积生产，是主要的蔬菜种类，并且为主要的温室产品之一。

一、种类

黄瓜的分类，主要根据其分布区域及其生态学性状分为以下类型。

1. 华南型黄瓜 俗称"旱黄瓜"，主要分布在中国长江以南及日本各地。茎叶较繁茂，耐湿、热，为短日性植物，瓜长 20cm 左右，瘤稀，多黑刺。嫩果绿、绿白、黄白色，味淡；熟果黄褐色，有网纹。

2. 华北型黄瓜 俗称"水黄瓜"，主要分布于中国黄河流域以北及朝鲜、日本等地。植株长势中等，喜土壤湿润、天气晴朗的自然条件，对日照长短的反应不敏感。嫩果棍棒状，绿色，瘤密，多白刺，瓜长 35cm 左右；熟果黄白色，无网纹。

3. 南亚型黄瓜 分布于南亚各地。茎叶粗大，易分枝，果实大，单果重 1～5kg，果形呈短圆筒或长圆筒形，皮色浅，瘤稀，刺黑或白色。皮厚，味淡。喜湿热，严格要求短日照。

4. 欧美型黄瓜 分布于欧洲及北美洲各地。茎叶繁茂，果实圆筒形，瓜长 30cm 左右，瘤稀，白刺，味清淡，熟果浅黄或黄褐色。

5. 北欧型黄瓜 分布于英国、荷兰。茎叶繁茂，耐低温弱光，果面光滑，浅绿色，瓜长在 50cm 以上。有英国温室黄瓜和荷兰温室黄瓜等。

6. 小型黄瓜 分布于亚洲及欧美各地。植株较矮小，分枝性强。多花多果。瓜长 10cm 左右。

中国栽培的黄瓜主要是华南型黄瓜和华北型黄瓜（图 17-1）。华北型黄瓜经过长期栽培育种，已经形成春黄瓜、半夏黄瓜、球黄瓜和保护地黄瓜等类型。

彩图　　　　　华南型黄瓜　　　　　　　　华北型黄瓜

图 17-1　华南型黄瓜和华北型黄瓜

二、形态与组织结构

黄瓜瓠果呈圆筒形或棒形；幼嫩果呈墨绿色、绿色，老熟后则变黄。果实表面疏生断刺，并有明显的瘤状突起；有的表面则比较光滑。果肉脆嫩多汁，略甜，爽口而清香。按果型可分为刺黄瓜、鞭黄瓜、短黄瓜和小黄瓜。

三、营养成分

黄瓜营养丰富，脆嫩多汁，是人们喜爱的蔬菜品种之一。黄瓜富含蛋白质、钙、磷、铁、钾、胡萝卜素、维生素 C、维生素 E 及烟酸等营养素。表 17-1 列出了黄瓜的主要营养成分。

表 17-1　鲜黄瓜的主要营养成分（以每 100g 可食部计）

成分	含量	成分	含量
热量 /kJ	16	维生素 C/mg	9
碳水化合物 /g	2.9	胡萝卜素 /μg	90
蛋白质 /g	0.8	磷 /mg	24
膳食纤维 /g	0.5	钾 /mg	102
脂肪 /g	0.2	钙 /mg	52
烟酸 /mg	0.2	镁 /mg	15
维生素 B_1/mg	0.02	铁 /mg	0.5
维生素 B_2/mg	0.03	锌 /mg	0.18
维生素 A/μg（RE）	85	硒 /μg	0.38
维生素 E/mg	0.49	锰 /mg	0.06

资料来源：杨月欣，2019。

黄瓜含有多种糖类和苷类，包括葡萄糖、甘露糖、木糖和果糖及芸香苷和葡萄糖苷等，并含有多种维生素和矿物质。黄瓜的果梗附近含有糖苷类成分，食用时有苦味，研究表明此成分具有抗肿瘤的作用（陈宗伦，2015）。黄瓜中所含的纤维素能促进肠内腐败食物排泄，具有降低胆固醇的作用。此外，黄瓜中所含的丙醇二酸还能抑制糖类物质转化为脂肪，对肥胖和高血压、高血脂患者有利（张洋婷等，2016）。

四、贮藏

黄瓜果实含水量高，采收后生命活动依然十分旺盛，在常温下存放易衰老，表皮由绿色逐渐变成黄色，瓜的头部因种子继续发育而逐渐膨大，尾部组织萎缩变糠，瓜形变成棒槌状，果肉绵软，酸度增高，食用品质显著下降。黄瓜对低温敏感，它同番茄、辣椒等一样，同属冷敏植物，当温度低于 8℃时就会出现冷害。黄瓜质地脆嫩，易受机械损伤，瓜刺（刺瓜类型）易碰掉，形成伤口流出汁液，从而感染病菌引起腐烂。黄瓜对贮藏环境中的乙烯非常敏感，即使环境中有少量乙烯（1mg/m³），也会加速黄瓜的衰老，在贮运中一定要避免与容易产生乙烯的水果、蔬菜（如苹果、香蕉、番茄等）混放，同时，还要注意吸收黄瓜自身产生的乙烯。黄瓜对贮藏环境的温度、湿度及气体成分要求比较严格。黄瓜的适宜贮藏温度很窄，最适温度为 10～13℃，10℃下会受冷害，15℃以上种子长大、变黄及腐烂明显加快。黄瓜表皮缺乏角质层，很容易失水萎蔫，要求相对湿度保持在 95% 左右，低于 95% 则很快失水。在黄瓜贮藏中用乙烯吸收剂脱除乙烯对延缓黄瓜的衰老有明显效果。黄瓜可用气调贮藏，适宜的气体组成是 O_2 和 CO_2，均为 2%～5%。

在贮藏黄瓜时，应选择抗病性强，果实中固形物含量高，表皮较厚，果实丰满，耐贮性好的晚熟品种。由于黄瓜表皮刺多时，易碰伤或碰掉，伤口造成感染，因此，刺少的品种较耐藏。

同一品种贮藏用的黄瓜应比立即上市的稍微嫩一些。采摘要求顶花带刺，瓜身碧绿，最好采收植株中部"腰瓜"丰满壮实、成熟度中等的绿瓜条，下部接近地面的黄瓜不宜贮藏。采摘宜于清晨进行，注意不要碰伤瓜刺。然后进行挑选，将过老、过嫩、受伤的瓜剔除。

采收后的黄瓜应及时预冷，可放在通风良好的空房内或遮阴处，也可以采用冷库强制通风预冷，散除田间热量。预冷后的黄瓜即可进行贮藏。下面具体介绍几种黄瓜的贮藏方法。

1）冷库冷藏　　预冷后的黄瓜可采用竹筐、塑料筐、板条箱、瓦楞纸箱等容器包装。为防止黄瓜脱水，贮藏时可采用聚乙烯薄膜袋折口后作为内包装，或在堆码好的包装箱底与四壁用聚乙烯薄膜铺盖。

在良好隔热性能的库房中装置冷却机械设备，将温度控制在 10～13℃，湿度保持在 95% 左右。因为黄瓜对乙烯极为敏感，贮藏时须注意避免与容易产生乙烯的果蔬混放，贮藏时可用乙烯吸收剂脱除乙烯。此法可保鲜 1 个月左右。

2）涂膜保鲜法　　采用一定量的蔗糖脂肪酸酯，加入定量的水，加热至 60～80℃ 时搅拌溶解，并缓慢加入一定量的海藻酸钠，继续搅拌至充分溶解，冷却至室温备用。将黄瓜浸到涂膜液中，浸渍 30s 后取出黄瓜自然风干，用塑料袋包装至室温下贮藏。此法可贮存 10 天以上。

第二节　浆果类蔬菜

浆果类蔬菜主要有番茄、辣椒和茄子等。下面以番茄为例，具体介绍浆果类蔬菜的基本特点。

番茄（*Lycopersicon esculentum* Mill.），又称西红柿、洋柿子等，是茄科番茄属植物的新鲜果实。番茄原产于南美洲的秘鲁、智利和厄瓜多尔等地，约在 17 世纪由欧洲引入我国，我国各地均有栽培，在我国为一年生草本植物。番茄在大多数地区都能成活，但是能培育出高品质番茄的区域却十分有限，一般集中在北纬 40° 左右的内陆半干旱区域。目前世界上番茄的生产地主要分为三大块——美国加州河谷、地中海沿岸及中国的新疆和内蒙古地区。中国番茄产地主要集中在西北、东北地区的新疆、内蒙古、甘肃、宁夏、黑龙江等省（自治区），其中新疆是主要生产地，目前中国番茄酱 95% 以上的产量集中在西北、东北地区。目前，中国番茄的种植、加工和出口都处于持续增长态势，中国已经成为全球最重要的番茄制品生产国和出口国，是继美国、欧盟之后的第三大生产地区和第一大出口国。

一、种类

番茄的栽培品种繁多，分类方式也比较多样。番茄按植株生长习性分为无限生长品种和有限生长品种（自封顶品种）；按用途分为鲜食番茄品种、罐装番茄品种和加工番茄品种等；按果色分为粉果番茄品种、红果番茄品种、黄果番茄品种、绿果番茄品种、紫色番茄品种和多彩番茄品种等；按果型大小分为大果型番茄品种、中果型番茄品种和樱桃番茄品种等；按果实形状分为扁圆形番茄品种、圆形番茄品种、高圆形番茄品种、长形番茄品种和桃形番茄品种等；按果实成熟期分为早熟番茄品种、中熟番茄品种和晚熟番茄品种等；按栽培方式分为早春保护地品种、早春露地品种、越夏保护地品种、越夏露地品种、秋延保护品种和越冬保护地品种等。

二、形态与组织结构

番茄果实为多汁浆果，直径为 1.5～7.5cm，果肉由果皮（中果皮）及胎座组织构成，果肉柔软，多汁。果重在 70g 以内的为小型果，70～200g 为中型果，200g 以上的为大型果。番茄果形有扁圆、椭圆、长圆及洋梨形等多种，成熟果实呈红、粉红或黄色。番茄果实内分隔成小室，小果形品种有 2 或 3 个心室，大果形品种有 4～6 个心室或更多。番茄果实是有子房发育的真果，果皮是发育的子房壁，由外果皮、中果皮和内果皮组成（图 17-2）。外果皮及内果皮是单层组织，中果皮通常是数层组织，具肉质多浆。再往内的果肉部分则为胎座，胎座由子房室发育而成，一般栽培种 2 或 3 室，小型品种 1 或 2 室，胎座内着生种子，种子周围由一层胶状物包围。胎座和中果皮是食用的主要部分。

三、营养成分

番茄酸甜可口，营养丰富，除含有糖类、蛋白质及柠檬酸、苹果酸等有机酸成分外，还含有人体必需的钙、磷、铁等矿物质和多种维生素，尤其是胡萝卜素和维生素 C 的含量较高。表 17-2 列出了番茄的主要营养成分。

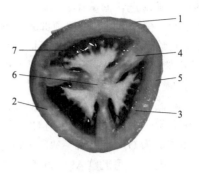

纵切面　　　　　　　　　横切面　　　　　　彩图

图 17-2　番茄纵、横切面及内部构造图

1. 外果皮；2. 中果皮；3. 内果皮；4. 隔壁；5. 维管束；6. 胎座；7. 子房室组织及种子

表 17-2　鲜番茄的主要营养成分（以每 100g 可食部计）

成分	含量	成分	含量
热量 /kJ	63	维生素 B_1/mg	0.02
碳水化合物 /g	3.3	维生素 B_2/mg	0.01
蛋白质 /g	0.9	钾 /mg	179
膳食纤维 /g	0.5	镁 /mg	12
脂肪 /g	0.2	磷 /mg	24
维生素 C/mg	14	钙 /mg	4
胡萝卜素 /μg	375	铁 /mg	0.2
维生素 A/μg（RE）	31	锌 /mg	0.12
烟酸 /mg	0.49	锰 /mg	0.06

资料来源：杨月欣，2019。

　　番茄中的纤维素对促进肠道中腐败食物的排泄、降低胆固醇有不可低估的作用；其中含有的苹果酸和柠檬酸能帮助胃液对蛋白质、脂肪的消化和吸收。番茄中的番茄红素占类胡萝卜素总量的 90% 左右。现代科学研究发现，番茄红素具有很强的清除自由基的能力，是目前常用的抗氧化剂维生素 E 的 100 倍。番茄红素具有抗氧化、消除自由基、调控肿瘤增殖、明显减轻由体内过氧化引起的对淋巴细胞 DNA 的氧化损害、减缓动脉粥样硬化形成等功能（郑晓青等，2023）。增加番茄红素的摄入量能有效地降低多种慢性疾病及癌症的发病率，人体血清中番茄红素的浓度与胃肠道癌、前列腺癌、胰腺癌和宫颈癌等的发生率呈负相关。番茄红素性质稳定，耐高温。但是番茄红素在有氧条件下，易被过氧化物酶等氧化脱色，尤其是紫外线会促进其氧化。新疆产的番茄其番茄红素为 13mg/100g。

　　番茄不宜和黄瓜同时食用；空腹时不宜食用；未成熟番茄不宜食用；服用肝素、双香豆素等抗凝血药物时不宜食用；急性肠炎、菌痢及溃疡活动期的患者不宜食用。

四、贮藏与加工

　　1. 贮藏　　番茄原产于热带地区，是冷敏感作物，果实长时间低于 8℃ 会发生冷害，果实局部或全部呈现水浸状凹陷，蒂部开裂，表面出现褐色小圆斑，不能正常完熟，易患病腐烂。番茄属呼吸跃变型果类，气调贮藏会取得良好效果，但当 O_2 含量过低或 CO_2 含量过高时，都会对番茄果实造成伤害。番茄对乙烯也十分敏感，番茄成熟过程中会产生乙烯，无论是自身产生的还是周围环境存在的都会对番茄的转红、完熟起到促进作用，在贮藏时应及时脱出贮藏环境中的乙烯并且通常与桃、苹果、香蕉等分库贮存。

　　番茄品种很多，耐贮性差异也很大，一般皮厚、内质致密、水分较少、干物质含量高、呼吸强度低、抗病性强的中晚熟品种耐贮性较好。番茄的成熟阶段分为绿熟期、微熟期（转色期至顶红期）、半熟期（半红期）、坚熟期（红而硬）和软熟期（红而软）；采收成熟度与耐贮性有着十分密切的关系，长期贮藏的番茄应在绿熟期采收。采收的果实成熟度过低，积累的营养物质不足，贮后品质不良。红熟果实则容易变软、腐烂，不能久藏。用于贮藏的番茄应选种子腔小、皮厚、肉致密、干物质和含糖量高、组织保水力强的品种。长期贮藏的番茄应选含糖量在 3.2% 以上的品种。栽培季节不同，其果实的耐贮性也不同，一般晚秋采收的果实较耐贮。植株下层和植株顶部的果不易贮存。

不同成熟度的番茄对贮藏温度的要求有所不同。绿熟果适宜贮温为 8～11℃，如果长期贮于 6℃ 以下，就会发生冷害，而且不能完熟，坚熟果（红而硬）可以贮藏在 5～8℃ 的条件下，完熟果则可短期贮于 −0.5～1℃ 条件下。番茄贮藏的相对湿度应视番茄的成熟度而定。绿熟果由于其本身的含水量相对较低，所要求的环境湿度也可略低一些，掌握在 80%～85%，而完熟果则应略高于绿熟果，控制在 90%～95% 为宜。绿熟番茄适于气调贮藏，尤其是低 O_2、高 CO_2 会起到很好的抑制后熟、延长贮藏期的效果，但应严格控制气调指标，气体指标为 O_2 含量 2%～3%、CO_2 含量 2%～4%。绿熟果在 10～13℃ 加 2%～4% 的 O_2 和 3%～6% 的 CO_2 气调条件下，可贮藏 45～60 天。下面介绍几种番茄的贮藏方法。

1）冷库贮藏　　夏季高温季节用机械冷藏库贮藏，贮藏效果更好，绿熟果的适宜温度为 12～13℃，红熟果 1～2℃，湿度可控制在 90%～95%。贮藏期可达到 30～45 天。

2）气调贮藏　　气调贮藏应在 10～13℃ 下，保持贮藏环境中有 2%～4% 的 O_2 和 3%～6% 的 CO_2。用气调贮藏的番茄入贮前要进行严格挑选，剔除病伤果。

（1）塑料薄膜大帐气调贮藏。用 0.1～0.2mm 厚的塑料膜作成密闭塑料帐，每帐 1000～2000kg，采用快速充氮降氧法或自然降氧法都行，帐内加消石灰（果重的 1%～2%）吸收多余的 CO_2。氧含量不足时充入新鲜空气。由于帐内湿度较高，果实易感染发病，加防腐剂可控制病害发生，如可通入 0.2% 氯气；可放 0.5% 的过氧乙酸在垛内；可用 0.05～0.1mL/L 的仲丁胺。帐内加入浸透饱和高锰酸钾的砖块吸收乙烯。

（2）塑料薄膜袋小包装贮藏法。将番茄放入 0.06mm 厚的聚乙烯薄膜袋中，扎紧袋口，放入冷库中，每隔两三天开袋放风，果实转红后，袋口不必扎紧，每袋 5kg 左右，并及时做好防腐措施。

2. 加工　　我国是世界上最大的番茄生产国，番茄加工在我国有着重要的产业地位。番茄营养成分丰富，食用价值高，但其果实含水量高、皮薄汁多，不易贮藏和运输，若保存不当或长期放置易腐烂变质，使得果实损耗率高，整体产业的增值不明显。因此，番茄加工不断促进了番茄产业的发展，其规模化加工制品主要有各种酱汁、饮料和果脯等。番茄通常分为鲜食番茄和加工番茄，加工番茄的可溶性固形物为 5% 左右，普通鲜食番茄的可溶性固形物为 1%～2%。番茄加工制品目前可分为初加工和深加工产品。初加工产品主要包括番茄酱、去皮番茄、番茄汁、番茄沙司、番茄粉等，大多采用喷淋清洗、冷（热）破碎、真空浓缩、高温瞬时灭菌、冷却、无菌灌装等加工工艺。深加工产品主要包括番茄红素、番茄膳食纤维、番茄 SOD 和发酵饮料等，这类产品有效地提高了加工番茄的整体利用率。不同的加工方法与条件均会显著影响番茄中活性成分的保留率、提取率，以及生物利用率。选择合适的加工方法与条件，对于提高番茄制品的质量和营养至关重要。

在番茄的实际生产加工中主要原料是番茄果肉，加工过程中会产生大量的皮、籽、渣等副产物，占番茄总原料的 3%～8%。番茄加工中产生的副产物中含有丰富的番茄红素、膳食纤维、功能油脂、活性蛋白等生理活性成分，具有很高的综合利用价值。因此，对于番茄的加工不仅要提高番茄果肉的利用率，对于加工中副产物的精深加工也应当同样重视。

番茄皮中含有大量的番茄红素，番茄红素是番茄中重要的功效性成分。番茄红素在加工中容易被降解，其主要原因是热、光、氧及金属离子等因素诱导其氧化。例如，蒸煮、罐装、油炸、巴氏杀菌、干燥脱水等热处理均会显著降低产品中番茄红素的含量与抗氧化功能。但选择适当的加工方式则会使番茄中的番茄红素异构化，同时破坏细胞壁，促使细胞内的番茄红素析出，有助于增加产品中番茄红素的含量。番茄果渣是番茄加工中的主要副产物，其中含有大量的膳食纤维。对于番茄产品精深加工应着重考虑这部分，可通过酶解和酸碱处理提取出其中的膳食纤维，进行进一步加工。番茄籽中含有大量的油脂和蛋白质，特别是亚油酸等不饱和脂肪酸，以及赖氨酸等必需氨基酸，有很高的综合利用价值。番茄籽油作为一种新型植物油，市场销售火爆。目前用于提取番茄籽油的方法主要有压榨法、水酶法、超临界 CO_2 萃取法、有机溶剂浸提法等。

第三节　荚果类蔬菜

荚果类蔬菜主要有菜豆、豇豆、刀豆、豌豆、蚕豆、毛豆等。下面以菜豆为例，具体介绍荚果类蔬菜的基本特点。

　　菜豆（*Phaseolus vulgaris* L.）属豆科菜豆属一年生缠绕性草本植物菜豆的荚果,主要有芸豆、四季豆、豆角和眉豆。芸豆原产于美洲的墨西哥和阿根廷,我国在 16 世纪末才开始引种栽培。菜豆在我国栽培面积广:东北和西北地区多春播矮生种和蔓生架豆,6~9 月采收上市;华北地区春播矮生种和春、秋播蔓生架豆,5~10 月采收上市;南方地区以春播为主,4~5 月上市,秋播架豆可供应到 11 月;华南地区和西南部分地区可越冬栽培,还可以在保护地栽培,同时菜豆是南菜北运的重要品种。

一、种类

　　菜豆以荚果供食用,为蔬菜主要品种之一。菜豆按食用部位分为荚用类型和豆粒用类型;按豆荚质地分为硬荚和软荚两种类型,其中硬荚类型采收豆粒,软荚类型以采收嫩豆荚为主;按生长习性分为矮生、半蔓生和蔓生三种类型。油豆角是蔓生菜豆在中国东北的优质软荚变种,以荚内油分多得名,有 500 年的栽培历史。油豆角以食荚为主,烹煮后豆荚软面,纤维少,豆香味浓,蛋白质含量较高。

二、形态与组织结构

　　菜豆荚果长 10~20cm,形状直或稍弯曲,横断面圆形或扁圆形,表皮密被绒毛;嫩荚呈深浅不一的绿、黄和紫红(或有斑纹)等颜色,成熟时黄白至黄褐色(图 17-3)。随着豆荚的发育,其背、腹面缝线处的维管束逐渐发达,中、内果皮的厚壁组织层数逐渐增多,鲜食品质因而降低。故嫩荚采收要力求适时。每荚含种子 4~8 粒,种子肾形,有红、白、黄、黑及斑纹等颜色,千粒重 0.3~0.7kg。

圆棍形菜豆　　　　　　　扁条形菜豆　　　　　彩图

图 17-3　菜豆

三、营养成分

　　菜豆营养丰富,供食用的嫩豆荚富含蛋白质、碳水化合物、多种维生素和矿物质元素,经济价值高,是人们喜食的蔬菜之一。菜豆的主要营养成分见表 17-3。

表 17-3　菜豆的主要营养成分(以每 100g 可食部计)

成分	含量	成分	含量
热量 /kJ	130	维生素 B_1/mg	0.04
碳水化合物 /g	5.7	维生素 B_2/mg	0.07
蛋白质 /g	2.0	钾 /mg	123
膳食纤维 /g	1.5	镁 /mg	27
脂肪 /g	0.4	磷 /mg	51
维生素 C/mg	6.0	钙 /mg	42
维生素 E/mg	1.24	铁 /mg	1.5
维生素 A/μg（RE）	35	锌 /mg	0.23
烟酸 /mg	0.4	硒 /μg	0.11

资料来源:杨月欣,2019。

现代医学分析认为，菜豆还含有皂苷、脲酶和多种球蛋白等独特成分，具有提高人体自身的免疫能力，增强抗病能力，激活淋巴 T 细胞，促进脱氧核糖核酸的合成等功能，对肿瘤细胞的发展有抑制作用（冯国军和刘大军，2016）。菜豆中的皂苷类物质能降低脂肪吸收功能，促进脂肪代谢，所含的膳食纤维还可缩短食物通过肠道的时间，可以起到减肥作用（冯国军和刘大军，2016）。但是菜豆中含有皂苷和植物血凝素，若菜豆没有煮熟，则会对人体产生毒性。①菜豆血凝素为一种毒蛋白，此种植物性毒蛋白具有凝血作用，经过长时间煮沸后，可破除其毒性。②皂苷对黏膜有强烈刺激性，并含有能破坏红细胞的溶血素。此种毒素常常含于豆荚中。菜豆所含的皂苷须在 100℃以上才能被破坏，故食用未经充分烧熟的菜豆后，即对胃肠道的黏膜有刺激作用，引起以消化道为主的中毒症状。

四、贮藏

菜豆喜温暖，不耐寒霜冻，温度低时易发生冷害，出现凹陷斑，严重时出现水渍状病斑，甚至腐烂，但温度也不能太高，如高于 10℃时容易老化，豆荚外皮变黄，纤维化程度增大，种子膨大硬化，豆荚脱水，也易发生腐烂。菜豆生育期短，豆荚生长迅速，组织含水量大，采收后因组织幼嫩，呼吸强度高，极不耐贮存，短时间内就会萎蔫、褪色、产生锈斑甚至腐烂。锈斑是在菜豆贮藏中最常见的生理病害，在豆荚的任何部位都可以产生，症状为病斑小，锈褐色，形状不规则。锈斑的发生与贮藏温度、气体成分和品种等因素密切相关。一般而言，贮藏温度低锈斑严重；浓度为 1%～2% 的 CO_2 环境对豆荚锈斑的产生有一定的抑制作用，但 CO_2 浓度大于 2% 时锈斑增多，甚至发生 CO_2 中毒；不同品种菜豆贮藏中锈斑的发生程度也不同。因此用于贮藏的豆荚应选择荚肉厚，纤维少，种子小，锈斑轻，适合秋季栽种的品种。因含水量大，菜豆嫩荚脆硬，易折断产生机械损伤。

菜豆贮藏条件：一般要求温度为 8～10℃，湿度 85%～90%，含 O_2 3%～5%，CO_2 1%～2%。

菜豆的采收应在豆荚长度基本长成，表皮翠绿鲜嫩，种子未膨大时进行采收。采后装入衬有薄纸的筐内，轻拿轻放，迅速入库预冷。预冷应在 7～9℃下进行，预冷过程中要离开地面 20cm，尽量避免码垛太高，预冷不彻底。当菜豆品温达到 7～9℃时，即可装袋贮藏。下面介绍几种菜豆的贮藏方法。

1）气调贮藏　　冷藏库内用聚乙烯薄膜袋包装封闭的方法贮藏。这种方法是一种自发气调贮藏方法，它利用菜豆自身呼吸作用，吸收 O_2 与放出 CO_2 的特征，调整 O_2 与 CO_2 的比例关系，从而控制氧化的速度，用人工适时调节，可松开袋口放风或抖入一些消石灰，使袋内 O_2 和 CO_2 含量保持在 2%～4%。一般每袋装新鲜、无病虫害的菜豆 15～20kg，再码放在架上，尽量避免挤压。采用此方法，并保证在 9～10℃的贮藏库内，贮藏期可长达 60 天左右。

2）冷冻贮藏　　将洗净的豆荚投入 100℃沸水中漂烫 2min 左右，捞出后立即投入水中冷却至室内温度，沥干水分后装入塑料袋中，排出袋内空气，把塑料袋放入−25℃的速冻库中，充分冷结后，放在−18℃的贮藏库中，可长期存放。一般以半年或 1 年为限。

❓【思 考 题】

1. 中国目前种植的有哪些黄瓜品种？
2. 简述番茄的组织结构。
3. 如何贮藏菜豆？

第十八章 食用菌类

第一节 腐生型食用菌

目前已知的可完全人工栽培的食用菌种类中，绝大多数是腐生型食用菌，其主要特征是通过侵袭死亡的植物体，分解其中的有机物质（纤维素、半纤维素、木质素、糖及少量氮源）来获取生长能量和构成菌体结构所需要的营养物质。具有代表性的腐生型食用菌有香菇、金针菇和木耳等。下面以金针菇为例，介绍腐生型食用菌的基本特征。

金针菇（*Flammulina velutipers*）学名毛柄金钱菌，又称毛柄小火菇、构菌、朴菇、冬菇、朴菰、冻菌、金菇和智力菇等，因其菌柄细长，似金针菜，故称金针菇，属伞菌目白蘑科金针菇属，是一种菌藻地衣类。金针菇在自然界广为分布，中国、日本、俄罗斯、欧洲、北美洲和澳大利亚等地均有分布。在我国北起黑龙江，南至云南，东起江苏，西至新疆均适合金针菇的生长。

一、种类

人工栽培的金针菇按出菇的快慢分为早生型和晚生型；按发生的温度可分为低温型和偏高温型；按子实体发生的多少，可以分为细密型（多柄）和粗稀型（少柄）。按色泽分为黄色、白色和浅黄色。黄色金针菇在我国野生分布较多，温度适应范围广，抗逆性强，味道浓郁，但是菌柄基部欠佳。白色金针菇不及黄色金针菇口感好，但子实体洁白美观，受到国外消费者的青睐。

二、形态与组织结构

金针菇由菌丝体和子实体组成。菌丝由孢子萌发而成，灰白色，绒毛状。金针菇子实体一般较小，为丛生（图18-1）。菌盖直径1～5cm，幼时扁平球形，后渐平展，黄褐色，中部肉桂色，边缘乳黄色并有细条纹，湿润时黏滑。菌肉白色，较薄，褐白色、乳白色或微带肉粉色，弯生，稍密，不等长。菌柄长3～7cm，粗0.2～0.7cm，圆柱形，中空，多数为中央生，黄褐色，短绒毛，纤维质，内部松软，基部延伸似假根紧紧靠在一起。

图18-1　金针菇子实体

三、营养成分

金针菇富含蛋白质、维生素 B_1、维生素 B_2、维生素 C、核苷类和纤维素等。金针菇含有 8 种人体必需氨基酸，其含量占总氨基酸含量的42.29%～51.17%，其中精氨酸和赖氨酸含量较高，为 1.024% 和 1.231%（以干品计），高于一般食用菌，对儿童智力增长有重要作用，因此以"增智菇"著称。金针菇含有的酸性和中性植物纤维，可吸附胆汁酸盐，调节体内胆固醇代谢，降低血浆中胆固醇的含量，还可促进肠胃蠕动，强化消化系统的功能，预防和治疗肝脏系统及胃肠道溃疡（王慧等，2021）。同时，金针菇又是一种高钾低钠食品，特别适宜于高血压患者和中老年人食用。表18-1列出了金针菇的主要营养成分。

表 18-1　金针菇的主要营养成分（每 100g 中的含量，鲜样）

成分	含量	成分	含量
热量 /kJ	134	维生素 B_1/mg	0.15
碳水化合物 /g	6	维生素 B_2/mg	0.19
蛋白质 /g	2.4	钾 /mg	195
膳食纤维 /g	2.7	镁 /mg	17
脂肪 /g	0.4	磷 /mg	97
维生素 C/mg	2	钠 /mg	4.3
胡萝卜素 /μg	30	铁 /mg	1.4
维生素 A/μg（RE）	3	锌 /mg	0.39
烟酸 /mg	4.1	硒 /μg	0.28

资料来源：杨月欣，2019。

　　金针菇还含有独特功效的功能成分，如有多种药理作用的蛋白质，有抗癌作用的多糖等，这些成分使得金针菇更加有价值。金针菇中含多种功能性蛋白，如核糖体失活蛋白具有抗肿瘤、抗病毒、抗虫、抗真菌，以及抗人的免疫缺陷病毒等活性（李亚娇等，2017）。金针菇毒素是一种成孔溶细胞素，可引起哺乳动物红细胞裂解，使肿瘤细胞溶胀破裂，并能改变肠上皮细胞的渗透性，具有促进药物吸收等作用（孙宇峰等，2006）。真菌免疫调节蛋白其不仅具有与免疫球蛋白重链可变区相似的结构，而且具有抑制过敏反应、促进核酸和蛋白质合成、加速代谢的功能，能够增强机体的免疫力，具有抗肿瘤、抗过敏、抗增殖和刺激免疫细胞产生多种细胞因子和免疫调节功能（孙宇峰等，2006）。

　　金针菇所含的多糖、黏多糖和抗生素等生物活性物质具有抗肿瘤、免疫调节、促进智力发育、护肝和抗疲劳等作用（王慧等，2021）。

四、贮藏

　　金针菇采收后，在常温条件下不经保鲜处理很容易褐变、老化和质变。金针菇含水量较高，采收后呼吸代谢旺盛，易受微生物的入侵，菌体变黄，菌盖变黏，甚至产生异味，引起败坏，室温只能贮藏 1～2 天。金针菇采收后存在明显的后熟作用特征，主要表现在菌盖伸张、菌褶发育、菌柄伸长、纤维化、孢子形成与弹射等方面，后熟作用直接影响其商品价值。下面介绍几种金针菇常用的贮藏方法。

　　1）化学保鲜法　　采用对人畜安全、无毒的化学物质浸泡或喷洒在金针菇表面，以达到延长金针菇新鲜的目的。可用于金针菇保鲜的化学物质有焦亚硫酸钠、氯化钠、稀盐酸、高浓度的二氧化碳、保鲜剂和抗坏血酸等。

　　（1）焦亚硫酸钠喷洒保鲜。用 0.02% 焦亚硫酸钠溶液漂洗金针菇以除去泥沙碎屑，再用 0.05% 焦亚硫酸钠溶液浸泡 10min 护色，捞出沥干后分装塑料袋中可保鲜数天。

　　（2）氯化钠（即食盐）、氯化钙保鲜。0.2% 食盐液加 0.1% 氯化钙制成混合浸泡液，将刚采收整理好的金针菇浸泡在上述混合液中，要求菇体浸入液面以下 30min，捞出沥干分装塑料袋中，可保鲜数天。

　　2）人工气调贮藏　　将金针菇装在 0.04～0.06mm 厚的聚乙烯袋中，充入 N_2 和 CO_2，并使其分别保持在 2%～4% 和 5%～10%，在相对湿度 95%，温度 0℃冷库中贮藏才可抑制开伞和褐变。

第二节　寄生型食用菌

　　寄生型食用菌主要以摄取植物体本身的营养物质来供应自身的营养和生长需要。通常在活体植物上主要以病原体的形式存在，先使被侵染部分感病，使感病部分失去生活能力，进而摄取其中的营养物质供菌体所需。在目前可完全人工栽培的食用菌中，寄生型食用菌占极少数。下面以蜜环菌为例，介绍寄生型食用菌的基本特征。

蜜环菌［*Armillariella mellea*（Vahl）P. Kumm.］，又名榛蘑，隶属于伞菌目口蘑科蜜环菌属。蜜环菌属是口蘑科中研究最为广泛的一个属。

一、种类

蜜环菌属有 30 个种左右，遍布全球各国。常见的有蜜环菌、发光蜜环菌和奥氏蜜环菌。蜜环菌属的种是非常难鉴定的，欧洲及北美洲通过有性亲和性试验、血清学和培养特性及分析等方法基本已分清各种。在我国主要分布于黑龙江、吉林、甘肃、西藏、河北、山西、福建和广西等省（自治区）。蜜环菌主要生长在夏、秋季，在很多种针叶、阔叶树树干基部、根部或倒木上丛生，在针叶林中产量较大。

二、形态与组织结构

蜜环菌的子实体一般高 7cm 以上，具有淡土黄色、蜂蜜色和浅黄褐色的菌盖，直径 4～14cm。菌柄细长，圆柱形，稍弯曲，同菌盖色，纤维质，内部松软变至空心，基部稍膨大。菌环白色；生柄的上部，幼时常呈双层，松软，后期带奶油色（图 18-2）。蜜环菌外形多变，大多数都有一个明显的菌环，甚至是双层的菌环，特别在幼嫩的时期表现最为明显。

蜜环菌是一种能发光的食用菌，在夜间或黑暗处，常可以看到菌丝和幼嫩菌素发光。氧气充足时发光强，氧气缺少时则发光弱。蜜环菌的发光温度在 15～28℃，以 25℃发光最强，10℃以下和 28℃以上对发光不利。发光特征是鉴定蜜环菌菌种的指标之一，但蜜环菌的发光机制目前尚少有研究。

图 18-2　蜜环菌子实体

三、营养成分

蜜环菌子实体味道鲜美，营养丰富，是一种高蛋白、低脂肪、富含维生素、纤维素、矿物质及各种多糖的高级食品。人工栽培的蜜环菌中蛋白质含量为干重的 17% 左右，粗纤维含量 10% 左右，脂肪含量仅为 1% 左右，多糖含量 15% 左右。蜜环菌子实体中含有 17 种氨基酸，其中含量最高的为亮氨酸和谷氨酸，其次为苏氨酸和天冬氨酸，甲硫氨酸含量较低。蜜环菌中主要营养素有多元醇、多糖、酚类、有机酸、酯类和固醇类等。表 18-2 列出了蜜环菌的主要营养成分。

表 18-2　蜜环菌的主要营养成分（每 100g 中的含量，干样）

成分	含量	成分	含量
可食用部分 /g	100	钾 /mg	4629
碳水化合物 /g	54.6	镁 /mg	100
蛋白质 /g	17.7	磷 /mg	893
脂肪 /g	10.8	钙 /mg	9
维生素 A/μg（RE）	40	铁 /mg	22.4
烟酸 /mg	26.91	锌 /mg	6
维生素 B$_2$/mg	0.71	硒 /μg	2.38

资料来源：杨月欣，2019。

蜜环菌子实体有祛风活筋和强筋壮骨等功效，经常食用还可预防视力失常、眼炎、夜盲和皮肤干燥等，还可抵抗某些呼吸道和消化道感染的疾病。蜜环菌的菌丝体具有镇静、抗惊厥和治疗心脑血管疾病等功效，对不同病因引起的眩晕症状均有一定效果，疗效高达 70%～80%。蜜环菌多糖具有调节免疫功能和抗肿瘤、抗炎、抗辐射等作用。蜜环菌中的腺苷类成分具有降血脂和很强的保护脑部作用（陈州莉等，2019）。

四、贮藏

目前市场上蜜环菌的包装贮藏方法主要采用晒干后塑料包装，贮藏时间较长，但由于干品失掉了原有菌类的水分，风味和营养均有损失。常用的贮藏方法有以下几种。

1）低温贮藏　　新鲜蜜环菌口感鲜香、润滑爽口，但是保鲜期特别短，低温状态下只能保存3～5天，可用于短期贮藏。

2）真空冷冻干燥　　将蜜环菌置于沸水中，热烫1min后置于80℃冰箱中进行预冷处理1h，随后放置在冷阱温度−50℃真空冷冻干燥机中进行干燥处理，干燥22h。这种贮藏办法可以很好地保持产品原有的形态和营养。

第三节　共生型食用菌

共生型食用菌主要指外生菌根型食用菌，大多属于担子菌。这类食用菌与植物体形成共生互惠的关系，相互提供所需营养。共生型食用菌因其生长发育过程的特殊性而无法人工栽培，仅有少数报道可半人工栽培。下面以牛肝菌为例，介绍共生型食用菌的基本特征。

牛肝菌是牛肝菌科和松塔牛肝菌科等真菌的统称，是野生而可以食用的菇菌类，其中除少数品种有毒或味苦而不能食用外，大部分品种均可食用。在我国主要分布于江苏、安徽、浙江、湖北、云南、贵州、四川、西藏和广东等地。

一、种类

牛肝菌主要分为以下四类。

1. 白牛肝菌　　学名美味牛肝菌（*Boletus edulis*），别名有大脚菇、白牛头、黄乔巴、炒菌，也称大腿蘑、网纹牛肝菌，白木碗或者麻栎香，属于真菌类。生长期为每年5月底至10月中，雨后天晴时生长较多，易于采收。白牛肝菌的子实体肉质，伞盖褐色，直径最大可达25cm，重1kg左右，菌盖厚，下面有许多小孔，类似牛肝，可生食。

2. 黄牛肝菌　　菌菇体肥大，在牛肝菌中子实体最为壮硕，口味香甜，具有清热解烦、养血和中、追风散寒、舒筋和血和补虚提神等功效。

3. 黑牛肝菌　　口感香脆，味道鲜美，营养价值高的食用菌。菌盖和菌肉都是黑色的，多长在夏季的阔叶林地中，是我国特有品种。黑牛肝菌中的维生素A、维生素B可治疗风湿，预防视力减退，具有清热解烦，养血等功效（喻晨，2017）。

4. 红牛肝菌　　又名见手青，在中国有极高声誉，被称为山珍。肉肥厚，营养丰富，食味很好，是人们较为喜食的著名食用菌。

二、形态与组织结构

牛肝菌子实体大型（图18-3），菌盖呈扁半球形，一般直径为5～15cm，颜色呈白色、黑色、黄褐色、褐色、红褐色至深褐色。菌盖表面光滑、无绒毛，不黏。菌柄粗壮为实心圆柱形，与菌盖颜色接近稍浅，有明显的凸出网纹。新鲜菌肉质地肥厚，甜脆，菌肉破损后不变色。

图18-3　牛肝菌子实体

三、营养成分

牛肝菌味道鲜美，菌香浓郁，营养丰富，是一种高蛋白、低脂肪的珍贵食药两用真菌。牛肝菌含有丰富的构成机体组成的重要常量和微量元素，具有较高的生物活性。表18-3列出了牛肝菌的主要营养成分。

表 18-3　牛肝菌的主要营养成分（每 100g 中的含量）

成分	含量	成分	含量
热量 /kJ	147	钾 /mg	391
碳水化合物	4.5	镁 /mg	10
蛋白质 /g	4	磷 /mg	68
膳食纤维 /g	1.5	钙 /mg	5
脂肪 /g	0.4	铁 /mg	2.1
烟酸 /mg	2.1	锌 /mg	0.98
维生素 B_1/mg	0.14	硒 /μg	0.25
维生素 B_2/mg	1.11	锰 /mg	0.19

资料来源：杨月欣，2019。

　　对生长在不同地区的牛肝菌进行氨基酸测定发现，氨基酸种类均 15 种以上，人体必需氨基酸均在 7 种以上，其中谷氨酸、天冬氨酸、丙氨酸、精氨酸、赖氨酸的含量较高，这也是其味道鲜美的主要原因之一。

四、贮藏与加工

　　1. 贮藏　　牛肝菌采摘后，呼吸作用和新陈代谢仍然进行着，且在贮藏和运输过程中容易受到机械伤害和微生物侵染，导致实体出现褐变、质感变差、腐败等情况，影响其食用价值和商品价值。常用的贮藏方法有低温贮藏、气调贮藏和微波处理后贮藏。冷藏保鲜主要通过低温方法降低体内各种酶活性，减弱呼吸作用，抑制菌类的代谢活动，进而抑制微生物生长，适用于长途运输和短期保存。低温贮藏能有效降低美味牛肝菌的呼吸强度、抑制微生物活性，是保持采后美味牛肝菌品质、减少腐烂的有效方法。研究表明温度为 2℃时保鲜效果较好。有研究表明，选择 $5\%O_2+5\%CO_2$ 的条件进行气调贮藏，可有效贮藏牛肝菌 15 天。辐射保鲜加工效率高，可连续作业，处理数量大、成本低；水分蒸发少，褐变得到明显抑制，并阻止疣孢霉等杂菌生长，可有效地对牛肝菌进行保存。每种保鲜方式均有各自的特点和优劣势，将各种保鲜方法加以综合利用，才是减少采后美味牛肝菌腐烂变质、保持良好品质的有效手段。

　　由于牛肝菌的耐贮性较差，目前采摘后多数均制成干制品。烘干或晒干的牛肝菌菌片经回软后，根据牛肝菌菌片的色泽、菌盖与菌柄是否相连等外观特征进行分级包装。一般可分为 4 个等级。一级品要求菌片白色，菌盖与菌柄相连，无碎片、无霉变和虫蛀；二级品要求菌片浅黄色，菌盖与菌柄相连，无破碎、无霉变和虫蛀；三级品要求菌片黄色至褐色，菌柄与菌盖相连，无破碎、无霉变和虫蛀；四级品要求菌片深黄至深褐色，允许部分菌盖与菌柄分离，有破碎、无霉变和虫蛀；其余为等外品。菌片分级后先用食品袋封装，再用纸箱包装，运输过程要轻拿轻放，严禁挤压，贮藏必须选择阴凉、通风、干燥和无虫鼠危害的库房。常用的干制方法有以下两种。

　　1）烘烤脱水　　菌片烘烤可用烘干机或烘房，量少时也可用红外线灯或无烟木炭进行烘烤。烘烤起始温度为 35℃，以后每小时升高 2℃左右，升到 60℃持续 1h 后，逐渐降温至 50℃。烘烤前期应启动通风窗，烘烤过程中通风窗逐渐缩小直至关闭。一般需烘烤 10h 左右，采取一次性烘干，烘至菌片含水量降至于 12% 以下为止。鲜片含水量大时，温度递增的速度应放慢些，骤然升温或温度过高会造成菌片软熟或焦脆。烘烤期间应根据菌片的干燥程度，适当调换筛位，使菌片均匀脱水。

　　2）晾晒脱水　　晴天上午摆片干晒，干晒时要随时翻动菌片，使菌片均匀接受阳光照射，在太阳落山前收回摊放在室内。菌片不能在室外过夜，黏附露水会导致菌片变黑，也不允许晒至中途遭受雨淋，最好在当天晒干。

　　2. 加工　　牛肝菌目前的加工方式主要有鲜食、干制（烘烤和晾晒）、油渍、盐渍（湿腌法和干腌法）、水提和发酵等方式。干制品是目前占市场份额最大的一种产品，此外还有膨化即食产品和腌制品等，以上这些产品目前已有销售。而以牛肝菌为原料开发的调味品、酱料、饮料、发酵酒、配制酒及醋等产品也在不断地技术革新中。牛肝菌调味料产品大多为干制、油炸等粗加工产品，生产工艺简单，特征挥发性风味物质未被充分释放出来，将食用菌与鸡肉复合生产调味品，对食用菌风味的释放具有促进作用。牛肝菌含有呈鲜味的天冬氨酸、谷氨酸和呈甘味的甘氨酸、丙氨酸，占氨基酸总含量的 29%～39%，还有 56 种挥发性化合物，是天然调味料的风味物质。牛肝菌加工后的副产品或边角料常被加工成风味调味品，缓解了食用菌加工的原料压力。

【思 考 题】

1. 简述几种金针菇的加工方法。
2. 简述蜜环菌的生物活性功能。
3. 简述牛肝菌的种类。

第五篇

畜 禽 肉

第十九章 猪 肉

第一节 猪的品种和特点

一、世界猪的品种和特点

世界猪的品种很多，以大约克夏猪和长白猪分布最广，其次是杜洛克、汉普夏等瘦肉型猪种，各国多以这些猪种直接或杂交或用以培育专门化品系生产商品猪。根据消费需求及加工用途的不同，经过人工定向选育而形成了不同类型的品种，以适应各种加工用途的要求。

（一）大约克夏猪

大约克夏猪（large Yorkshire）又称大白猪，原产于英国约克夏州，是大型的作为加工腌肉用的白色猪。由于大白猪体型大，繁殖能力强，饲料转化率和屠宰率高，以及适应性强，世界各养猪业发达的国家均有饲养，是世界上最著名、分布最广的主导瘦肉型猪种。

大约克夏猪头颈较长，颜面凹陷，鼻端宽阔，耳大稍直立向前，体背线稍呈弓形，腹线平直，胸深，背腰伸长而坚实，四肢较其他品种稍长，生后一年体重可达 160～190kg。中型约克夏种猪头短、四肢较短，其他均具有大约克夏种特点，体重一年后达 145～155kg。该型适合我国气候环境，20 世纪 50 年代输入我国，用来改良本地猪种。据我国测定，加拿大培育的大白猪日增重 700g 以上，料重比为 2.8，胴体瘦肉率为 65.6%，腿臀比例为 34%～35%。

（二）长白猪

长白猪（Landrace）是北欧玻利维亚地方土产种猪，特别是丹麦的兰德瑞斯种猪为世界所知名。它是以丹麦的兰德瑞斯种猪为基础，逐渐形成了瑞典、挪威、英国、荷兰、美国等国的兰德瑞斯系列，原丹麦种的兰德瑞斯猪种是以本地猪种与大约克夏杂交而育成的。我国于 1963～1965 年开始从瑞典、英国、日本、法国等国引入该品种，因其毛白体长而称为长白猪。

长白猪头小而清秀，颜面直，耳大前倾覆盖眼睛，背腹线平直，肩紧凑，后躯丰满，体长，四肢长，全身皆白；皮薄毛细，瘦肉多，脂肪少，屠宰率高。据丹麦测定，长白猪的平均日增重为 793g，料重比为 2.68，瘦肉率为 65.3%。据我国天津市宁河猪场对引进丹麦长白猪进行测定，平均日增重 724.3g，料重比为 2.8，90kg 体重屠宰率为 75.3%，瘦肉率为 65.09%。长白猪易发生应激反应，屠宰后易产生异质肉。

（三）杜洛克猪

杜洛克猪（Duroc）产于美国纽约州和新泽西州，19 世纪 60 年代在美国东北部由美国纽约红毛杜洛克猪、新泽西州的泽西红毛猪及康涅狄格州的红毛巴克夏猪育成。原来是脂肪型猪，后来为适应市场需求，改良为瘦肉型猪。这个猪种于 1880 年建立了品种标准，是当代世界著名瘦肉型猪种之一。

杜洛克猪毛色为红棕色，头小、嘴短、面直，两耳大小中等稍前倾，背呈弓形，胸宽深，后躯肌肉丰满，四肢粗壮。90kg 体重屠宰率为 74.0%，背膘厚为 2.46cm，后腿比例为 32.7%，胴体瘦肉率为 63.21%。杜洛克猪的肉质好，肉色、pH 等均在正常肉质指标范围内。肌肉中粗脂肪含量为 2%～4%，粗蛋白质含量为 22% 左右。

我国从 1972 年引进饲养，在黑龙江省许多农牧场和研究单位用杜洛克改良当地品种，以提高瘦肉率。其 100kg 体重时，皮厚为 0.27cm，膘厚为 2.9cm，瘦肉率为 59.6%，屠宰率为 71.5%。

（四）巴克夏猪

巴克夏猪（Berkshire）原产于英国巴克夏州，原属脂肪型猪，现已转向为肉用型猪。该型于 1950 年以前即开始输入我国，用来改良土种猪。

巴克夏猪的特点是：头中等，鼻短，颜面微凹，耳直立稍前倾，颈短，胸宽深，背腹线平直，四肢短而直。毛色"六白"为该品种所特有的特征，即四肢下部、尾、鼻端有白毛，体躯为黑色。据 1990 年世界养猪展览会测定，平均日增重 738g，屠宰率为 73.9%，肋膘厚 2.87cm，眼肌面积为 34.90cm²，腰肌内脂肪 2.70%。巴克夏猪的肉质优良。背最长肌和股二头肌肌肉的显味成分（如游离中性糖和游离氨基酸）含量均显著高于其他品种，具有"甜味"；游离氨基酸中肌肽含量特别高，这是一种具有海鲜味的成分。肌肉中胶原含量低于其他品种，肉质较嫩。

（五）汉普夏猪

汉普夏猪（Hampshire）原产于英国汉普郡，后被引进美国，在伊利诺伊州、印第安纳州广泛饲养，成为肉脂兼用型猪种。

汉普夏猪头颈中等，颜面稍直而嘴长，耳大小中等直立，背线稍弓而腹线较平直，肩部充实，臀部稍倾斜，肌肉丰满，体长中等。毛黑而在肩部到前肢色白呈带状（宽 10～13cm）为该品种的特征，又称"银带猪"。汉普夏猪前期增重较慢，平均日增重 726g，屠宰率为 73.05%，肋膘厚 2.77cm，眼肌面积为 37.54cm²，肌内脂肪为 2.59%。

（六）苏白猪

苏白猪即苏联大白猪，系由英国大白猪（即大约克夏种猪）改良而成的。1950 年开始输入我国。其特点：头中等，额宽嘴直，耳直立，下颚及肩部丰满，胸宽深，后躯肌肉发达，四肢健壮。瘦肉占体重 50%，屠宰率为 76%，膘厚为 4.4cm。

（七）皮特兰猪

皮特兰猪原产于比利时，毛色呈灰白色，并带有不规则深黑色斑点，偶尔出现棕色毛，头部清秀，颜面平直，嘴大且直，双耳略微向前；体躯呈圆柱形，腹部平行于背部，肩部肌肉丰满，背直而宽大。体长 150～160cm，身体呈圆锥形，肌肉丰满，其主要特点是瘦肉率高，后躯和双肩肌肉丰满。在较好的饲养条件下，皮特兰猪生长迅速，6 月龄体重可达 90～100kg，日增重 750g 左右，屠宰率 76%，瘦肉率可高达 70%。

二、我国猪品种和特点

我国猪的种类多、分布广，按地区可分为华南、华中、华北、西南、东北、高原等类型，地方猪种有东北民猪、内江猪、淮猪、梅山猪、湖南花猪、浙江猪、云贵猪等。引进的外来种猪有巴克夏猪、约克夏猪、苏联大白猪、杜洛克猪、波中猪等。以本地种与外来种杂交改良的种猪有新金猪、定县猪、昌黎猪、哈白猪、三江猪等品种。长江、黄河流域产的花猪近似腌肉型，内江猪、宁乡猪、新金猪近似脂肪型，荣昌猪、梅山猪、哈白猪属于肉脂兼用型，而新育成的三江猪为瘦肉型。

（一）东北民猪

东北民猪是 300 年前由河北小型华北黑猪和山东中型黑猪随移民带到东北的，在世界地方猪品种中排行第四。它肉质坚实、大理石纹分布均匀、肉色鲜红、口感细腻多汁、色香味俱全，它以抗病强、耐粗饲、耐寒、繁殖力强、杂交效果显著而著名。东北民猪分大、中、小三型，即大民猪、二民猪和荷包猪。东北民猪的特点为面直长，耳大下垂，背腰较平，四肢粗壮，后躯斜窄，全身黑色，属肉脂兼用型（张冬杰，2019）。体重 99kg 时，膘厚 5.14cm，皮厚 0.48cm，屠宰率为 75.6%。

（二）内江猪

内江猪原产于四川省内江市，属西南型猪种，全身被毛黑色，体形较大，体躯宽而深，前躯尤为发达。头短宽多皱褶，耳大下垂，颈中等长，胸宽而深，背腰宽广，腹大下垂，臀宽而平，四肢坚实。内江猪屠宰率较低，皮较厚，屠宰率为68.18%，花板油比例为6.31%，肉、脂、皮和骨分别占胴体重的47.19%、27.4%、15.75%和9.65%。以杜洛克猪等为父本，杂种后裔的胴体瘦肉率增加，皮肤变薄，日增重也明显提高。

（三）浙江猪

浙江猪典型代表为金华猪，金华猪因其头颈部和臀尾部毛为黑色，其余各处为白色，故又名"两头乌"，是我国著名的优良猪种之一。金华猪的形成与当地自然条件、饲料种类和社会经济因素有密切关系。据浙江出土的西晋陶猪和陶猪圈考证，早在1600年前这一带的养猪业已相当发达。相传在古代就有名为"家乡肉"的腌制品，而后演变成火腿。随着火腿远销，金华猪也随之扬名。

金华猪体形中等、耳下垂、颈短粗、背微凹、臀倾斜、蹄质坚实，以早熟易肥、皮薄骨细、肉质优良、适于腌制火腿著称。7~8月龄、体重70~75kg时为屠宰适期。金华猪70kg左右屠宰时，屠宰率70%~72%，腿臀比例30%~32%，瘦肉比例40%~45%，骨骼比例7.5%~9%，膘厚3.4~3.8cm，皮厚0.34~0.38cm。通过瘦肉型猪组合配套杂交方法也可以使猪的瘦肉率明显提高（申学林，2021）。

金华猪肌肉肉质好、颜色鲜红、吸水力强、细嫩多汁、富含肌肉脂肪，皮薄骨细，头小肢细，胴体中皮骨比例低、可食部分多。金华猪能适应我国大部分地区的气候环境，也多次出口到日本、法国、加拿大、泰国等国家。

（四）四川猪

四川猪有黑白两种，其中黑猪产于内江一带，称为内江猪，特点是体躯硕大，鬃毛粗长，头肥耳大，背腰宽直，腹大下垂，四肢强健；白猪主要产于泸水、重庆及成都等地，特点是被毛洁白，体躯短深，面额微凹，背宽直或微下凹，四肢短，后躯不够丰满。四川猪体形较大，出肉率较高（70%左右）。除供本地需要及加工腌腊制品外，以活猪输往外省加工冻肉。

（五）荣昌猪

荣昌猪以原产于重庆市荣昌区而得名，是我国著名三大地方良种之一，于2000年被农业部列入国家级畜禽品种资源保护名录。荣昌猪体形较大，两眼周围及头部有大小不等的黑斑，全身被毛白色，也有少数在尾根及体躯处出现黑斑。头大小适中，面微凹，耳中等大、下垂，额部皱纹横行，有毛旋。体躯较长，发育匀称，背部微凹，腹大而深，臀部稍倾斜，四肢细致、结实，以7~8月龄体重80kg左右为屠宰适期，屠宰率为68.9%，瘦肉率46.8%。

（六）两广猪

两广猪因其头短、颈短、耳短、身短、脚短、尾短，故又称为"六短猪"。额较宽，有"Y"形或菱形皱纹，中有白斑三角星，耳小向外平伸，背腰宽而凹下，腹大多拖地，体长与胸围几乎相等，被毛稀疏，毛色均为黑白花，猪种较多，以梅花猪最为有名。特征是体形较小，背宽腹圆，头适中，脸短而直，耳小前竖，毛色黑白相间，生长快，早熟易肥，骨细，皮薄肉嫩，出肉率65%以上，但不耐粗饲，繁殖力低。主要销往广州、香港等地，为加工广东腊肉的良好原料。

（七）新金猪

新金猪原产于辽宁省大连市，是我国主要的优良猪种，由巴克夏公猪与当地土种母猪杂交，经过长期自群选育而形成。它是肉脂兼用型品种，体质结实，体质健壮，发育匀称，结构良好，被毛稀疏，全身黑色、鼻端、尾尖和四肢下部多为白色，具有"六端白"或不完全"六端白"的特征。头中等大小，嘴长中等，耳微向前，颈短而粗厚，胸宽深，背腰平宽，长短适度，臀部丰满，四肢健壮。屠宰率高达80%，胴体瘦肉率51%左右，料肉比为3.2∶1～3.5∶1，成年公猪体重200～250kg，成年母猪体重180～200kg。新金猪体重为90kg时屠宰，屠宰率77%，腿臀比例26%，胴体瘦肉率49%～52%。用杜洛克猪或长白猪作父本与之杂交，胴体质量高，瘦肉率可达57.5%～60.5%。

（八）哈白猪

哈尔滨白猪简称哈白猪，产于黑龙江省南部地区，由不同类型约克夏猪与东北民猪杂交选育而形成，现在广泛分布于省内外。哈白猪及其杂种猪占全省猪总头数的一半以上。该品种是由东北农学院和香坊实验农场经过长期选育，于1975年培育的我国第一个新品种。哈白猪体形较大，全身被毛白色，头中等大小，两耳直立，面部微凹，背腰平直，腹稍大但不下垂，腿臀丰满，四肢健壮，体质结实，肥育快，肉质好，11月龄体重达100kg以上，屠宰率高达78%、膘厚5cm、眼肌面积30.81cm^2、后腿比例26.45%，属肉脂兼用的优良品种。

（九）黑花猪

黑花猪是黑龙江省西部地区的优良品种，是由克米洛夫公猪与当地母猪杂交改良品种，于1979年正式育成的肉脂兼用型品种。其特点是体质坚实，头大小适中，嘴长中等而宽，两耳直立或前倾，胸宽体长，背腰平直，后躯丰满，四肢健壮，各部匀称。10月龄体重可达135.5kg，6月龄体重97.5kg时，膘厚4.5cm，屠宰率为74.4%。

（十）三江白猪

三江白猪在黑龙江省三江地区和牡丹江国有农场及其附近村镇养猪场饲养较多，是由本地猪与长白猪杂交育成的我国第一个瘦肉型品种。其特点是鼻长，耳下垂，后躯丰满，体躯呈流线型，四肢强健，毛密全白。它具有生长迅速、饲料消耗少、胴体瘦肉多、肉质良好和适于北方寒冷地区饲养的优点。体重90kg时，膘厚2.82cm，瘦肉率达58%，屠宰率为70.66%。

（十一）松辽黑猪

松辽黑猪是由吉林中型猪的黑系与杜洛克猪、长白猪杂交育成。松辽黑猪全身被毛黑色，耳前倾，头大小适中，背腰平直，中躯较长，腿臀较丰满，四肢粗壮结实。它具有生长发育快、瘦肉率高、肉质好的特点。胴体瘦肉率可达57.53%。眼肌面积达35.58cm^2。肉色评分3.25，大理石样纹理可达3.25，失水率11.94%，肌内脂肪为3.6%，放牧条件下肌内脂肪含量达4.91%。

各种猪品种可查看图19-1。

大约克夏猪　　　　　　　　　长白猪　　　　　　　　　杜洛克猪

巴克夏猪　　　　　　　　　汉普夏猪　　　　　　　　　苏白猪

彩图

图 19-1　各种猪品种

第二节　猪肉的组织结构与品质特性

一、猪的屠宰加工

视频

生猪屠宰加工的过程如下，另可扫码查看生猪屠宰视频。

健康猪进待宰圈→停食饮水静养→宰前淋浴→瞬间击晕→拴腿提升→刺杀→沥血→毛猪屠体的清洗→烫毛→刨毛→修刮→胴体提升→刷白清洗拍打→修耳道→封直肠（刁圈）→切去生殖器→剖腹折胸骨→取白内脏→取红内脏→预摘头→劈半→胴体和内脏的同步检验→去尾→去头→去前蹄→去后蹄→去板油→白条修割→白条称重→冲淋→鲜肉销售。

1. 待宰圈管理

（1）活猪进屠宰厂的待宰圈前，需索取产地动物防疫监督机构开具的合格证明，并临车观察，未见异常，证货相符后准予卸车。

（2）卸车后，检疫人员必须逐头观察活猪的健康状况，按检查的结果进行分圈、编号，合格健康的生猪赶入待宰圈；可疑病猪赶入隔离圈，继续观察，经过饮水和充分休息后，恢复正常的可以赶入待宰圈；对症状仍不见缓解的，送往急宰间处理；检验出的伤残猪亦需送急宰间处理。

（3）待宰的生猪送宰前应停食静养 12～24h，以便消除运输途中的疲劳，恢复正常的生理状态，在静养期间检疫人员要定时观察，发现可疑病猪送隔离圈观察，确定有病的猪送急宰间处理，健康的生猪在屠宰前 3h 停止饮水。

（4）生猪进屠宰车间之前，首先要进行淋浴，清洗猪体上的污垢和微生物，同时也便于充分击晕，淋浴时要控制水压，不要过急，以免造成猪过度紧张。

（5）淋浴后的生猪通过赶猪道赶入屠宰车间，赶猪道一般设计为"八"字形，开始赶猪道可供 2～4 头猪并排前进，逐渐只能供一头猪前进，并使猪体不能调头往回走，此时赶猪道宽度设计为 380～400mm。

2. 击晕

（1）击晕是生猪屠宰过程中的一个重要环节，采用瞬间击晕的目的是使生猪暂时失去知觉，处于昏迷状态，以便刺杀放血，确保刺杀操作工的安全，减小劳动强度，提高劳动生产效率，保持屠宰厂周围环境的安静，同时也提高了肉品的质量。

（2）手麻电器是目前小型屠宰厂的常用麻电设备，这种麻电设备在使用前，操作工必须穿戴绝缘的长筒胶鞋和橡皮手套，以免触电，在麻电前应将麻电器的两个电极先后浸入浓度为 5% 的盐水，提高导电性能，麻电电压 70～90V，麻电时间 1～3s。

3. 刺杀放血

（1）倒立放血：击晕后的毛猪用扣脚链拴住一后腿，通过毛猪提升机或毛猪放血线的提升装置将毛猪提升，进入毛猪放血自动输送线的轨道上再持刀刺杀放血。

（2）毛猪放血自动输送线轨道距车间的地坪高度不低于 3400mm，在毛猪放血自动输送线上主要完成的工序有上挂、刺杀、沥血、猪体的清洗等，沥血时间一般设计为 5min。

4. 浸烫刨毛

（1）烫猪池浸烫：将沥血后的毛猪通过卸猪器卸入烫猪池的接收台上，慢慢地把猪体滑入烫猪池内浸烫，浸烫的方式有人工翻烫和烫猪机摇烫，烫毛池的水温一般控制在 58～62℃，水温过高会把猪体烫白，影响脱毛效果。浸烫时间为 4～6min。在烫猪池的正上方设计"天窗"排出水蒸气。

（2）卧式刨毛：这种刨毛方式主要采用 200 型机械（液压）刨毛机，用捞耙把浸烫好的毛猪从烫猪池内捞出自动进入刨毛机内，通过大滚筒的翻滚和软刨爪把猪体的猪毛刨净，然后将刨好的猪体放入修刮输送机或清水池内修刮。

5. 胴体加工　胴体加工包括胴体修割、封直肠、去生殖器、剖腹折胸骨、去白内脏、旋毛虫检验、预摘红内脏、去红内脏、劈半、检验、去板油等操作，在胴体自动加工输送线上完成，胴体线的轨道距车间地坪的高度不低于 2400mm。

（1）刨毛或剥皮后的胴体用胴体提升机提升到胴体自动输送线的轨道上，刨毛猪需要燎毛、刷白清洗；剥皮猪需要胴体修割。

（2）打开猪的胸腔后，从猪的胸膛内取下白内脏，即肠、肚。把取出的白内脏放入白内脏检疫输送机的托盘内待检验。

（3）取出红内脏，即心、肝、肺。把取出的红内脏挂在红内脏同步检疫输送机的挂钩上待检验。

（4）用带式劈半锯或桥式劈半锯沿猪的脊椎把猪平均分成两半，桥式劈半锯的正上方应安装立式加快机。

（5）刨毛猪在胴体劈半后，去前蹄、后蹄和猪尾，取下的猪蹄和尾用小车运输到加工间内处理。

（6）摘猪腰子和去板油，取下的腰子和板油用小车运输到加工间内处理。

（7）把猪的白条进行修整，修整后进入轨道电子秤进行白条的称重。根据称重的结果进行分级盖章。

6. 同步卫检

（1）猪胴体、白内脏、红内脏通过检疫输送机同步输送到检验区采样检验。

（2）检验不合格的可疑病胴体，通过道岔进入可疑病胴体轨道，进行复检，确定有病的胴体进入病体轨道线，取下有病胴体，放入封闭的车内，拉出屠宰车间处理。

（3）检验不合格的白内脏，从检疫输送机的托盘内取出，放入封闭的车内拉出屠宰车间处理。

（4）检验不合格的红内脏，从检疫输送机的挂钩上取下来，放入封闭的车内，拉出屠宰车间处理。

（5）红内脏同步检疫输送机的挂钩和白内脏检疫输送机的托盘自动通过冷水 - 热水 - 冷水的交替清洗和消毒。

二、猪胴体的组织结构

猪胴体可分成臀腿部、背腰部、肩颈部、肋腹部、前后肘子、前颈部及修整下来的腹肋部等几部分（图 19-2）。

1. 肩颈部　肩颈部（俗称胛心、前槽、前臀肩）分割方式：前端从胴体第 1、2 颈椎切去颈脖肉，后端从第四、第五胸椎间或 5、6 肋骨中间与背线成直角切断，下端如作西式火腿，则从腕关节截断；如

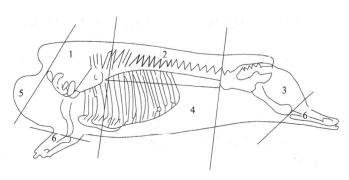

图 19-2　猪胴体的组织结构示意图
1. 肩颈肉；2. 背腰肉；3. 臀腿肉；4. 肋腹肉；5. 前颈肉；6. 肘子肉

作其他制品则从肘关节截断并剔除椎骨、肩胛骨、臂骨、胸骨和肋骨。

2. 背腰部　　背腰部（俗称通脊、大排、横排）分割方式：前去肩颈部，后去臀腿部，取胴体中段下端从脊椎骨下方 4～6cm 处平行切断，上部为背腰部。

3. 臀腿部　　臀腿部（俗称后腿、后丘、后臀肩）分割方式：从最后腰椎与荐椎结合部和背线成直角垂直切断，下端则根据不同用途进行分割，如作分割肉、鲜肉出售，从膝关节切断，剔出腰椎、荐椎、髋骨、股骨并去尾；如作火腿则保留小腿、后蹄。

4. 肋腹部　　肋腹部（俗称软肋、五花、腰排）分割方式：与背腰部分离的下部即是，切去奶脯。

5. 前颈部　　前颈部（俗称脖头、血脖）分割方式：从寰椎前或第 1、2 颈椎处切断，肌肉群有头前斜肌、头后斜肌、小直肌等。该部肌肉少，结缔组织及脂肪多，一般用来制馅及作灌肠充填料。

6. 前臂和小腿部　　前臂和小腿部（前后肘子、蹄）分割方式：前臂为上端从肘关节，下端从腕关节切断；小腿为上端从膝关节，下端从跗关节切断。

三、肉的形态结构

1. 肌肉的宏观结构　　家畜体上有 600 块以上形状、大小各异的肌肉，但其基本构造单位是肌纤维，肌纤维与肌纤维之间有一层很薄的结缔组织膜围绕隔开，此膜叫肌内膜；每 50～150 条肌纤维聚集成束，称为肌束；外包一层结缔组织鞘膜，称为肌周膜，这样形成的小肌束也叫初级肌束；由数十条初级肌束集结在一起并由较厚的结缔组织膜包围就形成次级肌束（又叫二级肌束）；由许多二级肌束集结在一起即形成肌肉块，外面包有一层较厚的结缔组织，称为肌外膜。这些分布在肌肉中的结缔组织膜既起着支架的作用，又起着保护作用，血管、神经通过三层膜穿行其中，伸入到肌纤维的表面，以提供营养和传导神经冲动。此外，还有脂肪沉积其中，使肌肉断面呈现大理石样纹理。

2. 肌肉的微观结构

1）肌纤维（muscle fiber）　　肌肉组织和其他组织一样，也是由细胞构成的，但肌细胞是一种相当特殊化的细胞，呈长线状、不分支、二端逐渐尖细，因此又叫肌纤维。肌纤维直径为 10～100μm，长度为 1～40mm。

2）肌膜（sarcolemma）　　肌纤维本身具有的结缔组织膜叫肌膜，它是由蛋白质和脂质组成的，具有很好的韧性，因而可承受肌纤维的伸长和收缩。肌膜的构造、组成和性质，相当于体内其他细胞膜。

3）肌原纤维（myofibril）　　肌原纤维是肌细胞独特的器官，也是肌纤维的主要成分，占肌纤维固形成分的 60%～70%，是肌肉的伸缩装置。肌原纤维在电镜下呈长的圆筒状结构，其直径为 1～2μm，其长轴与肌纤维的长轴相平行并浸润于肌浆中。

4）肌浆（sarcoplasm）　　肌纤维的细胞质称为肌浆，填充于肌原纤维间和核的周围，是细胞内的胶体物质，水分含量为 75%～80%。肌浆内富含肌红蛋白、肌糖原及其代谢产物、矿物质等。

肌浆中还有一种重要的器官叫溶酶体（lysosome），它是一种小胞体，内含有多种能消化细胞和细胞内容物的酶。在这种酶系中，能分解蛋白质的酶称之为组织蛋白酶（cathepsin），有几种组织蛋白酶均对某些肌肉蛋白质有分解作用，它们对肉的成熟具有很重要的意义。

5）肌细胞核　　骨骼肌纤维为多核，但因其长度变化大，所以每条肌纤维所含核的数目不定。核呈椭圆形，位于肌纤维的边缘，紧贴在肌纤维膜下，呈有规则的分布，核长约 5μm。

四、猪肉的化学组成

（一）水分

水分在肉中占绝大部分，可以把肉看作一个复杂的胶体分散体系。水为溶媒，其他成分为溶质，以不同形式分散在溶媒中。肌肉中水分含量为 70%～80%，水分含量与肉品贮藏性呈函数关系，水分多易遭致细菌、霉菌繁殖，引起肉的腐败变质，肉脱水干缩不仅使肉品失重，而且影响肉的颜色、风味和组织状态，并引起脂肪氧化。

根据水分与肌肉蛋白结合程度和位置的远近，水分的存在形式可以分为以下三种。

1. 结合水 结合水是指与蛋白质分子表面借助极性基团与水分子的静电引力而紧密结合的水分子层。它的冰点很低（-40℃），无溶剂特性，不易受肌肉蛋白质结构和电荷变化的影响，甚至在施加严重外力条件下，也不能改变其与蛋白质分子紧密结合的状态。结合水约占肌肉总水分的 5%。

2. 不易流动水 肌肉中大部分水分（80%）是以不易流动水状态存在于纤丝、肌原纤维及膜之间。它能溶解盐及其他物质，并在 0℃ 或稍低时结冰。这部分水量取决于肌原纤维蛋白质凝胶的网状结构变化，通常人们度量的肌肉系水力及其变化主要指这部分水。

3. 自由水 自由水是指存在于细胞外间隙中能自由流动的水，约占总水分的 15%。

（二）蛋白质

肌肉中除水分外主要成分是蛋白质，占 18%～20%，占肉中固形物的 80%，肌肉中的蛋白质按照其所存在于肌肉组织上位置的不同，可分为三类，即肌原纤维蛋白（myofibrillar protein）、肌浆蛋白（myogen）、肉基质蛋白（stroma protein）。

1. 肌原纤维蛋白 肌原纤维蛋白是构成肌原纤维的蛋白质，通常利用离子强度 0.5 以上的高浓度盐溶液抽出，但被抽出后，即可溶于低离子强度的盐溶液中，属于这类蛋白质的有肌球蛋白、肌动蛋白、肌动球蛋白、原肌球蛋白、肌原蛋白、α-肌动蛋白素、M-蛋白等。

1）肌球蛋白（myosin） 肌球蛋白是肌肉中含量最高也是最重要的蛋白质，约占肌肉总蛋白质的 1/3，占肌原纤维蛋白的 50%～55%。肌球蛋白的形状很像豆芽，全长为 140nm，其中头部 20nm，尾部 120nm；头部的直径为 5nm，尾部直径 2nm。肌球蛋白不溶于水或微溶于水，属球蛋白性质，在中性盐溶液中可溶解，等电点 5.4，在 50～55℃时发生凝固，易形成黏性凝胶。肌球蛋白的头部有 ATP 酶活性，可以分解 ATP，并可与肌动蛋白结合形成肌动球蛋白，与肌肉的收缩直接有关。

2）肌动蛋白（actin） 肌动蛋白约占肌原纤维蛋白的 20%，是构成细丝的主要成分。肌动蛋白只由一条多肽链构成，其分子量为 41 800～61 000。肌动蛋白单独存在时，为一球形的蛋白质分子结构，称 G-肌动蛋白，直径为 5.5nm。当 G-肌动蛋白在有磷酸盐和少量 ATP 存在的时候，即可形成相互连接的纤维状结构，需 300～400 个 G-肌动蛋白形成一个纤维状结构；两条纤维状结构的肌动蛋白相互扭合成的聚合物称 F-肌动蛋白，F-肌动蛋白每 13～14 个球体形成一段双股扭合体，在中间的沟槽里"躺着原肌球蛋白"。原肌球蛋白呈细长条形，其长度相当于 7 个 G-肌动蛋白，在每条原肌球蛋白上还结合着一个肌原蛋白。

3）肌动球蛋白（actomyosin） 肌动球蛋白是肌动蛋白与肌球蛋白的复合物，根据制备手段的不同可以分为以下两种。

（1）合成肌动球蛋白。即预先抽提出肌球蛋白和 F-肌动蛋白，然后混合制得的肌动球蛋白。

（2）天然肌动球蛋白。在新鲜的磨碎肌肉中加入 5～6 倍的提取溶液（0.6mol/L KCl，0.01mol/L Na$_2$CO$_3$，0.06mol/L NaHCO$_3$）抽提 24h，离心后取上清液，稀释后使其沉淀，再将其溶解并再沉淀，反复 3～4 次精制而得。

肌动球蛋白的黏度很高，具有明显的流动双折射现象，由于其聚合度不同，分了质量也不定，肌动蛋白与肌球蛋白的结合比例为 1∶2.5～1∶4。

4）原肌球蛋白（tropomyosin） 原肌球蛋白占肌原纤维蛋白的 4%～5%，形为杆状分子，长约为

45nm，直径2nm，位于F-肌动蛋白双股螺旋结构的每一沟槽内，构成细丝的支架。每1分子的原肌球蛋白结合7分子的肌动蛋白和1分子的肌原蛋白。分子量65 000~80 000，在SDS聚丙烯酰胺凝胶电泳（SDS-PAGE）中可分出两条带，其分子量分别为34 000和36 000。原肌球蛋白以8mol/L脲中进行层析时可分离出α和β两条链。在白肌纤维中α：β＝4：1，红肌纤维中α：β＝1：1。

5）肌原蛋白（troponin） 肌原蛋白又叫肌钙蛋白，占肌原纤维蛋白的5%~6%。肌原蛋白对Ca^{2+}有很高的敏感性，并能结合Ca^{2+}，每一个蛋白质分子具有4个Ca^{2+}结合位点，沿着细丝以38.5nm的周期结合在原肌球蛋白分子上，分子量为69 000~81 000。

2. 肌浆蛋白质

1）肌溶蛋白（myogen） 肌溶蛋白属清蛋白类的单纯蛋白质，存在于肌原纤维间。肌溶蛋白易溶于水，把肉用水浸透可以溶出。肌溶蛋白很不稳定，易发生变性沉淀，其沉淀部分叫肌溶蛋白B，约占肌浆蛋白的3%，分子量为80 000~90 000，等电点为6.3，凝固温度为52℃，加饱和的$(NH_4)_2SO_4$或乙酸可被析出。

2）肌红蛋白（myoglobin，Mb） 肌红蛋白是一种复合性的色素蛋白质，由1分子的珠蛋白和1个亚铁血色素结合而成，为肌肉呈现红色的主要成分，分子量为34 000，等电点为6.78，含量为0.2%~2%。

3. 肉基质蛋白质 肉基质蛋白质为结缔组织蛋白质，是构成肌内膜、肌束膜、肌外膜和腱的主要成分，包括胶原蛋白、弹性蛋白、网状蛋白及黏蛋白等，存在于结缔组织的纤维及基质中。

1）胶原蛋白（collagen） 胶原蛋白在白色结缔组织中含量多，是构成胶原纤维的主要成分，约占胶原纤维固体物的85%。胶原蛋白含有大量的甘氨酸、脯氨酸和羟脯氨酸，后二者为胶原蛋白所特有，其他蛋白质不含有或含量甚微，因此，通常用测定羟脯氨酸含量的多少来确定肌肉结缔组织的含量，并作为衡量肌肉质量的一个指标。

胶原蛋白性质稳定，具有很强的延伸力，不溶于水及稀盐溶液，在酸或碱溶液中可以膨胀。不易被一般蛋白酶水解，但可被胶原蛋白酶水解。

胶原蛋白遇热会发生热收缩，热缩温度随动物的种类有较大差异，一般鱼类为45℃，哺乳动物为60~65℃。当加热温度大于热缩温度时，胶原蛋白就会逐渐变为明胶（gelatin）。变为明胶的过程并非水解的过程，而是氢键断开，原胶原分子的三条螺旋被解开，因而易溶于水中，当冷却时就会形成明胶。明胶易被酶水解，也易消化。在肉品加工中，可利用胶原蛋白的这一性质加工肉冻类制品。

2）弹性蛋白（elastin） 弹性蛋白在黄色结缔组织中含量多，为弹力纤维的主要成分，约占弹力纤维固形物的75%，胶原纤维中也有，约占7%。其氨基酸组成有1/3为甘氨酸，脯氨酸、缬氨酸占40%~50%，不含色氨酸和羟脯氨酸。弹性蛋白属硬蛋白，对酸、碱、盐都稳定，且煮沸不能分解。以SDS聚丙烯酰胺凝胶电泳测定的分子量为70 000。它是由弹性蛋白质与赖氨酸通过共价交联形成不溶性的弹性硬蛋白，这种蛋白质不被胃蛋白酶、胰蛋白酶水解，可被弹性蛋白酶（存于胰腺中）水解。

3）网状蛋白（reticulin） 在肌肉中，网状蛋白为构成肌内膜的主要蛋白质，含有约4%的结合糖类和10%的结合脂肪酸，其氨基酸组成与胶原蛋白相似，用胶原蛋白酶水解，可产生与胶原蛋白同样的肽类，因此有人认为它的蛋白质部分与胶原蛋白相同或类似。网状蛋白对酸、碱比较稳定。

（三）脂肪

猪肉中的脂肪主要由丙三醇（甘油）、棕榈酸、硬脂酸、油酸等组成，此外，还有亚油酸、挥发酸、不皂化物和微量脂溶性维生素等。脂肪中包含有10%~25%的水分，2%的蛋白质，70%~80%的脂类。胴体内的脂肪分为肌内脂肪和肌间脂肪，肌内脂肪主要存在于肌外膜、肌束膜、甚至肌内膜，含量的多少直接影响肉类的经济性状，对肌肉的风味、嫩度和多汁性大理石纹评分等食用品质有重要影响。肌内脂肪含量增加，切断了肌纤维束间的交联结构，咀嚼过程中肌纤维也更容易断裂（Chen et al.，2020）。猪肉肌内脂肪的含量影响肌肉剪切力，肌内脂肪含量高，肌肉剪切力降低，嫩度增加，而且随着储存时间的增加影响程度也增加，在杜洛克猪中增加尤为明显（Knight et al.，2019）。研究人员对猪肉性状间的遗传相关研究表明，随着肌内脂肪含量的增加，肉的系水力提高且肉色逐渐变浅（Suzuki et al.，2005）。肌内脂肪含量不仅影响肌肉嫩度，还影响肌肉风味。杜洛克猪生长快，适应性强，肌内脂肪含量相对较高，口感较好。肌内脂肪与肉品风味有很大关系，因为肌内脂肪富含磷脂，磷脂是影响肉品挥发性风味成分的重要前体物。

（四）浸出物

浸出物是指除蛋白质、盐类、维生素外能溶于水的浸出性物质，包括含氮浸出物和无氮浸出物。

含氮浸出物为非蛋白质的含氮物质，如游离氨基酸、磷酸肌酸、核苷酸类（ATP、ADP、AMP、IMP）及肌苷、尿素等。这些物质左右肉的风味，为香气的主要来源，如 ATP 除供给肌肉收缩的能量外，逐级降解为肌苷酸，是肉香的主要成分；ADP 分解成肌酸，肌酸在酸性条件下加热则为肌酐，可增强熟肉的风味。

无氮浸出物为不含氮的可浸出的有机化合物，包括糖类化合物和有机酸、糖原、葡萄糖、麦芽糖、核糖、糊精，有机酸主要是乳酸及少量的甲酸、乙酸、丁酸、延胡索酸等。

糖原主要存在于肝脏和肌肉中，肌肉中含 0.3%～0.8%，肝中含 2%～8%。宰前动物消瘦、疲劳及病态，则肉中糖原贮备少。肌糖原含量的多少，对肉的 pH、保水性、颜色等均有影响，并且影响肉的贮藏性。

（五）矿物质

矿物质在肉中的含量为 1.5%。这些无机物在肉中有的以单独游离状态存在，如镁、钙离子，有的以螯合状态存在，有的以与糖蛋白和脂结合状态存在，如硫、磷有机结合物。

钙、镁参与肌肉收缩，钾、钠与细胞膜通透性有关，可提高肉的保水性，钙、锌又可降低肉的保水性，铁离子为肌红蛋白、血红蛋白的结合成分，参与氧化还原，影响肉色的变化。

五、原料肉的品质特性

肉品品质（meat quality）包括 4 个方面：①食用品质（eating quality），包括色泽、嫩度、风味、多汁性、保水性。②营养品质（nutritional quality），即六大营养素（水分、蛋白质、脂肪、维生素、矿物质、碳水化合物）的含量和存在形式（主要指脂肪酸的组成）等。③技术品质或加工品质（technological quality），包括肉的状态（僵直、解僵、冷收缩、热收缩等）、pH、蛋白质变性程度、结缔组织含量、抗氧化能力。④安全品质（safety quality）或卫生品质，包括新鲜度（肉的腐败与酸败程度）、致病微生物及其毒素含量、药物残留（抗生素、激素、生长促进剂）、农药残留和重金属残留等。随着人们对动物保护和环境保护意识的增强，有人赋予肉品品质另一个层次的内涵，即人文品质（humane quality）或动物福利，对动物的饲养方式（粗放式散养、集约化囚禁式饲养）和饲养环境（有机畜牧、绿色畜牧）均提出更高的要求。

食用品质的优劣是决定肉类商品价值的最重要因素。肉的食用品质主要包括肉的嫩度、颜色、风味、保水性、pH 等。这些性质在肉的加工贮藏中，直接影响肉品的质量。

（一）肉的嫩度

1. 定义　肉的嫩度是消费者最重视的食用品质之一，它决定了肉在食用时口感的老嫩，是反映肉质地（texture）的指标。所谓"肉老"是指肉品坚韧、难以咀嚼；所谓"肉嫩"是指肉品在被咀嚼时柔软、多汁和容易咀嚼烂。肉的嫩度指肉在食用时口感的老嫩，反映了肉的质地，由肌肉中各种蛋白质结构特性所决定。

2. 影响肌肉嫩度的因素　影响肌肉嫩度的实质主要是结缔组织的含量与性质，以及肌原纤维蛋白的化学结构状态。它们受一系列的因素影响而变化，从而导致肉嫩度的变化。

1）畜龄　一般来说，幼龄猪肉比老龄嫩，但前者的结缔组织含量反而高于后者。其原因在于幼龄猪肉中胶原蛋白的交联程度低，易受加热作用而裂解，而成年猪的胶原蛋白的交联程度高，不易受热和酸、碱等的影响。

2）肌肉的解剖学位置　经常使用的肌肉，如半膜肌和股二头肌，比不经常使用的肉（腰大肌）的弹性蛋白含量多。同一肌肉的不同部位嫩度也不同，猪背最长肌的外侧比内侧部分要嫩。

3）营养状况　营养良好的猪，肌肉脂肪含量高，冲淡了结缔组织的含量，肌肉大理石纹丰富，肉的嫩度好。而消瘦动物的肌肉脂肪含量低，肉质老。

4）尸僵　宰后尸僵发生时，肉的硬度会大大增加，而嫩度降低。因此肉的硬度又有固有硬度和尸僵硬度，前者为刚宰后和成熟时的硬度，而后者为尸僵发生时的硬度。肌肉会发生强烈收缩，硬度达到最大，嫩度最低。一般肌肉收缩时短缩度达到 40% 时，肉的硬度最大，而超过 40% 反而变为柔软，这是由于肌动蛋白的细丝过度插入而引起 Z 线断裂所致，这种现象称为"超收缩"。僵直解除后，随着成熟的进行，硬度降低，嫩度随之提高。

（二）肉的颜色

肌肉的颜色是重要的食用品质之一。事实上，肉的颜色本身对肉的营养价值和风味并无多大影响。颜色的重要意义在于它是肌肉的生理学、生物化学和微生物学变化的外部表现，因此可以通过感官给消费者以好或坏的影响。

1. 形成肉色的物质　猪活体中肉的颜色是由肌红蛋白（Mb）和血红蛋白（hemoglobin，Hb）来决定的，屠宰后放血充分的情况下主要由 Mb 来决定。Mb 为肉自身的色素蛋白，肉色的深浅与其含量多少有关，它由一条多肽链构成的珠蛋白和一个带氧的血红素基组成，血红素基由一个铁原子和卟啉环所组成，分子量为 16 000～17 000。肌红蛋白中铁离子的价态（Fe^{2+} 的还原态或 Fe^{3+} 的氧化态）及与其结合分子的不同直接影响肉类颜色的变化。在活体组织中，Mb 依靠电子传递链使铁离子处于还原状态。屠宰后的鲜肉，肌肉中的 O_2 缺乏，Mb 中与 O_2 结合的位置被 H_2O 所取代，使肌肉呈现暗红色或紫红色。当将肉切开后在空气中暴露一段时间就会变成鲜红色，这是由于 O_2 取代 H_2O 而形成氧合肌红蛋白（oxymyoglobin，MbO_2）。如果放置时间过长或是在低 O_2 分压的条件下贮放则肌肉会变成褐色，这是因为形成了氧化态的高铁肌红蛋白（metmyoglobin，MMb）。

Mb 的含量越高，肉色就越深。肌肉中 Mb 的含量受猪种类、肌肉部位、运动程度、年龄及性别等因素的影响，如新鲜猪肉为 0.6～4.0mg/g。

2. 影响肌肉颜色的因素　影响肌肉颜色的因素很多，一般概括为外在因素和内在因素两个方面。

1）内在因素

（1）猪的品种。猪的品种不同，肌肉的颜色存在明显的差异，如杜洛克、长白、大白、皮特兰、汉普夏及杜洛克与汉普夏杂交型猪的肌肉亮度（L^* 值）和红度（a^* 值）有显著差异。

（2）畜龄和性别。随着猪年龄的增长，肌肉中肌红蛋白的含量增加，表现为肉色红度值增加。母猪肉中肌红蛋白含量比阉公猪肉的高。

（3）饲养情况。散养的猪肉比圈养的肉色更红。饲养环境影响肉色的机制尚不十分清楚，但大致可以理解为与饲养空间、土壤及动物所采食的饲料相关。关于饲料方面，在饲料中添加一些矿物质、维生素等物质来提高肉色，最常用的是硫酸镁、维生素 D_3、甜菜碱等物质。

2）外在因素　肌肉颜色的变化是由于血红素存在的状态及铁原子的氧化还原形式所引起的三种肌红蛋白的转换所决定的，Mb 本身是紫色的，在低氧分压条件下与氧结合生成 MbO_2，转化为鲜红色，而进一步被氧化，则生成 MetMb，当 MetMb≤20% 时肉色仍然呈鲜红色，达 30% 时肉显示出稍暗的颜色，在 50% 时肉呈红褐色，达到 70% 时肉就变成褐色，所以防止和减少 MetMb 的形成是保持肉色的关键。

（1）肌肉组织的 pH 及其贮藏温度。最适温度和最适 pH 可加速生化反应速率，也就可以提高颜色变化速率。关于温度的控制，近来研究都集中在冷却肉上，它是指对严格执行检疫制度屠宰后的畜禽胴体迅速进行冷却处理，使胴体温度在 24h 内降为 0～4℃并在后续的加工、流通和销售过程中始终保持在 0～4℃范围内的鲜肉，这样才能保持好的色泽。

（2）氧分压。环境中氧分压的高低与肌肉中高铁肌红蛋白的产生有非常直接的关系。把肉纵向切开时，从切面可以看到三层不同的颜色：与空气直接接触的表层为鲜红色（MbO_2 的颜色）；下层由于没有氧气，为暗紫色（Mb 的颜色）；在表层和下层之间，有一薄的褐色层（MetMb 的颜色），这主要是由于氧分压较低造成的。当氧分压低于 1.33kPa 时，最易发生氧合肌红蛋白的氧化，产生高铁肌红蛋白。这主要是由于氧分压较低时，二者与氧的结合能力急剧下降，肌红蛋白迅速脱氧合，变成还原型肌红蛋白，由于还原型肌红蛋白极不稳定，会被迅速氧化生成褐色的高铁肌红蛋白，从而使冷却肉表面变为难以接受的棕褐色。而当氧分压达到 13kPa 时，铁肌红蛋白就很难合成。这可能是由于肌红蛋白与氧气结合成较为稳定的 MbO_2，而不会迅速产生高铁肌红蛋白。因此，足够的氧分压是保持肌肉新鲜颜色的重要因素。但是，氧分压越高，肌肉中不饱和脂肪酸越易氧化，导致肌肉的酸败变质。因而，在利用高氧分压保持肌肉新鲜颜色的同时，要配合使用一些护色剂，如维生素 C、维生素 E 和茶多酚等抗氧化剂，抑制不饱和脂肪酸的氧化酸败。

（3）屠宰工艺。宰后处理和击昏方式也会影响肉品色泽。CO_2 击昏比电击昏更会使肉色加深，黄色变浅；屠宰时的气候、季节及屠宰速度等都会对肉色有影响。

（三）肉的保水性

肉的保水性又称系水力或持水力，是指当肌肉受到外力作用时，其保持原有水分与添加水分的能力。所谓的外力指原料肉在加工和贮藏过程中所受的外力，包括压力、切碎、冷冻、解冻、贮存、加工等。衡量肌肉保水性的指标主要有持水力、失水力、贮存损失（purge loss）、滴水损失（drip loss）、蒸煮损失（cooking loss）等，滴水损失是描述生鲜肉保水性最常用的指标，一般为 0.5%～10%，最高达 15%～20%，最低 0.1%，平均在 2%。

作为评价肉质最重要的指标之一，肌肉的保水性不仅直接影响肉的滋味、香气、多汁性、营养成分、嫩度、颜色等食用品质，而且具有重要的经济意义。利用肌肉的持水性能，在加工过程中可以添加水分，提高产品出品率。如果肌肉保水性能差，那么从家畜屠宰后到肉被烹调前这一段过程中，肉会因失水而造成巨大经济损失，同时造成肉的食用品质和商业价值降低。

1．肉保水机制　肌肉中水分含量在 75% 左右，占肌肉组织 80% 的体积空间。肉的保水性取决于肌细胞结构的完整性、蛋白质的空间结构。在肉的加工、贮藏和运输过程中，任何因素导致肌细胞结构的完整性破坏或蛋白质收缩都会引起肉的保水性下降。

对于生鲜肉而言，通常宰后 24h 内形成的汁液损失很小，可忽略不计，一般用宰后 24～48h 的滴水损失来表示鲜肉保水性的大小。肌肉渗出的汁液中细胞内、外液的组成比例大约为 10：1，肌细胞膜的完整性受到破坏导致肌肉汁液渗漏是造成保水性下降的根本原因。造成肌肉保水性下降的机制主要有以下几个方面：一是细胞膜脂质氧化、冻结形成的冰晶物理破坏或其他原因引起的细胞膜成分降解，导致细胞膜完整性破坏，为细胞内液外渗提供了便利条件；二是成熟过程中细胞骨架蛋白降解破坏了细胞内部微结构之间的联系，当内部结构发生收缩时产生较大空隙，细胞内液被挤压在内部空隙中，游离性增大，容易外渗，造成汁液损失；三是温度和 pH 变化引起肌肉蛋白收缩、变性或降解，持水能力下降，在外力作用下内汁外渗造成汁液损失。

2．影响肉保水性的因素　影响肌肉保水性的因素很多。宰前因素包括品种、年龄、宰前运输、身体状况、肌肉的解剖学部位、脂肪厚度、细胞结构等。宰后因素主要有屠宰工艺、胴体贮存、尸僵时间、pH 的变化、蛋白酶活性及加工条件，如切碎、盐渍、加热、冷冻、融冻、干燥、包装等。

1）猪的品种　猪的品种不同，其肌肉化学组成也明显不同，肌肉的保水性也受到影响。通常肌肉中蛋白质含量越高，其保水性也越强。一般来说，瘦肉型猪肉的保水性不如地方品种猪好，在常见的品种猪中，巴克夏猪和杜洛克猪的肉质和保水性较好，而皮特兰猪、长白猪和汉普夏猪的肉质和保水性较差。

2）性别、畜龄与体重　性别对猪肉保水性无明显影响。肌肉保水性随猪的年龄和体重增加而下降，相比而言，体重比年龄对保水性的影响更大。体型大的猪的里脊和腿肉滴水损失相对较高，如安大略湖猪的里脊和腿肉滴水损失分别达到 7.8% 和 6.3%。

3）肌肉部位　运动量较大的部位，其肌肉保水能力强。猪胴体不同部位肌肉保水能力强弱依次为：胸锯肌＞腰大肌＞半膜肌＞股二头肌＞臀中肌＞半腱肌＞背最长肌。

4）饲养管理　低营养水平或低蛋白日粮饲养的猪肌肉保水性较差；提高日粮中维生素 E、维生素 C 和硒的水平，可以维护肌细胞膜和肌肉结构的完整性，降低肌肉滴水损失；在饲养后期提高日粮中蛋白质水平或在日粮中添加共轭亚油酸和 ω-3、ω-6 系多不饱和脂肪酸有利于提高肉的保水性。

5）宰前运输与管理　运输时间和运输期间的禁食对猪都是一种应激，其强度随运输时间、路况、温度和运输车辆的装载密度变化而变化，较强的应激易导致 PSE 肉（pale, soft and exudative meat，俗称白肌肉）的发生，长时间应激还会诱发 DFD 肉（dark, firm and dry，俗称黑干肉），使肉的保水性下降。候宰期间采用电驱赶、增加猪运动量或候宰间环境条件差对猪是重要的应激，可能会破坏和抑制猪的正常生理机能，肌肉运动加强，肌糖原迅速分解，肌肉中乳酸增加，ATP 大量消耗，使蛋白质网状结构紧缩，肉的保水性降低。

6）屠宰　屠宰季节影响肉的保水性，春、夏季屠宰的猪，胴体容易形成 PSE 肉；宰前禁食降低了肌糖原含量，使肌肉终 pH 升高，降低肉的滴水损失，但禁食时间过长会加深肉色，生猪在屠宰前禁食 12～18h 较为适宜。致昏方式对肉的保水性有重要影响，电致昏引起肌肉收缩，保水性下降，高低频结合电致昏处理可减轻致昏对肉质的影响。CO_2 致昏能大幅度降低 PSE 肉的发生率，提高肉的品质。

（四）肉的风味

肉的味质又称肉的风味（flavor），指的是生鲜肉的气味和加热后肉制品的香气和滋味。肉的风味是描述肉类食用品质的重要指标，它与肌肉的质地、营养、安全性等一起成为影响人们对畜禽肉取舍的决定性因素。肉类风味是研究最多的食品风味之一，肉品风味研究始于 20 世纪 50 年代初先进分析仪器和技术的出现，最近几十年中肉味的挥发香气中大量的化合物被鉴定出来，从热处理肉类中鉴定的挥发性化合物已有 1000 多种。

1. 肉的风味基团　肉的风味是肉中固有成分经过复杂的生物化学变化，产生各种有机化合物所致（黄名正，2018）。其特点是成分复杂多样，含量甚微，用一般方法很难测定，除少数成分外，多数无营养价值，不稳定，加热易破坏和挥发。呈味性能与其分子结构有关，呈味物质均具有各种发香基团，如羟基（—OH）、羧基（—COOH）、醛基（—CHO）、羰基（—CO）、巯基（—SH）、酯基（—COOR）、氨基（—NH_2）、酰胺基（—CONH）、亚硝基（—NO_2）、苯基（—C_6H_5）。这些肉的风味是通过人的高度灵敏的嗅觉和味觉器官而反映出来的。

2. 肉类风味物质的生成途径　肉品中的风味是由肉品中蛋白质、脂肪及碳水化合物等形成的风味前体在加热过程中发生了一系列的变化，产生的挥发性与非挥发性的成分再发生交互反应，形成最终的风味化合物。肉品中的风味物质是一类极其复杂的复合体，这些复合物交织在一起，使得肉品在加热时能够产生特殊的风味。

1）滋味物质的形成　肉的鲜味成分，来源于核苷酸、氨基酸、酰胺，有机酸、糖类、脂肪等前体物质。而成熟肉类风味的增加，主要是核苷类物质及氨基酸。例如，牛肉的风味多来自于半胱氨酸成分，猪肉的风味则是来源于核糖及胱氨酸。猪的瘦肉所含挥发性的香味成分存在于肌间脂肪。大理石样肉间的脂肪杂交状态越密集，风味越好。

肉制品滋味的形成主要是由在加工过程中添加的盐、糖、酱油等调味料及肉本身蛋白质水解产生的。肉制品滋味的调配，只要掌握好适当的糖盐比、添加适当的增味剂，基本就能达到较为满意的效果。

2）香气味化合物质的形成　香气味化合物质主要通过糖降解、硫胺素降解，以及氨基酸和多肽的热降解等反应来形成。

（1）糖降解。在较高的温度下，糖会发生焦糖化反应，生成刺激性气味和焦糖、焙烤香味。焦糖香味是由糖加热脱水生成的麦芽酚、异麦芽酚、2,5-二甲基-4-羟基脱氧呋喃酮、2-羟基-3-甲基环戊烯酮等产生的，糖热分解产生的醛类和酮类化合物则构成烧焦臭味和刺激臭味（Starowicz and Zieliński, 2019）。戊糖生成糠醛，己糖生成羟甲基糠醛。进一步加热，会产生具有芳香气味的呋喃衍生物、羰基化合物、醇类、脂肪烃和芳香烃类。肉中的核苷酸，如肌苷单磷酸盐加热后产生 5-磷酸核糖，然后脱磷酸、脱水，形成 5-甲基-4-羟基-呋喃酮。羟甲基呋喃酮类化合物很容易与硫化氢反应，产生非常强烈的肉香气。加热葡萄糖至 300℃时产生 130 多种化合物，已鉴定的 50 多种包括呋喃、醇、羧酸和芳香烃，其中有些化合物多余 6 个碳原子，可能是加热过程中发生了聚合反应。

（2）氨基酸和多肽的热降解。氨基酸和多肽的热降解作用需要较高温度。氨基酸通过脱氨、脱羧，形成烃、醛、胺等，其中挥发性羰基化合物是重要的风味物质。把胺加热到 300～400℃，就发生脱羰基作用，温度越高产物越复杂，如亮氨酸和异亮氨酸热解产生 3-甲基丁醇和 2-甲基丁醇；缬氨酸产生 2-甲基丙烷；苯丙氨酸热解产生苯、甲苯和 2-甲苯，酪氨酸产生苯酚、苯甲酚和 2-甲苯酚等（刁小琴等，2022）。氨基酸除本身呈味外，还可以直接经斯特雷克尔氨基酸反应产生挥发性醛类，如吡嗪来自氨基酸、肽、蛋白质等含氮化合物。

（3）硫胺素的热降解。硫胺素是一种含硫、氮的双环化合物，当受热时可产生多种含硫和含氮的呋喃、呋喃硫醇、噻吩和含硫化合物。硫胺素分解产物有 68 种，其中一半以上是含硫化合物，包括脂肪链硫醇、含硫碳酰化合物、硫代呋喃、噻吩、噻唑、双环化合物和脂环化合物，它们多数具有煮肉的诱人香味（关海宁等，2021），如 2-甲基-3-呋喃硫醇就是鸡肉、牛肉香味的主要产物。硫胺素降解的第一步是噻唑环中 C—N 及 C—S 键的断裂形成羟甲基硫基酮，这是一个非常关键的硫基酮中间产物，由此可得到一系列的含硫杂环化合物，其中的一些化合物存在于肉香气挥发成分中。肉中的核苷酸，如肌苷单磷酸盐加热后产生 5-磷酸核糖，然后脱磷酸、脱水，形成 5-甲基-4-羟基-呋喃酮，该产物易与硫化氢反应，产生强烈的肉香气。

（4）脂质热分解。猪肉的特征风味是由脂类物质降解形成的。脂肪在加热过程中发生氧化反应，生成过氧化物。过氧化物进一步分解生成几百种香气阈值很低的挥发性化合物，包括酸、酯、醚、烃、醇、羰基化合物、苯环化合物、内酯及含有呋喃环的化合物，如饱和 C5～C9 醛类，2-壬烯醛和 2-癸烯醛与微量 H_2S 反应，便构成了牛脂肪的加热香气主体；丁二酮和 3-羟基丁酮，二者与水煮牛肉的香味有关；γ-辛内酯、γ-癸内酯、δ-癸内酯等内酯类的甜香气味也对脂肪香气有一定影响。

（5）还原糖与氨基酸的美拉德（Maillard）反应。该反应是形成熟肉制品风味的最重要途径之一。该反应复杂，产生了大量的风味化合物。反应的初级阶段，还原糖羰基和氨基化合物缩合，形成葡基胺，随后通过脱水、重排和脱氧生成各种各样的糖脱水和降解产物，如糠醛和呋喃衍生物，羟基酮和二羰基化合物（戚繁，2020）。氨基酸与糖反应生成无数中间产物，如脂肪族醛和酮、吡嗪、吡咯、吡啶、噻唑、噻吩等，对于肉风味的形成有重要作用。另外，肉类风味中一些很重要的杂环化合物，如噁唑类、吡嗪类等也都是由美拉德反应所致。例如，由糖分解的 α，β-丁二酮与氨基酸的降解反应，形成氨基酮，氨基酮自身缩合和氧化形成具烤肉香味的烷基吡嗪。美拉德反应是一个非常复杂的反应体系，多种氨基酸（或肽或蛋白质）与还原糖通过多种途径作用，反应产物又可以相互作用或与肉中其他成分发生反应。

（6）脂类与美拉德反应产物间的相互作用。脂类自动氧化产生的饱和与不饱和醛类也是熟肉风味的贡献者。羰基化合物与氨基或硫醇基间的反应是美拉德初级反应和形成香气化合物的后期阶段的重要步骤，可以认为加热时由脂类产生的羰基化合物也参与了美拉德反应。肉中已被鉴定的挥发物中，很多是由脂类和美拉德反应产物相互作用形成的。例如，在烤牛肉、炸鸡中发现几个位置上带有 n-烷基取代物（C4～C8）的噻唑；在加热的牛肉、鸡肉挥发物中发现其他的 2-烷基唑带有更长的 n-烷基取代物（C13～C15）；从熟牛肉中分离出 50 多种烷基-3-噻唑和烷基噻唑。

第三节　猪肉的分级和质量评定

一、美国猪胴体分级和质量评定

美国猪胴体分级标准分为质量等级和产量等级。对性成熟前的阉猪胴体和青年母猪胴体进行分级时，从两个方面来考虑：①肉的质量性状指标；②四块优质切块（后腿肉、背腰肉、野餐肩肉和肩胛肉）的理论产量或出肉率。美国农业部标准将猪胴体分成 5 个等级：U.S.1 级、U.S.2 级、U.S.3 级、U.S.4 级和 U.S.实用级。

（一）质量等级评定

如果 4 个优质切块的质量性状都合格，胴体可参加评级（U.S.1～U.S.4 级）；4 个优质切块的质量性状不合格，胴体只能定为 U.S.实用级。可参加评级的胴体要求：①只能含有微量结膜；②背膘质地微硬；③肌肉质地微硬；④肉色介于浅红色和褐色之间。同时，腹肉的厚度（最薄的地方）不低于 1.52cm。质量不合格、腹肉太薄不适于制作培根的胴体都只能定为 U.S.实用级。同样，肉的质地松软，表面油腻的胴体，不管其他性状如何，也一律定为 U.S.实用级。

（二）产量等级评定

根据 4 个优质切块的理论产率来确定胴体的产量等级：U.S.1 级、U.S.2 级、U.S.3 级和 U.S.4 级。

由于胴体的背膘厚（单位：cm）和肌肉丰度（相对于骨骼大小的肌肉厚度）不同，4 个优质切块的产率也不同。美国农业部猪胴体等级标准是根据最后一肋背膘厚（包括皮）和肌肉丰度两个指标来计算产量等级（表 19-1）。猪胴体的产量等级可用下列公式计算：

胴体产量等级=（1.58× 背膘厚）－（1.0× 肌肉丰度）

式中，肌肉丰度分值表示方法为薄=1分，中等=2分，厚=3分，对于肌肉薄的胴体不能评为U.S.1级。如果背膘厚超过4.45cm，即便是肌肉丰度为3，胴体也不能评为产量级U.S.3级。

表 19-1　根据最后一肋背膘厚初评的产量等级

等级	背膘厚/cm	等级	背膘厚/cm
U.S.1	<2.54	U.S.3	3.16~3.79
U.S.2	2.54~3.15	U.S.4	≥3.8

二、欧盟猪胴体分级体系

欧盟从 1989 年开始在整个欧盟国家内实行统一的猪胴体分级标准，根据猪胴体瘦肉率分成 S、E、U、R、O、P 等级别（表 19-2）。标准中还规定欧盟各成员国可根据本国国情使用不同的分级仪器和不同的估测猪胴体瘦肉率的方法，但估测胴体瘦肉率与实测瘦肉率之间的相关系数 R 不得小于 0.8，残差（residual standard deviation，RSD）不得大于 2.5%，所使用的样本量不能少于 120 头，且样本需具有代表性。

表 19-2　欧盟猪胴体分级标准

等级	胴体瘦肉率/%	等级	胴体瘦肉率/%
S	>60	R	45.0~49.9
E	55.0~59.9	O	40.0~44.9
U	50.0~54.9	P	<40.0

三、我国猪胴体的分级标准

我国将感官指标、胴体质量、瘦肉率、背膘厚度作为评定指标（其中瘦肉率、背膘厚度可由企业根据自身情况选择 1 项或 2 项），将胴体等级从高到低分为 1、2、3、4、5、6 六个级别，见表 19-3。

表 19-3　我国鲜猪胴体分级标准

级别	感官	带皮胴体质量（W）[去皮胴体质量（W）下调5kg]	瘦肉率（P）	背膘厚度（H）
1级	体表修割整齐，无连带碎肉、碎膘，肌肉颜色光泽好，无 PSE 肉。带皮白条表面无修割破皮肤现象，体表无明显鞭伤、无炎症。去皮白条要求表面修割平整，无伤斑、无修透肥膘现象。体形匀称，后腿肌肉丰满	60kg≤W≤85kg	P≥53%	H≤2.8cm
2级		60kg≤W≤85kg	51%≤P<53%	2.8cm<H≤3.5cm
3级	体表修割整齐，无连带碎肉、碎膘，肌肉颜色光泽好，无 PSE 肉。带皮白条表面无修割破皮肤现象，体表无明显鞭伤、无炎症。去皮白条要求表面修割平整，无伤斑、无修透肥膘现象。体形较匀称	55kg≤W≤90kg	48%≤P<51%	3.5cm<H≤4cm
4级		45kg≤W≤90kg	44%≤P<48%	4cm<H≤5cm
5级	体表修割整齐，无连带碎肉、碎膘，肌肉颜色光泽好。带皮白条表面无明显修割破皮肤现象，体表无明显鞭伤、无炎症。去皮白条要求表面修割平整，无伤斑、无修透肥膘现象	W>90kg 或 W<45kg	42%≤P<44%	5cm<H≤7cm
6级		W>100kg 或 W<45kg	P<42%	H>7cm

【思 考 题】

1. 什么是原料肉的宏观结构？

2. 什么叫原料肉的保水性？影响原料肉保水性的因素有哪些？

3. 原料肉嫩度的含义及影响因素有哪些？

第二十章 牛 肉

第一节 肉牛的品种和特点

一、世界肉牛的品种和特点

世界肉牛品种包括英国最古老的海福特牛、安格斯牛，产于法国的利木赞牛、夏洛来牛，产于瑞士、法国、德国和奥地利等国的阿尔卑斯山区的肉乳兼用型西门塔尔牛，产于日本的和牛。

（一）海福特牛

海福特牛（Hereford bull）产于英国英格兰的海福特县，现在分布在世界许多国家。它是世界上最古老的早熟中小型肉牛品种。

海福特牛体躯宽大，前胸发达，全身肌肉丰满，头短，额宽，颈短粗，颈垂及前后区发达，背腰平直而宽，肋骨张开，四肢端正而短，躯干呈圆筒形，具有典型的肉用牛的长方体形。被毛，除头、颈垂、腹下、四肢下部和尾端为白色外，其他部分均为红棕色。

出生后 400 天屠宰时，屠宰率为 60%～65%，净肉率达 57%。脂肪主要沉积在内脏、皮下，结缔组织和肌肉间脂肪较少，肉质细嫩，味道鲜美，多汁性好，风味好。我国在 1913 年、1965 年曾陆续从美国引进该品种牛。我国主要将其与本地黄牛杂交，杂交牛一般表现为体格加大，体型改善，宽度提高明显；犊牛生长快，抗病耐寒，适应性好，体躯被毛为红色，但头、腹下和四肢部位多有白毛。

（二）安格斯牛

安格斯牛（Angus cattle）原产于英国的阿伯丁、安格斯和金卡丁等郡，并因地得名，也称为亚伯丁安格斯牛（Aberdeen Angus），是黑色无角肉用牛，以抗热闻名，也称其为无角黑牛。安格斯牛肉在 10℃ 以下冷藏 10～14 天，食用的口感最好。这主要是因为牛肉中的蛋白质纤维被自然分解。没有经过冷藏的安格斯牛肉较韧，冷藏过度的较老。

安格斯牛体格低矮、结实，体躯宽深，四肢短而直，全身肌肉丰满，具典型肉用牛体形外貌特征。在美国有经过选育育成的红色安格斯品种。该牛体躯低矮、结实，头小而方，额宽，颈中等长且较厚，体躯宽深，呈圆筒形，四肢短而直，两前肢、两后肢间距均相当宽，全身肌肉丰满，大腿肌肉延伸到飞节，背腰宽厚，具有现代肉牛的典型体形。世界上主要养牛国家大多数都饲养这个品种的牛，是英国、美国、加拿大、新西兰和阿根廷等国的主要牛种之一。在美国的肉牛总数中，安格斯牛占 1/3。我国先后从英国、澳大利亚和加拿大等国引入，目前主要分布在新疆、内蒙古、黑龙江、吉林、山东等北部省、自治区。

安格斯牛具有良好的肉用性能，被认为是世界上专门化肉牛品种中的典型品种之一。肌肉大理石纹很好，胴体品质好，出肉率高，19 月龄宰前活重 527.5kg，胴体重 268.2kg，屠宰率 63.3%；活重 231.5kg 的安格斯牛，精料肥育 309 天，平均日增重 0.82kg，18 月龄宰前活重 462.8kg，胴体重 302.6kg，屠宰率 65.4%（孙维斌，2002）。

（三）夏洛来牛

夏洛来牛（Charolais cattle）原产于法国中西部到东南部的夏洛莱省和涅夫勒地区，是举世闻名的大型肉牛品种，自育成以来就以其生长快、肉量多、体形大、耐粗放而受到国际市场的广泛欢迎，早已输往世界许多国家。

该牛最显著的特点是被毛为白色或乳白色、皮肤常有色斑，全身肌肉特别发达，骨骼结实，四肢强壮。夏洛来牛头小而宽，角圆而较长，并向前方伸展，角质蜡黄，颈粗短，胸宽深，肋骨方圆，背宽肉厚，体躯呈圆筒状，肌肉丰满，后臀肌肉很发达，并向后和侧面突出。

夏洛来牛在生产性能方面表现出的最显著特点是：生长速度快，瘦肉产量高。该牛作为专门化大型肉用牛，产肉性能好，屠宰率一般为60%～70%，胴体瘦肉率为80%～85%。肉质好，瘦肉多，含脂肪少。我国在1964年和1974年，先后两次直接由法国引进夏洛来牛，分布在东北、西北和南方部分地区，用该品种牛与我国本地牛杂交来改良黄牛，取得了明显效果，表现为夏杂后代体格明显加大，增长速度加快，杂种优势明显。

（四）西门塔尔牛

西门塔尔牛（Simmental）原产于瑞士，并不是纯种肉用牛，而是乳肉兼用品种，产于瑞士西部，法国、德国和奥地利等国的阿尔卑斯山区。西门塔尔牛产乳量高，产肉性能也并不比专门化肉牛品种差，役用性能也很好，是乳、肉、役兼用的大型品种。

该牛全身被毛为黄白花或淡红白色，头、胸部、腹下多为白色，肩部和腰部有条状白毛片，皮肤为粉红色，头较长，面宽；角较细而向外上方弯曲，尖端稍向上；颈长中等；体躯长，呈圆筒状，肌肉丰满；前躯较后躯发育好，胸深，尻宽平，四肢结实，大腿肌肉发达；乳房发育好。

西门塔尔牛易育肥，腿部肌肉发达，体躯呈圆筒状，脂肪少。早期生长速度快，且平均日增重800～1000g，肉品等级高，胴体瘦肉多。西门塔尔牛的牛肉等级明显高于普通牛肉，肉色鲜红、纹理细致、富有弹性、大理石花纹适中、脂肪色泽为白色或带淡黄色、脂肪质地有较高的硬度，胴体体表脂肪覆盖率也较高（李慧等，2021）。

（五）短角牛

短角牛（Shorthorn）原产于英格兰的诺桑伯、德拉姆、约克和林肯等郡，是在18世纪用当地的提兹河牛、达勒姆牛与荷兰中等品种杂交育成的，角较短小，故取其相对的名称而称为短角牛。短角牛的培育始于16世纪末17世纪初，最初只强调育肥，20世纪初经培育的短角牛已是世界闻名的肉牛良种了。世界各国都有短角牛的分布，以美国、澳大利亚、新西兰、日本和欧洲各地饲养较多。

短角牛背毛卷曲，多数呈紫红色，红白花其次，沙毛较少，个别全白。大部分都有角，角形外伸、稍向内弯、大小不一，母牛较细，公牛头短而宽，颈短粗厚。胸宽而深，肋骨开张良好，鬐甲宽平，腹部呈圆桶形，背线直，背腰宽平。尻部方正丰满，荐部长而宽；四肢短，肢间距离宽；垂皮发达。乳房发育适度，乳头分布较均匀，偏向乳肉兼用型，性情温驯。屠宰率为65%～68%。肉质好，肉纤维细，沉积脂肪均匀，肉呈大理石纹状。

（六）和牛

和牛（Wagyu）是日本从1956年起选育的改良牛中最成功的品种之一，是从西门塔尔种公牛的改良后裔中选育而成的，是全世界公认的最优秀的优良肉用牛品种。明治维新前主要为役用，20世纪初通过与外来品种牛杂交，于1944年正式命名为和牛。日本和牛分为黑色和牛、褐色和牛、无角和牛，其中以黑色为主毛色，乳房和腹壁有白斑。和牛以其优良的肉质而闻名，尤其是大理石样花纹非常丰富，肌内脂肪色白而柔软，如雪花在肉中，即"雪花肉"。由于日本和牛的肉多汁细嫩、肌肉脂肪中饱和脂肪酸含量很低，风味独特，肉用价值极高，在日本被视为国宝，在西欧市场也极其昂贵。和牛肉的特点是：生长快、成熟早、肉质好，第七、八肋间眼肌面积达52cm^2。高质量的和牛，其油花较其他品种的牛肉多、密而平均。油花是肌肉的松软脂肪，其分布平均细致，肉质便会嫩而多汁，油花在25℃时便会融化，带来入口即溶的口感。肉质色泽以桃红色为最佳，脂肪色泽则以雪白色为佳，如油脂经氧化，颜色会变为淡黄色或灰色。

二、我国肉牛的品种和特点

（一）黄牛

黄牛被毛以黄色为最多，品种因此而得名，但也有红棕色和黑色的品种，是中国固有的普通牛种。黄牛口大而方、眼大有神、颈较粗壮、背腰平直；前胸宽、胸部发达、尻部倾斜、四肢强壮、关节强健、前肢端正、后肢稍弯、蹄圆大、蹄叉紧；皮厚而有弹性、肌肉发育强大而坚实、筋腱明显有力；全身结构匀称、属粗糙紧凑类体形、前躯比后躯强大、前高后低，呈"前胜体形"，净肉率在50.5%以上。其体形和性能上因自然环境和饲养条件不同而有差异，可分为3大类型，包括北方黄牛、中原黄牛和南方黄牛；5个品种，包括秦川牛、南阳牛、鲁西牛、晋南牛、延边牛。

1. 秦川牛　秦川牛是我国著名的大型役肉兼用品种，原产于陕西渭河流域的关中平原，毛色以紫红色和红色居多，占总数的80%左右，黄色较少。秦川牛头部方正，鼻镜呈肉红色，角短、呈肉色、多为向外或向后稍弯曲；体形大，各部位发育均衡，骨骼粗壮，肌肉丰满，体质强健；肩长而斜，前躯发育良好，胸部深宽，肋长而开张，背腰平直宽广，长短适中，荐骨部稍隆起，一般多是斜尻；四肢粗壮结实，前肢间距较宽，后肢飞节靠近，蹄呈圆形、蹄叉紧、蹄质硬，绝大部分为红色。肉用性能良好，成年公牛体重600～800kg，易于育肥，肉质细致，瘦肉率高，大理石纹明显，平均屠宰率达60.5%，净肉率为52.5%。

2. 南阳牛　南阳牛属大型役肉兼用品种，产于河南省西南部的南阳地区，毛色多为黄色，其次是米黄、草白等色，鼻镜多为肉红色，多数带有黑点；体形高大，骨骼粗壮结实，肌肉发达，结构紧凑，体质结实；肢势正直，蹄形圆大，行动敏捷。公牛颈短而厚，颈侧多皱纹，稍呈弓形，鬐甲较高。成年公牛体重为650～700kg，屠宰率在55.6%左右，净肉率可达46.6%。该品种牛易于育肥，平均日增重最高可达813g，肉质细嫩，大理石纹明显，味道鲜美。

3. 鲁西牛　鲁西牛又名山东膘肉牛，是中国"五大名牛"（秦川牛、南阳牛、鲁西牛、延边牛、晋南牛）之一，具有较好的肉役兼用体形，耐苦耐粗，适应性强，尤其抗高温能力强。原产于山东省西南部。被毛有棕色、深黄、黄色和淡黄色四种，以黄色为主，占总数的70%左右，一般牛毛色为前深后浅，眼圈、口轮、腹下到四肢内侧毛色较淡，毛细而软。体形高大、粗壮，结构匀称紧凑，肌肉发达，胸部发育好，背腰宽广，后躯发育较差；骨骼细致，管围较细，蹄色不一，从红到蜡黄，多为琥珀色；尾细长呈纺锤形。鲁西牛体成熟较晚，成年公牛平均体重650kg，肥育性能良好，皮薄骨细，肉质细嫩，18月龄屠宰率可达57.2%，肉质鲜嫩，肌纤维间均匀沉积脂肪形成明显的大理石花纹，具有无可比拟的良种优势。

4. 晋南牛　晋南牛属大型役肉兼用品种，产于山西省西南部汾河下游的晋南盆地，其中以万荣、河津和临猗等县所产的牛最好。毛色以枣红色为主，其次是黄色及褐色；鼻镜和蹄趾多呈粉红色；体格粗大，体较长，额宽嘴阔，俗称"狮子头"。骨骼结实，前躯较后躯发达，胸深且宽，肌肉丰满。产肉性能良好，平均屠宰率为52.3%，净肉率为43.4%。

5. 延边牛　延边牛是东北地区优良地方牛种之一，产于东北三省东部的狭长地带，是朝鲜牛与本地牛长期杂交的结果，也混有蒙古牛的血液。延边牛体质结实，抗寒性能良好，适宜于林间放牧，冬季都有暖棚，是北方水稻田的重要耕畜，是寒温带的优良品种。胸部深宽，骨骼坚实，被毛长而密，皮厚而有弹力，公牛额宽，头方正，角基粗大，多向后方伸展，成"一"字形或倒"八"字形角，颈厚而隆起，肌肉发达。母牛头大小适中，角细而长，多为龙门角。鼻镜一般呈淡褐色，带有黑点。延边牛自18月龄起育肥6个月，日增重为813g，胴体重265.8kg，屠宰率为57.7%，净肉率为47.23%，眼肌面积为75.8cm^2。

（二）培育牛种

1. 夏南牛　夏南牛育成于河南省驻马店地区，系夏洛来牛与南阳牛杂交选育而成，属肉用型品种。夏南牛毛色呈黄色，以浅黄色、米黄色为主，有角；躯体呈长方形，后躯肌肉发达。18月龄育肥公牛屠宰率达62.58%，净肉率为46%～50%。

2. **中国西门塔尔牛**　中国西门塔尔牛是由 20 世纪 50 年代、70 年代末和 80 年代初引进的德系、苏系和澳系西门塔尔牛在中国的生态条件下与本地牛进行级进杂交选育而成，属乳肉兼用品种。主要育成于西北干旱平原、东北和内蒙古严寒草原、中南湿热山区和亚高山地区、华北农区、青海和西藏高原及其他平原农区。中国西门塔尔牛体躯深宽高大，肌肉发达；毛色为红（黄）白花，花片分布整齐，头部白色或带眼圈，尾梢、四肢和腹部为白色。18 月龄以上的公牛或阉牛屠宰率达 54%～56%，净肉率达 44%～46%。成年公牛和强度肥育牛屠宰率达 60% 以上，净肉率达 50% 以上。

3. **三河牛**　三河牛产于内蒙古呼伦贝尔市大兴安岭西麓的额尔古纳右旗三河地区，是俄罗斯改良牛（西门塔尔杂种牛）、西伯利亚牛、蒙古牛、后贝加尔牛、西门塔尔牛等牛种互相杂交、选育而成的乳肉兼用品种，毛色为红（黄）白花。成年公牛体重 850kg，母牛 450～550kg。2～3 岁的育成公牛屠宰率达 50% 以上，净肉率为 44%～48%。

4. **草原红牛**　草原红牛产于内蒙古及河北省的张家口等地，系用短角牛与蒙古牛杂交选育而成，属肉乳兼用品种。体格较小，全身被毛紫红色或红色，部分牛的腹下或乳房有小片白斑。成年公牛体重 760kg，母牛 450kg。在放牧条件下，1.5 岁龄时，秋季屠宰，宰前体重 320.6kg，屠宰率为 50.8%，胴体重 163kg，净肉率为 41%。

5. **新疆褐牛**　新疆褐牛产于新疆牧区和半农半牧区，是引用纯种瑞士褐公牛和有该种牛血液的阿拉塔乌公牛与当地黄牛杂交改良而成的乳肉兼用品种。毛色呈深浅不一的褐色。成年公牛体重 950kg，母牛 430kg。在伊犁、塔城牧区天然草场放牧条件下，1.5 岁阉公牛宰前体重 235.4kg，屠宰率为 47.4%，胴体重 111.5kg，净肉率为 36.3%，骨肉比 1：3.5。

6. **延黄牛**　延黄牛遗传组成为利木赞牛 25%、延边黄牛 75%。延黄牛的中心培育区在吉林省东部的延边朝鲜族自治州。全身被毛颜色均为黄红色或浅红色，股间色淡，公牛角较粗壮、平伸，母牛角细、多为龙门角。成年公牛体重 901.5kg，母牛 490.8kg。屠宰前短期育肥 18 月龄公牛平均宰前活重 432.6kg，胴体重 255.7kg，屠宰率为 59.1%，净肉率为 48.3%。

7. **辽育白牛**　辽育白牛是以夏洛来牛为父本，以辽宁本地黄牛为母本进行杂交后，形成含夏洛来牛 93.75%、本地牛 6.25% 血统，适应当地气候和饲养条件的肉牛新群体。初生公犊平均重 43.6kg，母犊 40.3kg。成年公牛平均体重 1084.3kg，母牛 497.0kg。

8. **牦牛**　牦牛产于我国西南、西北地区，是海拔 3000～5000m 高山草原上的特有牛种，有九龙牦牛、青海高原牦牛、天祝白牦牛、麦洼牦牛、西藏高山牦牛等品种。牦牛多为乳、肉、毛、皮、役兼用种。肉色呈鲜深红色。青海高原牦牛，体重 373.6kg 时，屠宰率为 53%，净肉率为 42.5%；天祝白牦牛，成年牛屠宰率为 52%，净肉率为 36%～40%；西藏高山牦牛中等膘情的成年阉牛，平均胴体重 208.5kg，净肉率为 46.8%。牦牛与黄牛进行种间杂交产生的犏牛为雄性不育，但具有较好的杂交优势，产肉性能较好。

各种肉牛品种可查看图 20-1。

海福特牛

安格斯牛

夏洛来牛

西门塔尔牛

短角牛

和牛

秦川黄牛

南阳黄牛

鲁西黄牛	晋南黄牛	延边牛	夏南牛
中国西门塔尔牛	三河牛	草原红牛	新疆褐牛
延黄牛	辽育白牛	牦牛	彩图

图 20-1　各种肉牛品种

第二节　牛肉的组织结构与品质特性

一、牛的屠宰加工

牛的屠宰加工过程可查看相关分割视频。

视频

1. 宰前处理

（1）肉牛在屠宰前一天运送到屠宰厂，存放在待宰圈，必须保证活牛有充分休息时间，并提前 24h 断食，充分给水，恢复正常的生理状态。在静养期间检疫人员定时观察，发现可疑病牛送隔离圈观察。身体健康的牛在宰前 3h 停止饮水。

（2）牛在宰之前，要进行淋浴，用温水进行冲淋，清洗全身（洗掉牛体上的污垢和微生物）。淋浴时要控制水压，不要过急，以免造成牛过度紧张。

（3）牛在进赶牛道前，要称重计量，称重好的牛进入赶牛道。

2. 击晕　　牛沿着赶牛道进入翻板箱，固定牛后进行击晕。常采用电击晕或二氧化碳法（空气中含 65%～70% 二氧化碳的"隧道二氧化碳麻晕器"运行 15～25s）使牛击晕。

3. 刺杀沥血　　击晕后牛平躺在接牛栏上进行刺杀放血，也可将击晕后的牛拴住一只后腿后提升，挂在放血轨道上刺杀，然后进入放血轨道进行放血，放血时间为 9min。放血充分后用低电压（25～80V）刺激牛胴体，加速牛肉排酸过程，提高牛肉嫩度。

4. 去蹄预剥

（1）牛在放血轨道上是用放血吊链拴住牛的一只后腿，牛的后腿切割后，用转挂提升机钩住管轨滚轮吊钩的钩柄，再用滚轮吊钩的钩子钩住已切去后腿的后肢，提升机提升后放出牛的另一只后腿，再用滚轮吊钩钩住，挂在胴体加工线的手推轨道上。

（2）放血吊链通过返回系统的轨道回到牛的上挂位置。

（3）牛进入胴体加工输送机时，通过气动提升和拨叉自动撑开双后腿，进入胴体加工输送机的工位操作。

（4）对撑开双腿后的牛体进行预剥，用剥皮刀或气动剥皮刀进行后腿、胸部、前腿的预剥。

5. 扯皮加工

（1）将预剥好的牛自动输送到扯皮工位，用拴牛腿链把牛的两只前腿固定在拴牛腿架上。

（2）扯皮机的扯皮滚筒上的链钩钩住牛的颈皮，然后由两人站在扯皮机两侧的升降台上，启动扯皮机，在机械扯皮过程中，两边操作人员进行修割，直到头部皮扯完为止。

（3）牛皮扯下后，将牛皮通过风送管道输送到牛皮暂存间。

6. 胴体加工　胴体加工包括切牛头、扎食管、开胸、取白内脏、取红内脏、劈半、胴体检验、胴体修割等操作环节，都是在胴体自动加工输送机上完成的。

（1）切下牛头，用高压水枪清洗牛头，清洗好的牛头挂在红内脏/牛头同步检疫输送机上待检验。

（2）用开胸锯打开牛的胸腔。

（3）从牛的胸腔里扒下白内脏，把取出的白内脏落入下面的气动白内脏滑槽，将白内脏通过滑槽滑入盘式白内脏检疫输送机的托盘内待检验。

（4）取出红内脏，把取出的红内脏分别挂在红内脏/牛头同步检疫输送机的挂钩上待检验。

（5）用带式劈半锯沿牛脊椎骨把牛劈成两个二分体。

（6）对牛的二分体进行内外修割。

7. 二分体排酸

（1）将修割、冲洗好的二分体推进排酸间进行排酸，排酸的目的是利用牛肉中各种分解酶的作用，使与风味有关的成分在肌肉中蓄积，从而改善牛肉质量。

（2）排酸时间一般在3~4天，根据牛的品种和年龄，有的肉牛排酸时间将更长。

8. 改四分体　把排酸成熟后的牛肉推到四分体站，用四分体锯将二分体从中间截断。

9. 剔骨分割和包装

（1）吊剔骨：把改好的四分体推到剔骨区域，四分体挂在生产线上，剔骨人员把切下的大块肉放在分割输送机上，自动传送给分割人员，再由分割人员分割为颈部肉、前腿、里脊、花腱等，同时应修净碎骨、结缔组织、淋巴、淤血及其他杂质。

（2）分割好的部位肉真空包装后，放入冷冻盘内用凉肉架车推到结冻库结冻或推到成品冷却间保鲜。

（3）将结冻好的产品托盘后装箱，进冷藏库储存。

（4）剔骨分割间温控：10~15℃，包装间温控：10℃以下。

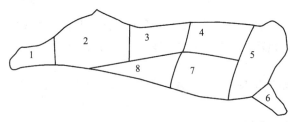

图 20-2　牛胴体组织结构图

1. 后腿肉；2. 臀腿肉；3. 腰部肉；4. 肋部肉；5. 肩颈肉；
6. 前腿肉；7. 胸部肉；8. 腹部肉

二、牛胴体的组织结构

标准的牛胴体二分体大体上分成臀腿肉、腹部肉、腰部肉、胸部肉、肋部肉、肩颈肉、前腿肉、后腿肉 8 个部分（图 20-2）。

在以上分割的基础上再进一步将牛胴体分割成牛柳、西冷、眼肉、上脑、胸肉、腱子肉、腰肉、臀肉、膝圆、大米龙、小米龙、腹肉、嫩肩肉 13 块不同的肉块（图 20-3）。

1）牛柳　牛柳又称里脊，即腰大肌。分割时先剥去肾脂肪，沿耻骨前下方将里脊剥出，然后由里脊头向里脊尾逐个剥离腰横突，取下完整的里脊。

2）西冷　西冷又称外脊，主要是背最长肌。分割时首先沿最后腰椎切下，然后沿眼肌腹壁侧（离眼肌 5~8cm）切下。再在第 12~13 胸肋处切断胸椎，逐个剥离胸、腰椎。

3）眼肉　眼肉主要包括背阔肌、肋背最长肌、肋间肌等。其一端与外脊相连，另一端在第五至第六胸椎处，分割时先剥离胸椎，抽出筋腱，在眼肌腹侧距离为 8~10cm 处切下。

4）上脑　上脑主要包括背最长肌、斜方肌等。其一端与眼肉相连，另一端在最后颈椎处。分割时剥离胸椎，去除筋腱，在眼肌腹侧距离为 6~8cm 处切下。

5）嫩肩肉　肉主要是三角肌。分割时循眼肉横切面的前端继续向前分割，可得一圆锥形的肉块，便是嫩肩肉。

6）胸肉　胸肉主要包括胸升肌和胸横肌等。在剑状软骨处，随胸肉的自然走向剥离，修去部分脂肪即成一块完整的胸肉。

7）腱子肉　腱子肉分为前、后两部分，主要是前肢肉和后肢肉。前牛腱从尺骨端下切，剥离骨头，

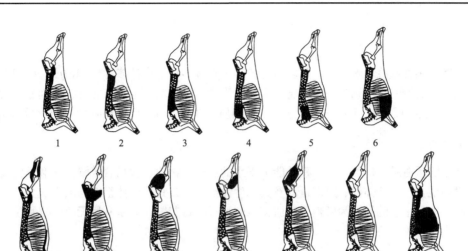

图 20-3　牛肉分割图（涂黑部）

1. 牛柳；2. 西冷；3. 眼肉；4. 上脑；5. 嫩肩肉；6. 胸肉；7. 腱子肉；
8. 腰肉；9. 臀肉；10. 膝圆；11. 大米龙；12. 小米龙；13. 腹肉

后牛腱从胫骨上端下切，剥离骨头取下。

8）腰肉　　腰肉主要包括臀中肌、臀深肌、股阔筋膜张肌。在臀肉、大米龙、小米龙、膝圆取出后，剩下的一块肉便是腰肉。

9）臀肉　　臀肉主要包括半膜肌、内收肌、腹膜肌等。分割时把大米龙、小米龙剥离后便可见到一块肉，沿其边缘分割即可得到臀肉。也可沿着被切开的盆骨外缘，再沿本肉块边缘分割。

10）膝圆　　膝圆主要是臀股四头肌。当大米龙、小米龙、臀肉取下后，能见到一块长圆形肉块，沿此肉块周边（自然走向）分割，很容易得到一块完整的膝圆肉。

11）大米龙　　大米龙主要是臀股二头肌。与小米龙紧接相连，故剥离小米龙后大米龙就完全暴露，顺该肉块自然走向剥离，便可得到一块完整的四方形肉块，即为大米龙。

12）小米龙　　小米龙主要是半腱肌，位于臀部。当牛后腱子取下后，小米龙肉块处于最明显的位置。分割时可按小米龙肉块的自然走向剥离。

13）腹肉　　腹肉主要包括肋间内肌、肋间外肌等，也即肋排，分无骨肋排和带骨肋排。一般包括4～7根肋骨。

三、牛肉的化学组成

牛肉味甘，性平，无毒。《日华子本草》谓："水牛肉冷，黄牛肉温。"功用为补脾胃，益气血，强筋骨。对虚损瘦弱、口渴、脾弱不运、痞积、水肿、腰膝酸软有一定食疗效果。《本草纲目》谓："牛肉补气，与黄芪同功。盖肉者胃之药也，熟而为液，无形之物也，故能由肠胃而透肌肤、毛窍、爪甲，无所不到。"

（一）水分

水分是牛肉中含量最多的组成部分，不同组织水分含量差异很大，肌肉含水 70%，皮肤为 60%，骨骼为 12%～15%，脂肪组织含水甚少，所以牛越肥，其胴体水分含量越低。牛肉中的水分含量及其持水性能直接关系到牛肉及牛肉制品的组织状态、品质，甚至风味。

（二）蛋白质

牛肉蛋白质含量在 22% 左右。蛋白质分为三类：肌原纤维蛋白，占总蛋白的 40%～60%；肌浆蛋白，占 20%～30%；结缔组织蛋白，约占 10%。

蛋白质由氨基酸组成，营养价值高低在于各种氨基酸的比例。牛肉蛋白质的氨基酸组成与人体非常接近，含有人体必需的所有氨基酸，蛋白质营养价值很高。另外，牛肉中的肌氨酸含量比其他食品都高，对增长肌肉、增强力量特别有效。

（三）脂肪

脂肪对牛肉的感官特性影响甚大，肌内脂肪的多少直接影响牛肉的多汁性和嫩度，牛肉的大理石花纹也与脂肪有关。脂肪酸的组成则在一定程度上决定了肉的风味。与其他家畜相比，牛肉脂肪含量较低。牛肉脂肪组织 90% 为中性脂肪，7%～8% 为水分，蛋白质占 3%～4%，此外还有少量的磷脂和固醇。

（四）浸出物

浸出物是指除蛋白质、盐类、维生素外能溶于水的浸出性物质，包括含氮浸出物和无氮浸出物。主要作用：一是供给能量，维持体温、肌肉运动及其他生命活动；二是形成体组织与器官成分；三是形成肥肉和乳中的脂肪；四是多余的转变为肝糖原和肌糖原的形式贮备起来；五是利用无氮浸出物供给能量，可以节省蛋白质和脂肪在体内的消耗。

（五）维生素

牛肉中含有丰富的 B 族维生素，为人们提供了此类维生素的良好来源，特别是维生素 B_6 含量尤其丰富，维生素 B_6 能够增强免疫力，促进蛋白质的新陈代谢和合成。另外，牛器官中也含有大量的维生素，尤其是脂溶性的维生素，如肝脏是众所周知的维生素 A 补品。

（六）矿物质

牛肉中含有大量的矿物质，尤以钾、磷含量最多，另外牛肉还含丰富的锌、镁和铁。锌是一种有助于合成蛋白质、促进肌肉生长的抗氧化剂。锌与谷氨酸盐和维生素 B_6 共同作用，能增强免疫系统机能。镁则支持蛋白质的合成、增强肌肉力量，更重要的是可提高胰岛素合成代谢的效率。铁是造血必需的矿物质（彭增起，2011）。

（七）生物活性物质

1. 共轭亚油酸　　共轭亚油酸是一组天然存在的含有共轭双键的十八碳脂肪酸，是必需脂肪酸亚油酸的位置和立体异构体的统称。它具有抗氧化、抗动脉硬化、抗肿瘤、提高免疫功能、增加骨密度、减少脂肪组织沉积、增加肌内脂肪含量等多种功能（刘晓华等，2008），目前已成为医学、动物营养学研究的焦点。由于自然界存在的共轭亚油酸很少，天然存在的共轭亚油酸主要来源于反刍动物的肉制品及乳制品中。

牛肉中含有非常丰富的共轭亚油酸，每克牛肉脂肪中含有 3～8mg 共轭亚油酸，远高于其他的畜禽肉类。

2. 左旋肉碱　　左旋肉碱在牛肉中含量尤其丰富，每千克牛腿肉中含有 1300mg 左右的左旋肉碱。它是一种广泛存在于人体内的类氨基酸，参与人体的许多代谢过程，是体内脂肪氧化代谢的必需物质。另外，左旋肉碱对脂溶性维生素及钙、磷的吸收也有一定作用。

3. 谷胱甘肽　　牛肉是谷胱甘肽的重要来源，每 100g 牛肉含有 12～26mg 谷胱甘肽。谷胱甘肽是一种重要的抗氧化化合物，通过参与中和氧自由基、减少自由基对生物膜及 DNA 的攻击、抗脂质过氧化损伤及解毒等作用来发挥保护功能。

4. 牛磺酸　　牛肉中富含牛磺酸，每 100g 牛肉含牛磺酸 77mg。牛磺酸具有多种生物活性作用，如调节钙稳态、抗脂质过氧化、稳定细胞膜、调节免疫系统。

5. 辅酶 Q10　　每 100g 牛肉含 2mg 辅酶 Q10。辅酶 Q10 是一种脂溶性抗氧化剂，具有抗氧化活性，是人类生命不可缺少的重要元素之一。它在体内主要有两个作用：一是在营养物质在线粒体内转化为能量的过程中起重要的作用，二是有明显的抗脂质过氧化作用。

6. 肌酸和磷酸肌酸　　每 100g 牛肉含肌酸 350mg。肌酸和磷酸肌酸在肌肉能量代谢中起关键作用，能提高 ATP 的利用率和运动能力，延缓疲劳发生，对短时间、大强度、间歇性的重复运动具有重要作用。

四、牛肉的感官特性和加工特性

牛肉的感官及加工性质包括颜色、风味、吸水力、多汁性及嫩度等，对牛肉及牛肉制品的评价取决于这些特性，而且它们直接关系到肉的接受性。

1. 颜色 一般牛肉的颜色依肌红蛋白含量与脂肪组织的颜色来决定，一般呈红色，但因肌红蛋白的化学状态、解剖部位、年龄、品种、肥度、宰后处理而异，色泽及色调有所差异。例如，黄牛肉为淡棕红色，水牛肉为暗红并带蓝紫色光泽，老龄牛肉为暗红色，犊牛肉为淡灰红色。

黑干肉也叫 DFD 肉，特点是极限 pH 较高，外观颜色比正常肉要黑、要暗，且表面没有丰富的汁液，却有较强的保水能力和较好的嫩度。黑干肉的主要缺点是易感染微生物，风味差。但是，黑干肉的系水力要好于正常牛肉，还具有较好的凝胶特性。

2. 风味 肉的气味是决定肉的质量的重要条件之一。肉的风味大都通过烹调后产生，生肉一般只有咸味、金属味和血腥味。成熟适当的牛肉具有特殊芳香气味，与肉中的酶作用后所产生的某些挥发性芳香物质（如游离的次黄嘌呤核苷酸）有关。如果牛肉成熟过程中保存的温度高，易招致肉的气味不良，如陈宿气、硫化氢臭及氨气臭等。

3. 系水力 系水力指保持原有水分和添加水分的能力，肌肉中通过化学键固定的水分很少，大部分是靠肌原纤维结构和毛细血管张力而固定。肌肉系水力是一项重要的肉质性状，它不仅影响肉的色香味、营养成分、多汁性、嫩度等食用品质，而且有着重要的经济价值。利用肌肉有系水潜能这一特性，在其加工过程中可以添加水分，从而可以提高产出品率。如果肌肉保水性能差，则从牛屠宰后到肉被烹调前这一段过程中，肉因为失水而失重，造成经济损失。

4. 嫩度 牛肉的嫩度受品种、性别、年龄、使役情况、肉的组织结构及品质、后熟作用、冷凉方法等的影响，且与肌肉的解剖学分布有关。如肉牛肉较嫩，水牛肉较韧，乳牛肉一般比黄牛与水牛肉要嫩些。阉牛由于性征不发达，其肉较嫩。幼牛由于肌纤维纤细含水分多，结缔组织较少，所以其肉质脆嫩。役牛的肌纤维粗壮，结缔组织较多，因此肉质坚韧。大量的研究证明，牛肉胴体肌肉的嫩度与肌肉结缔组织中胶原纤维和弹性纤维的含量有直接的关系。不同部位肌肉中胶原蛋白和弹性蛋白的数量相差很大，所以组成胶原蛋白的主要成分羟脯氨酸的数量也不同。羟脯氨酸越多，肉的切开强力越大，肉的嫩度越低。牛肉中以半腱肌最韧，含有大量胶原及弹性硬蛋白纤维，每克新鲜肌组织内含 8.0mg 胶原。半膜肌含 6.11mg 胶原，背长肌含 4.52mg 胶原。

5. 牛肉加工特性 牛肉的加工特性直接影响其深加工产品的质量，与企业的商业利润息息相关。牛肉加工特性主要包括凝胶特性、乳化性等。在凝胶特性方面，牛肉颜色越深，凝胶强度越大，凝胶弹性越强，凝胶保水性也越强，但乳化能力较差。

第三节 牛肉的分级和质量评定

（一）美国牛肉分级和质量评定

美国对牛肉采用产量级（yield grade，YG）和质量级（quality grade）两种分级制度。两种制度可分别单独对牛肉定级，亦可同时使用，即一个胴体既有产量级别又有质量级别，主要取决于客户对牛肉的需求。产量级的估测主要由胴体表面脂肪厚度，眼肌面积，肾、盆腔、心脏和脂肪占胴体的重量（KPH%）和热胴体重量这 4 个因素决定，公式为：

$$YG=2.5+（2.5×脂肪厚度）+（0.2×KPH\%）-（0.32×眼肌面积）+（0.0038 热胴体重）$$

美国牛肉的质量级依据牛肉的品质（以大理石纹为代表）和生理成熟度（年龄）将牛肉分为特优（prime）、特选（choice）、优选（select）、标准（standard）、商用（commercial）、可用（utility）、切碎（cutter）和制罐（canner）8 个级别。第一级为特优级，此类等级的牛肉多数销往高级餐厅。而出售此种等级牛肉的餐厅门口多半可见"U. S. Prime"字样，代表此间餐厅所选用的牛肉是经过美国政府认可的最高级牛肉。第二级为特选级，此等级的牛肉在一般超市和商场均可见，多半切成牛排出售。第三级则为优选级，此等级多半是以牛肉片、牛肉丝或带骨的牛肉形式出售。第四级为标准级，此等级的肉多半为牛后腿部位的肉，常以牛肋条或牛片形式出售。第五级为商用级。第六级为可用级，类似组合肉。第七级为切碎级，指的是不成形的牛肉碎屑。第八级则是所谓的制罐级，此种等级的牛肉只能用来制作罐头。生理成熟度以年龄决定，年龄越小肉质越嫩，级别越高，共分为 A、B、C、D 和 E 5 级。A 级为 9～30 月龄；B 级为 30～42 月龄；C 级为 42～72 月龄；D 级为 72～96 月龄；96 月龄以上为 E 级。而年龄则以胴体骨骼和软骨的大小、形状和骨质化程度及眼肌的颜色和质地为依据来判定，其中软骨的骨质化为最重要的指标，年龄小的动物在脊柱的骨头上端都有一块软骨，随着年龄增大，这块软骨逐渐骨质化而消失。这个过程一般从胴体后端开始，最终在前端结束，这个规律为判定胴体年龄提供了较可靠的依据。加上对骨骼形状、肌肉颜色的观察，即可判定出胴体的生理成熟度（Beriain，2021）。

（二）我国牛肉分级和质量评定

1. 胴体质量的评定　　胴体质量评定主要根据胴体最低重量、胴体全外观、肉质评定等进行。

1）胴体最低重量　　暂以 1 岁半出栏为标准，净肉率为 37%～42%。

（1）特等。净肉 147kg（活重 350kg，净肉率 42%）。

（2）一等。净肉 120kg（活重 300kg，净肉率 40%）。

（3）二等。净肉 97.5kg（活重 250kg，净肉率 39%）。

（4）三等。净肉 81.4kg（活重 220kg，净肉率 37%）。

（5）四等。活重在 200kg 以下，净肉率低于 37%。

2）外观评定

（1）胴体结构。观察胴体整体形状、外部轮廓，以及胴体厚度、宽度和长度。

（2）肌肉厚度。要求肩、背、腰、臀等部位肌肉丰满肥厚。

（3）脂肪状况。皮下脂肪分布均匀、覆盖度广、厚度适宜，内部脂肪较多，眼肌面积大。

（4）体表状况。放血充分，无疾病损伤，胴体表面无污染和伤痕等缺陷。

3）肉质评定

（1）胴体切面。观察眼肌中脂肪分布和大理石状的程度，以及二分体肌肉露出切面和肌肉中脂肪交杂程度。

（2）肌肉的色泽。要求肌肉颜色鲜红、有光泽（颜色过深和过浅均不符合要求），肌纤维的纹理较细。

（3）脂肪的颜色。脂肪以白色、有光泽、质地较硬、有黏性为最好。

（4）风味的评定。品尝其鲜嫩度、多汁性、肉的味道和汤味（贾君和王立江，2008）。

4）肉的化学分析　　取 9～11 肋骨样块的全部肌肉作化学分析样品（不包括背最长肌），测定其蛋白质、脂肪、水分、灰分的含量。牛腰肉成分与肥度的关系见表 20-1。

表 20-1　牛腰肉成分与肥度的关系

肥度	水分 /%	脂肪 /%	蛋白质 /%	灰分 /%	热量 /（J/kg）
瘦	64	16	18.6	1.0	920
中等	57	25	16.9	0.8	1213
肥	53	31	15.6	0.8	1422
很肥	44	43	12.8	0.6	1841

2. 各项指标的说明和测量方法

1）宰前活重　　绝食 24h 后的宰前实际体重。

2）宰后重　　屠宰后血放尽的胴体重量。

3）血重　　实际所放的血液重量。

4）皮厚　　右侧第 10 肋骨椎骨端的厚度被 2 除（活体测量）。

5）胴体重（冷胴体）　　胴体重＝活重－［血重＋皮重＋内脏重（不含肾脏和肾脂肪）＋头重＋腕跗关节以下的四肢重＋尾重＋生殖器官及周围脂肪］。

胴体需倒挂冷却 4～6h（在 0～4℃），然后按部位进行测量、记重、分割、去骨（在严寒条件下冷却时间以胴体完全冷却为止，严防胴体冻结）。

6）净肉重　　胴体剔骨后全部肉重（包括肾脏等胴体脂肪）骨上带肉不超过 2～3kg。

7）骨重　　实测骨的重量。

8）胴体长　　耻骨缝前缘至第 1 肋骨前缘的最远长度。

9）胴体胸深　　自第 3 胸椎棘突的体表至胸骨下部的垂直深度。

10）胴体深　　自第 7 胸椎棘突的体表至第 7 肋骨的垂直深度。

11）胴体后腿围　　在股骨与胫腓骨连接处的水平围度。

12）胴体后腿宽　　自去尾处的凹陷内侧至大腿前缘的水平宽度。

13）胴体后腿长　　耻骨缝前缘至飞节的长度。

14）肌肉厚度　　大腿肌肉厚是自体表至股骨体中点的垂直距离。腰部肌肉厚是自体表（棘突外 1.5cm）至第 3 腰椎横突的垂直距离。

15）皮下脂肪厚度

（1）腰脂厚。肠骨角外侧脂肪厚度。

（2）肋脂厚。12 肋骨弓最宽处脂肪厚度。

（3）背脂厚。在第 5～6 胸椎间离中线 3cm 处的两侧皮下脂肪厚度。

16）眼肌面积　　第 12 肋骨后缘处，将脊椎锯开，然后用利刀切开 12～13 肋骨间，在 12 肋骨后缘用硫酸纸将眼肌面积描出（测 2 次），用求积仪或用方格透明卡片（每格 1cm）计算出眼肌面积。

17）眼肌等级评定　　根据脂肪分布和大理石状的程度按 9 级评定标准进行，将评定等级提高 1 级计算。

18）半片胴体横断面测定（12～13 肋断开）　　胸壁厚度。12 肋骨弓最宽处。

断面大弯部。12 脊椎骨的棘突体表至椎体下缘的直线距离。

19）皮下脂肪覆盖度　　一级 90% 以上，二级 89%～76%，三级 75%～60%，四级 60% 以下。

20）9～11 肋骨样块　　在第 8 及第 11 肋骨后缘，用锯将脊椎锯开，然后沿着第 8 及第 11 肋骨后缘切开，与胴体分离，取下样块肌肉（由椎骨端至肋软骨）作化学分析样品。

21）非胴体脂肪　　包括网膜脂肪、胸腔脂肪、生殖器脂肪。

22）胴体脂肪　　包括肾脂肪、盆腔脂肪、腹膜和胸膜脂肪。

23）消化器官重（无内容物）　　包括食道、胃、小肠、大肠、直肠。

24）其他内脏重　　分别称心、肝、肺、脾、肾、胰、气管、横膈膜、胆囊（包括胆汁）和膀胱（空）。

25）肉脂比　　取 12 肋骨后缘断面，测定其眼肌最宽厚度和上层的脂肪最宽厚度之比。

26）肉骨比　　胴体中肌肉和骨骼之比。

27）屠宰率　　屠宰率＝（胴体重 / 宰前活重）×100%

28）净肉率　　净肉率＝（净肉重 / 宰前活重）×100%

29）胴体产肉率　　胴体产肉率＝（净肉重 / 胴体重）×100%

30）熟肉率　　取腿部肌肉 1kg，在沸水中煮沸 120min，测定生、熟肉之比。

31）品味取样　　取臀部深层肌肉 1kg，切成 2cm³ 小块，不加任何调料，在沸水中煮 70min（肉水比为 1∶3）。

32）优质切块　　优质切块＝腰部肉＋短腰肉＋膝圆肉＋臀部肉＋后腿肉＋里脊肉。

【思 考 题】

1. 牛肉的生物活性成分有哪些?

2. 简述我国牛肉分级和质量评定的方法。

第二十一章　羊　肉

第一节　肉羊的品种和特点

一、世界肉羊的品种和特点

（一）无角陶赛特羊

无角陶赛特羊（Poll Dorset）产于大洋洲的澳大利亚和新西兰，是以雷特羊和有角陶赛特羊为母本，考力代羊为父本进行杂交，杂种羊再与有角陶赛特公羊回交，然后选择无角后代培育而成。无角陶赛特羊是著名的肉羊品种，早在 1954 年在澳大利亚就成立了无角陶赛特羊品种协会。澳大利亚的无角陶赛特公羊比新西兰的无角陶赛特羊腿略长，放牧游走性能较好。无角陶赛特羊体质结实，头短而宽，公、母羊均无角，颈短、粗，胸宽深，背腰平直，后躯丰满，四肢粗、短，整个躯体呈圆桶状，面部、四肢及被毛为白色。生长发育快，早熟。该品种 6 月龄公羔胴体重为 24.20kg，屠宰率达 54.50%，净肉率达 43.10%，后腿肉和腰肉重占胴体重的 46.07%。在新西兰，该品种羊用作生产反季节羊肉的专门化品种。20 世纪 80 年代以来，新疆、内蒙古、甘肃、北京和中国农业科学院畜牧研究所等单位，先后从澳大利亚和新西兰引入无角陶赛特羊。

（二）特克赛尔羊

特克赛尔羊产于荷兰，为短毛型肉用细毛羊品种，是用林肯和来斯特羊与当地羊杂交选育而成的，是国外肉脂绵羊名种之一。特克赛尔羊体形较大，公羊体重 80～140kg，母羊体重 60～90kg。体躯呈长圆桶状，额宽，耳长大，颈短粗，肩宽平，胸宽深，背腰长而平，后躯发育好，肌肉充实。被毛白色。头、腿部无绒毛。具有肌肉生长速度快，眼肌面积大（较其他肉羊品种高 7% 以上），是理想的肉羊生产的终端父本等特点。

二、我国肉羊的品种和特点

（一）小尾寒羊

小尾寒羊是中国乃至世界著名的肉裘兼用型绵羊品种，原产于鲁豫苏皖四省交界地区，现在河北南部、河南东部和东北部、山东南部及皖北、苏北一带也大量饲养小尾寒羊。小尾寒羊主要分布于山东省的曹县、汶上、梁山等县及苏北、皖北、河南的部分地区。小尾寒羊成长发育快、早熟、繁殖力强、性能遗传稳定、适应性强，被国家定为名畜良种，被人们誉为"中国国宝""世界超级羊"及"高腿羊"，并被列入了《国家畜禽遗传资源保护目录》。

小尾寒羊眼大有神，嘴头齐，鼻大且鼻梁隆起，耳中等大小，下垂。头部有黑色或褐色斑，小尾寒羊体形结构匀称，四肢细高，公羊体高达 1m 以上，侧视略呈正方形；鼻梁隆起，耳大下垂；短脂尾呈圆形，尾尖上翻，尾长不超过飞节，尾外中间有一浅沟，尾尖向上反转，贴于尾沟，一般长宽各 18cm；胸部宽深，肋骨开张，背腰平直，有螺旋形大角，角根粗硬，角尖稍向外偏，也有的向内偏，称之为"扎腮角"。体躯长，呈圆筒状；四肢高，健壮端正，前躯发达，有悍威、善抵斗。母羊头小颈长，大都有镰刀状、姜牙状、鹿角状角，极少数无角，尾形很不一致，多为长圆形，尾长 14cm，最长不过 23cm，宽11.6cm，有的尾根较宽而向下逐渐变窄，呈三角形，也有的尾尖向上翻。

小尾寒羊生长快，周岁育肥羊屠宰率为 55.6%，净肉率为 45.89%。肉质细嫩，肌间脂肪呈大理石纹状，肥瘦适度，鲜美多汁，肥而不腻，鲜而不膻。而且营养丰富，蛋白质含量高，胆固醇含量低，富含人体必需的各种氨基酸、维生素、矿物质元素等。

（二）湖羊

湖羊育成和饲养已有八百多年的历史，是太湖平原独特的稀有品种之一，产区在浙江、江苏间的太湖流域，所以称为"湖羊"，是我国一级保护地方畜禽品种。为稀有白色羔皮羊品种，具有早熟、四季发情、多胎多羔、繁殖力强、泌乳性能好、生长发育快、产肉性能理想、肉质好、耐高温高湿等优良性状，被列入了《国家畜禽遗传资源保护目录》。湖羊体格中等，公、母均无角，头狭长，鼻梁隆起，多数耳大下垂，颈细长，体躯狭长，背腰平直，腹微下垂，尾扁圆，尾尖上翘，四肢偏细而高，被毛全白，腹毛粗、稀而短，体质结实。

各种肉羊品种见图21-1。

无角陶赛特羊　　　　　特克赛尔羊

小尾寒羊　　　　　湖羊　　　　　彩图

图21-1　各种肉羊品种

第二节　羊肉的组织结构与品质特性

一、羊胴体的组织结构

羊胴体可被分割成腿部肉、腹部肉、腰部肉、胸部肉、肋排肉、颈部肉、前腿肉、肩部肉。羊胴体组织结构见图21-2。

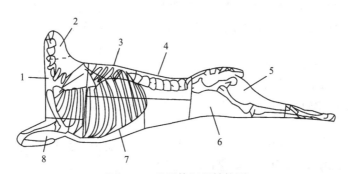

图21-2　羊胴体组织结构图
1. 肩部肉；2. 颈部肉；3. 肋排肉；4. 腰部肉；5. 腿部肉；6. 腹部肉；7. 胸部肉；8. 前腿肉

羊胴体肉组织的分布情况：肩部肉主要包括胛骨、肋骨、肱骨、颈椎、胸椎、部分桡尺骨及有关的肌肉。颈部肉位于颈椎周围，主要由颈背侧肌、颈部脊柱骨和颈腹侧肌组成。肋排肉主要包括肋骨、升胸肌等，由胸腹膈第2肋骨与胸骨结合处直接切至第10肋骨。腰部肉主要包括肋肌、胸椎、腰椎及有关肌肉，由半胴体于第4或5或6肋骨处切去前1/4胴体，于腰荐结合处切至腹肋肉，去后腿而得。腿部肉主要包括臀中肌、半膜肌、内收肌、股薄肌等,四带臀腿沿膝圆与粗米龙之间的自然缝分离而得。腹部肉俗称五花肉,主要包括部分肋骨、胸骨和腹外斜肌、腹直肌等,位于腰肉的下方。前腿肉主要包括尺骨、桡骨、腕骨和肱骨的远侧及有关的肌肉,位于肘关节和腕关节之间。分割时沿胸骨与盖板远端的肱切除,自前 1/4 胴体切下即可。

二、羊肉的化学组成

羊肉是我国传统的肉类之一,肉质细嫩,含有很高的蛋白质和丰富的维生素,较猪肉和牛肉的脂肪、胆固醇含量都要少。每 100g 羊肉含脂肪 4g、蛋白质 18g、热量 109kcal、碳水化合物 2g、灰分 0.7g、钾 108mg、镁 9mg、钠 92mg、铁 2.3mg、钙 12mg、锌 2.14mg、磷 145mg、锰 0.08mg、铜 0.12mg、维生素 A 16mg、硒 6.18mg、维生素 E 0.53mg。

羊肉含有很高的蛋白质和丰富的维生素。蛋白质含量较高,含氮物达 20% 以上,钙、磷等矿物质含量比较丰富,类似于中等肥度的牛肉,且高于猪肉。其所含的赖氨酸、精氨酸、组氨酸、丝氨酸等必需氨基酸均高于牛肉、猪肉和鸡肉。在多种肉类中羊肉的胆固醇含量最低。羊的脂肪熔点为 47℃,因人的体温为 37℃,就是吃了也不会被身体吸收,所以不容易发胖。羊肉肉质细嫩,容易被消化,多吃羊肉可以提高身体素质,提高抗疾病能力。此外,羊肉性温热,补气滋阴、暖中补虚、开胃健力,在《本草纲目》中被称为补元阳益血气的温热补品。不论是冬季还是夏季,人们适时地多吃羊肉可以去湿气、避寒冷、暖心胃。中医认为羊肉还有补肾壮阳的作用。所以现在人们常说:"要想长寿,常吃羊肉。"

表 21-1　几种主要肉类的组成及产热量的比较

组成		牛肉	鸡肉	羊肉
水 /%		75.2	69	74.2
蛋白质 /%		20.2	19.3	20.5
脂肪 /%		2.3	9.4	3.9
热量 /（kJ/g）		444	699	494
矿物质（mg/100g）	钙	6	9	12
	磷	150	124	145
	铁	2.2	0.9	2.3

从表 21-1 来看,羊肉具有热量高、蛋白质含量高、脂肪少的特点;就矿物质元素的含量而言,羊肉含有丰富的钙、磷、铁,在铜和锌的含量方面,也显著地超过其他肉类。

羊肉膻味被称为特殊的风味,是由于含有一种或几种挥发性脂肪酸的原因。羊肉致膻物质的化学成分主要是脂肪酸中的低碳链游离脂肪酸。膻味的大小因羊种类、性别、年龄、季节、地区等因素不同而异,一般认为,山羊肉比绵羊肉膻味大,公羊肉膻味大于母羊和羯羊肉。我国北方广大农牧民和城乡居民,长期以来有喜食羊肉的习惯,对羊肉的膻味也就感到自然,有的甚至认为是羊肉的特有风味;而江南有相当多的城乡居民特别不习惯闻羊肉的膻味,因而不喜欢吃羊肉。

据报道,日前,瑞士科学家发现在牛和羊的体内存在着一种抗癌物质,这种被称为共轭亚油酸（CLA）的脂肪酸对治疗癌症有明显效果（Pariza, 1983）。位于瑞士福莱堡的一家动物研究所的科学家们经过多年研究,发现了 CLA 的独特性质。通过对老鼠和人体细胞所做的试验,科学家们发现,在 CLA 的作用下,癌细胞生长得到抑制并逐渐减少,这种作用对于治疗皮肤癌、结肠癌及乳腺癌有着明显的效果（王羽伦,2010）。专家们指出,CLA 物质主要存在于肉类和奶制品中,反刍动物如牛和羊体内 CLA 的含量大大高于猪和鸡的含量。试验还证明,在草原上放养的动物体内 CLA 含量更高。

三、羊肉的品质

羊肉的品质一般包括以下几个方面。

（1）肌肉丰满。柔嫩胴体中肌肉的比例要高,骨的比例宜低,则出肉率高。肌肉丰满,柔嫩多汁,有肉香味,则肉的品质好。

（2）肉块紧凑美观。肉块小而紧凑,骨骼尽量短而细,使肌肉更加丰满,烹饪时可以切成鲜嫩的肉片。如果骨骼长而粗,肌肉薄而脂肪少,则烹饪后显得干枯。

（3）脂肪分布均匀,含量适中。胴体表面应有一层较薄而均匀的脂肪覆盖,以 0.5～0.8cm 为佳,背脂分布均匀而不过厚,肌肉脂肪含量应高。优质肥羔的胴体,要求有一层最低限度的皮下脂肪,在宰前实行短期优饲,可以获得满意的皮下脂肪。脂肪的含量适中,以能使肉在贮藏、运输和烹调时不过于干燥为宜。

（4）肉细,色红,肌肉应细嫩,肌肉与脂肪含水量宜少,肉内的脂肪含量宜高,肉呈大理石状。颜色鲜嫩,以浅红色至鲜红色为准,脂肪应坚实色白,黄色者不佳。脂肪组织中不饱和脂肪酸含量宜低。不饱和脂肪酸能使脂肪变软,氧化而酸败,不宜长期保存。

综上所述，只有年龄小的羔羊，才能生产出上等品质的肥羊肉。初生羔羊，肉质细嫩，膻味较轻，但缺乏香味，随着年龄的增长，香气增加，但肉质也逐渐变粗。因此，在肌肉尚未粗韧和气味不很重，膘度又为最好时进行屠宰最为合适，一般以 4~6 月龄为宜。

第三节　羊肉的分级和质量评定

一、国外羊肉分级和质量评定

（一）新西兰肉羊胴体分级和质量评定

新西兰是以畜牧业为主的经济发达国家，有"羊肉王国"的美誉，是世界上人均养羊、养牛最多的国家，也是世界上羊肉出口最主要的国家之一。

新西兰主要是运用脂肪含量和胴体质量这两个指标对肉羊胴体进行分级。具体而言，胴体的脂肪含量由胴体表面到肋骨间的脂肪厚度来确定，即肋肉厚。其测定部位是距胴体背脊中线 11cm 处的第 12 肋和第 13 肋之间。其中，羔羊肉分为 A 级、Y 级、P 级、T 级、F 级、C 级、M 级；成年羊分为 MM 级、MX 级、ML 级、MH 级、MF 级、MP 级；后备羊肉分为 HX 级和 HL 级，其中，字母 L、M、H、X、F、P 表示级别的程度，分别为 Light、Middle、Heavy、Extra、Fix，Chop；所有公羊肉都属于 R 级，见表 21-2。

表 21-2　新西兰羊肉分级标准

分级类别		胴体质量 /kg	脂肪含量	肋肉厚 /mm
A 级		9.0 以下	不含多余脂肪	
Y 级	YL	9.0~12.5	少量	<6.1
	YM	13.0~16.0		<7.1
P 级	PL	9.0~12.5	中等	6~12
	PM	13.0~16.0		7~12
	PX	16.5~20.0		<12
	PH	20.5~25.5		<12
羔羊肉分级 / T 级[①]	TL	9.0~12.5	较多	12~15
	TM	13.0~16.0		12~15
	TH	16.5~25.5		12~15
F 级[②]	FL	9.0~12.5	过多	>15
	FM	13.0~16.0		>15
	FH	16.5~25.5		>15
C 级[③]	CL	9.0~12.5	变化范围较大	
	CM	13.0~16.0		
	CH	16.5~25.5		
M 级		胴体太瘦或受损伤	脂肪呈黄色	
成年羊肉分级	MM 级	任何质量	>2%	胴体太瘦或受损伤，脂肪呈黄色
	MX 级	<22.0 或>22.5	2%~9%	
	ML 级	<22.0 或>22.5	9.1%~17.0%	
	MH 级	任何质量	17.1%~25.0%	
	MF 级	任何质量	>25.1%	
	MP 级[④]			
后备羊肉分级	HX 级	任何质量	较少	<9.0
	HL 级		中等	9.1~17.0
公羊肉分级	R 级[⑤]	任何质量		

注：①②用作切块出售，出口前修整胴体，除去多余脂肪；③胴体修整后仍不符合出口标准，仅腿和腰部有 3~4 个切块可供出口；④胴体不符合出口标准，只能作切块和剔骨后出售；⑤所有公羊肉均属此级。

资料来源：Chandraratne et al.，2006。

（二）美国肉羊胴体分级和质量评定

美国也是一个养羊产业的大国，其绵羊品种92%为肉用品种，羊肉收入占养羊业收入的83%。美国的肉羊胴体分级评价标准中将肉羊分为羔羊肉、1岁龄羊肉和成年羊肉。该标准在对肉羊胴体进行评价时，将肉羊胴体分为产量等级和质量等级（莎丽娜，2009）。

产量等级（YG）用来评价腰部、腿部、肩部和肋部的去骨零售切块肉的等级，计算公式为：YG＝0.4＋25.4×脂肪厚度，由高到低共分为5个级别。产肉率和产量等级的关系见表21-3。

表21-3 产肉率与美国农业部肉羊胴体产量等级

项目	产量等级				
	1.0	2.0	3.0	4.0	5.0
背膘厚/cm	≤0.38	0.39～0.64	0.65～0.89	0.90～1.14	≥1.15
产肉率/%	50.3	49.0	47.7	46.4	45.1

质量等级是用来评价羊肉的食用特性和适口性的。根据肉羊胴体的生理成熟度和肌间脂肪，质量等级共分为5个级别。其中，生理成熟度分为小羔羊、大羔羊、青年羊和成年羊4个级别，而肌间脂肪分为很丰富、丰富、较丰富、多量、中等量、少量、微量、稀量、罕见9个级别。

（三）澳大利亚肉羊胴体分级和质量评定

国际市场上销售的羊肉以肥羔肉为主导产品，其中，澳大利亚每年上市的羔羊肉占其羊肉总量份额的70%。澳大利亚将肉羊的年龄、性别、体质量和膘厚作为胴体的分级指标，其中，依据肉羊的年龄和性别将肉羊分为羔羊、幼年羊、成年羊和公羊4个等级。根据胴体的质量把各类肉羊胴体分为轻级（L）、中级（M）、重级（H）和特重级（X）4个等级，最后再结合胴体膘厚进行总体综合的胴体质量评价，从而做出合理的胴体分级。

二、我国肉羊胴体分级和质量评定

我国的肉羊业起步较晚，但发展很快。特别是进入20世纪90年代以来，全国肉羊养殖急剧升温，以新疆、内蒙古等为代表的牧区和农牧结合区，以及以山东、河北、河南等为代表的农区使肉羊业作为畜牧业生产的新兴产业正在逐步形成规模化养殖体系，使我国羊业生产结构日趋合理和完善。

自20世纪90年代以来，我国绵羊、山羊的存栏量、出栏量、羊肉产量均居世界第一位，肉羊业产值占畜牧业的比重也在不断提高。肉羊产业在改善我国人民的膳食结构、提高我国人民的身体素质、增加农牧民生产经营收入、提升我国农业尤其畜牧业的生产结构等方面都做出了巨大的贡献。

就目前而言，在肉羊胴体分级评价方面，我国的研究起步比较晚，至今还没有一个全面、完整、系统的肉羊胴体等级评价标准，我国第一个关于羊肉的标准是由我国商业部1987年批准颁布的。此后，经过一系列的修订，该标准最终被修订为《羊胴体及鲜肉分割》（GB/T 39918—2021）。其中，关于肉羊胴体分级指标采用的是《冷却（鲜）羊肉质量分级与评定》（T/BTFDIA 001—2017 NT/BTFDIA 001—2017）。该标准以冷却（鲜）羊肉安全卫生要求为基础，以消费者感官评定指标为主，规定了质量等级划分与评定要求。感官评定指标主要包括嫩度、气味、色泽、组织状态、黏度、煮沸后肉汤、肉眼可见异物。技术指标与要求兼顾了生产端和消费端、产品固有品质与顾客感受，符合国际通行质量评定分级要求。

【思考题】

1. 羊肉的营养价值有哪些？与其他肉类相比营养成分的优势是什么？
2. 我国肉羊胴体的质量分级与评定内容有哪些？

第二十二章 肉　　禽

第一节　肉禽的品种和特点

一、鸡的品种和特点

（一）国外鸡的品种和特点

1. 艾维茵（Avian）白羽　　艾维茵白羽是美国艾维茵国际家禽公司育成的优秀四系配套肉鸡。肉仔鸡生长速度快，饲料转化率高，适应性也强。该鸡种在国内肉鸡市场上占有 40% 以上的比例，为我国肉鸡生产的发展做出很大的贡献。

2. 爱拔益加（Arbor Acres）白羽　　爱拔益加（简称 AA）白羽是美国爱拔益加公司培育的四系配套肉鸡。我国引入祖代种鸡已经多年，饲养量较大，效果也较好。其父母代种鸡产量高，并可利用快慢羽自别雌雄，商品仔鸡生长快，适应性强。6 周龄体重 1.59kg，饲料转化率 1.76。7 周龄体重 1.99kg，饲料转化率 1.92。8 周龄体重 2.41kg，饲料转化率 2.07。9 周龄体重 2.84kg，饲料转化率 2.21。

3. 宝星（Starbro）　　宝星是加拿大雪佛公司育成的四系杂交肉鸡。1978 年我国引入曾祖代种鸡，译为星布罗，1985 年第二次引进曾祖代种鸡，称为宝星肉鸡。该鸡生长速度快，成活率高，肉质鲜嫩。宝星肉鸡在我国适应性较强，在低营养水平及一般条件下饲养，生产性能较好，7 周体重 2.17kg，平均料肉比为 2.04∶1。

4. 安卡红（Anak-40）　　安卡红鸡为速生型黄羽肉鸡，四系配套。原产于以色列，是目前国内生长速度最快的红羽肉鸡。体貌黄中偏红，部分鸡颈部和背部有麻羽。胫趾为黄色，黄皮肤，黄喙。单冠，公、母鸡冠齿以 6 个居多，肉髯、耳叶均为红色，较大、肥厚。体形较大、浑圆。安卡红是生长速度最快的有色羽肉鸡之一，具有适应性强、长速快、饲料报酬高等特点。6 周龄体重达 2001g，累计料肉比 1.75∶1；7 周龄体重达 2405g，累计料肉比 1.94∶1；8 周龄体重达 2875g，累计料肉比 2.15∶1。

5. 狄高黄肉（Tegel）红羽鸡　　狄高黄肉鸡是澳大利亚狄高公司育成的二系配套杂交肉鸡，父本为黄羽，母本为浅褐色羽，其特点是仔鸡生长速度快，与地方鸡杂交效果好。我国已引入祖代种鸡繁育推广。

6. 红布罗（Redbro）　　红布罗是加拿大雪佛公司育成的红羽快大型肉鸡，具有羽红、胫黄、皮肤黄等特征。该鸡适应性好、抗病力强，生长较快，肉味亦好，与地方品种杂交效果良好。我国曾引进祖代种鸡进行繁育推广。

（二）我国鸡的品种及特点

目前我国饲养的肉鸡品种主要分为两大类型：一类是快大型白羽肉鸡（一般称之为肉鸡），另一类是黄羽肉鸡（一般称之为黄鸡，也称优质肉鸡）。快大型肉鸡的主要特点是生长速度快，饲料转化效率高。正常情况下，42 天体重可达 2650g，饲料转化率 1.76，胸肉率 19.6%。优质肉鸡与快大肉鸡的主要区别是生长速度慢，饲料转化效率低，但适应性强，容易饲养，鸡肉风味品质好，因此受到中国（尤其是南方地区）和东南亚地区消费者的广泛欢迎。

1. 北京油鸡　　北京油鸡具有冠羽（凤头）和胫羽，少数有趾羽，有的有冉须，常称三羽（凤头、毛脚和胡须），并具有"S"形冠。羽毛蓬松，尾羽高翘，十分惹人喜爱。北京油鸡的生长速度缓慢。屠体皮肤微黄，紧凑丰满，肌间脂肪分布良好，肉质细腻，肉味鲜美。其初生重为38.4g，4周龄重为220g，8周龄重为549.1g，12周龄重为959.7g，16周龄重为1228.7g，20周龄的公鸡重为1500g、母鸡重为1200g。

2. 固始鸡 固始鸡是在以河南固始县为中心的一定区域内，在特定的地理、气候等环境和传统的饲养管理方式下，经过长期择优繁育而成的具有突出特点的优秀鸡群，是中国著名的肉蛋兼用型地方优良鸡种，是国家重点保护畜禽品种之一。毛色以黄色、黄麻为主，青腿、青脚、青喙，体形中等，具有耐粗饲、抗病力强、肉质细嫩等特点。2006年9月，国家质量监督检验检疫总局批准对固始鸡实施地理标志产品保护。该品种个体中等，外观清秀灵活，体形细致紧凑，结构匀称，羽毛丰满。羽色分浅黄、黄色，少数黑羽和白羽。冠形分单冠和皇冠两种。90日龄公鸡体重487.8g，母鸡体重355.1g，180日龄公母体重分别为1270g、966.7g，5月龄半净膛屠宰率公、母分别为81.76%、80.16%。

3. 岭南黄鸡 岭南黄鸡是广东省农业科学院畜牧研究所培育的黄羽肉鸡，具有生产性能高、抗逆性强、体形外貌美观、肉质好和"三黄"特征。岭南黄鸡第一个明显特点是生产配套种类多样化，以适应我国黄鸡市场多元化发展趋势；第二个显著特点是科技含量高，突出表现在生产性能优异、饲养成本低，如伴性快慢羽自别雌雄配套系的建立，使得初生雏雌雄鉴别准确率达到99%以上。

4. 丝羽乌骨鸡 丝羽乌骨鸡在国际标准品种中被列入观赏鸡。它头小、颈短、脚矮、体小轻盈，具有"十全"特征，即桑椹冠、缨头（凤头）、绿耳（蓝耳）、胡须、丝羽、五爪、毛脚（胫羽、白羽）、乌皮、乌肉、乌骨。除了白丝羽乌鸡，还培育出了黑羽丝毛乌鸡。150日龄福建公、母体重分别为1460g、1370g，江西分别为913.8g、851.4g，半净膛屠宰率江西公鸡为88.35%，母鸡为84.18%。丝羽乌鸡在我国已作为肉用特种鸡，并被大力推广养殖。

5. 峨眉黑鸡 峨眉黑鸡体形较大，体态浑圆，全身羽毛黑羽，着生紧密，具有金属光泽。大多数为红单冠或豆冠，喙黑色，腹、趾黑色，皮肤白色，偶有乌皮个体。公鸡体形较大，梳羽丰厚，胸部突出，背部平直，头昂尾翘，姿态矫健，两腿开张，站立稳健。90日龄公、母平均体重分别为（973.18±38.43）g、（816.44±23.70）g。6月龄半净膛屠宰率测定公、母鸡分别为74.62%，74.54%。

6. 溧阳鸡 溧阳鸡属肉用型地方品种。体形较大，体躯呈方形，羽毛及喙和脚的颜色多呈黄色，但麻黄、麻栗色者亦甚多。公鸡单冠直立，母鸡单冠有直立与倒冠之分。成年体重公鸡为3850g，母鸡为2600g。屠宰半净膛率80%以上，全净膛率70%以上。主要分布在溧阳市境，以茶亭、戴埠、社诸等乡（镇）饲养数量最多。

各种鸡的品种见图22-1。

| 艾维茵白羽 | 爱拔益加白羽 | 宝星 | 安卡红 |
| 狄高黄肉红羽鸡 | 红布罗 | 北京油鸡 | 固始鸡 |

| 丝羽乌骨鸡 | 峨眉黑鸡 | 溧阳鸡 | 岭南黄鸡 | 彩图 |

图 22-1　各种鸡品种

二、鸭的品种和特点

（一）国外肉鸭的品种和特点

1. 狄高鸭　狄高鸭是澳大利亚狄高公司引入北京鸭，选育而成的大型肉鸭配套系。20 世纪 80 年代引入我国。1987 年广东省南海县种鸭场引进狄高鸭父母代，生产的商品代肉鸭反应良好。狄高鸭的外形与北京鸭相似。全身羽毛白色。头大颈粗，背长宽，胸宽，尾稍翘起，性指羽 2～4 根。初生雏鸭体重 55g 左右。商品肉鸭 7 周龄体重 3.0kg，肉料比 1∶2.9～1∶3.0；半净膛屠宰率为 85% 左右，全净膛率（含头脚重）为 79.7%。

2. 樱桃谷肉鸭　樱桃谷鸭是英国樱桃谷农场引入我国北京鸭和埃里斯伯里鸭为亲本，杂交选育而成的配套系鸭种。1985 年四川省引进该场培育的 SM[①]超级肉鸭父母代。雏鸭羽毛呈淡黄色，成年鸭全身羽毛白色，少数有零星黑色杂羽；喙橙黄色，少数呈肉红色；胫、蹼橘红色。该鸭体形硕大，体躯呈长方块形；公鸭头大，颈粗短，有 2～4 根白色性指羽。经我国一些机构测定，该鸭 L2[①]型商品代 7 周龄体重达到 3.12kg；肉料比 1∶2.89；半净膛屠宰率为 85.55%，全净膛率（带头脚）为 79.11%，去头脚的全净膛率为 71.81%。

3. 海格肉鸭　海格肉鸭是丹麦培育的优良肉鸭品种。广东省茂名市种鸭场于 1988 年首次从丹麦引入一大型肉鸭配套系。该鸭种的商品代具有适应性强的特点，既能水养，又能旱养，特别是能较好适应南方夏季炎热的气候条件。海格肉鸭 43～45 日龄上市体重可达 3.0kg，肉料比为 1∶2.8。该鸭羽毛生长较快，45 日龄时，翼羽长齐达 5cm。海格肉鸭肉质好，腹脂较少，适合对低脂肪食物有需求的消费者。

4. 克里莫瘤头鸭　克里莫瘤头鸭是由法国克里莫公司培育而成。有白色、灰白和黑色三种羽色。此鸭体质健壮、适应性强、肉质好、瘦肉多、肉味鲜香，是法国饲养量最多的品种。

此鸭成年公鸭体重 4.9～5.3kg，母鸭 2.7～3.1kg。仔母鸭 10 周龄体重 2.2～2.3kg，仔公鸭 11 周龄体重 4.0～4.2kg。半净膛屠宰率为 82.0%，全净膛屠宰率为 64%，肉料比为 1∶2.7。该鸭的肥肝性能良好，一般在 90 日龄时用玉米填饲，经 21 天左右，平均肥肝重可达 400～500g。法国生产的鸭肥肝约半数来自克里莫鸭。

5. 瘤头鸭　瘤头鸭又称疣鼻鸭、麝香鸭，中国俗称番鸭。原产于南美洲和中美洲的热带地区。瘤头鸭由海外洋舶引入我国，在福建至少已有 250 年的饲养历史。除福建省外，我国的广东、广西、江西、江苏、湖南、安徽、浙江等省（自治区）均有饲养。国外以法国饲养最多，占其养鸭总数的 80% 左右。此外，美国、德国、丹麦和加拿大等国均有饲养。瘤头鸭以其产肉多而日益受到现代家禽业的重视。

瘤头鸭体形前宽后窄呈纺锤状，体躯与地面呈水平状态。喙基部和眼周围有红色或黑色皮瘤，雄鸭比雌鸭发达。喙较短而窄，呈"雁形喙"。头顶有一排纵向长羽，受刺激时竖起呈刷状。头大、颈粗短，胸部宽而平，腹部不发达，尾部较长；翅膀长达尾部，有一定的飞翔能力；腿短而粗壮，步态平稳，行走时体躯不摇摆。公鸭叫声低哑，呈嗞嗞声。公鸭在繁殖季节可散发出麝香味，故称为麝香鸭。瘤头鸭的羽毛分黑、白两种基本色调，还有黑白花和少数银灰色。

黑色瘤头鸭的羽毛具有墨绿色光泽；喙肉红色有黑斑；皮瘤为黑红色；眼的虹彩为浅黄色；胫、蹼多为黑色。白羽瘤头鸭的喙呈粉红色，皮瘤为鲜红色，眼的虹彩为浅灰色；胫、蹼为黄色。黑白花瘤头鸭的

———————————
① SM 和 L2 等指进口的配套系种鸭。

喙为肉红色带有黑斑，皮瘤为红色，胫、蹼为黄色。

初生雏鸭体重40g，8周龄公鸭体重1.31kg，母鸭1.05kg；12周龄公鸭2.68kg，母鸭1.73kg。瘤头鸭的生长旺盛期在10周龄前后。成年公鸭体重3.40kg，母鸭2.0kg。肉料比为1：3.1。

（二）国内肉鸭的品种和特点

1. 北京鸭　　北京鸭是世界上最优良的肉鸭品种。北京鸭原产于我国北京近郊，其饲养基地在京东大运河及潮白河一带。后来的饲养中心逐渐迁至北京西郊玉泉山下一带护城河附近。北京鸭在我国除北京、天津、上海、广州饲养较多外，全国各地均有分布。北京鸭于1873年输入美国，1874年自美国转输入英国后，很快传入欧洲各国。北京鸭1888年输入日本，1925年输入苏联，现在已遍及世界各地。

北京鸭体形硕大丰满，挺拔强健。头较大，颈粗、中等长度；体躯呈长方形，前胸突出，背宽平，胸骨长而直；两翅较小，紧附于体躯两侧；尾羽短而上翘，公鸭尾部有2～4根向背部卷曲的性指羽。母鸭腹部丰满，腿粗短，蹼宽厚。喙、胫、蹼为橙黄色或橘红色；眼的虹彩为蓝灰色。雏鸭绒毛为金黄色，称为"鸭黄"，随着日龄增加颜色逐渐变浅，至四周龄前后变为白色羽毛。雏鸭体重58～62g，3周龄体重1.75～2.0kg，9周龄体重2.50～2.75kg。商品肉鸭7周龄体重可达到3.0kg以上。料肉比为2.8：1～3.0：1。成年公鸭体重3.5kg，母鸭3.4kg。

北京鸭填鸭的半净膛屠宰率，公鸭为80.6%，母鸭81.0%；全净膛屠宰率，公鸭为73.8%，母鸭为74.1%；胸腿肌占胴体的比例，公鸭为18%，母鸭18.5%。北京鸭有较好的肥肝性能，填肥2～3周，肥肝重可达300～400g。

2. 天府肉鸭　　天府肉鸭系四川农业大学家禽研究室于1986年底利用引进肉鸭父母代和地方良种为育种材料，经过10年选育而成的大型肉鸭商用配套系。该鸭广泛分布于四川、重庆、云南、广西、浙江、湖北、江西、贵州、海南，表现出良好的适应性和优良的生产性能。四川农业大学家禽育种试验场已形成年产父母代1500组（每组148只，其中公鸭32只、母鸭116只）以上。该鸭体形硕大丰满，挺拔美观。头较大，颈粗中等长，体躯似长方形，前躯昂起与地面呈30°角，背宽平，胸部丰满，尾短而上翘。母鸭腹部丰满，腿短粗，蹼宽厚。公鸭有2～4根向背部卷曲的性指羽。羽毛丰满而洁白。喙、胫、蹼呈橘黄色。初生雏鸭绒毛为黄色，至4周龄时变为白色羽毛。28日龄活重1.6～1.86kg，料肉比为1.8：1～2.0：1，35日龄活重2.2～2.37kg，料肉比为2.2：1～2.5：1，49日龄活重3.0～3.2kg，料肉比为2.7：1～2.9：1。

各种肉鸭品种见图22-2。

狄高鸭

樱桃谷肉鸭

海格肉鸭

克里莫瘤头鸭

彩图

瘤头鸭

北京鸭

天府肉鸭

图22-2　各种肉鸭品种

三、鹅的品种和特点

（一）国外鹅的品种和特点

世界著名的肉鹅品种主要有朗德鹅、莱茵鹅、丽佳鹅等，其中朗德鹅产于法国，是世界上产肥肝性能最好的鹅种；莱茵鹅产于德国，是世界著名的中型绒肉兼用型鹅种；丽佳鹅产于丹麦，是著名的肉蛋兼用型鹅种。

1. 朗德鹅　朗德鹅又称西南灰鹅，原产于法国西南部靠比斯开湾的朗德省，是世界著名的肥肝专用品种，专家推崇的肥肝型肉鹅。毛色灰褐，颈部、背部接近黑色，胸部毛色较浅，呈银灰色，腹下部则呈白色，也有部分白羽个体或灰白色个体。通常情况下，灰羽毛较松，白羽毛较紧贴，喙为橘黄色，胫、蹼为肉色，灰羽在喙尖部有一深色部分。成年公鹅7～8kg，成年母鹅6～7kg。8周龄仔鹅体重4.5kg左右。肉用仔鹅经填肥后重达10～11kg。肥肝均重700～800g。

2. 莱茵鹅　莱茵鹅原产于德国的莱茵河流域，经法国克里莫公司选育，成为世界著名肉毛兼用型品种。莱茵鹅的特征是初生雏鹅背面羽毛为灰褐色，从2周龄开始逐渐转为白色，至6周龄时已为全身白羽。莱茵鹅肉鲜嫩，营养丰富，口味独特，深受人们喜爱。莱茵鹅羽毛的含绒量高，是制作高档衣被的良好原料。仔鹅8周龄体重可达4.0～4.5kg，肉料比为1∶2.5～1∶3.0，屠宰率为76.15%，活重为5.45kg，胴体重为4.15kg，半净膛率为85.28%。成年公鹅体重5～6kg，母鹅4.5～5kg。

3. 丽佳鹅　丽佳鹅是丹麦丽佳鹅种孵化中心培育的配套系肉用鹅，分为GL型和GM型。GL型商品鹅70日龄、84日龄和98日龄平均体重分别为5500g、6290g和6550g，84日龄料肉比为3.56∶1。GM型商品鹅70日龄、84日龄和98日龄平均体重分别为4860g、5530g和5760g，84日龄料肉比为3.58∶1。

（二）国内鹅的品种和特点

根据国家畜禽资源管理委员会调查，我国现有鹅品种27个，其中6个列入国家级保护名录，是世界上鹅品种最多的国家。按体形大小，鹅可分为大、中、小三型。大型有狮头鹅；中型有皖西白鹅、溆浦鹅、江山白鹅、浙东白鹅、四川白鹅、雁鹅、合浦鹅、道州灰鹅、钢鹅、长白鹅、永康灰鹅等；小型有五龙鹅、太湖鹅、乌鬃鹅、籽鹅、长乐鹅、伊犁鹅、阳江鹅、闽北白鹅、扬州鹅、南溪白鹅等。我国大中型鹅种的生长速度很快，肉质较好，均可作肉用鹅，其中以狮头鹅、溆浦鹅、浙东白鹅、皖西白鹅较为突出。

1. 狮头鹅　狮头鹅为中国农村培育出的最大优良品种鹅，也是世界上的大型鹅之一。原产于广东饶平县浮滨镇，多分布于澄海、潮安、汕头市郊。该鹅颈长短适中，胸腹宽深，脚和蹼为橙黄色或黄灰色，头部前额肉瘤发达，向前突出，覆盖于喙上，肉瘤可随年龄而增大，形似狮头，故称狮头鹅。颌下肉垂较大，嘴短而宽，成年公鹅体重10～12kg，母鹅9～10kg。生长迅速，体质强健。成熟早，肌肉丰厚，肉质优良。极耐粗饲，食量大，75～90日龄的肉用鹅体重为5～7.5kg。

2. 太湖鹅　太湖鹅羽毛白色、紧密而结构紧凑，额部肉瘤发达，形圆而光滑，淡姜黄色，公鹅比母鹅的肉瘤大而明显。喙和足为橘红色，爪为白玉色。颈细长，呈弓形。原产于太湖地区，现普遍分布于江苏大部、浙江抗嘉湖和上海各地。太湖鹅成熟早，就巢性弱，肉质好，饲料报酬高。一只成年公鹅体重4～4.5kg，母鹅重3～3.5kg。全净膛屠宰率为64%～69%。鹅肥肝平均重312.6g，最大的肝重638g（董飚等，2012）。

3. 雁鹅　雁鹅体形较大，全身羽毛紧贴，头部圆而略方。上嘴基部的肉瘤呈黑色，质地柔软，呈桃形向上突出，喙呈黑色，足呈橙黄色，爪呈黑色。颈细长，具腹褶，个别有喉袋。颈背有一条醒目的褐色条纹。体背灰褐，各羽缘白色。腹部白色或灰白色，肉瘤边缘和喙的基部具白边。原产于安徽省西部的六安地区，主要分布于霍邱、寿县、六安、舒城、肥西等县。近来雁鹅逐渐向东南扩展，已进入安徽的宣城、郎溪、广德一带和江苏西南。成年的雄雁鹅体重5.5～6kg，雌鹅4.7～5.2kg。70日龄可达3.5～4kg，全净膛屠宰率为72%左右。雁鹅肉质肥嫩鲜美，是菜肴中较为上等的佳品。腌制的腊鹅紫里透红、油香四溢，烤仔鹅更别有风味。鹅毛、鹅绒和鹅肝分别是制造高级被褥和医药物品的重要原料，畅销国内外市场。

4. 永康灰鹅　该鹅体躯呈长方形，其前胸突出而向上抬起，后躯较大，腹部略下垂，颈细长，肉瘤突起。羽毛背面呈深灰色，自头部至颈部上侧直至背部的羽毛颜色较深，主翼羽深灰色。颈部两侧及下侧直至胸部均为灰白色，腹部白色。喙和肉瘤黑色。跖、蹼橘红色。虹彩褐色。皮肤淡黄色。产于浙江省永康、武义等地，毗邻的各县市也有分布，是我国灰色羽鹅中的小型品种。成年公鹅3.8～4.2kg，成年母鹅3.5～4.2g，2月龄重2.5kg。全净膛率62%左右，半净膛率82%。

5. 闽北白鹅　　全身羽毛洁白，喙、胫、蹼均为橘黄色，皮肤为肉色，虹彩灰蓝色。公鹅头顶有明显突起的冠状皮瘤，颈长胸宽，鸣声洪亮。母鹅臀部宽大丰满，性情温驯。雏鹅绒毛为黄色或黄中透绿。产区位于福建省北部的松溪、政和、浦城、崇安、建阳、建瓯等地，分布于邵武、福安、周宁、古田、屏南等地。成年公鹅体重40kg，母鹅30～40kg，在较好的饲养条件下，100日龄仔鹅体重可达40kg左右，肉质好。公鹅全净膛率80%，胸、腿肌占全净膛重分别为16.7%和18.3%；母鹅全净膛率77.5%，胸、腿肌占全净膛重分别为14.5%和16.4%。

6. 浙东白鹅　　浙东白鹅是中国肉鹅的著名地方良种，据奉化县志记载，早在晋朝（265～420年）就开始饲养白鹅，因此古人对其有"飘若浮云，矫若惊龙"的赞誉。浙东白鹅分布于浙江东部的绍兴、宁波、舟山等地，尤以宁波的象山、奉化二县（市）为多。全身羽毛洁白，肉质肥、鲜、嫩、脆，营养价值高。浙东白鹅早期生长特别迅速，是我国中小型鹅种中的佼佼者，一般70～75日龄体重可达4.5kg左右，俗话"边吃边拉，六十日好卖"就是对其生长快速的生动总结。另外浙东白鹅屠宰率高，半净膛率为83.8%～84.85%，全净膛率为65.75%～69.4%。

7. 阳江鹅　　阳江鹅产于广东省湛江地区阳江市，体形中等、行动敏捷。母鹅头细颈长，躯干略似瓦筒形，性情温顺；公鹅头大颈粗，躯干略呈船底形，雄性明显。从头部经颈向后延伸至背部，有一条宽1.5～2cm的深色毛带，故又叫黄鬃鹅。在胸部、背部、翼尾和两小腿外侧为灰色毛，毛边缘都有宽0.1cm的白色银边羽。从胸两侧到尾椎，有一条葫芦形的灰色毛带。除上述部位外，均为白色羽毛。在鹅群中，灰色羽毛又分黑灰、黄灰、白灰等几种。喙、肉瘤黑色，胫、蹼为黄色、黄褐色或黑灰色。成年公鹅体重4.2～4.5kg，母鹅3.6～3.9kg，70～80日龄仔鹅体重3.0～3.5kg。饲养条件好时，70～80日龄体重可达5.0kg。70日龄肉用仔鹅公、母半净膛率分别为83.4%和83.8%。

各种鹅的品种见图22-3。

| 朗德鹅 | 莱茵鹅 | 丽佳鹅 | 狮头鹅 |

| 太湖鹅 | 雁鹅 | 永康灰鹅 | 闽北白鹅 |

| 浙东白鹅 | 阳江鹅 | 彩图 |

图 22-3　各种鹅品种

第二节　肉禽的组织结构与化学组成

一、鸡肉的组织结构与化学组成

（一）鸡肉的组织结构

鸡胴体分割后可分为白条鸡类、翅类、胸肉类、腿肉类四部分。

1. 白条鸡类

带头带爪白条鸡：屠体去除所有内脏，保留头、爪。

带头去爪白条鸡：屠体去除所有内脏，沿跗关节处切去爪，保留头。

去头带爪白条鸡：屠体去除所有内脏，在第一颈椎骨与寰椎骨交界处连皮将头去掉，保留爪。

净膛鸡：屠体去除所有内脏，齐肩胛骨处去颈和头，颈根不得高于肩胛骨，沿跗关节处切去爪。

半净膛鸡：将符合卫生质量标准要求的心、肝、肫（肌胃）和颈装入净膛鸡胸腹腔内。

2. 翅类

整翅：切开肱骨与喙状骨连接处，切断筋腱，不得划破关节面和伤残里脊。

翅根（第一节翅）：沿肘关节处切断，由肩关节至肘关节段。

翅中（第二节翅）：切断肘关节，由肘关节至腕关节段。

翅尖（第三节翅）：切断腕关节，由腕关节至翅尖段。

上半翅（V形翅）：由肩关节至腕关节段，即第一节和第二节翅。

下半翅：由肘关节至翅尖段，即第二节和第三节翅。

3. 胸肉类

带皮大胸肉：沿胸骨两侧划开，切断肩关节，将翅根连胸肉向尾部撕下，剪去翅，修净多余的脂肪、肌膜，使胸皮肉相称、无淤血、无熟烫。

去皮大胸肉：将带皮大胸肉的皮除去。

小胸肉（胸里脊）：在鸡锁骨和喙状骨之间取下胸里脊，要求条形完整，无破损，无污染。

带里脊大胸肉：包括去皮大胸肉和小胸肉。

4. 腿肉类

全腿：沿腹股沟将皮划开，将大腿向背侧方向掰开，切断髋关节和部分肌腱，在跗关节处切去鸡爪，使腿型完整，边缘整齐，腿皮覆盖良好。

大腿：将全腿沿膝关节切断，为髋关节和膝关节之间的部分。

小腿：将全腿沿膝关节切断，为膝关节和跗关节之间的部分。

去骨带皮鸡腿：沿胫骨到股骨内侧划开，切断膝关节，剔除股骨、胫骨和腓骨，修割多余的皮、软骨、肌腱。

去骨去皮鸡腿：将去骨带皮鸡腿上的皮去掉。

（二）鸡肉的化学组成

每100g鸡肉中含蛋白质23.3g、脂肪1.2g、碳水化合物0.7g、热量456kJ、钙22mg、铁4.7mg、维生素B 10.03mg，以及维生素A、维生素C、维生素E等，特别是小鸡肉中含有维生素A更多。鸡肉中还含有一定数量的胆固醇、甲基组氨酸等。其中脂肪多为有饱和脂肪酸及较少的单不饱和脂肪酸，而不利于健康的饱和脂肪酸含量要比猪、牛、羊等家畜中含量少得多，因此鸡肉就是老年人和心血管疾病患者的理想食品。

二、鸭肉的组织结构与化学组成

（一）鸭胴体的组织结构

鸭胴体分割分鸭胸肉、鸭腿、鸭翅、鸭头、鸭掌和鸭舌等。

鸭胸肉：从翅根与大胸的连接处下刀，将大胸切下，并对大胸内的血筋、多余的脂肪、筋膜及外皮进

行修剪，得到完整的鸭胸肉。

鸭小胸：将小胸与锁骨分离，紧贴龙骨两侧下划至软骨处，使小胸与胸骨分离，撕下完整小胸。

鸭腿：在腰眼肉处下刀，向里圆滑切至髋骨节，顺势用刀尖将关节韧带割断，同时用力将腿向下撕至鸭尾部，切断与鸭尾相连的皮，修剪掉淤血、多余的皮及脂肪，得到形状规则的鸭腿肉。

鸭全翅：将大胸从翅胸上切下后，再将肩肉切下，即可得到剩余的鸭全翅。

鸭二节翅：沿翅中与翅根的关节处将鸭全翅切断后得到的翅尖和翅中部分。

鸭翅根：沿翅中与翅根的关节处将鸭全翅切断，除去二节翅后的剩余部分。

鸭脖：在鸭脖与鸭壳连接处下刀，将鸭脖割下，除去脖皮和脖油。

鸭头：从第一颈椎处下刀，割下鸭头，并除去气管、口腔淤血等。

鸭掌：从踝骨缝处下刀，将鸭掌割下，并对脚垫进行修剪。

鸭舌：在紧靠鸭头的咽喉处开一小口，割断食管和气管，然后掰开鸭嘴，将鸭舌拔出，并修剪掉气管头和舌皮。

新鲜鸭肉肌纤维结构完整，肌原纤维分布规则，Z线和M线较清晰，且鸭胸肉的肌纤维和肌原纤维均比鸭腿肉的细，腿肉的肌原纤维大小较一致，直径为 0.5～1.0μm，而胸肉的肌原纤维分布不很规则。这主要是因为鸭的胸肉以红肌纤维为主，腿肉中白肌纤维含量较高。白肌纤维和红肌纤维不仅肌红蛋白含量不同，而且在组织结构、神经支配、生理生化特性等方面均有差异。

（二）鸭肉的化学组成

鸭的品种不同，其营养成分含量亦不同，以世界著名肉用型良种北京鸭为例，每 100g 含蛋白质 9.3g、脂肪 41.3g 左右，而安徽合肥的麻鸭（母），每 100g 鸭肉中含蛋白质 13g、脂肪 44.8g 左右。鸭肉甘、咸、微寒。功效为滋阴养胃，利水消肿，适用于痨热骨蒸、咳嗽、水肿等疾患。鸭是水禽类，其性寒冷，根据"热者寒之"的治疗原则，鸭肉适合体热、上火的人食用。特别是对于一些低热、虚弱、食少、大便干燥和有水肿的人，食鸭最宜。

三、鹅肉的组织结构与化学组成

鹅肉胴体组织结构与鸭肉相似，但与鸡、鸭相比，鹅肉表面多覆盖有结缔组织，肉质稍粗，特别是鹅胸肉，其肌纤维结缔组织含量多、肉质粗老、硬度较大，剪切力值可达 60.2N（即 6.14kg），而一般来说剪切力大于 4kg 的肉就比较老了，难以被消费者接受。实际生产中，多采用人工嫩化方法处理鹅肉，常用的方法包括以下几种。

1）机械嫩化法　利用机械力的作用使肉嫩化，根据作用方式不同可分为滚揉嫩化法、绞碎嫩化法、再成型嫩化法（重组嫩化法）。

2）电刺激嫩化法　电刺激法是将电极与屠宰后的屠体头尾相接进行电流刺激，使引起肌肉收缩的能量从肌肉中耗尽，肌肉纤维便处于松弛状态而感觉柔嫩。

3）高压嫩化法　对于粗糙质硬的肉类，采用真空包装后放入特制的容器中，将水注入，将压力提高到 73 237.68kg/m², 2min 后去掉水压，在显微镜下可见肌纤维等均发生断裂，肌纤维呈碎片，肉质得到嫩化。

4）钙激活酶嫩化法　钙激活酶是肌肉宰后成熟过程中嫩化的主要作用酶，只有钙激活酶才能启动肌原纤维蛋白降解，破坏 N 线，从而引起其他蛋白酶的作用，促进肌原纤维的降解。

5）外源蛋白酶嫩化法　外源酶有植物性蛋白酶（木瓜蛋白酶、菠萝蛋白酶、无花果蛋白酶、生姜蛋白酶）、动物性蛋白酶（胰蛋白酶、胰弹性蛋白酶）、细菌性蛋白酶（枯草杆菌的碱性蛋白酶、中性蛋白酶、嗜热芽孢杆菌的耐热性蛋白酶）等几大类。

鹅肉，俗名家雁肉，在 2002 年被联合国粮食及农业组织（FAO）列为 21 世纪重点发展的绿色食品之一。鹅肉在所有家禽肉中营养价值最高，其中蛋白质含量高达 22.4%，而牛肉、羊肉和猪肉的蛋白质含量依次为 17.7%、16.7% 和 15.8%。每 100g 鹅肉中，含蛋白质 10.8g、脂肪 11.2g、钙 13mg、磷 23mg、铁 3.7mg 等营养物质。鹅肉中的脂肪成分主要是油酸、棕榈酸、硬脂酸的三脂肪酸甘油酯的混合物。同时，鹅肉体内必需氨基酸含量均衡，极其接近马克·海格斯戴（Mark Hegsted）教授拟定的成人必需氨基酸平均需要量，可为人体提供多种生长发育所需的营养。所以，鹅肉蛋白质是一种优质的完全蛋白质，氨基酸在鹅肉中分布广泛，普遍要高于其他禽类，赖氨酸、丙氨酸和组氨酸含量丰富，且赖氨酸的含量比鸡肉高出 30%，组氨酸比鸡肉多 70%。另外，鹅肉中胆固醇含量较低，适合患有高血压、心脏病、动脉粥样硬化等病症人群食用。此外，鹅肉脂肪的质地柔软，熔点较低，容易被人体消化吸收。鹅肉脂肪中亚油酸（必需脂肪酸）的含量占总脂肪酸含量的 60% 左右，其营养价值优于其他畜禽肉的脂肪。鹅肉中还含有丰富的维生素 E，其具有抗氧化作用，使得鹅肉不易酸败。鹅肉中含有丰富的钙、磷、铁、钾和钠等矿物质，其中钙与磷的比值要远远高于鸡肉、鸭肉，因而较适合中老年和儿童中缺钙人群食用。

第三节　肉禽的分级和质量评定

我国对于光禽的规格和等级没有统一的规格和标准，但各地经营部门都有相应的规格和指标。因此，介绍的规格要求和等级标准仅供禽产品加工企业参考使用。

一、内销商品白条禽规格等级

内销商品白条禽要求皮肤清洁，无羽毛及血管毛，无擦伤、破皮、污点及淤血。其规格等级是把肥度和质量结合起来划分。

一级品，肌肉发育良好，胸骨尖不显著，除腿、翅外，有厚度均匀的皮下脂肪层布满全身，尾部肥满。

二级品，肌肉发育完整，胸骨尖稍显著，除腿部、两肋外，脂肪层布满全身。

三级品，肌肉不很发达，胸骨尖显著，尾部有脂肪层。

一般按质量分，光鸡：1.1kg 以上为一级，0.6～1.1kg 为二级，低于 0.6kg 的为三级；光鸭：1.5kg 以上为一级，1～1.5kg 为二级；光鹅：2.1kg 以上为一级，1.6～2.1kg 为二级。

二、出口商品白条禽规格等级

我国出口商品白条禽等级是有一定标准的。有时买方根据实际需要会提出特殊的要求与规定，应以买方的要求为标准。我国出口肉禽的一般规格等级如下。

（一）冻鸡肉等级

去毛、头、脚及肠，带翅，留肺及肾，另将心、肝、肌胃及颈洗净，用塑料薄膜包裹后放入腹腔内。冻净膛肉用鸡去毛、头、脚及肠，带翅，留肺及肾。特级：每只净重不低于 1.2kg；大级：每只净重不低于 1kg；中级：每只净重不低于 0.8kg；小级：每只净重不低于 0.6kg；小小级：每只净重不低于 0.4kg。

（二）冻分割鸡肉等级

冻鸡翅大级：每翅净重 50g 以上；小级：每翅净重 50g 以下。

冻鸡胸大级：每块净重 250g 以上；中级：每块净重 200g 以上；小级：每块净重 200g 以下。

冻鸡全腿大级：每只净重 220g 以上；中级：每只净重 180g 以上；小级：每只净重 180g 以下。

（三）冻北京填鸭等级

带头、翅、掌及内脏，去毛、头及颈部稍带毛根，但不甚显著，鸭体洁净，无血污。一级品：肌肉发育良好。除腿、翅及其周围外，皮下脂肪布满全身，每只宰后净重不低于 2kg。二级品：肌肉发育完整，除腿、翅及其周围外，皮下脂肪布满全身，每只宰后净重不低于 1.75kg。出口的肉禽，应当在双方协商原则的基础上，讨论具体的规格要求，卖方应尽量按买方的要求加工，并提供样品。

【思考题】

1. 鹅肉的营养价值有哪些？简述国内外肉鹅的品种和特点。
2. 鸭肉的营养价值有哪些？简述国内外肉鸭的品种和特点。

第二十三章 畜禽屠宰后肉质变化与贮存

第一节 屠宰后肉的变化

畜禽屠宰后，胴体的肌肉内部在组织酶和外界微生物的作用下，发生一系列生化变化。动物刚屠宰后，肉温还没有散失，柔软且具有较小的弹性，这种处于生鲜状态的肉称作热鲜肉。经过一定时间，肉的伸展性消失，肉体变为僵硬状态，这种现象称为死后僵直，此时加热不易煮熟，保水性差，加热后重量损失大，不适于加工肉制品。随着贮藏时间的延长，僵直缓解，经过自身解僵，肉变得柔软，同时保水性增加，风味提高，此过程称作肉的成熟。成熟肉在不良条件下贮存，经酶和微生物的作用，分解变质，称作肉的腐败。畜禽屠宰后肉的变化过程包括僵直、成熟、腐败等一系列的变化。在肉品工业生产中，要控制僵直持续时间，促进肉的成熟，防止肉的腐败现象的发生。

一、肉的僵直

屠宰后的畜禽肉尸经过一定的时间，肉的伸展性逐渐消失，肌纤维发生强直性收缩，使肌肉失去弹性，变得僵硬，这种状态称为肉的僵直。

（一）僵直肉的特点

1. pH 降低　　刚屠宰的肉呈中性状态，pH 为 7.0 左右，随后 pH 下降，直到 5.4 为止。肉的 pH 下降对微生物的繁殖有抑制作用，使肉的耐藏性提高。

2. 保水性降低　　刚屠宰的鲜肉其保水性很好，随肉的 pH 下降，肌肉含水量可下降到原来的 1/4。

3. 适口性差　　处于僵直期的肉，肌纤维强韧，保水性低，肉质板硬、干燥，缺乏弹性，嫩度降低。烹调食用，粗糙硬固，食用价值和风味都较差。因此，处于僵直期的肉不宜烹调食用。

（二）僵直发生的原因

僵直发生的原因主要是腺苷三磷酸（adenosine triphosphate，ATP）的减少及 pH 下降。动物屠宰后，呼吸停止，失去神经调节，生理代谢机能遭到破坏，维持肌质网微小器官机能的 ATP 水平降低，势必使肌质网机能失常，肌细胞失去钙泵作用，Ca^{2+} 失控逸出而不被收回。高浓度 Ca^{2+} 激发了肌球蛋白 ATP 酶的活性，从而加速 ATP 的分解。同时使 Mg-ATP 解离，最终使肌动蛋白与肌球蛋白结合形成肌动球蛋白，引起肌肉的收缩，表现为僵硬。由于动物死后，呼吸停止，在缺氧情况下糖原酵解产生乳酸，同时磷酸肌酸分解为磷酸，酸性产物的蓄积使肉的 pH 下降。僵直时肉的 pH 降低至糖酵解酶活性消失不再继续下降时，达到最终 pH 或极限 pH。极限 pH 越低，肉的硬度越大。

二、肉的成熟

肉成熟是指肉僵直后在无氧酵解酶作用下，食用质量得到改善的一种生物化学变化过程。肉僵硬过后，肌肉开始柔软嫩化，变得有弹性，切面富水分，具有香气和滋味，且易于煮烂和咀嚼，这种肉称为成熟肉。

（一）成熟的基本机制

1. 肌原纤维小片化　　刚屠宰后的肌原纤维和活体肌肉一样，是 10～100 个肌节相连的长纤维状，而在肉成熟时则断裂为 1～4 个肌节相连的小片状。

2. 结缔组织的变化　　肌肉中结缔组织的含量虽然很低（占总蛋白的 5% 以下），但是由于其性质稳定、结构特殊，在维持肉的弹性和强度上起着非常重要的作用。在肉的成熟过程中胶原纤维的网状结构变得松弛，由规则、致密的结构变成无序、松散的状态。同时，存在于胶原纤维间及胶原纤维上的黏多糖被分解，这可能是造成胶原纤维结构变化的主要原因。胶原纤维结构的变化，直接导致了胶原纤维剪切力的下降，从而使整个肌肉的嫩度得以改善。

（二）成熟的特征

肉呈酸性环境，肉的横切面有肉汁流出，切面潮湿，具有芳香味和微酸味，容易煮烂，肉汤澄清透明，具肉香味；肉表面形成干膜，有羊皮纸样感觉，可防止微生物的侵入和减少干耗。肉在供食用之前，原则上都需要经过成熟过程来改进其品质，特别是牛肉和羊肉，成熟对提高风味是非常必要的。

（三）成熟对肉质的作用

1. 嫩度的改善　　随着肉成熟的发展，肉的嫩度产生显著的变化。刚屠宰之后肉的嫩度最好，在极限 pH 时嫩度最差。成熟肉的嫩度有所改善。

2. 肉保水性的提高　　肉在成熟时，保水性又有回升。一般宰后 2～4 天，pH 下降，极限 pH 在 5.5 左右，此时水合率为 40%～50%；最大僵直期以后 pH 为 5.6～5.8，水合率可达 60%。因此成熟时 pH 偏离了等电点，肌动球蛋白解离，扩大了空间结构和极性吸引，使肉的吸水能力增强，肉汁的流失减少。

3. 蛋白质的变化　　肉成熟时，肌肉中许多酶类对某些蛋白质有一定的分解作用，从而促使成熟过程中肌肉中盐溶性蛋白质的浸出性增加。伴随肉的成熟，蛋白质在酶的作用下，肽链解离，使游离的氨基增多，肉水合力增强，变得柔嫩多汁。

4. 风味的变化　　成熟过程中改善肉风味的物质主要有两类，一类是 ATP 的降解物——次黄嘌呤核苷酸（IMP），另一类则是组织蛋白酶类的水解产物——氨基酸。随着成熟，肉中浸出物和游离氨基酸的含量增加，多种游离氨基酸存在，且谷氨酸、精氨酸、亮氨酸、缬氨酸和甘氨酸较多，这些氨基酸都具有增加肉的滋味或改善肉质香气的作用。

（四）影响肉成熟的因素

1. 物理因素

1）温度　　温度对嫩化速率影响很大，它们之间成正相关。在 0～40℃ 范围内，每增加 10℃，嫩化速度提高 2.5 倍。温度高于 60℃ 后，由于有关酶类蛋白变性，嫩化速率迅速下降，所以在良好的卫生条件下，适当提高温度可以缩短成熟期。据测试牛肉在 1℃ 时完成 80% 的嫩化需 10 天，在 10℃ 时缩短到 4 天，而在 20℃ 时只需要 1.5 天。

2）电刺激　　在肌肉僵直发生后进行电刺激可以加快僵直速度，嫩化也随着提前，减少成熟所需要的时间，如一般需要成熟 10 天的牛肉，应用电刺激后可缩短到 5 天。

3）机械作用　　肉成熟时，将跟腱用钩挂起，此时主要是腰大肌受牵引。如果将臀部用钩挂起，腰大肌短缩被抑制而半腱肌、半膜肌、背最长肌均受到拉伸作用，可以得到较好的嫩度。

2. 化学因素　　宰前注射肾上腺素、胰岛素等可使动物在活体时加快糖的代谢过程，肌肉中糖原大部分被消耗或从血液排除。宰后肌肉中糖原和乳酸含量减少，肉的 pH 较高，达 6.4～6.9 的水平，肉始终保持柔软状态。

3. 生物学因素　　添加蛋白酶可促进肉的软化。用微生物和植物酶，可使肉的固有硬度和僵直硬度都减少，常用的有木瓜蛋白酶、菠萝蛋白酶。方法可以采用在宰前静脉注射或宰后肌肉注射。

三、肉的腐败变质

肉类的变质是成熟过程的继续。肌肉中的蛋白质在组织酶的作用下，分解生成水溶性蛋白肽及氨基酸，完成了肉的成熟。若成熟继续进行，蛋白质进一步水解，生成胺、氨、硫化氢、酚、吲哚、粪臭素、硫化醇，则发生蛋白质的腐败，同时发生脂肪的酸败和糖的酵解，产生对人体有害的物质，称之为肉的变质。

（一）原料肉变质的原因

健康动物的血液和肌肉通常是无菌的，肉类的腐败实际上主要是由外界污染的微生物在其表面繁殖所致。表面微生物沿血管进入肉的内层，并进而伸入到肌肉组织。在适宜条件下，浸入肉中的微生物大量繁殖，以各种各样的方式作用于肉，产生许多对人体有害，甚至使人中毒的代谢产物。

1. 微生物引起的腐败

1）微生物对糖类的作用　许多微生物均优先利用糖类作为其生长的能源。好气性微生物在肉表面生长，通常把糖完全氧化成二氧化碳和水。如果氧的供应受阻或因其他原因氧化不完全，则可有一定程度的有机酸积累，肉的酸味即由此而来。

2）微生物对脂肪的腐败作用　微生物对脂肪可进行两类酶促反应：一类是由其所分泌的脂肪酶分解脂肪，产生游离脂肪酸和甘油，霉菌及细菌中的假单胞菌属、无色菌属、沙门氏菌属等都是能产生脂肪分解酶的微生物；另一类则是由氧化酶通过β-氧化作用氧化脂肪酸。这些反应的某些产物常被认为是酸败气味和滋味的来源。当然，在光线、温度及金属离子催化下，空气中氧参与的脂肪氧化反应也是肉质变异味的重要来源。

3）微生物对蛋白质的腐败作用　微生物对蛋白质的腐败作用是各种食品变质中最复杂的一种，这与天然蛋白质的复杂结构，以及腐败微生物的多样性密切相关。有些微生物，如梭状芽孢菌属、变形杆菌属和假单胞菌属的某些种类，以及其他的种类，可分泌蛋白质水解酶，迅速把蛋白质水解成可溶性的多肽和氨基酸。而另一些微生物尚可分泌水解明胶和胶原的明胶酶和胶原酶，以及水解弹性蛋白质和角蛋白质的弹性蛋白酶和角蛋白酶。有许多微生物不能作用于蛋白质，但能对游离氨基酸及低肽起作用，将氨基酸氧化脱氨生成胺和相应的酮酸。另一种途径则是使氨基酸脱去羧基，生成相应的胺。此外，有些微生物尚可使某些氨基酸分解，产生吲哚、甲基吲哚、甲胺和硫化氢等。在蛋白质、氨基酸的分解代谢中，酪胺、尸胺、腐胺、组胺和吲哚等对人体有毒，而吲哚、甲基吲哚、甲胺硫化氢等则具恶臭，是肉类变质臭味之所在。

2. 酶引起脂肪氧化　肉中的类脂和脂蛋白则可在脂酶的影响下，引起卵磷脂的酶解，形成脂肪酸、甘油、磷酸和胆碱。胆碱进一步转化为三甲胺、二甲胺、甲胺和神经碱等。三甲胺氧化后可变成带有鱼腥气味的三甲胺氧化物。

（二）影响肉腐败变质的因素

影响肉腐败变质的因素很多，如温度、湿度、pH、渗透压、空气中的含氧量等。温度是决定微生物生长繁殖的重要因素，温度越高繁殖发育越快。水分是仅次于温度决定肉类食品微生物生长繁殖的因素，一般霉菌和酵母菌比细菌耐受较高的渗透压，pH对细菌的繁殖极为重要，所以肉的最终pH对防止肉的腐败具有十分重要的意义。空气中含氧量越高，肉的氧化速度越快，就越易腐败变质。

第二节　原料肉的保鲜方法

原料肉是指胴体中的可食部分，本身含有丰富的营养成分，是微生物生长繁殖的极好的培养基，此外肉本身还含有一定的酶，肉品如果贮藏不当，极易造成腐败变质。因此，在设计原料肉保藏方法时主要应考虑两个方面：一是抑制微生物造成的腐败，二是减缓或抑制肉本身酶的活性。目前最常用的方法是低温贮藏。这种方法不会引起动物组织的根本变化，却能抑制微生物的生命活动，延缓由组织酶、氧和光的作用而产生的化学的和生物化学的变化过程，可以较长时间保持肉的品质，因此被广泛应用。肉的低温贮藏方法根据采用的温度不同，分为冷却法和冷冻法两种。

一、原料肉的冷却

冷却法是使肉深处的温度降低到0~1℃，然后在0℃左右贮藏的方法。此种方法不能使肉中的水分冻结（肉的冰点为−1.2~−0.8℃）。由于这种温度下仍有一些嗜低温细菌可以生长，因此，贮藏期不长，一般猪肉可以贮藏1周左右。经冷却处理后，肉的颜色、风味、柔软度都变好，这也是肉的"成熟"过程。这一过程是生产高档肉制品必不可少的。现在发达国家消费的大部分生肉均是这种冷却肉。

（一）冷却方法

1. 真空冷却 真空冷却是在真空下水分快速蒸发的预冷技术，可用于肉类食品的冷却，是一种快速有效的冷却方法。真空冷却的原理是将含有游离水的产品置于真空环境中，利用游离水的蒸发潜热带走食品热量。此技术不仅能够实现胴体的快速降温，减少20～40℃这个食品最适宜细菌繁殖的温度带的微生物污染，而且会大大减少因初始温度高、pH低而导致PSE肉的发生。真空冷却的特点是冷却速度快，操作方便，冷却均匀、清洁，产品不会受到污染。

2. 快速冷却 快速冷却是采用低温、快风速，短时间内使畜禽胴体温度快速下降的一种冷却方法。通过快速降低胴体的表面温度，可以减少胴体水分蒸发损失，提高经济效益，改善卫生状况，延长产品货架期。但快速冷却很容易导致冷收缩，使牛肉的嫩度下降。如在−20℃条件下，采用3m/s风速快速冷却135kg半片胴体重，其中心温度在冷却2h后降至7℃，与传统冷却相比，肌节长度明显缩短了6.67%（快速冷却肌节长度为1.50μm，传统冷却肌节长度为1.6μm），肌肉的剪切力值增大了15.4%（快速冷却剪切力值为11.38kg，传统冷却剪切力值为9.86kg）。对快速冷却的牛胴体进行电刺激处理后发现，与常规冷却相比，胴体具有更鲜亮的肉色，胴体的冷却失重减少了0.3%，而且对牛肉的大理石花纹无显著影响。

3. 两段式冷却 两段式冷却是指畜禽整个冷却过程分两步来完成，第一阶段采用低于肉冻结点的温度和较高的风速，使胴体表面温度在较短时间内降到接近冰点，迅速形成干膜，完成后转入到第二阶段常规冷却。两段式降温已经研究并应用于畜禽肉冷却生产实践中，如第一阶段采用较低的温度、较高风速进行快速冷却（−20℃、2m/s冷风冷却1.5h），使胴体表面温度达到0℃左右，在它的表面形成一层干燥的膜，阻止细菌和微生物的生长，减少干耗。第二阶段库温较高（3℃）、风速较低（0.4m/s）、冷却22.5h，或采用真空冷却方法，使胴体内外相差较大的肉温在继续吸收外界冷量同时达到自动平衡、内外肉温一致。

（二）冷却肉的特点

冷却肉是指严格执行兽医检疫制度，对屠宰后的畜胴体迅速进行冷却处理，使胴体温度（以后腿肉中心为测量点）在24h内降为0～4℃，并在后续加工、流通和销售过程中始终保持0～4℃范围内的生鲜肉。发达国家早在20世纪二三十年代就开始推广冷鲜肉，在其目前消费的生鲜肉中，冷鲜肉已占到90%左右。它克服了热鲜肉、冷冻肉在品质上存在的不足和缺陷，始终处于低温控制下，大多数微生物的生长繁殖被抑制，肉毒梭菌和金黄色葡萄球菌等病原菌分泌毒素的速度大大降低。另外，冷鲜肉经历了较为充分的成熟过程，质地柔软有弹性，汁液流失少，口感好，滋味鲜美。

1. 安全系数高 冷鲜肉从原料检疫、屠宰、快速分割到剔骨、包装、运输、贮藏、销售的全过程始终处于严格监控下，防止了可能的污染发生。屠宰后，产品一直保持在0～4℃的低温下，这一方式，不仅大大降低了初始菌数，而且由于一直处于低温下，其卫生品质显著提高。

而热鲜肉通常为凌晨宰杀，清早上市，不经过任何降温处理。虽然在屠宰加工后已经卫生检验合格，但在从加工到零售的过程中，热鲜肉不免要受到空气、昆虫、运输车和包装等多方面污染，而且在这些过程中肉的温度较高，细菌容易大量增殖，无法保证肉的食用安全性。

2. 营养价值高 冷鲜肉遵循肉类生物化学基本规律，在适宜温度下，使屠体有序完成了尸僵、解僵、软化和成熟这一过程，肌肉蛋白质正常降解，肌肉排酸软化，嫩度明显提高，非常有利于人体的消化吸收，且因其未经冻结，食用前无须解冻，不会产生营养流失，克服了冻结肉的这一营养缺陷。

冷冻肉是将宰杀后的畜禽肉经预冷后在−18℃以下速冻，使深层温度达−6℃以下。冷冻肉虽然细菌较少，食用比较安全，但在加工前需要解冻，会导致大量营养物质流失。除此之外，低温还减缓了冷鲜肉中脂质的氧化速度，减少了醛、酮等小分子异味物的生成，并防止其对人体健康产生不利影响。

3. 感官舒适性高 冷鲜肉在规定的保质期内色泽鲜艳，肌红蛋白不会褐变，此与热鲜肉无异，且肉质更为柔软。因其在低温下逐渐成熟，某些化学成分和降解形成的多种小分子化合物的积累，使冷鲜肉的风味明显改善。冷却肉的售价之所以比热鲜肉和冷冻肉高，原因是生产过程中要经过多道严格工序，需要消耗很多的能源，成本较高。

（三）延长冷却肉贮藏期的方法

延长冷却肉贮藏期的方法有二氧化碳、抗生素、紫外线、放射线、臭氧的应用及用气态氮代替空气介质等。

案例：二氧化碳延长冷却贮藏期的研究

早在1978年二氧化碳保鲜技术就已经开始起步了，最先建立的城市是在北京，自从北京成功建立并使用二氧化碳气调保鲜之后，广州、大连、烟台等地相继建成气调保鲜库。

采用二氧化碳进行保鲜有以下几个方面的优点：二氧化碳保鲜不使用化学防腐剂，降低了对人身体造成的影响；二氧化碳能抑制需氧菌和霉菌的繁殖，延长细菌的停滞期和延缓其指数增长期，延长果蔬保质期。同时在存储的过程中可以对存储的环境中的二氧化碳成分进行控制，使果蔬处于适合的气体环境中。二氧化碳的作用是抑制细菌和真菌的生长，也能抑制酶的活性，并具有水溶性。CO_2的抑菌作用，一是在高浓度CO_2的包装袋内，高CO_2环境使大量好气性微生物，如假单胞菌生长受到抑制；二是CO_2可溶解于水中，形成碳酸，降低pH，使某些不耐酸的微生物失去生存的必要条件；三是CO_2溶于水中后大量渗入微生物细胞，增加微生物细胞膜对离子的渗透力，改变膜内外代谢作用的平衡，从而干扰细胞正常代谢，使细菌受到抑制。

章建浩（2002）用10%~60%的CO_2保鲜猪冷却肉，随着贮藏时间的延长，菌落总数随着CO_2浓度的增加而降低，当浓度为30%~40%时抑菌效果明显，贮藏到6天时菌落总数为4.51g CFU/g、TVB-N（挥发性盐基氮）值为14.96mg/100g，取得了较好的保鲜效果。当CO_2浓度为40%时最佳氧气保鲜浓度为40%~60%。

杨江等（2021）研究表明，与普通托盘包装相比，气调包装显著地延长了黑猪生鲜肉的货架期，且气调包装A组（35% O_2+65% CO_2）比气调包装B组（35% O_2+35% CO_2+30% N_2）的包装抑菌效果更好；气调A组贮藏的黑猪肉持水性较好，其离心损失和蒸煮损失均呈现逐渐减少的趋势；气调包装B组的黑猪生鲜肉的色泽好于其余两组。

段静芸等（2002）研究了不同气体配比的气调包装对冷却肉保鲜效果的影响，发现气调配比中CO_2的含量越高，它的保鲜效果越好；当与O_2和N_2复配时，气体配比为50% O_2+25% N_2+25% CO_2时保鲜效果最佳，既能对冷鲜肉起到较好的保鲜作用，使冷却肉的保质期达到17天以上，又能使肉样保持良好的感官质量。

张福生（2021）等研究了不同的气调成分对包装冷却肉的影响，结果表明与对照组相比，气体比例为72% O_2+28% CO_2、82% O_2+18% CO_2的处理组不仅具有较低的硫代巴比妥酸值（thiobarbituric reactive substances，TBARS）、TVB-N和菌落总数，且货架期延长了4天。

二、原料肉的冻藏

肉经过冷却后（0℃以上）只能作短期贮藏。如果要长期贮藏，需要对肉进行冻结，即将肉的温度降低到-18℃以下，肉中的绝大部分水分（80%以上）形成冰晶，该过程称为肉的冻结。肉类冻结的目的是使肉类保持在低温下，防止肉体内部发生微生物的、化学的、酶的及一些物理的变化，借以防止肉类的品质下降。

（一）冻结方法

肉的冻结是使肉中的水分形成冰，在低温下抑制微生物生长繁殖、酶的活性，从而延长食品的货架期，是一种应用广泛、效果较好的保藏肉及其制品的方法。目前冻结肉的方法有以下几种。

1. 空气冻结法 空气冻结法是肉类食品最常采用的冻结方法，即以空气作为与氨液蒸发管之间的热传导介质，一般采用温度-25~-23℃（国外多采用-40~-30℃）、相对湿度90%左右、风速1.5~4m/s，冻肉的最终温度以-18℃为宜。在冻结过程中，冷空气以自然对流或强制对流的方式与食品换热。由于空气的导热性差与食品间的换热系数小，所需的冻结时间较长。但是空气资源丰富，无任何毒性作用，其热力性质早已为人们熟知，所以用空气作介质进行冻结仍是目前最广泛的一种冻结方法。空气式冻结装置是以空气为中间媒体，冷风由制冷剂传向空气，再由空气传给食品的冻结装置。其类型有鼓风型、流态化型、隧道型、螺旋型等多种。目前，冷冻食品推荐常用的空气式冻结装置有隧道式连续冻结装置、流态化单体连续冻结装置、螺旋式连续冻结装置等。

2．间接接触冻结法　间接接触冻结法是指把肉类食品放在制冷剂（或载冷剂）冷却的板、盘、带或其他冷壁上，与冷壁直接接触，但与制冷剂（或载冷剂）间接接触。对于肉类食品加工为具有平坦表面的形状，使冷壁与食品的一个或两个平面接触；对于液态食品，则用泵送方法使食品通过冷壁热交换，冻成半融状态。例如，有用盐水等制冷剂冷却空心金属板的方式进行冻结等，金属板与食品的单面或双面接触降温的冻结装置。由于不用鼓风机，因此该法有动力消耗低、食品干耗小、品质优良、操作简单易行等优点。

3．新兴的冻结方法　目前冻结技术发展较快，新兴的冻结技术有被膜包裹冻结法（capsule packed freezing，CPF）和均温冻结法（homonizing process freezing，HPF）。

（1）CPF冻结过程包括：第一步是向库内喷射-100～-80℃的液氮或二氧化碳，将库温降至-45℃，并在食品表面形成具有保护作用的冰膜。第二步是库内温度降至-45℃时，停止液氮喷射，利用冷冻机冷却（冷却温度-35～-25℃）食品至中心温度0℃止，冷却时间一般5～30min。第三步是用冷冻机将食品温度降至-18℃以下，时间为40～90min。CPF的特点是：食品冻结时，形成的被膜可以抑制食品的膨胀变形，防止食品龟裂；限制冷却速度，形成的冰晶细微，不会生成最大冰晶；抑制细胞破坏，产品可以自然解冻后食用；产品组织口感佳。

（2）HPF属于浸渍式冻结，但冻结时实行均温处理，将食品浸渍或散布于-40℃以下的冷媒中，使食品中心温度降至冰点附近，以-15℃的大气或者液态冷媒均温之；最后用-40℃以下的液态冷媒将食品冷却至终温。此法可防止大型食品龟裂、隆起，适用于大型食品的冷冻，如鱼、火腿等。

（二）原料肉在冻藏过程中的变化

1．物理变化
1）容积变化　主要是由于水形成冰引起的体积增大，增加约9%。
2）干耗　原料肉冻结过程中水分会减少0.5%～2%，可利用减少空气流速，温度保持不变等方法减少重量损失。
3）冻结烧　冻结烧是指原料肉在冻藏过程中因水分的升华而增加了冷空气与脂肪的接触，使脂肪酸败出现黄褐色和孔洞的现象。
4）重结晶　当原料肉的冻藏温度高于-18℃且温度有波动时，微细冰晶形成大冰晶，会破坏肌肉原有结构，使汁液流失，因此在冻藏过程中，应尽量控制在-18℃下储藏，减少波动次数和幅度。
2．化学变化　原料肉在冻藏过程中的化学变化主要有蛋白质变性，肌肉表面颜色逐渐变暗，风味和营养成分的损失，脂肪酸氧化酸败产生醛类、酮类等物质。

（三）冻结肉的解冻

冻结的肉类，在使用前必须先解冻。影响解冻肉质的因素有冻结温度及冻藏温度、肉的pH、解冻速度及不同的冻结方法等。当冻结温度高、贮藏温度高、贮藏期温度变化大时，解冻时肉汁流失多。目前常用的解冻方法有空气解冻法、水解冻法、微波解冻法。

1．空气解冻法　空气解冻法即自然解冻，是一种最简单的解冻方法，分为低温微风解冻和空气压缩解冻。在0～5℃冷藏库内，低风速（1m/s）加湿空气，经14～24h均匀解冻的方法称为低温微风解冻，又称缓慢解冻。这种方法的优点是解冻肉的整体硬度一致，便于加工，缺点是费时。空气压缩解冻法也是空气解冻法的一种，是指冻肉在15～20℃、相对湿度70%～80%、风速1～1.5m/s的流动空气中解冻。这种解冻方式是在普通的流动空气式解冻的基础上，再施加一定的压力对肉进行解冻，经20～30h解冻完成。

2．水解冻法　水解冻法是用4～20℃的清水对冻肉进行浸泡或喷洒以解冻。此方法适用于肌肉组织未被破坏的半胴体或1/4胴体，不适合于分割肉。此方法的优点是速度快、肉汁损失少。在10℃水中解冻半胴体需要13～15h，用10℃水喷洒解冻需要20～22h。在5℃空气中解冻禽肉需要24～30h，而在水

中只需 3～4h。

3. 微波解冻法 频率为 2450MHz 的微波照射到肉时，会引起肉中水分子激烈振动，产生摩擦而使冻结肉温度上升以达到解冻目的。其特点是解冻速度快，一定厚度的肉微波解冻 1h 完成，而空气解冻需要 10h 左右。

【思 考 题】

1. 什么叫冷却肉？冷却肉为什么是鲜肉发展的方向？
2. 肉的成熟机制是什么？成熟对肉质有哪些影响？哪些因素影响肉的成熟过程？
3. 原料肉低温贮藏的方法有哪些？各有什么优缺点？
4. 原料肉保鲜的方法有哪些？

第六篇
乳

第二十四章 乳的生产与分类

第一节 乳用家畜种类及其产乳性能

从全世界范围看，能够作为乳源的家畜种类丰富，不同国家和地域的乳用家畜种类是有区别的，其中，乳牛、水牛及奶山羊是主要种类，三者乳产量占乳总产量比值超过97%。

一、乳牛

（一）黑白花乳牛

黑白花乳牛原产于荷兰北部地区的北荷兰省（Noord-Holland）和西弗里生省（West Friesland），在德国北部荷尔斯泰省（Holstein）也有分布，原称荷兰牛，也称为荷尔斯泰因 - 弗里斯牛（Holstein-Friesian）（简称荷斯坦牛）。因其毛色为黑白花片，故通称黑白花牛。黑白花牛是目前世界上产乳量最高、数量分布最广的乳用牛品种。经各国长期的风土驯化和繁育，或同当地牛进行杂交而育成较适应当地环境并具有各自特点的黑白花牛。近一个世纪以来，由于各国对黑白花牛选育方向不同，育成了乳用型黑白花牛和乳肉兼用型黑白花牛。

1. 乳用型黑白花牛　美国、加拿大等国的黑白花牛属此类型。乳用型黑白花牛体格高大，结构匀称，皮薄骨细，皮下脂肪少，乳房特别硕大，乳静脉明显，后驱较前驱发达，侧望、俯视和从后面看体躯呈楔形，具有典型的乳用型外貌。毛色为明显的黑白花片，腹下、肢端及尾帚为白色。乳用型黑白花牛产乳量为各乳牛品种之冠。一般年平均产乳量为6500～7500kg，乳脂率为3.6%～3.7%。

2. 乳肉兼用型黑白花牛　以原产地荷兰为代表的欧洲国家，如德国、法国、丹麦等国家所饲养的黑白花牛多属此型。乳肉兼用型黑白花牛的毛色与乳用型黑白花牛相同。其特点是体格偏小，头宽颈粗，体躯宽深，乳房发育良好，胸宽而深，全身肌肉较乳用型丰满，有较好的产肉性能，但体格较矮，体重较乳用型小，故在我国习惯上称为小荷兰牛。乳肉兼用型黑白花牛年产乳量一般为5000～6500kg，乳脂率3.8%～4.1%。

3. 中国黑白花乳牛　中国早在19世纪70年代即开始从国外引进黑白花乳牛。除纯种繁殖外，我国主要用纯种黑白花公牛与全国各地的本地黄牛杂交，经过长期选育形成了中国黑白花乳牛品种。该品种是我国唯一的乳用牛品种。由于我国各地所引用的纯种黑白花公牛和本地母牛的类型不一，以及饲养环境条件的不同，形成了南北方的差异。总的来说，中国黑白花牛毛色呈黑白花，花片美观，界线分明；皮薄有弹性；母牛头清秀，体躯长、宽而厚，胸深广；乳腺发育良好，大而不下垂，前伸后延，附着良好，乳静脉明显，乳头大小适中，分布均匀；体形结构匀称，成年公牛体重一般为1000～1100kg，母牛为550～650kg。2018年黑白花乳牛的平均产乳量为7400kg，个别牧场平均产乳量达11 000kg。根据对北方15个省（自治区、直辖市）的乳牛测定，平均乳脂率为3.4%；南方13个省（自治区、直辖市）平均乳脂率为3.3%。脂肪球小，宜作鲜乳或制作干酪。

（二）娟珊牛

娟珊牛是英国培育出的乳用牛品种，是世界上仅有的第二种产乳专用牛品种，原产于英吉利海峡的娟珊岛。本品种以乳脂率高、乳房形状良好而闻名。娟珊牛体格较小，毛色深浅不一，由银灰色至黑色，以栗褐色毛最多。鼻镜、舌与尾帚为黑色，鼻镜上部有灰色圈，一般公牛毛色比母牛深。娟珊牛体形清秀，乳房发育良好。平均年产乳量 3000～3500kg，乳脂率高，平均为 5.3%，是乳用品种中的高脂品种。乳脂黄色、脂肪球大，适于制造黄油。

（三）西门塔尔牛

西门塔尔牛原产于瑞士西部阿尔卑斯山区的河谷地带、西门塔尔平原，因西门塔尔平原较为著名，因而得名。该品种属于大型乳肉兼用品种，在瑞士占牛总数的 50%。西门塔尔牛在产乳性能上被列为高产的乳牛品种，在产肉性能上也不比专门肉用品种逊色，生长速度较快。因此，现今西门塔尔牛已成为世界各国的主要引入对象。

西门塔尔牛体格粗壮结实，头部轮廓清晰，嘴宽，眼大；胸和体躯深，腰宽身躯长，臀部长宽平直，前躯较后躯发育好，肌肉丰满；乳腺发育中等，4 个乳区均匀，泌乳力强；毛色多为黄白花或淡红花，额部和颈上都有卷毛。生产性能成年公牛体重为 1000～1300kg，母牛为 650～800kg。泌乳期平均为 285 天（9.5 个月），产乳量 3500～4500kg，最高达 12 702kg，乳脂率为 3.9%～4.2%，乳蛋白为 3.5%～3.9%。

（四）爱尔夏牛

爱尔夏牛属于中型乳用品种，是著名乳牛品种之一，原产于英国艾尔郡（Ayrshire）。该牛种最初属肉用，1750 年开始引用荷斯坦牛、更赛牛、娟珊牛等乳用品种杂交改良，于 18 世纪末育成为乳用品种。外貌特征表现为体格中等，结构匀称，额稍短，角细长，且由基部渐渐向上方弯曲，色白，颈部垂皮小，体躯较深而窄，乳房匀称良好。头中等长，毛色为红白花，红色有深有浅，变化不一，鼻镜、眼圈浅红色，尾梢白色。成年体重公牛为 800kg，母牛为 550kg。年产乳量 3500～4500kg，乳脂率为 3.8%～4.0%，脂肪球小。

（五）三河牛

三河牛是中国培育的乳肉兼用品种，产于额尔古纳市三河地区。90% 以上分布在呼伦贝尔市，国内其他部分省、自治区和直辖市已有引入，并输出到蒙古国等国家。1982 年制定了三河牛的品种标准，1989 年 9 月通过品种验收，由内蒙古自治区人民政府批准正式命名为三河牛。三河牛乳房大小中等，质地良好，乳静脉弯曲明显，乳头大小适中，分布均匀。三河牛产奶性能好，年平均产乳量为 4000kg，乳脂率在 4% 以上。在良好的饲养管理条件下，其产乳量显著提高。

（六）草原红牛

草原红牛是以乳肉兼用的短角公牛与蒙古母牛长期杂交育成，具有适应性强，耐粗饲的特点。主要产于新疆天山北麓的西端伊犁地区和准噶尔界山塔城地区的牧区和半农半牧区。该牛适用性强，为其他牛所不及，可在高海拔地区放牧，耐严寒，耐高温，耐粗饲，抗病力强。草原红牛被毛为紫红色或红色，部分牛的腹下或乳房有小片白斑，乳房发育较好。成年公牛体重为 700～800kg，母牛为 450～500kg，犊牛初生重 30～32kg。平均单产一般为 2150kg，乳脂率一般为 4% 左右。

图 24-1 为主要乳用奶牛品种。

二、水牛

全世界约有水牛 1.4 亿头，90% 分布于亚洲。我国水牛的数量已达 2000 多万头，仅次于印度，居世界第二位。乳用水牛一个泌乳期产量可达 1800～2000kg，乳中干物质含量达 17% 左右，乳脂率 7%～8%，比奶牛高出 1 倍。脂肪球大、香味浓，适于制作各种乳制品。饲养最多的国家依次是印度、中国和巴基斯坦。新近饲养水牛的国家有哥伦比亚、委内瑞拉、玻利维亚、莫桑比克和美国等。多数优良乳用水牛品种产于印度、巴基斯坦、埃及、意大利和保加利亚等。印度和巴基斯坦的水牛奶占全部奶品消费量的一半以上。

（一）摩拉水牛

摩拉水牛俗称印度水牛，是世界上著名的乳牛品种（图 24-2）。摩拉水牛原产于印度的亚穆纳河西部，最好的繁殖区在哈里亚纳邦（Haryana）。摩拉水牛体形高大，母牛乳房发育良好，乳静脉弯曲明显，乳头

黑白花乳牛　　　　　　　　　娟珊牛　　　　　　　　　西门塔尔牛

彩图　　　　　爱尔夏牛　　　　　　　　　草原红牛　　　　　　　　　三河牛

图 24-1　主要乳用奶牛品种

粗长。成年牛平均体高 132.8cm，成年公牛体重 450～800kg、母牛体重 350～750kg。摩拉水牛是较好的乳用水牛品种，年产奶量 2200～3000kg，乳脂率 7.6%。它与我国本地水牛杂交的杂种较本地水牛体形大，生产发育快，役力强，产奶量高。该牛具有耐粗饲、耐热、抗病能力强、繁殖率高、遗传稳定的优点，但集群性强，较敏感，下奶稍难。

（二）尼里 - 拉菲水牛

尼里 - 拉菲水牛原产于巴基斯坦的旁遮普省（Punjab）中部。1974 年引入中国，主要乳用。尼里 - 拉菲水牛脸较长，体躯深厚，腹垂较大，乳头特别粗大且长，乳静脉显露、弯曲（图 24-2）。泌乳期为 305天，产乳量 2000～2700kg，最高达 4000kg，乳脂率为 6.9%。

彩图　　　　　　　　摩拉水牛　　　　　　　　　　尼里－拉菲水牛

图 24-2　主要乳用水牛品种

三、奶山羊

奶山羊是仅次于乳牛的主要乳畜，在世界各国历来被誉为"农家的乳牛"。世界上有 60 多种奶山羊品种，比较著名的有 20 多种。其中，以萨能奶山羊、吐根堡奶山羊、努比亚奶山羊数量多、分布广、产乳量高而闻名于世。我国培育的奶山羊品种主要有关中奶山羊和崂山奶山羊。

（一）萨能奶山羊

萨能奶山羊产于瑞士伯尔尼高地的萨能山谷（Saanental, Bernese Oberland），是世界上最优秀的奶山羊品种之一，是奶山羊的代表型。萨能山谷是瑞士有名的疗养胜地，但农业不发达，居民主要经营乳畜业，生产鲜乳、干酪和出口种羊。我国 20 世纪初由外国传教士引入此品种，用它改良本地山羊，提高乳产量，效果显著。目前，我国的奶山羊绝大多数是萨能奶山羊和本地奶山羊的杂交种。

瑞士萨能奶山羊具有奶畜特有的楔形体形，体格高大，抗病力强，适应性强，瘤胃发达，消化能力强，能充分利用各种青绿饲料、农作物秸秆。萨能奶山羊利用年限较长，可达10年以上，母羊一般以第2～5胎产乳量最高。泌乳期300天左右，泌乳高峰期一般在第2～3泌乳月，年泌乳量为600～1200kg，最高可达3000kg以上。乳脂率为3.3%～4.4%，乳蛋白为3.3%，乳糖为3.9%，干物质为11.28%～12.38%。

（二）吐根堡奶山羊

吐根堡奶山羊是乳用山羊的一个品种，起源于瑞士吐根堡（Toggenburg）河谷，是美国年代最久的乳用山羊品种。吐根堡奶山羊体形略小于萨能奶山羊，也具有乳用羊特有的楔形体形，乳房大而柔软，发育良好。吐根堡奶山羊平均泌乳期287天，在英、美等国一个泌乳期的产乳量为600～1200kg。瑞士最高个体产乳纪录为1511kg，乳脂率3.5%～4.2%。饲养在我国四川省成都市的吐根堡奶山羊，300天产乳量，一胎为687.79kg，二胎为842.68kg，三胎为751.28kg。

（三）努比亚奶山羊

努比亚奶山羊是世界著名的乳用山羊品种之一。努比亚奶山羊原产于非洲东北部的埃及、苏丹及邻近的埃塞俄比亚、利比亚、阿尔及利亚等国，在英国、美国、印度及东欧、南非一些国家等都有分布。努比亚奶山羊体格较小，成年母羊重为40～50kg。泌乳期一般为5～6个月，产乳量一般为300～800kg，盛产期日产乳2～3kg，高者可达4kg以上，乳脂率4%～7%，乳的风味好，而且无膻味。我国四川省饲养的努比亚奶山羊，平均一胎261天产乳375.7kg，二胎257天产乳445.3kg。

（四）关中奶山羊

关中奶山羊因产于陕西省关中地区，故得此名。历年奶山羊存栏数量、向各地提供良种奶羊数、奶粉的质量和数量及其经济效益等均名列全国前茅，为全国著名奶山羊生产繁育基地，故八百里秦川有"奶山羊之乡"的称誉。关中奶山羊体形近似萨能奶山羊，尻宽，乳房庞大，形状方圆。一般泌乳期为7～9个月，年产乳450～600kg，单位活重产乳量比牛高5倍。鲜奶中含乳脂3.6%、蛋白质3.5%、乳糖4.3%、总干物质11.6%。与牛奶相比，羊奶含干物质、脂肪、热能、维生素C、烟酸均高于牛奶，不仅营养丰富，而且脂肪球小，酪蛋白结构与人奶的相似，酸值低，比牛奶易被人体吸收。

（五）崂山奶山羊

崂山奶山羊原产于山东省胶东半岛，主要分布于崂山及周边区市，是崂山一带群众经过多年培育形成的一个产乳性能高的地方良种，是中国奶山羊的优良品种之一。崂山奶山羊体质结实粗壮，母羊体躯发达，乳房基部发育好、上方下圆、皮薄毛稀、乳头大小适中且对称。成年公羊体重一般为70～80kg，成年母羊体重为45～50kg。母羊一般以第2～4胎泌乳量最高，泌乳高峰期多在第2个泌乳月。泌乳期8～9个月，产乳量为450～700kg，乳脂率3.5%～4.0%。乳中干物质含量12.03%，乳蛋白含量2.89%，乳质率3.73%，乳糖含量4.53%，其中甲硫氨酸、赖氨酸和组氨酸含量较高。

各种奶山羊品种见图24-3。

萨能奶山羊　　　　　　　吐根堡奶山羊　　　　　　努比亚奶山羊

关中奶山羊   崂山奶山羊 彩图

图 24-3 主要乳用山羊

第二节 乳 的 分 类

原料乳的质量决定乳制品的最终产品质量，高质量乳原料通常要满足以下条件：具有稳定的成分构成、无异味和杂气味、无药物残留、不掺水及杂物，以及低细菌总数和体细胞。正常乳的成分和性质是基本稳定的，但当乳牛受到饲养管理、疾病、气温及生理等各种因素的影响时，乳的成分和性质往往会发生变化。

一、常乳

常乳是指牛乳产后 14 天后所分泌的乳汁，也称作成熟乳。通常，乳牛要到产后 30 天左右乳成分才趋稳定。常乳是通常用来加工乳制品的乳，常乳中的成分比较稳定。常乳是由健康牛挤出的新鲜乳，乳质均匀、有浓郁的乳香味、无异味、色泽呈白色或稍带微黄。

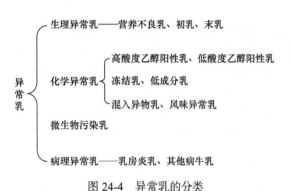

图 24-4 异常乳的分类

二、异常乳

正常乳的成分和性质基本稳定，当乳牛受到饲养管理、疾病、气温及其他各种因素的影响时，乳的成分和性质往往发生变化，这种乳称作异常乳，不适于加工产品。异常乳的成分和性质与常乳有所不同，但区别并不是很大，所以说常乳与异常乳之间并无明显区别。

异常乳种类很多，变化也很复杂，但无论哪一种异常乳，都不能作为乳品加工的原料。异常乳分为以下几类（图 24-4）。

（一）生理异常乳

1. 营养不良乳 饲料不足、营养不良的乳牛所产的乳对皱胃酶几乎不凝固，所以这种乳不能制作干酪。当喂以充足的饲料，加强营养之后，牛乳即可恢复正常，对皱胃酶即可凝固。

2. 初乳 初乳是牛产犊前后的特殊生理期（7 天内）所分泌的乳，是一种呈黄色或红褐色黏稠的微酸性（pH6.4）液体，有异常的气味和苦味。与常乳相比，牛初乳含有较多的脂质、矿物质和蛋白质，但乳糖含量较低。初乳中蛋白质含量约是常乳的 5 倍，干物质含量约是常乳的 2 倍，矿物质含量约是常乳的 3 倍。初乳中含有初乳球，可能是脱落的上皮细胞，或白细胞吸附于脂肪球处而形成，在产犊后 2～3 周即消失。

1）初乳的成分及生物学功能 牛初乳含有大量的免疫球蛋白、生长因子等生物活性物质，含量比常乳高 10～100 倍，主要包括免疫球蛋白（Ig）、乳铁蛋白（Lf）、乳过氧化物酶（Lp）、胰岛素、溶菌酶（Lz）及表皮生长因子（EGF）、转化生长因子（TGF）、胰岛素样生长因子（IGF）、白细胞介素-1β（IL-1β）、白细胞介素-6（IL-6）、γ-干扰素（IFN-γ）、肿瘤坏死因子-α（TNF-α）等各种细胞因子，这些细胞因子虽然在初乳中含量甚微，但却具有重要的生理功能，如抗感染、抗肿瘤、免疫调节等，特别是在对胃肠道的保护方面，显示了神奇的作用（McGrath et al., 2016）。

各种活性蛋白质的功能特性如下。

（1）初乳中的免疫球蛋白。免疫球蛋白是一类具有增强抗菌、免疫功能的活性蛋白质，是人类，特别是婴儿健康所需的生理活性物质。根据重链稳定区氨基酸序列的不同可将免疫球蛋白（Ig）分为五大类，分别为IgG、IgA、IgM、IgD和IgE，牛初乳中主要是IgG、IgA和IgM。牛初乳中免疫球蛋白含量为50～150mg/mL，是人初乳的50倍。其中IgG在牛初乳中含量最高，在初乳中IgG含量为50～90mg/mL，占80%～90%，是常乳中含量的100倍以上。IgG有两种类型，IgG1和IgG2，两者比例约为35∶1，它能部分取代人类IgA（4.10～4.57mg/g）的功能。IgG是唯一能够从母体通过胎盘转移到胎儿体内的免疫球蛋白，是胎儿和新生婴儿抵抗细菌、病毒感染免疫作用的主要成分。IgG通过与细菌、病毒等抗原进行特异性结合而使之丧失在人体内的繁殖能力，同时具有促进巨噬细胞进行吞噬作用的生物学活性。将IgG添加到婴幼儿配方奶粉、保健品食品中，对于改善婴幼儿、中老年人及免疫力低下人群（如癌症等患者的辅助治疗）的健康有重要意义。IgM仅占初乳免疫球蛋白的8%～10%，但却是构成调节抗体介导的抗菌免疫的重要成分。IgA含量为7%～10%，具有高吸收特性，能够迅速增加血液中的抗体含量。

据蛋白质的分子大小、电荷多少、溶解度及免疫学等特征，可从牛乳中分离获得IgG。常用的方法有盐析法（如多聚磷酸钠絮凝法、硫酸铵盐析法）、有机溶剂沉淀法（如冷乙醇分离法）、有机聚合物沉淀法、变性沉淀法、离子交换层析法、凝胶过滤法、超滤法、亲和层析法等。为了获得较纯的产品经常几种方法联用。在IgG的分离过程中在工艺上要防止破坏IgG的生物活性。为此应仔细设计热处理工艺，在保证杀菌效果的前提下，尽量降低产品的受热强度。同时，对已分离的IgG可采用微胶囊技术将其包埋，可能会防止酸碱变性，增加稳定性。若无微胶囊保护，需采用较高浓度的蛋白质配方，最好加入变性程度低的乳清蛋白。

（2）初乳中的乳铁蛋白。牛初乳中乳铁蛋白的含量为0.34～1.96g/L，其具有两种分子形态，分子量分别为86 000和82 000，其主要差别在于它们所含糖类不同。乳铁蛋白可以结合2个Fe^{3+}或2个Cu^{2+}。乳铁蛋白对铁的结合促进了铁的吸收，避免了人体内—OH这种有害物质的生成。另外，由于结合了铁，乳铁蛋白还有抑菌活性，但在酸性环境中会失去该活性，同时还具有免疫激活的作用，是双歧杆菌和肠道上皮细胞的增殖因子。

乳铁蛋白的分离纯化方法较多，有吸附色谱法、离子交换色谱法、亲和色谱法、固定化单克隆抗体法、超滤法、盐析法等。目前工业中乳铁蛋白通常采用离子交换色谱，特别是阳离子交换色谱分离获得，分离获得的乳铁蛋白纯度在96%以上。

（3）初乳中的刺激生长因子。初乳中含有很多种肽类生长因子，如血小板衍生生长因子、类胰岛素生长因子、转移生长因子等，而常乳中没有。这些生长因子与动物生长、代谢和营养素的吸收密切相关。

（4）初乳中的过氧化物酶。过氧化物酶是氢受体存在的情况下能分解过氧化物的酶，其分子量为82 000，含铁，是一种金属蛋白，具有协同抑菌作用。

2）初乳的理化性质　牛初乳色黄、浓厚并有特殊气味，干物质含量高。随着泌乳期延长，牛初乳相对密度呈规律性下降、pH逐渐上升、酸度下降。牛初乳中乳清蛋白含量较高，乳清蛋白中的α-乳白蛋白、β-乳球蛋白、IgG、乳铁蛋白、牛血清白蛋白（BSA）均呈热敏性，其变性温度为60～72℃。乳清蛋白的变性一方面导致初乳凝聚或形成沉淀，另一方面导致其生物活性丧失，使初乳无再开发利用价值。

3. 末乳　产犊8个月以后乳牛的泌乳量减少，一直达到涸乳期。牛乳的化学成分有显著异常，当一天的泌乳量在2.5kg以下者，细菌数及过氧化氢酶含量增加，酸度降低。这种乳不适于作为乳制品的原料乳。一般泌乳末期乳的pH达7.0，细菌数达250万/mL，氯离子浓度约为0.06%。

（二）化学异常乳

1. 高酸度乙醇阳性乳　乳品厂检验原料乳时，一般先做乙醇试验，即用浓度68%或70%的乙醇与等量的乳进行混合，凡产生絮状凝块的乳称为乙醇阳性乳。挤乳后鲜乳的贮存温度不适时，酸度会升高而呈乙醇试验阳性，其原因主要是乳中的乳酸菌生长繁殖产生乳酸和其他有机酸所致。鲜乳未经冷却而远距离运送，途中会造成乳中微生物繁殖使酸度升高，也有挤乳时卫生条件不合乎要求所造成的酸度升高。因此要注意挤乳时的卫生并将挤出的鲜乳保存在适当温度，以免微生物污染繁殖。

2. 低酸度乙醇阳性乳　低酸度乙醇阳性乳是指乙醇试验为阳性、酸度不高、煮沸试验不凝固的一类乳。这类乳的产生是由于乳牛代谢障碍、营养障碍、气候剧变、饲养管理不当、乳腺或生殖器官疾病等复杂的原因，引起与酪蛋白结合的钙转变成离子性钙，柠檬酸合成减退，游离性磷减少，造成牛乳中的盐类平衡或胶体系统的不稳定。这类乳的蛋白质稳定性不高，可供制作杀菌乳，但不宜作为淡炼乳的生产原料。

3. 低成分乳　低成分乳是指乳总干物质不足11%，乳脂率低于2.7%的原料乳。乳的成分主要受遗传因素和饲养管理所左右。要获得成分含量高和质量优良的原料乳，首先需要从选育和改良乳牛品种开始。有了优良的乳牛，再加上合理的饲养管理、清洁卫生条件及合理的榨乳、收纳、贮存，则可以获得成分含量高而优质的原料乳。

4. 混入异物乳　　混入异物的乳是指在乳中混入原来不存在的物质的乳。其中，有人为混入异常乳和因预防治疗、促进发育及食品保藏过程中使用抗生素和激素等而进入乳中的异常乳。此外，还有因饲料和饮水等使农药进入乳中而造成的异常。乳中含有防腐剂、抗生素时，不应用作加工的原料乳。

这种乳对发酵乳的生产有一定影响，会引起人体过敏反应，产生细菌抗药性等。由于污染物的蓄积作用破坏人体的正常代谢机能而发生慢性中毒，甚至可能有潜在的致癌、致畸作用。

5. 风味异常乳　　风味异常乳中常出现饲料臭、涩味、日光味、牛体臭、脂肪氧化臭等异常风味。这是由于牛体转移、外界污染或吸收不良气味引起的。脂肪分解味乳主要由于乳脂肪被脂肪酶水解，脂肪中含有较多的低级挥发性脂肪酸而引起，其主要成分是丁酸。氧化味乳是由于乳脂肪氧化而产生的不良风味，产生氧化味乳的主要因素为重金属、光线、氧、贮存温度、牛乳处理方式和季节等，尤其以铜的影响为最大。

（三）微生物污染乳

1. 酸败乳　　酸败乳中常出现酸度高、乙醇凝固、热凝固、发酵产气、酸臭味和酸凝固等现象。其酸败是由乳酸菌、丙酸杆菌、大肠杆菌、小球菌等细菌污染造成的。

2. 乳腺炎乳　　乳腺炎乳中混有血液及凝固物，可以使乙醇凝固，热凝固，常出现风味异常。乳中的乳清蛋白、钠、氯、过氧化氢酶和体细胞数增加，脂肪、乳糖、钙及非脂乳固体含量下降。乳腺炎乳的产生是由于溶血性链球菌、葡萄球菌、小球菌、芽孢杆菌、放线菌及大肠杆菌的污染造成的。由于细菌的存在，乳腺炎乳中常含有肠毒素，可引起食物中毒。

3. 黏质乳　　黏质乳常出现黏质化、黏液形成、蛋白质分解等现象。这是由于嗜冷菌、明串珠菌属细菌等的感染所致。

4. 着色乳　　在着色乳中常出现黄变、赤变或蓝变。这是由于嗜冷菌、球状菌类、红色酵母的污染引起的。着色乳的色泽发生改变，而失去正常风味，不能用于乳制品生产。

5. 异常凝固分解乳　　异常凝固分解乳中常出现凝乳酶状凝固、胨化、碱化、脂肪分解臭，并带有苦味。这是由蛋白质分解菌、芽孢杆菌、嗜冷菌的污染所导致的。乳制品中发生腐败变质，出现不良风味。

6. 异常风味乳　　异常风味乳中常出现异臭、异味和各种变质，是由于蛋白质脂肪分解菌、产酸菌、嗜冷菌和大肠杆菌导致的乳制品中出现风味异常并变质腐败。

7. 噬菌体污染乳　　噬菌体污染乳中的菌体溶解，细菌数降低，这是由噬菌体（主要是乳酸菌噬菌体）感染所致，可导致制造酸乳或发酵乳制品的失败。

（四）病理异常乳

1. 乳房炎乳　　由于外伤或者细菌感染，使乳房发生炎症，这时乳房所分泌的乳，其成分和性质都发生了变化，即乳糖含量降低，氯含量增加，以及球蛋白含量升高，酪蛋白含量下降，并且细胞（上皮细胞）数量多，以致无脂干物质含量较常乳少。造成乳房炎的主要原因是乳牛体表和牛舍环境卫生不合乎卫生要求，挤乳方法不合理，尤其是使用挤乳机时，使用不规范或清洗杀菌不彻底，使乳房炎发病率升高。

乳牛患乳房炎后，牛乳凝乳张力下降，用凝乳酶凝固乳时所需的时间较常乳长，这是由于乳蛋白异常所致。另外，乳房炎乳中维生素 A、维生素 C 的含量变化不大，而维生素 B_1 和维生素 B_2 的含量减少。临床性乳房炎可使产乳量迅速降低，且牛乳形状有显著变化，因此不能作为加工原料。非临床性或潜在性乳房炎在外观上无法区别，只在理化性能上或细菌学上有差别。

2. 其他病牛乳　　除乳房炎以外，乳牛患有其他疾病时也可以导致乳的理化性质及成分发生变化。口蹄疫、布鲁氏菌病等的乳牛所产的乳其质量变化大致与乳房炎乳相类似。另外，患酮体过剩、肝机能障碍、繁殖障碍等的乳牛，易分泌低酸度乙醇阳性乳。

【思 考 题】

什么是异常乳？主要有哪几个类型？

第二十五章　乳的化学组成及特性

第一节　乳的化学组成

　　乳是哺乳动物分娩后由乳腺分泌的一种白色或微黄色的不透明液体。乳的成分十分复杂，含有上百种化学成分，主要包括水分、脂肪、蛋白质、乳糖、盐类及维生素、酶类、气体等。正常牛乳中各种成分的组成大体上是稳定的，但受乳牛的品种、个体、地区、泌乳期、畜龄、挤乳方法、饲料、季节、环境、温度及健康状态等因素的影响而有差异，其中变化最大的是乳脂肪，其次是蛋白质，乳糖和灰分则比较稳定。

　　乳品行业中一般将牛乳成分分为水分和乳干物质两大部分，而乳干物质又分为脂质和无脂干物质；另一种分类方法是将牛乳分为有机物和无机物，有机物又分为含氮化合物和无氮化合物。牛乳的成分可概括为表25-1和图25-1所示。

表 25-1　牛乳中各成分含量表

成分	水分	总乳固体	脂肪	蛋白质	乳糖	矿物质
变化范围 /%	85.5～89.5	10.5～14.5	2.5～6.0	2.9～5.0	3.6～5.5	0.6～0.9
平均值 /%	88.0	12.0	3.4	3.2	4.6	0.8

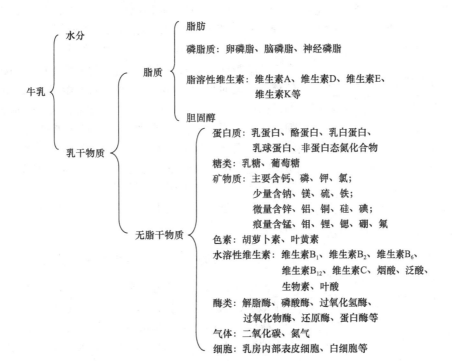

图 25-1　牛乳组成成分

水分是乳中的主要组成部分，占 87%～89%。乳及乳制品中水分可分为自由水、结合水、膨胀水和结晶水。结合水占 2%～3%，以氢键和蛋白质的亲水基和（或）乳糖及某些盐类结合存在。膨胀水存在于胶粒结构的亲水胶体内，中性盐类、酸度、温度及凝胶的挤压程度都会影响膨胀水的含量。结晶水存在于结晶化合物中，当生产奶粉、炼乳及乳糖等产品时，乳糖含有 1 分子的结晶水。

另外，生乳中含有一定量气体，其中主要为二氧化碳、氧气及氮气等。刚挤出的牛乳含气量较高，为乳容积的 5.7%～8.6%。其中以二氧化碳为最多，氮气次之，氧气最少，所以乳品生产中的原料乳不能用刚挤出的乳检测其密度和酸度。牛乳在放置及处理时与空气接触后，因空气中的氧气及氮气溶入牛乳中，使氧、氮的含量增加而二氧化碳的量减少。

将乳干燥到恒温时所得的剩余物（残渣）叫作乳的干物质（或叫乳固体）。常乳的干物质一般为 12% 左右。乳干物质含有乳中的全部营养成分，因此干物质反映乳的营养价值：生产中计算乳制品的生产率时，需要用干物质这一指标；为了确保乳制品的质量，原料乳需要有足够的干物质含量。乳干物质的数量是随各种成分含量的变化而变化的，尤其是脂肪，它是一个最不稳定的成分，它对于物质数量增减影响很大。所以在实际生产中，常用无脂干物质非脂乳固体（SNF）作为乳干物质含量的评价的主要指标。根据弗莱希曼的报告，乳的相对密度、含脂率和干物质含量之间存在着一定的对应关系。根据这三个数值之间的关系，即可以计算出干物质和无脂干物质的含量。乳的脂肪含量和乳的相对密度可以用简单的方法测定，根据弗莱希曼的多次试验得出：15℃下，乳脂肪的相对密度为 0.93；无脂干物质的相对密度为 1.60。

第二节 乳 脂 肪

一、乳脂肪的存在形态

乳脂肪是牛乳的主要成分之一，在牛乳中的含量平均为 3%～5%，对牛乳风味起重要的作用。乳脂肪不溶于水，而是以脂肪球状态分散于乳浆中。

脂肪球直径在 0.1～20μm 范围内，平均直径为 3～5μm，直径小于 0.2μm 的脂肪球不能被分离出来，而大于 6μm 的脂肪球很容易分离。乳脂肪球是由一个非极性脂质内核（主要是甘油三酯）及包裹它的乳脂肪球膜（MFGM）构成。乳脂肪球膜主要是由极性脂质、蛋白质和一些活性成分构成的 10～50nm 厚的薄膜，可保证乳脂肪乳浊液和悬浊液的稳定性，并使各个脂肪球独立地分散于乳中。

乳脂肪球膜是三层结构，内层为来源于内质网的磷脂层，它的疏水基朝向脂肪球中心，并吸附着高熔点甘油三酸酯，形成膜的最内层。磷脂层间还夹着固醇与维生素 A。磷脂的亲水基向外朝向乳浆，并连接着具有强大亲水基的蛋白质，构成了膜的外层，其表面有大量结合水，从而形成了脂相到水相的过渡。乳脂肪球膜主要由 25%～70% 的蛋白质及 25% 的磷脂构成，其具体成分见表 25-2。乳脂肪球膜配料目前是婴幼儿配方乳粉重要的原材料，添加后能够促进婴儿的认知能力发育（Brink and Lönnerdal，2020）。

表 25-2 牛乳乳脂肪膜的主要构成成分

	成分	比例 /%
蛋白质	黏蛋白	3.0
	黄嘌呤脱氢酶 / 氧化酶	12.0
	组织糖蛋白高碘酸稀尔Ⅲ	4.0
	组织糖蛋白高碘酸稀尔Ⅳ	4.2
	嗜乳脂蛋白	16.0
	组织糖蛋白高碘酸稀尔 6/7	22.0
	脂肪酸结合蛋白	2.0
	其他蛋白	36.8
脂质	三酰甘油酯	56.0
	二酰甘油酯	2.1
	单甘油酯	0.4
	游离脂肪酸	0.6
	磷脂	40.6

资料来源：何胜华等，2009。

二、乳脂肪酸的构成与乳脂肪的理化特性

乳中的脂肪酸可分为三类：第一类为水溶性挥发性脂肪酸，如丁酸、乙酸、辛酸等；第二类为非水溶性挥发性脂肪酸，如十二碳酸等；第三类为非水溶性不挥发性脂肪酸，如十四碳酸、二十碳酸、十八碳烯酸和十八碳二烯酸等。乳脂肪的脂肪酸组成受饲料、营养、环境、季节等因素的影响。一般夏季放牧期间乳脂肪不饱和脂肪酸含量升高，而冬季舍饲期不饱和脂肪酸含量降低，所以夏季加工的奶油其熔点比较低。组成乳脂肪的脂肪酸种

类繁多，但大多数脂肪酸都是含量极少的。

（1）牛乳脂肪中富含短链脂肪酸，占总脂肪酸的 10%～20%，这是反刍动物脂肪酸所具有的特点。非反刍动物的乳脂肪不含有丁酸或其他的短链脂肪酸。乳脂肪中的丁酸含量可以作为鉴定在奶油中混杂其他脂肪的指标。

（2）乳脂肪中饱和脂肪酸含量较高，约为 70%，因此，乳脂肪的碘值较低。反刍动物的乳脂肪中多不饱和脂肪酸含量较少。牛乳脂肪的不饱和脂肪酸主要是油酸，油酸占不饱和脂肪酸的 70%，牛乳脂肪含有较低的反式脂肪酸（5%），而化学氢化（硬化）植物油中则含有 50% 的反式脂肪酸。

（3）乳脂肪中含有较多的中长链脂肪酸。这些脂肪酸是在乳腺中经过丙二酸单酰辅酶 A 途径合成，并通过硫酯酶将之从合成的酶复合物中释放出来。这说明反刍动物的乳腺组织中硫酯酶活性较高。

（4）牛乳脂肪中含有少量的酮酸和羟基酸。3-酮酸在加热时产生甲基酮（$RCOCH_3$）。在青纹干酪中含有较多的甲基酮，其是在霉菌的氧化作用下产生的。

（5）乳脂肪的脂肪酸组成受饲料、环境等因素的影响而变动，尤其是饲料会影响乳中脂肪酸的组成。当不给乳牛提供充分的饲料时，则其为了产乳而降低了自身脂肪量，结果会使牛乳中挥发性脂肪酸含量降低，而增加了不挥发性脂肪酸的含量，并且增加了脂肪酸的不饱和度。

特定的脂肪酸构成决定了乳脂肪的以下特性。

（1）易氧化。脂肪与氧、光线、金属接触时，氧化产生哈败；工艺上，避免使用铜、铁设备和容器，应使用不锈钢设备。

（2）易水解。乳脂肪含低级脂肪酸比较多，即使稍微水解也会产生带刺激性的酸败味，水解源于乳本身的解酯酶和外界污染的微生物酶。

三、乳脂肪的合成

1. 长链脂肪酸的前体物　长链脂肪酸通过瘤胃后被小肠吸收而进入淋巴系统，与蛋白质结合进入血液中，被乳腺细胞所吸收。饲料的类型能影响乳中脂肪链的长短，而对脂肪酸饱和程度影响不大。

2. 短链脂肪酸的前体物　短链脂肪酸是由逐步增加乙酸分子而合成的，也就是说，每次以 2 个碳原子增加其链长。β-羟基丁酸也有与此类似的机制，只是将 4-碳分成 α-碳单位作为乙酸来利用。利用 β-羟基丁酸的另一途径是使其在乳腺细胞内转变为原来的挥发性脂肪酸——丁酸，然后每次接上 2 个碳原子，逐渐接成不同长度的短链脂肪酸。在乳脂肪的合成过程中，利用乙酸比 β-羟基丁酸多；同时，乙酸能参与糖酵解，为乳腺细胞提供能量。由于它大量参与奶的合成，因此，在奶牛瘤胃中大量产生乙酸，这对于创造最适宜的产奶条件是必需的。

第三节　乳　蛋　白

牛乳的含氮化合物中 95% 为乳蛋白质，含量为 3.0%～3.5%，至少含有 25 种蛋白质。根据溶解度（pH 4.6）的不同其可分为酪蛋白（casein，CN）和乳清蛋白（whey protein，WP）两类，分别占全蛋白的 80% 和 20%，另外还有少量的脂肪球膜蛋白质、乙醇可溶性蛋白及血纤蛋白相类似的蛋白质等。除了乳蛋白质外，还有约 5% 非蛋白含氮化合物，如氨、游离氨基酸、尿素、尿酸、肌酸及嘌呤碱等。这些物质基本上是机体蛋白质代谢的产物，通过乳腺细胞进入乳中。另外一部分含氮化合物是维生素。

一、酪蛋白

在温度 20℃时调节脱脂乳的 pH 至 4.6 时沉淀的一类蛋白质称为酪蛋白，占乳蛋白总量的 80%～82%。酪蛋白在牛奶中主要以大小为 150nm 左右的胶束形式存在，主要由 4 个亚基（α_{s1}、α_{s2}、β 和 κ）组成，比值约为 4：1：3.5：1.5，此外还存在少量的 γ-酪蛋白组分（含量大约 3%）（表 25-3）。α-酪蛋白含磷量多，故又称磷蛋白。含磷量对皱胃酶的凝乳作用影响很大。γ-酪蛋白含磷量极少，因此 γ-酪蛋白几乎不能被皱胃酶凝固。在制造干酪时，有些乳常发生软凝块或不凝固现象，这是由于蛋白质中含磷量过少的缘故。酪蛋白虽然是一种两性电解质，但其分子中含有的酸性氨基酸远多于碱性氨基酸，因此具有明显的酸性。在牛奶中以磷酸二钙、磷酸三钙或两者的复合物形式存在，构造极为复杂，直到现在没有完全确定的分子式，分子量为 57 000~375 000。酪蛋白在牛奶中约含 3%，约占牛奶蛋白质的 80%。

表 25-3　酪蛋白的组成

成分	g/100g 干品	成分	g/100g 干品
α_{s1}-酪蛋白	35.6	镁	0.1
α_{s2}-酪蛋白	9.9	钠	0.1
β-酪蛋白	33.6	钾	0.3
κ-酪蛋白	11.9	柠檬酸	0.4
其他成分	2.3	半乳糖	0.2
钙	2.9	半乳糖胺	0.2

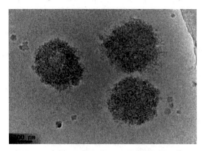

图 25-2　酪蛋白胶束冷冻透射电镜图

（一）存在形式

κ-酪蛋白含有少量的磷酸基团，当钙浓度达到一定程度时，牛奶酪蛋白与磷酸钙形成"酪蛋白酸钙 - 磷酸钙复合体"四级结构，以胶束状态而存在（图 25-2），其中含酪蛋白酸钙 95.2%、磷酸钙 4.8%。其胶体微粒直径为 10~300nm，一般 40~160nm 占大多数。此外，酪蛋白微胶粒中还含有镁等物质。

（二）酪蛋白胶束的结构

关于酪蛋白胶粒的结构，许多学者都提出了各自的理论，并建立了许多牛乳酪蛋白胶体的理论模型，但至今未确定胶束结构模型。目前普遍接受的模型有"套核"结构模型、亚胶束模型、Holt 模型和 Horne 模型。

1. "套核"结构模型　佩恩斯（Payens）（1966）以酪蛋白聚合的数据为依据提出了"套核"结构模型，在这种模型中胶粒的核是由紧密折叠的 α_s-酪蛋白分子连接较松散构型的 β-酪蛋白构成，β-酪蛋白以细丝状态形成网目结构，κ-酪蛋白位于胶粒表面，磷酸钙既存在于胶粒外部也存在于它的内部，如图 25-3 所示。

2. 亚胶束模型　如图 25-4 所示的酪蛋白胶束是由许多亚酪蛋白胶束（图 25-5）混合构成的。亚酪蛋白胶束直径为 10~15nm，不同的酪蛋白胶束所含有的 α_s-酪蛋白、β-酪蛋白和 κ-酪蛋白也不是均匀一致的。亚胶束模型与电子显微镜观察到的酪蛋白胶粒结构很相似，同时也很好地说明了胶粒的散射特性，但亚胶束模型未能说明这些亚单元是如何形成的。

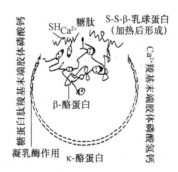

图 25-3　Payens 的"套核"结构模型
（Rollema，1992）

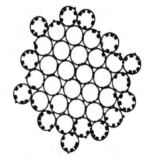

图 25-4　酪蛋白胶束的亚单位模型
（Rollema，1992）

3. Holt 模型　该模型认为酪蛋白胶粒是由酪蛋白分子缠结在一起，形成一个网状凝胶结构，在这个结构中，胶体磷酸钙微簇对胶粒结构起稳定作用，它与钙敏感性酪蛋白中的磷酸丝氨酸簇结合在一起，形成内部完整的结构，胶粒的表面是 κ-酪蛋白突出的 C 端，形成发毛层（图 25-6）。该模型不足之处在于没有说明限制酪蛋白胶粒增长的内在机制。

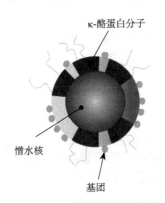

图 25-5 亚酪蛋白胶束的结构图
（Phadungath，2005）

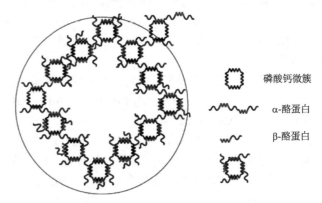

图 25-6 酪蛋白胶粒 Holt 模型（Horne，2006）

4. Horne 模型　Horne 于 1998 年在 Holt 模型的基础上提出了 Horne 模型，又称为双结合模型（图 25-7）。在双结合模型中，胶粒的集结和生长是通过聚合过程（polymerization）实现的，即酪蛋白胶束的形成是由于单个酪蛋白通过疏水作用和磷酸钙簇的桥接交联而形成的。这种模型最终聚合的结果也是在酪蛋白胶粒表面形成 κ-酪蛋白层。

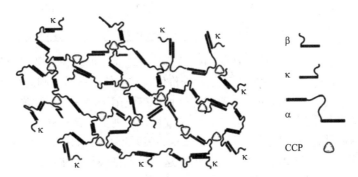

图 25-7 Horne 模型（Horne，1998）
CCP. 酪蛋白钙肽（casein calcium peptide）

（三）化学性质

1. 酪蛋白与酸碱反应　酪蛋白属于两性电解质，在溶液中既具有酸性也具有碱性，也就是说它能形成两性离子。

$$NH_3^+—R—COO^-$$

当酪蛋白与酸发生反应时，酪蛋白本身具有碱的作用。于是酪蛋白与酸结合生成酸性酪蛋白，重新溶解。

$$R\begin{smallmatrix}NH_3^+\\COO^-\end{smallmatrix} + H^+ (HSO_4) \longrightarrow R\begin{smallmatrix}NH_3^+\\COOH\end{smallmatrix} + (HSO_4^-)$$

这种溶解作用随酸的性质而不同，加弱酸时溶解作用缓慢进行，如加大量的强酸，则迅速溶解。例如，牛乳中加入大量浓硫酸时，开始酪蛋白凝固，但是立即生成硫酸酪蛋白而再溶解。当酪蛋白中加入碱时，则酪蛋白具有酸的作用。酪蛋白与碱结合生成一种盐，形成一种似乎透明的溶液。

$$R\begin{smallmatrix}NH_3^+\\COO^-\end{smallmatrix} + OH^- (Na^+) \longrightarrow R\begin{smallmatrix}NH_3OH\\COO^-\end{smallmatrix} + (Na^+)$$

从上面可以知道，酪蛋白在酸性介质中具有碱的作用而带正电荷，在碱性介质中时，具有酸的作用而带负电荷。新鲜的牛奶通常 pH6.6 左右，也就是接近等电点的碱性方面，因此酪蛋白具有酸的作用，而与牛乳中的钙结合，从而形成酪蛋白钙的形式存在于乳中。

2. 酪蛋白与醛反应　酪蛋白除与酸碱能起作用外，还可与醛基反应。但由于所处环境不同，其性质也有区别。当酪蛋白在弱酸介质中与甲醛反应时，则形成亚甲基桥，可将 2 个分子的酪蛋白连接起来。

$$2R—NH_2+HCHO \longrightarrow R—NH—CH_2—NH—R+H_2O$$

在上列反应式中，1g 酪蛋白约可连接 12mg 甲醛。所得的亚甲基蛋白质不溶于酸碱溶液，不腐败，也不能被酶所分解。

当酪蛋白在碱性介质中与甲醛反应时，则生成亚甲基衍生物。

$$R—NH_2+HCHO \longrightarrow R—NH=CH_2+H_2O$$

在这个反应中，1g 酪蛋白约需 24mg 甲醛。

以上这两种反应被广泛应用于塑料工业、人造纤维的生产及检验乳样的保存方面。

3. 酪蛋白与糖反应　自然界中醛糖、葡萄糖、转化糖等与酪蛋白作用后变成氨基酸而产生芳香味。这种作用也表现于产生色素方面，可使食品具有一种颜色，如黑色素（表 25-4）。

表 25-4　含有乳糖、葡萄糖和转化糖的食用酪蛋白颜色的变化

样品特征	含水率/%	温度变化			溶液的特征
		贮存前	在 37℃的恒温箱中贮存 60 天以后	在室温条件下贮存 2 年以后	
洗涤过的酪蛋白	8.71	淡黄色	没变化	淡黄色	液体
含 2.31% 乳糖的酪蛋白	8.72	淡黄色	黄色	黄色	胶状（黏稠）
含 3% 葡萄糖的酪蛋白	7.81	淡黄色	深褐色	深褐色	凝胶状
含 3% 转化糖的酪蛋白	7.94	淡黄色	褐色	褐色	非常黏稠

酪蛋白和乳糖的反应在乳品工业中有特殊的指导意义。乳品（如乳粉、乳蛋白粉等）在长期贮存时，乳糖与酪蛋白发生反应，产生颜色、风味及改变营养价值。在有氧存在时，则能加速这种变化，因此贮存乳粉应保持在真空状态。此外，湿度也能加速这种过程。工业用干酪素由于洗涤不干净，贮存条件不佳，同样也能发生这种变化。炼乳罐头也同样有这种反应过程，特别是含转化糖多时变化更剧烈。有人证明，经贮存 5 年的高温杀菌炼乳，由于酪蛋白与乳糖的反应，发现产品变暗并失去有价值的氨基酸，如赖氨酸失去 17%、组氨酸失去 17%、精氨酸失去 10%。由于这三种氨基酸是无法补偿的，因此发生这种情况时，不仅使颜色、风味变劣，营养价值也有极大损失。

4. 酪蛋白的凝固性质

1）酪蛋白的酸凝固　酪蛋白是两性电解质，等电点为 4.6。普通牛乳的 pH 大约为 6.6，即接近于等电点的碱性方面。因此这时的酪蛋白充分地表现出酸性，而与牛乳中的碱性基（主要是钙）结合而形成酪蛋白酸钙的形式存在于乳中。此时如加入酸，酪蛋白酸钙的钙被酸夺取，渐渐地生成游离酪蛋白，达到等电点时，钙完全被分离，游离的酪蛋白凝固而沉淀，即如下列反应式：

$$\left(\begin{matrix}酪蛋白酸钙\\Ca_3(PO_4)_2\end{matrix}\right)+2HCl \longrightarrow 酪蛋白+2Ca(H_2PO_4)_2+CaCl_2$$

由于加酸程度不同，酪蛋白酸钙磷酸钙复合体中钙被酸取代的情况也有差异，当牛乳中加酸后 pH 达 5.2 时，磷酸钙先行分离，酪蛋白开始沉淀，继续加酸而使 pH 达到 4.6 时，钙又从酪蛋白钙中分离，游离的酪蛋白完全沉淀，因此，在加酸凝固时，酸只和酪蛋白酸钙磷酸钙作用。所以除了酪蛋白外，白蛋白、球蛋白都不起作用。在制造工业用干酪素时，往往用盐酸作凝固剂，此时如加酸不足，则钙不能完全被分离，于是在干酪素中往往包含一部分的钙盐。如果要获得纯的酪蛋白，就必须在等电点下使酪蛋白凝固。硫酸也能很好地沉淀乳中的酪蛋白，但由于硫酸钙不能溶解，因此有使灰分增多的缺点。

此外，由于牛乳在乳酸菌的作用下使乳糖生成乳酸，结果乳酸将酪蛋白酸钙中的钙分离而形成乳酸钙，同时生成游离的酪蛋白而沉淀。

由于乳酸能使酪蛋白形成硬的凝块，并且稀乳酸及乳酸盐皆不溶解酪蛋白，因此乳酸是最适于沉淀酪蛋白的酸。

2）酪蛋白的皱胃酶凝固　　犊牛第四胃中所含的一种酶能使乳汁凝固，这种酶通常称为皱胃酶。如果没有这种酶时，乳在胃中经过后即行流失无法消化，所以皱胃酶有使乳汁从液体变为凝块，并发生收缩而排出乳清的作用。在乳清中则含有矿物质及乳糖。

经研究证实，结晶的皱胃酶有很大的凝固特性，但缺乏分解蛋白质的能力，生产的干酪酸度比较低，味不佳，并有不愉快气味。普通的皱胃酶粉则兼备这两种作用。因此在干酪生产中具有很大的意义，除能凝固牛乳外，还能促进乳酸菌的生长及干酪的成熟，产生很好的香味及良好的风味。

皱胃酶的凝乳原理：皱胃酶与酪蛋白的专一性结合使牛乳凝固。皱胃酶对酪蛋白的凝固可分为两个过程：酪蛋白在皱胃酶的作用下，形成副酪蛋白，此过程称为酶性变化；产生的副酪蛋白在游离钙的存在下，在副酪蛋白分子间形成"钙桥"，使副酪蛋白的微粒发生团聚作用而产生凝胶体，此过程称为非酶变化。这两个过程的发生使酪蛋白酶凝固与酸凝固不同，酶凝固时钙和磷酸盐并不从酪蛋白游离球中游离出来。在实际操作时，在室温以上的温度，皱胃酶凝乳过程的两个阶段有重叠现象，无法明显区分。副酪蛋白因皱胃酶作用时间的延长，会使酪蛋白水解。就牛乳凝固而言，此现象可忽略，但在干酪的成熟过程中该过程是很重要的。

3）酪蛋白的钙凝固　　因为酪蛋白是以酪蛋白酸钙磷酸钙的复合体状态存在于乳中，钙和磷的含量直接影响乳汁中酪蛋白微粒的大小，也就是大的微粒要比小的微粒含有较多量的钙和磷。由于乳汁中的钙和磷呈平衡状态存在，所以鲜乳中的酪蛋白微粒具有一定的稳定性。当向乳中加入氯化钙时，则能破坏平衡状态，因此在加热时使酪蛋白发生凝固现象。

在乳汁中甚至只加入 0.005mol/L 氯化钙，经加热后就会使酪蛋白凝固，并且加热温度越高，氯化钙的用量也越省。经试验证明，在 90℃时加入 0.12%～0.15% 的氯化钙即可使乳凝固。氯化钙除了使酪蛋白凝固外，乳清蛋白也能凝固。

采用氯化钙凝固时，乳蛋白质的利用程度几乎要比乳酸凝固法高 5%，比皱胃酶凝固法约高 10% 以上，如表 25-5 所示。

表 25-5　用各种方法凝固乳蛋白质的对照数

指标	脱脂乳	乳清		
		皱胃酶凝固	乳酸凝固	氯化钙凝固
蛋白质含氮量 /（mg/100mL）	477	64	44	23
乳蛋白的利用率 /%	100	85.5	90.2	94.9

乳汁在加热时，加入氯化钙不仅能够使酪蛋白完全分离，而且也能够使乳清蛋白等分离。在这方面利用氯化钙沉淀乳蛋白质，要比其他沉淀法有较明显的优点。此外，利用氯化钙沉淀所得到的蛋白质，一般都含有大量的钙和磷。所以钙凝固法不论在脱脂乳的蛋白质综合利用方面，还是在有价值的矿物质（钙和磷）的利用方面，都比目前生产食用酪蛋白所采用的酸凝固法和皱胃酶凝固法优越。

（四）酪蛋白致敏性

婴儿配方奶粉、常规奶粉、奶酪和酸奶是使用牛乳作为生产原料的主要食品。牛奶蛋白是食物中八大具有致敏性的成分之一，婴幼儿是牛奶过敏的主要群体，发病率接近 8%。乳蛋白过敏主要是由免疫球蛋白 IgE 介导，引起人体出现皮肤、呼吸道和胃肠道等多器官不适，其中酪蛋白是牛乳蛋白中主要具有致敏性的成分之一。虽然酪蛋白结构松散灵活能够被消化酶广泛降解，但婴幼儿消化系统不完善，大多数蛋白酶在婴幼儿早期没有活性或活性很低，加之在加工过程中酪蛋白结构保持一定的稳定性，酪蛋白引起婴幼儿过敏的风险依旧很高。50%～90% 的乳蛋白过敏是由酪蛋白引起的，α_{s1}、α_{s2}、β 和 κ-酪蛋白与 IgE 的免疫反应性分别为 90%、55%、15%、50%。牛奶和人乳中的 α_{s1} 同源性最低，只有 31.9%，同时在牛奶中，α_{s1}-酪蛋白是酪蛋白成分中含量最高的成分，所以其是酪蛋白中主要的具有致敏性的成分。

二、乳清蛋白

原料乳中去除了在 pH4.6 等电点处沉淀的酪蛋白之外，留下的蛋白质统称为乳清蛋白，占乳蛋白质的

18%～20%。乳清蛋白与酪蛋白不同，其粒子水合能力强，分散度高，在乳中呈典型的高分子溶液状态，甚至在等电点时仍能保持分散状态。乳清蛋白可分为对热稳定和对热不稳定两大部分。乳清蛋白中各种成分比例如表25-6所示。

表 25-6　乳清蛋白中各种成分的比例

成分	电泳法	Rowland 法	
	（占乳清蛋白的数量 /%）	100mL 乳中成分量 /g	占乳清蛋白的百分数 /%
总乳清蛋白质	100	0.546	100
免疫球蛋白	13.0	0.083	15.2
乳白蛋白	68.1	0.361	66.1
α-乳白蛋白	19.7	—	—
β-乳白蛋白	43.7	—	—
血清白蛋白	4.7	—	—
多肽	18.9	0.102	18.7
成分 3	4.6	—	—
成分 5	8.6	—	—
成分 8	5.7	—	—

注："—"代表无数据。

1. 对热不稳定的乳清蛋白　当将乳清煮沸 20min，pH 为 4.6～4.7 时，沉淀的蛋白质属于对热不稳定的乳清蛋白，约占乳清蛋白的 81%，其含有以下成分。

1）乳白蛋白　乳清在中性状态时，加入饱和硫酸铵或饱和硫酸镁进行盐析时，仍呈溶解状态而不析出的蛋白质，称为乳白蛋白。乳白蛋白中最主要的是 α-乳白蛋白。如要获得纯结晶的 α-乳白蛋白，可将氯化铁加于乳清中，铁与白蛋白结合成絮状析出，然后通过离子交换将铁除去而成为纯结晶的乳白蛋白。α-乳白蛋白含有的必需氨基酸比酪蛋白少，但其中有些氨基酸却比酪蛋白高。因此可以说乳中各种蛋白质有互补作用，故乳蛋白是全价蛋白质。乳白蛋白的一部分转自于血清中，所以有一部分称血清白蛋白，其理化特性与 α-乳白蛋白相似。

乳白蛋白的特点是富含硫，含硫量为酪蛋白的 2.5 倍。乳白蛋白与酪蛋白的主要区别是不含磷，加热时易暴露出巯基、二硫键，甚至产生 H_2S，使乳或乳制品出现蒸煮味。乳白蛋白不被凝乳酶或酸凝固，属全价蛋白质，其在初乳中含量高达 10%～12%，而常乳中仅有 0.5%。

2）乳球蛋白　乳清在中性状态下，用饱和硫酸铵或硫酸镁盐析时能析出，而呈不溶解状态的乳清蛋白，称为乳球蛋白。乳球蛋白约占乳清蛋白的 13%，包括 β-乳球蛋白和免疫球蛋白。

（1）β-乳球蛋白。初乳中含量较多，β-乳球蛋白因为加热后与 α-乳白蛋白一起沉淀，所以过去将它包括在白蛋白中，但它实际上具有球蛋白的特性。传统分离结晶的 β-乳球蛋白方法，即用盐酸将乳中的酪蛋白除去后，将乳清的 pH 调至 6.0，再加硫酸铵使其半饱和，以除去其他的球蛋白，过滤后再加入硫酸铵至饱和状态，滤出沉淀的蛋白，再将此蛋白溶于水中，在 pH5.2 的情况下长时间透析即可分离出纯的 β-乳球蛋白。

（2）免疫球蛋白。在乳中具有抗原作用的球蛋白称为免疫球蛋白，包括 IgG（IgG1、IgG2）、IgM、IgA，其分子量为 180 000～900 000，是乳蛋白中分子量最高的一种，主要为 IgG。免疫球蛋白在乳中仅有 0.1%，占乳清蛋白的 5%～10%，初乳中的乳球蛋白含量高达 2%～15%。免疫球蛋白在患病牛乳中含量增高。

2. 对热稳定的乳清蛋白　当将乳清煮沸 20min，pH 为 4.6～4.7 时，仍溶解于乳中的乳清蛋白为热稳定性乳清蛋白。它们主要是小分子蛋白和胨类，约占乳清蛋白的 19%。

3. 乳清蛋白致敏性　乳清蛋白最主要的致敏成分是 β-乳球蛋白和 α-乳清蛋白，分别占乳清蛋白部分的 50% 和 25%；其次是一些微量成分，如乳铁蛋白、牛血清白蛋白和牛免疫球蛋白。与酪蛋白相反，乳清蛋白具有高水平的二级结构、三级结构，甚至在 β-乳球蛋白存在下会形成四级结构。这些蛋白质分子含有分子内二硫键，从而稳定了它们的结构，因此乳清蛋白致敏性具有较高的稳定性。

三、脂肪球膜蛋白

牛乳中除酪蛋白和乳清蛋白外，还有一些吸附于脂肪球表面的蛋白质，它们与磷脂质以 1 分子磷脂质约与 2 分子蛋白质结合在一起构成脂肪球膜，称为脂肪球膜蛋白，组成见表 25-7。100g 乳脂肪含脂肪球膜蛋白质 0.4～0.8g。脂肪球膜蛋白因含有卵磷脂，因此也称磷脂蛋白。乳脂肪球膜蛋白成分复杂，目前已鉴定出的牛乳脂肪球膜蛋白超过 500 多种，其中以 MUCI、XDH、CD36、MFG-E8 及 BTN 等多种生物活性蛋白质为主，具有增强免疫力、降低胆固醇、改善血脂、修复肠道、增强骨骼肌质量和功能及促进神经认知发育等功能。此外，乳脂肪球膜蛋白在乳制品加工过程中具有维持乳制品的胶体特性、泡沫性、稳定性及稳定离子和矿物质结构等有重要作用。

表 25-7　脂肪球膜蛋白的组成　　　　　　　　　　　　　（单位：%）

样品号	水分	脂肪	灰分	氮	硫	磷
Ⅰ	7.61	4.33	2.17	12.34	1.34	0.64
Ⅱ	8.50	5.22	3.22	12.33	2.04	0.30

脂肪球膜蛋白对热较为敏感，且含有大量的硫，牛乳在 70～75℃瞬间加热，则巯基就会游离出来，产生蒸煮味。脂肪球膜蛋白质中的卵磷脂易在细菌性酶的作用下形成带有鱼腥味的三甲胺而被破坏。也易受细菌性酶的作用而分解，是奶油贮存过程中风味变坏的原因之一。加工奶油时，大部分脂肪球膜蛋白质留在酪乳中，故酪乳不仅含蛋白质，而且富含卵磷脂，酪乳最好加工成酪乳粉作为食品乳化剂加以利用。牛乳所含的微量金属元素，也可能与脂肪球膜蛋白结合，而以金属蛋白质形式存在。

第四节　乳糖与低聚糖

一、乳糖的结构

乳糖是一种从乳腺分泌的特有的化合物，其他动植物的组织中不含有乳糖。乳糖属双糖类，牛乳中约含 4.6%，马乳中最多约含 7.6%，人乳中的含量为 6%～8%。乳的甜味主要由乳糖引起，其甜度约为蔗糖的30%。乳糖在乳中全部呈溶解状态。作为乳酸菌发酵的底物，乳糖在发酵乳制品酸化过程中起着重要的作用。

乳糖为 D-葡萄糖与 D-半乳糖以 β-1,4 键结合的双糖，又称为 1,4-半乳糖苷葡萄糖。因其分子中有醛基，属还原糖。由于 D-葡萄糖分子中游离苷羟基的位置不同，乳糖有 α-乳糖和 β-乳糖两种异构体。α-乳糖很容易与 1 分子结晶水结合，变为 α-乳糖水合物，所以乳糖实际上共有三种形态。

1. α-乳糖水合物　　α-乳糖水合物是 α-乳糖在 93.5℃以下的水溶液中结晶而成的，通常含有 1 分子结晶水，因结晶条件的不同而有各种晶型。市售乳糖一般为 α-乳糖水合物。

2. α-乳糖无水物　　α-乳糖水合物在真空中缓慢加热到 100℃或在 120～125℃迅速加热，均可失去结晶水而成为 α-乳糖无水物，其在干燥状态下稳定，但在有水分存在时，易吸水而成为 α-乳糖水合物。

3. β-乳糖　　β-乳糖是以无水物形式存在的，是在 93.5℃以上的水溶液中结晶而成的。β-乳糖比α-乳糖易溶于水且较甜。

表 25-8 是三种异构体性质的比较。

表 25-8　乳糖异构体的特性

项目	α-乳糖水合物	α-乳糖无水物	β-乳糖无水物
制法	乳糖浓缩液在 93.5℃以下结晶	α-乳糖水合物减压加热或无水乙醇处理	乳糖浓缩液在 93.5℃以上结晶
熔点/℃	201.6	222.8	252.2

续表

项目	α-乳糖水合物	α-乳糖无水物	β-乳糖无水物
比旋光度 $[\alpha]_D^{20}$	+86.0	+86.0	+35.5
溶解度/（g/100mL，20℃）	8	—	55
甜味	较弱	—	较强
晶形	单斜晶三棱形	针状三棱形	金刚石形、针状三棱形

注："—"代表无数据。

二、乳糖溶解度

乳糖在水溶液中以 α-乳糖水合物及 β-乳糖同时存在。α-乳糖能够转变为 β-乳糖，而溶解的 β-乳糖也能转变为 α-乳糖，这种转变过程达到平衡时发生在醛型乳糖形成阶段。在一定温度的水溶液中，这两种乳糖保持一定比例关系，这种状态称为"动态平衡"。温度在 20℃，溶液达到平衡时：占饱和度 6.2% 的 α-乳糖和占饱和度 9.9% 的 β-乳糖，平衡向 β-乳糖方向转移比较强，其平衡常数 K：

$$K = \frac{[\beta\text{-乳糖}]}{[\alpha\text{-乳糖}]} = \frac{9.9}{6.2} \approx 1.60$$

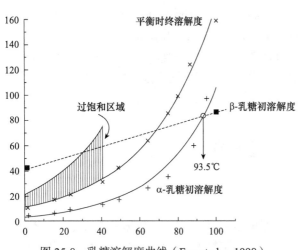

图 25-8 乳糖溶解度曲线（Fox et al., 1998）

α-乳糖和 β-乳糖在水中具有不同的溶解度和平衡常数，随温度而变化。当温度改变时，它们之间比率也改变，达到另一个新的平衡。若在水中投入过量的 α-乳糖水合物，开始得到的 α-乳糖水合物的溶解度，为乳糖的初溶解度。在溶液中 α-乳糖与 β-乳糖互相转化，直至两者达到动态平衡为止。由于 α-乳糖逐渐变为 β-乳糖，而 β-乳糖溶解度比 α-乳糖高，所以溶解度随之上升，直到平衡（在 20℃时 1.59:1）为止。此时溶液中 α-乳糖已饱和，剩余的乳糖不再溶解，这时的溶解度为该温度下乳糖的最终溶解度。乳糖溶解度曲线见图 25-8。

三、乳糖的结晶

乳糖的结晶性与乳糖的溶解性互相联系着。乳清浓缩过程是在真空、温度在 6℃时，干物质含量大约为 60%，其浓缩乳清密度为 1.8129g/mL。浓缩乳清在该温度下进入结晶器，冷却到结晶温度。由图 25-8 的弯曲溶解度曲线可以看出，溶液过量过饱和，α-乳糖水合物由溶液中结晶出来，因而过饱和降低。在此过程中，α-乳糖结晶析出，从而破坏了 α-乳糖水合物与 β-乳糖之间的平衡状态，β-乳糖向 α-乳糖转化，而沉淀部分 α-乳糖又重新溶解。过量溶解的乳糖不会立即沉淀析出，析出时间主要取决于温度。而最初沉淀部分乳糖又重新变为溶解状态，这实际不是乳糖的终溶解度。为了在乳糖生产过程中避免产量的损失，应严格控制结晶作用的持续时间和温度，即温度 30～40℃，保持 4～5h 快速结晶法。

乳糖晶种为 α-乳糖水合物。晶种诱导结晶作用越大，越能加速结晶过程，晶体以晶核为中心，逐渐成长为晶体。晶核形成速度超过晶体成长速度，才能使晶体细小、均匀，晶粒数量多。当炼乳中乳糖结晶大小不超过 10μm 时，甜炼乳组织状态细腻。当晶体大小达到 15μm，甚至更大时，甜炼乳呈粒状或砂状，称为"砂状炼乳"。

乳糖还存在着另一种形式的结晶，即非结晶型的玻璃体状态，没有结晶结构。乳粉中的乳糖多数为非结晶型玻璃体状态，并保持了原来溶液中 β-乳糖与 α-乳糖的比值。因为非结晶型乳糖的水蒸气分压和空气中吸收水蒸气分压之间的平衡被破坏，所以乳粉中的非结晶型乳糖开始由空气中吸收水分逐渐变为吸湿性。由于非结晶型乳糖吸收水分，逐渐变得相当活泼，形成晶格，这样非结晶型乳糖就转变为 α-乳糖水合物。

四、乳糖的水解及异构化

乳糖酶能使乳糖分解生成单糖。乳糖分解成单糖后再由酵母的作用生成乙醇（如牛乳酒、马乳酒）；也可以在细菌的作用下生成乳酸、乙酸、丙酸及 CO_2 等，这种作用在乳品工业上有很大意义。牛乳中含乳酸达 $0.25\%\sim0.30\%$ 时则可感到酸味，当酸度达到 $0.8\%\sim1.0\%$ 时，乳酸菌的繁殖即停止。通常乳酸发酵时，牛乳中有 $10\%\sim30\%$ 的乳糖不能分解，如果添加中和剂则可以全部发酵成乳酸。

牛乳热处理过程中，少量乳糖发生异构化会形成乳果糖。乳果糖是一种双糖，由半乳糖和果糖组成。乳果糖在毒理学上讲是安全的，且有助于肠道内双歧杆菌等益生菌的定殖。

五、乳糖的消化特性

由于消化道内缺乏乳糖酶，不能分解和吸收乳糖，人们饮用牛乳后会出现呕吐、腹胀、腹泻等不适应症，称为乳糖不耐症。乳糖不耐受与乳蛋白过敏存在相似的临床症状，但乳糖不耐受是非免疫反应所引起的消化、吸收或新陈代谢障碍，危害程度相对于过敏来说并不严重，被归类于代谢性疾病。乳糖不耐受在黑色人种及黄色人种群体中非常普遍。绝大部分人在婴儿时期都是可以吸收乳糖的，但是断奶之后就可能会出现乳糖不耐受，随着年龄的增长，比例增加。乳糖不耐受的程度因人而异，也可以通过一定的治疗或训练而改变。乳糖不耐症状个体差异很大。不耐受症状的多少和严重程度与多种因素有关，如小肠内乳糖酶活性、摄入的乳糖量及是否同时摄入其他类食品等。一般一天中摄入乳糖限量为12g。少量多次食用也可减轻乳糖不耐受反应，一次食用量不超过250mL为宜。只要每次饮牛奶时能掌握合理的间隔时间和每日摄入总奶量，就可避免出现乳糖不耐受症状。在乳品加工中利用乳糖酶，将乳中的乳糖分解为葡萄糖和半乳糖；利用乳酸菌将乳糖转化成乳酸均可预防乳糖不耐症。羊奶中乳糖含量较牛奶低，而且含有丰富的ATP，它可促进乳糖分解并转化利用，因此饮用后不易产生乳糖不耐症现象。

六、低聚糖

低聚糖（oligosaccharide）又称寡糖，是由 $2\sim10$ 个单糖通过糖苷键连接而成，介于二糖与高聚合度的多糖之间，在自然界中广泛存在。低聚糖是目前母乳和婴儿配方奶粉之间的主要差异成分之一，母乳中低聚糖是仅次于脂肪和乳糖的第三大固形物成分，平均含量为12.9g/L，其核心结构主要是4种基本单糖，即 L-岩藻糖、D-葡萄糖、D-半乳糖、N-乙酰氨基葡萄糖，以及由唾液酸衍生的 N-乙酰神经氨酸，含量较多的为 2′-岩藻糖乳糖、3′-岩藻糖乳糖、乳糖-N-四糖、6′-唾液酸乳糖和 3′-唾液酸乳糖。低聚糖不能被婴儿消化吸收而直接利用，但通过选择性刺激特定的双歧杆菌等益生菌生长，构建婴儿的肠道微生物菌群，可以保护婴幼儿免受致病菌的侵害。此外，低聚糖能够促进肠道上皮屏障及全身免疫系统的发育，降低疾病感染婴儿的风险，也会影响婴儿的大脑发育。

生产婴儿配方奶粉的主要原料来自牛乳和羊乳。牛初乳中含有与母乳低聚糖结构类似的低聚糖，牛乳中低聚糖的含量约为成熟母乳的1/20，并随着季节和产奶时间发生变化。目前已知牛乳低聚糖的种类有50多种，70%为唾液酸衍生物，主要为唾液酸乳糖和唾液酸乳糖胺，其中5%的低聚糖含有 N-羟乙酰神经氨酸。山羊乳中含有 $250\sim300$mg/L 低聚糖，是牛乳中的 $4\sim5$ 倍，且结构与母乳低聚糖更为接近，主要是 2′-岩藻糖乳糖、3′-唾液酸乳糖及 6′-唾液酸乳糖。但动物乳低聚糖不具有母乳低聚糖的多样性，且多数动物乳低聚糖属于酸性低聚糖，中性低聚糖含量较少，这与母乳低聚糖构成刚好相反，因此难以从动物乳中大规模获取与母乳成分类似的低聚糖。目前，婴儿配方奶粉中通常加入非乳源低聚糖来模拟母乳低聚糖，国内主要是将低聚半乳糖和低聚果糖按照 9∶1 的比例添加到婴儿配方乳粉中。

第五节　乳中的维生素与矿物质

一、乳中的维生素

牛乳中含有几乎所有已知的维生素，但含量各不相同，主要受动物的喂养和健康状况影响。牛乳中维生素 B_2 含量很丰富，但维生素 D 的含量不多，若作为婴儿食品时应予以强化。乳中维生素有脂溶性维生素（如维生素 A、维生素 D、维生素 E、维生素 K）和水溶性维生素（如维生素 B_1、维生素 B_2、维生素 B_6、叶酸、维生素 B_{12}、维生素 C）两大类。牛乳中维生素的含量如表 25-9 所示。

表 25-9　牛乳中各种维生素含量的比较　（单位：mg/L）

维生素	平均	范围	维生素	平均	范围
维生素 A	1560	1190~1760	生物素	0.031	0.012~0.060
维生素 D	—		叶酸	0.0028	0.0004~0.0062
维生素 B_1	0.44	0.20~2.80	维生素 B_{12}	0.0043	0.0024~0.0074
维生素 B_2	1.75	0.81~2.58	维生素 C	21.1	16.5~27.5
烟酸	0.94	0.30~2.00	胆碱	121	43~218
维生素 B_6	0.64	0.22~1.90	肌醇	110	60~180
泛酸	3.46	2.60~4.90			

注："—"代表含量低，数值大概是 0.0002。

牛乳中维生素的热稳定性不同，维生素 A、维生素 D、维生素 B_1、维生素 B_2、维生素 B_{12}、维生素 B_6 等对热稳定，维生素 C 等热稳定性差。

乳在加工中维生素往往会遭受一定程度的破坏而损失。发酵法生产的酸乳出于微生物的生物合成，能使一些维生素含量增高，所以酸乳是一类维生素含量丰富的营养食品。在干酪及奶油的加工中，脂溶性维生素可得到充分的利用，而水溶性维生素则主要残留于酪乳、乳清及脱脂乳中。维生素 B_1 及维生素 C 等会在日光照射下遭受破坏，所以用褐色避光容器包装乳与乳制品，可以减少日光照射引起的损失。

（一）维生素 A

维生素 A 在人及动物的肝中形成，其含量取决于饲料中胡萝卜素的含量。进入动物体内的胡萝卜素由于胡萝卜素酶的作用分解成为维生素 A。饲料中的胡萝卜素一部分可转入乳中，因此牛乳中除了维生素 A 之外，胡萝卜素也同时存在，而维生素 A 的数量约比胡萝卜素多 2 倍。但是山羊、绵羊及印度水牛，由于胡萝卜素在它们体内受到比母牛体内更强烈的分解作用，因此它们的乳中胡萝卜素的含量比牛乳脂肪中的含量少，但是维生素 A 的含量却超过牛乳中的含量。

纯粹的维生素 A 是一种黄色三棱形结晶，熔点为 62~64℃，不溶于水而溶于乙醇、乙醚、丙酮及油脂中，氧化后即失去作用。易受紫外线的破坏，对热的稳定性很高，如高温杀菌炼乳在 114~118℃ 下灭菌的过程中维生素 A 的含量没有变化。灭菌乳在 37℃ 下保持 10 个昼夜维生素 A 仅减少 12%，乳在真空锅内加糖浓缩时，则减低 17%；在喷雾干燥制造奶粉时，减少 10%~20%。

（二）维生素 B_1

维生素 B_1（$C_{12}H_{18}N_4O_2S$）（硫胺素）在活体内易被磷酸结合，乳中的维生素 B_1 则以游离状态及磷酸化合状态存在。牛乳中维生素 B_1 的含量约为 0.3mg/L，饲料对其含量并无多大影响。维生素 B_1 在 pH3.5~5.0 时对热比较稳定，此时即使加热至 100℃ 也无变化，在 120℃ 时即行分解。但在中性或碱性时，维生素 B_1 对热不稳定。在中性溶液中煮沸后其效力即行消失，碱性溶液中很快就被破坏。同时紫外线照射后效力也消失。山羊乳含维生素 B_1 较牛乳多，平均含量为 4.07mg/L。在酸乳制品生产中维生素 B_1 的含量约增加 30%，主要由细菌合成。

（三）维生素 B_2

维生素 B_2（$C_{17}H_{20}O_6N_4$）（核黄素）使乳清呈现一种美丽的黄绿色。维生素 B_2 一部分以游离的水溶液状态存在，大部分与磷酸及蛋白质结合而形成氧化酶，与维生素 B_1 一起将糖氧化分解，且与呼吸氧化作用有关。此外也与激素的作用及视力有关。纯粹的维生素 B_2 是橙黄色的针状结晶，易溶于水，水溶液呈黄绿色。维生素 B_2 对酸性条件稳定，但能被碱性破坏，在酸性环境中加热到 120℃ 经数小时后仍保持原有性质，因此在通常杀菌的情况下不致破坏。但在照射下易被分解。

乳中维生素 B_2 的含量为 1~2mg/L，初乳中含量较高，为 3.5~7.8mg/L，泌乳末期为 0.8~1.8mg/L。

随着季节变化其变动不大，为 1.133～1.75mg/L，以 5 月份含量最低（1.133mg/L）。

（四）维生素 B_6

维生素 B_6（吡哆素）与水肿、贫血、荨麻疹、冻疮等营养障碍性疾病有密切关系，同时对蛋白质有直接的作用。此外对乳酸菌、酵母及其他微生物的繁殖有促进作用。维生素 B_6 以游离状态或与蛋白质结合存在，易溶于水及乙醇中。对热的稳定性较大，加热到 120℃亦无变化，因此在巴氏杀菌处理、制造炼乳或乳粉时能够全部保存。牛乳中含维生素 B_6 约为 2.3mg/L，其中游离状态的 1.8mg/L，结合状态的 0.5mg/L。成人每天需要量为 2～4mg/L。

（五）烟酸

烟酸（$C_6H_5O_2N$）也称抗癞皮病因子，能溶于水及乙醇中。乳牛能在体内合成，冬季乳中的含量经常高于春夏乳中的含量。因此饲料对烟酸并无影响。乳中烟酸的含量为 0.5～4.0mg/L。烟酸在乳的过滤、冷却、贮藏、巴氏杀菌等过程中都具有很大的稳定性，因此乳经处理以后，烟酸的含量保持不变。但在乳的凝结及干酪凝块加工过程中，烟酸的数量则有所减少。

（六）维生素 B_{12}

维生素 B_{12}（钴胺素）能治疗恶性贫血，易受强碱及强酸所破坏。但加热至 120℃仍无影响，所以其对热的抵抗性很高。乳及乳清中含维生素 B_{12} 0.002～0.01mg/L。维生素 B_{12} 的含量在乳牛品种间及季节间的差异很小。

（七）维生素 C

维生素 C（抗坏血酸）是所有维生素中最不稳定的一种。加热、煮沸、氧化、干燥都能使维生素 C 分解而被破坏。如有微量的铜、铁存在时，维生素 C 一经加热即被破坏，此外紫外线也能破坏维生素 C。但含硫的化合物及含巯基的物质能防止维生素 C 的氧化。食盐也能阻止其氧化。母牛体内能合成维生素 C 5～28mg，平均 20mg。绵羊乳含维生素 C 109mg/L，马乳含 200mg/L，山羊乳含 84mg/L。喂给山羊青饲料较多时，其乳中维生素 C 的含量可提高数倍。因此可以证明山羊在体内不能合成维生素 C。

（八）维生素 D

维生素 D 通常以维生素 D 原的状态存在于食物中，经日光或紫外线照射后，产生维生素 D。牛乳中维生素 D 的含量与饲料、品种、管理（日光照射）及泌乳期等直接有关。例如，动物的皮肤中含有 7-脱氢胆固醇的维生素 D 原，经日光照射后产生维生素 D_3，因此乳中维生素 D 的含量变动很大。牛乳中维生素 D 的含量为 3.3～59.2IU/L（1IU 的维生素 D＝0.025μg 的麦角钙化固醇，即相当于维生素 D_2 的结晶 10μg），平均 20～33IU。初乳中含量较高。

维生素 D 对热很稳定，在通常的杀菌处理下，不致被破坏。维生素 D 主要存在于脂肪球中，脱脂乳制品不含维生素 D。维生素 D 在小肠中能促进钙、磷的吸收，它与副甲状腺内分泌素及血中磷酸酶等合作，还能调节钙、磷的代谢和骨骼组织中造骨细胞的钙化活力。维生素 D 的限制数量为 400IU/ 天。

（九）维生素 E

维生素 E 化学上称为生育酚。对脂肪有抗氧化作用，故常用作抗氧化剂。乳中的维生素 E 以 α-生育酚的状态存在，其数量为 0.6mg/L。维生素 E 与饲喂饲料的多少有关，获得青饲料多的乳牛，其乳中维生素 E 的含量高。维生素 E 是维生素中比较稳定的一种，煮沸、贮藏等都不会被破坏，但在碱性条件和光线照射下不稳定。维生素 E 活性的损失，与脂肪的变苦有关。在稀奶油及奶油中常出现这种情况，由于乳脂肪变苦时形成过氧化物，此物能破坏维生素 E。

（十）叶酸

叶酸在牛乳中以游离型和蛋白结合型存在。除了对贫血有治疗效果外，叶酸对乳酸菌的繁殖有很大的作用。牛乳中其含量为 0.004mg/L，初乳中含量为常乳的数倍。

牛乳中维生素的热稳定性不同，维生素 A、维生素 D、维生素 B_2、维生素 B_{12}、维生素 B_6 等对热稳定，维生素 C、维生素 B_1 的热稳定性差。乳在加工中维生素往往会遭受一定程度的破坏而受到损失。发酵法生产的酸乳由于微生物的生物合成，能使一些维生素含量增高，所以酸乳是一类维生素含量丰富的营养食品。在干酪及奶油的加工中，脂溶性维生素可以得到充分的利用，而水溶性维生素则主要残留于酪乳、乳清及脱脂乳中。

二、乳中的矿物质

（一）无机物

无机物也称为矿物质。测定这些物质，通常先将牛乳蒸发干燥，然后灼烧成灰分，以灰分的量来表示无机物的量。一般牛乳中灰分的含量为 0.30%～1.21%，平均 0.7%。乳中钙的含量较人乳多 3～4 倍，因此牛乳在婴儿胃内所形成的蛋白凝块比较坚硬，不容易消化。为了消除可溶性钙盐的不良影响，可采用离子交换法，将牛乳中的钙除去 50%，可使乳凝块变得很柔软，和人乳的凝块相近。但在乳品加工上缺乏钙时，对乳的工艺特性会发生不良影响，尤其不利于干酪的制造。乳中的无机物主要有磷、钙、镁、氯、硫、铁、钠、钾等，此外还含有微量元素。这些无机物大部分构成盐类而存在，还有一部分与蛋白质结合或吸附在脂肪球膜上。

乳中钙、磷等盐类的构成及其状态对乳的物理化学性质有很大影响，乳品加工中盐类平衡成为重要问题。乳中含有的铜、铁能促进贮藏中的乳制品产生异常气味。

（二）乳中的盐类

乳中的矿物质大部分与有机酸和无机酸结合，以可溶性的盐类状态存在。其中最主要的是以无机磷酸盐及有机柠檬酸盐的状态存在，但其中一部分则以不溶性胶体状态分散于乳中，另一部分以蛋白质状态存在。例如，在牛乳中，33% 的钙以水溶性盐形成存在，45% 的钙以胶体状态存在，剩余则结合在酪蛋白分子上。

1. 盐类存在的状态

1）水溶性盐类　　在乳中水溶性盐类以强酸盐和弱酸盐形式存在。K^+、Na^+ 的硫酸盐、氯化物在乳中以离子形式存在，因为强酸盐能够完全离解为阳离子和阴离子。磷酸、碳酸、柠檬酸等弱酸盐以不同类型的离子状态分布，其存在形式取决于 pH。根据弱酸离解常数，对已离解的离子能够大概计算出浓度比例。这样就可以知道在乳中水溶性弱酸盐类的存在形式。在乳中存在的游离柠檬酸浓度很小，多数以柠檬酸盐形式存在，其含量大约为 0.18%。由此可见，乳中主要是柠檬酸盐离子和二氢柠檬酸盐离子。根据上述推算结果，牛乳在正常 pH 条件下，在乳中水溶性盐类占多数是磷酸二氢盐、碳酸氢盐和柠檬酸盐离子。

2）胶体状态盐类　　在牛乳中除了水溶性盐类外，还有胶体形式的盐类。在乳中有少量的磷酸氢盐。这部分磷酸盐在乳中只是以胶体状态存在。当减少真溶液里的离子时，该种元素的一部分则由胶体形式转变为原子化状态，这样就很难正确地判断在真溶液和胶体溶液两相之间某种盐类成分的分布。Ca^{2+}、Mg^{2+}、磷酸盐、柠檬酸盐在乳中既在真溶液里存在，又以胶体形式存在，如表 25-10 所示。

表 25-10　在乳中真溶液里和胶体形式之间的盐类分布

成分	含量/（mg/100mL）			成分	含量/（mg/100mL）		
	总量	在真溶液	胶体形式		总量	在真溶液	胶体形式
Ca	132.1	51.8	80.3	总磷	95.8	36.3	59.6
Mg	10.8	7.9	2.9	柠檬酸盐	156.5	141.6	15.0

多数情况下，在新鲜原料乳中，钙、磷均以 60% 胶体 $Ca_3(PO_4)_2$ 存在，镁含 30%，柠檬酸盐的 10% 是以胶体状态盐类存在。

3）蛋白质结合的盐类　　在正常牛乳的 pH 下乳蛋白质呈阴性离子与阳性离子结合形成盐类。根据溶液的中性定律，阳离子电荷总数等于阴离子电荷总数。如果乳中阳离子总数高于阴离子总数，则部分阳离子同蛋白阴离子基结合，或者阳离子形成带有阴离子存在的络合物。柠檬酸盐和磷酸盐促进络合物形成，而部分钙、镁与溶解的柠檬酸盐形成络合物。Ca^{2+}与酪蛋白结合，每100g酪蛋白与1g Ca^{2+}结合，形成酪蛋白钙。

2. 影响盐类平衡的因素　　温度、酸度、浓度、添加和去除乳中盐类等条件的改变，均可影响乳中盐类平衡。

1）温度影响盐类平衡　　乳中的盐类以溶解性和胶体形式之间呈平衡状态存在。当提高乳的温度时，盐类的溶解性加强并提高电离作用。但某些盐类在提高温度时溶解性被破坏。当乳在各种类型的巴氏杀菌器进行热处理时，乳中的盐类成分发生变化，溶解性的磷酸钙和柠檬酸钙盐转变为不溶性盐类。

2）酸度影响盐类平衡　　乳酸发酵或者加酸，均能破坏乳中盐类平衡。乳酸发酵是在乳酸菌的作用下，使乳糖分解生成乳酸。乳酸盐离子进入盐类系统使H^+浓度增加，破坏乳中的磷酸体系，使乳中的磷酸氢钙转变为磷酸二氢钙而溶解。其结果是使乳中的真溶液和胶体形式之间的平衡改变，而胶体溶解部分转变为离子形式。

脱脂乳用盐酸、硫酸、乙酸和乳酸沉淀酪蛋白。由于加酸程度的不同，酪蛋白酸钙 - 磷酸钙胶粒中 Ca 被取代的程度也不同。当乳中加酸时（pH 5.2），$Ca_3(PO_4)_2$ 先被分离出来，然后酪蛋白开始沉淀，当继续加酸至 pH 4.7（酪蛋白等电点）后，Ca 又从酪蛋白酸钙中分离出来，游离的酪蛋白凝集而沉淀。

3）浓度影响盐类平衡　　乳的浓缩意味着乳的全部组成部分浓度增加，其中包括乳的盐类。乳在浓缩时，Ca、H_3PO_4、柠檬酸由真溶液转变为胶体形式盐类。这种现象同乳在巴氏杀菌过程中促进平衡向胶体形式方向转移是一致的。浓缩乳中的磷酸盐、柠檬酸盐增加的同时，H^+浓度增加，pH 降低同样也能够引起真溶液里的离子浓度增加。无论是真溶液还是胶体形式，浓缩能够促进离子浓度的提高。

4）盐类的添加影响盐类平衡　　在乳品生产中常出现乳中盐类平衡发生改变，从而影响产品质量。为了使乳中盐类保持平衡，提高产品的稳定性，可往乳中添加盐类。用巴氏杀菌乳生产皱胃酶凝固干酪时，由于热处理，盐类平衡受到破坏，可溶性钙盐转变为不溶性钙盐沉淀，为提高酪蛋白利用率，加速凝固，并获得较坚硬的酪蛋白凝块，添加一定量的 $CaCl_2$，使 Ca 与酪蛋白结合形成胶体形式的酪蛋白钙。

5）盐类的去除影响盐类平衡　　牛乳与人乳相比，牛乳中的酪蛋白、盐类高于人乳。乳清中的盐类给婴儿的肾脏增加负担，不利于消化吸收，把这部分盐类除掉，可以生产低盐食品。

乳清脱盐是将乳清中的盐类去掉，改变乳清中的离子平衡，这样可以改善乳与乳制品的营养价值，又能提高牛乳或乳制品的热稳定性及产品溶解性。乳清脱盐的目的是使其作为生产婴儿用调制乳粉的原料。乳清脱盐多采用离子交换树脂和离子交换膜的电渗析法。现在逐渐采用离子交换树脂膜的电渗析法进行乳清脱盐处理，以除去磷酸盐和柠檬酸盐，使乳中的胶体形式盐类消失。用经脱盐处理的浓缩乳清生产的乳清粉，含有大量的乳糖、乳清蛋白（白蛋白、球蛋白）、维生素，而盐类含量大量减少。

将脱盐乳清与全脂乳混合，调节各种营养素比例，使乳的成分接近母乳成分，这是当前制造婴儿配方乳粉广泛应用的方法。

（三）乳中的微量元素

乳中的微量元素具有很大的意义，尤其对于幼儿身体的发育更为重要。锰在人体的氧化过程中起着催化剂的作用，并且为维生素 D、维生素 B 的形成及发生作用所必需。钴含于维生素 B_{12} 内；铜能刺激垂体制造激素，也是乳中黄嘌呤氧化酶、过氧化物酶、过氧化氢酶等的重要构成成分。碘是甲状腺素的结构成分。碘的不足会引起甲状腺肿病，而使甲状腺机能破坏，泌乳也受到了影响。碘的含量受饲料影响，因此最好在饲料中加入碘化蛋白等，使乳中碘的含量增高。牛乳中铁的含量为 $100\sim900\mu g/L$，较人乳中的少，故在人工哺育幼儿时应补充铁的含量。

【思 考 题】

1. 乳脂肪酸有哪几类？
2. 简述用氯化钙沉淀乳蛋白的原理。
3. 牛乳中有哪些维生素，各有什么特性？

第二十六章 乳的物理性质

第一节 色泽与滋味

一、色泽

正常的新鲜牛乳的基本色调呈不透明的乳白色或淡黄色。乳白色主要是由于乳中的酪蛋白酸钙-磷酸钙胶粒及脂肪球等微粒对光的不规则反射所产生。牛乳中的脂溶性胡萝卜素和叶黄素使乳略带淡黄色，而水溶性的核黄素使乳清呈荧光性的黄绿色。

牛乳的折射率比水的折射率大。但在全乳脂肪球的不规则反射影响下，不易正确测定。由脱脂乳测得的折射率较准确，为 $n_D^{20}=1.344\sim1.348$，此值与乳固体的含量有一定的比例关系，由此可以判定乳是否掺水。

二、滋味和气味

乳中含有挥发性脂肪酸及其他挥发性物质，这些物质都是牛乳气味的主要构成成分，因此牛乳带有特殊的香味。这种香味随温度的高低变化而不同，乳经加热后香味强烈，冷却后减弱。正常风味牛乳中含有适量的甲硫醚、丙酮、醛类及其他的微量游离脂肪酸。根据气相色谱分析结果可以得知，在新鲜的乳中，乙酸和甲酸等挥发性脂肪酸的含量较多，而丙酸、酪酸、戊酸、辛酸等挥发性脂肪酸的含量较少。此外，乳中含有的羰基化合物，如乙醛、丙酮、甲醛等均与牛乳风味有关。牛乳除了固有的香味之外，还很容易吸收外界的各种气味，所以挤出的牛乳如在牛舍中放置时间太久会带有牛粪味和饲料味，贮存器不良时则产生金属味，消毒温度过高则产生焦糖味，与鱼虾放在一起则会带有鱼腥味。例如，美国的一项研究表明，美国的异味乳来源于牛体味占11.0%，涩味占12.7%，饲料味占88.4%。总而言之，乳的气味非常容易受到外界环境的影响，因此每一个处理过程都必须注意保持周围环境的清洁及减少各种因素的影响。

纯净的新鲜乳稍带甜味，原因主要是乳中含有乳糖。乳中除甜味外，因其中含有氯离子而稍带咸味。常乳中的咸味因受乳糖、脂肪、蛋白质等调和而不易觉察，但异常乳，如乳房炎乳中氯的含量较高，因此拥有浓厚的咸味。乳中的酸味是由柠檬酸和磷酸所产生的，而苦味来自于 Mg^{2+} 和 Ca^{2+}。

第二节 酸　　度

总酸度（简称酸度）是指固有酸度和发酵酸度之和，一般以标准碱液用滴定法测定的滴定酸度表示。固有酸度又称自然酸度，是指刚挤出的新鲜乳的酸度，为16~18°T，主要是由乳中的蛋白质（含有酸性氨基酸和自由的羧基）、柠檬酸盐、磷酸盐及二氧化碳等酸性物质所构成。其中，3~4°T来源于蛋白质，2°T来源于二氧化碳，10~12°T来源于磷酸盐和柠檬酸盐。发酵酸度是指挤出后的乳在微生物的作用下进行乳酸发酵，导致乳的酸度逐渐升高的这部分酸度。

滴定酸度有很多种测定方法及其表示形式。我国滴定酸度用吉尔涅尔度（°T）或乳酸百分数（乳酸%）来表示。滴定酸度可以及时反映出乳酸产生的程度，因此在生产中经常采用测定滴定酸度来间接地掌握乳的新鲜程度。此外，酸度也是衡量乳新鲜程度的指标，并且乳的酸度越高其热稳定性表现越低，所以测定乳的酸度对生产有着十分重要的意义。

（一）吉尔涅尔度（°T）

定义：中和100mL牛乳所需要0.1mol/L NaOH的毫升数，每毫升为1°T，也称为1度。

测定方法：取10mL牛乳，用20mL蒸馏水稀释，加入0.5%的酚酞指示剂0.5mL，以0.1mol/L NaOH溶液滴定，将所消耗的NaOH毫升数乘以10，即为乳的酸度（°T）。

$$酸度 = \frac{(V_1 - V_0) \times C}{0.1} \times 10$$

式中，V_0为滴定初读数（mL）；V_1为滴定终度数（mL）；C为标定后的氢氧化钠溶液的浓度（mol/L）；0.1为0.1mol/L NaOH。

（二）乳酸度（乳酸%）

测定方法：按上述方法进行测定，并用下列公式计算出用乳酸量表示的酸度。

$$乳酸\% = \frac{0.1mol/L\ NaOH\ 的毫升数 \times 0.009}{（乳样毫升数 \times 密度）或乳样重量（g）} \times 100$$

若以乳酸百分数计，牛乳的自然酸度为0.15%～0.18%，其中，来源于二氧化碳占0.01%～0.02%，来源于酪蛋白占0.05%～0.08%，来源于柠檬酸盐占0.01%，其余来源于磷酸盐部分。

（三）苏克斯列特-格恩克尔度（°SH）

德国采用苏克斯列特-格恩克尔度（°SH）表示乳的酸度，该方法与吉尔涅尔度法相同，只是所有的氢氧化钠浓度不一样，苏克斯列特-格恩克尔度所用的NaOH浓度为0.25mol/mL。乳酸度（%）可与苏克斯列特-格恩克尔度换算。

$$乳酸\% = 0.0225 \times °SH$$

新鲜生牛乳的°SH值在6.4～7.0范围内，当°SH值<5.0时，表示牛乳发生乳腺炎、营养不良和微生物感染等情况；当°SH值为8.0～9.0时会导致明显的酸味；当°SH值>10时，意味着蛋白质在牛乳加热过程中发生凝固。

除了以上几种表示外，世界各国还有其他几种表示方法。

道尔尼克度（°D）（法国用此来表示乳的酸度）：取10mL牛乳不稀释，加1滴含1%的酚酞的乙醇溶液作为指示剂，用1/9mol/L的NaOH溶液滴定，取其毫升数的1/10为1°D。

荷兰标准法（°N）（荷兰用此来表示乳的酸度）：取10mL牛乳不稀释，用0.1mol/L的NaOH溶液滴定，取其毫升数的1/10为1°N。

（四）乳的pH

酸度可用氢离子浓度（pH）表示，正常新鲜的乳的pH为6.4～6.8，一般酸败乳或初乳的pH在6.4以下，乳房炎乳或低酸度乳的pH在6.8以上。

pH反映了乳中处于电离状态的所谓活性氢离子的浓度，但测定滴定酸度时的氢氧离子不仅与活性氢离子作用，也与在滴定过程中电离出来的氢离子作用。乳挤出后由于微生物的作用，使乳糖分解为乳酸。乳酸是一种电离度小的弱酸，而且乳是一个缓冲体系，其蛋白质、磷酸盐、柠檬酸盐等物质具有缓冲作用，可使乳中保持相对稳定的活性氢离子浓度，所以在一定范围内，虽然产生了乳酸，但乳的pH并不相应地发生明显规律性变化。

第三节 相对密度和密度

乳的相对密度（比重）是指乳在15℃时的重量与同体积水在15℃时的重量之比。正常乳的相对密度以15℃为标准，平均为$d_{15}^{15} = 1.032$。

乳的密度是指乳在20℃时的质量与同体积水在4℃时的质量之比。正常乳的密度平均为$d_4^{20}=1.030$。我国的乳品厂都采用这个标准。

在相同温度下，乳的相对密度和密度的绝对值相差甚微，乳的密度较相对密度要小0.0019。在乳制品生产过程中，常以0.002进行换算。乳的密度随着温度的变化而变化，当温度降低时，乳的密度增高；当温度升高时，乳的密度降低。在10～25℃范围时，温度每变化1℃，乳的密度就相差0.0002（牛乳比重计数为0.2）。乳制品生产中换算密度时即以20℃为标准，乳的温度每高出1℃，密度就要减去0.0002（即牛乳比重计读数减去0.2）；乳的温度每降低1℃，密度值就要加上0.0002（即牛乳比重计读数加上0.2）。

刚挤出来的乳在放置2～3h后，其密度升高0.001左右，原因主要是气体的逸散及蛋白质的水合作用及脂肪的凝固使容积发生变化所造成的。因此不宜在挤乳后立即测定密度。

乳的密度是由乳中所含有的各种成分的含量所决定的，而乳中各种成分的含量虽然有一定的变化，但除了脂肪含量变化较大外，其他成分大体上还是比较稳定的，所以乳的密度是相对稳定的。

第四节 热 学 性 质

一、冰点

乳的冰点一般为-0.525～0.565℃，平均为-0.542℃。决定乳汁冰点的主要因素有乳中的乳糖和盐类，但由于它们的含量比较稳定，所以正常的新鲜牛乳的冰点较稳定。如果向乳中掺水，可导致乳的冰点升高。经验表明，牛乳中掺水10%，牛乳的冰点约上升0.054℃，所以可以根据冰点的变动来推算掺水的量。

$$w=\frac{t-t'}{t}\times(100-w_s)$$

式中，w为以质量计的加水量（%）；t为正常乳的冰点（℃）；t'为被检乳的冰点（℃）；w_s为被检乳的乳固体含量（%）。

以上的计算公式对新鲜牛乳是有效的，一般情况下，当生牛乳冰点小于-0.500℃时表示生牛乳中掺水，大于-0.62℃时表示生牛乳中掺盐。但酸败的牛乳会使冰点降低。测定冰点必须是对酸度在20°T以下的新鲜乳进行测定，因为贮藏和杀菌条件对乳的冰点有影响。

二、沸点

牛乳中乳糖和盐会降低液体的蒸汽压力，因此牛乳的沸点略高于纯水，在101.33kPa（1个大气压）下约为100.55℃。乳中的干物质含量对乳的沸点有影响。例如，在浓缩过程中因水分不断减少从而干物质含量增高，这使沸点不断上升，当浓缩到原来体积的一半时，乳的沸点约上升到101.05℃。

三、比热容

牛乳的比热容指的是乳中各成分的比热之和，一般牛乳的比热容约为3.89kJ/（kg·K）。乳中主要成分的比热容分别为：乳脂肪4.09kJ/（kg·K）、乳蛋白质2.42kJ/（kg·K）、乳糖1.25kJ/（kg·K）、盐类2.93kJ/（kg·K）。

乳的比热容与其他成分的比热容和含量有关，但最主要的是与乳脂肪有关，同时温度也影响着乳的比热容。在14～16℃时，乳脂肪的一部分或全部还处于固体，在加热时有一部分热能要消耗在熔解潜热上，而不表现在温度上升上，比热容也相应增大。在其他温度范围内，则与此相反，脂肪含量越多，其比热容越小，这主要是因为脂肪本身比热容就小。

乳制品的比热容在乳品生产上有着十分重要的意义。当大量处理牛乳，以及在浓缩干燥过程中进行加热时，比热容参数对机械的设计和燃料的节省都有着重要的作用。表26-1列出了一些乳制品在各个温度范围下的比热容。

表 26-1　一些乳制品的比热容

乳制品	kcal/（kg·K）	kJ/（kg·K）	乳制品	kcal/（kg·K）	kJ/（kg·K）
牛乳	0.94～0.95	3.93～3.97	炼乳	0.52～0.56	2.17～2.34
稀奶油	0.80～0.98	3.34～4.09	加糖乳粉	0.44～0.48	1.83～2.01
干酪	0.58～0.60	2.42～2.51			

注：1cal＝4.1868J。

第五节　黏度与表面张力

一、乳的黏度

牛乳的主要流变特性表现为牛顿流体、非牛顿流体、凝胶等。表现这些特性的物理参数为黏度、硬度、弹性等。

在一定条件下（中等剪切速率，脂肪在 40% 以下，温度在 40℃ 以上，脂肪呈液态），乳、脱脂乳和稀奶油呈牛顿流体特性。正常牛乳在 25℃ 时的黏度为 0.0015～0.0020Pa·s，并且其黏度随温度的升高而降低。而对于全脂乳和稀奶油来说，在温度低于 40℃（脂肪呈半固体）、低剪切速率下，表现为非牛顿流体；当剪切速率足够高时，其流变特性又接近于牛顿流体。在乳的成分中，蛋白质和脂肪对黏度的影响是最显著的。在一般正常的牛乳成分范围内，当无脂干物质含量一定时，牛乳的黏度随含脂率的增加而增高。当含脂率一定时，牛乳的黏度随着乳干物质含量的增加而增高。初乳、末乳的黏度都比正常乳的黏度高。在加工过程中，脱脂、杀菌、均质等操作均对牛乳的黏度有影响。

黏度在乳品加工过程中有着重要的意义，如在浓缩乳制品方面，黏度过高或过低都不是正常现象。以甜炼乳为例，黏度过高则可能会发生浓厚化，黏度过低则可能发生分离或糖沉淀。对于贮藏中的淡炼乳而言，如果黏度过高则有可能产生矿物质的沉积或形成网状结构（即冻胶体）。此外，在生产乳粉时，如果黏度过高则可能会妨碍喷雾，产生雾化及水分蒸发不完全等现象。

二、乳的表面张力

表面张力是指在液体表面，分子所受的作用力是不对称的，存在指向体相内的引力，所以液体表面存在缩成最小的趋势，这种使液体表面积减少的力就称为表面张力。测定乳的表面张力的目的是鉴别乳中是否混有其他添加物。在 20℃ 时，牛乳的表面张力为 0.04～0.06N/cm。

乳的起泡性、乳浊状态、微生物的生长发育、热处理、均质作用和风味等均与牛乳的表面张力有着密切的关系。牛乳的表面张力随温度的升高而降低，并随含脂率的减少而增大。乳经均质处理，由于表面活性物质依附于脂肪球界面处，脂肪球表面积增大，从而使表面张力增加。但如果不将脂肪酶先经热处理而使其钝化，均质处理会使脂肪酶活性增加，使乳脂水解生成游离脂肪酸，导致表面张力降低。乳的表面张力还与乳的起泡性有关，如在加工冰淇淋或搅打发泡稀奶油时希望有浓厚而稳定的气泡形成；但在运送乳、净化乳、稀奶油分离、乳杀菌时，则不希望形成泡沫。

第六节　电化学性质

一、电导率

由于乳中含有盐类，所以乳具有导电性，可以传导电流，但乳不是电的良导体。通常来说，电导率依据乳中的离子数量来定，然而离子数量取决于乳的盐类和离子形成物质，因此乳中的盐类受到破坏时，会影响乳的电导。一般来说，Na^+、K^+、Cl^- 等离子与乳的电导关系最为密切。在 25℃ 时，正常牛乳的电导率为 0.004～0.005S/m。

影响乳电导率的因素有温度、牛的泌乳期、挤乳间隔、取样点、牛的健康状况等。细菌发酵乳糖产生乳酸而升高电导率，因此，可以通过测定电导率来控制乳酸菌在乳中的生产繁殖。乳房炎乳中的 Na^+、Cl^- 等离子增加，电导率上升。一般电导率超过 0.006S/m，即可认为是病牛乳，故可通过电导仪来进行乳房炎乳的快速测定。此外，脱脂乳中由于妨碍离子运动的脂肪已被除去，因此电导率要比全乳高。将牛乳煮沸时，由于二氧化碳消失，且磷酸钙沉淀，电导率下降。乳在蒸发过程中干物质含量在 36%～40% 以内时电导率增高，此后又逐渐降低。因此，在生产中可以利用电导率来检查乳的蒸发程度及调节真空蒸发器的运行。

二、氧化还原电势

氧化还原电势表明了物质失去或得到电子的难易程度（物质失去电子被氧化，得到电子被还原），用 Eh 表示。物质被氧化得越多，它的电势就呈现越多的正电。乳中含很多具有氧化或还原作用的物质，这类物质有维生素 B_2、维生素 C、维生素 E、酶类、溶解态氧、微生物代谢产物等，乳进行氧化还原反应的方向和强度就取决于这类物质的含量。乳中进行的氧化还原过程与电子传递及化合物的电荷有关，它可以借氧化还原电势来表示。一般牛乳的氧化还原电势 Eh 为 +0.23～+0.25V。乳经过加热，则产生还原性强的巯基化合物，而使 Eh 降低；铜离子的存在可使 Eh 上升；牛乳如果受到微生物污染，随着氧的消耗和还原性代谢产物的产生，使 Eh 降低。当与甲基蓝、刃天青等氧化还原指示剂共存时，可使乳褪色，故此原理可应用于微生物污染程度的检验。

乳与乳制品的氧化还原电势直接影响着其中的微生物生长状况和乳成分的稳定性，降低乳品的氧化还原电势可以有效抑制需氧菌的生长繁殖，显著降低乳品中易氧化营养成分（如脂肪）的氧化分解。因此，在生产实践中，可以通过脱除乳品中的溶氧的含量，以及调整乳品中氧化或还原性物质的含量比例，来改变这些成分的存在状态以达到降低氧化还原电势的目的，从而延长乳品的保质期。例如，乳粉的真空包装或充氮包装，以及酸奶的乳酸菌发酵，也降低了乳品的氧化还原电势而延长了保质期。

第七节 乳的溶液性质

乳是一种具有生理作用和胶体特性的液体，它含有幼小机体所需的全部营养成分，而且是最易消化吸收的完全食物。乳是多种物质组成的混合物，乳中各种物质相互组成分散体系，其中分散剂是水，分散质有乳糖、盐类、蛋白质、脂肪等。由于分散质种类繁多，分散度差异甚大，所以，乳并不是简单的分散体系，而是包含着真溶液、高分子溶液、胶体悬浮液、乳浊液及其过渡状态的复杂的分散体系。由于乳中包含着这种分散体系，所以乳作为具有胶体性质的多级分散体系而被列为胶体化学的研究对象。

1. 呈分子或离子状态（溶质）分散在乳中的物质 凡粒子直径在 1nm 以下，形成分子或离子状态存在的分散系称为真溶液。牛乳中以分子或离子状态存在的溶质有磷酸盐的一部分和柠檬酸盐、乳糖及钾、钠、氯等。

2. 呈乳胶态与悬浮态分散在乳中的物质 粒子的直径为 1nm～0.1μm 的称为胶态（colloid）。胶态的分散体系也称为胶体溶液（colloidal solution）。胶体溶液中的分散质叫作胶体粒子，乳中属于胶态的有乳胶态和胶体悬浮态。

分散质是液体或者即使分散质是固体，但粒子周围包有液体皮膜的都称为乳胶体。分散在牛乳中的酪蛋白颗粒，其粒子直径大部分为 5～15nm，乳白蛋白的粒子为 1.5～5nm，乳球蛋白的粒子为 2～3nm，这些蛋白质都以乳胶体状态分散。此外，脂肪球中凡在 0.1μm 以下的也称乳胶体，牛乳中二磷酸盐、三磷酸盐等磷酸盐的一部分，也以悬浮液胶体状态分散于乳中。酪蛋白在乳中形成酪蛋白酸钙 - 磷酸钙复合体胶粒，从其结构、性质及分散度来看，它处于一种过渡状态，一般把它列入胶体悬浮液的范畴。胶粒直径为 30～800nm，平均为 100nm。但以分散状态而论，酪蛋白远较乳白蛋白不稳定，本来以悬浮态或者接近于这种状态存在的酪蛋白，由于受到了分散剂——水的亲和性及乳白蛋白保护胶体的作用，而成为不稳定的乳胶态分散于乳中。

3. 呈乳浊液与悬浮液状态分散在乳中的物质 分散质粒子的直径在 0.1μm 以上的液体可分为乳浊

液和悬浊液两种。当分散质为液体时则属于乳浊液。牛乳的脂肪在常温下呈液态的微小球状分散在乳中，球的平均直径为3μm，在显微镜下可以明显地被观察到，所以牛乳中的脂肪球即为乳浊液的分散质。如将牛乳或稀奶油进行低温冷藏，则最初是液态的脂肪球凝固成固体，此时，分散质变为固态，即成为悬浮液。用稀奶油制造奶油时，需将稀奶油放置于5～10℃条件下进行成熟，使稀奶油中的脂肪球从乳浊态变成悬浮态。这在制造奶油时是一项重要的操作过程。

总之，牛乳是一种复杂的分散系，其中有以乳浊液和悬浊液存在的脂肪球，也有以胶体状态存在的蛋白质，以分子或离子状态存在的盐类和乳糖。乳糖和盐类即使用电子显微镜也难以看到，同时也不能用过滤、静置、离心等方法分离出来。胶体状态的蛋白质也不能简单地使用过滤和离心法分离出来，仅可用超（速）离心法（20 000r/min 以上）分离。而脂肪可用静置及离心等方法分离出来。

【思考题】

1. 如何表示乳的酸度？
2. 简述乳的黏度对其加工有何意义。

第二十七章 原乳质量与收贮

第一节 原料乳中微生物的来源与质变

一、微生物的来源

牛乳是微生物生长的理想介质，它含有微生物生长所需的各种营养物质，因此牛乳很容易受到微生物的污染。如果处理不当可以引起牛乳的风味、色泽和状态发生变化。牛乳中微生物的含量也是决定牛乳品质的重要因素，反映了挤奶期间的卫生水平及乳牛的健康状态。牛乳微生物污染通常来源于以下几种途径。

1. 来源于乳房内 从健康的乳牛的乳房挤出的鲜乳并不是无菌的。乳房内的细菌主要存在于乳头管及其分支处。在乳腺组织内无菌或含细菌很少。乳头前端因容易被外界细菌侵入，细菌常在乳管中形成菌块栓塞，所以在最先挤出的少量乳液中会含有较多的细菌，为$10^3 \sim 10^4$CFU/mL，中间挤出的乳中约为550cfu/mL，最后挤出的乳中的微生物最少，约为400CFU/mL。因此，挤乳时要求弃去最先挤出的少数乳液。

2. 来源于空气 挤乳及收乳的过程中，鲜乳经常是暴露于空气中的，因此牛乳很容易受到空气中微生物的污染。牛舍内通风不良，以及不注意清扫的牛舍，会有地面、牛粪、饲料等飞起的尘埃，这种浮游于空气中的尘埃颗粒中会附着大量的细菌。如果不新鲜的空气中含有这种尘埃多，空气就会成为严重的污染源。洁净的牛舍内的空气中含菌量为$50 \sim 100$个/L，尘埃多时可达到1000个/L，主要是杆菌、球菌、霉菌及酵母等。运用现代化的挤乳站、机械化挤乳、管道封闭运输等，可以减少来自空气的污染。

3. 来源于牛体 挤乳时新鲜乳受乳房周围和牛体其他部位的污染机会很多。因为由于饲料、牛舍、空气、粪便、污水等周围环境的污染，使乳牛的乳房、腹部及其他部位附着有大量细菌，在挤乳时会侵入牛乳中，这些细菌大多数属于带芽孢的杆菌和大肠杆菌等。牛乳的皮肤、毛，特别是腹部、乳房和尾部是细菌严重附着的地方。不洁净的牛体附着的尘埃其1g中的细菌数可达到几亿到几十亿。1g湿牛粪含菌数为几十万到几亿，1g干牛粪的含菌数为几亿到100亿。因此，在挤乳前1h应对牛腹部、乳房进行清理；挤乳前10min对乳房进行洗涤按摩；最后在挤乳前用0.3%~0.5%的洗必泰溶液洗涤乳房，这样不仅可以减少牛乳的含菌量，而且对预防急性乳房炎也有良好的效果。

4. 来源于挤乳用具和乳桶 挤乳时所用的桶、挤乳机、过滤布、挤乳房用布等，如果不预先进行清洗杀菌，则有可能通过这些用具使乳受到污染。乳桶是第一个与乳直接接触的容器，所以对乳桶的清洗杀菌，对防止微生物的污染有着重要的意义。但有的乳桶虽然经过了清洗杀菌，其细菌数仍然很高，主要的原因是乳桶内部凹凸不平，导致生锈和乳垢的形成。各种乳具和容器所存在的细菌，大多数为耐热的球菌，其次为八叠菌和杆菌。所以如果不对这些挤乳用具和容器进行清洗杀菌，鲜乳污染后，即便使用高温瞬时杀菌也不能杀死这些耐热细菌，从而使新鲜乳变质腐败。

5. 其他来源 挤乳工人或其他管理人员也会把微生物带入乳中。比如在挤乳前，挤乳工人的手未经严格清洗和消毒，工作衣帽不够清洁，那么就有可能将微生物带入乳中。如果工作人员是呼吸道或肠胃传染病菌的携带者，那就可能将病原菌传播到乳液中去，这样会造成很大的危害。另外，牛舍内的蚊蝇、昆虫也是乳中微生物的主要来源，如每只苍蝇可携带多达600万个细菌。

二、乳中常见微生物及性质

牛乳在健康的乳房中已经存在着一些细菌，再加上挤乳和处理的过程，外界微生物不断侵入牛乳，所以乳中的微生物种类很多，主要有细菌、真菌、病毒、噬菌体等。

（一）细菌

细菌相对于霉菌、酵母来说，对乳的贮藏和加工特性影响最大。细菌的直径约为0.6μm，平均约为牛乳脂肪球的1/125。

1. 乳酸杆菌属（*Lactobacillus*）　乳酸杆菌属是可以产生乳酸的杆菌，可分为单一型和多元型发酵菌，其按最适生长温度的差异又可分为高温（嗜温）性和中温性。乳酸杆菌属中的嗜温性代表菌有保加利亚乳杆菌（*Lactobacillus bulgaricus*）与嗜酸乳杆菌（*Lactobacillus acidophilus*），中温性代表菌有干酪乳杆菌（*Lactobacillus casei*）和植物乳杆菌（*Lactobacillus plantarum*）。

1）保加利亚乳杆菌　保加利亚乳杆菌呈杆状，大小为（0.8～1）μm×（2～20）μm，单个或呈短链状排列。用美蓝染色在菌体内可见到异染颗粒。无鞭毛、无芽孢，革兰氏阳性。发育时需要有乳成分或乳清成分。酪蛋白水解物可促进其发育。最适生长温度为40～45℃，最低温度为20℃，最高温度为50℃，超过60℃加热可将其杀死。

保加利亚乳杆菌可通过同型发酵生成乳酸，产生D（-）-乳酸。在乳中以37℃培养6～8h，酸度约为0.7%。24h后可达2%，经过3～4天可达3%。此菌能发酵葡萄糖、半乳糖、乳糖，但不能发酵蔗糖和麦芽糖，其能使牛乳或奶油变黏稠。可用于酸酪乳、酸乳饮料和酸凝乳等产品的生产。

2）嗜酸乳杆菌　嗜酸乳杆菌主要存在于动物的肠道中，可以从幼儿及成年人的粪便中分离出来。菌体杆状、圆端，大小为（0.6～0.9）μm×（1.5～6）μm，可单独存在，或2或3个形成短链状存在。最适温度为35～38℃，15℃以下不生长，22℃以下不产酸。可在pH5～7下生长，最适pH为5.5～6.0。

菌落粗糙，无色素。深层菌落形状不规则，菌落周围有分支状的放射物。发酵精氨酸不形成氨。酸度变化较大，可产生0.3%～1%的乳酸。菌体生长需要乙酸、甲羟戊酸、核黄素、泛酸钙、烟酸、叶酸，一般不需要维生素B_{12}，但有些突变菌可能需要脱氧核苷。此菌可分解半乳糖、乳糖、麦芽糖、淀粉等产生乳酸，有抑制肠道菌群的作用，因而可以起到整肠的作用，是制备发酵乳制品、嗜酸菌乳的纯培养发酵剂的有用菌种。

3）干酪乳杆菌　干酪乳杆菌一般呈细长链状，大小为0.8μm×（2～4）μm，无运动性，不形成芽孢，革兰氏阳性，微好气性。在倾注的琼脂平板深层，菌落光滑，呈凸镜形或菱形，白色或淡黄色。最适温度为30℃，但在10℃以下也能生长。

此菌除了能生成大量的D（-）-乳酸外，还能生成L（+）-乳酸。核糖发酵生成乳酸和乙酸，不产生二氧化碳；4%的葡萄糖酸盐能迅速诱发其生长，并产生大量的二氧化碳。需要核黄酸、叶酸、泛酸钙和烟酸，也需要维生素B_6。干酪乳杆菌存在于乳、乳制品、干酪、酸面团、青贮饲料及人的口腔、肠道内容物及粪便中。此菌可用于制造干酪和乳酸。

4）瑞士乳杆菌　瑞士乳杆菌呈杆状，大小为（0.6～1）μm×（2～6）μm，单个或链状存在。用美蓝染色无异染颗粒。在倾注的琼脂平板中，菌落直径为2～3mm，不透明，白色至淡灰色，粗糙。最适生长温度为40～42℃，15℃以下不生长，最高生长温度为50～53℃。

此菌进行同型乳酸发酵，产生D-乳酸和L-乳酸。不发酵精氨酸产生氨。需要复合培养基，在乳中生长良好，产生2%以上的乳酸。在含有乳清、马铃薯汁、肝和胡萝卜浸提液，酪蛋白消化液和酵母浸提液的培养基上良好生长。在营养不全的培养基中生长，需要添加泛酸钙、烟酸、核黄酸、吡哆醛和吡哆胺。其可从酸乳和干酪中分离，可用于干酪制造。

5）胚芽乳杆菌　胚芽乳杆菌呈杆状、圆端，菌体直，能运动。大小为（0.9～1.2）μm×（3～8）μm，单个、成对或短链状存在。在厌氧条件下，菌落直径为3mm，圆形、凸起、光滑、白色、坚实。最适温度为30～35℃，高于45℃不生长。

胚芽乳杆菌不能还原硝酸盐，也不能代谢精氨酸产生氨。在含有4%牛磺酸的培养基中能生长，能使乳变酸、凝固，产酸为0.3%～1.2%。其生长需要泛酸钙和烟酸的存在，但通常不需要核黄酸。可从乳制品及其环境中分离，也可从发酵的植物、青贮饲料、泡菜、腌菜、腐败的马铃薯制品、酸面团及人的口腔、肠道中分离，可用于干酪制造。

2. 链球菌属（*Streptococcus*）　链球菌属的细菌利用碳水化合物只产生乳糖，为单一性发酵型菌群。按照其发酵产物的不同，可将其分为脓血菌群（Pyogenic）、绿色菌群（Viridans）、肠球菌群（Enterococcus）、乳酸菌群（Lactic）。

1）乳酸链球菌（*Streptococcus lactic*）　乳酸链球菌是乳用乳酸菌中的代表菌，最适产酸温度为30℃，产酸极限温度为10～40℃。此菌能分解葡萄糖、果糖、乳糖、半乳糖和麦芽糖，产生乳酸和其他有机酸。此外，其菌的某些菌株还能产生乳链菌肽（nisin），在牛乳中可抑制细菌的繁殖。

2）嗜热链球菌（*Streptococcus thermophilus*）　嗜热链球菌呈椭圆状，一般为双球或短链球状，直径为 0.7～0.9μm，大小为 0.5μm×3.0μm，无运动，不形成芽孢，革兰氏阳性，兼性厌氧。最低生长温度为20℃，可耐 60～65℃，适宜生长温度为 40～45℃，产酸温度为 50～53℃，在20%的食盐水中不能生长。

此菌能分解蔗糖、乳糖、果糖，在合成培养基上连续传代时，要求有 6 种 B 族维生素存在。它是制备酸牛乳及某些干酪时使用的菌株。

3）乳酪链球菌（*Streptococcus cremoris*）　乳酪链球菌的最适生长温度为30℃，高于40℃不能生长，其在 18～20℃与30℃下产生的酸度相同。此菌不仅能分解乳糖产酸，还有较强的蛋白质分解能力，是制造干酪和其他发酵乳制品的常用菌。

4）粪链球菌（*Streptococcus faecalis*）　粪链球菌存在于动物的肠道与粪便中，在分类学上属于肠球菌，最高生长温度为45℃，最低温度为10℃。能分解葡萄糖、果糖、乳糖、半乳糖和麦芽糖。该菌在乳中繁殖产酸，但产酸能力不强，其耐热性与耐化学性高，与大肠杆菌同为食品污染的指示菌。

5）丁二酮乳酸链球菌（*Streptococcus diacetilactis*）　丁二酮乳酸链球菌是乳酸链球菌的一个亚种，它与乳酸链球菌具有相同的特点。但与乳酸链球菌所不同的是：它能发酵柠檬酸，产生二氧化碳、3-羟丁酮和丁二酮。丁二酮具有特殊的芳香气味，使乳制品具有特有风味。此菌可用于制造干酪及酸奶油。

3. 肠球菌属（Enterococcus）　在乳中经常存在的肠球菌包括粪肠球菌和屎肠球菌，该类细菌为机会性致病菌，乳品加工中亦可应用这类非致病性肠球菌。

1）粪肠球菌（*E. faecalis*）　存在于动物的肠道与粪便中，能分解葡萄糖、果糖、蔗糖、半乳糖、乳糖和麦芽糖等。这种菌在乳中繁殖而产酸，产酸能力不强，其耐热性与化学耐受性高。此细菌生长的最低温度为10℃，最高温度为45℃。

2）屎肠球菌（*E. faecium*）　该菌也存在于动物肠道和粪便中，用血清学分类属于 D 群链球菌，为人及动物肠道中正常菌丛的一部分，在一定条件下可引起肠外感染。它的生长温度也在 10～45℃。

4. 明串珠菌属（Leuconostoc）　明串珠菌菌体呈球形，但通常呈豆状，革兰氏阳性，不运动，不形成芽孢，兼性厌氧。菌落直径通常小于 1.0mm，光滑、圆形、灰白色。可在 5～30℃生长，最适生长温度为20～30℃。多见于牛乳和乳制品及其发酵剂中，也可见于水果、蔬菜上，以及蔬菜发酵（如泡菜）过程中。乳及乳制品中常见的明串珠菌有类肠膜明串珠菌（*Leuconostoc paramesenteroides*）、肠膜明串珠菌（*Leuconostoc mesenteroides*）、葡聚糖明串珠菌（*Leuconostoc dextranicum*）、乳脂明串珠菌（*Leuconostoc cremoris*）和乳明串珠菌（*Leuconostoc lactis*）等。

5. 丙酸菌（propionic acid bacteria）　丙酸菌的菌体形态与乳酸菌相似，与乳酸链球菌完全相同，也有和保加利亚乳杆菌类似的。无运动，革兰氏阳性。生长温度为 15～40℃。该菌可将乳糖及其他碳水化合物分解为丙酸、乙酸与二氧化碳，是制造瑞士干酪的发酵剂，其制出的干酪有气孔。

6. 肠细菌（enterobacteria）　肠细菌寄生于动物的肠道，为革兰氏阴性短杆菌。肠细菌为兼性厌氧性细菌，以大肠菌群、病原菌、沙门氏菌为主要菌群。它是在乳品生产中作为评定乳制品污染程度的指示菌之一。

1）大肠菌群（*Coli-aerogenes* group）　大肠菌群来源于粪便、饲料、土壤和水等，其能使糖发酵产生酸和气体。肠埃希氏杆菌和产气杆菌是典型的大肠菌群。两者之间可根据是否产生乙酰甲基甲醇和用甲基红试验等加以区分。因大肠杆菌来源于粪便，所以其被视为牛乳污染的指示菌。

2）沙门氏菌族（Salmonelleae）　沙门氏菌族包括沙门氏菌属和志贺杆菌属，它们都是著名的病原菌。代表的菌属有伤寒菌、副伤寒菌及痢疾菌。沙门氏菌也有非病原菌的菌种，但混入牛乳或乳粉中的均为污染菌，也是导致食物中毒的病原菌之一。

7. 芽孢杆菌（spore-forming bacillus）　芽孢杆菌为形成内孢子的革兰氏阳性杆菌，可分为好氧性芽孢杆菌属与厌氧性梭状芽孢杆菌属。芽孢杆菌由于能形成耐热性芽孢，故杀菌处理后仍残留于乳中。

1）好氧性芽孢杆菌属　　好氧性芽孢杆菌属在牛乳中大多为耐热性的孢子形成菌，其代表菌为枯草芽孢杆菌（*Bacillus subtilis*）。枯草芽孢杆菌呈单个或链状，有运动性，革兰氏阳性，能形成孢子，大小为（0.7～0.8）μm×（2～3）μm。生长温度为28～50℃，适温为28～40℃，最高生产温度为55℃。该菌分解蛋白质能力强，可使牛乳胨化，一般不分解乳糖，可发酵葡萄糖、蔗糖，能利用柠檬酸。其在自然界分布广泛，经常能从干草、谷类、皮和草等散落到牛乳中，所以常能从牛乳中检出。

巨大芽孢杆菌的生理活性与枯草芽孢杆菌相似，它和蜡状芽孢杆菌能分解乳蛋白并产生非酸性凝固，使牛乳迅速胨化。此外，地衣芽孢杆菌具有高耐盐性，在10%的食盐浓度中也能生长，可以从干酪中分离出来。短小芽孢杆菌可以从干酪和污染的乳中分离。凝固芽孢杆菌存在于牛乳、稀奶油、干酪和青贮饲料中，它和短小芽孢杆菌、环状芽孢杆菌等可使牛乳酸败。

2）厌氧性芽孢杆菌属　　厌氧性芽孢杆菌属能使糖类发酵产生乙酸等物质。例如，在生产干酪的过程中如被乙酸菌污染，则产生带有刺激性的酪酸味气体。乳与乳制品中常见的厌氧性芽孢杆菌有酸败梭状芽孢杆菌（*Clostridium septicum*）、肉毒梭状芽孢菌（*Cl. botulinum*）及破伤风梭菌（*Cl. tetani*）等。

8. 假单胞菌属（*Pseudomonas*）　　假单胞菌属在自然界中分布非常广泛，能产生各种荧光色素，能使葡萄糖发酵。并且，该菌属的大多数能使乳及乳制品中的蛋白质分解而变质。例如，荧光极毛杆菌，它除了能使牛乳胨化外，还能分解脂肪，使牛乳产生哈喇味。此外，牛乳中除了含有胨化能力强的极毛杆菌和脂肪分解能力强的蛇蛋果假单胞菌外，还有绿脓菌之类的病原菌。绿脓菌是食品发生腐败变质的菌种之一，它生长速度快，在低温下也能良好生长，最适温度为20℃，大部分对防腐剂具有抵抗能力。其生长需要较多水分，在盐、糖的作用下可以降低其活性，加热容易被杀死。乳与乳制品中的假单胞菌还有产黄假单胞菌、臭味假单胞菌和莓实假单胞菌等。

9. 产碱菌属（*Alcaligenes*）　　产碱菌可使牛乳中的有机盐分解成碳酸盐，从而使牛乳转变为碱性。主要有粪产碱菌、稠乳产碱杆菌等。

1）粪产碱菌（*Alcaligenes faecalis*）　　为革兰氏阴性需氧菌，这种菌在人及动物肠道内存在，它随着粪便污染牛乳。该菌的适宜生长温度为25～37℃。

2）稠乳产碱杆菌（*Alcaligenes viscolactis*）　　常在水中存在，为革兰氏阴性菌，是需氧性菌，这种菌的适宜生长温度为10～26℃，它除能产碱外，还能使牛乳黏质化。

10. 嗜冷菌　　嗜冷菌是一类在0～5℃可以生长，最适生长温度一般不超过15℃，但最高生长温度可以高于20℃的微生物。嗜冷菌种类繁多，从新鲜牛乳中最常分离得到的是不动杆菌属（*Acinetobacter*）、无色杆菌属（*Achromobacter*）、气单胞菌属（*Aeromonas*）、产碱杆菌属（*Alcaligenes*）、肠杆菌属（*Enterobacter*）、黄杆菌属（*Flavobacterium*）、假单胞菌属（*Pseudomonas*）和沙雷菌属（*Serratia*），其中假单胞菌属是最主要的菌属。嗜冷菌是低温贮藏牛乳中最活跃的一类微生物，主要来自外部环境，嗜冷菌菌体本身对牛乳的危害有限，经过热处理，嗜冷菌基本不能存活，但是其在低温条件下分泌的酶具有高度耐热性，经过巴氏杀菌，甚至经过超高温瞬时灭菌（UHT）处理依然能保持一定活性，在牛乳的后续贮藏中分解蛋白质、脂肪等物质，影响牛乳风味，破坏牛乳质地，造成腐败变质。

1）蛋白分解菌　　蛋白分解菌是指能产生蛋白酶而将蛋白质分解的菌群。生产发酵乳制品时的大部分乳酸菌能使乳中蛋白质分解成氨基酸，属于有用菌。例如，乳油链球菌的一个变种，能使蛋白质分解成肽，致使干酪带有苦味；假单胞菌属等低温细菌，芽孢杆菌属、放线菌中的一部分和溶乳酪小球菌等，属于腐败性的蛋白分解菌，能使蛋白质分解出氨和酸类，可使牛乳产生黏性、碱性和胨化。蛋白分解菌中存在对干酪生产有利的菌种。

2）脂肪分解菌　　脂肪分解菌是指能使甘油酯分解生成脂肪酸的菌群。脂肪分解菌中，除一部分在干酪生产方面有用外，一般都是使牛乳和乳制品变质的细菌，尤其对稀奶油和奶油的危害更大。主要的脂肪分解菌（包括酵母、霉菌）有荧光极毛杆菌、蛇蛋果假单胞菌、无色解脂菌、解脂小球菌、干酪乳杆菌、白地霉、黑曲霉、大毛霉等。大多数的解脂酶有耐热性，又在0℃以下具有活力。因此，牛乳中如有脂肪分解菌存在，即使进行冷却或加热杀菌，也往往带有意想不到的脂肪分解味。

11. 微球菌属（*Micrococcus*）　　微球菌属为好气性产生色素的革兰氏阳性球菌。在牛乳中常出现的有小球菌属和葡萄球菌属。葡萄球菌的菌体如葡萄串状排列，其多为乳房炎乳或食物中毒的病原菌。

12. 放线菌　　放线菌是分枝状菌系依靠细胞分裂、分裂孢子和分生孢子进行增殖的菌群。与乳品相关的菌有分枝杆菌科的分枝杆菌属、放线菌科的放线菌属和链霉菌科的链霉菌属。

1）分枝杆菌属（*Mycobacterium*）　分枝杆菌属以嫌酸菌而闻名，其是抗酸性的杆菌，无运动，多数具有病原性。如结核分枝杆菌属可形成毒素，耐热，对人体有害。牛型结核分枝杆菌（*Myc. bovis*）不仅对牛体有害，对人也有害处。此外，在牛乳和奶油中也分离出了乳酸分枝杆菌属和单分枝杆菌属。

2）放线菌属　放线菌属中与牛乳相关的菌主要有牛型放线菌，该菌生长在牛的口腔和乳房中，随后转入至牛乳中。

3）链霉菌属　链霉菌属中与乳品相关的菌有干酪链霉菌，它能使蛋白质分解，从而导致牛乳腐败变质。

（二）真菌

真菌是在形态结构和大小上不同于细菌的一类微生物，单细胞个体比细菌大几倍甚至几十倍。其细胞壁中不含有肽聚糖，具有细胞核和完整的核膜及完整的细胞器，属于真核细胞型微生物。真菌广泛存在于自然界中，不同种类的真菌在其结构和繁殖方式上差异很大。真菌有的呈圆形、卵圆形，有的呈丝状，其菌丝可形成肉眼能观察到的菌丝体。真菌与人类生活和生产有着密切的关系，有些可作为酒、馒头或面包发酵的酵母，制作豆腐乳的毛霉和红曲霉，以及蘑菇、木耳、银耳、灵芝、虫草等。但也有一些给人类带来危害的病原体真菌和引起农畜产品及食物腐败变质的真菌，如少数真菌可产生黄曲霉毒素，有些酵母菌生长于酸性含糖量高的食品中，可导致食品变质等。

真菌的种类很多，分类也比较复杂，一般可将真菌分为壶菌门、结合菌门、子囊菌门、担子菌门和半知菌门等。

1. 酵母菌　通常在乳及其乳制品中，酵母菌一般不能很好地生长繁殖。在酸牛乳等发酵乳中，由于其较低的 pH，有许多微生物也不能增殖。然而，添加果汁、果肉、蜂蜜、巧克力等物质的发酵乳制品中，由于这类食品含有大量的葡萄糖和果糖，同时 pH 较低，最适合酵母菌的繁殖，因此容易导致乳制品变质。但酵母菌也存在于一些乳制品中，如开菲尔乳和马乳酒等。酵母菌在这些制品中发酵糖类形成乙醇和二氧化碳，并产生一些风味物质。

酵母菌通常在挤乳操作过程中，从地面、墙壁、饲草、空气，以及乳房、挤乳器和人手污染到牛乳中。在鲜牛乳中酵母菌的数量一般在 $10 \sim 10^3$ CFU/mL。其中间假丝酵母、汉逊氏酵母、马氏克鲁维酵母、乳酸克鲁维酵母、赤壁酵母和解脂耶氏酵母等最为多见。一些酵母菌在牛乳的 $55 \sim 65 ℃$ 均质和巴氏杀菌处理的过程中污染牛乳，并且能导致牛乳产生凝块、表面产膜或产生酵母味。在变质牛乳中的氨基酸残基或短肽类能促进酵母菌的发酵，因此，被酵母菌污染的发酵乳会产生凝块、分层、产气及有不良的风味。一般来说，杀菌牛乳和 pH 中性的乳制品被酵母菌污染后，腐败变质不是很明显，但是附带污染一些嗜低温的革兰氏阴性菌时，会明显增加变质的速度。牛乳经 $90 \sim 110 ℃$ 短时间杀菌处理，会将所有的不耐热的细菌和酵母菌杀死，只有一些耐热芽孢有可能残留。因此酵母菌引起变质问题主要是在产品遭到二次污染后发生。另外，酵母菌产生的酶大多不耐热，在热处理过程中会丧失活性。

黄油和奶油制品被酵母菌污染后，由于脂类分解而产生异味，而且会在其表面形成色斑等。有些 pH 为 3.5 的酪乳制品，存放于 $4 ℃$ 环境中时，酵母会使蛋白质和脂肪分解、糖类发酵而产生气体。

酵母菌除了对乳制品产生一些危害之外，还会有一些酵母菌污染食品后，感染人类而引起人类疾病。牛乳或乳制品中一旦污染了病原酵母菌时，就会引起婴儿、老年人、孕妇及患有糖尿病、艾滋病等高危人群发病。有些酵母菌是条件性致病菌，如白色念珠菌和新型隐球菌等，通常在加工处理的乳制品中很少被发现，一般这种条件性致病菌多见于患乳房炎乳牛的乳汁中。

2. 霉菌　乳与乳制品中主要的霉菌有根霉、毛霉、曲霉、青霉和串珠霉等，但大多数属于有害菌，如被污染的奶油、干酪和酸奶表面的霉菌。与乳品生产相关的霉菌主要有白地霉、毛霉及根霉属等，如生产卡门培尔干酪、罗奎福特干酪和青纹干酪时依赖霉菌。

1）青霉属　青霉属的菌一般呈绿色。灰绿青霉菌丝初呈白色而直立，后变为青色或绿色。能分解脂肪产生不愉快的霉味，并容易在干酪上增殖。沙门柏干酪青霉是制造卡门塔尔干酪的重要菌。该菌呈白色或灰绿色。接种于新鲜的干酪表面，成熟后能增加干酪的水溶性氮及氨，可使成品产生特殊的风味。制造罗奎福特干酪的霉菌是娄地青霉，菌丛呈深绿色，分解蛋白质能力强，并能分泌解脂酶。

2）曲霉菌　黑曲霉菌丛呈黑褐色或褐紫色，干酪受到该菌的污染时表面变黑，导致干酪变质。米曲霉菌丛呈黄绿色或绿色，具有很强的蛋白质分解能力，可用于生产特殊干酪。此外，有时炼乳中会形成纽扣状物，原因是曲霉属中的葡匐曲霉（*Aspergillus repens*）的菌丝体能与酪蛋白凝块，形成白色或褐色的大型颗粒。

3）白地霉属　该属的霉菌能分解乳糖生成二氧化碳及水。能使酸败乳、酸性奶油和农家干酪表面形成白色皮膜，并产生酵母味。

4）毛霉和根霉属　毛霉在培养基上呈毛状生长，菌丝体呈分枝状，以灰色居多。该属中的霉白霉菌（*Mucor mucedo*）能分解脂肪和蛋白质，且有乙醇发酵作用，可从干酪中分离，可用于生产凝乳酶。根霉初生时形状如棉花，继而呈暗色。该菌如果在干酪或奶油表面出现，则会留下斑点。

（三）病毒及噬菌体

1. 病毒　病毒虽然在牛乳中并不能繁殖，但病毒污染牛乳后，能够在其中较长时间存活。在牛乳中即使含有很少量的病毒也有可能引起感染。例如，轮状病毒是引发幼儿和新生动物胃肠炎的病毒，该病毒在1969年首次在犊牛粪便中发现。粪便中的病毒可存活数月之久，其传染途径主要是通过口腔。被粪便污染的饲料、水或牛乳也可成为传染媒介。经过巴氏杀菌处理后，该病毒能被杀死或感染力下降。肝炎病毒一般通过发病者、带毒者或隐性感染者的粪便和其他排泄物及血液而污染牛乳和饮水，并引起传染。被肝炎病毒感染后可引发急性肝炎，主要表现为发热、呕吐、食欲降低、胃腹部不适和肝组织病理变化等。

2. 噬菌体

1）噬菌体的分布　凡是加工乳及制备发酵剂的地方都存在噬菌体。它不仅生长迅速，而且能抵抗恶劣的环境。在短时间煮沸和冷冻条件下都不能消灭噬菌体，脱水干燥也不能杀死噬菌体。但在没有乳清粉、奶粉和灰尘作保护物时，其能被紫外线杀死，也能被乙醇和洗涤剂杀死。不过在干酪发酵和制备发酵剂时，无法用紫外线和化学药品消灭噬菌体，唯一可行的只有使工厂和车间内保持良好的卫生条件。

2）噬菌体的杀灭方法　噬菌体对发酵乳制品危害很大，一旦污染以后很难消灭，所以乳品车间必须维持最低污染程度；车间地面、天棚、墙壁及设备应严格消毒，防止噬菌体的增殖。杀灭噬菌体的方法有以下几种。

（1）加热破坏。耐热性低的噬菌体，65℃、5min加热即可破坏；但耐热性强的噬菌体，需在75℃加热15min以上才能杀灭。因此，建议制备工作发酵剂的乳，需以90℃持续40min加热。

（2）用消毒剂消毒。次氯酸盐、漂白粉和其他含氯消毒剂，都可以用来杀灭噬菌体。各种消毒剂对噬菌体的作用，如表27-1所示。一般用5×10^{-5}的次氯酸钠处理15s，可以杀灭噬菌体。各种器具也可以用含活性氯$(2.8\sim54.5)\times10^{-4}$的漂白粉溶液处理。空气可用的有效氯剂$(0.3\sim2.0)\times10^{-4}$进行喷雾处理。

表27-1　消毒物质对乳酸链球菌的噬菌体的抑制影响

消毒物质	带有噬菌体的混合物中消毒物质的浓度/%	使噬菌体完全抑制所需要的时间	消毒物质	带有噬菌体的混合物中消毒物质的浓度/%	使噬菌体完全抑制所需要的时间
次氯酸盐	0.05	1min以内	升汞	2.5	1～24h
	0.25			1.0	2～3天
高锰酸钾	0.05	1～5min		0.5	14天以上
	0.025	2天以上	乙醇	90.0	3～4天
过氧化氢	3.0	15min～1h		85.0	2～3天
	2.5	1～24h		80.0	
	0.5			75.0	3～4天
福尔马林（甲醛）	5.0	5～30min		70.0	
	2.5	30～60min	酚	2.5	14天以上
	1.0	1～2h			
	0.5				

3）常见乳酸菌噬菌体种类　乳酸菌噬菌体在乳制品加工中具有重要的研究意义。鲜乳中含有的噬菌体将对随后的发酵乳制品生产影响巨大，在一般情况下脱脂乳加热到至少90℃，保持30min才能使噬菌体失活。在发酵乳生产中，发酵乳遭受噬菌体侵染后，乳酸菌及噬菌体在发酵过程中的变化情况如图27-1所示。另外，干酪和酸乳发酵剂的乳酸菌，感染噬菌体一段时间后，发酵剂的生长会突然消失，从而导致发酵失败，这是因为一个携带噬菌体而没有发生影响的细菌通过二次分裂产生4个新的细菌，但同时一个噬菌体已经生成了22 500个子代噬菌体。

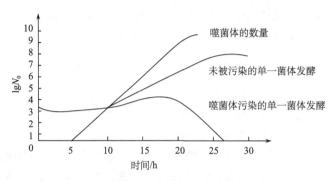

图27-1　噬菌体污染发酵剂后菌体的生长情况

常见的乳酸菌噬菌体有乳酸乳球菌噬菌体、嗜热链球菌噬菌体、乳杆菌噬菌体等。

（1）乳酸乳球菌噬菌体。乳酸乳球菌噬菌体头部直径约70nm，尾部长150～160nm，宽7nm，全长为220～230nm。当其侵染乳球菌60～80min后即产生溶菌，增殖50～150个子代噬菌体后即放出；在500mg/L的次氯酸钠溶液中或于62～68℃加热30min后即死亡，在pH为3或pH为11时仍具有活性。在干酪制造或酸乳生产中均可能污染乳酸乳球菌噬菌体，而发生制品酸度不足或凝固不良等现象。

（2）嗜热链球菌噬菌体。嗜热链球菌噬菌体可从瑞士干酪的乳清或酸凝乳中分离而来，但对乳酸乳球菌等其他乳酸菌不起作用。

（3）乳杆菌噬菌体。目前，已认识的乳杆菌噬菌体比较多，其可从瑞士干酪的发酵剂中分离出来。以往在乳制品工业中，对于乳杆菌噬菌体的重视程度远不如对乳球菌属和链球菌属的细菌噬菌体重视。但是，随着发酵乳及活菌型乳酸菌饮料加工业的发展，如嗜酸乳杆菌等益生菌菌株的噬菌体也逐渐受到人们重视。

第二节　原料乳的收储

一、过滤与净化

原料乳验收后必须要经过过滤，其目的是去除乳中机械杂质并减少微生物数量。一般采用过滤净化和离心净化的方法。

（一）乳的过滤

过滤就是将液体微粒的混合物，通过多孔质的材料（过滤材料）将其分开的操作。在牛乳方面用于除去鲜乳的杂质和液体乳制品生产过程中的凝固物等。过滤方法有常压（自然）过滤、吸滤（减压过滤）和加压过滤等。由于牛乳是一种胶体，因此多用滤孔比较粗的纱布、滤纸、金属绸或人造纤维等作为过滤材料，并用吸滤或加压过滤等方法，也可采用膜技术（如微滤）去除杂质。

常压过滤时，滤液是以低速通过滤渣的微粒层和由滤材形成的毛细管群的层流；滤液流量与过滤压力成正比，与滤液的黏度及过滤阻力成反比。加压或减压过滤时，由于滤液的液流不正规，滤材的负荷加大，致使圈状组织变形，显示出复杂的过滤特性。膜技术的应用则可使过滤能长时间连续地进行。牛乳过滤时的温度和干物质含量，尤其是胶体的分散状况会使过滤性能受到影响。

在牧场中，乳及时过滤具有很大的意义。在没有严格遵守卫生条件下挤奶时，乳容易被大量粪屑、饲料、垫草、牛毛和蚊蝇等所污染。因此挤下的乳必须及时进行过滤。乳及时过滤的方法是用纱布过滤。将消毒过的纱布折成 3 或 4 层，结扎在乳桶口上，挤奶员将挤下的乳经称重后倒入扎有纱布的奶桶中，即可达到过滤的目的。用纱布过滤时，必须保持纱布的清洁，否则不仅会失去过滤的作用，还会使过滤出来的杂质与微生物重新侵入乳中，成为微生物污染的来源之一（表 27-2）。所以，在牧场中要求纱布的一个过滤面不超过 50kg 乳，使用过的纱布应立即用温水清洗，并用 0.5% 的碱水洗，然后再用清洁的水冲洗，最后煮沸 10～20min 杀菌，并存放在清洁干燥处备用。

目前，在牧场中，一般采用的是尼龙或其他化纤滤布过滤，这类滤布具有干净、容易清洗、耐用、过滤效果好等优点。

表 27-2　过滤用纱布清洗程度与乳中的细菌数的关系

纱布的处理情况	乳中微生物的数量（CFU/mL）	纱布的处理情况	乳中微生物的数量（CFU/mL）
清洁的纱布	6 000	不清洁的纱布	92 000

（二）净化

原料乳经过数次过滤后，虽然除去了大部分的杂质，但是由于乳中污染了很多极为微小的机械杂质和细菌细胞，难以用一般的过滤方法除去。因此，为了达到最高的纯净度，一般采用离心净乳机净化。

离心净乳机的构造基本与奶油分离机相似。其不同点主要为：分离钵具有较大的聚尘空间，杯盘上没有孔，上部没有分配杯盘。在没有专用离机净乳机的情况下，也可以用奶油分离机代替，但效果较差。现代乳品工厂多采用离心净乳机。但普通的净乳机，在运转 2～3h 后需停车排渣，故目前大型工厂采用自动排渣净乳机或三用分离机（奶油分离、净乳、标准化），对提高乳的质量和产量起到了重要的作用。

净乳机的净化原理为：乳在分离钵内受强大离心力的作用，将大量的机械杂质留在分离体内壁上，而乳被净化。净化后的乳最好直接加工，如要短期贮藏，必须及时进行冷却，以保持乳的新鲜度。乳净化的要求如下。

1. 原料乳的温度　乳的温度应在脂肪熔点 30～32℃ 为好。如果在低温（4～10℃）下净化，则会因为乳脂肪的黏度增大而影响流动性和尘埃的分离。根据乳品生产工艺的设置，也可以采用 40℃ 或 60℃ 的温度进行净化。

2. 进料量　根据离心净乳机的工作原理，乳进入机体内的量越少，在分离钵内的乳层越薄，净化效果越好。大流量时，分离钵内的乳层加厚，净化不彻底，一般进料量额定属减少 10%～15%。

3. 预先过滤　原料乳在进入分离机之前要先进行较好的过滤，去除大的杂质。一些大的杂质进入分离机内可使分离机之间的缝隙加大，从而使乳层加厚，使乳净化不完全，影响净化效果。

二、冷却

将乳迅速冷却是获得优质原料乳的必要条件。刚挤下的乳，温度约在 36℃，是微生物发育最适宜的温度。如果不及时冷却，则侵入乳中的微生物大量繁殖，酸度迅速增高，不仅降低乳的质量，甚至使乳凝固变质。所以挤出后的乳应迅速进行冷却，以抑制乳中微生物的繁殖，保持乳的新鲜度。冷却对于乳中微生物的抑制作用见表 27-3。

表 27-3　乳的冷却与乳中细菌的关系（细菌 CFU/mL）

贮存时间	0h	3h	6h	12h	24h
冷却乳	11 500	11 500	8 000	7 800	62 000
未冷却乳	11 500	18 500	102 000	114 000	1 300 000

从表 27-3 中可以看出，未冷却的乳中微生物的数量增加很快，而冷却乳中的微生物则增加缓慢。在 6～12h 时，冷却乳中的微生物还有减少趋势，原因是乳中含有能抑制微生物繁殖的抗菌物质——乳抑菌素，使乳本身具有抗菌特性，但这种抗菌特性所延续时间的长短，随着乳温的高低和乳受细菌污染程度而

异。例如，新挤出的乳迅速冷却到低温，可以使抗菌特性保持较长的时间。此外，原料乳污染越严重，抗菌作用时间就越短。抗菌作用时间与乳温及乳污染程度的关系见表27-4和表27-5。

表 27-4 抗菌作用时间与细菌污染程度的关系

放置温度 /℃	13	16	30	37
操作程序	抗菌特性的作用时间 /h			
严格按照卫生制度	36.0	12.7	5.0	3.0
挤乳时未严格按照卫生制度	19.0	7.6	2.3	2.0

表 27-5 抗菌作用时间与乳温的关系

乳温 /℃	37	30	25	10	5	0	−10	−25
抗菌时间 /h	2	3	6	24	36	48	240	720

乳的冷却方法有很多，以下是几种常见的冷却方法。

1. 水池冷却 水池冷却是最普通而简易的冷却方法，它是将装乳的乳桶放在水池中，用冰水或冷水进行冷却。用水池冷却时，可使乳冷却到比冷却水的温度高3～4℃。在北方由于地下水温低，即使在夏天也在10℃以下，直接用地下水即可达到冷却的目的。在南方为了使乳冷却到较低的温度，可在池水中加入冰块。

为了加速冷却，需要经常进行搅拌，并按照水温进行排水和换水。池中水量应为冷却乳量的4倍。每隔3天应将水池彻底洗净后，再用石灰溶液洗涤一次。挤下的乳应随时进行冷却，不要将所有的乳挤完后才将奶桶浸在水池中。

水池冷却的缺点是冷却速度慢、消耗水量多、劳动强度大、不易管理等。

2. 浸没式冷却器 这种冷却器轻便灵巧，可以插入贮乳槽或乳桶中以冷却牛乳。

浸没式冷却器中带有离心式搅拌器，可以调节搅拌速度，并带有自动控制开关。可以定时自动进行搅拌，故可使牛乳均匀冷却，并防止稀奶油上浮。

为了提高冷却器效率，节约制冷机的动力消耗，在使用浸没式冷却器以前，最好能先用片式预冷器使牛乳温度降低，然后再由浸没式冷却器的制冷机来进一步冷却。预冷器如用15℃的冷水作冷剂来冷却牛乳时，则刚挤下的牛乳（35℃左右）通过片式预冷器后，可以冷却到18℃左右，然后直接流入贮乳槽内，再用浸没式冷却器进一步冷却。

3. 板式热交换器 这种冷却器构造简单、价格低廉、冷却速率也比较高，因此一般中、大型乳品厂及奶站都用板式热交换器对牛乳进行冷却。要冷却的乳经过冷排冷却器与冷剂（冷水或冷盐水）进行热交换后流入贮乳槽。板式热交换器占地面积小，克服了表面冷却器因乳液暴露于空气而容易受污染的缺点。如果直接采用4～8℃的地下水作冷源，则可使鲜乳降温至6～10℃，效果极为理想；若以一般15℃的自来水作冷源时，则需要配合使用浸没式冷却器进一步降温；用冷盐水作冷媒时，可使乳温迅速降低至4℃以下。

三、贮存

（一）贮存要求

为了保证工厂连续生产的需求，必须有一定的原料乳的贮存量。一般工厂总的贮存乳的量应由各工厂每天牛乳总收纳量、收乳时间、运输时间及能力等因素决定。一般而言，贮乳罐的总容量应为日收总量的1/3～2/3，而且每只贮乳罐的容量应与每班生产能力相适应。每班的处理量一般相当于两个贮乳罐的乳容量，否则用多个贮乳罐会增加调罐、清洗的工作量和增加牛乳的损失。贮乳罐使用前应彻底清洗、杀菌、待冷却后贮入牛乳。

每罐必须放满，并且还要密封。因为如果装半罐，这会加快乳温上升，不利于原料乳的贮存。在贮存期间要定时搅拌乳液，以防止乳脂肪上浮而造成分布不均匀。24h内搅拌20min，乳脂率的变化在0.1%以下。冷却后的乳应尽可能保持低温，以防止温度升高储藏性降低。

目前，贮乳设备一般采用不锈钢材料，并配有适当的搅拌装置。10t 以下的贮藏罐多装于室内，分为立式和卧式；大罐多装于室外，带保温层和防雨层，均为立式。贮乳罐外边有绝缘层或冷却夹层，可以防止罐内温度上升。贮罐要求保温性能好，一般乳经过 24h 贮存后，乳温上升不得超过 2～3℃。

（二）乳在贮存过程中的变化及防范

原料乳的组成成分、特性及质量的变化会直接影响加工过程及最终产品的组成和质量。乳在一个大的贮存罐中混合会发生以下的变化。

1. 微生物繁殖　　由于乳温在从牧场到乳品厂的运输过程中会升高，所以乳应该被冷却到 4℃ 以下。在高温下细菌的传代间隔会明显缩短，所以必须采取一定的措施使原料乳保存更长的时间。预热是一种控制原料乳质量较好的方法，一般预热处理的条件为 65℃、15s，以降低低温贮藏原料乳中嗜冷菌的数量。同时该法在乳中保留了大部分完好的酶和凝集素。如果热处理之后的乳没有再次受到嗜冷菌的污染，这种乳就可以在 6～7℃ 下保持 4～5 天，并且乳中细菌不会增加。乳应该尽可能地在运到乳品厂之后立即进行预热，但预热后的乳仍会受到非常耐热的嗜冷菌的威胁，比如耐热性产碱杆菌。

2. 化学变化　　乳应该避免受到阳光的曝晒，因为曝晒会导致乳变味。此外，乳液应该避免冲洗水、消毒剂的污染，特别是铜（起触媒作用引起油脂的氧化）的污染。

3. 酶解作用　　脂酶对于新鲜牛乳的质量的影响非常突出。因此，在 5～30℃ 应避免温度反复波动，防止破坏脂肪球。

4. 物理变化　　乳在贮存中发生的物理变化主要有以下几种。

（1）在低温条件下，原料乳或预热乳的脂肪会快速上浮，通过有规律地搅拌能避免稀奶油层的形成。这经常用通入空气的方法来完成，但通入的空气必须是无菌的。

（2）空气的混入和温度的波动会引起脂肪球的破坏。温度的波动会使一些脂肪球熔化和结晶，从而加速脂肪分解。若脂肪是液体，则会导致脂肪球的破坏；若脂肪是固体，则会导致脂肪球结块。

（3）在低温下，部分酪蛋白就会由胶束溶解于乳清中。这种溶解是一个缓慢的过程，大约需要经过 24h 才能达到平衡。一些酪蛋白的溶解可以增加乳清的黏度（约增加 10%），导致这种乳的凝乳能力下降。其部分原因是钙离子活力发生了变化。这种情况可将乳加热至 50℃ 或更高的温度，即可使其恢复凝乳能力。

四、运输

乳的运输是乳品生产过程中非常重要的一个环节，因为如果运输不当，往往会造成很大的损失，甚至无法进行生产。目前，由于我国乳源生产地较分散，所以大多采用的是乳桶运输。但在乳源集中的地方采用乳槽车运输。

（一）乳桶运输

以乳桶装原料乳进行运输是小型牧场普遍采用的运输方式。奶桶容量一般为 25L、40L 和 50L 等。生鲜乳的盛装应采用表面光滑，无毒无锈的铝桶、搪瓷桶、塑料桶和不锈钢桶等。镀锌槽和挂锡槽尽量少用。乳桶应符合下述要求。

（1）有足够的强度和韧性，体轻耐用。

（2）内壁光滑肩角小于 45°，空桶倒斜立重心平衡夹角为 15°～20°，盛乳后斜立重心平衡点夹角为 30°，桶内转角呈弧形，便于清洗。

（3）提手把柄长度不得小于 10cm，与桶盖内侧边缘距离应保持 4cm，手柄角度要适于搬运。

（4）桶盖易开关，而且不漏乳。

此外，用乳桶输送原料乳时，要十分注意乳桶的卫生，应经常清洗消毒保持洁净，以减少乳槽带入牛乳中的微生物数量。另外，乳桶装运牛乳时，由于无法进行冷却和有效的隔热，乳温通常会高于 4℃，同时各桶间的温差大，常会出现原料乳品质差异。特别是夏季外界气温较高时，长距离的运输对乳桶原料乳温度的影响较大，很容易发生酸败变质。因此，需采取防晒、隔热措施。应在运送生乳过程中，防止阳光的直接照射，采用湿布覆盖，最大限度地控制牛乳温度升高，也可以使用有遮阳棚的货车运送。夏季运输时间最好安排在夜间或早晨。

（二）乳槽车运输

乳槽车运输已成为我国大中型乳品企业的主要运输方式。乳槽车的乳槽容量有几吨，甚至几十吨不等。

原料乳运输前应在牧场降温到4℃。在运输过程中原料乳的化学成分的变化主要是由于振荡和搅拌等引起，从而导致形成脂肪块，并贴附于乳槽内壁上。如果长时间运输，由于温度的升高，还容易导致脂肪的氧化和混入大量的空气。近年来，原料乳运输车及其装备有了很大的改善，如新型装配有制冷机组的乳槽车已用于原料乳的运输。乳槽车通常分成几段，中间有隔热板以便分别盛装不同质量的牛乳，车后附有奶泵、流量计和取样瓶等。另外，用纤维增强复合材料（FRP）树脂制造的乳槽，对于原料乳运输途中的质量保证更有利。这种材料的价格为钢的1/4，坚固性与铁相当，热传导性为钢的1/50，保冷性能好。在外界温度35℃下，50h乳温仅升高1～2℃。

第三节　原料乳的质量标准及验收

一、原料乳的质量标准

原料乳在运送到乳品厂时必须根据指标规定，及时进行质量检验，按质论价分别处理。我国目前规定生鲜牛乳的质量标准应符合《食品安全国家标准　生乳》（GB 19301—2010）。

（一）感官指标

新鲜牛乳的感官指标必须符合表27-6的要求。

表27-6　感官要求及检验方法

项目	要求	检验方法
色泽	呈乳白色或微黄色	取适量试样置于50mL烧杯中，在自然光下观察色泽和组织状态。闻其气味，用温水漱口，品尝滋味
滋味及气味	具有乳固有的香味，无异味	
组织状态	呈均匀一致的液体，无凝块、无沉淀、无正常视力可见的异物	

（二）理化指标

我国规定的原料乳的理化指标见表27-7，理化指标只有合格标准。

表27-7　理化指标

项目		指标
冰点（挤出后3h测定，仅适用于荷斯坦牛）		$-0.560 \sim -0.500$
相对密度/（20℃/4℃）		≥ 1.027
蛋白质/（g/100g）		≥ 2.8
脂肪/（g/100g）		≥ 3.1
杂质度（mg/kg）		≤ 4.0
非脂乳固体含量/（g/100g）		≥ 8.1
酸度/（°T）	牛乳	12～18
	羊乳	6～13

二、原料乳的验收

原料乳验收的通常检测指标有感官、酒精、热稳定、相对密度、酸度、理化、杂质度、细菌总数等检测项，同时还必须检测抗生素、硝酸盐、亚硝酸盐、黄曲霉毒素、重金属和农药残留。进厂的牛乳必须经过多项分析，只有全部合格，才能用于生产。

（一）检验规则

1. 组批规则　以同一天，装载在同一贮存或运输器具中的产品为一组批。

2. 抽样方法　在贮存容器内搅拌均匀后或运输器具内搅拌均匀后从顶部、中部、底部等量随机抽取，或在运输器具出料时连续等量抽取，混合成 4L 样品供交收检验，或 8L 样品供型式检验。

3. 型式检验　型式检验是对产品进行全面考核，即检验技术要求中的全部项目。在新建牧场首次投产运行时、牛乳发生质量问题时、牧场长期停产后又恢复生产时、国家质量监督机构提出进行例行检验的要求时需要进行型式检验。

4. 交收检验　交收检验的项目包括感官、理化要求、微生物要求、掺假的全部项目，为交收双方的结算依据。

5. 判定规则　在型式检验中，当卫生要求有一项指标检验不合格时，则该牧场应进行整改，经整改复查后，若合格，则判定为合格产品，否则判定为不合格产品。若在交收检验项目中，有一项掺假项目被检出时，则该批产品判定为不合格。

（二）感官检验

鲜乳的感官检验指标主要是进行嗅觉、味觉、外观、尘埃等的鉴定。正常鲜乳为乳白色或微带黄色，不得含有肉眼可见的异物，不得有红、绿等异色，不能有苦、涩、咸等滋味和饲料、青贮、霉等异味。

（三）理化检验

1. 酒精检验　酒精检验主要是为观察鲜乳的抗热性而广泛使用的一种方法。通过酒精的脱水作用，确定酪蛋白的稳定性。新鲜牛乳的滴定酸度一般为 16～18°T。为了合理利用原料乳和保证乳制品质量，用于制造淡炼乳和超高温灭菌乳的原料乳，用 75% 的酒精试验，而用于制造乳粉的原料乳，用 68% 的酒精试验（酸度不得超过 20°T）。酸度不超过 22°T 的原料乳尚可用于制造乳油，但其风味较差。酸度超过 22°T 的原料乳只能制造干酪素、乳糖等。酒精试验见表 27-8。

表 27-8　不同浓度的酒精试验的酸度

酒精浓度 /%	不出现絮状物的酸度 / (°T)
68	<20
70	<19
72	<18

2. 酸度检验　酸度滴定就是用相应的碱中和鲜乳中的酸性物质，根据碱的用量确定鲜乳的酸度和热稳定性。一般用 0.1mol/L 氢氧化钠滴定，计算乳酸度（见第二十六章第二节）。该法测定酸度虽然准确，但在现场收购时受到实验室条件的限制。为此，可以使用简便的方法。用 17.6mL 的贝科克氏鲜乳移液管，取 18mL 鲜乳样品，加入等量的不含二氧化碳的蒸馏水进行稀释，以酚酞作指示剂，加入 18mL 0.02mol/L 氢氧化钠溶液，并使之充分混匀，如呈微红色，说明鲜乳酸度在 0.18% 以下。

3. 热稳定性检验　热稳定性试验，即煮沸试验。此试验能有效地检测出高酸度乳和混有高酸度的乳。将牛乳（取 5～10mL 乳于试管中）置于沸水中或酒精灯上加热 5min，如果加热煮沸时有絮状或凝固现象出现，则表示不是新鲜乳，说明此乳的酸度应在 20°T 以上或混有高酸度乳、初乳等。

4. 相对密度检验　相对密度是常作为评判新鲜乳成分是否正常的一个指标，但是不能只凭这一项指标来判断，必须再通过脂肪、风味的检验，可判断乳是否经过脱脂或是加水。

5. 乳成分检验　近年来随着分析仪器的发展，乳品检测方法出现了很多高效率的检验仪器。例如，采用光学法来测定乳脂肪、乳蛋白、乳糖及总干物质，并已开发了各种微波仪器。通过 2450MHz 的微波干燥乳，并自动称量、记录乳总干物质的重量。此方法拥有测定速度快，测定准确，便于指导生产等优点。通过红外线分光光度计，自动测出牛乳中的脂肪、蛋白质、乳糖三种成分。红外线通过牛乳后，由于牛乳中的脂肪、蛋白质、乳糖的不同浓度，减弱了红外线的波长，通过红外线波长的减弱率反映出三种成分的含量。该方法测定速度快，但设备造价较高。很多乳品厂通过冰点仪测定冰点来检测牛乳中是否掺水。

（四）微生物检验

1. 美蓝还原试验　此试验是用来判断原料乳的新鲜程度的一种色素还原试验。新鲜乳加入亚甲基蓝后染为蓝色。如果乳中污染大量微生物产生还原酶会使蓝色逐渐变淡，直至无色。通过测定颜色变化速度，从而间接地推断出鲜乳中的细菌数。该方法除了可以间接迅速地查明细菌数外，对白细胞及其他细胞的还原作用也很敏感，因此还可检验异常乳，如乳房炎乳及初乳或末乳等。

2. 平板培养计数法 平板培养计数法是指取样稀释后，接种于琼脂培养基上培养 24h 后计数，以测定样品的细菌总数的方法。该法测定的是样品中的活菌数，因此耗时较长。

3. 直接镜检法 直接镜检法是指利用显微镜直接观察，以确定鲜乳中微生物数量的一种方法。取一定量的乳样，在载玻片上涂抹一定的面积，经过干燥、染色、镜检观察细菌数。根据显微镜视野面积，推断出鲜乳中的细菌总数。此方法测定的并非活菌数。直接镜检法比平板培养法更能迅速判断结果，通过观察细菌的形态，可以推断出细菌数增多的原因。

（五）体细胞检验

牛乳中的体细胞多数是白细胞，也含有少量的上皮细胞。当乳牛有乳房炎、乳房外伤或有炎症时，白细胞进入乳房以清除感染，从而导致乳房炎牛乳中体细胞增加。正常乳中的体细胞，多数来源于上皮组织的单核细胞。若有明显的多核细胞（白细胞）出现，可判断为异常乳。

体细胞的检测常用的方法有直接镜检法（与细菌检验一样）和加利福尼亚细胞数测定法（GMS）。GMS 法是根据细胞表面活性剂的表面张力，细胞在遇到表面活性剂时会收缩凝固。细胞越多，凝集状态越强，出现的凝集片就越多。

国外乳罐车或牛群体细胞标准为，欧盟 40 万 /mL，美国 75 万 /mL，加拿大 50 万 /mL。牛群理想体细胞值小于 20 万 /mL。世界上平均体细胞数最低的国家是瑞士，约为 10 万 /mL。

（六）抗生素检验

抗生素物质残留量检验是验收发酵乳制品原料乳的必检指标。常用的方法有 2,3,5-三苯基氯化四氮唑（TTC）试验和抑菌圈法。

【思 考 题】

1. 乳中常见的细菌有哪些?
2. 如何运输原料乳?
3. 对原料乳感官指标如何规定?

第七篇
水产食品

第二十八章 水产食品原料概述

第一节 水产食品原料的特性

一、水产食品原料的多样性

水产食品原料的多样性主要表现在种类繁多和成分的多变性两个方面。

（一）种类繁多

与农畜产品原料相比，水产食品原料种类繁多，分布在广阔的海洋和内陆水域，包括动物和植物，个体大小和具体形态千差万别。

鱼类是水产资源中数量最大的类群，中国海洋鱼类有 3700 余种（陈大刚和张美昭，2015），经济鱼类约 300 种；内陆水域定居繁衍的鱼类约有 770 余种，其中不入海的纯淡水鱼 709 种，经济鱼类 140 余种。我国的沿海和近海海域中，底层和近底层类是最大的渔业资源类群，产量较高的鱼类有带鱼、马面鲀、大黄鱼、小黄鱼等；其次是小中上层鱼类，产量较高的有太平洋鲱、日本鲭、蓝圆鲹、鳓鱼、银鲳、蓝点马鲛、竹荚鱼等。对于淡水渔业来说，由于我国大部分国土位于北温带，所以内陆水域中的鱼类以温水性种类为主，其中鲤科占中国淡水鱼的 1/2，鲶科和鳅科合占 1/4，其他各种淡水鱼占 1/4，占比例较大的品种有鲢鱼、鳙鱼、青鱼、草鱼、鲤鱼、鲫鱼、鳊鱼等，其中鲢鱼、鳙鱼、青鱼、草鱼是中国传统养殖鱼类，被称为"四大家鱼"。

世界上藻类植物约有 2100 属，27 000 种。我国藻类约 2000 种，经济藻类主要以大型海藻为主，人类已利用的约有 100 多种，列入养殖的只有 5 属，包括海带、裙带菜、紫菜、江蓠和麒麟菜属。我国甲壳类动物近 1000 种，目前已知的海产甲壳动物包括蟹类 600 余种、虾类 360 余种、磷虾类 42 种，其中具有经济价值并构成捕捞对象的有 40 余种，主要为对虾类、虾类和梭子蟹科，品种有中国对虾、中国毛虾、三疣梭子蟹等。除了海产甲壳动物品种，我国还有丰富的淡水虾资源，包括青虾、白虾、糠虾和米虾等。蟹类中的中华绒螯蟹在淡水渔业中占重要地位，是我国重要的出口水产品之一。头足类软体动物为经济价值较高的种类，我国近海约有 90 种，捕捞对象主要是乌贼科、枪乌贼科及柔鱼科，包括曼氏无针乌贼、中国枪乌贼、太平洋褶柔鱼、金乌贼等。此外，我国还具有多种既可采捕又能进行人工养殖的海产和淡水贝类，如海产双壳类的牡蛎、扇贝、鲍鱼、蛏、蚶，以及淡水贝类的螺、蚌和蚬等。

（二）组成成分的多变性

水产动物的生长、栖息和活动都有一定的规律性，但其化学成分，尤其是鱼贝类，因种类、性别、季节、大小、洄游、产卵及栖息环境等不同而有很大差异。这些变动反映了鱼贝类的生理状态和营养状态，化学组成的不断蓄积对水产品的营养和风味有一定的贡献，但化学组成的变化也对水产品的加工有不利影响。

水产食品原料的成分一般主要由水分、蛋白质、脂肪、糖类、矿物质及维生素组成。与农畜品原料比较，水产食品原料的水分含量较高（60%~90%）。按水分的存在状态可分为自由水和结合水，两者的比例为 4:1，自由水在干燥时易蒸发，在冷冻时易冻结；而结合水通常与蛋白质及碳水化合物的羧基、羟基、氨基等形成氢键而结合，难以被蒸发和冻结。大部分鱼贝类的蛋白质含量约为 20%，可分为水溶性（肌浆）、盐溶性（肌原纤维）、碱溶性及水不溶性（肌基质）等蛋白质组分。与畜肉相比，鱼肉蛋白的肌基质蛋白含量较低，而肌原纤维蛋白含量较高，因此，鱼肉往往比畜肉口感柔软。鱼贝类总脂质的变化幅度比陆生动物的变化要大，并且脂质的含量与水分含量呈负相关性，水分含量高的鱼类脂质含量少。同时，部分水产食品原料还含有一定的碳水化合物，包括糖原、二糖、单糖等。鱼贝类将糖原贮藏在肌肉或肝脏中，是能量的来源。由于贝类以糖原作为主要的能量贮藏，所以贝肉中的糖原含量比鱼肉高，如蛤蜊2%～6.5%、蛏5%～9%、牡蛎4%～6%、扇贝高达7%，贝类的糖原含量也受季节性的影响。

贝毒的多样性与检测方法可扫码查阅。

（三）再生性

水产资源是能自行增殖的生物资源。通过生物个体或种群的繁殖、发育、生长和新老替代，使资源不断更新，种群不断获得补充，并通过一定的自我调节能力达到数量上相对稳定。如果环境适宜，开发利用适当，注意资源保护，禁止过度捕捞，则水产资源会自行繁殖，永续利用，扩大再生产；如果环境不良或酷渔滥捕，则水产资源遭到严重破坏，更新再生受阻，种群数量急剧下降，资源趋于衰弱。因此，对水产资源的利用必须适度，以保持其繁衍再生和良性循环。

（四）不稳定性

不少水产资源的产量年际波动很大。除气象、水文等自然因素对发生量、存活率和种群本身的年龄结构、种间关系等有很大的影响外，人为捕捞因素往往更能引起种群数量的剧烈变动，甚至引起整个水域种类组成的变化。

（五）共享性

由于渔业资源广泛分布，有些水产资源栖息于公海，或还具有一定规律的洄游习性，如溯河产卵的大马哈鱼及大洋性金枪鱼类等，其整个生活过程不只是在1个国家或2个国家管辖的水域栖息，而是洄游在几个国家管辖的水域。有的幼鱼在某个国家专属经济区内生长，而成鱼则在另一个国家专属经济区或专属经济区以外的海域生活。因此这些种类的水产资源为几个国家共同开发利用，具有资源共享性，需要国际合作。

二、水产食品原料的营养性和功能性

水产食品原料含有多种营养物质，作为食物源，对调节和改善食物结构，供应人体健康所必需的营养元素起重要作用。

（一）蛋白质的营养性与功能性

从氨基酸组成、蛋白质的生物效价来看，水产品蛋白质的营养价值并不逊于鸡蛋、肉类等优质蛋白质。一些鱼类蛋白质的生理价值（BV）和净利用率（NPV）的测定值为75～90，和牛肉、猪肉的测定值相当。以食物蛋白质中必需氨基酸的化学分析数值为依据，FAO/WHO在1973年提出的氨基酸计分模式（AAS）对各种鱼、虾、蟹、贝类蛋白质营养值的评定结果显示，多数鱼类的AAS值均为100，与猪肉、鸡肉、禽蛋的数值相同，而高于牛肉和牛奶。但鲣鱼、鲐鱼、鲆鱼、鲽鱼等部分鱼类，以及部分虾、蟹、贝类的AAS值低于100，为76～95。另外，鱼类蛋白质的消化率为97%～99%，和蛋、奶相当，高于畜产肉类。除鱼类外，其他水产品也有其独特的蛋白质含量及组成优势。南极磷虾肌肉中蛋白质含量约为77.53g/100g，蛋白质中所含的必需氨基酸占氨基酸总量的45.07%，必需氨基酸与非必需氨基酸的比值为82.04%，这一比值满足FAO/WHO推荐的理想蛋白质模式（国家海洋局极地专项办公室，2016）；刺参中含有较高的胶原蛋白，同时富含的甘氨酸和碱性氨基酸，使其可以与阿胶、龟板胶、鹿角胶等传统中药在成分作用上相媲美（王永辉等，2010）。

鱼贝类的第一限制性氨基酸多为含硫氨基酸，这一点也与鸡蛋、肉类等相似。海带中的第一限制性氨基酸是赖氨酸，这一点与陆生植物，如大米和小麦相似。而且，不论鱼类在分类学上相差多远，其蛋白质中都具有相似的氨基酸组成，特别是丝氨酸、苏氨酸、甲硫氨酸、酪氨酸、苯丙氨酸、色氨酸、精氨酸等含量，几乎无鱼种间的差异，血红肉的蛋白质亦是如此。甲壳类因种类不同，色氨酸及精氨酸含量略有差异。软体动物中贝类和鱿鱼在甘氨酸、酪氨酸、脯氨酸、赖氨酸等的含量上有所不同。甲壳类、贝类的肌肉蛋白质和鱼类相比，缬氨酸、赖氨酸和色氨酸等含量亦有不同。

（二）脂质的营养性与功能性

水产动物的脂质在低温下具有流动性，并富含多不饱和脂肪酸和非甘油三酯等，与陆生动物的脂质有较大差别。鱼类中的不饱和脂肪酸含量比畜肉高，且不同种类之间在数量及性质上的差异较大。同一种鱼，养殖品与天然成长的品种脂肪酸组成不尽相同，这可能与喂养的饲料有关。例如，养殖长吻鮠单不饱和脂肪酸总量极显著低于野生长吻鮠，多不饱和脂肪酸总量极显著高于野生长吻鮠，其中 n-6 多不饱和脂肪酸总量极显著高于野生长吻鮠，n-3 多不饱和脂肪酸总量无显著差异（曹静，2015）。

另外，鱼贝类富含 n-3 系的多不饱和脂肪酸，这种特征在海水性鱼贝类中表现更为显著。二十碳五烯酸（eicosapentaenoic acid，EPA）和二十二碳六烯酸（docosahexaenoic acid，DHA）对人类的健康有着极为重要的生理保健功能。部分水产品的 EPA 和 DHA 含量，大大提高了鱼贝类的利用价值。鲍鱼的脂肪酸含量约为 0.4g/100g，主要包括饱和脂肪酸、多不饱和脂肪酸，单不饱和脂肪酸极少或痕量（杨月欣，2019）。海蜇各组织中除伞体和棒状附属器外，胃柱、肩板、口腕、环肌、生殖腺 5 个组织中不饱和脂肪酸的含量均高于饱和脂肪酸，其中生殖腺所含脂肪酸种类最多，且多不饱和脂肪酸含量丰富，为 44.68%～45.3%（张玉莹等，2017）。

（三）糖类的营养性与功能性

在水产食品原料中，鱼贝类体内最常见的糖类为糖原，贮存于肌肉和肝脏中，是能量的重要来源。除了糖原之外，鱼贝类中还含有多糖类物质，如黏多糖主要存在于结缔组织中，常见的黏多糖除甲壳类的壳和乌贼骨中所含的甲壳质（chitin）外，还有鲸软骨和鲨鱼皮中的透明质酸（hyaluronic acid），鲸和板鳃类、乌贼类的皮或软骨中的硫酸软骨素（chondroitin sulfate）等。

糖类是海藻中的主要成分，一般占其干重的 50%。其中，红藻中的糖类包括琼胶、卡拉胶、红藻淀粉和一些低聚糖及单糖，如木聚糖、甘露聚糖、糖醇等；褐藻中的糖类包括褐藻胶、褐藻淀粉、褐藻糖胶和甘露醇等低分子单糖；绿藻中的糖类包括木聚糖、甘露聚糖、葡聚糖和硫酸杂多糖等。研究已经发现，大型海藻多糖及动物多糖具有多种生理活性功能，是海洋生物活性物质的研究热点之一。例如，海参体壁真皮结缔组织、体腔膜和真皮内腺管所含有的多种酸性黏多糖对人体生长、治愈创伤、抗炎、成骨和预防组织老化、动脉硬化等有特殊功效（常忠岳等，2003）；牡蛎多糖能非常显著地增加荷瘤小鼠的脾细胞活性，能抑制肿瘤生长（王俊等，2006）；鲍鱼多糖具有增强免疫力、抗癌功能（王莅莎，2008）。

三、水产食品原料的易腐性

水产食品原料中，藻类属于易于保鲜的品种，而鱼贝类等水产动物原料一般含有较高的水分和较少的结缔组织，因此，与陆生动物相比更易腐败变质。原因如下。

（1）鱼体在消化系统、体表、鳃丝等处都黏附着细菌，并且种类繁多。鱼体死后，这些细菌开始向纵深渗透，在微生物的作用下，鱼体中的蛋白质、氨基酸及其他含氮物质被分解为氨、三甲胺、吲哚、硫化氢、组胺等低级产物，使鱼体产生腐败的臭味，这个过程就是细菌腐败，也是鱼类腐败的直接原因。

（2）鱼体内含有活性很强的酶，如内脏中的蛋白质分解酶、脂肪分解酶，肌肉中的三磷酸腺苷（ATP）分解酶等。一般来说，鱼贝类的蛋白质容易变性，在各种蛋白质分解酶的作用下，蛋白质分解，游离氨基酸增加，氨基酸和低分子的含氮化合物为细菌的生长繁殖创造了条件，加速了鱼体的腐败。

（3）鱼贝类的脂质由于含有大量的 EPA 和 DHA 等高度不饱和脂肪酸而易于变质，发生酸败，不饱和脂肪酸的双键被氧化生成的过氧化物及其分解物加快了蛋白质变性和氨基酸的劣化。鱼贝类中蛋白质和脂质的这种极不稳定性，是由它们所生息于水界的生态环境所决定的固有特性。

（4）外界的环境对水产动物的腐败有促进作用，如高温及阳光照射等。一般鱼贝类栖息的环境温度较低，在稍高的温度环境中放置，酶促反应大大提高，加快了腐败进程。

水产食品原料的这些特性决定了其加工产品的多样性、加工过程的复杂性和保鲜手段的重要性。因此，保鲜是水产品加工过程中最重要的环节，有效的保鲜措施可以抑制鱼贝类捕获后腐败变质的发生。

鱼及其制品中的主要特定腐败菌可扫码查阅。

第二节 水产食品原料的分类

一、水产动物性原料

常见的可作为食品原料的水产动物有脊椎动物门、软体动物门、节肢动物门、棘皮动物门及腔肠动物门的某些种类。

（一）鱼类

在穆勒（Muller，1844）分类系统中，最早将鱼类列为脊椎动物的一个纲，分为6个亚纲，14个目。拉斯系统由拉斯和林德贝尔格在1971年出版的《现生鱼类自然系统之现代概念》中提出，将鱼类依据形态结构分为软骨鱼纲和硬骨鱼纲。近年来欧美鱼类学界普遍使用尼尔逊（Joseph S. Nelson）在1994年出版的《世界鱼类》一书中的分类系统，将鱼类分为7个纲：软骨鱼纲、盲鳗纲、七鳃鳗纲、盾皮鱼纲、棘鱼纲、辐鳍鱼纲（条鳍鱼纲）和肉鳍鱼纲，其中盾皮鱼纲和棘鱼纲为化石种类（水柏年等，2019）。

1. 软骨鱼纲 软骨鱼纲主要分为板鳃亚纲和全头亚纲。板鳃亚纲的分布较广，印度洋、太平洋和大西洋、南半球自赤道至南纬55°、北半球自赤道至北纬80°以上均有分布。根据形态特征不同，板鳃亚纲又分为鲨形总目和鳐形总目。其中鲨形总目在世界上约有360种，中国约有100种。六鳃鲨、虎鲨、姥鲨、鲸鲨、灰星鲨等都属于鲨形总目的软骨鱼类。鳐形总目在世界上共有430多种，我国有80多种。常见的是尖齿锯鳐，北方常见的有孔鳐、牛鼻鲼、蝠鲼等。全头亚纲在世界上的种类较少，现生种类仅银鲛目，约含49种，我国产约有6种（水柏年等，2019），如产于南海的长吻银鲛。

2. 硬骨鱼纲 硬骨鱼纲包括肉鳍亚纲和辐鳍亚纲。肉鳍亚纲的鱼类主要是化石，与加工业关系不大。辐鳍亚纲又称真口鱼纲。产于我国的有8个总目，26个目。与加工业关系密切或有一定经济价值的辐鳍亚纲的鱼类主要是鲟形目、鲱形目、鲑形目、鳗鲡目、鲤形目等。

（二）软体动物

软体动物可分为双神经纲、腹足纲、掘足纲、瓣鳃纲和头足纲，其中经济价值较高的有瓣鳃纲、腹足纲和头足纲中的一些种类。

1. 瓣鳃纲 瓣鳃纲动物的种类很多，约15 000多种，大多数分布于海洋。例如，三角帆蚌、青蛤、文蛤、贻贝、蚶、扇贝、缢蛏、江瑶、牡蛎等，都有很高的营养价值，是捕捞、养殖和出口加工的重要种类。

2. 腹足纲 腹足纲种类极多，遍及全世界的海洋、江河和陆地，如红螺、田螺和鲍鱼等都属于腹足类。

3. 头足纲 头足纲动物大约有400余种，常见的有70多种，均为海产动物，如乌贼、长腕蛸、短蛸（章鱼）、鱿鱼等。头足类虽然种类不算多，但部分种类的产量却极大。例如，鱿鱼（squid）2019年的捕捞量达373.58万吨（FAO，2021），与中上层鱼类和南极磷虾共同被国际渔业资源学家称为世界三大潜在渔业资源。

（三）甲壳动物

甲壳动物属于节肢动物门甲壳纲。本纲动物绝大多数水生，在淡水和海水中均有分布，少数是陆生或半陆生的，也有一些是营寄生生活。甲壳动物目前已知有30 000余种。根据形态特征，可把甲壳纲动物分为切甲亚纲和软甲亚纲。我国渔业捕获量较大的甲壳动物有梭子蟹、河蟹、对虾等。

（四）棘皮动物

棘皮动物是没有头部、体部等构造，体呈辐射对称的海产动物。其体形多种多样，有星状、球状、圆柱状和树状分枝等。棘皮动物的种类很多，包括海参纲、海胆纲、海星纲、海百合纲和海蛇函纲，其中经济价值较高的是海参纲的海参和海胆纲的海胆。

（五）腔肠动物

腔肠动物是最原始的多细胞动物，约9000多种，可分为水螅纲、珊瑚纲、钵水母纲和栉水母纲。其中经济价值较高的是钵水母纲的海蜇，其伞部的中胶层很厚，含有大量的水分和胶质物，经加工处理后成为蜇皮。

（六）爬行动物

爬行纲动物是陆生脊椎动物。它们的成体能在陆地生活，胚胎也能在陆地上发育。爬行动物是变温动物，主要经济品种为中华鳖。

二、水产植物性原料

藻类是主要的植物性水产食品原料。藻类是含叶绿素和其他辅助色素的低等自养植物。植物体为单细胞、群体或多细胞，一般结构简单，无根、茎、叶的分化，是一个简单的叶状体，故又称叶状体植物。它们的体型，除部分海产品比较大外，一般都相当微小。

藻类植物的种类繁多，目前已知有30 000种左右。我国的藻类资源相当丰富，迄今为止被认为有经济价值的藻类有100多种，但常见的经济价值较高的藻类主要属于褐藻门和红藻门。重要的几个种类为褐藻门的海带、裙带菜，红藻门的紫菜、江蓠和石花菜等。

【思 考 题】

1. 阐述中国水产食物资源的现状。
2. 分析鱼贝类水产食品原料容易腐败变质的原因。
3. 选择1或2种具体水产食品原料，结合文献查阅，简述其结构、营养及加工现状。

第二十九章 鱼 类

第一节 鱼类原料的特点

作为水产食品原料的鱼类，可分为海水鱼类和淡水鱼类两种。鱼类食品肉质细嫩，味道鲜美，富含优质蛋白质，脂肪含量低，还含多种维生素和矿物质。

一、鱼类的外部形态与内部构造

鱼体由头部、躯干部（鳃盖骨后缘至肛门的部分）、尾部（肛门至尾鳍开始部分）和鳍四部分组成，参见图 29-1。鱼类的体形一般呈纺锤形，两侧稍扁平，是一种可以减少在水中游动时阻力的体形，典型的如金枪鱼、鲣鱼等。也有与此体形稍有差异的，如鲷鱼、石斑鱼等。还有像比目鱼那样，身体扁平，双眼位于一侧的体形。鳗鱼、鳝鱼等鱼类，体形细长，呈圆筒形。

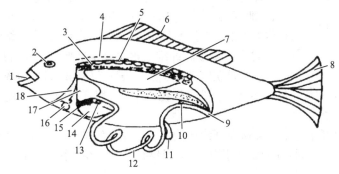

图 29-1　鱼的各器官示意图（李里特，2011）

1. 口；2. 眼；3. 肾脏；4. 侧线；5. 脊椎骨；6. 背鳍；7. 鳔；8. 尾鳍；9. 肛门；10. 生殖腺；
11. 脾脏；12. 肠；13. 胆囊；14. 肝脏；15. 幽门锤；16. 心脏；17. 胃；18. 鳃裂

（一）皮肤与体色

鱼类的皮肤基本上和其他脊椎动物一样，由外层的表皮和内层的真皮组成，但是表皮和真皮的位置、来源、构造和机能都不相同。镶嵌于皮肤中的衍生物，构成鱼体的外被，使得皮肤保护躯体免于受侵害，如黏液腺分泌黏液，皮肤衍生形成鳞片。鱼鳞主要由胶原与磷酸钙组成，起到保护鱼体的作用。真皮层具有色素细胞，含有表现鱼体颜色的红、橙、黄、蓝、绿等各种色素，色素细胞的色素协调体色以适应周围环境等。鱼的体色与栖息的生态环境有密切关联，与射入水中的日光有强烈的补色倾向，而且有表现与栖息海底相似色彩的倾向，即色素细胞具备形成"保护色的功能"。另外，体表的鸟嘌呤细胞中沉淀着主要由鸟嘌呤和尿酸构成的银白色物质，可反射光线，使鱼体呈现银光闪亮。

（二）骨骼

鱼类可以分为硬骨鱼和软骨鱼。硬骨鱼的骨化作用充分，有机物质的主要成分为胶原、骨黏蛋白、骨硬蛋白等；无机物质与哺乳类相比，碳酸钙较少，几乎全是磷酸钙。软骨鱼如鲨鱼和鳐，其骨化作用处于不完全阶段。硬骨与软骨的水分和无机物含量有较大差别。

（三）鳍

鳍是鱼类在运动时保持身体平衡的器官。鱼在水底游动时，扇动鱼鳍掘起泥沙，既可觅食又可隐藏身躯。鱼鳍按所处部位不同可分为 5 种，即背鳍、腹鳍、胸鳍、尾鳍和臀鳍。有些鱼类仅有其中几种，也有些鱼类的鳍与鳍之间是连续不分开的。某些鱼种带有吸盘状的鱼鳍，可吸附在物体上；也有一些鱼，它的鳍的基部具有毒腺。

（四）内脏

鱼的内脏大致与陆上哺乳动物相似，参见图 29-1。但是，有些鱼没有胃，有的则胃壁厚而强韧，也有些鱼的胃后端具有许多细房状的幽门垂。幽门垂起到分泌消化酶和吸收消化物的作用。肾脏一般长在沿脊椎骨的位置，呈暗红色。有些鱼，如鲫鱼和鲤鱼，其肝胆是一体的。除某些硬骨鱼类及板鳃类外，几乎所有的鱼类都具有鱼鳔，由银白色薄膜构成，鱼类通过调节其中的气体量，进行上浮下沉的运动。鱼鳔可做菜肴，也可作为鱼胶的原料。

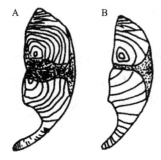

图 29-2　鱼类体侧肌组织断面
（李里特，2011）
A. 鲣鱼；B. 鲐鱼

（五）肌肉组织

鱼体肌肉组织是鱼类的主要可食部分，它对称地分布在脊骨的两侧，一般称为体侧肌。鱼在运动时可通过左右体侧纵向纤维的伸缩，摆动行进。体侧肌又可划分成背肌和腹肌，在鱼体横断面中分别呈同心圆排列着，如图 29-2 所示。从除去皮层后的鱼体侧面肌肉，可看到从前部到尾部连续着呈"W"形的很多肌节。每一肌节由无数平行的肌纤维纵向排列构成。肌节间由结缔组织膜连接。各种鱼体所有的肌节数量是一定的。

1. 肌纤维　鱼肉的肌节是由无数与体轴平行的肌纤维所构成。每根肌纤维的外部有一层肌纤维膜，很多根肌纤维由结缔组织膜使之相互结合形成肌纤维束。多数肌纤维束再集合构成肌节。肌纤维为一种多核的细胞组织，由很多带明暗条纹、平行排列的肌原纤维所组成，故又称横纹肌。在肌原纤维之间充满肌浆，并有线粒体、脂肪球、糖原颗粒等存在。肌纤维的长度几毫米至十几毫米，直径为 $50\sim100\mu m$，较畜肉短而粗。

2. 肌原纤维　肌纤维是由很多肌原纤维所构成。肌原纤维的直径为 $1\sim2\mu m$。在电子显微镜下观察，它是由很多长轴方向平行排列的肌球蛋白粗丝和肌动蛋白细丝前后交叉构成（图 29-3）。粗丝相当于

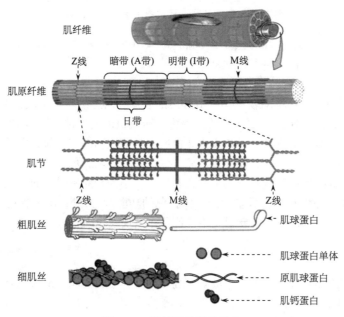

图 29-3　肌纤维的超微结构

肌原纤维的暗带部分，亦称 A 带。细丝相当于肌原纤维的明带部分，亦称 I 带。鱼类运动肌肉收缩主要在这部分。肌原纤维间的肌浆是胶体溶液，它与肌原纤维的代谢和神经刺激的传导有关，并含有参与糖代谢的多种酶类。肌浆中含有的肌红蛋白，是使肌肉呈红色的主要成分。

3. 暗色肉　鱼类的肌肉类似于陆上动物的肌肉，但在背肉和腹肉的连接处存在一种暗色肉的肌肉组织。暗色肉含有较多血红蛋白、肌红蛋白等呼吸色素蛋白质，呈深暗红色，明显区别于普通鱼肉颜色。鱼体暗色肉的多少和分布状况因鱼种而异，大致可分为 3 种类型（图 29-4）。一般活动性强的中上层鱼类，如扁舵鱼、鲐鱼、鲣鱼、金枪鱼、沙丁鱼等暗色肉较多，不仅鱼体表层部分有，内部伸向背骨部分也有。活动性不强的底层鱼类，如鳕鱼、鲽鱼、真鲷等暗色肉较少，而且仅分布在体表部分。暗色肉中除含有较多色素蛋白质外，还含有脂质、糖原、维生素和酶等，在生理上可适应缓慢而具有持续性的洄游运动。普通肉则与此相反，主要适于猎食、跳跃、避敌等急速运动。在食用价值和加工贮藏性能方面，暗色肉不如白色肉。

图 29-4　不同鱼种暗色肉的类型（李里特，2011）
A. 鳕鱼；B. 竹荚鱼；C. 扁舵鱼

二、鱼类的化学组成

（一）鱼肉的化学成分

鱼肉是鱼体的主要可食部分，其含量因鱼的种类、大小、季节和性别等而有所不同。大部分成鱼的肌肉约占鱼体质量的一半，一般在 40%～70%，如鳙鱼 61%、草鱼 58%、鲭鱼 49%（杨月欣，2019）。鱼肉组成成分中水分 70%～85%、粗蛋白质 10%～20%、碳水化合物 5% 以下、主要矿物质 0.5%～1.0%（表 29-1）。与陆产动物肉相比，鱼肉的水分含量少、脂肪含量少、蛋白质含量高。

表 29-1　常见鱼类鱼肉一般化学组成（以每 100g 可食部位计）

种类	名称	水分	粗蛋白质	粗脂肪	碳水化合物	主要矿物质含量*
海水鱼类	大黄鱼	77.7	17.7	2.5	0.8	0.65
	带鱼	73.3	17.7	4.9	3.1	0.70
	鳓鱼	71.9	20.7	8.5	—	0.57
	鲐鱼	69.1	19.9	7.4	2.2	0.70
	海鳗	74.6	18.8	5.0	0.5	0.60
	牙鲆	75.9	20.8	3.2	0	0.67
	鲨鱼	73.3	22.2	3.2	0	0.67
	马面鲀	78.9	18.1	0.6	1.2	0.64
	蓝圆鲹	72.0	18.5	3.4	4.8	0.58
	沙丁鱼	78.0	19.8	1.1	0	0.60
	真鲷	75.2	17.9	2.6	2.7	0.89
淡水鱼类	鲤鱼	76.7	17.6	4.1	0.5	0.68
	鲫鱼	75.4	17.1	2.7	3.8	0.65
	青鱼	73.9	20.1	4.2	0.0	0.66
	草鱼	78.2	17.7	2.6	0.5	0.56
	白鲢	77.4	17.8	3.6	0	0.58
	鲥鱼	65.6	20.8	11.3	0.9	0.76
	鳗鲡	67.1	18.6	10.8	2.3	0.56

注：* 主要矿物质为钙、磷、钾、钠、镁、铁、锌、硒、铜、锰。"—"代表未检测。
资料来源：杨月欣，2019。

1. 蛋白质 蛋白质是组成鱼类肌肉的主要成分。按其在肌肉组织中的分布大致分为3类：①构成肌原纤维的蛋白质称为肌原纤维蛋白；②存在于肌浆中的各种分子量较小的蛋白质，称为肌浆蛋白；③构成结缔组织的蛋白质，称为肉基质蛋白。这几种蛋白质与陆产动物中的种类组成基本相同，但在数量组成上存在差异。鱼类肌肉的结缔组织较少，因此肉基质蛋白的含量也少，占肌肉蛋白质总量的2%～5%〔鲨鱼（星鲨）、鳐鱼（单鳍电鳐）等软骨鱼类稍多，参见表29-2〕。鱼肉中肌原纤维蛋白的含量较高，达60%～75%，肌浆蛋白含量大多在20%～35%。从表29-2也可看出，暗色肉含量高的中上层鱼类（鲐鱼、远东拟沙丁鱼）的肌肉中，肌浆蛋白所占的比率要明显大于暗色肉含量少的底层鱼类（鳕鱼），这也是特征之一。表29-3所示是淡水鱼白鲢背肌蛋白的构成组分。

表 29-2 鱼类肌肉的蛋白质组成 （单位：%）

种类	肌浆蛋白	肌原纤维蛋白	肌基质蛋白	种类	肌浆蛋白	肌原纤维蛋白	肌基质蛋白
鲐鱼	38	60	1	团头鲂	32	59	4
远东拟沙丁鱼	34	62	2	鲫鱼	32	60	3
鳕鱼	21	70	3	单鳍电鳐	26	64	10
星鲨	21	64	7	舒鱼	31	65	3
鲤鱼	33	60	4	黑线鳕	30	67	3
鳙鱼	28	63	4				

资料来源：蒋爱民和周佺，2020；包建强，2011。

表 29-3 鲢背肌蛋白的构成组分

项目	总氮	非蛋白氮	水溶性蛋白质	盐溶性蛋白质	碱溶性蛋白质	肌基质蛋白质
蛋白质含量 /（mg/kg）	2779.4	206.4	540.8	1589	800	363.2
占鱼肉 /%	17.37	1.29	3.38	9.93	0.50	2.27
占蛋白质比 /%	100	7.43	19.46	57.18	2.88	13.07

资料来源：包建强，2011。

2. 脂质 鱼类脂质的种类和含量因鱼种而异。鱼体组织脂质的种类主要有甘油三酯（三酰甘油）、磷脂、蜡脂及不皂化物中的固醇、烃类、甘油醚等。脂质在鱼体组织中的种类、数量、分布，还与脂质在体内的生理功能有关。存在于细胞组织中具有特殊生理功能的磷脂和固醇等称为组织脂质，在鱼肉中的含量基本是一定的，为0.5%～0.1%（根据表29-4中的数据所得）。多脂鱼肉中大量脂质主要为甘油三酯，作为能源的贮藏物质而存在，一般称为贮藏脂质。在饵料多的季节含量增加，在饵料少或产卵洄游季节，即被消化而减少。此外，一些低脂鱼类的肌肉中贮藏脂质不多，但却大量贮存在肝脏或腹腔，如鲨鱼、鳕鱼、马面鲀等肝脏中的肝脏油，以及鲢鱼、鲤鱼、草鱼等多数鲤科鱼类的腹腔脂肪块都是贮藏脂质，数量多并随季节而增减变化。

表 29-4 鱼类肌肉脂肪含量

种类		总脂质 /%	中性脂 /（mg/kg）			极性脂 /（mg/kg）		
			甘油三酯（三酰甘油）	游离脂肪酸	固醇固醇脂	磷脂酰乙醇胺磷脂酰丝氨酸	磷脂酰胆碱（卵磷脂）	鞘磷脂
大麻哈鱼		7.4	527	—	93	11	36	5
虹鳟		1.3	30.2	2	25	16.6	41.4	—
鲱鱼	普通肉	7.5	566.6	46.5	35.5	20.8	47	—
	暗色肉	23.8	1815.6	101.6	84.7	90.4	127.6	—
竹荚鱼	普通肉	7.4	617	6.4	—	14	41	7.1
	暗色肉	20.0	1680	20	—	54	97	11
金枪鱼		1.6	73	6.9	13.4	17.1	36.6	—
狭鳕		0.8	6	—	9	17	33	—
牙鲆		1.6	74	—	24	18	29	—
鲍鱼		1.1	—	—	12	22	25.1	1.3

注："—"代表未检测或未检出。

鱼类脂质的脂肪酸组成和陆产动物脂质不同，二十碳以上的脂肪酸较多，其不饱和程度也较高。海水鱼脂质中的 C_{18}、C_{20} 和 C_{22} 不饱和脂肪酸较少，但含有较多的 C_{16} 饱和酸和 C_{18} 不饱和酸。表 29-5 所列是主要鱼类体内高度不饱和脂肪酸的含量。

表 29-5 鱼体内高度不饱和脂肪酸的含量（以每100g可食部位计）

种类	脂肪酸含量/g	多不饱和脂肪酸含量/g	多不饱和脂肪酸 / 总脂肪酸 /%												
			总计	16:02	18:02	18:03	18:04	20:02	20:03	20:04	20:05	22:03	22:04	22:05	22:06
金枪鱼	0.3	0.1	46.4	—	1.3	0.0	—	Tr	0.0	4.4	Tr	—	—	—	40.7
六齿金线鱼	3.2	1.1	34.0	—	1.0	0.3	—	0.4	0.3	3.2	6.5	—	—	—	22.3
鲐鱼	5.2	1.3	25.3	Tr	1.2	3.7	—	Tr	Tr	1.8	4.4	Tr	Tr	1.5	12.7
鳕鱼	1.0	0.2	16.5	Tr	7.8	4.9	—	0.1	Tr	1.5	0.3	0.5	0.1	0.5	0.8
沙丁鱼	1.0	0.3	31.4	Tr	2.1	9.5	—	Tr	Tr	1.9	6.7	Tr	Tr	1.3	9.9
绿鳍马面鲀	0.4	0.1	34.5	Tr	1.5	0.3	—	Tr	Tr	1.8	7	Tr	Tr	1.9	22.0
鲑鱼	7.0	0.7	10.4	Tr	0.2	Tr	—	Tr	Tr	Tr	10.2	Tr	Tr	Tr	Tr
大黄花鱼	1.8	0.3	16.5	0.1	1.6	3.6	—	0.1	0.1	1.8	2.7	0.1	0.7	0.6	5.1
鳗鲡	7.6	1.4	18.2	Tr	1.9	4.1	—	Tr	Tr	1.1	2.6	Tr	Tr	2.3	6.2
鲷鱼	1.8	0.9	24.2	Tr	1.4	2.4	—	Tr	Tr	2.5	5.3	Tr	Tr	1.2	11.4
鲤鱼	2.9	0.6	20.6	Tr	14.2	3.9	—	Tr	0.2	0.5	1.1	Tr	Tr	0.2	0.5
石斑鱼	2.3	0.9	37.2	—	12.2	1.6	—	0.3	0.3	1.5	8.1	—	—	—	13.0
白带鱼	3.4	0.4	12.8	—	1.4	1.8	—	Tr	Tr	0.8	1.9	Tr	0.6	1.0	5.3

注：Tr：表示微量，低于目前检出方法的检出限或未检出。"—"表示未检测。

资料来源：杨月欣，2019。

3. 糖类 鱼类中糖类的含量很少，一般都在 1% 以下。鱼类肌肉中，糖类是以糖原的形式存在，与白色肌肉相比，红色肌肉中糖类含量较高。

4. 矿物质 鱼体中的矿物质是以化合物和盐溶液的形式存在，其种类很多，主要有钾、钠、钙、磷、铁、铜、锌、碘、硒、氟等人体需要的大量和微量元素，含量一般较畜肉高。鱼肉中钙的含量为 60～1500mg/kg，较畜肉高。鱼肉中铁含量亦较高。鱼类的锌平均含量为 11mg/kg。硒是人体必需的微量元素，鱼肉中硒的含量达 1～2mg/kg（干物），较畜肉含量高 1 倍以上，较植物性食品含量更高，是人类获取硒的重要来源。

5. 维生素 鱼类的可食部分含有多种人体营养所需要的维生素，包括脂溶性维生素 A、维生素 D、维生素 E 和水溶性维生素 B 族和维生素 C。含量的多少依种类和部位而异。维生素一般在肝脏中含量较多，可供作鱼肝油制剂。在海鳗、河鳗、油鲨、银鳕等肌肉中含量也较高，可达 10 000～100 000IU/kg。维生素 D 同样存在于鱼类肝油中。长鳍金枪鱼维生素 D 的含量 1kg 油高达 250 000IU。含脂量多的中上层鱼类肌肉中的维生素 D 含量高于含脂量少的底层鱼类，如远东拟沙丁鱼、鲣鱼、鲐鱼、鲥鱼、秋刀鱼等的含量在 3IU/g 以上。鱼类肌肉中含维生素 B_1、维生素 B_2 较少（大多数鱼类维生素 B_1 含量为 15～49mg/g），但在鱼的肝脏、心脏及幽门垂含量较多。鱼类维生素 C 含量很少，但鱼卵和脑中含量较多。

6. 其他成分

1）色素 不少鱼类具有色彩缤纷的外观。不仅体表、肌肉、体液，连鱼骨及卵巢等内脏都有鲜艳的颜色，其色调与各部位含有的色素有关。鱼类有鳕鱼、鲽鱼那样的白色肉鱼类，也有鲣鱼、金枪鱼那样的红色肉鱼类。除鲑鱼，鳟鱼类外，肌肉色素主要是由肌红蛋白和血红蛋白构成，其中大部分是肌红蛋白。红色肉鱼类的肌肉，以及白色肉鱼类的暗色肌，所呈红色主要由所含肌红蛋白（myoglobin）产生，也与毛细血管中的血红蛋白（hemoglobin）有一定关系。鱼肉中肌红蛋白的含量，在红色肉鱼类（如金枪鱼）的普通肉中约为 0.5%，而白色肉鱼类的普通肉中几乎检测不到。肌红蛋白存在细胞的肌浆部分，而具有接受血红蛋白从外界摄取的氧气并与之结合的能力，随着组织内的呼吸和氧气分压的降低，它又重新释放出氧气。结合氧的肌红蛋白称为氧合肌红蛋白（oxymyoglobin），呈鲜红色；不结合氧的肌红蛋白称为脱氧肌红蛋白（deoxymyoglobin），呈紫红色。红色肉鱼类死后，由于自动氧化，血红素中铁离子从正二价变为正三价，生成暗褐色的高铁肌红蛋白（metmyoglobin）。了解肌红蛋白的自动氧化性质，对于红色肉鱼类肉色的保持特别重要。

鲑鱼、鳟鱼类的肌肉色素为类胡萝卜素，大部分是虾黄质。这种色素广泛分布于鱼皮中。虾黄质能与脂肪酸结合生成色蜡，也能与蛋白质结合生成色素蛋白。

鱼类的血液色素与哺乳动物相同，是含铁的血红蛋白，即血红素和珠蛋白结合而成的化合物。软体动物的血液色素是含铜的血蓝蛋白，还有含钒、锰的血蓝蛋白，其中主要是含铜的血蓝蛋白。还原型血蓝蛋白是无色的，氧化型血蓝蛋白呈蓝色，软体动物的乌贼、章鱼都具有这样的血液。

鱼类皮中存在着黑色色素胞、黄色色素胞、红色色素胞、白色色素胞等。由于它们的排列、收缩和扩张，使鱼体呈现微妙的色彩。鱼皮的主要色素是黑色素、各种类胡萝卜素、胆汁色素、蝶呤等。有些鱼类的表皮呈银光，主要是混有尿酸的鸟嘌呤沉淀物，因光线折射之故。这种鸟嘌呤可用作人造珍珠的涂料。

黑色素是广泛分布于鱼的表皮和乌贼墨囊中的色素，它是酪氨酸经氧化、聚合等过程生成的复杂化合物，在体内与蛋白质结合而存在，由于氧化、聚合的程度不同，其呈现褐色乃至黑色。有时因其他色素的存在，也会呈现蓝色。

乌贼和章鱼的表皮色素是眼色素，与昆虫中的眼色素相似。眼色素的母体是以色氨酸为出发物质的 3-羟基犬尿氨酸。眼色素用碱抽出呈葡萄酒色。乌贼活着时，表皮有很多褐色的色素细胞存在，死后因色素细胞收缩而呈白色，以后随着鲜度的下降逐渐带上红色，这是由于眼色素溶解于微碱性的体液中之故。煮熟的章鱼呈红色，也是眼色素溶出使皮肤着色的缘故。

鱼皮上红色和黄色的呈色物质主要是类胡萝卜素。红色的有虾黄质，黄色的有叶黄素，此外，还有蒲公英黄质和玉米黄质等。

蝶呤类是一种发出蓝色荧光，并带黄色的色素，它有好几个同族体，在鱼皮中同时存在数种。秋刀鱼鱼鳞的绿色色素，光嘴腭针鱼的皮和骨的绿色色素，以及偶尔见到金枪鱼骨的蓝色物质等，都是胆汁色素的胆绿素在组织中与蛋白质结合而存在的缘故。

2）呈味成分　鱼肉的呈味成分是鱼类肌肉中能在舌部产生味感的物质，主要是肌肉提取物中的水溶性低分子化合物。

鱼类中含有谷氨酸、谷氨酸钠（MSG）等具有鲜味的物质，在鱼肉中谷氨酸的阈值为 0.03%，它与死后肌肉中核苷酸分解蓄积的肌苷酸（IMP）两者有相乘作用，所以当有 IMP 存在时，即使含量在阈值以下，仍能产生鲜味。核苷酸类中的 IMP、鸟苷酸（GMP）是重要的鲜味物质。前者的 IMP-Na-7.5H$_2$O 的阈值为 0.025%，后者的 GMP-Na-7H$_2$O 的阈值为 0.0125%，两者的阈值都很低。当它们中任意一种与 MSG 共同存在时，两者之间有相乘效果，使 MSG 的鲜味成倍增加。

脯氨酸是带有苦味的甜味物质，其阈值为 0.3%。氧化三甲胺（TMAO）是具有甜味的物质，大量存在于底层海水鱼类和软骨鱼类的肌肉中。

矿物质中 Na$^+$、K$^+$、Cl$^-$、PO$_4^{3-}$ 等离子与呈味有关，特别是 Na$^+$ 和 Cl$^-$ 对呈味极为重要。在一些水产品提取物的人工合成试验中发现，只有在 Na$^+$、K$^+$、Cl$^-$、PO$_4^{3-}$ 等无机离子存在下，有机呈味成分才能发挥它应有的呈味效果。

3）气味成分　鱼类的气味成分是存在于鱼类本身或贮藏加工过程中各种具有臭气或香气的挥发性物质。它与鱼肉呈味物质一起构成鱼类及其制品风味的重要成分。这类挥发性物质的种类很多，但含量极微，主要有含氮化合物、挥发性酸类、含硫化合物、羰基化合物及其他化合物等。

含氮化合物主要是氨、三甲胺（TMA）、二甲胺（DMA），以及丙胺、异丙胺、异丁胺和一些环状胺类的化合物。三甲胺和二甲胺是由海产鱼贝类抽提物中广泛分布的氧化三甲胺（TMAO）生成的，这些胺类的阈值低。由氧化三甲胺生成三甲胺主要是由于微生物酶的还原作用，也有由暗色肉或内脏各器官的酶作用下生成的（蒋爱民和周佺，2020）。当海鱼鲜度下降时，就会被察觉到。鱼类罐头食品在高温加热时，TMAO 可还原分解生成 TMA 和 DMA。而 DMA 的生成是否与微生物相关尚不很明确，大多认为是暗色肉等在组织酶的作用下生成的。氨也是鱼肉鲜度下降时产生腐败臭的物质，它在水中的阈值为110mg/L。此外，鲨鱼、鳐鱼等软骨鱼类肌肉中存在大量尿素，在细菌脲酶的作用下，会产生多量的氨。环状含氮化合物的哌啶存在于鱼皮中，是一种带有腥气的化合物，它的一些衍生物被认为是构成淡水鱼类腥气的主要成分。

挥发性酸类主要是低级脂肪酸，如甲酸、乙酸、丙酸、戊酸、己酸等，它们本身都具有不愉快的臭味。在鱼体鲜度下降过程中，因细菌分解氨基酸脱氨基，生成与之相对应的挥发性脂肪酸，它的含量随鱼类鲜度的下降而增加。在鱼类的生干品、盐干品中，也存在这些挥发性酸类。

含硫化合物主要是硫化氢、甲硫醇、甲硫醚等，是在细菌腐败分解或加工中的加热作用下，由鱼肉中的含硫氨基酸生成。鱼类罐头加热生成的硫化氢会在开罐时带来不愉快的气味。

羰基化合物主要是5个碳原子以下的醛类和酮类化合物，如甲醛、乙醛、丙醛、丁醛、异丁醛、戊醛、异戊醛、丙酮等。大多数存在于不新鲜的鱼类或烹调加工食品中，由不饱和脂肪酸氧化分解或加热分解生成。鳕鱼在冻藏中常见的冷冻臭鱼，被认为与几种7个碳原子的不饱和醛，特别是顺-4-烯庚醛有关。

其他化合物主要有醇类、酯类、酚类、烃类等，存在于各种加热和加工处理的鱼肉中，如远东拟沙丁鱼中存在的甲酸和乙酸乙酯及烃类。冷冻鳕鱼中存在2～8个碳原子的醇、苯乙醇、14种烃、2种酚、2种呋喃化合物。一些酚类及其酯类是熏制品和鲣节的主要香气成分。

4）毒素　鱼类毒素是指鱼体内含有的天然有毒物质。包括由鱼类对人畜引起食物中毒的自然毒和通过外部器官刺咬传播的刺咬毒。引起食物中毒的鱼类毒素有河鲀毒、雪卡毒和鱼卵毒等；刺咬毒素则存在于某些鱼类，如虹科、鲉科鱼类，其放毒器官是刺棘，毒素成分主要是蛋白质类毒素。通过刺咬动作使对象中毒，产生剧痛、麻痹、呼吸困难等各种不同症状，严重的可导致死亡。

河鲀毒是存在于河鲀体内的剧毒物质，是自然界中已发现的毒性最大的神经毒素之一。经过提纯的称为河鲀毒素（puffer fish poison，tetrodotoxin，TTX），分子式是$C_{11}H_{17}N_3O_8$，分子量为319，对白鼠的最低致死量为10μg/kg。河鲀鱼类食物中毒的死亡率很高，中毒症状主要是感觉神经和运动神经麻痹，以致最后呼吸器官衰竭而死（庞志军，2007）。

中国有毒河鲀鱼类有7个科40余种。体内毒素分布以肝脏和卵巢的毒性最强，其次是皮和肠。肌肉和精巢除少数种类外，大都无毒。研究发现，人工养殖的河鲀是无毒的。河鲀毒素理化性质比较稳定，在中性和酸性条件下对热稳定，在碱水溶液中易分解，可降解为几种喹啉化合物。河鲀毒素在加热到100℃、4h或115℃、3h时均能被破坏，在120℃时仅30min就能将河鲀毒素完全破坏（张宾，2016）。河鲀是一种味道鲜美，但含有剧毒物质的鱼类。春季为河鲀鱼的生殖产卵期，此时毒素含量最多，最易发生中毒，不可盲目食用。此外，对于无法辨别鱼种的食品，要仔细辨识、询问，以防误食。

雪卡毒（ciguatoxin）是存在于热带、亚热带珊瑚礁水域某些鱼类的有毒物质。食用这些鱼类会引起一种死亡率并不高的食物中毒，称为雪卡中毒。雪卡毒素并不是单一物质，有脂溶性和水溶性的，毒性强弱也不同。其化学结构尚不清楚。一般认为鱼类引起雪卡中毒的毒素来源于有毒藻类，由食物链进入藻食性鱼类，再转到肉食性鱼类。一般内脏毒性高于肌肉。雪卡中毒症状比较复杂，主要是对温度的感觉异常。如手在热水中感觉是冷的，并有呕吐腹泻、神经过敏、步行困难、头痛、关节痛等，死亡率不高，但恢复期长，可达半年甚至1年以上。

其他引起食物中毒的鱼类毒素，如鱼卵毒中的线鳚卵毒素，存在于革鲀等食道的沙海葵毒素，都会引起腹泻。

（二）影响鱼类成分差异的因素

鱼类的种类很多，不同鱼类之间的肌肉化学组成有着不同的特点；鱼体的不同部位、不同年龄、不同季节等对鱼肉的化学组成也有不同的影响。

1. 种类　鱼类中，海洋洄游性中上层鱼类，如金枪鱼、鲱鱼、鲐鱼、沙丁鱼等的脂肪含量大多高于鲆鱼、鳕鱼、黄鱼等底层鱼类。前者一般称为多脂鱼类，其脂肪含量高时可达20%～30%；后者称为少脂鱼类，脂肪含量多在5%以下，鲆鱼、鲽鱼和鳕鱼则低至0.5%。鱼类的脂肪含量与水分含量呈负相关，水分含量少的脂肪含量多，反之则少。不同鱼类间的蛋白质含量差别不大，一般在15%～22%。此外，鱼肉中含有的碳水化合物主要是极少量的糖原，它与矿物质含量一样，在不同种类间差别很小。

2. 鱼体部位和年龄　同一种鱼类肌肉的化学组成，因鱼体部位、年龄和体重而异。一般腹部和鱼体表层肌肉的脂肪含量多于尾部、背部和鱼体深层肌肉的脂肪含量，参见表29-6；年龄、体重大的鱼肉中的脂肪含量多于年龄、体重小的。与此相对应的是脂肪主含量多的部位和年龄、体重大的鱼肉中，其水分含量就比较少；而蛋白质、糖原、矿物质等成分相差很少。此外，暗色肉的脂肪含量高于白色肉。

表 29-6   彩鲷和普通罗非鱼不同部位肌肉的化学组成   （单位：%）

样品	彩鲷			普通罗非鱼		
	背部	腹部	尾部	背部	腹部	尾部
水分	77.19±0.24	70.06±2.97	77.68±0.50	78.13±0.15	73.20±0.7	78.92±0.95
灰分	1.08±0.01	1.00±0.34	1.03±0.04	0.99±0.09	0.96±0.14	0.95±0.06
脂肪	1.65±0.18	12.42±0.46	2.28±0.09	1.29±0.50	7.52±0.35	1.64±0.39
蛋白质	19.31±0.37	17.13±0.38	18.89±0.37	19.24±0.37	18.28±0.85	18.57±0.56

资料来源：林婉玲等，2011。

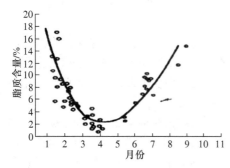

图 29-5   沙丁鱼脂肪含量的变化
（蒋爱民和周佺，2020）

3. 季节   由于一年中不同季节的温度变化，以及生长、生殖、洄游和饵料来源等生理生态上的变化不同，会造成鱼类脂肪、水分，甚至蛋白质等成分的明显变化。鱼类中洄游性多脂鱼类脂肪含量的季节性变化最大，参见图29-5。一般在温度高、饵料多的季节，鱼体生长快，体内脂肪积蓄，到冬季则逐渐减少。此外，生殖产卵前的脂肪含量高，到产卵后大量减少。

饵料对于鱼类肌肉成分也是有影响的，以野生梭鲈鱼和养殖梭鲈鱼肉的化学组成作比较（表29-7），养殖梭鲈鱼的粗蛋白和灰分含量高于野生梭鲈鱼，脂肪含量则与此相反，其他成分，如氨基酸等差异不大。

表 29-7   野生和养殖梭鲈鱼肌肉基本化学组成和含量   （单位：%）

化学组成	野生梭鲈鱼	养殖梭鲈鱼	化学组成	野生梭鲈鱼	养殖梭鲈鱼
粗蛋白	20.23±4.48	21.03±0.35	缬氨酸	0.77±0.06	0.72±0.02
粗脂肪	0.75±0.06	0.70±0.01	异亮氨酸	0.71±0.04	0.66±0.06
灰分	1.18±0.13	1.27±0.06	亮氨酸	1.36±0.05	1.35±0.02
水分	78.48±1.28	77.73±0.45	苯丙氨酸	0.61±0.14	0.69±0.09
甲硫氨酸	0.59±0.03	0.55±0.04	苏氨酸	0.79±0.02	0.80±0.02
赖氨酸	1.65±0.07	1.66±0.16			

资料来源：孙志鹏等，2020。

第二节　常见海水鱼类

常见的海水鱼类主要有以下品种（图29-6）。

带鱼

大黄鱼

小黄鱼

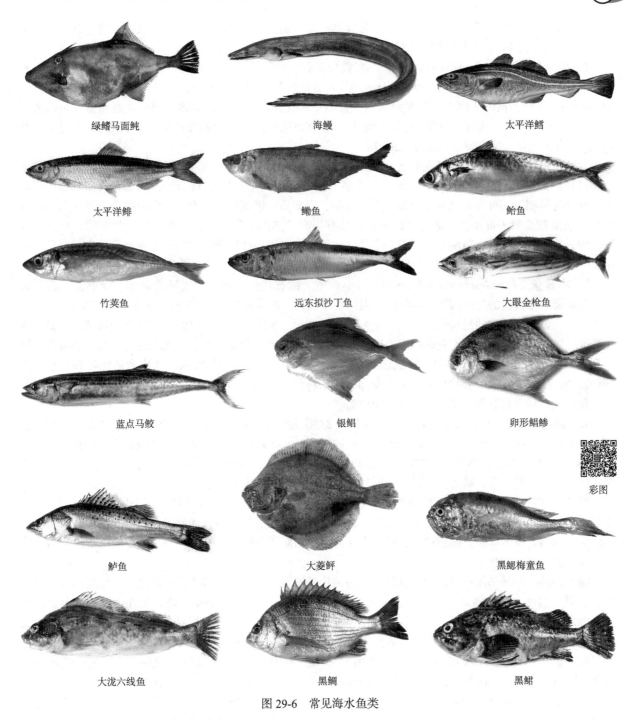

图 29-6 常见海水鱼类

1. 带鱼（*Trichiurus haumela*） 带鱼又称刀鱼、牙鱼、白带鱼，属硬骨鱼纲（Osteichthyes）、鲈形目（Perciformes）、带鱼科（Trichiuridae）、带鱼属（*Trichiurus*）。带鱼鱼体显著侧扁，呈带状，尾细长如鞭；一般体长为60～120cm，体重200～400g。头窄长而侧扁，前端尖突，两颌牙发达而尖锐。体表光滑，鳞退化成表皮银膜，全身呈浮游光泽的银白色，背部及背鳍、胸鳍略显青灰色。

带鱼是最主要的海产经济鱼类之一，广泛分布于世界各地的温带、热带海域。我国的沿海均产带鱼，东海和黄海分布最多。带鱼是多脂鱼类，味道鲜美，含较多的钙、磷、铁、碘及维生素B、维生素A等多种营养成分，经济价值很高。中医认为带鱼味甘、性温、功能补益五脏。带鱼鳞含较多的卵磷脂，以及多种不饱和脂肪酸。带鱼全身的鳞和银白色油脂层中还含有一种抗癌成分——6-硫代鸟嘌呤，对辅助治疗相关疾病有益，目前已被开发成药物推向市场（蒋爱民和周佺，2020）。由于带鱼肥嫩少刺，易于消化吸收，更是老年人、儿童、孕妇和患者的理想食品（孙耀军等，2019）。

　　除鲜销外，带鱼还可加工成罐头制品、鱼糜制品、腌制品、干制品和冷冻小包装制品等。从带鱼体表的表皮银膜中提取咖啡因可供医药和工业用。

　　2. 大黄鱼（*Pseudosciaena crocea*）　　大黄鱼又称黄鱼、大王黄、大鲜，属硬骨鱼纲、鲈形目、石首鱼科（Sciaenidae）、黄鱼属（*Pseudosciaena*）。大黄鱼体长椭圆形，侧扁，尾柄细长；一般成体鱼长为30~40cm，体长为高的3倍多。头大而侧扁，背侧中央枕骨棘不明显，鱼体黄褐色，腹面金黄色。大黄鱼脊椎由26块脊椎骨构成，其中11个为腹椎，15个为尾椎，肋骨附着在腹椎上，有腹肋11对，背肋9对，没有肌间骨（黄伟卿和刘家富，2019）。

　　大黄鱼是我国主要海产经济鱼类之一，分布于我国黄海南部、福建和江浙沿海。目前市场上所见的多为养殖品种。2021年，我国大黄鱼在海水鱼养殖产量中居第一位，为25.42万吨。大黄鱼肉质鲜嫩，目前绝大部分为鲜销，还可加工制成腌制品、半干制品、熏制品、糟制品等。大黄鱼的鱼鳔可干制成名贵的鱼肚，也是制胶合剂（黄鱼胶）的良好原料，还具有很高的药用价值。鱼胆主含胆酸、甘胆酸、牛黄胆酸等，为人造牛黄的原料。鱼脑石（耳石）主含碳酸钙、有机质、纤维蛋白和二十多种微量元素。精巢（鱼白）主含盐酸钙等，可提取精蛋白和脱氧核糖核酸，且大黄鱼多肽具有抗氧化作用（邓家刚等，2018）。

　　3. 小黄鱼（*Pseudosciaena polyactis*）　　小黄鱼又称黄花鱼、小鲜，属硬骨鱼纲、鲈形目、石首鱼科、黄鱼属。小黄鱼的外形与大黄鱼相似，但体形较小，一般体长为16~25cm，体重200~300g。

　　小黄鱼是我国主要的经济鱼类之一，主要分布于黄海、渤海、东海、台湾海峡以北的海域，主要产地在江苏、浙江、福建、山东等省的沿海地区。小黄鱼肉质鲜嫩，营养丰富，是优质的食用鱼。小黄鱼的加工利用与大黄鱼相似，在日本是生产高级鱼糜制品的原料，也是婴幼儿疾病后体虚者的滋补和食疗佳品（蒋爱民等，2020），其废弃物可以作为工业和医药原料综合利用，如鱼鳞可以制鱼鳞胶、珍珠素，鱼鳔可制备鱼鳔胶，精巢提取鱼精蛋白（刘冲，2012）。

　　4. 绿鳍马面鲀（*Navodon septentrionalis*）　　绿鳍马面鲀又称马面鱼、橡皮鱼，属硬骨鱼纲、鲀形目（Tetraodontiformes）、革鲀科（Aluteridae）、马面鲀属（*Navodon*）。绿鳍马面鲀鱼体较侧扁，呈长椭圆形；一般体长为10~20cm，体重40g左右。头短口小，眼小位高，鳞细小，呈绒毛状。鱼体呈蓝灰色，无侧线；尾柄长，尾鳍截形，鳍条呈墨绿色；第二背鳍、胸鳍和臀鳍均为绿色。

　　绿鳍马面鲀属外海暖水性底层鱼类，有季节洄游性，分布在北太平洋西部（蒋爱民和周佺，2020）；在我国主要分布于东海、黄海及渤海，东海产量较大。绿鳍马面鲀肌肉属优质蛋白，富含多种必需氨基酸和鲜味氨基酸，营养丰富，味道鲜美，是补充人体营养物质的理想食品来源，同时具有低脂肪（0.5%）的特点（徐大凤等，2018）。

　　除鲜销外，绿鳍马面鲀经深加工制成美味烤鱼片畅销国内外，是出口的水产品之一。绿鳍马面鲀也可加工成罐头食品和鱼糜制品。另外，它的鱼肝占体重的4%~10%，出油率较高，可作为鱼肝油制品的油脂来源之一。加工的副产品还可用于制备鱼干、鱼粉、蛋白胨、生化培养基等，其鱼皮厚且硬，一般不直接食用，且皮肉易分离，胶原得率高，可作为新型的海洋源胶原原料（公维洁等，2018；吴坤远，2020）。

　　5. 海鳗（*Muraenesox cinereus*）　　海鳗又名鳗、牙鱼，属硬骨鱼纲、鳗鲡目（Anguilliformes）、海鳗科（Muraenesocidae）、海鳗属（*Muraenesox*）。海鳗体长近似圆筒状，后部侧扁；一般体长为35~60cm，体重1000~2000g。头长而尖，口大，口裂达眼后方；眼大，呈卵圆形。全身光滑无鳞，侧线明显；背部呈银灰色，个体大的呈暗褐色，腹部近乳白色，背鳍和臀鳍边缘呈黑色。

　　海鳗也是经济鱼类，属近海底层鱼类。分布于印度洋和太平洋的缅甸、马来西亚沿海；在我国主要分布于辽宁、山东和浙江沿海地区，夏、秋、冬均有捕获，渔期以冬至前后为最盛（蒋爱民等，2020）。海鳗肉质洁白细嫩，味道鲜美，营养丰富。除鲜销外，可加工成罐头、鱼丸、鱼香肠等。同时，鳗鱼也是制作鱼糜制品和鱼肝油的原料。近年来，随着食品加工技术的不断发展，鳗鱼精深加工制产品逐渐增多，如用鳗鱼骨提取钙，作为高级营养补钙品的原料；以鳗鱼为原料，生产有保健功能的口服液；利用加工副产物提取鱼油等（吴长平等，2018）。

　　6. 太平洋鳕（*Gadus macrocephalus*）　　太平洋鳕又名大头鳕，属硬骨鱼纲、鳕形目（Gadiformes）、鳕科（Gadidae）、鳕属（*Gadus*）。体长，稍侧扁，尾部向后渐细；头大，下颌较上颌短。背部呈褐色或灰褐色，腹部呈白色，散有许多褐色斑点；侧线色浅，连续分布于体侧，自鳃孔上角起平直后伸，至第二背鳍起点迅速下弯至体中峰线处，再平缓伸入尾柄。

　　太平洋鳕是重要的经济鱼类，主要分布于太平洋北部沿岸海域，我国主要产于黄海和东海北部。其鱼肉呈白色，脂肪含量低，是代表性的白色肉鱼类。除鲜销外，还可加工成鱼片、鱼糜制品、干制品、咸鱼及罐头制品等。同其他水产加工类似，鳕鱼在加工过程中会产生大量的副产物，如鱼骨、鱼皮、鱼头、脏器等。鳕鱼加工副产物具有一定的利用价值，其中鱼骨多集中于骨胶原肽的提取、鱼骨钙的处理制备和高效利用；富含脂肪的脏器可炼油（刘静，2019）。

　　7. 太平洋鲱（*Clupea pallasi*）　鲱鱼又名青条鱼、海青鱼，属硬骨鱼纲、鲱形目（Clupeiformes）、鲱科（Clupeidae）、鲱属（*Clupea*）。太平洋鲱呈流线形体，成体长20～38cm，侧扁。头小，腹部近圆形。体色鲜艳，体侧有银色闪光，背部呈深蓝的金属色。由于鲱鱼腹部脂肪多，纤维质少，容易破肚，造成内脏外溢，因此在运输时应特别小心。

　　太平洋鲱产量大，广泛分布于太平洋浅海至亚北极水域，我国主要分布于黄海。太平洋鲱肉质肥嫩，脂肪含量高，除鲜销外，可加工成熏制品、罐头制品、干制品、鱼粉及鱼油等。另外，鲱鱼的鱼卵大，富含营养，是一种丰富的蛋白质来源，必需氨基酸种类优于"理想"蛋白质，可以加工为鱼子酱，是我国重要的出口水产品之一。太平洋鲱鱼鱼子酱的脂质由饱和、单不饱和、多不饱和脂肪酸组成，其饱和脂肪酸以棕榈素为主；单不饱和脂肪酸以油酸为主；多不饱和脂肪酸以亚麻酸为主（Dement'Eva and Bogdanov, 2017）。

　　8. 鳓鱼（*Ilisha elongata*）　鳓鱼又称鲝、白鳞鱼、白力鱼，属硬骨鱼纲、鲱形目、鲱科、鳓属（*Ilisha*）。体侧扁，背窄，一般体长为25～40cm，体重250～500g。眼大、凸起而明亮，口向上翘成近垂直状。体无侧线，全身银白色，仅吻端、背鳍、尾鳍和体背侧为淡黄绿色。背鳍短小始于臀鳍前上方，膀鳍甚小，臀鳍长，尾鳍深叉象燕尾形。

　　鳓鱼是我国重要的海产经济鱼类，分布于印度洋和太平洋西部。我国渤海、黄海、东海、南海均产之，其中以东海产量最多。鳓鱼具有生长迅速、肉鲜美、含脂量高、营养丰富等特点，深受人们喜爱，是我国传统名贵鱼类。鳓鱼鱼刺、鱼骨均较硬，鱼鳞片虽大却很软，煮熟可食。鳓鱼除鲜销外，可加工制成咸鳓和罐头制品，如广东的曹白鱼鲞、酒糟鲞已久负盛名。

　　9. 鲐鱼（*Pneumatophorus japonicus*）　鲐鱼又称鲭鱼、鲐鲅鱼、青花鱼，属硬骨鱼纲、鲈形目、鲭科（Scombridae）、鲐属（*Pneumatophorus*）。鱼体粗壮微扁，呈纺锤形，一般体长为20～40cm、体重150～400g。头大、前端细尖似圆锥形，眼大位高，口大，上下颌等长。体背呈青黑色或深蓝色，体两侧胸鳍水平线以上有不规则的深蓝色虫蚀纹，腹部白而略带黄色；两个背鳍相距较远，尾鳍深叉形、基部两侧有两个隆起脊；胸鳍浅黑色，臀鳍浅粉红色，其他各鳍为淡黄色。

　　鲐鱼属多脂红肉鱼，具有很高的经济价值，分布于太平洋西部，我国近海均产之，以东海产量为多，是我国近年的主要经济鱼类之一。鲐鱼肉质坚实，除鲜销外，还可制成腌制品、罐头、熏鱼、鱼干、鱼排、鱼脯等产品，其肝可提炼鱼肝油。鲐鱼在加工生产过程中会产生40%～60%的副产物，其中肝可提炼鱼肝油，内脏经酶解后生成的肽具有抗氧化活性（Wang et al., 2018），加工废弃物可以通过菌种发酵实现其高值化利用。值得注意的是，鲐鱼体内酶活性强，体内糖原分解迅速，组织易软化，尤其当气温高时，分解更快。因此，鲐鱼的保鲜非常重要，同时也可利用鲐鱼的这一特点，对其中的内源酶进行分离提纯，进一步进行研究。

　　10. 竹荚鱼（*Trachurus japonicus*）　竹荚鱼又称刺公、池鱼姑、真鲹，属硬骨鱼纲、鲈形目、鲹科（Carangidae）、竹荚鱼属（*Trachurus*）。鱼体呈纺锤形，侧扁；口大，上下颌有细牙一列；圆鳞，易脱落，侧线上全部被棱鳞，棱鳞高而强，形如用竹板编制的组合隆起荚，竹荚鱼由此而得名。

　　竹荚鱼是中国的一般经济鱼类，主要分布于南海、东海及黄海。竹荚鱼食用价值很高，其不饱和脂肪酸多，血红素含量丰富，此外还富含钙、锌、铁和维生素A、维生素E等。竹荚鱼在世界海洋渔业中占有极其重要的地位，同时因其产量大、价格低、刺少、口感柔中带韧，深受消费者欢迎（李红月等，2022；王雪松和谢晶，2020）。除供鲜销外，还可加工成罐头或干制品。国外竹荚鱼主要被用于生产高级鱼粉、鱼油等，少部分作鱼片等生食类食品，加工成罐头、咸干制品、冷冻调理类食品（陈必文等，2005；蒋爱民和周佺，2020）。从竹荚鱼鱼鳞中提取的明胶可制作薄膜应用于食品包装（Le et al., 2018）。

　　11. 远东拟沙丁鱼（*Sardinops melanostictus*）　远东拟沙丁鱼又称沙脑鰮、真鰮、大肚鰮，属硬骨鱼纲、鲱形目、鲱科、拟沙丁鱼属（*Sardinops*）。体形侧扁，一般体长14～20cm、体重20～100g。体被大圆鳞，不易脱落；体背部青绿色、腹部银白色，体侧有两排蓝黑色圆点；鳃盖骨上有明显的线状射出条纹；尾鳍深叉形，鳍基有 2 个显著的长鳞。

沙丁鱼是集群性洄游鱼类，分布于大西洋东北部、地中海沿岸。我国沙丁鱼类主要为小沙丁鱼属及拟沙丁鱼属。小沙丁鱼属中以金色小沙丁鱼和裘氏小沙丁鱼产量最高；拟沙丁鱼属中的远东拟沙丁鱼是沙丁鱼中产量最高的鱼类，在我国东南沿海有分布。沙丁鱼肉质鲜嫩，由于此种鱼个体小、产量高、产值低、保鲜加工困难大，多作鱼粉原料，可加工制得鱼糕、鱼丸、鱼卷、鱼香肠、鱼罐头等多种方便食品。远东拟沙丁鱼蛋白肽具有降血压、抗氧化、促进细胞修复、抑制血管紧张素转换酶等多种生物活性，是制备生物活性肽的优质原料（詹苏泓等，2022；李亚会等，2021；袁学文和王炎冰，2018）。

12. 大眼金枪鱼（*Thunnus obesus*）　　大眼金枪鱼又称肥壮金枪鱼、大目鲔，属硬骨鱼纲、鲈形目、金枪鱼科（Thunnidae）、金枪鱼属（*Thunnus*）。体呈纺锤形，肥满粗壮，体前中部为亚圆筒状。一般为体长 1.5～2.0m，体重 100kg 左右。尾柄短，两侧各有一大隆起脊，尾基上下方另有 2 个小隆起脊。头部圆大、吻短、眼大、上颌骨平直，上下颌有小型锥齿一列。体被栉鳞，胸甲鳞片显著大。侧线在胸鳍上方呈波状，向后沿背缘延伸达尾基。体头背部青蓝色，臀鳍淡色，腹鳍灰色，前端微带黄色，小鳍黄色，有黑色边缘。

大眼金枪鱼是金枪鱼类中仅次于蓝鳍金枪鱼的大型鱼种，广泛分布于热带、亚热带海域，在我国分布于南海和东海。金枪鱼类鱼肉呈粉红色，肉质稍软、鲜美，有"海中鸡肉"之称，可加工成罐头、生鱼片等。金枪鱼在加工过程中会产生一些鱼鳞、鱼骨等副产物，其中鱼骨可以利用酶解法制备骨胶原肽，内脏、碎肉、鱼头等副产物可用来生产鱼油、鱼粉，骨粉等（阳丽红，2020；杨彩莉，2019；舒聪涵，2021）。

13. 蓝点马鲛（*Scomberomorus niphonius*）　　蓝点马鲛又称鲅鱼，属硬骨鱼纲、鲈形目、鲭科（Scombridae）、马鲛属（*Scomberomorus*）。体长而侧扁，呈纺锤形，一般体长为 25～50cm，体重 300～1000g。口大，稍倾斜；体被细小圆鳞，侧线呈不规则的波浪形；尾柄细，每侧有 3 个隆起脊，中央脊长而且最高；尾鳍大，呈深叉形。鲅鱼体背部呈蓝黑色，体侧中央布满蓝色斑点，腹部呈银灰色，带蓝点的鲅鱼为北方海域独有，南方的鲅鱼很少有蓝点。

鲅鱼是黄海、渤海产量最高的经济鱼类，分布于北太平洋西部，中国产于东海、黄海和渤海近海海域。鲅鱼肉多刺少，肉质坚实紧密，味道鲜美，营养丰富。除鲜销外，鲅鱼可加工成罐头、咸干品和熏制品，精深加工品包括胶原蛋白、调味产品等。鲅鱼肝中维生素 A 和维生素 D 含量较高，是我国北方地区生产鱼肝油制品的主要原料之一。鲅鱼皮的色泽为银色，腥味重。通过酶解的方式获取的鲅鱼皮抗氧化肽段，可有效抑制熟肉糜脂肪、蛋白质氧化，是一种应用价值较高的食源性抗氧化剂（薛雅茹，2018）。

14. 银鲳（*Pampus argenteus*）　　银鲳又称白鲳、镜鱼、鲳片鱼、平鱼，属硬骨鱼纲、鲈形目、鲳科（Stromateidae）、鲳属（*Pampus*）。体呈卵圆形，侧扁，胸、腹部为银白色，一般体长 20～30cm，体重 300g 左右。头较小，吻圆钝略突出。头胸相连明显，口、眼都很小，两颌各有一行细牙。无腹鳍，鳍刺很短，尾鳍叉形，下叶长于上叶；体被细小的圆鳞，易脱落，侧线完全；体背部微呈青灰色，胸、腹部为银白色，全身具银色光泽并密布黑色细斑。

银鲳是名贵的海产食用鱼类之一，分布于印度洋和太平洋西部。我国沿海均产，以黄海南部和东海北部分布较为集中，即吕泗渔场和舟山渔场（蒋爱民和周佺，2020）。银鲳肉质细嫩且刺少，肌肉中必需氨基酸占氨基酸总量超过 FAO/WHO 的理想氨基酸模式（40%），油酸、EPA 和 DHA 的含量均高于一般海产经济鱼类，具有较高的营养价值和经济价值（葛雨珺，2020）。除鲜食外，可加工成罐头、咸干制品、糟鱼、鲳鱼鲞等。

15. 卵形鲳鲹（*Trachinotus ovatus*）　　卵形鲳鲹又称黄腊鲳、金鲳、黄腊鲹，属硬骨鱼纲、鲈形目、鲹科（Carangidae）、鲳鲹属（*Trachinotus*）。体短而高，极侧扁，略呈菱形。头较小，吻圆，口小、牙细。成鱼腹鳍消失。尾鳍分叉颇深，下叶较长。体为银白色，上部微呈青灰色。以甲壳类等为食。体背部微呈青灰色，胸、腹部微银白色，全身具银色光泽。

卵形鲳鲹栖息在太平洋、印度洋及大西洋的暖海中上层区域，在中国的南海和东海等近海也有分布。作为中国海南、广东和广西等省（自治区）重要的海水养殖名贵经济鱼类，肉质细嫩，味道鲜美，且其体表鱼鳞覆盖率极低，加工便捷。体形偏大的卵形鲳鲹，其头、尾和内脏所占的比例更小，原材料的加工利用率更高，适用性更好（熊添等，2019）。卵形鲳鲹是鱼片及鱼糜制品深加工的优质原料。由于卵形鲳鲹采肉率低，其加工副产物的综合开发利用也应该受到关注，鱼皮、鱼骨、内脏在食品、医药、环境、化妆品、饲料等多领域的应用仍需进一步挖掘。

16．鲈鱼（*Lateolabrax japonicus*）　鲈鱼又称花鲈、四肋鱼、鲈鲛，属硬骨鱼纲、鲈形目、鮨科（Serranidae）、花鲈属（*Lateolabrax*）。个体大，最大可达30~50斤[①]，体延长而侧扁，一般体长30~40cm，体重400~800g。眼间隔微凹。口大，下颌长于上颌。吻尖，牙细小，在两颌、犁骨及腭骨上排列成绒毛状牙带。侧线完全与体背缘平行、体被细小栉鳞，皮层粗糙，鳞片不易脱落、体背侧为青灰色。腹侧为灰白色，体侧及背鳍鳍棘部散布着黑色斑点。腹鳍位于胸鳍始点稍后方。第二背鳍基部浅黄色，胸鳍黄绿色，尾鳍叉形呈浅褐色。鲈鱼因其体表肤色有差异而分白鲈和黑鲈。黑鲈的黑色斑点不明显，除腹部灰白色外，背侧为古铜色或暗棕色；白鲈体色较白，两侧有不规则的黑点。

鲈鱼为常见的经济鱼类之一，也是发展海水养殖的品种。鲈鱼分布于我国沿海及各大江河下游，是我国目前主要的养殖鱼类之一。鲈鱼肉鲜嫩，营养丰富，富含蛋白质、维生素A、维生素B、钙、镁、锌、硒等营养元素；具有补肝肾、益脾胃、化痰止咳之效，对肝肾不足的人有很好的补益作用（孙耀军等，2019）。目前鲈鱼以鲜活销售为主，深加工工艺主要有腌制、熏制和预制调理食品和风干（李冰，2016）。鲈鱼在加工鱼片或调理食品时，会产生大约40%的加工副产物，包括鱼内脏、鱼头、鱼排、鱼鳞、鱼皮等，这部分副产物含有较多功能活性物质。目前关于鲈鱼副产物加工利用方面的研究主要是鱼油、鱼骨和胶原蛋白（张海燕等，2019）。

17．大菱鲆（*Scophthalmus maximus*）　大菱鲆又名蝴蝶鱼、多宝鱼。属于鲆科（Bothidae）、菱鲆属（*Scophthalmus*）。体扁平，俯视呈菱形，两眼位于头部左侧，右眼侧（背面）体色较深，呈棕褐色，又称沙色，可随环境和生理状况改变而出现深浅的变化。背鳍、臀鳍和尾鳍均发达。体长与体高之比为1∶0.9，养成品个体体重500~1500g。

大菱鲆主要产于大西洋东侧沿岸，中国山东地区养殖量最大。大菱鲆味道鲜美，营养丰富，肌肉丰厚白嫩、骨刺极少、内脏团小、出肉率高，且鱼肉煮熟后不老，无腥味和异味，风味独特，口感爽滑甘美，鳍边含有丰富的胶质，具有很好的滋润皮肤和美容作用，深受消费者的喜爱。我国大菱鲆主要以鲜销、冰鲜销售及初加工为主。加工的品种相对单一，主要集中于冷冻食品。市场上大菱鲆加工品多为冷冻整鱼、速冻鱼片、生鱼片，以及保藏期较长的熏制品和腌制品。

18．黑鳃梅童鱼（*Collichthys niveatus*）　黑鳃梅童鱼俗称大头宝，属于鲈形目、石首鱼科（Sciaenidae）、梅童鱼属（*Collichthys*）。黑鳃梅童鱼顶枕部的中央有2个小棘，呈镰刀状。臀鳍第一鳍棘略弯曲，呈钩状。鳔细长，达腹腔的前后端，两侧有13~16对树枝状侧枝。鳃腔皮肤及鳃耙具有黑色素沉积。耳石较厚，表面及边缘较平滑。

黑鳃梅童鱼为中国近海小型经济鱼类之一。黑鳃梅童鱼主要分布在渤海。黑鳃梅童鱼肉质鲜嫩，营养丰富。其加工利用主要为鲜销和开发海洋休闲食品，如鱼干、鱼片、鱼糜、即食软罐头等。由于梅童鱼头骨松软的特性适宜制作鱼粉，因此梅童鱼头和其他40%左右的加工副产物常被用来制作鱼粉（陆琼烨，2014）。

19．大泷六线鱼（*Hexagrammos otakii*）　大泷六线鱼，俗称黄鱼，属鲉形目（Scorpaeniformes）、六线鱼科（Hexagrammidae）。大泷六线鱼在体形上属于纺锤形，这种体形特征与其生活环境相适应，这种体形有利于其在礁石间穿梭游动及捕食。大泷六线鱼两颌具细牙，圆锥状，呈2或3排排列，这种牙齿适合以小鱼和无脊椎动物为食，胸鳍较大，有力，适合短途冲刺，捕食猎物。

大泷六线鱼主要分布于中国黄、渤海的近海多岩礁海区，也分布于日本、朝鲜及俄罗斯远东诸海。具有耐低温、肉质鲜美等特点。大泷六线鱼含水量低，骨刺少，可食部分比值高，优于其他鱼类；蛋白质含量很高，脂肪与灰分亦然，能值高。此外，它还含有丰富的微量元素及维生素。大泷六线鱼可以鲜食，如生鱼片，亦可加工制作成咸干品。通过烹饪加工鲜鱼采用红烧、清蒸等方式，其余汤味道俱佳，汁如奶油状，风味绝美（沈朕，2017）。

20．黑鲷（*Sparus macrocephalus*）　黑鲷又名黑加吉、海鲋、黑立、乌格等，属鲈形目、鲷科（Sparidae）、棘鲷属（*Acanthopagrus*），为暖温性底层鱼类并且具有杂食性、广温和广盐性等特点，是海

---

① 1斤=500g。

水养殖的优良品种。鱼体长椭圆形，偏扁、头大，眼间隔圆凸，上、下颚等长，体色为灰褐色，具银色光泽，体侧有若干条褐色条纹。

黑鲷为高级海产鱼类，分布于日本、韩国及中国部分地区的沿岸、港湾及河口，我国以黄海、渤海产量较多，是黄渤海近岸海域的重要经济和养殖鱼种。黑鲷因体形很美，骨刺少，肉质紧实且有弹性，含脂量高，做生鱼片或以盐烧、红烧等方式，滋味均很好，故其价格与销路甚佳，深受沿海地区消费者的欢迎。通过盐烤制将黑鲷加工成咸干品、腌制品，亦可以采用红烧、清蒸、清汤炖制等进行烹饪加工。

21. 黑鲪（*Sebastes schlegeli*） 黑鲪又名许氏平鲉，俗称黑寨、黑鱼、黑头鱼和黑老婆，属鲉形目（Scorpaeniformes）、鲉科（Scorpaenidae）、平鲉属（*Sebastes*）。体长、侧扁，一般体长20～30cm，体重100～300g，多年生黑鲪大的可高达20斤。吻较尖，下颌长于上颌，口大，牙细小。两颌、犁骨及胯骨均具细齿带，上颌外侧有一条黑纹。全身除两颌、眶前骨和鳃盖无鳞外均被细圆鳞。背及两侧灰褐色，具不规则黑色斑纹，胸腹部灰白色。背鳍黑黄色，其余各鳍灰黑色。

黑鲪分布于西太平洋中部和北部，在东海和黄海、朝鲜半岛、日本、鄂霍次克海南部均有分布。黑鲪肉质细嫩，味道鲜美，一直是中国北方海域重要的海捕经济鱼类。除鲜销外，可加工成咸干品和熏制品。

第三节 常见淡水鱼类

常见淡水鱼类主要有以下品种（图29-7）。

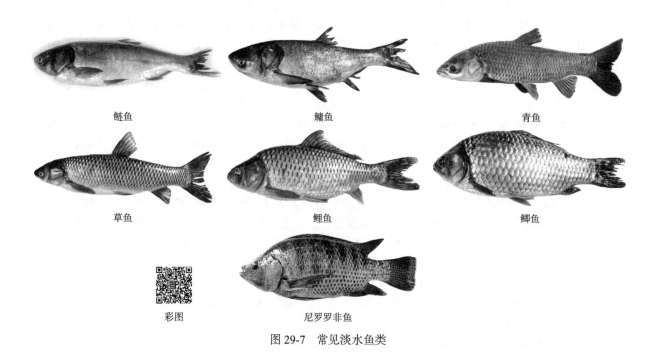

鲢鱼　　　　　　　　　　　鳙鱼　　　　　　　　　　　青鱼

草鱼　　　　　　　　　　　鲤鱼　　　　　　　　　　　鲫鱼

彩图　　　　　　　尼罗罗非鱼

图29-7　常见淡水鱼类

1. 鲢鱼（*Hypophthalmichthys molitrix*） 鲢鱼又称白鲢、水鲢、鲢子，属硬骨鱼纲、鲤形目（Cypriniformes）、鲤科（Cyprinidae）、鲢亚科（Hypophthalmichthyinae）、鲢属（*Hypophthalmichthys*）。鲢鱼体形侧扁，稍高，呈纺锤形，背部青灰色，两侧及腹部白色。头较大，眼睛位置很低，鳞片细小。腹部正中角质棱自胸鳍下方直延达肛门，胸鳍不超过腹鳍基部，尾鳍深叉形，各鳍均为灰白色。

鲢鱼是较易养殖的优良鱼种，为中国主要的淡水养殖鱼类之一，也是世界重要养殖鱼类之一，分布于中国的东北部、中部、东南及南部地区江河中。鲢鱼是我国著名的特产经济鱼类，是我国著名淡水养殖的"四大家鱼"之一，2021年产量为383.66万吨。鲢鱼肉质鲜嫩，营养丰富，富含蛋白质及氨基酸，还含有脂肪、钙、磷、铁、维生素B$_1$、维生素B$_2$、烟酸等营养成分，均可为机体所利用（孙耀军等，2019）。鲢鱼主要以鲜销为主，可加工成罐头、熏制品或干制品，也可用来加工冷冻鱼糜。

2. 鳙鱼（*Aristichthys nobilis*） 鳙鱼又称胖头鱼、花鲢，属硬骨鱼纲、鲤形目、鲤科、鲢亚科、鳙属（*Aristichthys*）。鳙鱼外形似鲢鱼，体侧扁，较高。头比鲢鱼大，约占体长的1/3。眼小，位较低；口大，端位；下颌稍向上倾斜。鳃耙细密呈页状，但不联合。鳞小，腹面仅腹鳍伸至肛门具皮质腹棱。胸鳍长，末端远超过腹鳍基部。体侧上半部灰黑色，腹部灰白色，两侧杂有许多浅黄色及黑色的不规则小斑点。

鳙鱼是优良的淡水经济鱼类之一，是中国淡水养殖的"四大家鱼"之一，主要分布在中国的中部、东北部和南部地区的江河中，但长江三峡以上和黑龙江流域则没有鳙鱼的自然分布。鳙鱼属于滤食性鱼类，对于水质有清洁作用，一般鱼池、水库多与其他鱼类一起混养，所以称为"水中清道夫"。鳙鱼营养丰富，肉质肥嫩，特别是鳙鱼头，大而肥美，鱼鳃下边的肉呈透明的胶状，里面富含胶原蛋白，能够对抗人体老化及修补身体细胞组织，是深受大众喜爱的佳肴。鳙鱼主要以鲜销为主，也可加工成罐头、干制品等初加工产品，鱼糜、蛋白肽和浓缩鱼汤等深加工产品。

3. 青鱼（*Mylopharyngodon piceus*） 青鱼又称青鲩、螺蛳青、黑鲭，属硬骨鱼纲、鲤形目、鲤科、青鱼属（*Mylopharyngodon*）。青鱼体长，略呈圆筒形，尾部侧扁，腹部圆，无腹棱。头部较尖，稍平扁；口端位，呈弧形；上颌稍长于下颌，无须；眼位于头侧正中。背鳍和臀鳍无硬刺，背鳍与腹鳍相对。鳞大而圆，体背及体侧上半部青黑色，腹部灰白色，各鳍均呈灰黑色。

青鱼主要分布于我国长江以南的平原地区，长江以北较稀少；它是长江中、下游和沿江湖泊里的重要渔业资源和主要养殖对象，为我国淡水养殖的"四大家鱼"之一。青鱼经济价值高，其肉厚肌间刺少，富含脂肪，味鲜腴美，尤以冬令最为肥美。青鱼中除含有丰富的蛋白质、脂肪外，还含丰富的硒、钙、磷、锌、铁、维生素 B_1、维生素 B_2（孙耀军等，2019）。除鲜销外，可加工成罐头制品、熏制品等。

4. 草鱼（*Ctenopharyngodon idellus*） 草鱼又称白鲩、草鲩、棍鱼，属硬骨鱼纲、鲤形目、鲤科、雅罗鱼亚科（Leuciscinae）、草鱼属（*Ctenopharyngodon*），是我国淡水养殖的"四大家鱼"之一。体长形，略呈圆筒形，腹圆无棱。头前部稍扁，尾部侧扁。口端位，弧形，无须。背鳍和臀鳍均无硬刺，背鳍和腹鳍相对。体为淡的茶黄色，背部青灰略带草绿，腹部灰白色。胸鳍和腹鳍灰黄色，偶鳍微黄色，其他各鳍浅灰色。

草鱼是我国重要淡水经济鱼类，是我国产量最大的淡水养殖鱼种，是中国东部广西至黑龙江等平原地区的特有鱼类。通常栖息于平原地区的江河湖泊，于水体的中下层或靠岸水草多的地方，是比较典型的草食性鱼类。草鱼肉厚刺少，肉质白嫩，韧性好。草鱼富含蛋白质、脂肪、矿物质、钙、磷、铁、维生素 B_1、维生素 B_2、烟酸等，其营养价值与青鱼相近（孙耀军等，2019）。除鲜销外，可加工成罐头制品、熏制品、鱼糜制品等。草鱼深加工制品主要有鱼油、鱼干制品等，同时草鱼加工成的酒糟制品，甜咸适中，滋味和谐，酒香味突出，软硬适宜，风味俱佳（毛安康等，2022）；利用酶法可提取草鱼鱼鳔中的胶原蛋白。草鱼中鱼骨占鱼总质量分数的15%左右。目前，对草鱼鱼骨的研究主要集中在营养价值方面，如制备食用鱼骨粉、复合氨基酸螯合钙等（未本美等，2014）。

5. 鲤鱼（*Cyprinus carpio*） 鲤鱼俗称鲤拐子、毛子，属硬骨鱼纲、鲤形目、鲤科、鲤属（*Cyprinus*）。身体侧扁而腹部圆，口呈马蹄形，须2对。背鳍基部较长，背鳍和臀鳍均有一根粗壮带锯齿的硬棘。体侧金黄色，尾鳍下叶橙红色。

鲤鱼广泛分布于全国各地，是我国养殖历史最悠久的淡水经济鱼类。虽各地品种极多，形态各异，但实为同一物种。鲤鱼平时多栖息于江河、湖泊、水库、池沼的水草丛生的水体底层，以食底栖动物为主。其适应性强，耐寒、耐碱、耐缺氧。鲤鱼体态肥壮，肉质坚实而厚，细嫩刺少，具有很高的营养价值。鲤鱼中的蛋白质不但含量高，而且质量也佳，人体消化吸收率可达96%，并能供给人体必需的氨基酸、矿物质、维生素 A 和维生素 D；鲤鱼的脂肪多为不饱和脂肪酸，能很好地降低胆固醇，可以防治动脉硬化、冠心病（孙耀军等，2019）。鲤鱼以鲜售为主，部分用于食品加工，其中以冷冻加工为主，其次是干腌制品、罐头制品和鱼糜制品等（金日天，2018）。将鲤鱼加工成鱼肉松，其口感柔软、味道鲜美、营养丰富、易于消化，是一种老幼皆宜的风味休闲食品，同时解决了鱼肉土腥味重、剔刺困难等问题（康晓风等，2020）。

6. 鲫鱼（*Carassius auratus*） 鲫鱼又称鲋鱼、鲫瓜子，属硬骨鱼纲、鲤形目、鲤科、鲫属（*Carassius*）。鲫鱼的适应性非常强，对水温、pH、溶氧、水体肥度、盐度等适应能力均比其他鱼类强。鲫鱼一般体长 15～20cm，体侧扁而高，体较厚，腹部圆。头短小，吻钝，无须。鳃耙长，鳃丝细长。鳞片大，侧线微弯。背鳍长，外缘较平直；背鳍、臀鳍第 3 根硬刺较强，后缘有锯齿；胸鳍末端可达腹鳍起点；尾鳍深叉形。一般体背面灰黑色，腹面银灰色，各鳍条灰白色。因生长水域不同，体色深浅有差异。

鲫鱼为中国重要食用淡水鱼类之一，含肉量可达 67%，肉质细嫩，刺较多，肉味甜美，赖氨酸和苏氨酸含量较高，营养价值很高，全国各地（除青藏高原地区）水域常年均有生产，以 2～4 月份和 8～12 月份的鲫鱼最肥美。鲫鱼鱼油中含有大量维生素 A 等，可影响心血管功能，降低血液黏稠度，促进血液循环。近年来临床试验证明，鲫鱼对慢性肾小球肾炎性水肿和营养不良性水肿等病症有较好的调补和治疗作用（孙耀军等，2019）。鲫鱼主要以鲜销为主，也可制成鱼干。

7. 尼罗罗非鱼（*Oreochromis niloticus*）　　尼罗罗非鱼又名非洲鲫鱼。属于鲈形目、丽鲷科（Cichlidae）、罗非鱼属（*Oreochromis*）。其外形类似鲫鱼，体侧扁，背鳍高，背、胸、腹、臀、尾鳍都较大，鳞大呈圆形，体色因环境（或繁殖季节）而有变化，在非繁殖期间为黄棕色，腹部呈白色，体侧有黑色纵条纹。

尼罗罗非鱼原产于约旦的坦噶尼喀湖，是联合国推荐养殖的优质水产养殖品种，中国于 1978 年从非洲引进并推广养殖，现已列第三批外来入侵物种目录。尼罗罗非鱼是罗非鱼中最大型的品种，具有生长快、个体大、繁殖力强、只有肌间骨刺、肉味鲜美、耐粗饵、食性广、易饲养、抗病力强等许多优良的经济性状。尼罗罗非鱼肉质细嫩且富于弹性，味道鲜美，其风味可与海洋鲷鱼、比目鱼媲美。目前罗非鱼除在国内以鲜活鱼形式销售外，主要加工形式为冷藏、冷冻鱼片。分解出来的鱼头、鱼骨、鱼内脏等可提取制备硫酸软骨素、羟基磷灰石、鱼骨粉、鱼油、调味料等产品。罗非鱼鱼皮当中的胶原蛋白对人体组织器官的形成、人体细胞的功能性表达都有着促进作用，水解之后形成的多肽则是人体软骨基质合成的重要原料，可以有效缓解骨质疏松症患者的疼痛感，减轻症状（梁小明等，2020）。

【思 考 题】

1. 简述鱼类脂质的主要组成成分。
2. 选择 1 或 2 种代表性鱼类，比较其外部形态、肌肉组织的差异。
3. 分析影响鱼类组成成分差异的主要因素。
4. 选择一种鱼类毒素，简述人体中毒症状及如何治疗此类毒素中毒。
5. 选择一种常见鱼类，思考以该鱼类为原料的食品及其工艺流程。

第三十章 软体动物类

第一节 头 足 类

一、乌贼类

1. 中国枪乌贼（*Loligo chinensis*）   中国枪乌贼属软体动物门（Mollusca）、头足纲（Cephalopoda）、枪形目（Teuthoidea）、枪乌贼科（Loliginidae），俗称鱿鱼。我国常见的鱿鱼有两种：一种是躯干部较肥大的鱿鱼，学名为枪乌贼；另外一种是躯干部细长的鱿鱼，学名为柔鱼。中国枪乌贼由头部、足部、胴部和内壳组成（图30-1）。头部和躯干部都很狭长，尤其是躯干部末端很尖，形状很像标枪的枪头，而且在海里行动非常迅速，所以得名。其头部两侧的眼径略小，眼眶外有膜。头前和口周具腕10只，其中4对腕较短，腕上具2行吸盘，部分吸盘变形为2行突起；1对腕较长，称触腕或攫腕，有穗状柄，触腕穗上有吸盘4行。胴部圆锥形，肉鳍分列于胴部两侧中后部，两鳍相接略呈纵菱形。

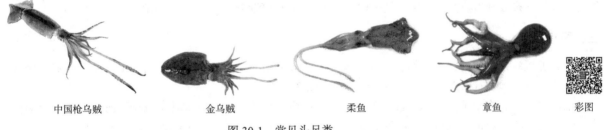

中国枪乌贼　　　　　　　金乌贼　　　　　　　柔鱼　　　　　　　章鱼　　　　彩图

图30-1　常见头足类

中国枪乌贼属暖温性水生软体动物，主要分布在南海和东海南部，我国主要的渔场在中国福建南部、台湾、广东和广西近海。除了中国枪乌贼，已成为捕捞对象的枪乌贼还有日本枪乌贼（*L. japonica*）、剑尖枪乌贼（*L. edulis*）、福氏枪乌贼（*L. forbesi*）、杜氏枪乌贼（*L. duraucelii*）及莱氏拟乌贼（*Sepioteteuhis lessoniana*）等。中国枪乌贼肉质较软嫩，味道鲜美，营养成分丰富，氨基酸组成比例适宜，富含饱和脂肪酸、单不饱和脂肪酸和多不饱和脂肪酸。此外，枪乌贼肌肉中含有丰富的矿物质和B族维生素，是一种优质水产品（王峥等，2020）。

除少量鲜销外，中国枪乌贼一般都经过干制、熏制或冷冻加工后贮藏，主要晒成鱿鱼干，成干率为10%~12%，肉甜细嫩，质地极佳。内脏是其加工过程中主要的副产物，富含多种营养物质，通过酶解工艺，具有开发成新兴海鲜调味基料的前景（黄敬哲等，2022）。

2. 金乌贼（*Sepia esculenta*）   金乌贼属软体动物门、头足纲、十腕总目（Decapodiformes）、乌贼科（Sepiidae），俗称墨鱼、斗鱼，是一种中型乌贼。金乌贼胴部卵圆形（图30-1），一般胴长为21cm，长度为宽度的2倍。背腹略扁平，侧缘绕以狭鳍，不愈合。头部前端、口的周围生有5对腕，其中4对较短，每个腕上长有4个吸盘；1对较长，其吸盘仅在顶端，小而密。石灰质内骨骼发达，长椭圆形，后端骨针粗壮。介壳呈舟状，很大，后端有骨针（少数种类无骨针），埋没外套膜中，通称"乌贼骨"，中药称"海螺蛸"。乌贼体内有墨囊，内贮有黑色液体。胴体上有棕紫色与白色细斑相间，雄体阴背有波状条纹，在阳光下呈金黄色光泽。

金乌贼在我国沿海各地均有分布，黄海、渤海产量较多。金乌贼肉洁白如玉，具有鲜、嫩、脆的特点，且营养丰富，高蛋白质，低脂肪，还含有磷、钙、锌、铁、镁、糖、B族维生素等营养成分，具有较好的食用价值和保健价值。

金乌贼可加工制成罐头食品或干制品。金乌贼的干制品南方叫螟蜅差，北方叫墨鱼干，均为海味佳品。金乌贼的缠卵腺呈乳白色，状如卵，其腌制品俗称"乌鱼蛋"，能加工成薄如纸，形似梅花瓣的造型，一直被视为海味珍品，具有补肾填精、开胃利水之功效（刘长琳等，2018）。主要加工副产物为乌贼墨、乌贼头，其中乌贼墨黑色素的化学组成为黑色素和蛋白多糖复合体，含有大量人体必需氨基酸、蛋白质、脂肪、糖类和矿物质等，具有抑菌、止血、提高人体免疫力等功能，在日本和意大利等国家，已成为重要的天然食材（竹琳等，2019）。

二、柔鱼类

柔鱼类是柔鱼科（Ommastr ephidae)的总称，属软体动物门、头足纲、枪形目，俗称黑皮鱿鱼、鱿鱼。柔鱼由头、足和胴部组成（图30-1）。头部两侧的眼径略小，眼外无膜。头部和口周围有10只腕，其中4对较短，腕上具2行吸盘，吸盘角质环具齿；另1对较长，称"触腕"或"攫腕"，具穗状柄，顶部触腕穗上有4~8行吸盘。胴部圆锥形，狭长。肉鳍短，分列于胴部两侧后端，并相合成横菱形。

柔鱼是重要的海洋经济头足类，广泛分布于太平洋、大西洋、印度洋各海域。主要渔场在日本群岛的太平洋岸和日本海，黄海北部也有渔场。柔鱼的种类很多，已开发的主要有太平洋褶柔鱼、茎柔鱼等。柔鱼富含蛋白质，但脂肪含量低，包含人体所需的多种必需氨基酸，除鲜销外，因其肉质较硬，常加工成干制品和熏制品。柔鱼加工副产物包括内脏、皮、墨汁、眼、软骨等，内脏含有活性物质可用于开发降血糖、抗病毒药物等。皮中胶原蛋白含量丰富，在医药、食品和化妆品领域具有很好的应用前景。墨汁含有丰富的活性物质，如黑色素、多糖类、肽类物质等，具有多种保护生物体的生理功能。其软骨中发现高硫酸化硫酸软骨素表现出独特的活性，是一种非常宝贵的海洋硫酸软骨素资源（曲映红等，2019）。

三、章鱼类

章鱼类属软体动物门、头足纲、八腕总目（Octopodiformes）、章鱼目（Octopoda）。章鱼类有8个腕，体色呈暗褐色，体表有褐色、黄色、青色的斑点（图30-1）。

章鱼主要分布在太平洋沿岸、红海和地中海，可根据卵的大小，决定其是属于浮游性还是营底栖性。我国常见的章鱼有短蛸（*Octopus ocellatus*）、长蛸（*Octopus variabilis*）和真蛸（*Octopus vulgaris*）等。章鱼是一种高蛋白、低脂肪、低热量的海产品，富含天然牛磺酸和多种微量元素，作为重要的高档水产品一直深受广大消费者青睐。章鱼还含有丰富的n-3系列多不饱和脂肪酸和活性多糖，在防治心血管疾病、癌症、炎症和促进大脑发育等方面有突出作用（薛静，2016）。

除鲜销外，章鱼可制成冷冻品、煮干品、熏制品及其他调味加工品进行销售。以章鱼预调理食品、生食章鱼制品等为代表的章鱼精加工产品，具有独特的食用风味和较高的食用价值（薛静等，2020）。章鱼加工副产物包括内脏、眼、皮等，目前主要被用于加工成饲料用鱼粉。章鱼内脏中肝脏是副产物中体积分数最大的，章鱼的墨囊就内嵌于肝脏中，章鱼的黑色素具有一定的生物活性，可对肝脏进行综合利用（李娇等，2021）。章鱼的内脏中还含有优质脂肪，如EPA、DHA等，具有多种生理活性，从章鱼内脏中提取的鱼油具有一定的开发价值（付雪媛等，2020）。

第二节 贝 类

贝类的种类很多，全世界已知约有12万种，其种群数量仅次于昆虫，为地球上第二大动物群体。我国有800余种海洋贝类，贝类养殖已成为我国水产养殖的重要组成部分。2021年全国海水贝类养殖总产量1545.67万吨，产量最高的为牡蛎，其次为蛤和扇贝。海产贝类主要包括鲍鱼、扇贝、牡蛎、贻贝、蚶、蛤、蛏、香螺等。淡水贝类主要有螺、蚌等。

一、鲍鱼

鲍鱼（abalone）是一种具有很高经济价值的贝类，在中国、日本、韩国及东南亚的一些国家一直被视为最名贵的海珍品之一。鲍鱼属于经济贝类中比较古老、比较低等的种类。在动物系统分类学中，鲍鱼隶属于软体动物门、腹足纲（Gastropoda）、前鳃亚纲（Prosobranchia）、原始腹足目（Archaeogastropoda）、鲍科（Haliotidae）、鲍属（*Haliotis*）。

（一）鲍鱼的构造与种类

1. 鲍鱼的外部形态与内部构造

1）贝壳　　鲍鱼的贝壳由石灰质构成，一般有 3 个螺层，外表面覆有一层薄薄的角质层，呈褐色或暗红色，生长纹明显。内表面覆有一层珍珠层，光艳亮洁。体螺层极大，几乎占据贝壳的全部；壳顶偏于壳的右后方，螺旋部很小；从第二层中部开始到体螺层边缘，具有一列距离均匀、由小渐大、从右开始沿着壳左缘螺旋式排列的突起。在靠近体螺层边缘有几个开口，称壳孔或呼水孔。壳的右侧边缘较薄，称为外唇；而左侧边缘较厚，称为内唇，具有片状内包遮缘。壳内面左前侧有一狭小的左侧壳肌痕，中央有一卵圆形的右侧壳肌痕，如图 30-2 所示。

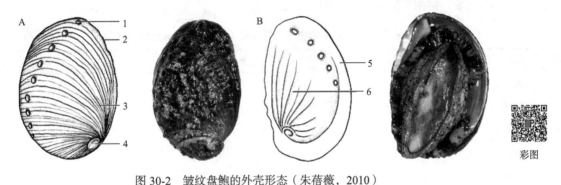

图 30-2　皱纹盘鲍的外壳形态（朱蓓薇，2010）
A. 外侧；B. 内侧
1. 壳孔；2. 体螺层；3. 生长线；4. 壳顶；5. 左侧壳肌痕；6. 右侧壳肌痕

2）软体部　　鲍鱼的软体部可分为头部、足部、外套膜、脏器四大部分，其中脏器（俗称内脏团）包括鳃、消化腺、胃、性腺等器官，如图 30-3 所示。

鲍鱼的足部特别发达，重量可占体重的 40%～50%、占软体部重量的 60%～70%，是食用的主要部分。

2. 鲍鱼的种类与分布　　世界上主要出产鲍鱼的国家有澳大利亚、中国、日本、美国、墨西哥及南非。迄今为止，全世界已发现的鲍鱼有近 100 种，其中经济种类有近 20 种，我国沿海分布的有 8 种（杨爱国，2006），如表 30-1 所示。其中经济品种有皱纹盘鲍、杂色鲍及九孔鲍。目前，我国的鲍鱼养殖产量已占鲍鱼的养殖和捕捞产量总值的 90% 以上。

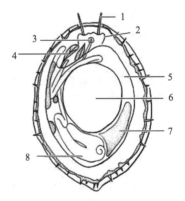

图 30-3　鲍的主要器官（朱蓓薇，2010）
1. 头触角；2. 眼；3. 口；4. 鳃；5. 外套膜；
6. 右壳肌；7. 生殖腺；8. 胃

表 30-1　中国鲍科的种类及分布

种类	特点	分布
皱纹盘鲍（*Haliotis discus hannai*）	贝壳大型，呈卵圆形或椭圆形，长宽比约 4：3；壳孔数 3～5 个	辽宁、山东及江苏
杂色鲍（*Haliotis diversicolor*）	贝壳为长椭圆形，长宽比约 3：2；壳顶偏于贝壳右后方；壳表面螺肋明显	海南、广东、广西、福建及浙江

续表

种类	特点	分布
九孔鲍（*Haliotis diversicolor supertexta*）	与杂色鲍相似；但壳表面螺肋不明显	台湾、福建、海南、广东
耳鲍（*Haliotis asinina*）	贝壳呈耳状，长宽比约 2∶1；贝壳小而扁平，质地较薄	广东、海南及台湾
羊鲍（*Haliotis ovina*）	贝壳宽而短，呈较圆的卵圆形，长宽比约 5∶4；壳顶偏前	广东、海南及台湾
多变鲍（*Haliotis varia*）	贝壳表面粗糙，有小结节，壳孔数为 4～6 个	广东、广西、海南及台湾
平鲍（*Haliotis planate*）	贝壳小型，壳扁平，螺层低，壳孔数 4～5 个	广东及海南
格鲍（*Haliotis clathrata*）	生长线与螺肋交织成格形，壳孔数 4～5 个	广东及海南

资料来源：朱蓓薇，2010。

（二）鲍鱼的化学组成

鲍鱼味道鲜美，营养丰富，脂肪含量低，含有丰富的蛋白质、碳水化合物。还含有较多的钙、铁、碘和维生素 A 等营养元素。鲜鲍鱼的主要化学组成如表 30-2 所示。

表 30-2　鲜鲍鱼（杂色鲍）的主要化学组成（以每 100g 可食部位计）

成分	含量	成分	含量
水分 /g	77.5	钙 /mg	4
蛋白质 /g	12.6	钾 /mg	207
脂肪 /g	0.8	钠 /mg	310.9
碳水化合物 /g	6.6	磷 /mg	130
灰分 /g	2.5	镁 /mg	46
核黄素 /mg	0.16	铁 /mg	2.7
硫胺素 /mg	0.01	锌 /mg	0.78
烟酸 /mg	—	锰 /mg	0.03
维生素 C/mg	Tr	铜 /mg	0.81
维生素 E/mg	—	硒 /mg	—

注：Tr：表示微量，低于目前检出方法的检出限或未检出；"—"表示未检测理论上食物中该存在一定量的该种成分，但未实际检测。
资料来源：杨月欣，2019。

（三）鲍鱼的加工利用

鲍鱼主要食用其腹足部分，在加工过程中，常将鲍鱼的腹足部分制成干品，也可加工成鲍鱼罐头和即食产品（朱蓓薇和董秀萍，2019）。鲍鱼加工过程中同时会产生大量的内脏、鲍鱼壳等副产物（梁杰等，2019）。目前其内脏可加工成鲍鱼调味品、饲料、鱼粉等，对于鲍鱼内脏的功能成分还处在研究阶段。鲍鱼内脏结缔组织中富含胶原蛋白，可降解为具有降血压、抗氧化、保护胃黏膜、预防关节炎和抗溃疡、促进皮肤胶原代谢等多种生物活性的功能肽，对人体有很高的药用与保健作用。中国鲍鱼的养殖和消费量占世界的 80% 以上，而鲍鱼壳基本被当作垃圾丢弃。将鲍鱼壳的珍珠层加工成珍珠粉、制成补钙制剂等，可以提高鲍鱼的加工利用率（陈胜军等，2019）。

二、扇贝

扇贝（scallop）属于软体动物门、瓣鳃纲（Lamellibranchia）、珍珠贝目（Pterioida）、扇贝科（Pectinidae），是一种经济和营养价值均较高的海珍品，味道鲜美，富含多种营养素。我国于 1968 年开始进行扇贝人工养殖，此前，扇贝的生产以采捕自然野生扇贝为主（徐应馥等，2006）。目前，扇贝已成为继海带和对虾养殖后的第三大海水养殖品类。由于扇贝生长快、适应性强、产量高，已取得明显的经济效益。

（一）扇贝的外部形态与内部构造

1. 外部形态　　扇贝有两个壳，大小几乎相等，壳面一般为紫褐色、浅褐色、黄褐色、红褐色、杏黄色、灰白色等。扇贝壳呈扇形或圆形，铰合部直，壳顶位于中央，略偏向前。壳表面有放射肋或放射线，生长纹明显。分布于我国的4种经济类扇贝的外部形态如图30-4所示。

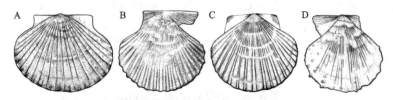

图30-4　扇贝的外部形态（朱蓓薇，2010）
A. 海湾扇贝；B. 华贵栉孔扇贝；C. 虾夷盘扇贝；D. 栉孔扇贝

2. 内部构造　　扇贝主要内部构造如图30-5所示，包括中肠腺、闭壳肌、生殖腺、腮和外套膜等。扇贝壳内面为白色，且具有珍珠光泽，外套膜两叶紧贴于贝壳内面，包被着腮和性腺。闭壳肌（贝柱肉）位于扇贝中央，由横纹肌和平滑肌组成，是扇贝的主要可食部位。

（二）扇贝的种类与分布

世界上共有扇贝60多种。在我国分布的扇贝主要有4种，即栉孔扇贝（*Chlamys farreri*），分布在辽宁、山东；华贵栉孔扇贝（*Chlamys nobilis*），分布在福建、广东、广西、海南；海湾扇贝（*Argopecten irradians*），分布在辽宁、山东、河北；虾夷盘扇贝（*Patinopecten yessoensis*），分布在辽宁和山东（朱蓓薇，2010；侯晓梅等，2017）。

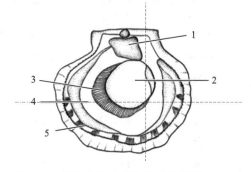

图30-5　扇贝主要内部构造（朱蓓薇，2010）
1. 中肠腺；2. 闭壳肌；3. 腮；4. 生殖腺；5. 外套膜

（三）扇贝的化学组成

扇贝富含蛋白质，各种氨基酸、胆碱、钾、磷、铁等多种化学成分，见表30-3。表30-4和表30-5显示了虾夷盘扇贝和栉孔扇贝的全贝及裙边的主要化学组成。与全贝相比，裙边中粗脂肪和灰分含量较高，蛋白质含量稍低，但氨基酸组成相似。

表30-3　新鲜扇贝的维生素及矿物质含量

成分	含量 /（mg/100g）	成分	含量 /（mg/100g）
核黄素	0.1	钠	161.0
泛酸	0.1	钙	24.0
烟酸	1.2	镁	56.0
维生素C	3.0	铁	0.3
维生素B$_6$	0.2	锌	0.9
胆碱	65.0	磷	219.0
叶酸	0.016	铜	0.1
钾	322.0	锰	0.1
硒	0.0222		

资料来源：美国农业部营养资料库（USDA National Nutrient Database for Standard Reference）。

表30-4　两种扇贝的主要化学组成

扇贝	部位	蛋白质 /%	粗脂肪 /%	灰分 /%	水分 /%
虾夷盘扇贝	全贝	14.70	1.59	1.77	80.01
	贝柱	19.00	0.59	1.47	75.52
	裙边	12.81	0.52	1.96	84.48
栉孔扇贝	全贝	14.26	1.39	2.71	81.61
	贝柱	19.29	0.54	1.74	78.43
	裙边	13.78	0.64	1.99	83.60

注：原料季节为9月。

资料来源：董秀萍，2010。

表30-5　两种扇贝的氨基酸组成　　　　　　　　　（单位：g/100g）

氨基酸种类	虾夷盘扇贝			栉孔扇贝		
	全贝	贝柱	裙边	全贝	贝柱	裙边
天冬氨酸	5.52	5.52	6.37	6.08	7.47	3.15
谷氨酸	7.83	8.68	9.07	8.55	11.02	8.25
羟脯氨酸	0.25	0.10	1.20	0.40	0.11	0.89
丝氨酸	1.92	2.22	2.55	2.27	2.52	2.50
精氨酸	4.79	4.60	5.31	5.06	6.86	4.55
甘氨酸	6.73	7.32	9.65	7.13	7.40	9.20
苏氨酸	2.30	2.39	2.81	2.67	2.95	2.67
脯氨酸	1.96	1.87	2.91	2.25	2.09	2.78
丙氨酸	3.26	3.70	3.62	3.42	4.16	3.57
缬氨酸	2.56	2.50	2.96	3.01	3.38	2.88
甲硫氨酸	1.45	1.48	1.79	1.59	2.10	1.61
半胱氨酸	0.24	0.17	0.34	0.32	0.28	0.20
异亮氨酸	2.47	2.48	2.69	2.69	3.32	2.69
亮氨酸	4.11	4.40	4.44	4.42	5.73	4.46
色氨酸	1.70	1.86	1.86	1.81	2.37	2.12
苯丙氨酸	2.04	2.10	2.24	2.30	2.75	2.21
组氨酸	1.11	0.96	1.27	1.20	1.38	0.13
赖氨酸	5.20	5.50	5.18	5.84	7.50	4.86
酪氨酸	2.36	2.36	2.75	2.85	3.17	2.41
氨基酸总和	57.80	60.21	69.01	63.86	76.56	61.13

注：原料季节为9月，以干基计。

资料来源：董秀萍，2010。

（四）扇贝的加工利用

扇贝闭壳肌大，是扇贝的主要食用部分，是十分受欢迎的高档水产食品，其经干制后即是干贝。贝柱肉多也可加工成冻制品、熏制品和其他调味制品。扇贝的裙边部分在加工过程中经常被丢弃，造成巨大浪费，研究人员利用酶解技术，研制开发了扇贝裙边多肽，并发现扇贝裙边多肽具有多种生理功能活性（朱蓓薇和董秀萍，2019）。干贝白中微黄，呈圆柱状，有弹性，味极甘美，富含蛋白质、脂肪及碘、铁等矿物质，具有滋阴补肾、调胃和中的功效，是上等的滋补品。扇贝的贝壳可作为贝雕等工艺品的原料。

三、牡蛎

牡蛎属软体动物门、双壳纲（Bivalvia）、翼形亚纲（Pteriomorphia）、珍珠贝目（Pterioida）、牡蛎科（Ostreidae），是一种营养和经济价值很高的贝类。牡蛎除食用外还有一定的药用价值，已列入卫生部批准的第一批"既是食品又是药品"名单。

（一）牡蛎的构造与种类

1. 牡蛎的外部形态与内部构造

1）外部形态　　牡蛎具有左右两个贝壳，以韧带和闭壳肌等相连。右壳又称上壳，左壳又称下壳，一般左壳稍大，并以左壳固定在岩礁等固形物上。由于固定物种类、形状、大小不一及外界环境因素的影响，贝壳的形状常常发生变化，如卵形或长形（图30-6）。牡蛎壳外表面呈灰黑色，或有紫色、褐色、黑色或黄色的斑纹及斑点，内面为灰白色，牡蛎的身体可完全缩入壳内。壳的顶部有一个可流通海水的小缝，可滤食浮游生物。

彩图

图30-6　牡蛎外壳形态（朱蓓薇，2010）

A. 牡蛎外侧形态；B. 牡蛎内侧形态

2）内部构造　　牡蛎主要的内部构造如图30-7所示，包括壳、闭壳肌、腮和外套膜。除壳以外的部分构成了牡蛎的整个软体组织，这是食用和加工的主要部位。外套膜包围在整个软体的外部，分左右两片，相互对称，外套膜的前端彼此相连并与内脏囊表面的上皮细胞相愈合。

2. 牡蛎的种类与分布　　牡蛎在世界范围内已发现100种左右。在我国沿海分布的牡蛎有20多种，其中主要经济种类的大型牡蛎如表30-6所示。

表30-6　中国牡蛎各种类的分布

种类	分布省份
近江牡蛎（*Crassostrea ariakensis*）	南北沿海省份均产
褶牡蛎（*Alectryonella plicatula*）	南北沿海省份均产
太平洋牡蛎/长牡蛎（*Crassostrea gigas*）	南北沿海省份均产，以广东及福建居多
大连湾牡蛎（*Crassostrea talienwhanensis*）	北方沿海省份均产，以辽宁居多
密鳞牡蛎（*Ostrea denselamellosa*）	南北沿海省份均产，北部比南部多

资料来源：朱蓓薇，2010。

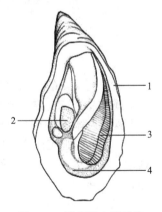

图30-7　牡蛎的内部构造
（朱蓓薇，2010）
1. 壳；2. 闭壳肌；
3. 鳃；4. 外套膜

（二）牡蛎的化学组成

牡蛎富含蛋白质、糖原、氨基酸、维生素、微量元素等化学成分，特别是生物锌等功能活性成分赋予其很高的营养价值，锌是非常重要的微量元素，在体内具有多种生理功能，尤其对儿童的生长发育更为重要。它可活化生物体内多种酶、促进机体发育及骨骼生长、调节细胞内酸碱平衡、味觉嗅觉的正常形成、维持皮肤健康、增强免疫机能、防止老化等。此外，牡蛎中富含牛磺酸及多种氨基酸，牛磺酸是一种非蛋白含硫氨基酸，具有增强机体免疫力、抗疲劳、降血压、降血脂、降血糖、保肝等生理功能（张平伟和杨祖英，1997）。

（三）牡蛎的加工利用

牡蛎肉味鲜美，营养丰富，软体部位蛋白质含量高，被称为"海中牛奶"。牡蛎除鲜销外，可加工成干制品、调味料等，牡蛎干制品俗称蚝豉或蚝干。牡蛎蛋白质含量丰富，可用于开发生物活性肽。现代医学证实，牡蛎活性肽具有抗氧化、抗衰老、抗肿瘤、降血糖和抑制血管紧张素转化酶（ACE）活性等生理作用（方磊等，2018）。另外，由于牡蛎含有多种独特的成分，包括糖原、牛磺酸、生物锌等，所以牡蛎也可加工成具有调节人体机能作用的功能食品（朱蓓薇和董秀萍，2019）。

四、其他常见贝类

1. 贻贝　贻贝俗称海虹，属软体动物门、双壳纲（Bivalvia）、翼形亚纲、贻贝目（Mytioida）、贻贝科（Mytilidae）。贻贝壳呈楔形，前端尖细，后端宽广而圆。一般壳长 6～8cm，壳高是壳长的 2 倍多，壳薄，壳顶近壳的最前端。两壳相等，左右对称，壳面紫黑色，具有光泽，生长纹细密而明显，自顶部起呈环形生长。壳内面灰白色，边缘部为蓝绿色，有珍珠光泽。铰合部较长，韧带深褐色，约与铰合部等长。后闭壳肌退化或消失，足很小，细软（图 30-8）。

贻贝　　　　　　　蚶　　　　　　　菲律宾蛤仔

彩图　　　　文蛤　　　　缢蛏　　　　四角蛤蜊

图 30-8　其他常见贝类

贻贝主要分布于中国的黄海、渤海沿岸。鲜活贻贝是大众化的海产品，除鲜销外，常煮熟后加工成贻贝干或冻品进行销售。贻贝干俗称淡菜，具有很高的营养价值，蛋白质含量高达 50% 以上，还含有多种维生素及人体必需的锰、锌、硒、碘等多种微量元素。

利用贻贝加工的副产物和全贝肉可制成贻贝油等调味料，也可将其加工成烟熏贻贝罐头等。贻贝中硒含量特别丰富，干贻贝外套膜可作为获取硒的重要来源，具有抗癌、抗衰老等作用（李江滨和黄迪南，2004）。科研人员从贻贝副产物中鉴定并提取出多种抑菌肽，有望成为化学防腐剂、抗生素的理想替代品（时光宇等，2021）。

2. 蚶　蚶是海产软体动物，属双壳纲、蚶目（Arcoida）、蚶科（Arcidae）。蚶壳呈船形，具有长而直的铰合线，有许多连锁的小齿，壳外通常有带茸毛的厚角质层（图 30-8），许多种类的外套膜缘有数列单眼。

蚶科动物生活在浅海泥沙中，中国沿海地区均有分布，经济价值较高的有魁蚶、泥蚶、毛蚶。魁蚶是大型蚶，出肉率高，肉为橘红或杏黄色，味道鲜美，富含蛋白质及多种氨基酸，贝肉多加工成蝴蝶状冻品。泥蚶又名血蚶，壳白褐色，皮薄，肉常用于凉拌菜。泥蚶肉味鲜美，富含蛋白质及多种氨基酸，包括精氨酸、赖氨酸、天冬氨酸、谷氨酸、甘氨酸等，同时还含有多种糖类及维生素，可鲜销或酒渍，亦可制成干品，其贝壳可入药。毛蚶个头大于泥蚶，有扎手短毛，肉质较泥蚶粗糙。

3. 菲律宾蛤仔（*Ruditapes philippinarum*）　菲律宾蛤仔，俗称蚬子、杂色蛤等，属软体动物门、双壳纲、帘蛤科（Veneridae）、蛤仔属（*Ruditapes*）。其形态特征是贝壳顶稍突出，喙在前部1/3处，于背缘靠前方微向前弯曲。放射肋细密，位于前、后部的较粗大，与同心生长轮脉交织成布纹状。贝壳表面的颜色、花纹变化极大，外观一般有奶油色、棕色、深褐色，有密集褐色或赤褐色组成的带状或斑点和花纹。贝壳内面白色、粉红色、淡灰色或肉红色，从壳顶到腹面有2或3条浅色的色带（图30-8）。

菲律宾蛤仔在中国北起辽宁，南至广西、海南都有分布，为广温、广盐性贝类。菲律宾蛤仔属典型的高蛋白、低脂肪贝类，软体部中人体所需的必需氨基酸种类齐全，比例适宜；脂肪酸含量丰富，EPA和DHA含量高，具有较高的保健作用。除鲜销外，经加工可制成冷冻包装食品、盐渍品、调味蛤肉酱、蛤罐头，以及风味蛤肉干、串等系列产品。

4. 文蛤（*Meretrix meretrix*） 文蛤俗称花蛤，属软体动物门，双壳纲、帘蛤目（Veneroida）、帘蛤科（Veneridae）、文蛤属（*Meretrix*），因贝壳表面光滑并布有美丽的红、褐、黑等色花纹而得名。其贝壳略呈三角形，腹缘呈圆形，壳质坚厚，两壳大小相等。壳顶位于背部偏前。前后缘近等长，壳长略大于壳高。壳表平滑，后缘青色，壳顶区为灰白色，有锯齿状褐色花纹，花纹排列不规则，随个体大小而有变化。外韧带、铰合部发达，后闭壳肌痕略大（图30-8）。

文蛤主要分布在日本、朝鲜和我国沿海。我国辽宁省的辽河口附近、山东省的渤海湾、江苏省南部沿海、广西的北海湾及台湾的西海岸一带，文蛤资源尤为丰富（阳连贵，2018）。文蛤因其适应性强，生长快，产量高，迅速成为我国海水养殖的重要经济贝类之一。

文蛤肉质白嫩，含有人体必需的氨基酸、蛋白质、脂肪、碳水化合物、钙、铁及维生素等成分。除鲜销外，文蛤还可加工成冷冻品、干制品及罐头等。由于文蛤生活于细砂滩中，其外套腔和消化道内含有细沙，影响产品质量，所以文蛤加工前需经过"吐沙"处理。在水温20～25℃的条件下，约经20h，文蛤即可将沙吐净（阳连贵，2018）。文蛤壳是名贵的中药，可治疗慢性气管炎、淋巴结核、胃及十二指肠溃疡等；文蛤壳还可以作为紫菜丝状体的优良附着基质（阎斌伦，2017）。

5. 缢蛏（*Sinonovacula constricta*） 缢蛏俗称蛏子，属软体动物门、双壳纲、帘蛤目（Veneroida）、竹蛏科（Solenidae）。缢蛏壳两扇，形状狭而长，剃刀状（图30-8）。腹缘近于平行，前后端圆，壳顶位于背缘，略靠前端。背壳中央稍偏前方有一条自壳顶到腹缘的斜沟，状如缢痕，与回沟相应的有一条突起。

缢蛏是中国沿海常见的一种大众化的海产食品。在中国沿海，尤其是浙江和福建两省，缢蛏的人工养殖很广泛。蛏肉味道鲜美，营养丰富，含有丰富的蛋白质及碳水化合物，并含有钙、磷、铁等矿物质。

缢蛏除鲜食外，还可加工成蛏干、蛏油等。先用清水洗净缢蛏，除去杂质，然后放锅中煮到两壳张开，内脏块稍硬，捞起，剥壳，将剥下的蛏肉用淡水洗净，放在阳光下经2～3天的暴晒，蛏肉可以折断，色呈淡黄，即为蛏干。将加工蛏干时留下的汤汁，倒入桶中沉淀，去除杂质后，再继续加热蒸发，浓缩到七成后，改用微火浓缩，直至呈黄色黏稠状，即为蛏油（阎斌伦，2017）。

6. 四角蛤蜊（*Mactra veneriformis*） 四角蛤蜊俗称白蚬子，属双壳纲、真瓣鳃目、蛤蜊科（Macteidae）、蛤蜊属（*Mactra*）。贝壳坚厚，略呈四角形。两壳极膨胀。壳顶突出，位于背缘中央略靠前方，尖端向前弯。贝壳具外皮，顶部白色，幼小个体呈淡紫色，近腹缘为黄褐色（图30-8）。

四角蛤蜊是东港地区黄海滩涂上盛产的贝类，主要分布在辽宁省营口渤海海域和丹东东海海域。蚬子肉中含有蛋白质、多种维生素和钙、磷、铁、硒等人体所需的营养物质；还含有微量的钴，对维持人体造血功能和恢复肝功能有较好效果。四角蛤蜊以鲜销和初级加工为主，其中大部分被加工成干制品。

7. 海螺（sea snail） 海生的螺类可通称为海螺，属于软体动物，腹足纲（Gastropoda）。常生活于潮间带及泥沙质海底或沙滩，在中国沿海地区均有分布，经济价值较高的有红螺、香螺、斑玉螺、方斑东风螺、泥螺等。因品种差异螺肉呈白色至黄色不等。螺壳一般呈灰黄色或褐色，具有排列整齐而平的螺肋和细沟，壳口宽大，壳内面光滑呈红色或灰黄色，可做工艺品。

香螺（*Neptunea cumingii*）属新腹足目（Neogastropoda）、蛾螺科（Buccinidae）、香螺属（*Neptunea*）。香螺贝壳大，呈纺锤形，有7个螺层，缝合线明显，每一层壳面足部和体螺层上部扩张形成肩角。在基部数螺层的肩角上具有发达的棘状或翘起的鳞片状突起，整个壳面具有许多细的螺肋和螺纹。壳表黄褐色，被有褐色壳皮。壳口大，卵圆形，外唇弧形，简单；内唇略扭曲。前沟较短宽，前端多少向背方弯曲（图30-9）。香螺主要分布在中国黄海、渤海，朝鲜半岛和日本沿海也有分布，栖息于数米至7～8m水深的沙泥质或岩礁的海底。含有丰富的蛋白质、钙、磷、铁及多种维生素成分。它还具有一定的药用作用。

　　红螺（*Rapana bezoar*）又称海螺、皱红螺。红螺属新腹足目、骨螺科（Muricidae）、红螺属（*Rapana*）。红螺贝壳大，壳极坚厚，壳顶尖细，螺旋部短。螺层有6层，每层宽度迅速增加，有发达肩角。缝合线和生长线明显。红螺壳面粗糙，具有排列整齐而平的螺旋形肋和细沟纹。螺面黄褐色，有棕黑色斑点（图30-9）。红螺生活于浅海数米水深的泥沙海底，分布广，以渤海湾产量较高。含丰富的蛋白质、矿物质及多种维生素。

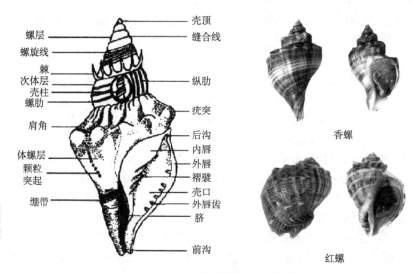

彩图

图30-9　腹足纲贝类模式图（于瑞海等，2009）

图30-10　中国圆田螺

　　8. 中国圆田螺（*Cipangopaludina chinensis*）　　中国圆田螺俗称螺蛳、田螺，属软体动物门、腹足纲（Gastropoda）、栉鳃目（Pectinibranchia）、田螺科（Viviparidae）、圆田螺属（*Cipangopaludina*），中国各淡水水域均有分布。中型个体，壳高约4.4cm，宽2.8cm。贝壳近宽圆锥形，具有6或7个螺层，每个螺层均向外膨胀。螺旋部的高度大于壳口高度，体螺层明显膨大。壳顶尖，缝合线较深。壳面无滑无肋，呈黄褐色。壳口近卵圆形，边缘完整，具有黑色边框。唇为角质的薄片，小于壳口，具有同心圆的生长纹（图30-10）。

　　中国圆田螺是我国最为常见的大型淡水螺类之一，广泛分布于淡水湖泊、沼泽、稻田和池塘沟渠。它具有生长快、疾病少、肉质丰腴细腻、可入中药药材等特点，备受广大消费者青睐（庞海峰和林勇，2020）。中国圆田螺营养价值高，含蛋白质、脂肪、碳水化合物、钙、磷、铁、维生素 B_2、维生素 B_1、烟酸、维生素 A 等营养物质。冻螺肉还供出口，此外还可作为生产禽畜的饲料。

【思考题】

1. 简述软体动物的种类及原料特点。
2. 常见贝类有哪些品种？并举2或3例说明其形态特征和营养价值。

第三十一章 甲壳动物类

第一节 概 述

一、虾蟹的种类与构造

（一）虾蟹的外部形态与内部构造

虾蟹在分类系统上都属于节肢动物门（Arthropoda）、甲壳纲（Crustacea）、十足目（Decapoda）。虾类的形态结构是与其生活环境及生活方式相适应的，不同种类的虾类在形态上略有差异，这些差异是其分类的重要依据。

1. 外部形态 虾类的外部由体躯和附属肢体两部分构成。虾类外形如图31-1所示。

体躯分为头胸部及腹部。头胸部由头部6个体节及胸部8个体节愈合而成，各节间分界不明显。背面及两侧包被一片甲壳，称为头胸甲。头胸甲前端中央突出，形成尖利而发达的额角，以保护两眼和头部其他附肢。虾类头胸甲表面除少数种类外，大多具有突出的刺、隆起的脊或凹下的沟，头胸甲上的沟、脊、刺等结构为重要的分类特征。

图 31-1 虾类外部形态图（王红勇和姚雪梅，2007）
1. 全长；2. 体长；3. 头胸部；4. 腹部；5. 尾节；6. 第一触角；7. 第二触角；8. 第三颚足；9. 第三步足（螯状）；10. 第五步足（爪状）；11. 游泳足；12. 尾节

虾类的附属肢体基本上由三部分组成，即基肢、内肢和外肢，但因附肢的功能不相同，其形状会有很大差异。例如，口器部分各肢体，功能在于抱持或咀嚼食物，其基肢较发达；胸部的肢体，为捕食及爬行器官，其内肢极为发达；至于腹部肢体，其内、外肢皆发达，叶片状，适于游泳。

蟹类的外部由头胸部、腹部、附肢三部分组成。蟹类体制模式如图31-2所示。蟹类的头胸部特别发达，盖以头胸甲，其形态随种类而异，有圆形、椭圆形、菱形、四角形和多边形等。头胸甲表面起伏不平，形成若干区域，这些区域的位置和内脏相对应，分区明显与否随种的不同而异。头胸甲表面有各种刺、沟、缝及突起等结构，边缘多具齿，这些分区、表面结构及齿等常用作分类依据。

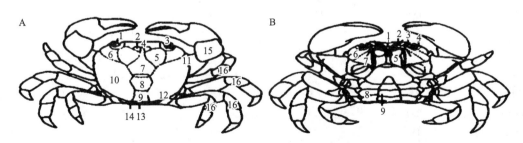

图 31-2 蟹类体制模式图（王红勇和姚雪梅，2007）
A. 背面图解：1. 眼柄；2. 前胃区；3. 眼区；4. 额区；5. 侧胃区；6. 肝区；7. 中胃区；8. 心区；9. 肠区；10. 鳃区；11. 前侧缘；12. 后侧缘；13. 后缘；14. 腹节；15. 大螯；16. 步足。B. 腹部图解：1. 口前部；2. 第一触角；3. 第二触角；4. 下眼区；5. 第三颚足；6. 下肝区；7. 颊区；8. 胸部腹甲；9. 腹部（雄性）

腹部扁平，肌肉退化，平时卷折在头胸部的腹面，分七节，但有时其中数节愈合，雄性腹部一般呈三角形，俗称尖脐；雌蟹腹部呈半圆形，俗称圆脐。

头部附肢有第一触角、第二触角、大颚、第一小颚和第二小颚，胸部的附肢由 3 对颚足和 5 对胸足组成。自大颚至第三颚足安置在口框内，总称"口器"，其口框形状及第三颚足形状在某些类群中为最重要的分类依据。5 对胸足是行动与捕食主要器官，第一胸足呈钳状称蟹足，某些种类蟹足不等大。第二至第五胸足，其上具有各种突起、刺、毛等构造。凡指节尖锐如爪者，适于步行，可称步足；指节扁平如桨者，适于游泳，或在沙中潜行，称之为游泳足。腹部附肢在雄蟹只有第一、二节的附肢还存在，形成交接器，雌蟹第二至第五节的附肢均存在，具内、外肢，密生刚毛，用以附着卵粒。蟹类额缘的两侧有具柄的复眼，平时侧卧于眼窝内，活动时则直立伸出。

2. 内部构造 虾蟹类体内包括体壁、消化系统、呼吸系统、循环系统、生殖系统、肌肉系统、神经系统、感觉器官、排泄系统和内分泌系统。

（二）虾蟹的种类与分布

虾蟹种类繁多，形态差异很大，分布范围也很广泛，仅在我国，虾蟹已达千种左右，目前还在不断地发现大量新种，世界虾蟹种类更多，分布范围更为广泛。从生活的水域来看，大多数虾蟹生活在海洋，少数生活在淡水，也有一些种类生活在咸淡水中，此外还有一些水陆两栖或在陆地上成长的种类，由于生活条件不同，在长期适应环境的过程中，它们的形态也发生了显著的变化。

虾类全世界约 2000 种，有经济价值的种类约 400 种，我国海域的虾类约有 360 种，其中有捕捞经济价值的种类只有近 50 种（邓尚贵等，2019）。虾类中以对虾的产量最大，经济价值也最高。对虾的种类有产于墨西哥海湾的褐色对虾、白对虾和桃红对虾，产于西太平洋的墨吉对虾、中国对虾和斑节对虾等，其中绝大多数种类已发展成为养殖种类。此外还有鹰爪属、赤虾属等产量也较大。毛虾属为小型虾类，种类不多，但大量密集成群，成为热带浅海，特别是东南亚一带最重要的经济虾之一。淡水虾的种类较少，有长臂虾科的青虾、罗氏沼虾、白虾，还有鳌虾类等。

蟹类全世界有 4500 多种，中国有 800 多种。蟹类中约 90% 为海产，主要品种有产于中国、日本近海的三疣梭子蟹、远海梭子蟹，产于大西洋沿岸的束腰蟹，产于印度西太平洋的青蟹，产于大西洋的滨蟹，以及分布在各海区的黄道蟹，产于太平洋北部的鲟蟹等。中国的食用蟹主要有三疣梭子蟹、远海梭子蟹、青蟹、日本鲟（又名赤甲红）及淡水的中华绒螯蟹等。三疣梭子蟹是中国蟹类中产量最大的食用蟹。中华绒螯蟹是中国主要食用的淡水蟹，其肉质鲜美，尤以肝脏和生殖腺最为肥美。

二、虾蟹的化学组成

虾蟹类作为食品，具有独特风味，且高蛋白、低脂肪，矿物质和维生素含量也较高。以对虾为例，虾肉中蛋白质含量达 18.6%，脂肪仅为 0.8%，并含有人休必需的多种维生素及微量元素，参见表 31-1。

表 31-1　虾蟹类的化学组成（以每 100g 可食部位计）

名称	梭子蟹	河蟹	对虾	青虾	龙虾
水分 /g	77.5	75.8	76.5	73.8	77.6
蛋白质 /g	15.9	17.5	18.6	23.8	18.9
脂肪 /g	3.1	2.6	0.8	0.4	1.1
碳水化合物 /g	0.9	2.3	2.8	0.2	1.0
热量 /kJ	400	433	393	423	379
灰分 /g	2.6	1.8	1.3	1.8	1.4
钙 /mg	280	126	62	28	21
磷 /mg	152	182	228	312	221
铁 /mg	2.5	2.9	1.5	0.4	1.3
总维生素 A/μg RAE	121	389	15	—	Tr
维生素 B_1/mg	0.03	0.06	0.01	—	—

续表

名称	梭子蟹	河蟹	对虾	青虾	龙虾
维生素 B_2/mg	0.30	0.28	0.07	—	0.03
烟酸 /mg	1.90	1.70	1.70	—	4.30

注：Tr：表示微量，低于目前检出方法的检出限或未检出。RAE（retinol activity equivalent，视黄醇活性当量）。1μg RAE 维生素 A＝ 12μg β-胡萝卜素。"—"代表未检测。

资料来源：杨月欣，2019。

　　虾肉富含蛋白质，鲜虾中蛋白质含量平均在 18%，虾干中蛋白质含量高达 50% 以上。比较而言，蟹类的蛋白质含量略低于虾类。在蛋白质的氨基酸组成中，因种类不同，色氨酸与精氨酸含量有较明显的差异，其余氨基酸含量的差异则不明显；与鱼类肌肉蛋白质相比，虾蟹类的缬氨酸含量明显不及鱼类的高，赖氨酸含量也略低于鱼类，虾类的色氨酸含量明显低于鱼类，蟹类的色氨酸含量则明显高于鱼类。虾蟹类的脂肪含量较低，比较而言，蟹类的脂肪含量显著高于虾类，尤其是梭子蟹高达 3.1%，而虾类脂肪含量一般在 2% 以下。碳水化合物的含量除河蟹（中华绒螯蟹）和对虾含量高达 2.3% 和 2.8% 外，其他虾蟹类碳水化合物都在 1% 以下。虾蟹类脂溶性维生素 A 和维生素 D 的含量都极少，但其维生素 E 的含量与鱼类没有差异。矿质元素中，虾蟹类可食用部分钙的含量远高于陆地动物肉，铁的含量因种类不同而差异较大。

第二节　常见虾类

　　常见虾类主要有以下几种（图 31-3）。

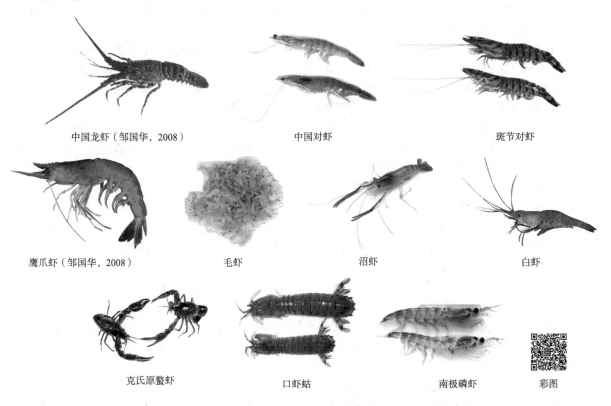

中国龙虾（邹国华，2008）　　　中国对虾　　　斑节对虾

鹰爪虾（邹国华，2008）　　　毛虾　　　沼虾　　　白虾

克氏原螯虾　　　口虾蛄　　　南极磷虾　　　彩图

图 31-3　常见虾类

　　1. 龙虾（*Panulirus* sp.）　　龙虾又称龙头虾，属节肢动物门、甲壳纲、十足目、龙虾科（Palinuridae）。龙虾体呈粗圆筒状，体长一般在 20～40cm，重 500g 左右，是虾类中最大的一类。背腹稍平扁，头胸甲发达，坚厚多棘，色彩斑斓。腹部较短而粗，后部向腹面卷曲，尾扇宽短。龙虾有坚硬、分节的外骨骼。胸部具 5 对足，其中一对或多对常变形为螯，眼位于可活动的眼柄上，有两对长触角。

龙虾属共有 19 种，主要分布于热带海域，产于中国东海和南海，是名贵海产品。中国已发现 8 种，包括中国龙虾、波纹龙虾、密毛龙虾、锦绣龙虾、日本龙虾、杂色龙虾、少刺龙虾及长足龙虾等。龙虾体大肉多，营养丰富，含有丰富的蛋白质、烟酸、维生素 E、硒等化学成分。目前龙虾以鲜销为主。

2. 中国明对虾（*Penaeus orientalis*）　中国明对虾俗称对虾、大虾，属节肢动物门、甲壳纲、十足目、对虾科（Penaeidae）。对虾个体肥硕，体形细长而侧扁，体外被几丁质甲壳。虾体透明，略呈青蓝色。身体分为头胸部和腹部，头胸部较短；腹部较细长，每节甲壳由关节膜连接，可以自由伸屈。通常雌虾大于雄虾，雌虾生殖腺成熟前呈豆瓣绿色，成熟后呈棕黄色。成熟雌虾体长一般 18～19cm，体重 75～85g；雄虾一般体长 14～15cm，体重 30～40g。

对虾在中国种类多、分布广，常见的有中国对虾、长毛对虾、墨吉对虾、日本对虾、宽沟对虾、斑节对虾和短沟对虾等，主要分布于黄海、渤海一带和朝鲜西部沿海，其中中国对虾是中国水产品出口的主要品种。对虾肉质细嫩，味道鲜美，是一种营养价值较高的动物性食品，不但蛋白质含量高，还含有维生素 A、维生素 B_1、维生素 B_2、烟酸、维生素 E，以及钙、磷、钾、镁、硒等矿物质。对虾利用价值很高，除鲜销外，可加工制成休闲食品、即食品、熏制品和干制品，如虾干、虾米等；虾头可加工成虾头酱、虾头粉等；对虾经采肉的壳含有 17% 的甲壳质，经过一系列的处理，可制成可溶性的甲壳素。

3. 鹰爪虾（*Trachysalambria curvirostris*）　鹰爪虾又称鸡爪虾、厚壳虾、红虾，属节肢动物门、甲壳纲、十足目、对虾科（Penaeidae）。鹰爪虾因其腹部弯曲、形如鹰爪而得名。体形粗短，甲壳很厚，表面粗糙不平。体长 6～10cm，体重 4～5g。额角上缘有锯齿。头胸甲的触角刺具较短的纵缝。腹部背面有脊。尾节末端尖细，两侧有活动刺。体为红黄色，腹部各节前缘为白色，后背为红黄色。

鹰爪虾在中国沿海地区均有分布，东海及黄海、渤海产量较多，其中威海是高产海区。鹰爪虾出肉率高，肉味鲜美，是一种中型经济虾类。鹰爪虾以鲜销为主，运销内地则多数加工成冻虾仁。另外，鹰爪虾是加工虾米的主要原料，经过煮熟晾晒去壳后便是颇负盛名的"金钩海米"，其色泽呈金黄色，形状像一把钩子，蛋白质含量高，富含钙、磷等大量元素。

4. 毛虾（*Acetes* sp.）　毛虾又称虾皮、水虾，属节肢动物门、甲壳纲、十足目、樱虾科（Sergestidae）、毛虾属（*Acetes*）。毛虾体长一般不超过 4.5cm，雌虾略大于雄虾。甲壳很薄，体透明，稍带红色点，体躯极度侧扁。毛虾头胸甲具眼上刺、肝刺。额角短小，略呈三角形，上缘 1～2 小齿。腹部发达，长度约为头胸甲的 2 倍。尾节短小，末端钝尖。复眼角膜大而圆，眼柄细长。

毛虾是小型经济虾类，全世界共有毛虾 17 种，我国近海产有 6 种，即中国毛虾、日本毛虾、红毛虾、锯齿毛虾、中型毛虾和普通毛虾，其中中国毛虾和日本毛虾产量最大。中国毛虾分布在渤海、黄海海域及东海、南海沿岸。毛虾渔获后，除少数供鲜销外，多数进行加工，或直接晒干成生干毛虾，或将鲜品煮熟后晒干成为熟虾皮和去皮小虾米，也可制成虾酱、虾油等发酵制品，虾糠可作饲料或肥料。

5. 沼虾（*Macrobrachium* sp.）　沼虾是沼虾属的总称，又称河虾、青虾，属节肢动物门、甲壳纲、十足目、长臂虾科（Palaemonidae）、沼虾属（*Macrobrachium*）。沼虾体侧扁，额角发达，上下缘均具齿。体青蓝色，透明带棕色斑点，故名青虾。头胸部较粗大，步足中前 2 对呈钳状，雄性特别粗大，通常超过体长。全身覆盖由几丁质和石灰质等组成的甲壳。

沼虾是温热带淡水中重要的经济虾类，主要产于亚洲、非洲、中南美洲的内陆水域。我国已发现沼虾 20 多种，最常见的是日本沼虾，广泛分布于华北及南方各省；海南沼虾分布于长江以南的通海湖泊、河流及河口区。此外还有罗氏沼虾、粗糙沼虾、细螯沼虾、云南沼虾等。沼虾肉质鲜美，烹熟后周身变红，色泽好且营养丰富。除鲜销外，虾卵可用明矾脱水，晒干后销售，或用于制作虾子酱油。虾体晒干去壳后为虾米，也称为"湖米"，用以区别海产的虾米。

6. 白虾（*Exopalaemon* sp.）　白虾属节肢动物门、甲壳纲、十足目、长臂虾科、白虾属（*Exopalaemon*）。白虾因甲壳薄而透明，微带蓝褐或红色点，死后体呈白色而得名。头胸甲有鳃甲刺、触角刺而无肝刺。额角发达，上下缘皆有锯齿，上缘基部形成鸡冠状隆起，末部尖细部分上缘无齿，但近末端处常有 1～2 附加小齿，下缘末端有小齿数个。腹部第 2 节侧甲覆于第 1、3 节侧甲外面，第 4～6 节向后趋细而短小，尾节窄长，末端尖。大颚有由 2 节构成的触须。

白虾主要分布在印度洋和西太平洋地区温暖海域或淡水中。白虾对环境适应能力强，生长和繁殖都快，在黄海和渤海沿岸产量仅次于中国毛虾和中国对虾。我国共有 4 种，即脊尾白虾、秀丽白虾、安氏白虾和东方白虾，皆为重要经济虾类，其中产量最大的是脊尾白虾，秀丽白虾俗称太湖白虾，是太湖主要的经济虾类。

太湖白虾壳薄、肉嫩、味鲜，用白虾做的菜肴色、香、味、形均属上乘。用白虾剥虾仁，肉嫩，出肉率高；加工成虾干，能久贮，食用方便；晒干后去皮，即成虾米；其加工副产物又是制作美味虾子酱油的优质原料。繁殖期捕捞的白虾中抱卵虾约为70%，此时的虾腹中虾子饱满、虾脑充实、虾肉鲜美，苏锡人称为"三虾"。白虾在贮藏中易黑变、发臭。市面上常用亚硫酸盐延缓其腐烂变质，但会造成亚硫酸残留，对人体健康产生危害。联合国粮食及农业组织明确规定亚硫酸盐在虾肉产品中不得超过0.1mg/g，通过研究发现复合保鲜剂对0℃低温条件下贮藏白虾具有良好的保鲜效果，可抑制白虾黑变腐烂、维持色值，更好地保持白虾的商品价值（李惠等，2018）。

7. 克氏原螯虾（*Procambarus clarkii*）　克氏原螯虾又称小龙虾、红螯虾，属节肢动物门、甲壳纲、十足目、龙虾科（Palinuridae）。克氏原螯虾体形粗壮，甲壳厚，呈深红色。头胸部很大，呈圆形，厚度略大于宽度，表面中部较光滑，两侧具粗糙颗粒。

克氏原螯虾广泛分布于中国长江中下游各省市，养殖主要集中在安徽、湖北、江苏、江西等地。克氏原螯虾肉洁白细嫩，味道鲜美，高蛋白质，低脂肪，营养丰富。它所含的脂肪主要是由不饱和脂肪酸组成，易被人体吸收。

小龙虾加工产品主要有速冻制品、即食食品、副产物加工产品、调味料四大类。速冻制品加工主要包括速冻龙虾、速冻虾尾（仅去除头部，保留虾壳）、速冻虾仁（去除头部和虾壳）、龙虾虾球等。同时，小龙虾加工产品中，冷冻产品占比逐步下降，即食产品占比逐年增加。小龙虾即食食品包括调味整虾、调味带壳虾尾、香酥虾尾等产品。小龙虾加工产生的虾头、虾壳等副产物，可通过深加工提高利用率。例如，虾头可单独加工成虾黄酱、虾黄粉、虾味酱油等调味品；虾壳可通过膨化、干燥、粉碎等制成虾壳粉、钙源诱食剂等，可利用虾青素等特殊的生理功能，作为饲料调节动物肠道菌群，增强动物免疫力，抵抗微生物感染等。

8. 口虾蛄（*Oratosquilla oratoria*）　口虾蛄又称琵琶虾、皮皮虾、虾耙子，属节肢动物门、甲壳纲、十足目、虾蛄科（Squillidae）、口虾蛄属（*Oratosquilla*）。口虾蛄头部与腹部的前4节愈合，背面头胸甲与胸节明显。腹部7节，分界明显，较头胸两部大而宽。

口虾蛄是沿海近岸性品种，栖息于浅水泥沙或礁石裂缝内，中国南北沿岸均有分布，是中国重要的海水经济品种。口虾蛄肉味美鲜嫩，淡而柔软，有一种特殊诱人的鲜味，为沿海群众喜爱的水产品（蒋爱民和周佺，2020）。口虾蛄加工制品主要有盐渍虾蛄、虾蛄调味品、虾蛄肉冻品、虾蛄腌制品和干品等（尚坤，2019）。

9. 南极磷虾（*Euphausia superba*）　南极磷虾又称大磷虾，属于节肢动物门、甲壳纲、磷虾目（Euphausiacea）、磷虾科（Euphausiidae）、磷虾属（*Euphausia*）。南极磷虾体长4～5cm，质量在2g左右，寿命为5～7年。身体透明，头胸甲与整个头胸部愈合，但不伸向腹面，因此不形成鳃腔；鳃裸露，直接浸浴水中。腹部6节，末端具有1个尾节。胸肢8对，都是双枝型，基部各有鳃，适于游泳。胸肢中无特化的颚足，眼柄腹面、胸部及腹部的附肢基部都具有球状发光器，可发出磷光。

南极磷虾是似虾的无脊椎动物，主要分布在南冰洋的南极洲水域，被誉为"世界未来的食品库"。南极磷虾含有多种人体必需氨基酸，可以改善皮肤组织，增强全身的免疫系统。南极磷虾制品主要有虾仁、虾糕和虾酱等，以及风味南极磷虾罐头、南极磷虾干制品和南极磷虾类奶酪食品等休闲食品（王海帆等，2021）；随着生产加工技术的发展，在保留前期产品形式的基础上，又相继开发了南极磷虾粉和具有高附加值的南极磷虾油等产品（谈俊晓等，2017）。南极磷虾油含有高质量的胆碱，可以促进婴儿的大脑发育。

第三节　常见蟹类

1. 三疣梭子蟹（*Portunus trituberculatus*）　三疣梭子蟹又称枪蟹、海蟹，属节肢动物门、甲壳纲、十足目、梭子蟹科（Portunidae）、梭子蟹属（*Portunus*）。三疣梭子蟹全身分为头胸部、腹部和附肢（图31-4）。

头胸部呈梭形，稍隆起。表面有 3 个显著的疣状隆起，一个在胃区，两个在心区。其体形似椭圆状，两端尖，尖如织布梭，故得名。两前侧缘各具 9 个锯齿，最后一个锯齿特别长且大，向左右伸延。额缘具 4 枚小齿。额部两侧有 1 对能转动的带柄复眼。有胸足 5 对。螯足发达，长节呈棱柱形，内缘具钝齿。第 4 对步足指节扁平，宽薄如桨，适于游泳。腹部扁平（俗称蟹脐），雄蟹腹部呈三角形，雌蟹呈圆形。雄蟹背面茶绿色，雌蟹紫色，腹面均为灰白色。

三疣梭子蟹是中国沿海的重要经济蟹类，广泛分布于中国南北各海域，一般从南到北，3~5 月和 9~10 月为生产旺季，渤海湾辽东半岛 4~5 月产量较多。蟹肉色洁白，肉质细嫩，膏似凝脂，味道鲜美。尤其是两钳状螯足肉，呈丝状而带甜味，蟹黄色艳味香，因而久负盛名。蟹肉不但含有丰富的蛋白质，蟹黄还含有磷脂、维生素等多种物质。中医认为梭子蟹具有清热、散血、滋阴之功效。除鲜销外，还可晒成蟹米、研磨蟹酱、腌制全蟹（卤蟳蟹）、罐头等。蟹壳可做甲壳素原料，经济效益可观。梭子蟹性寒，对蟹有过敏史，或有荨麻疹、过敏性哮喘、过敏性皮炎者，尤其是过敏体质的儿童、老人、孕妇最好不要吃蟹（孙耀军等，2019）。

2. 中华绒螯蟹（*Eriocheir sinensis*） 中华绒螯蟹又称河蟹、螃蟹、毛蟹、大闸蟹，属节肢动物门、甲壳纲、十足目、方蟹科（Grapsidae）、绒螯蟹属（*Eriocheir*）。中华绒螯蟹身体分为头胸部和腹部两部分，腹部有步足 5 对（图 31-5）。头胸部的背面被头胸甲所包盖，呈墨绿色、方圆形，质地坚硬，后半部宽于前半部，中央隆起，表面凹凸不平，共有 6 条突起为脊。身体前端长着一对眼，侧面具有两对十分尖锐的蟹齿。螃蟹最前端的一对附肢叫螯足，表面长满绒毛；螯足之后有 4 对步足，侧扁而较长；腹肢已退化。中华绒螯蟹腹面灰白色，雌性腹部呈圆形，雄性腹部为三角形。中华绒螯蟹的体重一般为100~200g，可食部分约占 1/3。

彩图

图 31-4 三疣梭子蟹

图 31-5 中华绒螯蟹

中华绒螯蟹是我国重要的洄游性水产经济动物之一，在淡水捕捞业中占有相当重要的地位，广泛分布于我国南北沿海及各地湖泊，以江苏阳澄湖所产最为著名。中华绒螯蟹肉质鲜嫩，营养丰富，以肝脏和生殖腺最肥。除鲜销外，中华绒螯蟹主要出口国外。河蟹含有蛋白质、脂肪、碳水化合物、钙、磷、维生素A、维生素 B$_1$、维生素 B$_2$、烟酸等营养成分。河蟹肌肉中含十余种游离氨基酸，其中谷氨酸、甘氨酸、精氨酸、胱氨酸、丙氨酸、脯氨酸、组氨酸含量较多；蟹黄含有大量的胆固醇（孙耀军等，2019）。

根据中华绒螯蟹自身构造特点，可被科学分割处理为蟹黄、蟹膏、蟹粉、蟹钳、蟹腿、蟹碎肉、蟹柳等多种蟹类产品（陆剑锋等，2017），其中蟹肉蟹黄等除鲜食外，可以制作成冻制品，香辣蟹、醉蟹等即食休闲食品，蟹黄粉、蟹黄酱、蟹肉酱等风味佐料等（戴红君等，2021）；而边角料可以提取出甲壳素等物质后继续提取得到食品级碳酸钙及蛋白粉等产品。

【思 考 题】

1. 简述甲壳动物类原料的种类及主要构造特点。
2. 选择 1 或 2 种虾、蟹原料，分析其营养组成特点。

第三十二章 其 他 类

第一节 棘皮动物类

棘皮动物中经济价值比较高的是海参和海胆。

一、海参

海参在我国一向被人们视为佐膳佳品和强身健体的理想滋补品，是一种典型的高蛋白质、低脂肪、低胆固醇的食物。

（一）海参的构造与种类

1. 海参的外部形态与内部构造　　绝大多数海参的体形呈扁平圆筒状，两端稍细，体分背、腹两面，具有辐射及左右对称结构，见图32-1。海参体柔软，伸缩性很大。背部略隆起，具圆锥状肉刺，又称疣足，排列成4～6排不规则纵行。疣足是变形的管足，具有感觉功能。疣足海参腹面比较平坦，有密集的管足，排列成不规则的3条纵带。管足呈空心管状，末端有吸盘，是海参的附着器官和运动器官。口在前端，肛门在后端，触手生于口的周围，有10～30个，常为5的倍数。触手是变化了的口管足，具有一短柄，顶端有许多水平分枝。体前端背部，距头部约2cm处，有一凹陷孔，为生殖孔，不在生殖季节，生殖孔常难以看清（常亚青等，2004；于东祥等，2005；谢忠明等，2004）。

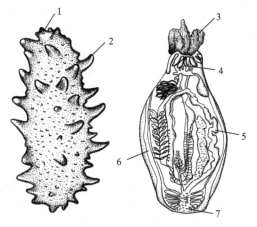

生活在中国北方海底的海参　　　　彩图

图 32-1　海参外部形态与内部构造（朱蓓薇，2010）

1. 口；2. 疣足；3. 触手；4. 石灰环（喉壁）；5. 肠道；6. 收缩肌；7. 肛门

　1）体壁　　海参的身体由体壁（body wall）包围，此部分柔软，富含胶质，是可食用的主要部位。体壁由皮层、肌肉层和体腔膜3层组成（常亚青等，2004）。

　（1）皮层。皮层由角质层、上皮、结缔组织和无数小型骨片构成。体壁表面缺乏纤毛，覆盖有一层薄的、无结构的角质层，具有保护的作用。下面为上皮，上皮细胞高，基部细，而且与下面的真皮界限不清，真皮外是比较厚的结缔组织，此部分也是海参的主要可食部分。上皮与结缔组织之间有很多微小的石灰质骨片,其形状随年龄而变化,是海参分类的重要依据。

(2)肌肉层。皮层里面是肌肉层,由环肌和纵肌组成,环肌贴附在结缔组织内侧,纵肌5条,成束在环肌下,背面2束,腹面3束条位于腹壁。5条纵肌分别分布在5个步带区,前端固着在石灰环上,后端依附于肛门周围,各束纵行肌肉中央有一狭长的纵沟。海参依靠肌肉的伸缩加上管足的配合进行运动。

(3)体腔膜。在环肌与纵肌之下,有一层薄膜附在体腔表面,称为体腔膜。体腔膜延伸与肠相连称为悬肠膜,共3片,即背悬肠膜、左悬肠膜及右悬肠膜。体腔膜内包含诸多脏器,形成体腔。腔内有体腔液,当身体收缩时,可做不定向流动。

2)内部构造　海参内部构造复杂,咽部有石灰环和收缩肌。石灰环是一个膨大、不透明的球状体,对于支持咽部、保护消化道有重要作用。收缩肌的收缩常把触手及翻颈部完全收缩至体内。另外,海参具有完整的水管系统、呼吸系统、消化系统、循环系统、生殖系统及神经系统(常亚青等,2004)。

2. 海参的种类与分布　海参属棘皮动物门(Echinodermata)、海参纲(Holothuroidea),是海洋中最常见的无脊椎动物。海参种类很多,已发现有1200余种(蒋冰雪等,2021;Ellis et al.,2021;Oh et al.,2017),但可供食用的仅有约40种。我国海域约有140种,其中可食用的约20种(常亚青等,2004)。

海参不仅水平的分布范围广,在世界温带区和热带区均有分布,而且其垂直分布的幅度也很大,从潮间带至万米深渊的海沟中均有分布。除了少数漂浮和浮游之外,绝大多数为底栖生活。多数可食用的海参包括在楯手目(Aspidochirotida)中,经济价值很高(谢忠明等,2004)。我国楯手目的海参,已报道的有50余种,主要有9种,见表32-1,分别隶属于刺参科(Stichopodidae)和海参科(Holothuriidae)。刺参在海参的分类中具有重要地位,刺参的生物学研究基础较好,人工育苗和养成技术也基本确立,并日臻完善。目前,刺参是我国海参中主要的养殖对象。

表 32-1　中国楯手目海参的种类及分布

科属	种类	分布地区
刺参科	刺参(仿刺参,*Apostichopus japonicus*)	辽宁、山东、河北等北方沿海
	梅花参(*Thelenota ananas*)	海南、广东、西沙群岛
	花刺参(方参,*Stichopus variegatus*)	台湾岛、海南岛、雷州半岛、西沙群岛
	绿刺参(方柱参,*Stichopus chloronotus*)	海南岛、西沙群岛
	糙刺参(*Stichopus horrens*)	台湾、海南岛、西沙群岛
海参科	黑乳参[乌元参,*Holothuria(Microthele)nobilis*]	台湾、海南岛、西沙群岛
	蛇目白尼参(*Bohadschia argus*)	海南岛、西沙群岛
	玉足海参(荡皮参,*Holothuria leucospilota*)	福建、西沙群岛
	白底辐肛参(*Actinopyga mauritiana*)	海南岛、西沙群岛

资料来源:朱蓓薇,2010。

(二)海参的化学组成

海参因其性温补,足敌人参,故名海参。海参具有高蛋白、低脂肪的特点,含有多种人体所需的微量元素,并含有多种酸性黏多糖、皂苷及糖脂等特殊成分,不仅对人体具有营养、滋补作用,而且也具有特殊的保健与药用功效。新鲜海参体壁中水分含量高达90%以上,干物质含量较低,不足10%。干物质中胶原蛋白含量35%左右,约占整个蛋白质含量的70%。碳水化合物约占干海参的4.5%,灰分约21.6%(杨月欣,2019)。

1. 海参蛋白　海参蛋白富含胶原蛋白,可促进机体细胞的再生和机体受损后的修复,还可提高人体的免疫功能,消除疲劳。海参中的另一种重要蛋白质是凝集素,对于临床上治疗一些血细胞凝集相关的疾病具有重要意义。海参含有的18种氨基酸(表32-2),能够增强组织的代谢功能,增强机体细胞活力,适宜于生长发育中的青少年(常亚青等,2004)。其中的精氨酸含量很高,具有改善脑、性腺神经传导的作用(常亚青等,2004)。

表 32-2　不同种类海参的氨基酸组成　　　　　　　　　　　　（单位：%）

氨基酸	刺参	图纹白尼参	黑海参	黑怪海参	黄疣海参	梅花参
天冬氨酸	5.56	7.12	6.59	6.15	6.50	5.78
苏氨酸	2.43	3.71	3.44	3.32	3.08	2.58
丝氨酸	2.03	3.67	2.91	2.39	2.44	2.07
谷氨酸	8.60	8.74	11.13	8.72	11.04	8.76
甘氨酸	7.02	8.32	17.08	10.94	8.53	10.03
丙氨酸	3.67	8.73	8.41	5.77	3.56	5.20
胱氨酸	1.90	0.39	—	—	—	—
缬氨酸	2.43	2.56	2.64	2.43	2.40	3.43
甲硫氨酸	1.07	0.68	1.03	0.99	1.01	0.86
异亮氨酸	2.57	1.34	1.39	1.73	1.83	1.64
亮氨酸	3.57	2.75	2.64	2.57	2.79	2.59
酪氨酸	1.21	1.59	1.65	1.87	1.66	1.41
苯丙氨酸	2.40	1.28	1.45	1.76	1.64	1.67
赖氨酸	1.82	1.20	1.02	1.13	1.32	0.92
组氨酸	0.76	0.51	0.37	0.49	0.53	0.04
精氨酸	2.11	7.95	6.60	4.54	5.35	4.46
色氨酸	1.57	0.213	0.28	0.49	0.18	0.44
脯氨酸	2.70	11.08	3.32	2.33	0.98	1.03
总和	53.42	71.83	71.95	57.62	54.84	52.91

注："—"未测定，即低于目前应用的检测方法的检出限或未检出。

资料来源：常亚青等，2004。

2. 海参多糖　　目前发现存在于海参体壁的多糖主要分为两类：一类为海参糖胺聚糖（holothurian glycosaminoglycan，HGAG）或称黏多糖，对人体生长、治愈创伤、抗炎、成骨和预防组织老化、动脉硬化等有特殊功效，同时还具有抗肿瘤功效（马海燕，2007）；另一类为海参岩藻多糖（holothurianfucan，HF），是由 L-岩藻糖所构成的直链多糖，分子质量为 80～100kDa。两者的组成单糖虽然不同，但糖链上都有部分羟基发生硫酸酯化，并且硫酸酯化类多糖含量均在 32% 左右（李八方，2007）。两种多糖的特殊结构均为海参所特有。朱蓓薇院士团队研究发现海参硫酸化多糖、褐藻岩藻多糖和 τ-卡拉胶具有显著抗新冠病毒活性（Song et al.，2020）。

3. 海参皂苷　　海参皂苷是目前海参中研究较多的活性物质之一。海参皂苷的结构较为复杂，多为羊毛甾烷型三萜皂苷（triterpene glycoside），由羊毛甾烷的衍生物构成苷元。海参皂苷的药理活性主要集中在抗真菌、抗肿瘤、免疫调节等方面（郭盈莹，2015）。刺参皂苷具细胞毒性和神经肌肉毒性，能够阻碍真菌细胞壁的生物合成，改变细胞的代谢，溶解细胞器，从而抑制细胞生长，导致细胞完全解体，因此广泛用于抗癌药物的研究和开发（徐梦豪等，2020）。

4. 海参糖脂　　鞘糖脂（glycosphingolipid）分子由 3 个基本结构成分组成，即 1 分子的鞘氨醇或其衍生物、1 分子的长链脂肪酸及 1 分子含有糖基的极性头醇。鞘氨醇是长链的带有氨基的二醇，链长约 18 个碳原子；长链脂肪酸链长 18～26 个碳原子，以酰胺键与鞘氨醇相结合，称为神经酰胺（ceramide）；极性头醇组成的脂质部分是指鞘氨醇第一个碳原子的羟基与糖基的极性基团相连，形成鞘糖脂。2002 年日本研究者山田（Yamada）对海参的鞘糖脂进行了一系列研究，至今已从海参中分离纯化出脑苷脂 30 余种，神经节苷脂 20 种左右。

5. 其他化学成分　　海参含有 10 多种矿物质，如钙、铁、碘、锌、硒、磷、锰、钒等及维生素 B_1、维生素 B_2、烟酸等多种维生素。另外，研究发现，海参体内还含有多种色素，主要存在于生殖腺或体壁中，包括角黄素、芬尼黄质、虾青素、β-海胆酮、玉米黄素和 β-胡萝卜素等。体外试验已证明这些色素具有很强的清除自由基的作用，角黄素是强的单线态氧清除剂，能抑制活性氧中间产物引起的巨噬细胞膜受体的丢失，膳食中角黄素还可抑制 Fe^{3+} 促进的生物膜过氧化。

（三）海参的加工利用

刺参是我国有记载的 21 种食用海参中唯一分布于黄渤海区的温带种类，也是世界海参类中品质最佳、经济价值最高的种类（阎斌伦，2017）。干刺参是一种常见的海参加工制品，我国传统的食用方法为发制后食用，这也是渔民群众智慧的结晶。除鲜销外，海参可被加工成盐渍海参、干海参、即食海参、海参酒、海参罐头等各式产品。即食海参按原料进行分类一般可分两种：一种是将鲜活海参清洗、煮制好后进行高压处理并进行速冻，然后杀菌包装所得；另一种是将干制海参或盐渍海参进行发制后包装所得，是海参的深加工产品。通过目前市场调研发现，即食海参的种类更加丰富，包括调味海参与非调味海参，真空包装、充气包装及充水包装等。但即食海参的保存条件要求较高，保存期较短（王婧媛等，2018）。

二、海胆

（一）海胆的种类与构造

海胆（sea urchin）也是一种棘皮动物，不但是中国传统的海珍品之一，而且在日本及欧洲、南美洲等许多沿海国家同样被认为是一种美味的海产品。海胆的生殖腺中含有多种不饱和脂肪酸，具有较高的营养价值和保健功能。

1. 海胆的外部形态与内部构造　海胆呈半球形或近似于半球形，呈两侧对称及五辐射对称结构，形如刺猬，如图 32-2 所示。

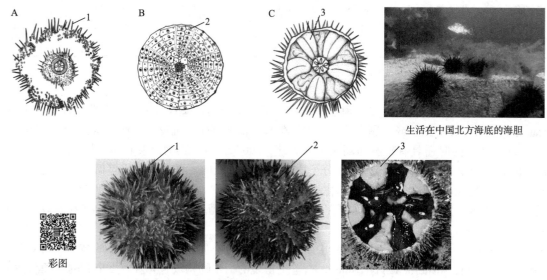

图 32-2　海胆的外部形态和内部构造（朱蓓薇，2010）
A. 口面；B. 反口面；C. 内部构造。1. 棘；2. 疣；3. 性腺（海胆黄）

1）外部形态　海胆的外壳是由许多连接紧密、排列规则、被称为壳板的多角形小型石灰质小片构成（常亚青等，2004；谢忠明等，2004）。构成外壳的壳板数量可达上千片，有些种类高达 3000 片以上。多数壳板上都生有若干个称为疣的圆丘状小突起，棘着生于疣上。

2）内部构造　海胆的外壳内有一很大的空腔，称为体腔。体腔内充满体腔液，体腔液中含有许多无色细胞，可游走于各个组织器官之间，具有营养输送、协助排泄等功能。体腔隔膜将体腔分成若干个小部分，分别形成食道腔、围肛腔及生殖腔等。海胆的大部分组织器官，如消化系统、神经系统、循环系统、步管系统及生殖系统等都包含在体腔内部（常亚青等，2004；谢忠明等，2004）。

海胆为雌雄异体，在外观上很难区分。海胆的生殖腺紧贴在壳内侧，呈纺锤状。生殖腺通常为黄色、橘黄色、土黄色或白色等，雄性个体的性腺色淡，偏白。精液呈乳白色，排出时呈线状，散开后呈白色雾状；卵呈黄色，排出后呈颗粒线状。正形海胆有生殖腺 5 对，成熟良好的海胆，其生殖腺可膨大到几乎充满整个体腔（常亚青等，2004；谢忠明等，2004）。生殖腺是海胆食用的主要部分。

2. 海胆的种类与分布　海胆属于棘皮动物门（Echinodermata）、游在亚门（Eleutherozoa）、海胆纲（Echinoidea）。目前国内比较常见的分类方法主要有两种，一种是根据海胆的外形将海胆分为正形海胆类和歪形海胆类，再根据其他方面的特征分为若干个目及科。另一种是以系统分类方式，将海胆分为头帕目（Cidaroida）、鳞棘目（Lepidocentroida）、脊齿目（Stirodonta）、管齿目（Aulodonta）、拱齿目（Camarodonta）、全雕目（Holectypoida）、盾形目（Clypeasteroida）、心形目（Spatangoida）。

海胆种类繁多，全世界现约 850 种，但可食用的种类较少，目前已被开发利用并形成一定规模的仅 30 种左右，全部为正形海胆大中型可食用的种类。海胆主要生活在浅海的岩礁、砾砂石等海底，我国现存海胆的种类约 100 种，其中能形成生产规模的经济种类仅 3～5 种（谢忠明等，2004），在我国沿海有广泛的分布。表 32-3 为中国海胆各种类的分布表。

表 32-3 中国海胆各种类分布

种类	分布省份
光棘球海胆（*Strongylocentrotus nudus*）	辽宁、山东
紫海胆（*Anthocidaris crassispina*）	广东、福建、浙江
马粪海胆（*Hemicentrotus pulcherrimus*）	辽宁、河北、山东、广东、福建及台湾
虾夷马粪海胆（*Strongylocentrotus intermedius*）	辽宁、山东（引进种）
黄海胆（*Glyptocidaris crenularis*）	辽宁
白棘三列海胆（*Tripneustes gratilla*）	广东、海南及台湾

资料来源：朱蓓薇，2010。

（二）海胆的化学组成

海胆是除海参以外的另一种重要的棘皮类海珍品，海胆的可食部分为海胆黄，为海胆的生殖腺。我国主要海胆的生殖期在 5～7 月，在此季节生殖腺指数较高。海胆黄的组成成分受季节影响波动较大。研究发现，该季节辽宁所产的三种海胆——光棘球海胆（大连紫海胆）、虾夷马粪海胆（中间球海胆）及黄海胆（海刺猬）均含有丰富的蛋白质、脂肪及碳水化合物，如表 32-4 所示。

表 32-4 海胆黄的基本成分组成

成分	种类（7 月）		
	光棘球海胆	虾夷马粪海胆	黄海胆
水分 /%	72.6	74.9	76.5
粗蛋白质 /%	13.5	13.3	11.0
粗脂肪 /%	3.3	3.5	4.4
碳水化合物 /%	5.3	5.6	4.6
灰分 /%	1.8	1.3	2.4

资料来源：朱蓓薇，2010；徐华等，2018。

海胆的种类差异对其营养组成有一定影响。同样以光棘球海胆、虾夷马粪海胆、黄海胆 3 种海胆为例，其天冬氨酸、谷氨酸、组氨酸、半胱氨酸、羟脯氨酸等氨基酸含量差异较大；采用甲基叔丁基醚进行脂质提取，三种海胆黄（冻干粉）的油脂含量在 24%～37%；利用气相色谱 - 质谱联用仪（GC-MS）分析各类海胆黄中脂肪酸组成，多不饱和脂肪酸含量均达到总脂肪酸的 34%～46%，其中虾夷马粪海胆的多不饱和脂肪酸含量最高，为 46.56%；三种海胆的脂质组成也略有差异，黄海胆和光棘球海胆以甘油三酯（TAG）为主，含量分别为 53.37% 和 55.08%；虾夷马粪海胆性腺中极性脂占总脂质的 50.30%（周新，2018）。此外，海胆黄中还含有类胡萝卜素、多糖及各种微量元素等对人体有益的营养成分。现代研究发现，海胆黄含有大量动物性腺特有的结构蛋白、卵磷脂等生物活性物质，具有雄性激素的作用。

（三）海胆的加工利用

就现阶段在我国的海胆消费市场中，主要食用新鲜活海胆。性腺是海胆是主要食用部位，通过颜色、颗粒大小来评判其品质。海胆性腺颜色一般为橙色或黄色，颗粒大小在 1mm 以下的为优品（魏静等，

2015；Pert et al., 2018）。除鲜销外，海胆还可以生产加工成盐渍海胆、酒精海胆、冰鲜海胆、海胆酱和清蒸海胆罐头等多种食品（朱蓓薇和董秀萍，2019）。

海胆壳棘色素包含萘醌类色素、类胡萝卜素等。萘醌类色素为规则（正形）海胆壳棘的主要色素，类胡萝卜素为不规则（歪形）海胆壳棘的主要色素，少数不规则海胆壳棘中仅含类胡萝卜素（陈宁，2018）。

第二节 藻 类

藻类植物的种类繁多，目前已知约有 2.4 万种。藻类生长在淡水、海水中，少数在陆上。根据所含色素、细胞结构和繁殖方式等，分为 11 门。经济藻类主要以大型海藻为主，列入养殖的有 5 属：海带属、裙带菜属、紫菜属、江蓠属和麒麟菜属。常见藻类如图 32-3 所示。

海带　　　　　　　　　裙带菜　　　　　　　紫菜（邹国华，2008）

角叉菜　　　　　　　　　石莼　　　　　　　　　江蓠

彩图　　　　　麒麟菜　　　　　　　　　　　　　螺旋藻

图 32-3　常见藻类

2021 年国内渔业生产中，藻类产量为 274.34 万吨，是位居鱼类、甲壳类和贝类之后的第四大类。藻类的海水养殖量达到 271.46 万吨，同比增长 3.80%。全国海洋捕捞产量为 2.05 万吨，其中海南、广东、福建产量最大（农业农村部渔业渔政管理局等，2022）。

另外，藻类化学组成的基本特点是脂肪含量极低、碳水化合物和矿物质的含量相对较高（表 32-5）。藻类的化学组成往往随着海藻的种类、生长环境、季节变化、个体大小和部位及环境因素（如生长基质、温度、光照、盐度、海流、潮汐等条件）不同而有显著的变化。

表 32-5　几种常见藻类的化学组成　　　　　　　（干重，g/100g）

名称	粗蛋白	粗脂肪	粗纤维	灰分	其他
羊栖菜	12.2	1.8	11.3	14.0	60.7
海带	15.0	0.8	7.8	34.8	41.6
紫菜	24.1	1.0	6.5	19.1	49.3
裙带菜	18.0	1.1	6.7	31.2	43.0
掌藻	13.9	1.8	8.0	34.0	42.3

资料来源：郑淘，2013。

1. 海带（*Laminaria japonica*）　　海带是海带属海藻的统称，又称昆布、江白菜，属褐藻门（Phaeophyta）、褐藻纲（Phaeophyceae）、海带目（Laminariales）、海带科（Laminariaceae）、海带属（*Laminaria*）。海带藻体呈长带状、革质、藻体明显地区分为固着器、柄部和叶片，一般长 2～4m，宽 20～30cm。固着器呈假根状，用以附着海底岩石，柄部粗短圆柱形，柄上部为宽大长带状的叶片。在叶片的中央有两条平行的浅沟，中间为中带部，厚 2～5mm，中带部两缘较薄，有波状皱褶。新鲜海带叶面通体呈橄榄色和青绿色，干燥后的海带变成褐色、黑褐色。

海带种类很多，全世界有 50 余种，东亚有 20 余种，是目前我国产量较高的一种海藻品种。海带是冷水性的大型经济藻类，在我国自然分布于山东半岛地区（青岛以北）和大连市沿海地区。海带海水养殖量也较大，2021 年全国海水养殖量为 17.42 万吨，约占藻类总养殖量的 64%，辽宁、福建、山东、浙江、广东及河北为主要人工养殖产区。海带，其质地脆嫩，口感良好，富含蛋白质、脂质、碳水化合物等宏量营养素，以及碘、钙、磷、铁、维生素 B 等多种微量营养素。海带显著的药用价值在《本草纲目》《食用本草》《中国中草药汇编》等医书中均有记载（陈宁，2018）。海带除了作为蔬菜食用之外，还可以用于生产果味、抹茶味等特殊口味海带小零食、海带糕点，各种即食海带、海带茶、海带饮料、海带面包、海带挂面等，以及具有保健功能的海带酸奶、海带八宝粥、海带罐头、海带豆腐等多种食品（郭峰君等，2020）。

2. 裙带菜（*Undaria pinnatifida*）　　裙带菜又称海芥菜、裙带，属褐藻门、褐藻纲、海带目、翅藻科（Alariaceae）、裙带菜属（*Undaria*）。裙带菜的叶片呈羽状分裂，也很像裙带，故得名。裙带菜呈褐色，分为固着器、柄及叶片（图 32-3）。成藻体长 1～1.5m。叶片有明显中肋，边缘作羽状分裂。柄呈扁圆柱形，两侧有呈木耳状的翼状膜。固着器由多次叉状分枝的假根组成，末端略膨大，呈细小吸盘状。裙带菜中含有多种营养成分，由于纤维含量多，相对比较硬。裙带菜不仅是一种食用的经济褐藻，而且可作提取褐藻酸的原料。

裙带菜为温带性海藻，它能忍受较高的水温，我国自然生长的裙带菜主要分布在浙江省的舟山群岛及嵊泗岛，现在青岛和大连地区也有裙带菜的分布。裙带菜具有很高的经济价值及药用价值，含有褐藻酸、甘露醇、褐藻糖胶、多不饱和脂肪酸、岩藻黄素、有机碘、固醇类化合物、膳食纤维等多种具有独特生理功能的活性成分。裙带菜具有降血脂、降血压、免疫调节、抗突变、抗肿瘤等多种生理活性（孙耀军等，2019）。

裙带菜的加工比较简单，主要是淡干。收割上岸后，应注意单棵吊挂，展平收存。此外，亦有沸水浸泡冷冻法、盐干法等。裙带菜既有海带的清脆，又有紫菜的鲜美，是一种百姓喜欢的"海洋蔬菜"，尤其冷冻或鲜销都是日常餐桌凉拌、汤料的上品（张美昭，2018）。目前我国企业一般先将其加工成盐渍裙带菜，再根据消费者的不同需求，进一步加工成各种食品，比如裙带菜干叶、即食裙带菜、裙带菜海绵蛋糕、裙带菜面板、裙带菜发酵饮料、裙带菜孢子叶浓缩汤料、裙带菜孢子叶饮料、藻粒饮料等产品（刘剑波，2021）。

3. 紫菜　　紫菜是紫菜属藻类的统称，属红藻门（Rhodophyta）、红藻纲（Rhodophyceae）、红毛菜目（Bangiales）、红毛菜科（Bangiaceae）、紫菜属（*Porphyra*）。紫菜外形简单，由盘状固着器、柄和叶片三部分组成。叶片是由一层细胞（少数种类由两层或三层）构成的单一或具分叉的膜状体，其体长因种类不同而异。紫菜含有叶绿素、胡萝卜素、叶黄素、藻红蛋白及藻蓝蛋白等色素，由于其含量比例的差异，导致不同种类的紫菜呈现紫红、蓝绿、棕红、棕绿等颜色，以紫色居多，故得名。紫菜是一种营养价值较高的食用海藻，蛋白质含量较高，碘、多种维生素和矿物质等微量营养素丰富，味道鲜美。

紫菜是我国的第二大类海藻资源，广泛分布于世界各地，在我国北起辽宁，南至海南均有分布，现已发现 70 余种。自然生长的紫菜数量有限，产量主要来自人工养殖，坛紫菜（*P. haitanensis*）、条斑紫菜（*P. yezoensis*）和甘紫菜（*P. tenera*）是主要的养殖种类，其中坛紫菜和条斑紫菜产量较大。紫菜所含的营养素全面、丰富，富含蛋白质和碘，碘含量仅次于海带，磷、铁、钙、胡萝卜素和维生素 B_2 的含量也较高。此外，紫菜中还含有一定量的胆碱、维生素 A、硒、锌、锰、镁等，这些物质对人体骨骼、血液、神经等的生长、代谢均有益处。在保护人体健康和营养防癌方面，其作用则是一般食品不可比拟的，对治疗夜盲症、降低胆固醇和增强记忆力也有一定作用（孙耀军等，2019）。目前紫菜加工方式主要为干制和烤制，如常见的即食紫菜片（即食海苔）、调味紫菜等产品。随着食品深加工技术的不断发展，通过提取紫菜中多糖、藻胆蛋白和多肽等活性成分，可开发保健食品（Venkatraman and Mehta, 2019；师文涛，2018）。

4. 角叉菜（*Chondrus ocellatus*） 角叉菜属红藻门、红藻纲、杉藻目（Gigartinales）、杉藻科（Gigartinaceae）。海生，藻体丛生，固着在基质上，深紫色或稍带绿色，强韧革质，高 4～12cm。藻体直立，具壳状固着器，基部亚扁形，向上则扁平叉开，数回叉状分枝。腋角宽圆，顶端圆钝形，舌状，浅凹或两裂状，边缘全缘或有副枝。

角叉菜主要分布于我国东南沿海及胶东半岛沿海。作为暖温带性海藻，角叉菜具有很高的经济效益，可作制胶工业原料，是水产动物的天然优质饵料。近年来有关角叉菜中多糖、氨基酸等多种活性物质的提取和营养食品的开发日益受到重视。

5. 石莼（*Ulva lactuca*） 石莼属绿藻门（Chlorophyta）、石莼目（Ulvales）、石莼属（*Ulva*），是一种海洋经济绿藻类，藻体为膜质，厚约 45μm，仅有两层细胞，细胞剖面观呈正方形，基部不厚，近似卵形，边缘带略有波纹，呈宽广的叶片状，高 100～400mm，嫩时为淡黄绿色，成熟时草绿色。

石莼属温带性种类，广泛分布在西太平洋，我国主要分布在东海和南海。通常生长在中潮带、低潮带及大干潮线附近的岩礁或粗石沼泽中，内湾更多些。石莼一直以来作为药材使用，具有治疗中暑、肠胃炎、咽喉炎等功效。石莼中的石莼多糖为其主要的功能成分，现代药理学研究表明，石莼多糖具有抗氧化、抗菌、抗病毒和降血糖等多种作用（林龙，2013）。

6. 江蓠 江蓠是江蓠属（*Gracilaria*）藻类的统称，属红藻门、真红藻纲（Florideae）、杉藻目（Gigartinales）、江蓠科（Gracilariaceae）。江蓠属的种类较多，藻体外形比较复杂，大致可分为圆柱状、圆柱状扁压或扁平和叶状。藻体淡褐色至暗褐色，有时浅紫褐色或带黄绿色，近软骨质，单生或丛生，一般高 5～50cm，也可达 1～2m 甚至以上，一般具有 1 个及顶的主干，直径 1～2mm，分枝不规则互生或偏生，基部略收缩。髓部薄壁细胞大，皮层由 2～5 层较小细胞组成，含色素体（甘慈尧，2016）。

江蓠为暖水性藻类，热带、亚热带及温带都有生长，热带和亚热带海区分布的种类更多，我国主要产地在南海和东海，黄海较少。江蓠属共近 100 种，常见的有龙须菜（*G. sjoestedtii*）、真江蓠（*G. vermiculophylla*）、芋根江蓠（*G. blodgettii*）、脆江蓠（*G. bursa-pastoris*）、凤尾菜（*G. eucheumoides*）和扁江蓠（*G. textorii*）等十多种。江蓠富含藻胶和藻类多糖，是重要的海洋大型经济类群，用途十分广泛，可用作食品、提取琼胶及鲍鱼养殖饲料（李永梅等，2018）。

7. 麒麟菜（*Eucheuma*） 麒麟菜是麒麟菜属藻类的统称，属红藻门（Rhodophyta）、真红藻纲（Florideae）、杉藻目（Gigartinales）、红翎菜科（Solieriaceae），又名鸡脚菜、珍珠菜等。麒麟菜藻体大小因种类而异。一般高 12～30cm，宽 0.2～0.3cm，藻体多为直立的圆柱状或扁平状，肥厚多肉，有交错生长的分枝，分枝顶端尖细，枝的四周具有刺状突起，这些突起在麒麟菜分枝上部比较密，下部分比较稀疏。多轴形结构，形状很像鸡脚。新鲜的麒麟菜肥满多汁，藻体脆软，晒干后大多种类变为坚硬的软骨质（蔡丹燕，2017）。

麒麟菜主要分布在热带和亚热带海区，以赤道为中心，向南北两方延伸。产量最多的国家为菲律宾，我国主要产于海南及台湾。全世界有麒麟菜 30 多种，我国有麒麟菜（*E. muricatum*）、琼枝（*E. gelatinae*）、珍珠麒麟菜（*E. okamurae*）、齿状麒麟菜（*E. serra*）等。

麒麟菜是一种经济价值较高的海藻，沿海居民多凉拌或腌制而食（李刘冬等，2002；蔡丹燕，2017）。麒麟菜中含有大量的卡拉胶、多糖、黏液质，有很强的抗病毒、抗凝作用。麒麟菜不仅可以食用，还可以药用，麒麟菜和其他海藻一样具有蛋白质、维生素及矿物质，还有海藻多糖等营养物质。由于藻体内含有丰富的卡拉胶，自古以来麒麟菜用作中草药，味咸、性平、能化痰疾，还可以用于气管炎、咳嗽、甲状腺结核等治疗。而且，麒麟菜中含有的海藻多糖，对高血脂有降低血清胆固醇的作用和降脂功能。另外，麒麟菜的膳食纤维属于无毒级，未发现致突变作用，食用安全，对便秘患者具有良好疗效，其功能优于小麦麸皮膳食纤维，食用安全可靠（蔡丹燕，2017）。

8. 螺旋藻（*Spirulina*） 螺旋藻是一类低等植物，属于蓝藻门（Cyanophyta）、蓝藻纲（Cyanophyceae）、颤藻目（Oscillatoriales）、螺旋藻属（*Spirulina*）。它们与细菌一样，细胞内没有真正的细胞核，所以又称为蓝细菌。蓝藻的细胞结构原始，且非常简单，是地球上最早出现的光合生物，在这个星球上已生存了35亿年。

螺旋藻在显微镜下可见其形态为螺旋丝状，故而得名。螺旋藻在世界各地均有分布，海水和淡水中均有生长，是一种热带和亚热带性藻类，我国的海南沿海和云南省内陆均有养殖和加工。螺旋藻营养丰富，干基中蛋白质含量高达60%～70%，总脂量低，γ-亚麻酸含量较高，微量元素丰富，特别是硒。此外，还含有多糖、β-胡萝卜素等活性成分。因此，螺旋藻风行世界，成为健康保养食品之一。

在食品方面，目前墨西哥政府已经规定儿童食品内所含有的螺旋藻必须达到20%～40%。我国也将螺旋藻制成各种食品，或制备为干粉、提取液等作为原料加到我们日常食用的食物中。在医学方面。由于螺旋藻中含有多种生物活性成分，如藻胆蛋白、多糖、β-胡萝卜素、γ-亚麻酸及内源性酶等，这些都对人体的健康非常有益。另外，螺旋藻中铁的含量达到了580～646mg/kg。所以，目前临床上科学家们已经将螺旋藻应用于儿童，且在改善营养不良、防辐射、补充蛋白质、补充维生素、补充矿物质等方面取得了显著的效果（陈宁，2018）。

第三节 腔 肠 动 物

腔肠动物主要包括海蜇、海葵、水螅等，其中海蜇是主要加工食用品种。

一、海蜇的种类

海蜇（*Rhopilema esculentum* Kishinouye）是生长在海洋中营浮游生活的大型暖水性水母类，为双胚层动物，隶属腔肠动物门（Cnidaria），钵水母纲（Scyphomedusae），根口水母目（Rhizostomeae），根口水母科（Rhizostomatidae），海蜇属（*Rhopilema*）。

海蜇产于南海、东海、黄海、渤海四大海区内海近岸，资源十分丰富。2020年，我国海蜇捕捞量为12.86万吨，其中捕捞量较大的地区为山东、广西和江苏，2020年海水养殖量为9.04万吨。我国沿海的食用水母，除了水母科海蜇属，还有口冠水母科（Stomolophidae）的沙海蜇（*Stomolophus meleagris*），叶腕水母科（Lobonematidae）的叶腕海蜇（*Lobonema smithi*）和拟叶腕水母（*Lobonemoides gracilis*）等。

二、海蜇的构造

（一）海蜇的外部形态特征

海蜇，体形似蘑菇状，分为伞体和口腕部，伞体俗称为海蜇皮。口腕部俗称为海蜇头。伞体部和口腕部之间，由胃柱和胃膜连为一体（图32-4）。

1. 伞体部 伞体部为个体的上半部，呈近半球形，一般成体的伞径为25～60cm，也有海蜇伞径达100cm。体色多样，浙江省、福建省一带海蜇为红褐色，黄海和渤海海区的体色有红色、白色、淡蓝色和黄色等。海蜇伞体部的纵切面分为3层，即外伞层、中胶层和内伞层。中胶层厚而硬，尤其伞体中央，而伞缘较薄，成熟海蜇中央部厚2～4cm。内伞层有环肌，并有4个生殖腺下腔等。外伞表面光滑，伞的边缘有8个感觉器，位于由胃腔延伸到伞缘的主辐管和间辐管位置的凹陷内。这8个感觉器的凹陷明显地将伞缘平分为8个区，每个区的伞缘有14～20个呈舌状小瓣，称为缘瓣，在每个感觉器两边的缘瓣较短小而呈尖形，称为感觉缘瓣（图32-5）。

2. 口腕部 口腕部为伞部以下部分，是由内伞中央下垂的圆柱状（口柄）所组成。成体的口柄是由幼体时内伞中央口的四隅延长的4条口腕，在发育变态时其基部愈合而成。愈合后中央口消失，未愈合的下端纵分成8条口腕，每条口腕又分成三翼，各翼边缘褶皱处长有许多小口与外界相通，成为吸口。吸口兼有摄食、排泄、生殖和循环等多种功能。呈喇叭状，能伸张。张开时，直径一般为0.3～0.5mm，大

图 32-4 海蜇

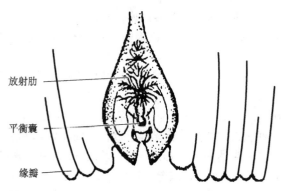

放射肋

平衡囊

缘瓣

图 32-5 感觉器（洪惠馨，2003）

者约 1mm，其边缘生有鼓槌状的小触指。触指上有刺丝胞，能放出刺丝，有捕食和御敌的功能。众多的小吸口均有众多的小管与它相通，如同植物的根系，因此称为根口水母（图 32-6）。其周围长有许多丝状附属器（150～180 条）和棒状附属器（30～40 条）。在口柄基部各从辐位生出一对左右侧扁的翼状物，称为肩板（共 8 对），每一肩板左右扁平，内侧平滑，为三翼形。肩板边缘褶皱上也有许多吸口，其周围也长有许多小触指和丝状附属器。丝状附属器随个体的生长逐渐出现，数目也随之增多（成体 40～50 条）。

（二）海蜇的内部构造

海蜇的内部主要由消化循环系统、生殖系统（图 32-7）和神经感觉系统组成，其中消化循环系统主要包括胃柱、胃膜、辐管系统和腕管系统。

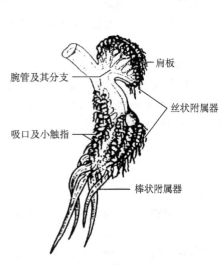

肩板

腕管及其分支

丝状附属器

吸口及小触指

棒状附属器

图 32-6 口腕及吸口（洪惠馨，2003）

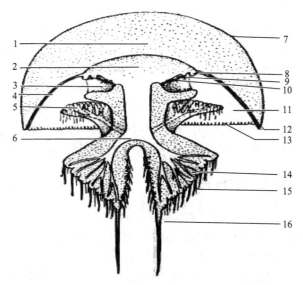

图 32-7 雌性海蜇纵切面模式（洪惠馨，2003）
1. 中胶层；2. 胃腔；3. 生殖下穴；4. 间辐管；5. 肩板；
6. 口腕管；7. 外伞；8. 生殖乳突；9. 生殖腺；10. 胃丝；
11. 内伞；12. 感觉器；13. 缘瓣；14. 口腕；15. 丝状
附属器；16. 棒状附属器

三、海蜇的化学组成

海蜇每年 8 月份开始捕捞，可供鲜食，或加工成盐渍品待用，伞部为海蜇皮，口腕部为海蜇头。海蜇每百克含蛋白质 12.3g，脂肪 0.1g，糖 4g，维生素 B_1 0.01mg，维生素 B_2 0.04mg，钙 182mg，铁 95mg，碘 132mg。蛋白质含量相对较高，氨基酸组成较为齐全（表 32-6）。海蜇生殖腺氨基酸总量和必需氨基酸含量均远远高于其他两个部位，且其必需氨基酸的构成与人体所需氨基酸组成比较接近，是一种具有开发前景的天然营养物质。

表 32-6　海蜇中人体必需氨基酸占总氨基酸的百分比

样品	人体必需氨基酸占总氨基酸百分比 /%						
	ILE	LEU	LYS	MET+CYS	PHE+TYR	THR	VAL
海蜇皮	3.1	4.0	4.3	15.3	6.4	4.2	5.5
海蜇头	3.2	3.9	4.7	15.6	6.5	4.1	5.1
海蜇生殖腺	4.3	6.6	7.0	11.4	8.2	4.8	6.2
模式谱	4.0	7.0	5.5	3.5	6.0	4.0	5.0

注：模式谱指 FAO/WHO 于 1973 年修正的人体必需氨基酸含量模式谱。ILE. 异亮氨酸；LEU. 亮氨酸；LYS. 赖氨酸；MET. 甲硫氨酸；CYS. 半胱氨酸；PHE. 苯丙氨酸；TYR. 酪氨酸；THR. 苏氨酸；VAL. 缬氨酸。

资料来源：刘希光等，2007。

四、海蜇的加工利用

我国是世界上最早食用海蜇的国家，早在公元 4 世纪就已有记载。海蜇加工的基本方法是用盐、矾腌渍，由于海蜇结构脆弱、易破碎、死后很快自溶，所以捕后上岸的海蜇应就地进行加工。首先是将捕获的海蜇的伞部与口腕部切开，分别放置于不同的容器中。如无条件，可在沙滩上挖坑铺上塑料布来代替。然后加盐、矾，以沥去水分并固定有机质。通常"矾"后，都得取出沥水，再"矾"。如此"三矾"之后，海蜇体内主要水分已去除，便可整理包装销售。但这种传统加工工艺也存在一个问题，即明矾用量偏高，尤其"二矾"盐矾比达 5% 左右，成品的矾量高达 1.2%～2.2%。从食品安全角度来看，加工方式值得商榷。

海蜇无论是在加工还是贮存过程中，都最忌讳日晒雨淋，并忌掺入鱼卤、淡水、污水或碱类等杂物，否则会引起海蜇成品霉烂变质。成品包装后，应该放在阴凉、通风、干燥的地方。只要保管妥当，可贮存数年不会变质（张美昭，2018）。

【思 考 题】

1. 描述海参的内部构造，并简述海参的营养价值。
2. 简述常见的藻类品种，并简述它们的营养价值。
3. 简述海蜇的形态特征及其化学成分。

第一节 水产动物类原料捕捞后的质变

一、鱼、贝类原料捕捞后的质变

刚死的鱼体，其肉质柔软且富有弹性，放置一段时间后，肌肉收缩变硬，失去伸展性或弹性，这种现象称为死后僵直。鱼的僵直是判断鱼是否新鲜的主要标志。鱼体死后从新鲜到腐败的变化过程，一般分为僵硬、解僵和自溶、腐败三个阶段。僵直时间即为从开始僵硬到最硬之间的时间，鱼的最佳食用时间应在僵硬期结束之前。表 33-1 为从不同角度分析鱼贝类死后变化的基本情况。

表 33-1　鱼贝类死后变化的基本情况

视觉和触觉	活鱼贝	刚死的鱼贝	僵硬开始	完全僵硬	解僵	软化	腐败
K 值（新鲜度指标）	非常新鲜（ATP 存在）			新鲜（ATP 消失）			
味觉和嗅觉	非常新鲜（可生吃）		新鲜（可生吃）		开始腐败		腐败味
生物化学		自身酶分解					
微生物学					外源性微生物对鱼体分解		

资料来源：林洪等，2001。

（一）僵硬阶段

1. 生化变化　在鱼贝类肌肉中，糖原作为能量的贮存形式而存在，在鱼体的能量代谢中发挥着重要作用。鱼体死后，在停止呼吸和断氧的条件下，肌肉中的糖原酵解生成乳酸。与此同时，三磷酸腺苷（ATP）按以下顺序发生分解：ATP→ADP（二磷酸腺苷）→AMP（一磷酸腺苷）→IMP（肌苷酸）→HxR（次黄嘌呤核苷）→Hx（次黄嘌呤）。

HxR 和 Hx 是 ATP 分解的最终积累物质，以水产动物体内核苷酸的分解产物作为测定其鲜度的指标为 K 值，它是通过测定 ATP 最终分解产物（次黄嘌呤核苷和次黄嘌呤）所占的 ATP 关联物的百分数来计算，可用下式表示：

$$K = \frac{[\text{HxR}] + [\text{Hx}]}{[\text{ATP}] + [\text{ADP}] + [\text{AMP}] + [\text{IMP}] + [\text{HxR}] + [\text{Hx}]} \times 100\%$$

式中，[ATP]、[ADP]、[AMP]、[IMP]、[HxR]、[Hx] 分别代表相应化合物的浓度，以 μmol/g（湿重）表示，可利用液相色谱、柱层析、薄层层析或鲜度试纸进行测定。

K 值所代表的鲜度和一般与细菌腐败有关的鲜度不同，它反映与鱼体初期鲜度变化及质量风味有关的生化质量指标，K 值越低说明鲜度越好，高鲜度原料的 K 值应低于 20%，即杀死的鱼其 K 值低于 5%。此外，由于淡水鱼的核苷酸类化合物的分解速率极快，且分解速率因鱼种不同而有明显差异，使得统一的 K 值标准难以准确地反映实际情况，因此 K 值不宜单独用作淡水鱼的鲜度指标。

2. 影响死后僵硬的因素　死后僵硬期间，原料的鲜度基本不变，僵硬结束后，才开始发生自溶和腐败等一系列变化。如果在渔获后能推迟开始僵硬的时间，并延长僵硬持续的时间，对原料新鲜度的保持具有重要作用。鱼体僵硬速度取决于鱼肉中 ATP 浓度的下降速度，从鱼体死后到开始僵硬的时间及到僵硬期结束的时间，主要与以下因素有关。

1）鱼种及栖息水温　一般来讲，中上层洄游性鱼类，如鲐鱼、鲅鱼等，由于体内所含的酶类活性较强，僵硬开始的时间早，并且持续的时间短；而活动性较弱的底层鱼类，如鲆鱼、鲽鱼等，僵硬开始时间较迟，持续的时间较长。此外，鱼体死前生活的水温越低，其死后僵硬所需的时间越长，越有利于保鲜。

2）生理条件及致死方法　同一种鱼，死前的营养及生理状况不同，僵硬期长短也有所不同。鱼在捕获前，如果未能获得充分的营养，由于肌肉中贮存的能量较少，死后就会立即开始变硬。捕获后剧烈挣扎、疲劳而死的鱼，因体内糖原消耗多，比捕获后迅速致死的鱼更早进入僵硬期，且持续时间较短。同样，捕获后处理不当，如强烈的翻弄或使鱼体损伤，或窒息死去的鱼，进入僵硬期均较早。因此，鱼体捕获后应迅速致死或低温冷藏处理，从而降低因挣扎和能量消耗带来的不利影响。

3）保鲜温度　鱼死后的贮藏温度是支配其开始僵硬时间及持续僵硬时间的最重要的因素。保鲜温度越低，僵硬开始的时间越迟，持续的时间也越长。因此，要保持渔获物的新鲜就应立即将其冷却、降温。一般在夏季，僵硬期维持在数小时以内；冬季或冰藏的条件下可维持数日。

（二）解僵和自溶阶段

鱼体死后进入僵硬阶段，达到最大程度僵硬后，这种僵硬又将缓慢地解除，肌肉重新变得柔软，称为解僵。僵硬现象解除后，由于各种酶的作用使鱼肉蛋白质逐渐分解，鱼体变软的现象称为自溶。

解僵和自溶是肌肉中的内源性蛋白酶或来自腐败菌的外源性蛋白酶作用的结果，一般认为是由肌肉中组织蛋白酶类对蛋白质分解所造成的。此外，参加蛋白质分解作用的酶类除自溶酶类外，还可能有来自消化道的胃蛋白酶、胰蛋白酶等消化酶类，以及细菌繁殖过程产生的胞外酶。

自溶的速度与鱼的种类、保藏温度、pH、盐类等因素有关，其中温度最为主要（表 33-2）。自溶的速度与温度的关系可用温度系数 Q_{10} 来表示，其物理意义为在适宜温度范围内，温度每升高 10℃，分解速率的增加倍数。鱼类自溶的适温范围随鱼种而异，大致海水鱼类在 40～50℃范围内，淡水鱼类在 23～30℃范围内。因此，低温下贮藏鱼贝类，不仅是为了抑制细菌的生长，而且对于推迟自溶作用的进程也十分重要。

表 33-2　不同温度情况下几种鱼类的自溶速度

鱼种	温度范围/℃	温度系数 Q_{10}	最适温度/℃	鱼种	温度范围/℃	温度系数 Q_{10}	最适温度/℃
鲐鱼	19.1～28.4	2.8	45	鲤鱼	9.7～14.5	3.1	27
	28.4～45.3	7.8			14.5～26.1	5.4	
鲆鱼	18.2～28.5	3.0	45	鲫鱼	9.7～14.4	4.2	23
	28.5～44.9	8.4			14.4～26.1	7.0	

资料来源：蒋爱民和周佺，2020。

不同鱼种由于栖息环境不同，体内酶活性也各不相同，自溶酶的最适温度也不同，所以自溶速率有一定差异。一般来讲，中上层洄游性鱼类由于新陈代谢旺盛，体内积蓄较多活性较强的酶类，比底栖性鱼类自溶速度快。此外，淡水鱼类由于酶活性的最适温度范围在常温下，其自溶速度较海水鱼快。

pH 对自溶作用也有一定影响，多数鱼类自溶的最适 pH 在 4.5 左右。在一定范围内，随着自溶温度的升高，其最适 pH 会有所降低。此外，盐类对自溶作用也有影响。当肌肉组织中有微量的 K^+、Na^+、Mg^{2+} 存在时，可启动酶的活性，当达到一定数量时就会抑制酶的活性，从而抑制自溶作用。例如，向鱼肉悬浊液中添加 2% 的食盐，自溶速度可减少至原来的一半，添加 20% 时，可减少至原来的 1/4。自溶作用在饱和食盐溶液中可缓慢进行，因此，食盐并不能使自溶作用完全停止。

（三）腐败阶段

在微生物作用下，鱼体中的蛋白质、氨基酸及其他含氮物质被分解成氨、三甲胺、吲哚、硫化氢、组胺等低级产物，使鱼体产生具有腐败特征的臭味，此过程即为细菌腐败。

通过微生物所产生的各种酶的作用，食品的成分逐渐被分解。

（1）蛋白质的分解。蛋白质无法通过微生物的细胞膜，无法被直接利用，当微生物将低分子化合物作为营养源繁殖到一定程度时，即可分泌蛋白酶，分解蛋白质，产生蛋白酶的菌属分布广泛，包括弧菌属（*Vibrio*）、黄杆菌属（*Flavobacterium*）、微球菌属（*Micrococcus*）、芽孢杆菌属（*Bacillus*）等。

（2）氨基酸的分解。组织中及蛋白质分解产生的氨基酸进一步通过微生物的酶作用发生脱羧作用或脱氨作用。

（3）氧化三甲胺的还原。氧化三甲胺通过细菌的氧化三甲胺还原酶的作用，产生三甲胺。三甲胺是鱼腥臭的代表性成分之一。

（4）尿素的分解。通过细菌具有的脲酶作用分解成氨和二氧化碳。

（5）脂肪的分解。含脂量高的食品随贮藏时间的延长，脂肪自动氧化和分解，产生不愉快的臭味等。脂肪的劣化除受到空气、氧化、加热等影响外，还受到微生物的酶促作用。

鱼类经捕获致死后，不再具有抵抗微生物侵入的能力，严格地讲，细菌的繁殖实际上从鱼体死后便已开始，是与僵硬、解僵和自溶阶段同时进行的。在僵硬期，细菌腐败处于初级阶段，分解的产物少；当鱼体进入解僵和自溶阶段后，黏着在鱼体上的细菌开始利用体表的黏液和肌肉组织的含氮化合物等营养成分进行繁殖，特别是到了自溶阶段后期，pH 进一步上升，达到 6.5～7.5，细菌在最适的生长条件下快速繁殖，分解产物增多，鱼体进入腐败变质阶段。

鱼贝类腐败的速率与种类、温度、pH、最初细菌数及个体的内在因素等有关，其中温度和最初细菌数对其腐败速率影响最大。温度对鱼贝类腐败速率的影响包括对酶的活性和微生物生长两个方面。在 0～25℃的范围内，温度对微生物生长的影响要大于对酶活性的影响，因为在低温下，微生物的生长受抑制的程度高于酶活性的丧失，许多微生物在 10℃以下是不能生长的，当温度降至 0℃时，甚至嗜冷菌的繁殖也很缓慢。因此，在低温下贮藏鱼贝类是延缓鱼贝类腐败变质的重要方法。

二、虾、蟹（甲壳）类

虾、蟹等甲壳类水产品中的肌肉组织在死后与鱼、贝类发生质变的过程类似，有学者将对虾死后的形态变化分为 4 个阶段：初期生化变化、死后僵硬、自溶和腐败（表 33-3）。也有将质变过程按照肌肉变化分为四个阶段：僵直、解僵、自溶、腐败黑变阶段。本章参考多位学者的研究，详细讲述甲壳类水产动物在捕捞后僵直和解僵、自溶、腐败、黑变阶段。

表 33-3　对虾死后相关变化

项目	初期	僵硬	自溶	腐败
肉质组织	肌肉纹理清晰，有弹性，肉与壳连接紧密	肌肉略有弹性，不变色，肉与壳连接松弛	肌肉弹性较差，肉与壳连接松弛	肌肉组织松散，肉质发黄
体表色泽	体表有光泽，头胸甲与体节间连接紧密	壳有轻微红色或黑色，头尾部出现黑斑	肌肉无固有色泽，体表出现大面积黑斑	体表色泽灰暗，甲壳与虾体分离
气味	具有对虾固有的气味，无异味	略有异味	异味较强	强烈异味

资料来源：邓尚贵等，2019。

（一）僵直和解僵

甲壳类水产品死后初期，一些代谢仍在进行，肝糖原无氧降解，生成肌酸后进一步分解成磷酸，此时肌肉的 pH 下降，肌肉组织呈酸性。水产品中的 ATP 分解释放能量，组织温度上升，发生蛋白质酸性凝固和肌肉的收缩，肌肉失去延展性，表现为虾体或蟹体僵硬。随着肌原纤维蛋白的降解及肌肉组织内分子结构的变化，水产品开始解僵，在此阶段中水产品僵直解除、肉质变软，在组织蛋白酶作用下的肌肉进一步降解。

（二）自溶

在内源酶的作用下，甲壳类水产品的蛋白质被分解，组织变软。在此阶段，肌原纤维中 Z 线断裂，组织中胶原蛋白分子结构发生改变，结缔组织溶解，胶原纤维破坏，并产生一系列的中间产物及氨基酸和可溶性含氮物。这些产物为细菌的生长繁殖创造了物质基础条件，是之后肌肉组织腐败变质的基础。

1. 汁液损失　肌肉组织中含有大量的蛋白质，水产品失活后蛋白质发生的一系列变性、降解变化，可直观地体现在水产品的外观品质上，影响水产品的口感和营养价值等，蛋白质变性导致细胞结构松散，细胞损伤，细胞液外流，造成了组织的汁液损失。

2. 肉质松散　水产品死后在僵直阶段、成熟期、自溶阶段发生蛋白质降解、肌原纤维结构被破坏，这造成了甲壳类水产品肌肉组织松软，口感变差。

3. 微生物增殖　水产品中含有大量的蛋白质。水分含量高，肌肉组织疏松，pH 偏中性，极适合微生物生长。对虾死后菌落总数变化见图 33-1，随着贮藏时间的延长，虾肉中菌落总数显著增加，pH 也因微生物繁殖和蛋白质降解而升高。

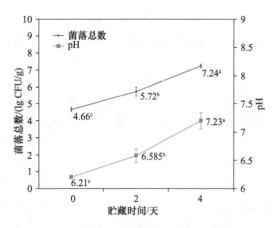

图 33-1　4℃贮藏过程中虾体菌落总数和 pH 的变化情况（Samira et al.，2020）

（三）腐败

肌肉自溶产生的氨基酸及其他的含氮物质在肌肉组织中进一步分解成含氮挥发性物质和有机酸，并产生胺类、NH_3、H_2S 等有毒的带有腥臭味的物质，这一阶段称为腐败。

在微生物、酶、血红素及光照等因子的共同作用下，甲壳类水产品中的不饱和脂肪酸降解产生氢过氧化物，二级脂肪氧化产生醛酮类物质，氧化三甲胺等胺类物质会降解，含氮和含硫前体物质会经酶催化转化，这些作用使得水产品产生腥味、臭味物质。

（四）黑变

虾死后，会在头、胸、关节、尾扇等部位发生黑变，营养物质大量流失。研究表明，甲壳类水产品中含有单酚类化合物，这类化合物在酚氧化酶的作用下，氧化成无色的醌类物质，醌类物质是活性很强的化合物，它们自发聚合形成高分子质量化合物或黑色素，或与氨基酸和蛋白质反应而加深颜色，导致产品的黑变，这种变质也被称为黑变病。

多酚氧化酶催化反应一般可分为两步，第一步是以苯酚和氧气作底物的催化反应，该反应能在与羟基相连的位置催化羟基化反应；第二步反应是二元酚被氧化为邻位苯醌，苯醌通常通过非酶反应机制进一步氧化成黑色素（褐色产物）。根据甲壳类水产品的黑变机制可知，抑制其黑变需要考虑消除反应中的一种或多种必要成分，如氧气、酶、铜或酶底物。在加工过程中为了防止冻虾黑变，采取去头、去内脏、洗去血液等方法后冻结。在冻藏过程中有的采用真空包装来进行贮藏，另外用水溶性抗氧化剂溶液浸渍后冻结，再用此溶液包冰衣后贮藏，可取得较好的防黑变效果。

第二节　水产动物类原料捕捞后的贮藏与运输

一、水产品的包装及贮藏

（一）水产品的包装

水产品在加工、贮藏前，可以通过包装保护水产品的质量，防止其质变；使水产品的生产更加合理化，提高生产效率。另外，科学合理的包装还可以给消费者卫生感、营养感、美味感和安全感，从而提高水产品的商品价值，促进水产品的销售与消费。

水产品的包装材料应该满足以下要求：①能够阻止有毒物质进入水产品中，并且包装材料无毒无害；②包装材料不与水产品发生化学作用，且在 −40℃和高温处理（在烘烤炉、沸水中）时不发生化学及物理变化；③能够抵抗感染和不良气味，防止微生物及灰尘污染；④不透过或者基本不透过水蒸气、氧气或者其他挥发性物质；⑤包装大小合适，能够在自动包装系统中应用；⑥包装材料应该具有良好的导热性能。

目前应用于水产品的包装材料有聚乙烯、聚丙烯、聚酯、聚苯丙乙烯、聚氯乙烯、尼龙及锡箔等薄膜类材料或者上述材料的复合材料。包装方法有直接包装、真空包装、气调包装等。

（二）水产品低温贮藏

水产品流通过程中，除活鱼运输外，要用物理或化学方法延缓或抑制其腐败变质，保持它的新鲜状态和品质。保鲜的方法有低温保鲜、化学保鲜、气调保鲜、电离辐射保鲜等。其中使用最早、应用最广的是低温保鲜。

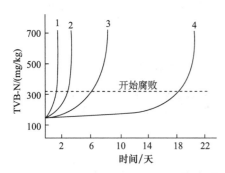

图 33-2　保藏温度与鱼体腐败的关系
（李里特，2011）
1. 30℃；2. 20℃；3. 10℃；4. 0℃。
TVB-N. 总挥发性盐基氮

水产品的腐败变质是体内所含酶（组织酶）及体表附着的细菌共同作用的结果。水产品体表上附着的腐败细菌主要是嗜冷性微生物，在0℃左右生长缓慢；0℃以下，温度稍有下降，即可显著抑制细菌生长、繁殖；温度降至−10℃以下，则细菌繁殖完全停止，如图33-2保藏温度与鱼体腐败的关系所示，保藏温度从10℃降到−1℃，鱼体达到初期腐败时间显著延长，−20℃比10℃保鲜时间延长2倍。

酶和微生物的作用都依赖适宜的温度和水分，在低温或者水分低的情况下就难以进行。水产品主要采用低温处理延缓其腐败，低温贮藏方式有冰藏保鲜、冷海水保鲜、冰温保鲜、微冻保鲜、冷冻保鲜和组合保鲜等。

1. 冰藏保鲜　冰藏保鲜通常使用冰或者冷海水作为介质，将贮藏温度控制在冰点到4℃，而未使水产品发生冻结的一种保鲜方法。由于贮藏温度较低，腐败微生物及酶的活性降低；融化的冰可以湿润产品表面，防止干耗，能够保持水产品的水分及光泽度，使水产品的货架期延长。冰藏保鲜是最传统的保鲜方式，至今仍是世界范围内应用最广的一种保鲜方法。冰藏保鲜虽然温度较低，嗜冷菌的生长繁殖却未被完全抑制，保鲜期较短。保鲜期因水产的种类而定，通常3~5天，一般不超过1周。冰藏保鲜不仅用于渔船捕获原料的保鲜，也用来直接生产各种冰鲜制品，如冰鲜河鲀、冰鲜对虾、冰鲜牙鲆等。研究表明，与冷藏保鲜5天相比，冰藏保藏有利于虾肉品质的保持，南美白对虾在冰藏条件下贮藏期延长至6天（方艺达等，2017）。

2. 冷海水保鲜　冷海水保鲜是将捕获的水产品浸渍在温度为−1~0℃的海水中进行保鲜的一种方法。属于深度冷却保鲜。其优点是冷却速度快，短时间内可处理大量鱼货，适用于渔获量高度集中、品种较单一、围网捕获的中上层鱼类的保鲜运输。其保鲜期一般为10天，比冰藏保鲜能延长5天左右。

3. 冰温保鲜　冰温保鲜是指将水产品放在0℃以下至冻结点之间的温度带进行保藏的方法。处于冰温带的水产品，能够保持活体性质（死亡休眠状态），同时降低新陈代谢的速度，从而能够长时间保存原有的色、香、味和口感，还能有效抑制微生物的生长繁殖、食品内部的脂质氧化与非酶褐变等化学变化。由于冰温保鲜的食品水分是不冻结的，因此能利用的温度区间很小，温度管理的要求极其严格，使其应用受到限制。研究表明，与冷藏相比冰温贮藏可以有限延缓鲐生物胺的释放，以组胺含量400mg/kg为限额，冰温贮藏将货架期从5天延长至12天，同时发现贮藏温度越高生物胺的释放量越高，释放速率越快，越不利于水产品的贮藏（He et al.，2020）。

4. 微冻保鲜　微冻保鲜是将新鲜水产品的温度降至略低于其细胞汁液的冻结点，并在该温度下进行保藏的一种保鲜方法。根据水产的品种及产地不同，不同水产品的冻结温度有所不同。在微冻状态下，水产品组织内部分水发生冻结，导致发生一系列理化反应，使得水产品能够在较长时间内保持其新鲜度而不发生腐败变质。由于微冻贮藏需要对贮藏温度进行良好的控制，所以成本较冰藏高，目前较多地应用于生鲜等价值较高的水产品。与冷藏和冰温贮藏相比，微冻贮藏温度更低，可以更有效地抑制酶活性和微生物对水产品水解及腐败作用；与冷冻贮藏相比，微冻贮藏过程避免了由于冷冻冰晶生成而对组织结构产生的破坏，以及冷冻对蛋白质、脂肪的变性及氧化作用。研究发现，微冻贮藏较冰温贮藏相比，可以有效延缓高白鲑质构劣化现象，将质构保持期延长2.5倍，降低鱼体K值增长速率，延长产品货架期，实现高白鲑低温贮藏期品质提升（Fan et al.，2021）。

5. 冷冻保鲜　冷冻保鲜是利用低温环境将水产品的中心温度降到−15℃以下，使水产品组织内部大部分水冻结，然后在−18℃以下进行贮藏和流通的低温保鲜方法。由于采用快速冻结的方法，可以使细胞内外生成的冰晶细微、数量多、分布均匀，对组织无明显的损伤，减少解冻过程中的汁液流失，冻品质量好。在贮藏或者流通过程中，如果能够保持温度恒定，可在数月至1年内有效地抑制微生物和酶引起的腐败变质，能够有效保持水产品原有的色香味和营养价值，适用于水产品的长期保鲜。

6. 组合保鲜　随着对水产品保鲜要求的提高，目前单一温度控制已经不能满足水产保鲜需求，因此常将低温保鲜技术和其他保鲜方法（气调保鲜、臭氧保鲜、保鲜剂保鲜）相结合，达到抗氧化、抗菌、延长保质期等目的。

二、水产品的流通及运输

（一）水产品活体运输

水产品活体运输就是把正常生活着的水产品从一地运送到另一地。我国活鱼销售价格最高，也最受消费者青睐。影响运输成活率的因素主要有溶解氧、水温、水质和水产的体质特性等。运输方法通常有开放式运输和密封充氧两类。随着科技的进步，麻醉保活和低温保活运输逐渐应用在水产品活体运输中。

1. 开放式运输　开放式运输是盛鱼于帆布袋箱、木桶等敞口容器中，盛鱼密度依水温、运程、鱼的种类、鱼的规格、鱼的体质和运输技术而定。运输途中如鱼浮头严重，或水面泡沫过多，表示水质恶化，应立即换加含氧量较高的新水。

2. 密封充氧运输　密封充氧运输是以聚乙烯薄膜袋或硬质塑料桶作为盛鱼容器。将鱼和水装入袋后充氧密封，用纸板盒包装。途中无须任何操作，可作货物托运。运物用水必须清新，加入适量抗生素可防水质恶化。运输中要防止破袋漏气，为提高安全系数，可使用双层袋。避免太阳曝晒或靠近高温处。此方法用纯氧气代替空气或者特设增氧系统，以解决运输过程中水产动物氧气不足问题，有效提高鲜活水产动物的存活率。此方法虽然简单，但是换水换气不易操作，鲜活水产动物呼吸需要消耗大量的氧气产生氨氮等代谢产物，影响其鲜活状态。

3. 麻醉保活运输　麻醉保活法是将麻醉制剂添加在水体或饵料中，水产动物在呼吸或吃食的时候摄入，继而会产生麻醉作用，使其暂时失去反射功能，降低其呼吸代谢强度，提高存活率。鲜活水产品流通运输中最常用麻醉剂包括间氨基苯甲酸乙酯甲磺酸盐（MS-222）、丁香酚等。

4. 低温保活法　目前，低温保活运输是短距离流通过程中最常用的运输方式，主要是通过在产地对运输水进行降温，或者在运输途中间断性向水中加入冰块，以降低水温促使代谢水平下降。低温保活运输方法能够有效地降低水产品的新陈代谢，延长保活时间，具有安全可靠、成本低廉的特点。

运输海洋活鱼大多有专用的活鱼运输船。海洋活鱼运输，由于运输时间长，通常为10h至3天左右，鱼水之比要比淡水鱼大得多。例如，运输石斑鱼时，鱼水比为1∶15（淡水鱼为1∶3～1∶4），一般成活率在95%以上。活鱼成活的时间主要取决于水质、水温，故通常装有增氧、净水、降温等设备。

全自动低温活鱼运输箱监控系统可扫码查阅。

（二）水产品冷链

冷链（cold chain）亦称冷藏链。水产品冷链是指水产品从捕捞起水后，在海上或陆地贮存、运输到销售等各个环节，都连续维持在规定的低温下流通，以保持其鲜度和质量的低温流通体系。根据对水产品不同的质量要求和相应的允许货架期，中国水产品冷链主要有两种：水产品维持在0℃以下的冰鲜冷链和保持在−18℃以下的低温冷链。由于温度很大程度上决定了化学反应中酶活性，影响微生物活力和生物体的代谢，因此水产品的冷链运输可以最大程度上保持水产品的品质，较好地满足市场和消费者需求。

水产冷链一般由以下环节组成：冷冻加工、冷冻贮藏、冷冻运输、冷冻销售及冷冻消费（图33-3），其中冷冻加工、冷冻贮藏、冷冻运输、冷冻销售是水产冷链流通的重中之重。

1. 冷冻加工　冷冻加工包括各种水产原料的预冷却、各种冷冻水产品的加工与加工品的速冻等。主要涉及冷却与冻结装置，主要由生产厂商完成，冷冻条件容易控制，生产线相对稳定。

2. 冷冻贮藏　冷冻加工包括水产原料及其加工品的冷藏和冻藏，主要涉及各类冷藏库、展示柜、冷冻柜及家用冰柜等。

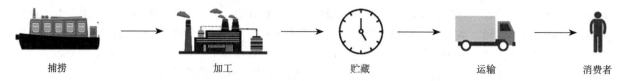

图 33-3　水产流通环节（Huang et al.，2021）

3. 冷冻运输　　冷冻运输包括水产品低温状态下的中、长途运输及短途配送等物流环节。主要涉及铁路冷藏车、冷藏汽车、冷藏船、冷藏低温箱等低温运输工具。在冷冻运输过程中，冷链断裂或者温度波动是引起水产品品质下降的主要原因之一，所以运输工具应该具有良好的保温隔热性能，在保持规定低温的同时，更要保持稳定的温度和冷链的连续性。

4. 冷冻销售　　冷冻销售包括水产品的批发及零售，由生产厂家、批发商和零售商共同完成。在早期，冷冻水产品的销售主要是零售车和零售商店承担。近年来，城市超级市场的大量涌现，使冷冻销售成为冷冻水产品的主要销售渠道。超市中的冷冻陈列柜也兼有冷藏和销售功能，是水产冷链主要组成部分之一。

【思 考 题】

1. 简述鱼类低温保鲜的方法。
2. 简述鱼、贝类水产品和虾、蟹类水产品在捕获后的质变过程中有何异同。

主要参考文献

白坤. 2012. 玉米淀粉工程技术. 北京：中国轻工业出版社：2，5-7，18，47，51-52，55.

包建强. 2011. 食品低温保藏学. 北京：中国轻工业出版社：175.

鲍程. 2021. 鲜切花椰菜加工及贮藏中生物活性物质变化研究. 长春：吉林农业大学.

卜科，郑学玲. 2017. 谷物化学. 北京：科学出版社：21，30，89.

蔡丹燕. 2017. 麒麟菜. 海洋世界，5：12-15.

蔡和晖，廖森泰，叶运寿，等. 2008. 金针菇的化学成分、生物活性及加工研究进展. 食品研究与开发，29（11）：171-174.

曹际娟. 2016. 水产品海洋生物毒素与检测技术. 北京：中国标准出版社：136-146.

曹静. 2015. 养殖和野生长吻鮠肌肉营养品质评价和挥发性风味物质比较研究. 上海：上海海洋大学.

曹瑶瑶. 2016. 小麦旋耕施肥宽幅精密播种复式机的设计. 青岛：山东农业大学.

常亚青，丁君，宋坚，等. 2004. 海参海胆生物学研究与养殖. 北京：海洋出版社.

常忠岳，衣吉龙，慕康庆. 2003. 关于影响刺参 Apostichopus japonicus（Selenka）生长及成活因素的探讨. 现代渔业信息，5：24-26.

陈必文，张敏，汪之和. 2005. 竹荚鱼资源的利用和加工产品及其生产工艺. 水产科技情报，5：227-229.

陈冰君，王睿睿，齐红莉，等. 2021. 一种腹泻性贝类毒素化学发光免疫分析试剂盒. CN 212364310U.

陈大刚，张美昭. 2015. 中国海洋鱼类. 青岛：中国海洋大学出版社：2.

陈凤莲，曲敏. 2020. 粮食食品加工学. 北京：科学出版社：16，20，267-271.

陈洪章，邱卫华. 2012. 食品原料过程工程与生态产业链集成. 北京：高等教育出版社.

陈惠云. 2015. 竹笋绿色保鲜贮藏技术研究与应用. 杭州：浙江农林大学.

陈慧，李建婷，秦丹. 2016. 苦荞的保健功效及开发利用研究进展. 农产品加工，413（15）：63-66.

陈宁. 2018. 海洋药物资源开发与利用. 北京：化学工业出版社：46-56，82.

陈瑞娟，毕金峰，陈芹芹，等. 2013. 胡萝卜的营养功能、加工及其综合利用研究现状. 食品与发酵工业，39（10）：201-206.

陈胜军，杨少玲，刘先进，等. 2019. 鲍鱼及其副产物综合加工利用研究进展. 肉类研究，33（10）：76-81.

陈亭亭，杨培伟，张树辉. 2019. 芹菜素抗肿瘤机制的研究进展. 中国现代应用药学，36（4）：507-510.

陈雪，王尧，李子涵. 2021. 长白山野生食用榛蘑即食品真空冷干技术研究. 农产品加工，9：46-48.

陈州莉，伍贤进，田玉桥，等. 2019. 蜜环菌活性成分及产品开发研究进展. 粮食流通技术，（21）：25-29.

陈宗伦. 2015. 黄瓜苦味成分能抗癌降糖. 农业知识：瓜果菜. 食品工业，36（2）：77.

戴红君，孙艺伟，任妮，等. 2021. 我国中华绒螯蟹产业现状调查及发展对策分析. 江苏农业科学，49（18）：248-252.

邓家刚，郝二伟，侯小涛. 2018. 海洋中药学. 南宁：广西科学技术出版社：165-166.

邓尚贵，毛相朝，余华. 2019. 虾深加工技术. 北京：科学出版社：42.

邓晓君，杨炳南，尹学清，等. 2019. 国内马铃薯全粉加工技术及应用研究进展. 食品研究与开发，40（11）：213-218.

邓雪盈. 2017. 花椰菜叶片成分分析与加工利用. 长沙：湖南农业大学.

刁小琴，王莹，贾瑞鑫，等. 2022. 动物性脂肪对肉品风味影响机制研究进展. 肉类研究，36（3）：45-51.

董飚，王健，段修军，等. 2012. 莱茵鹅和朗德鹅早期生长规律及体尺比较. 河南农业科学，41（11）：139-142.

董秀萍. 2010. 海参、扇贝和牡蛎的加工特性及其抗氧化活性肽的研究. 镇江：江苏大学.

段静芸，徐幸莲，周光宏. 2002. 壳聚糖和气调包装在冷却肉保鲜中的应用. 食品科学，23（2）：138-142.

范晓燕，张欢畅，何曼，等. 2017. 葡萄贮藏保鲜新技术研究进展. 河北科技师范学院学报，31（4）：45-48＋59.

方磊，李国明，徐姗姗，等．2018．牡蛎生物活性肽的研究进展．食品安全质量检测学报，9（7）：1548-1553．

方艺达，裘肖霞，常思益，等．2017．冷藏及冰藏条件下南美白对虾品质变化规律．肉类研究，7：22-28．

冯国军，刘大军．2016．菜豆的营养价值评价与分析．北方园艺，（24）：200-208．

冯国军，刘大军．2018．菠菜的营养价值与功能评价．北方园艺，（10）：175-180．

冯叙桥，冯有胜，谭兴和．1994．农产品贮藏运销学．成都：成都科技大学出版社．

付雪媛，钟宏，宋文山，等．2020．章鱼内脏鱼油的提取及品质分析．中国油脂，45（5）：17-22．

傅滨，肖玉梅，李楠．2010．具有抗癌功效的花椰菜．大学化学，25（4）：3．

甘慈尧．2016．浙南本草新编．北京：中国中医药出版社：12．

高纯阳．2015．金针菇（*Flammulina velutipes*）休闲食品的加工研究．南京：南京农业大学．

高习习，廖梓懿，刘洪冲，等．2021．苹果采后处理与贮藏保鲜技术研究进展．保鲜与加工，21（6）：138-144．

高欣，郑华艳，林露．2016．包装材料对东北野生榛蘑保鲜期的影响．食品科技，41（10）：38-41．

郜海燕，孙健，陈杭君．2020．浆果保鲜加工原理与技术．北京：科学出版社．

葛雨珺．2020．基于黑米花色苷的可视化活性包装构建及其在银鲳保鲜中的应用．杭州：浙江大学．

公维洁，卓先勤，许环浪．2018．响应面优化超声波辅助提取马面鱼皮胶原蛋白工艺研究．食品工业，39（7）：92-96．

关海宁，徐筱君，孙薇婷，等．2021．肉汤中特征风味体系的形成机理及分析方法研究进展．肉类研究，35（1）：66-73．

关军峰．2001．果品品质研究．石家庄：河北科学技术出版社．

郭峰君，易灵红，容英霖，等．2020．海带加工现状研究．河北渔业，4：45-48．

郭磊，阚欢，范方宇，等．2021．牛肝菌的营养价值及综合利用现状与前景．食品研究与开发，42（1）：199-203．

郭磊，杨晶晶，阚欢，等．2020．云南野生牛肝菌和松茸的加工利用现状与对策研究．食品研究与开发，41（16）：199-202．

郭盈莹．2015．海参化学成分及其保健机理研究．大连：大连工业大学．

国家海洋局极地专项办公室．2016．南极周边海域磷虾等生物资源考察与评估．北京：海洋出版社：159-161．

何胜华，李海梅，马莺．2009．乳脂肪球膜（MFGM）的组成及生理特性．中国乳品工业，（4）：38-41．

贺殷媛，陈凤莲，李欣洋，等．2022．稻米-高筋小麦混合粉面团的静态和动态流变学特性．食品科学，43（9）：30-38．

洪惠馨．2003．海蜇．北京：科学出版社．

侯晓梅，张福崇，慕永通．2017．河北海湾扇贝产业特征、困境及发展建议．中国渔业经济，35（6）：80-88．

胡爱军，郑捷．2012．食品原料手册．北京：化学工业出版社．

华中农业大学．1981．蔬菜贮藏加工学．北京：农业出版社．

黄登鑫，李倩，徐同成．2018．生产面包专用小麦粉过程的质量控制．农产品加工，（6）：69-70，74

黄敬哲，张修正，裴继伟，等．2022．动物蛋白酶酶解鱿鱼内脏工艺研究．鲁东大学学报（自然科学版），38（1）：83-88．

黄名正，李鑫．2018．肉类产生风味差异的原因初探．中国调味品，43（6）：53-59．

黄伟卿，刘家富．2019．大黄鱼养殖技术．青岛：中国海洋大学出版社：19．

戢得蓉，杨芳，杨雯珺，等．2016．黄花菜贮藏及深加工技术研究进展．食品与发酵科技，52（2）：48-51．

纪留杰．2019．大白菜栽培与病虫害防治分析．农家科技（下旬刊），（9）：80．

贾晓昱，邵丽梅，李金金，等．2022．桃贮藏技术的研究进展．包装工程，43（3）：96-104．

江西省农业技术推广总站，江西省农学会．2010．江西主要农作物生产实用技术．北京：中国农业出版社．

蒋爱民，章超桦．2000．食品原料学．北京：中国农业出版社．

蒋爱民，赵丽芹．2007．食品原料学．南京：东南大学出版社．

蒋爱民，周佺．2020．食品原料学．北京：中国轻工业出版社：173-185，206-218，225-234．

蒋冰雪，张晓梅，何晓霞．2021．商品海参溯源分析技术研究进展．食品科学，42（13）：309-318．

金日天．2018．鲤鱼脱腥技术及其鱼丸制备的研究．沈阳：沈阳农业大学．

靳艳玲，杨林，丁凡，等．2019．不同品种甘薯淀粉加工特性及其与磷含量的相关性研究．食品工业科技，40（13）：46-51．

康岭，赵鑫，刘霞丽，等．2017．白玉翠黄瓜的简易贮藏与加工技术．中国果菜，37（5）：8-9.

康晓风，闫寒，莫海珍，等．2020．鲤鱼肉松的加工工艺及其品质研究．河南科技学院学报（自然科学版），48（3）：47-55.

李八方．2007．海洋生物活性物质．青岛：中国海洋大学出版社：32.

李冰．2016．鲈鱼腌制工艺与货架期预测模型研究．大连：大连海洋大学.

李晨曦．2020．芝麻籽成熟过程成分分析、多糖的提取及其功能性研究．郑州：河南工业大学.

李逢振．2021．竹笋贮藏保鲜技术的研究．农产品加工，（6）：66-68.

李红月，王金厢，李学鹏，等．2022．竹荚鱼冻藏过程中肌肉品质与蛋白质理化性质的变化及其相关性分析．食品工业科技，43（12）：325-337.

李华，王华．2022．中国葡萄酒概述．北京：科学出版社.

李惠，商金颖，郭艳利，等．2018．白虾0℃复合生物保鲜剂防腐保鲜效果．食品科技，43（7）：286-290.

李慧，连海飞，王德宝，等．2021．不同部位西门塔尔牛肉理化品质分析及烤制加工适宜性的研究．畜牧与饲料科学，42（3）：97-101.

李记明，魏冬梅．1996．葡萄果实的化学成分与酿酒特性．葡萄栽培与酿酒，（3）：32-35.

李继文，姜爱丽，胡文忠，等．2018．东北酸菜的发酵工艺及使用食品抗氧化剂和防腐剂的必要性．食品安全质量检测学报，9（19）：5090-5094.

李嘉瑞．1995．果品商品学．北京：中国农业出版社.

李娇，王向红，周畅，等．2021．章鱼墨囊黑色素的提取及理化性质研究．中国食品学报，21（1）：166-171.

李江滨，黄迪南．2004．贻贝的药用价值研究进展．水产科学，23（011）：43-44.

李浪．2008．小麦面粉品质改良与检测技术．北京：化学工业出版社：4，7，195，201.

李里特．2001．食品原料学．北京：中国农业出版社.

李里特．2011．食品原料学．2版．北京：中国农业出版社.

李刘冬，李来好，陈陪基，等．2002．麒麟菜风味食品加工技术的研究．食品科学，23（4）：53-56.

李里特，江正强．2008．烘焙食品工艺学．北京：中国轻工业出版社：10-11.

李明玥，刘宏艳，肖静，等．2022．黄花菜的活性成分、生物活性及加工技术研究进展．食品工业科技，43（19）：427-435.

李文忠．1964．油脂制备工艺与设备．北京：中国财经出版社.

李亚会，李积华，吉宏武，等．2021．远东拟沙丁鱼抗氧化肽的分离纯化及结构解析．中国食品学报，21（2）：229-238.

李亚娇，孙国琴，郭九峰，等．2017．食用菌营养及药用价值研究进展．食药用菌，25（2）：103-109.

李颖慧，王满生，师俊玲，等．2021．番茄深加工及其副产物利用研究现状．食品与机械，37（10）：222-226.

李永梅，刘瑞，杨楠，等．2018．海南省4种江蓠属（红藻门）海藻的形态分类学研究．热带海洋学报，37（4）：29-37.

李云飞．2022．食品物性学．北京：中国轻工业出版社：123.

梁杰，赵晓旭，汪秀妹，等．2019．鲍鱼内脏蛋白的提取及水解肽的抗氧化活性研究．食品工业科技，40（8）：136-144.

梁小明，韦倩妮，吴军，等．2020．罗非鱼加工废弃物的综合利用探讨．现代食品，17：29-31.

梁亚静．2015．不同加工方式对芸豆营养特性及抗氧化活性的影响．长沙：中南林业科技大学.

林洪，张瑾，熊正河．2001．水产品保鲜技术．北京：中国轻工业出版社：27.

林龙．2013．孔石莼多糖对四氧嘧啶诱导的糖尿病小鼠的降血糖作用及其研究．厦门：集美大学.

林茂．2019．花生品质特征及加工技术．北京：中国农业科学技术出版社.

林婉玲，关熔，曾庆孝，等．2011．彩鲷和普通罗非鱼不同部位营养及质构特性的研究．现代食品科技，27（1）：16-21，49.

刘冲．2012．即食小黄鱼制品的开发和研究．杭州：浙江大学.

刘定梅．2016．营养学基础．北京：科学出版社.

刘剑波．2021．我国裙带菜加工利用技术研究进展．河北渔业，3：42-44，46.

刘静. 2019. 渤海鱼类. 北京：科学出版社：68-69.

刘瑞玉. 2008. 中国海洋生物名录. 北京：科学出版社.

刘希光，于华华，刘松，等. 2007. 海蜇不同部位的氨基酸组成和含量分析. 海洋科学，212（2）：9-12.

刘晓华，曹郁生，陈燕，等. 2008. 精氨酸 - 共轭亚油酸抗氧化活性研究. 食品与发酵工业，34（8）：69.

刘英. 2005. 谷物加工工程. 北京：化学工业出版社：8.

刘长琳，葛建龙，陈四清，等. 2018. 野生金乌贼缠卵腺的营养成分分析及评价. 营养学报，40（4）：412-414.

陆剑锋，林琳，葛孟甜，等. 2017. 河蟹分割加工工艺及其 GMP 操作规程. 中国水产，11：84-87.

陆琼烨. 2014. 梅童鱼头制备食用鱼粉的研究. 舟山：浙江海洋学院.

罗晓莉，张利菁，邓雅元，等. 2013. 不同保鲜方法对美味牛肝菌贮藏品质的影响. 保鲜与加工，13（2）：17-20.

马海燕. 2007. 刺参（Stichopus japonicus）烂皮病病灶组织显微观察及病原的初步研究. 青岛：中国海洋大学.

马嵩，彭福，张天峰，等. 2014. 天然水域中贝毒素及检测方法综述. 生命科学仪器，12（4）：18-23.

马子晔，何孟欣，孙剑锋，等. 2020. 超声波辅助提取马铃薯全粉加工副产物中膳食纤维. 食品研究与开发，41（22）：79-85，92.

毛安康，张修正，马丽梅，等. 2022. 酒糟草鱼制作工艺条件研究. 鲁东大学学报（自然科学版），38（1）：77-82.

孟淑春. 2017. 菠菜果实和种子形态比较及遗传多样性的研究. 北京：中国农业大学.

孟祥萍. 2010. 食品原料学. 北京：北京师范大学出版社.

慕钰文，冯毓琴，魏丽娟，等. 2020. 菠菜采后保鲜包装技术研究进展. 包装工程，41（9）：1-6.

聂少伍，洪苑乾，黄汉英，等. 2014. 低温活鱼运输箱监控系统研制. 渔业科学进展，4：110-117.

农业农村部渔业渔政管理局，全国水产技术推广总站，中国水产学会. 2022. 中国渔业统计年鉴. 北京：中国农业出版社.

庞海峰，林勇. 2020. 养殖与野生中国圆田螺可食率及肌肉质构比较分析. 安徽农学通报，26（22）：91-92.

庞志军. 2007. 22 人河豚中毒的案例分析. 广西警官高等专科学校学报，（S1）：78-79.

彭增起. 2011. 牛肉食品加工. 北京：化学工业出版社.

戚繁. 2020. 美拉德反应在食品工业中的研究进展. 现代食品，19：44-46.

秦喜悦，张雷，温艳斌，等. 2022. 黄花菜营养活性研究进展. 食品研究与开发，43（5）：204-209.

邱礼平. 2009. 食品原材料质量控制与管理. 北京：化学工业出版社.

曲映红，陈新军，陈舜胜. 2019. 我国鱿鱼加工利用技术研究进展. 上海海洋大学学报，28（3）：357-364.

全海慧，刘治涛. 2013. 竹笋加工及保鲜研究进展. 农产品加工学报，（2）：56-59.

单琳，耿维，费滕，等. 2019. 几种野生芹菜营养成分分析. 林业科技，44（3）：5.

单杨. 2004. 柑橘加工概论. 北京：中国农业出版社.

莎丽娜. 2009. 自然放牧苏尼特羊肉品质特性的研究. 呼和浩特：内蒙古农业大学出版社.

尚坤. 2019. 不同磷酸盐对虾蛄肌原纤维蛋白功能特性的影响及应用. 天津：天津商业大学.

邵宁华. 1992. 果蔬原料学. 北京：中国农业出版社.

申学林，姚曼，李爱萍，等. 2021. 瘦肉型猪组合配套杂交效果研究. 中国猪业，16（6）：36-41.

沈朕. 2017. 大泷六线鱼分子标记的开发、生长性状的关联性分析及遗传多样性研究. 济南：山东大学.

生吉萍，申林. 2010. 果蔬安全保鲜新技术. 北京：化学工业出版社.

师文涛. 2018. 坛紫菜粉对面团特性及馒头品质的影响. 大连：大连工业大学.

师一璇，胡佳乐，李丽. 2022. 甘薯的营养功能与加工利用研究进展. 食品研究与开发，43（11）：205-211.

时光宇，张玥，潘渊博，等. 2021. 紫贻贝加工下脚料抗菌肽的分离及其稳定性研究. 浙江海洋大学学报（自然科学版），40（1）：9-15.

石彦国. 2005. 大豆制品工艺学. 北京：中国轻工业出版社.

史辉，柏红梅，张颖，等. 2017. 我国竹笋资源开发研究进展. 食品与发酵科技，53（4）：6.

舒聪涵. 2021. 金枪鱼骨胶原肽及其钙螯合物对成骨细胞的活性影响研究. 舟山：浙江海洋大学.

水柏年，张盛龙，韩志强. 2019. 系统鱼类学. 北京：海洋出版社：107-114.

宋春璐，胡文忠，陈晨，等. 2016. 酸菜发酵工艺与贮藏特性的研究进展. 食品工业科技，37（9）：376-379.

孙维斌. 2002. 国外引进的肉牛品种简介. 黄牛杂志，28（3）：65-66.

孙耀军，邹建，孙莉．2019．营养师速查手册．北京：化学工业出版社：131-132，235-269．

孙宇峰，沙长青，于德水，等．2006．金针菇功能性蛋白的研究进展．微生物学杂志，26（4）：5．

孙志鹏，曹顶臣，裴玥，等．2020．野生和养殖梭鲈肌肉营养组成分析与评价．水产学杂志，33（4）：15-22．

谈俊晓，赵永强，李来好，等．2017．南极磷虾综合利用研究进展．广东农业科学，44（3）：143-150．

田建珍．2004．专用小麦粉生产技术．郑州：郑州大学出版社：12-13，17．

田建珍，温纪平．2011．小麦加工工艺与设备．北京：科学出版社：4．

王承福，陆廷祥，张廷磊，等．2021．果胶提取、生物活性及食品应用的研究进展．广东化工，48（16）：46-48．

王海帆，邱秉慧，王海滨，等．2021．虾类休闲食品的研发现状及发展前景．肉类工业，10：1-7．

王红勇，姚雪梅．2007．虾蟹生物学．北京：中国农业出版社：13-14．

王慧，郭东方，王鑫．2021．金针菇的营养保健功能及开发利用现状．中国食用菌，40（11）：11-14，24．

王佳蓉，丁阳月，姜云庆，等．2021．酶法修饰对大豆分离蛋白凝胶性质影响的研究进展．食品科学．42（15）：329-336．

王婧媛，王联珠，孙晓杰，等．2018．海参加工工艺、营养成分及活性物质研究进展．食品安全质量检测学报，9（11）：2749-2755．

王娟，肖亚冬，徐亚元，等．2020．不同预处理方式对花椰菜干制品品质影响研究．食品工业科技，41（24）：36-43．

王俊，姚滢，张建鹏，等．2006．牡蛎多糖的制备和生物学活性研究．医学研究生学报，3：217-220．

王茝莎．2008．鲍鱼内脏多糖的提取及其活性研究．大连：大连工业大学．

王琪．2011．竹笋采后保鲜及软包装笋贮藏品质变化的研究．杭州：浙江工商大学．

王淑琴．2010．北方果蔬贮藏保鲜技术．北京：中国轻工业出版社．

王思远，张保军，王昊，等．2021．基于三维荧光的产麻痹性贝毒藻浓度监测研究．光谱学与光谱分析，41（11）：3480-3485．

王雪松，谢晶．2020．不同解冻方式对冷冻竹荚鱼品质的影响．食品科学，41（23）：137-143．

王永辉，李培兵，李天．2010．刺参的营养成分分析．氨基酸和生物资源，32（4）：35-37．

王羽伦．2010．共轭亚油酸冰片酯的合成，分离，纯化及抗肿瘤活性研究．广州：南方医科大学．

王峥，刘长琳，翟介明，等．2020．莱氏拟乌贼肌肉营养成分分析及评价．渔业科学进展，41（4）：8．

王祖华，郁姣姣，张玉香，等．2022．黄花菜作用价值研究进展及产业加工流程探究．甘肃科技，38（22）：54-57．

未本美，张智勇，汪海波，等．2014．草鱼鱼骨负载金属卤化物用于催化苯甲醚与乙酸酐的酰化反应．石油学报（石油加工），30（5）：872-877．

魏静，胡伦超，赵冲，等．2015．海胆性腺品质的评定方法．科学养鱼，3：77．

翁燕霞．2021．不同保鲜剂对菠菜贮藏品质的影响．农产品加工，（10）：6-8．

吴长平，钟芳芳，霍国昌，等．2018．鳗鱼钙螯合肽制备工艺研究．现代食品科技，34（1）：181-187．

吴坤远．2020．马面鲀鱼皮胶原结构、功能及流变性能的研究．福建：福建农林大学．

吴卫华．1996．苹果综合加工新技术．北京：中国轻工业出版社．

肖继坪，吴晓杰，邓声翠，等．2023．7个彩色马铃薯品种抗氧化性研究．西北农林科技大学学报（自然科学版），（4）：2-10．

谢江，朱永清．2020．薯类贮藏加工与农产品全产业链开发初探．四川农业科技，（12）：45-49．

谢忠明，隋锡林，高绪生．2004．海水经济动物养殖实用技术丛书：海参海胆增养殖技术．北京：金盾出版社：1-10，177-189．

熊添，吴燕燕，李来好，等．2019．卵形鲳鲹肌肉原料特性及食用品质的分析与评价．食品科学，40（17）：104-112．

徐大凤，刘琨，王鹏飞，等．2018．绿鳍马面鲀肌肉营养成分分析和营养评价．海洋科学，42（5）：122-129．

徐华，王云鹏，杨德孟，等．2018．两种海胆性腺营养成分分析及评价．营养学报，40（3）：3．

徐梦豪，侯召华，林荣芳，等．2020．冰岛刺参抗癌物质 Frondoside A 的研究进展．特产研究，42（5）：71-77．

徐幸莲，彭增起，邓尚贵．2006．食品原料学．北京：中国计量出版社．

徐应馥，李成林，孙秀俊．2006．无公害扇贝标准化生产．北京：中国农业出版社：1．

薛静．2016．不同贮藏温度下即食生制章鱼品质变化及其菌相分析．杭州：浙江工商大学．

薛静，戴志远，李科，等．2020．基于宏基因组学分析不同贮藏温度下生食章鱼制品的菌相变化．中国食品学报，20（6）：226-233．

薛效贤. 2005. 鲜果品加工技术及工艺配方. 北京：科学技术文献出版社.

薛雅茹. 2018. 蓝点马鲛鱼皮抗氧化肽段对熟肉糜脂肪和蛋白氧化的抑制作用分析. 广州城市职业学院学报,12（3）：53-56.

闫靖,蒋赛. 2019. 牛肝菌的储存与运输保鲜技术研究与运用. 中国食用菌, 38（1）：101-103, 106.

阎斌伦. 2017. 主要海水品种实用健康养殖技术. 北京：海洋出版社：187-189, 207-208, 435.

阳丽红. 2020. 利用金枪鱼加工副产物制备骨粉、胶原多肽及肽钙螯合物研究. 杭州：浙江工商大学.

阳连贵. 2018. 贝类养殖学. 青岛：中国海洋大学出版社：81-90.

杨爱国,燕敬平. 2006. 鲍鱼、牡蛎养殖. 北京：中国农业科学技术出版社.

杨炳南,张小燕,赵凤敏,等. 2016. 常见马铃薯品种特性分析及加工适宜性分类. 食品科学技术学报, 34（1）：28-36.

杨彩莉. 2019. 超临界 CO_2 提取金枪鱼鱼油的工艺与品质分析. 湛江：广东海洋大学.

杨江,曾铄洺,熊哲民,等. 2021. 恩施黑猪生鲜肉气调保鲜技术及其贮藏品质的研究. 肉类工业, 9：18-23.

杨婷,朱天霞,曹英,等. 2018. 不同干燥方法对黄绿蜜环菌品质的影响. 食品科技, 43（6）：68-72.

杨燕,张燕,胡毅楠,等. 2017. 3 种关键因素对美味牛肝菌保鲜效果的影响. 中国食用菌, 36（1）：66-74.

杨月欣. 2019. 中国食物成分表. 北京：北京医科大学出版社：118-135, 302-303.

姚荷,谭兴和. 2017. 竹笋加工方法研究进展. 中国酿造, 36（11）：24-27.

姚宇晨,赵芸,赵抒娜,等. 2021. 番茄制品的现状与发展趋势分析. 中国果菜, 41（6）：144-148.

应桦,宋建群. 2019. 金口河常见马铃薯品种特性分析及加工适宜性评价. 农业与技术, 39（3）：27-28.

于东祥,孙慧玲,陈四清,等. 2005. 海参健康养殖技术. 北京：海洋出版社：17-18.

于金慧,尤升波,高建伟,等. 2019. 芹菜功能性成分及生物活性研究进展. 江苏农业科学, 47（7）：5-10.

于瑞海,王昭萍,王如才,等. 2009. 贝类增养殖学实验与实习技术. 青岛：中国海洋大学出版社：28, 63.

喻晨. 2017. 黑牛肝菌多糖对小鼠免疫活性作用的影响. 南京：南京师范大学.

袁学文,王炎冰. 2018. 远东拟沙丁鱼低聚肽化学组成及其增强免疫力功能评价. 食品与发酵工业, 44（4）：104-110.

曾繁坤,高海生,蒲彪. 1996. 果蔬加工工艺学. 成都：成都科技大学出版社.

詹苏泓,吉宏武,张迪,等. 2022. 远东拟沙丁鱼黄嘌呤氧化酶抑制肽的制备及其降尿酸活性的研究. 食品与发酵工业：1-10.

张宾. 2016. 水产品生产安全控制技术. 北京：海军出版社：66-68.

张彩珍. 2008. 采后处理对春笋贮藏品质的影响研究. 福州：福建农林大学.

张冬杰,刘娣. 2019. 民猪种质资源特点及研究现状. 黑龙江农业科学, 2：48-50.

张放. 2013. 2012 年我国水果生产统计. 中国果业信息, 30（10）：29-38.

张福生,黄晶晶,鄢嫣,等. 2021. 高氧气调包装对安徽品种猪肉低温贮藏期间品质的影响. 食品工业科技, 42（11）：198-203.

张海燕,吴燕燕,李来好,等. 2019. 鲈鱼保鲜加工技术研究现状. 广东海洋大学学报, 39（4）：115-122.

张金磊,陈兴煌. 2022. 草莓贮藏保鲜方法研究进展. 农产品加工, （4）：59-64.

张美昭. 2018. 海洋渔业产业发展现状与前景研究. 广州：广东经济出版社：193, 207.

张平伟,杨祖英. 1997. 牛磺酸的生理功能及其营养作用. 中国食品卫生杂志, 5：38-42.

张守文. 1996. 面包科学与加工工艺. 北京：中国轻工业出版社：28-29.

张松,张圣平,苗晗,等. 2015. 美国鲜食和加工黄瓜的市场与贸易. 中国蔬菜, （9）：1-3.

张秀南,贾亚娟,孙阳阳,等. 2022. 甘薯生物活性成分功能特性研究进展. 中国粮油学报, 1-12.

张洋婷,郗艳丽,葛红娟,等. 2016. 老黄瓜的营养成分分析. 吉林医药学院学报, 37（2）：2.

张宇凤,于冬梅,郭齐雅,等. 2016. 马铃薯与人类健康关系的研究进展. 中国食物与营养, 22（5）：9-13.

张玉莹,柴彦萍,秦磊,等. 2017. 海蜇不同组织营养组成分析及评价. 食品科学, 38（2）：133-138.

张昭. 2021. 气调熏蒸技术在鲜食葡萄物流保鲜中的应用. 乌鲁木齐：新疆农业大学.

张子依,陈锦瑞,刘荣瑜,等. 2020. 甘薯及其主要成分体内生物活性研究进展. 中草药, 51（12）：3308-3317.

章建浩,胡飞杰. 2002. 生鲜冷却猪肉 MAP 包装保鲜研究. 食品科学, 23（12）：114-117.

赵秀兰,张蕾. 2021. 近 10 年印度小麦产量变化及气候影响特征与未来展望. 农业展望, 17（9）：85-89.

赵永青，张本山，张向阳，等．2008．非晶颗粒态玉米淀粉的制备及接枝共聚改性．粮食与饲料工业，（8）：22-24.

赵志永，朱明，李冀新，等．2019．大白菜贮藏保鲜技术．农产品加工，（21）：3.

郑建仙．2019．功能性食品学．3版．北京：中国轻工出版社.

郑竟成．2019．花生油加工技术．北京：中国轻工业出版社.

郑竟成．2021．葵花籽油加工技术．北京：中国轻工业出版社.

郑淘．2013．羊栖菜的营养保健值、安全性及高值化利用研究．上海：上海海洋大学.

郑晓青，罗柔萱，卢可欣，等．2023．番茄红素的提取及功能活性研究进展．健康食品研发与产业技术创新高峰论坛暨2022年广东省食品学会年会论文集，71-76.

中国营养学会．2020．黄酮类化合物的营养作用．中国市场监管报，7：1-2.

中国预防医学科学院营养与食品卫生研究所．1991．食物成分表（全国代表值）．北京：人民卫生出版社.

邹国华．2008．常见水产品实用图谱．北京：海洋出版社.

周德荣，陈捷，林洁斌．2018．异黄酮类化合物对前列腺癌细胞PC-3增殖的抑制作用分析．中国实用医药，（21）：196-197.

周惠明，陈正行．2001．小麦制粉与综合利用．北京：中国轻工业出版社.

周瑢，许方涛，盛晨，等．2021．芝麻含油量及脂肪酸含量QTL分析．中国油料作物学报，4（6）：1042-1051.

周瑞宝．2010．特种植物油料加工工艺．北京：化学工业出版社.

周显青．2006．稻谷精深加工技术．北京：化学工业出版社：5-7，18，24-25.

周新．2018．大连沿海主要棘皮类动物的脂质分析．大连：大连工业大学.

周裔彬．2015．粮油加工工艺学．北京：化学工业出版社：42-43，168-177.

朱蓓薇．2010．海珍品加工理论与技术的研究．北京：科学出版社：4，7-9，109-111，150-151，227-228.

朱蓓薇，董秀萍．2019．水产品加工学．北京：化学工业出版社：25-26，41.

朱军伟．2013．菠菜低温保鲜关键技术的研究．上海：上海海洋大学.

朱立新．1997．中国野菜开发与利用．北京：金盾出版社.

竹琳，李萍，洪少杰，等．2019．金乌贼墨黑色素酶解工艺优化．食品工业科技，40（18）：133-138，146.

Beriain M J, Murillo-Arbizu M T, Insausti K, et al. 2021. Physicochemical and Sensory Assessments in Spain and United States of PGI-Certified Ternera de Navarra vs. Certified Angus Beef Foods, 10 (7): 1474.

Brink L R, Lönnerdal B. 2020. Milk fat globule membrane: the role of its various components in infant health and development. The Journal of Nutritional Biochemistry, 85: 108465.

Chen J, Chen F, Lin X, et al. 2020. Effect of excessive or restrictive energy on growth performance, meat quality, and intramuscular fat deposition in finishing Ningxiang pigs. Animals, 11 (1): 27.

Dement'Eva N V, Bogdanov V D. 2017. The study of technological parameters of pacific herring caviar. Vestnik MGTU, 20 (3): 589-599.

Deng S, Lv L, Yang W, et al. 2017. Effect of electron irradiation on the gel properties of *Collichthys lucidus* surimi. Radiation Physics and Chemistry, 130: 316-320.

Ellis C R, Elston D M, Joustra J P L, et al. 2021. Aquatic antagonists: Sea cucumbers (*Holothuroidea*). Cutis, 108: 68-70.

Fan X, Jin Z, Liu Y, et al. 2021. Effects of super-chilling storage on shelf-life and quality indicators of *Coregonus peled* based on proteomics analysis. Food Research International, 143 (1): 110229.

FAO. 2021. FAO Year Book. Fishery and Aquaculture Statistics 2019.

Fox P F, McSweeney P L H, Paul L H. 1998. Dairy Chemistry and Biochemistry. London: Springer, 30.

Gaspar A L C, de Góes-Favoni S P. 2015. Action of microbial transglutaminase (MTGase) in the modification of food proteins: A review. Food Chemistry, 171: 315-322.

He S, Chen Y N, Yang X Q, et al. 2020. Determination of biogenic amines in Chub Mackerel from different storage methods. Journal of Food Science, 85 (6): 1699-1706.

Horne D S. 1998. Casein interactions: casting light on the black boxes, the structure in dairy products. International Dairy Journal, 8 (3): 171-177.

Horne D S. 2006. Casein micelle structure: Models and muddles. Current Opinion in Colloid & Interface Science, 11 (2-3): 148-

153.

Huang Y, Liu Y, Jin Z, et al. 2021. Sensory evaluation of fresh/frozen mackerel products: A review. Comprehensive Reviews in Food Science and Food Safety, 20 (4): 3504-3530.

Knight M I, Linden N, Ponnampalam E N, et al. 2019. Development of VISNIR predictive regression models for ultimate pH, meat tenderness (shear force) and intramuscular fat content of Australian lamb. Meat Science, 155: 102-108.

Le T, Maki H, Okazaki E, et al. 2018. Influence of various phenolic compounds on properties of gelatin film prepared from horse mackerel *Trachurus japonicus* Scales. Journal of Food Science, 83 (7-9): 1888-1895.

Lee Yoon Kyung, Jang Su, Koh HeeJong. 2022. Identification of volatile organic compounds related to the eating quality of cooked japonica rice. Scientific Reports, 12 (1): 18133.

Machael N, Benjamin G, Shmuel Z, et al. 1974. Soybean isoflavones characterization, determination and antifungal activity. Agriculturel Food Chemistry, 22 (5): 806-810.

McGrath B A, Fox P F, McSweeney P L H, et al. 2016. Composition and properties of bovine colostrum: a review. Dairy Science & Technology, 96 (2): 133-158.

Messina M, Ende J W. 1995. The role of soy in preventing and treating chronic discase. The Journal of Nutrition, 125: 567-808.

Muller J. 1844. Uber den Bau und die Grenzen der Ganoiden, und iber das naturliche System der Fische. Physikalisch Mathematische Abhandlungen der koniglichen Akademie der Wissenschaftenzu Berlin, 1845: 117-216.

Oh G W, Ko S C, Lee D H, et al. 2017. Biological activities and biomedical potential of sea cucumber (*Stichopus japonicus*): a review. Fisheries and Aquatic Sciences, 20: 28.

Pariza M W, Loretz L J, Storkson J M, et al. 1983. Mutagens and modulator of mutagenesis in fried ground beef. Cancer Research, 43 (5): 2444-2446.

Pert C G, Swearer S E, Dworjanyn S, et al. 2018. Barrens of gold: gonad conditioning of an overabundant sea urchin. Aquaculture Environment Interactions, 10: 345-361.

Phadungath C. 2005. Casein micelle structure: a concise review. Songklanakarin Journal of Science and Technology, 27 (1): 201-212.

R·卡尔·霍斯尼. 1989. 谷物科学与工艺学原理. 李庆龙译. 北京: 中国食品出版社.

Rollema H S. 1992. Casein Association and Micelle Formation. 2nd. London: Springer, 111-140.

Samira M, Hadi A, Mehran M. 2020. Immobilization of Echium amoenum anthocyanins into bacterial cellulose film: A novel colorimetric pH indicator for freshness/spoilage monitoring of shrimp. Food Control, 113: 107169.

Song S, Peng H, Wang Q, et al. 2020. Inhibitory activities of marine sulfated polysaccharides against SARS-CoV-2. Food & Function, 11 (9): 7415-7420.

Starowicz M, Zieliński H. 2019. How Maillard reaction influences sensorial properties (color, flavor and texture) of food products? Food Reviews International, 35 (8): 707-725.

Sun Xiaohong, Ma Lei, Lux Peter E, et al. 2022. The distribution of phosphorus, carotenoids and tocochromanols in grains of four Chinese maize (*Zea mays* L.) varieties. Food Chemistry, 367: 130725.

Suzuki K M, Irie, Kadowaki H. 2005. Genetic parameter estimates of meat quality traits in Duroc pigs selected for average daily gain, longissimus muscle area, backfat thickness, and intramuscular fat content. Journal of Animal Science, 83 (9): 2058-2065.

Venkatraman K L, Mehta A. 2019. Health benefits and pharmacological effects of porphyra species. Plant Foods for Human Nutrition, 74: 10-17.

Wang Bei, Zhang Qiang, Zhang Na, et al. 2021. Insights into formation, detection and removal of the beauty flavor in soybean protein. Trends in Food Science & Technology, 112: 336-347.

Wang X, Yu H, Xing R, et al. 2018. Optimization of antioxidative peptides from mackerel (*Pneumatophorus japonicus*) viscera. PeerJ, 6 (8): e4373.